本著作系教育部人文社会科学基金青年项目"人，诗意地栖居——唐代关中生态与文学（12YJC751039）"的终期成果

陕西省教育厅2015年重点科研项目"秦东民俗文化及其当代价值研究（15J2021）"的阶段性成果

渭南师范学院著作出版基金专项资助

李 娜 著

唐代
关中生态与文学

中国社会科学出版社

图书在版编目(CIP)数据

唐代关中生态与文学/李娜著. —北京:中国社会科学出版社,
2015.10
ISBN 978 - 7 - 5161 - 6962 - 9

Ⅰ.①唐…　Ⅱ.①李…　Ⅲ.①中国文学—古典文学研究—唐代
Ⅳ.①I206.2

中国版本图书馆 CIP 数据核字(2015)第 246353 号

出 版 人　赵剑英
责任编辑　郭晓鸿
特约编辑　席建海
责任校对　韩海超
责任印制　戴　宽

出　　　版　中国社会科学出版社
社　　　址　北京鼓楼西大街甲 158 号
邮　　　编　100720
网　　　址　http://www.csspw.cn
发 行 部　010 - 84083685
门 市 部　010 - 84029450
经　　　销　新华书店及其他书店

印　　　刷　北京君升印刷有限公司
装　　　订　廊坊市广阳区广增装订厂
版　　　次　2015 年 10 月第 1 版
印　　　次　2015 年 10 月第 1 次印刷

开　　　本　710×1000　1/16
印　　　张　35.75
插　　　页　2
字　　　数　589 千字
定　　　价　128.00 元

目 录

前　言

　　在最初构想唐代关中生态与文学这一课题时，源于阅读唐诗时的一种感觉，因为在那里总是找得到、感受得到天地万物生动的图景，也看得到人与自然相通相知、相亲相爱的和谐画面，这不正是生态学所关注的问题，并提出与倡导的核心观点吗？但内心总有一种惴惴不安与隐忧，毕竟生态学是一门诞生于现代的新学科，而"生态"一词，虽说古时已有，但在南朝梁简文帝的"丹荑成叶，翠阴如黛。佳人采掇，动容生态"（《筝赋》）中是指一种美好的姿态。而杜甫的"邻鸡野哭如昨日，物色生态能几时"（《晓发公安》）中则是指物色生动的意态。而现代意义的生态（Eco-）一词则源于古希腊οικος，指"住所"或"栖息地"。1866 年，德国生物学家 E. 海克尔（Ernst Haeckel）最早提出生态学的概念，当时是着意于研究动植物与其环境、动物与植物之间的关系及其对生态系统的影响。发展至今，生态则是指一切生物的生存状态，以及它们之间、它们与环境之间环环相扣的关系。而我国古代的"生态"一词，与现代意义上的"生态"差别还是甚大的。也一直在彷徨是否用"自然"或"山水"等词语来替代它。而当具体的材料呈现在面前时，这种顾虑被打消了，也在创作著作时，逐渐累积了自己的信念。其实，我们大可不必去纠结，用西方的术语与理论是否会消融了中国的声音，相反恰恰是本就在反思中构建的西方现代生态理论与术语的介入与运用，让长期以来被现代人所遗忘、遮蔽了的中国古代智慧能够被重新审视，并由此出发，重新发现唐诗之美的新天地。事实上，西方生态学所提倡与构建的观念，恰恰是古人虽未明确提出并作系统建构，但却已经深烙于意识灵魂之中的东西。

　　可以说，做这一课题并结成书稿的过程，是一项既艰难，又时时充满愉悦与美的享受的历程。与唐人同游，在他们万物一体、纵身大化的诗性思维中，自可以尽情畅游于唐时美好的生态之旅，也可以暂且沉静下那颗被现代社会搅扰的焦躁困惑的身心，做一次洗心体悟。

　　创作的过程，也是不断地颠覆我最初设想的过程。诸如，当我试图寻找唐代动植物的更多文化内蕴时，会很让人失望，因为作为自然之子，唐代诗人更多的只是带着情感，将万物撷取于诗作中，甚至是稍加剪裁后放入，即可自然地呈现出绝美的境界来。可以说初盛唐的诗甚少对自然万物赋予或加入更多的人为的意识观念，而是致力于展现其在一组组关系中的神色情韵，鲜活的自然存在的姿态，至安史之乱后杜甫的诗作中，这一特质才稍稍有所改变，动植物开始被赋予更多的理念，如他将鹡冠名为"义鹡"，以此来反衬象征尘世之人，到中晚唐给动植物赋予概念的做法渐多。于是唐诗中的动植物鲜少以赋予特殊意味的概念化的形象出现。

　　再如，在最初的架构中，拟以每组研究对象为核心，以时空为线索，勾勒出其在不同时空中的书写变化，但这一初心，亦因材料的庞大充实，难以实现，一一落实求全求细的构想已不可能。于是采取对大多数对象作浮光掠影的宏观观照，并尝试以大量的例证去呈现每组对象的天然生态，同时择取其中的典型对象做竭泽而渔的个案细化。

　　当带着现代生态理论的解剖刀与显微镜，企图以现代人的思维去解剖唐人留下的诗性之花时，我发现最初的构想是失败的。一路观览、细读、品味、思索下来，最终得知这样一个一直以来被摒弃、淡忘、漠视，被现代人以现代意识遮蔽了的事实：唐诗之所以绽放，政治、经济、统治者的提倡、漫游之风、读书山林等诸多原因，这些都只是外围的影响，而真正塑造它的乃是一种透入灵魂的意识，一种人与自然天地万物一体所带来的诗性思维意识。而唐诗则是这一意识影响下的审美结晶体。透过这个结晶体，呈现在我们面前的是：唐代的宇宙天地、风雨冰雪、日月星辰、电闪雷鸣、花草树木、鸟兽虫鱼，在这里看得到牡丹桃杏的艳丽妖娆，听得到风过竹林、雨打梧桐、虎啸狼嚎、蝉噪鸟啼的声音，看得到风光霁月下山川河流、天地万物的神色形态、夜空下的萤火闪烁，感受得到春风春雨春光春色、秋雨秋风秋叶秋花的和煦与萧瑟气韵，也听得到春光雨夜中有着诗性思维的诗人们的歌颂沉吟。也意识到所谓现代理论所构建出的生态思维的精髓：诸如大地伦理、动物权利等，其实早已深入唐人的灵魂中，并已在生活中、创作实践中达至交融一体的浑融境地。唐诗中所体现的人与自然万物和谐的内化精神与诗性思维，是与现代生态伦理思想下的《寂静的春天》等生态文学隔着千年时空的前后呼应与对话。千年后的歌德的名言——理论是灰色的，而生命之树常青，不过是对它的重复概括而已。而这里的生命，还应远远大于他所说的人之生命，是一种将万物都当作有情有意识的万物之生命。

当意识到这一基本点时，创作中我将尽力克制自己想要拿西方现代生态伦理以及生态美学、生态文学理论来套用中国古代文学的冲动，以尽可能广阔与充实的材料与事实的分析来支撑自己的书作，以期尽量少用理论，而大量运用事实的方法，让读者在阅读后即能明白一个事实：唐诗是唐代良好的生态环境与唐人的生态意识诗性思维交融下的晶体。明白唐诗所呈现的生态诗的特质，而此前所提出的咏物与田园的概念与名称，皆不足以涵盖其精神内质。明白唐朝这个中国人引以为骄傲的并烙入灵魂渴望时时梦回的时代，让人神往骄傲、感叹不已的其实不只是经济国力的强盛、文化生活的丰富多彩，还应是那时的生态环境之美，以及由此所缔造的精神家园之美，也正因为如此，我们才能看得到足以展示与传承它的文化与文明的重要部分——唐代文学（尤其是唐诗）之美与繁荣。

为了和书作所要探讨的唐代关中生态与文学的主题相契合，在著作的架构上，尽力采用中国传统类书著作的架构方式，采用唐人文学创作在内容层次上所表现出的特质，以鸟兽草木、春夏秋冬、风雨冰雪、山川河流来架构著作的结构层次，着力探究唐代文学所呈现的动植物的生命动态，人与人、人与物、物与物之间的关系，山川河流在他物作用下的神色形态之美。

此外，本书题名为唐代关中生态与文学，但事实上，这个本来用以限定地域与年代，以期缩小范围的题目，在具体着手搜集材料时，才发现要驾驭的可以支撑命题的材料极其庞大，多到一个个翻看唐诗以提取相关材料时，会发现唐诗中一半以上的材料都可以被采用，有切身体验到的关中，也包括追忆中的关中，这也从另一个侧面印证了所选命题与唐代关中生态结缘之深厚，从某种意义上说一部全唐诗，当是半部唐代关中诗，是大部分的唐代生态诗。相比于唐诗，唐文中的材料相对较少，而叙事的唐人笔记材料更少。由于唐代关中是以长安为核心的有东西之分的广阔地域,东西之间如果要更细地去探究,在动植物、四季气候等方面是有差异的,但放在更广阔的背景上看则差异不大。加之尽管传统中的文学,其内容包罗万象,可以涵盖天地日月、草木鱼虫、山川地理、政治经济、社会生活、艺术哲学,但它毕竟不是专书,就本研究所涉及的动植物、季候等生态问题,不可能做精细的书写,于是若想以此区分更细致的关中东西动植物、季候之差异,亦十分困难。基于上述原因,在最终选取材料时便把重点放在了长安这个核心上,兼及渭南、同州、华州、咸阳、凤翔诸地。也并没有着意于区别东西之间的动植物、季候差异,但会在分析某些例证时稍作提及。

而本著作就是在这样的反复求索与考量,在东西方文化的互通交汇,在感性书写与理性分析中所做的尝试,亦希冀以对唐代关中生态书写的呈现、分析与阐释,唐诗中充盈的绿色诗意,能给今人的生活观念以启示,为身处生态危机之中的今人生活尽绵薄之力。

绪 论

一 选题意义

三百年的工业文明以人类征服自然为主要特征，发展至 20 世纪七八十年代，已导致各种全球性生态问题的加剧，面对人与自然对立所引发的严重后果，人们越来越意识到生态文明形态对延续人类生存的重要性，而中国古来就十分重视天人关系，于是认真整理、总结和研究我国古代有关敬重生命、爱护环境和珍视资源的文化思想与观念，对于经济社会全面协调可持续发展具有十分重要的现实意义。

文学不但是人学，同时也应当是人与自然的关系学，而古典的诗文恰恰为我们生动地记载并展示了一种诗意的生态生活方式下的人与自然和谐相处的画面，以古可以鉴今，从诗文中还原追忆出千年前的生态生活方式，对我们今天所提倡呼吁的环保低碳生活方式具有一定的启示与指导意义。

生态学原是生物学的一个分支领域，随着它向各学科的渗透，则出现了社会生态学、文化生态学等新学科，并已经形成了人们认识世界的理论视野和思维方式，而以古典文学观照生态，以生态思维而形成的文学生态观观照文学，则有助于为古典文学研究开拓新的研究途径，促其产生新的学科的增长点，实现古典文学研究"全面视镜"的考察。

本研究即是在这一时代背景与大学科环境下，立足我国经济发展现阶段所面临的亟待解决的现实问题——生态经济、绿色环保、低碳生活等一系列重大问题，从我国农业文明中所呈现的人与自然和谐共生的状态中寻求今人在经济高度发展的状况下诗意栖居的经验，并上承孔子"多识于鸟兽草木之名"的诗教观与刘勰"山林皋壤，实文思之奥府"的文论观，以揭示和探索唐代文学与关中生态的关系，从多角度、多侧面展现唐代文学，借鉴多学科的视角，以"全面视镜"观照唐代文学的状态。

二　国内外研究现状述评

由于本课题在大的方面关联到文学、生态学与地域学三个领域，而所谓的生态，简言之，则是指人类遵循人、自然、社会和谐发展这一客观规律而取得的物质与精神成果的总和，其中的研究对象所涉及的自然（包括气候、动植物、山川等）方面的问题，与历史地理学的研究范围多有交集，而其基本理论也是人地关系法则，于是有必要对历史地理学领域的相关研究现状加以勾勒：作为中国历史地理学的创建者之一，史念海先生的相关成果，包括《黄土高原森林与草原的变迁》（与曹尔琴、朱士光合著，陕西人民出版社 1985 年版）、《黄河流域诸河流的演变与治理》（陕西人民出版社 2000 年版）及其论文《汉唐长安城与生态环境》（《中国历史地理论丛》1998 年第 1 期）等，不但在学术上意义重大，也很有现实意义；而他主编的《汉唐长安与黄土高原》一书也收录了中日学者的相关文章，其中史念海与马驰的《关陇地区的生态环境与关陇集团的建立和巩固》、妹尾达彦的《唐代长安城与关中平原的生态环境的变迁》、鹤间和幸的《汉长安城的自然景观》揭示出汉唐长安城与黄土高原至少存在四个层次的地域生态关系；李心纯的《汉唐长安的岁时习俗与黄土高原的生态》、李健超的《汉唐长安城地下水的污染与黄土高原的生态环境》和朱士光的《汉唐长安城的兴衰对黄土高原地区社会经济发展与生态环境变迁研究》则对汉唐长安城的生态环境问题进行探究。此外，蓝勇的《唐代气候变化与唐代历史兴衰》（《中国历史地理论丛》2001 年第 1 期），张小明、樊志民的《生态视野下长安都城地位的丧失》（《中国农史》2007 年第 3 期）从气候、生态环境变迁角度分析了唐王朝覆灭的原因与影响长安失去都城地位的原因。近年来作为生态环境变迁的细部化研究的黄河中下游包括关中一带的动植物变迁研究，成果颇丰。马雪芹的《历史时期黄河中游地区森林与草原的变迁》（《宁夏社会科学》1999 年第 6 期）、周云庵的《秦岭森林的历史变迁及其反思》（《中国历史地理论丛》1993 年第 1

期）分别就黄河中下游地区、秦岭山区等地作了长时段的考察，强调人为因素在植被变迁过程中的重要性。王守春等主编的《黄河流域地理环境演变与水沙运行规律研究文集（1—5）》（地质出版社与海洋出版社 1991—1995 年版），从黄河中下游气候、植被、水文、人类活动等诸多方面探讨历史时期黄河下游水沙的发展演变和规律。龚胜生《唐代长安城薪炭供销的初步研究》（《中国历史地理论丛》1991 年第 4 期）对唐代长安城的薪炭供销状况以及樵采所造成的环境问题进行探讨，立意新颖。有关动物方面的一系列文章，主要论述了大熊猫、金丝猴、虎、熊等国内保护动物在地理分布上的变迁，其中以文焕然的《中国历史时期植物与动物变迁研究》和何业恒的《中国珍稀动物历史变迁丛书》，堪称这一领域的集大成著作。另外，颜廷真的《西汉秦岭山区的兽类动物初探》（《中国历史地理论丛》2000 年第 4 期）对本研究亦颇有助益。

这些从历史地理学角度所展开的探索论述，无疑对本课题的研究具有一定的启示与借鉴意义，然而并未深入地借助文学视野对唐代的生态文明进行阐释。而将生态与文学相关联，所产生的著作与论文，则无疑对本著作的研究具有直接的启示。将文学与生态相结合的观念中国自古有之，从《易经》中的"厚德载物"观，到孔子的"多识于鸟兽草木之名"的诗教观，再到刘勰的"山林皋壤，实文思之奥府"的文论观中，可以看出古人对文学与自然、天文关系的认识，亦可视作朴素的文学生态观念，然而这种观念仅只是以一种感性的、无意识的片光零羽形态，存在于中国古典文学的创作与理论之中。自觉地、系统地将文学研究与生态研究相结合，则是随着近代生态学的产生及其向各个学科的渗透、延伸，以及工业文明日渐深入所带来的日益严重的生态问题而展开的，并形成诸多成果。尤其是2009 年在北京大学举行的生态文学与环境教育国际研讨会，汇集了来自众多国家的生态学、文学生态学专家，如英国著名生态学者格雷格·杰拉德、日本"文学与环境研究会"前任主席山里胜己等，诸多专家在会上的精彩发言对本课题在研究角度与方法等方面具有纲领性的指导意义；其他，如王岳川的《生态文学与生态批评文论》（《北京大学学报》2009 年第 2 期）；鲁枢元的《文学的跨界研究——文学与生态学》（学林出版社2011 年版）等论著，都对本著作研究助益颇多。

而将古典文学与生态研究相结合的成果并不多，其中较具代表性的论著包括：王志清的《盛唐生态诗学》从生态学角度对盛唐山水诗群落进行了阐释；刘礼堂的《唐代长江上中游地区的生态环境文化》（《江汉论坛》2007年第4期）从诗文入手分析了唐代长江上中游地区的生态环境；王璇、李灵灵的《诗意地栖居：论唐诗中的人居环境思想》（《求索》2008年第10期）从唐诗中挖掘文人造园理想中体现的人居环境思想，并以之作为"诗意栖居"人居环境的典范；李金坤的《物我谐和的唐诗生态世界》（《江苏大学学报》2008年第6期）指出唐代诗人与自然的物我谐和关系主要表现在六大方面，即以物为友、颂物以美、感物惠德、托物言志、悲物悯人和护物有责；罗欣的《唐代博物小说中的生态视野研究》探讨了唐代博物小说中蕴含的生态学史料价值、生态伦理观以及生态和谐意识。彭恩的《从唐代夔州诗看当时三峡地区生态环境与经济开发》（《遵义师范学院学报》2008年第6期）指出唐代三峡诗歌宏富，其中有关许多古动植物、气候、水文等资料的记述，具有珍贵的史料价值；韩高年的《汉代长安地区自然环境与生态变迁对汉赋创作的影响》（《文学评论》2010年第3期）从自然环境与生态景观两个层面入手，就长安所体现出的都城文化对汉赋的影响进行了探究；夏炎的《试论唐代北人江南生态意象的转变——以白居易江南诗歌为中心》（《唐国史论丛》第11辑）；赵仁龙的《唐代士人的江西生态意象》（《鄱阳湖学刊》2010年第5期）以唐代诗文为基础对唐代的江南、江西意象进行了探究；刘卫英、王立的《欧美生态伦理思想与中国传统生态叙事》（北京师范大学出版集团2014年版）一书，从动物生态文学与神秘叙事，植物生态文学与神秘思想叙述，生态文学与生态文化观念等三个大的方面，选取牛、虎、柳等的传统叙事作为重点，着重对中国传统叙事文学中的生态观念做出剖析。随着对生态文学研究的不断深入，相关的高水平的论著将会越来越多。

三　研究内容

本著作是围绕关中、生态、唐代关中士人等命题展开的，于是有必要先对其进行范围、概念等方面的界定。历史上的关中地区南背秦岭，北对北山，又有潼关诸塞环绕周边，《史记·留侯世家》有云："左殽函，右陇蜀，沃野千里……此所谓金城千里，天府之国也。"而今天的关中以西安为中心，有东府、西府之分，亦有"八百里秦川"之称。生态则是指人类遵循人、自然、社会和谐发展这一客观规律而取得的物质与精神成果的总和。唐代关中士人，从狭义上仅指籍贯为关中的士人，然而从广义角度讲，由于唐代国都长安地处关中，也使得众多士人以长安为中心，云集在关中，于是理应包括长期生活在关中的士人。而本课题就是在这样的空间背景下展开，并以此地域范围下的唐代文学所展示的生态问题作为研究对象。所涉关中地域范围，由于唐代文学尤其是诗歌对此极为关注，材料极为繁富，在书写过程中已无法求其全，退而求其次，选择具有典型性、代表性的诗篇作为剖面，进行直观展示，以求以点带面，同时在关中的覆盖面下有东西之差异，其气候、动植物亦有差别，然而唐代文学并非专门的气候、动植物等专书，很少对此进行细化的叙述，于是在选取材料并阐述时仅能以长安为中心，兼顾东西地域，对其进行以长安为代表的观照。

以文本为基础，从史料的检索与分析入手，从生态学的角度对唐代关中生态进行综合考察，其中既有从唐代文学中梳理出的有关唐代关中动植物、气候生态的描绘，又有以八水为中心、以南山、北山、崤山为中心的唐代自然山川景象的铺叙，同时又要对其中的华山、骊山、终南山等唐代文学中经常出现的关中生态领域进行详细阐释，以挖掘其丰富内蕴。在以上基本勾勒的基础上，力图揭示唐代关中的生态背景及其与唐代士人的关系，唐代关中生态与唐代文学的关系，并分析总结出唐代文学里所浸透的唐代关中士人生态意识。以社会的人文价值为基点，着重从人类的整体利益出发，将思考的理论视点贴近生命本源与生命存在，全面展示唐代关中生态环境是主要内容。具体讲包括以下章节：

第一章　唐代文学与关中生态综述。唐代关中生态与唐诗有着非常密切的双向互动关系。关中自然山水是唐代关中士人创作的不竭源泉，而他们在走向山水的过程中，也与此地山水、动植物形成一种依恋的关系，由此获得与自然更深层的内在沟通的机会。唐代关中诗作大量地展现出唐代关中的动植物生态景观、四季生态景观、天象生态景观，亦充溢着人与自然和谐共生的生态意蕴，诗人的创作中往往以展现物与物、物与人之间的动态关系为核心，并呈现出从最初的观物（主客体分离）→与物合一（主体化身为物、移情于物）的书写模式，体现出唐人深化于心的天人和谐思想意识。由此可以统观唐代关中良好的生态景象，也可得知唐诗得以兴盛的深层原因。

第二章　泾水桥南柳欲黄，杜陵城北花应满——唐代文学中的关中植物生态书写。从唐代文献史料中检索、梳理出有关唐代关中植物的线索，着重寻觅唐代关中生态环境中在诗歌中最常出现的典型植物生态意象，同时梳理出诗歌中还曾提及的关中植物生态掠影，并在此基础上探究移自关外的外来植物在关中的生存状态，以期全景式勾勒出唐代关中植物生态面貌。

第三章　漠漠水田飞白鹭，阴阴夏木啭黄鹂——唐代文学中的关中动物生态书写。从唐代文献史料中检索、梳理出有关唐代关中动物的线索，在描绘全貌的同时，着重寻觅由于生态环境恶化在今天的关中已经渐渐消失，而在唐代文学的世界中仍留下印迹的诸如白鹭、黄鹂、雁、鹰等的踪迹。

第四章　云横秦岭家何在，雪拥蓝关马不前——唐代文学中的关中季候生态书写。以春夏秋冬四时为经、以二十四节气为纬，勾勒出唐代关中气候的宏观面貌，并留意立春、寒食、清明等节令在唐代关中文学中的展现。

第五章　去岁干戈险，今年蝗旱忧——关中生态失衡书写。唐代关中生态也并非时时明媚和谐，仍存在生态失衡乃至灾害叠生的现象，本章则着意探究发生在唐代关中的生态灾害情形，并从自然因素与人为因素两个方面探究其生成原因。

第六章　朝望莲华岳，神心就日来——唐代关中山川生态与文学个案研究。关中一带山川众多且独具特色，雍人曰：愚观兹土山川，有九美焉。一曰高，二曰大，三曰深厚，四曰中正，五曰灵秀，六曰富饶，七曰奇异，八曰岩险，九曰吉祥。这样的山水特质在唐代文学作品中即得以显现，本章既以八水为中心，以南山为中心对唐代自然山川景象进行宏观铺叙，同时又要对其中的华山、骊山、终南山、浐灞等唐代文学中经常出现的关中生态意象进行详细阐释，以挖掘其丰富内蕴。

四　创新之处

本研究是在生态学兴起，并逐渐延伸至哲学、文学等学科领域，在哲学领域以曾繁仁等构建起的生态美学，以及文学领域鲁枢元等人构建起的生态文学研究基础上，向中国古典文学领域的拓展，以期针对当代社会面临的生态危机问题，挖掘并总结中国古代在处理人与自然关系问题上的经验。其创新之处集中表现在以下四个方面：

1. 在古典文学研究领域写景诗、咏物诗、田园诗等研究范畴之外，提出生态诗的概念，指出写景、咏物、田园等概念，在指称中国古典诗歌存在的指称不全、主体意识浓厚等局限，而在新出现的生态一词基础上产生的生态诗概念，则可以避免上述缺陷，相对全面地揭示出中国古典诗歌的特质。

2. 通过对唐代关中文学与史料的钩沉，勾勒出唐代关中的动植物生态、四季生态、关中山川生态，既是著作的核心内容，也是创新之处，目前的生态文学研究、地域文学研究中尚无对这一内容的探究。

3. 通过文学与历史的互证与补充，对唐代关中的生态灾害，从自然因素与人为因素所做的全方位考察，在探究唐代人与自然和谐的基本生态境况的基础上，对唐人的生态意识与唐代关中的生态境况，做更为深层与客观的探讨，亦为著作的创新之处。

4. 对唐代华山、骊山、终南山、浐灞从生态学角度所做的观照与探究，具体包括对动植物、四季、神色形态之美、书写嬗变等问题细致、全面的探究，亦当是著作的创新之处。

五　研究方法

在研究方法上，本书以文本细读与例证法作为基石，力图通过对唐代关中诗文、笔记的大量自然呈现作为行文的核心，穿插理论的适度诠释与深层透析，寻觅其中包孕的生态学材质与内蕴，在大量例证法的基础上，观照唐诗的生态诗特质、唐诗中所体现的人与自然和谐精神特质，并以此重新审视内化于心的人与自然和谐意识、物我一体审美观照万物的诗心加之唐代生态环境之美共同作用下的唐诗兴盛原因。

同时坚持文史互证的基本原则，"博采唐人文集、说部及金石文字"，并佐以碑志与史书、方志等的相互参证。同时借鉴社会学、生态学、文化学、历史地理学等多学科的理论和成果，以跨文化视野，追求跨学科、跨领域研究方法和思路，在唐代文献史料的基础上谱写唐代关中的"生态链式"。尽量吸取历史地理学大家史念海先生所采用的野外考察与历史文献相结合方法，对关中一带的自然、山川变迁进行实地考察。既重视文献考证，同时也重视理论概括，既有宏观的描绘，又注重以华山诗、骊山诗等为代表的个案研究，力求深入地阐发论题。在具体行文中，还采用数字统计与表格的方法，从多方面论证，以求更细致、直观地进行论述。

然而由于学识、视野和功力有限，行文过程中难免有力不从心之憾、疏漏错误之处及管窥蠡测之嫌，敬请方家斧正。

第一章

唐代文学与关中生态综述

以今天的新名词生态来观照中国古代文学，难免会被今人视为有强以西方文论的新名词来解构中国古典文学之嫌，也会引起种种质疑，诸如那时有无生态，其实我们所视之为新名词新学科的东西，不过是今天我们对客观世界有了更深入或较为明晰的认识而已，不代表客观世界中不存在这样的事物、这样的状态，或者这样的状态在以前存在，但因并未出现严重的甚或影响人们存在的问题，问题未凸显，于是也就没有必要专门列为学科提出来。宇宙之辽阔无限，宇宙之难以追究其无限之奥秘，使得既自负又自卑的人类，向来都只能着眼于看到的、感觉到的、意识到的诸般问题而已，而生态只是冰山一角。生态学虽为一门现时代的新兴学科，却不能说古时没有生态，这种万物间构成的和谐系统，应是先于学科的生成而客观存在的，只不过因今天的生态环境遭到严重破坏而凸显出来，由此受到人们的格外关注并因而形成现代学科而已。至于生态一词也似乎为现时代产生的新名词，但它却绝对是深富中国古典意味的名词，也是在中国古典哲学、文学中常常有近似表述的名词。所谓生态从字面意思看，可理解为生命的状态，而宇宙万物、芸芸众生的生命姿态都可被纳入这一体系之中。从这个角度观照古代文学，凡是表述生命之生存状态的作品都可纳入视野，而凡是展现万物和谐共生的美好画面亦可纳入研究范畴。

我们并非用新名词图解古典，而是客观事实出现早，名词后生，在中国古典文学中，一直丰盈着一种鲜活的具备良好生态意味的内蕴。而古代良好生态的发展过程，亦是呈现出曲折的波浪式前进的过程。在原始的最初的蒙昧混沌时代，这里的蒙昧其实还是站在人类中心主义的立场上的一种言说，言及的是人类面对宇宙自然时的一种无力感，生态是以一种原生态的自在的状态存在的，甚或说人类在其中反而是弱势的以一种非常困顿的状态生活着，此时的生态以人类的视角来看无所谓好坏，甚至是恶劣的。随着人们认识世界、改造世界的能力的增强，至中古时代，人与周围的自然环境宇宙万物之间，又呈现出另一种状态，人类一方面为了自己的生存，向自然索取并破坏着自然，但另一方面又与自然相依相伴、和谐共生。可以说中古时期诗歌散文的时代，其实是自然生态最为良好的时代，在这个时代人可以以一种非常诗意地对自然万物的欣赏、喜爱态度去审美观照自然，甚或与自然心灵交通，融而为一。而这种诗意良好的生态，往往又会被人类自我欲望的膨胀所破坏，也会被中古社会发展中时时会面对到的朝代之衰朽与新朝代的更迭而阻滞，甚至遭到毁灭性的打击，可以说在自然灾难的生态破坏，以及人类为自我基本生存向自然的索取外，人类欲望的膨胀，人类在基本的衣食住行等生活外，为追求享乐奢侈生活，对自然进行的凿山开土等破坏性行为，比如采石、大兴土木构建宫殿苑囿、狩猎打猎等行为，则是主要的生态破坏要素，但能给生态造成重创的最主要的事物，则是自有人类社会以来从未消停的大大小小的战争，而对战争过后满目疮痍的表现，在文学中也从未停止过。汉乐府中的"兔从狗窦入，雉从梁上飞"，"为我谓乌：且为客豪！野死谅不葬，腐肉安能去汝逃"，魏晋时期的"白骨露于野，千里无鸡鸣"，都是对这种生态重创的深刻表现。而与此相对立的情境，则可作为反生态的一面纳入研究领域内。

同时中古时期每个战争过后的休养生息时代以及之后的盛世时代，都是人与自然，人与万物之间，也包括人与人自身之间的关系由最糟糕向谐和行进的时代，而每每这个时期也都是文学可以诗意审美绽放的时代。其实整个古代文学的发展，整个古代文学题材之潜移暗换，都是在这样的交替或共生中进行的，文学之兴观群怨，文学之草木鱼虫，诗之缘情而绮靡，代表着文学不变的三个主题三个方向，或者是东风压倒西风，或者是西风压倒东风，又或者和谐共生，而每当一方势必要替代另一方的时代，其实均是社会出现问题的时代，人类生存境况出现问题的时代。在人类生存境遇极其恶劣的时代，诸如事关兴亡的朝代更替时，风花雪月势必是被讨伐的时代，而当人类社会的盛世时代时，江山风月自然是被关注的对象，呈现出生机勃勃的姿态，此外对人类社会的关注当然也是文学的主题，但二者可和谐共生，甚至可以在同一首诗中共同存在着。而每每时代衰颓时，清风白云亦可以被表现，却往往成为文学中被斥责的对象，亦往往有大雅久不兴之叹，而此时的清风白云亦往往以一种冷清衰瑟的姿态存在于文学的表现视域中，一如杜牧的"两竿落日溪桥上，半缕轻烟柳影中。多少绿荷相倚恨，一时回首背西风。秋声无不搅离心，梦泽蒹葭楚雨深。自滴阶前大梧叶，干君何事动哀吟"，"尽日无人看微雨，鸳鸯相对浴红衣"，充满着哀怨无力之气息。其实清风白云何罪之有，有罪的有问题的只是人类自身而已。可以说对生态的关注一直是文学亘古不变的主题，它并不是在今天才出现的新事物，究其实质，是在今天衰颓了，甚或被今天的文学所摒弃。

而时至近代当代，则是人类对自然的改造能力日益强大，人类自信心无限膨胀的时代，也是生态问题日益凸显的时代，此时的文学也呈现出离自然生态愈行愈远之势。替代古典雅文学而来的通俗文学、叙事文学，则不再以抒情为主，同时也放逐了山水田园，从而以叙事为主，以人类自身的生活为主。而叙事文学的登上文学舞台，是与城市工商业经济的萌芽、发展至繁盛息息相关，并伴随着城市经济的扩张一步步驱逐着传统的抒情文学，而一直以来为抒情文学所钟爱的自然山水也在叙事文学的日趋成熟下被放逐。如果说早期的以四大名著为代表的古典传统叙事文学作品，在长于叙写故事情节的过程中，还不忘情于山川河流、草木鱼虫、日月星辰、春夏秋冬等自然万物，在人物塑造、故事铺写时，时不时地点染出自然的背景的话，现当代小说则是越来越倾向于对情节、人物等小说要素的把握，尤其是时下的一些都市题材小说，家庭琐事、爱恨情仇、商场争斗、职场角逐则成为其中重要的部分被津津乐道，自然从此退居于角落，残存在一些以乡土为题材的小说之中，这种小说发展的脉络，也从一定程度上暗合于人类工业化进程的脚步。当钢筋水泥、高楼林立铸成的城市将绿地、农田一步步逼向边缘的时候，自然也在文学中悄然褪色，当叙事文学作为工商业经济下的胜利者取代了抒情文学，以及作为抒情的背景——自然时，在小说这种体裁当中对自然的关注自是越来越少。

可以说生态不是今天的新名词洋名词，而是自古已有其名词指称之内核，而其由交融和谐与冲突对立构成的两端内核中的美好面，在今天渐渐消亡而要被格外强调重新拾起。只有意识到这点，整个人类的环境生态才能在经历曲折的变化后，再螺旋式上升，从而建立起更适宜栖居的人类家园，亦因此让文学焕发出新的生命。

这里所说的生态，和传统的山水田园诗是相互关联，又相互交叉涵盖的。山水包含于生态之中，是生态文学之重镇，而生态又不同于山水田园，山水田园强调的只是作为客观物质世界的客体，而生态则是一种整个宇宙系统的状态，以及这个系统中人与人、人与物、物与物之间的关系，相比于山水田园，生态更强调的是动态的生命之状态、姿态，强调的是谐和共生的关系，但也不排斥紊乱之生存状态与关系，于是即便是边塞诗、战争题材亦可纳入视域中，内涵要远远大于山水田园。

以诗歌来寻觅唐代关中动植物生存状态的痕迹，也有足够的可行性，同时亦能从此观照唐诗与自然生态的深层关系，自然是唐诗兴发之源，而良好的生态，则是唐诗关注并反映表现的核心题材，在唐诗中不乏咏物词，举凡牡丹柳花、风花雪月、草木鱼虫，无不包纳其中，可以说唐诗中一直跃动着万物之生态。诗僧皎然在《诗式》中对大历诗风进行批判时，说"大历中，词人多在江外。皇甫冉、严维、张继、刘长卿、李嘉祐、朱放，窃占青山、白云、春风、芳草等为己有"，并继续言说"吾知诗道之丧，正在于此"。其实皎然之说只是站在诗歌当以兴观群怨的诗骚传统上进行的批判，事实上诗歌之兴起之源，无外乎情、景、事三端，叙事则叙写人类社会之百态以见世风人事之变换，言情则书写天地间以人为独特之一端的人之内心世界之波澜，写景则不再以人为中心观照的是天地间的又一组成部分，皎然以一端之衰而欲批判另一端之兴，并以其为诗道之颓丧，失之片面，真正的诗道之兴，必定是三端俱兴的，而人面对青山白云足以兴发诗情也是不容置疑之诗歌所由来之规律。王建在《寻补阙旧宅》一诗中就曾写道："知得清名二十年，登山上坂乞新篇。除书近拜侍臣去，空院鸟啼风竹前。"[①] 可见在唐人心中，为赋新篇最好的方式和途径，就是登山，在自然中寻找灵感与启示。钱起的《题精舍寺》也说："胜景不

---

① （唐）王建著：《王建诗集》，中华书局上海编辑所 1959 年版，第 85 页。

易遇，入门神顿清。房房占山色，处处分泉声。诗思竹间得，道心松下生。何时来此地，摆落世间情。"① 所谓的"诗思竹间得"，其实告诉我们的也是诗之所由来，是在自然万物当中。

中唐诗人刘禹锡不只因看到朋友浑侍中宅的牡丹而起诗兴，而他看到红柿子亦诗意盎然。他的《浑侍中宅牡丹》写道：

> 径尺千余朵，人间有此花。今朝见颜色，更不向诸家。②

其《咏红柿子》云：

> 晓连星影出，晚带日光悬。本因遗采掇，翻自保天年。③

唐诗因何而来，刘禹锡在诗句中也曾很明白地告诉过我们：晴空一鹤排云上，便引诗情到碧霄。他的满腹诗情，他的打动后人的千古名句，不是从别处来，正是由眼前云霄中的飞鹤而来。

权德舆的《二月二十七日社兼春分端居有怀简所思者》写道：

> 清昼开帘坐，风光处处生。看花诗思发，对酒客愁轻。社日双飞燕，春分百啭莺。所思终不见，还是一含情。④

诗人的诗情诗思得自于眼前的自然风物，而自然风物的特质甚至还会影响到诗歌的风格，有关这一点，韦应物的《休暇日访王侍御不遇》则有触及：

> 九日驱驰一日闲，寻君不遇又空还。怪来诗思清人骨，门对寒流雪满山。⑤

---

① （清）彭定求等编：《全唐诗》卷237，中华书局1997年版，第2621页。
② 卞孝萱校订：《刘禹锡集》，中华书局1990年版，第334页。
③ 同上书，第332页。
④ 郭广伟点校：《权德舆诗文集》，上海古籍出版社2008年版，第100页。
⑤ 孙望编：《韦应物诗集系年校笺》，中华书局2002年版，第52页。

诗人也在思索何以诗思如此清寒，原来是因为时节变换，眼前所见之境亦发生变化，面对着门前的寒流与雪山，你的诗风又怎能不透着丝丝寒意呢？

可以说唐人对生态的感知与把握，是融入血液、渗透到精神灵魂之中的。如果说零散地——列举唐代的单独咏唱之作，既不集中，又缺少可操作性的话，那么从较为集中的群体同题创作入手，则可以更为集中与快速直观地体悟融入唐人精神与唐诗创作中的这一特质，达到借一斑而窥全豹的效果。最具代表性的当属唐诗中大量存在的应制、唱和与科举试帖诗。虽说此类创作虽量大，也不能代表唐诗之质，但从这些中下品的应制、应酬或应试作品入手，反而能从更广层面上观照唐人对待人与自然关系的集体观念。以《日暖万年枝》的同题创作为例。生活于宪宗到文宗时代的京兆人郭求，宪宗元和二年（807）中贤良方正直言极谏科，后授校书郎，九年自蓝田尉、史馆修撰充翰林学士，十年迁左拾遗，作为关中籍又有着常年关中生活、入仕经历的诗人，他的《日暖万年枝》写出春日阳光温仁临树、照育万物、德惠自然的特质，以及万年嘉树生植依地、光华信天，得天地之厚恩而荣茂芳丽的生长情境：

> 旭日升溟海，芳枝散曙烟。温仁临树久，煦妪在条偏。阳德符君惠，嘉名表圣年。若承恩渥厚，常属栋梁贤。生植虽依地，光华只信天。不才堪仄陋，徒望向荣先。①

蒋防则从新阳重归上苑写起，将春季暖阳照耀，万物滋养的动态——铺叙出，嘉树妍丽，和气散漫，旭日清明，曙烟卷动：

> 新阳归上苑，嘉树独含妍。散漫添和气，曈昽卷曙烟。流辉宜圣日，接影贵芳年。自与恩光近，那关煦妪偏。结根诚得地，表寿愿符天。谁道凌寒质，从兹不暖然。②

---

① （清）彭定求等编：《全唐诗》卷779，中华书局1997年版，第8896页。
② （清）彭定求等编：《全唐诗》卷507，中华书局1997年版，第5804页。

王约的同题之作将暖日初升所带来的万物变化细腻地道出：

> 霭霭彤庭里，沈沈玉砌陲。初升九华日，潜暖万年枝。煦妪光偏好，青葱色转宜。每因韶景丽，长沐惠风吹。隐映当龙阙，氛氲隔凤池。朝阳光照处，唯有近臣知。①

彤庭霭霭，玉砌沉沉，太阳的暖气默默潜入万年枝头，使得树色渐转青葱。万年绿枝每到春天，沐浴惠风，隐映龙阙，烟气氛氲，遮隔凤池，格外明丽。

郑师贞则着意于暖日与嘉树相互作用下的生态描绘：

> 禁树敷荣早，偏将丽日宜。光摇连北阙，影泛满南枝。得地方知照，逢时异赫曦。叶和盈数积，根是永年移。宵露犹残润，薰风更共吹。余晖诚可托，况近凤凰池。②

万年禁苑的嘉树早得丽日之普照而荣茂，光影摇动连接北阙，泛满南枝。薰风吹拂，枝叶上残存的宵露滋润晶莹。

一　官方主流意识下的唐代科考与关中生态

唐人对自然万物之留意，从唐代的科举考试试题与应试诗作中即可极为清晰地看到，涉及对自然界的整体生态、植物、动物、节候、天象，乃至动植物与季候相生关系等诸多生态领域的关注：透着非常浓厚的生态意识。

进士科最早设于隋大业年间。唐代继承隋制，于武德四年（621）辛巳正式开进士科。唐朝开考之初，仅试时务策五道。至调露二年（680）庚辰，刘思立任考功员外郎，奏请朝廷加试杂文，至此形成了杂文、帖经和时务策三场考试制度。杂文泛指诗、赋、箴、铭、颂、表、议、论之类。开元年间，始以赋居其一，或以诗居其一，亦有全用诗赋者，并无定

---

① （清）彭定求等编：《全唐诗》卷779，中华书局1997年版，第8896页。
② 同上书，第8896—8897页。

制。至于杂文专用诗赋，当在天宝年间。而自中唐起，改为第一场试诗赋，第二场试帖经，第三场试策问。并且诗赋考试的内容越来越多，压倒了策问和帖经，成为唐代进士科中决定取舍的重要部分，故进士科又被称为词科。唐代科举考试中所试的诗是一种格律诗，后人称之为"试律诗"或"试帖诗"。除进士科外，制科中的博学宏词科、词藻宏丽科也考"试律诗"。从诗题来看，唐代"试律诗"的题材比较广泛，多数诗题都是依时令而吟咏景物。① 作为唐代官方选拔人才的重要途径，科举考试的试题往往代表着官方主流的意识形态，影响文人知识分子的命运至深，对其生活观、思想意识亦产生重大影响。于是从唐代的试帖诗入手，即可全面把握唐代的主流思想观念。

（一）唐代科举试帖诗中的万物谐和动态意识

唐代科举考试的试帖诗，以题材论，内容相当广泛，前此研究多认为写景咏物为其中的重要内容，但写景咏物的名词并不能很好地涵咏与概括其特质。从考试试题来分析，唐人的科考试题，并不是从静态的角度去测试景物，往往是以动词性词组为题，把物与景放在一种万物的关系中考量，注重对物与物、物与人之间的动态把握，而非单纯的对某物或某景的单一、静态关注：透露出代表唐王朝官方意识的命题者强烈的万物谐和动态意识。而应试诗作在试题的限定范围下，亦往往把所咏的事物置身在天地之间，从物与日月、四季、他物、人等天地间万物的动态关系中着手，着意于物与物相互作用下的生态描绘，层层铺叙，从应考者对命题的阐释与书写，更能见出非常浓厚的万物谐和动态生态意识。于是与其说是以写景咏物为主的咏物诗，不如说是生态诗更为贴切。

以大历十四年的"赋得花发上林"试题来看，即体现出这种对万物间谐和关系的关注：而诗人们的应试诗作则将万物置身于相互的联系中予以表现。从这些起源于指定题目的"应制诗"，后广泛应用于科举试帖诗的赋得诗作中，即可见出唐人对万物间谐和动态关系的敏锐感知，同时其对四时变化之吟咏，对节令物候之敏锐感知，亦是很自觉地将之放在一种万物动态的关系中予以表现。

流连于长安城，当花发上林时，也是诗人们诗兴大发之时，结集的才

---

① 王兆鹏著：《唐代科举考试诗赋用韵研究》，齐鲁书社 2004 年版，第 3 页。

俊们面对着令人动容的跃动着无限生机的时节，相互骋才吟咏天地之美，则是此时长安城的又一道风景，而千年前长安城的风光物态也借着这样的吟咏鲜活地传至后世。当长安城春天来到、花发上林时，也是自然界的万物给诗人最多诗情的时候，每每到此时唐诗中则会涌动出大量诸如看花、早春、清明、寒食的作品，而有关"花发上林"的吟咏，甚至会成为唐代科举考试的试题，同样的命题下的诗人们，则借着科考吟咏出唐长安城春光下不同角度的生态之美。

王表的《赋得花发上林（大历十四年侍郎潘炎试）》写道：

> · 御苑春何早，繁花已绣林。笑迎明主仗，香拂美人簪。地接楼台近，天垂雨露深。晴光来戏蝶，夕景动栖禽。欲托凌云势，先开捧日心。方知桃李树，从此别成阴。①

在这里，诗人抓拍下的是长安城一道道明媚鲜活的画面，置身于笼罩在春光、春气、春韵中的长安城的御苑中，诗人不禁感叹今年的春天来得何其早，繁花已开始在林间织锦，像是在笑着迎接帝王的仪仗，又以花香拂动着美人的花簪。晴光里蝴蝶追戏，晚照的流光在归栖的禽鸟间拂动，而诗人也知道烂漫桃李在此后也会与人们告别从而枝叶成荫。在这里，绣、笑迎、香拂，都是人特有的行为姿态，却被诗人赋予繁花，由此可知诗人意识中物与人情之相知相通。

独孤授的《花发上林》如此描写：

> 上苑韶容早，芳菲正吐花。无言向春日，闲笑任年华。润色笼轻霭，晴光艳晚霞。影连千户竹，香散万人家。幸绕楼台近，仍怀雨露赊。愿君垂采摘，不使落风沙。②

诗人仍以佳人的美好容貌来比附春花，而花开芳菲时，它（她）无言地沐浴着春日，亦透着悠闲自在一任年华绽放。缭绕的轻霭笼罩着滋润的

---

① （清）彭定求等编：《全唐诗》卷281，中华书局1997年版，第3194页。
② 同上。

颜色，而晴光中的艳丽亦赛过晚霞。长安城的千户竹林处处有春花的影迹，连成一片，万户人家无不飘散着春花的清香。

同榜进士王储的《赋得花发上林》则从东风入手，以至、开、藏、拂、散、怜、舒、爱、留、入、连、增、映、转、发等一系列动词，动态地铺写长安城春天的到来：

> 东陆和风至，先开上苑花。秾枝藏宿鸟，香蕊拂行车。散白怜晴日，舒红爱晚霞。桃间留御马，梅处入胡笳。城郭连增媚，楼台映转华。岂同幽谷草，春至发犹赊。①

东风吹过，上苑花开，茂密秾艳的花枝间，鸟儿安适自在地栖息，飘香的花蕊轻拂着来来往往的行车。你看那洁白的花朵在晴光中益发惹人怜爱，那舒展的红蕊则更爱与晚霞结伴，相互映衬着彼此的艳丽。桃花开放处引逗的御马徘徊，梅花绽放处则有胡笳悠扬。而春花的开放则让城郭楼台倍添妩媚，亦将之映衬得卓富华彩。

王储榜进士第二人周渭的《赋得花发上林》则与此前诗人们的先铺叙感叹春来早再引出上苑花开不同，入题的首句即是花的特写镜头，也在凝、发、散、垂、成、过、随、深（变深，形容词动用）、结、未藏、吟、冀、不负、折等动词的挽结下，将风与花、人、烟、禽鸟交织融汇，构织出一幅绝美的生态画面：

> 灼灼花凝雪，春来发上林。向风初散蕊，垂叶欲成阴。人过香随远，烟晴色自深。净时空结雾，疏处未藏禽。萋葳何年值，间关几日吟。一枝如可冀，不负折芳心。②

映入诗人眼底的先是如凝雪般的花朵，以逼人眼目的姿态告知春天的来临。春风吹来时在风中散开花蕊，低垂着的叶子也想要形成一片绿茵。人群远去，花香亦追随着飘向更远处。轻烟缭绕的晴日里花色显得更深，

---

① （清）彭定求等编：《全唐诗》卷281，中华书局1997年版，第3195页。
② 同上。

洁净时空自结集雾气，花木扶疏处则看不到禽鸟藏身。

侯冽的《花发上林》在发、飘、积、绣、落、随、摇、映、出、驻、开、上、盈、荷等动词的串接中，描绘出花与万物关联的生态景象：

> 花发三阳盛，香飘五柞深。素晖云积苑，红彩绣张林。落水随鱼戏，摇风映鸟吟。琼楼出高艳，玉辇驻浓阴。乱蝶枝开影，繁蜂蕊上音。鲜芳盈禁籞，布泽荷天心。①

三阳之时花木绽放，香气飘溢在五柞宫中。日月的光辉积聚宫苑，红色的华彩绣满丛林。花朵落入水中随鱼儿嬉戏，在风中摇曳映衬着鸟啼。琼楼中伸出高耸红艳的花朵，吸引着玉辇在浓荫中停驻。乱蝶在花枝上展开飞影，繁蜂在花蕊上发出声音。鲜艳的花朵充盈禁苑，负载天心在上林洒满自然的恩泽。

综观上述吟咏上林花开的诗歌，可以发现在动态叙述基础上，诗人们的眼底心上，几乎无例外地将自然界的万物视为具有人情的天地馈赠给人类的最好的伙伴，万物有情，而人亦有情，在物与物、物与人之间充溢着浓烈的谐和意蕴。

唐诗中还保留有一批题为《赋得春风扇微和》的作品，诗人生平大都十分简略，可知的是均为贞元年间进士及第。崔立之的《赋得春风扇微和》，以忽变、俄又春、高低入、远近新、偃、不动、扇、感、去出漫、来过频、澹荡、披拂、相亲等大量动词的嵌入，构织出动态的春风笼罩下的生态图景：

> 时令忽已变，年光俄又春。高低惠风入，远近芳气新。靡靡才偃草，泠泠不动尘。温和乍扇物，煦妪偏感人。去出桂林漫，来过蕙圃频。晨辉正澹荡，披拂长相亲。②

时令变换，转瞬即春。和风吹拂，四处芳香，透着清新之气。春风吹

---

① （清）彭定求等编：《全唐诗》卷488，中华书局1997年版，第5583页。
② （清）彭定求等编：《全唐诗》卷347，中华书局1997年版，第3892页。

拂处青草低迷，带着清冷的气息，轻柔地不动飞尘，温和扇动抚养着万物，在桂林丛中漫游，亦频频出没在蕙圃。晨辉澹荡，春风吹拂，与万物相亲相爱，处处充满和煦之气。

存诗仅两首的诗人郭遵，在《赋得春风扇微和》中以飘、散漫、至、亲、看、辨、映、度、拂、低垂、有、无、似登、欲煦，将风、气、清晨、朝阳、轻烟、众卉、轻霭、绮陌与人连接在一起，描摹出一幅动人的生态画面：

> 微风飘淑气，散漫及兹晨。习习何处至，熙熙与春亲。暖空看早辨，映日度逾频。高拂非烟杂，低垂众卉新。霁天轻有霭，绮陌尽无尘。还似登台意，元和欲煦人。①

微风习习，淑气弥漫的清晨，熙熙和乐的春天让人倍感亲切，风过处烟尘尽去，低垂处令花卉树木、万象更新。人对自然的感知，与自然的亲和，让整首诗处处透着自然的兴味。

德宗贞元十年（794）甲戌科陈讽榜进士，授集贤殿校书郎、渭南尉的诗人范传正，在其《赋得春风扇微和》中则以当、扇、吹、摇、动、澹荡、凝、稍看、生、已觉、散、徒倚、裴回、赏未穷、不可状的动词，写出他眼中的春风生态图：

> 暖暖当迟日，微微扇好风。吹摇新叶上，光动浅花中。澹荡凝清昼，氤氲暖碧空。稍看生绿水，已觉散芳丛。徒倚情偏适，裴回赏未穷。妍华不可状，竟夕气融融。②

对春风化物之自然物象之变化的关注：使诗人们面对暖暖之春日、微微之好风诗兴蓬勃，眼见着春风过处新叶初生，花影缤纷中光影浮动，春光澹荡，春气氤氲，而绿水荡漾，芳丛动人，自然界万物萌生的舒适惬意之感，让人徘徊其间，观赏之兴味无穷，融融之佳气，难状之妍华，则是

---

① （清）彭定求等编：《全唐诗》卷347，中华书局1997年版，第3893页。

② 同上书，第3895页。

春风吹拂处自然界最动人的特征。

豆卢荣的《赋得春风扇微和》则以生、吹、动、发、入、流、飏、啼、落、恐、闲放、宜游宴、拂尘衣、回扇，将诗人眼底的万物生态描绘出来：

> 春晴生缥缈，软吹和初遍。池影动渊沦，山容发葱蒨。迟迟入绮阁，习习流芳甸。树杪飏莺啼，阶前落花片。韶光恐闲放，旭日宜游宴。文客拂尘衣，仁风愿回扇。①

和软之春风，春晴之缥缈轻烟，令山容葱蒨，池水动荡，沉影摇曳。春风流动在绮阁、芳甸间，穿越于树杪阶前，莺啼花落。在这样春风沉醉的时节，莫使韶光闲过，趁晴光尽情观赏游宴，一任春风吹拂沾满尘灰的一袭衣袍，将整个身心沉醉于融融春光之中，在诗人的意识中当是人生最快乐之事。而"仁"风之遣词中，亦令春风有情有爱，具有泽被万物之特质。

邵偃的《赋得春风扇微和》亦以扇字为核心，用共、始见、旋过、开、泛、动、流、报、新等动词承接出又一幅生态画面：

> 微风扇和气，韶景共芳晨。始见郊原绿，旋过御苑春。三条开广陌，八水泛通津。烟动花间叶，香流马上人。逶迤云彩曙，嘹唳鸟声频。为报东堂客，明朝桂树新。②

东风过处，郊原变绿，御苑着春，长安城的广陌与八水上春色泛涌，烟气在花叶间流动，暗香浮动于纵横的车马之上，破晓时云彩缭绕绵延之天空，鸟儿之频频鸣叫声中，无不透着生命在春天中的勃勃生机。

柳道伦的《赋得春风扇微和》也是以大量动词的连接书写而出，入、应、始辨、俄分、依微开、澹荡媚、拂水生、经岩触、稍抽、微吐、愿逐、将俾等动词中，媚字的运用则让物有了鲜活的人之情态：

---

① （清）彭定求等编：《全唐诗》卷347，中华书局1997年版，第3895页。
② 同上。

青阳初入律，淑气应春风。始辨梅花里，俄分柳色中。依微开夕
照，澹荡媚晴空。拂水生蘋末，经岩触桂丛。稍抽兰叶紫，微吐杏花
红。愿逐仁风布，将俾生植功。①

淑气与春风相呼应的春天里，万物的萌动让人应接不暇，刚辨清梅花
的傲然姿态，不久又发现柳芽已生，柳色已微黄，风生于青萍之末，轻拂
于碧波之上，经行过岩石碧峰间，轻触着桂花丛，稍抽之兰叶间兰花泛
紫，让杏花微微吐着红色，一切都是轻轻、暖暖、柔柔、稍稍、微微的，
而春风之生植万物之功，却令诗人惊喜不已，感动倾慕不已。

陈九流的《赋得春风扇微和》以喜见、至、遥知、迟迟散、袅袅逐、
暗入、潜吹、才有、未成、已觉尽、还看通、发应同等动词写出这样的生
态图景：

喜见阳和至，遥知橐籥功。迟迟散南阳，袅袅逐东风。暗入芳园
里，潜吹草木中。兰荪才有绿，桃杏未成红。已觉寒光尽，还看淑气
通。由来荣与悴，今日发应同。②

可以说沉浸于春风中的每一位诗人，几乎都是将自我全身心地置身于天
地自然中的，去看去听去感受春风吹过万物发生的悄然变化，春风之无形潜
伏却无不被诗人们感受并发现，于是在诗人笔底，春风是偷偷地穿入于芳园
中的，也是潜伏地吹过草木中的，而春风吹拂处，虽说兰荪刚刚泛绿，桃杏
还未绽红，但已让人感觉到冬天的寒光已尽，春天的淑气已通。自然界极其
幽微的变化律动，都被诗人捕捉到，并展现于诗歌当中。

蒋防的《春风扇微和》写出丽日催促迟来的景色，和风扇动，丹阙上
暖气浮动，黑龙津畔韶光妩媚，春风澹荡迎候仪仗，烟雾弥漫送走画轮，
绿柳摇散，禁花新红的春风吹拂下的生态图景：

丽日催迟景，和风扇早春。暖浮丹凤阙，韶媚黑龙津。澹荡迎仙

---

① （清）彭定求等编：《全唐诗》卷347，中华书局1997年版，第3896页。
② 同上。

仗，霏微送画轮。绿摇宫柳散，红待禁花新。舞席皆回雪，歌筵暗送尘。幸当阳律候，惟愿及佳辰。①

而催、扇、浮、媚、潏荡迎、霏微送、摇散、待新、回雪、暗送等一系列动词中，除过浮、摇散、回雪外，基本均具有将物人化的特点，可见诗人心中物与人一体关系的观念之深。

在唐人的心目中，春天的到来是由春风带动的，于是但凡写到春天，一定少不了对春风的叙述，于是在"春风扇微和"的考题外，又有《赋得风动万年枝》的动态考查。

礼部的考试中还有"风光草际浮"的命题，着意于考查应试者细致入微的感受并表现自然界风光物态变化的能力，足见唐人思想意识中对物态变化之重视。刘禹锡的《省试风光草际浮》写道：

> 熙熙春景霁，草绿春光丽。的历乱相鲜，葳蕤互亏蔽。乍疑芊绵里，稍动丰茸际。影碎翻崇兰，浮香转丛蕙。含烟绚碧彩，带露如珠缀。幸因采掇日，况此临芳岁。②

而这样的命题作文下，春光里自然界的众生态都被纳入观照视野之内：在春光中杂乱地疯长着争相衬托着光亮鲜明的春草，茂盛的枝叶交互遮蔽层叠掩映，呈现出芊绵丰茸的姿态。在春风中摇曳的兰花丛下浮动的碎影，丛生的蕙草间浮动的暗香。含烟带露的绚丽晶莹姿态，都被诗人撷入诗歌当中细细铺绘，呈现出动人的生机。

陈璀的《风光草际浮》写道：

> 春风泛摇草，旭日遍神州。已向花间积，还来叶上浮。晓光缘圃丽，芳气满街流。潏荡依朱萼，飘飏带玉沟。向空看转媚，临水见弥幽。况被崇兰色，王孙正可游。③

---

① （清）彭定求等编：《全唐诗》卷507，中华书局1997年版，第5804页。
② 卞孝萱校订：《刘禹锡集》，中华书局1990年版，第498页。
③ （清）彭定求等编：《全唐诗》卷779，中华书局1997年版，第8900页。

德宗贞元九年（793）登进士第的诗人裴杞（生平事迹见《登科记考》卷一三），仅存的一首诗就是《风光草际浮》：

> 澹荡和风至，芊绵碧草长。徐吹遥扑翠，半偃乍浮光。叶似翻宵露，丛疑扇夕阳。逶迤明曲渚，照耀满回塘。白芷生还暮，崇兰泛更香。谁知揽结处，含思向余芳。①

当春天澹荡的和风吹来，芊绵的碧草生长，徐徐之春风吹扑着远处的翠绿之色，半偃的枝叶上浮光掠动。在宵夜翻落枝叶上的露珠，在夕阳晚照中扇动着丛木。而春光在逶迤的曲渚上浮动使得池水明丽，光色照耀洒满回塘之上。白芷在暮色中丛生，崇兰亦泛动着香气。

贞元九年登进士第，又中博学宏词科，贞元十六年为秘书正字的诗人张复元在《风光草际浮》中写道：

> 纤纤春草长，迟日度风光。霏靡含新彩，霏微笼远芳。殊姿媚原野，佳色满池塘。最好垂清露，偏宜带艳阳。浅深浮嫩绿，轻丽拂余香。好助莺迁势，乘时冀便翔。②

纤纤之春草，在春日之风光中生长。随风披拂的细弱草木泛着新生的光彩，雾气弥漫笼罩着远处的芳草。美丽的姿态使得原野明媚，美好的色彩映满池塘，垂着清露的姿态最为动人，而带着艳阳则最为适宜。日光浮动，草色深浅不一，风吹过拂动着余留的香气。这样的春风春光最适宜黄莺的迁动，正好乘时飞翔。

这种将自然物置于动态的相互关联关系中的命题方式，从散见的试帖诗中亦可以看出。刘得仁的《京兆府试目极千里》写道：

> 献赋多年客，低眉恨不前。此心常郁矣，纵目忽超然。送骥登长路，看鸿入远天。古墟烟幂幂，穷野草绵绵。树与金城接，山疑桂水

---

① （清）彭定求等编：《全唐诗》卷779，中华书局1997年版，第8900页。
② 同上书，第8901页。

连。何当开霁日，无物翳平川。①

诗作从自己献赋多年的坎坷经历以及由此而来的抑郁失意愁苦心结写起，然而纵目之处，心境忽然明朗超脱，这也是唐人对人与自然之关系的普遍情感体验。极目处天地自然之动态——呈现而来，目送骏马踏上征途，仰望飞鸿消失在天之尽头。古墟上轻烟幂幂，田野上青草绵绵。树木与金城交融相接，青山与桂水连绵一片。诗人内心则企盼着雨过天晴后破开烟雨的凄迷朦胧境界，一览无障碍遮蔽的平川之美景。并在对生态景观的摹写中，寄予人生困顿逆转的希冀。

郑谷的《咸通十四年府试木向荣（题中用韵）》写道：

> 园林青气动，众木散寒声。败叶墙阴在，滋条雪后荣。欣欣春令早，蔼蔼日华轻。庾岭梅先觉，隋堤柳暗惊。山川应物候，皋壤起农情。只待花开日，连栖出谷莺。②

园林中青气浮动，众木散发出凄寒的声音。墙阴处冬日的败叶还在，滋润的枝条在雪后繁茂。春令尚早，万木欣欣，日华蔼蔼。梅花先觉，堤柳暗惊。山川应物候而变，皋壤上已兴起农事。只等百花盛开，栖息的群莺出谷，那才是春天最繁盛的时候。"动"、"散"、"在"描绘物之动态，"先觉"、"暗惊"则以拟人的手法让物同人一样有感有知，"应"写出山川万物与节候的相通相知，"起"字也写出古人应时而动与自然间的契合关系，黄莺则等待着花开之日从山谷中飞出，为这个春天增添动人的声音。

罗隐的《省试秋风生桂枝》以起、漫随、高傍、生、漠漠看、萧萧别、远吹、转、低拂、悲、长望等动词的一起流转，细腻入微地勾勒出秋风作用下的万物生态图景：

> 凉吹从何起，中宵景象清。漫随云叶动，高傍桂枝生。漠漠看无

---

① （清）彭定求等编：《全唐诗》卷545，中华书局1997年版，第6351页。
② 严寿澄、黄明、赵昌平笺注：《郑谷诗集笺注》，上海古籍出版社1991年版，第151页。

际，萧萧别有声。远吹斜汉转，低拂白榆轻。寥泬工夫大，乾坤岁序
更。因悲远归客，长望一枝荣。①

凉风吹起，中宵景象清明，散漫地随云叶翻动，在高处傍着桂枝而
生。静观无穷之边际，分辨着萧萧之秋声。在遥远的斜汉之际翻转，轻拂
低处的白榆。天空广阔，乾坤岁序变更。在肃杀之秋季来临时，念及未归
的飘零游客，不禁心生悲愿，期望着繁荣之景象得以长久。

唐长安的科举考试亦会以涨满的曲江水作为诗题，黄滔的《省试奉诏
涨曲江池（以春字为韵。时乾符二年）》写道：

地脉寒来浅，恩波住后新。引将诸派水，别贮大都春。幽咽疏通
处，清泠进入辰。渐平连杏岸，旋阔映楼津。沙没迷行径，洲宽恣跃
鳞。愿当舟楫便，一附济川人。②

地脉寒气来得渐渐清浅，随着时日的推进景象日新。将诸脉之水都引
到曲水，别贮起大都的春天。幽咽疏通之处，在清晨发出清凉清越的声
音。曲水渐渐涨平联及杏林岸边，旋即水涨开阔映照着津楼。细沙湮没小
路，宽阔的洲水中锦鳞恣意跃动。看着如此之美景，诗人不禁心生趁着舟
楫之便泛览美景的意愿。

郑谷的《乾符丙申岁奉试春涨曲江池（用春字）》写道：

王泽尚通津，恩波此日新。深疑一夜雨，宛似五湖春。泛滟翘振
鹭，澄清跃紫鳞。翠低孤屿柳，香失半汀蘋。凤辇寻佳境，龙舟命近
臣。桂花如入手，愿作从游人。③

帝王的恩泽尚且延及河水渡口，从此日之后气象日新。好像是一场夜
雨后曲水涨满，又像是五湖的春天。白鹭振起翅膀在激滟的池水边，澄清

① 潘慧惠校注：《罗隐集校注》修订本，中华书局 2011 年版，第 136 页。
② （清）彭定求等编：《全唐诗》卷 706，中华书局 1997 年版，第 8200 页。
③ 严寿澄、黄明、赵昌平笺注：《郑谷诗集笺注》，上海古籍出版社 1991 年版，第 165 页。

的水波中紫鳞跃动。孤屿之上柳枝低翠，轻蘋的香气迷失在水边的平地上。时值曲江水涨满的春天，帝王乘凤辇到此寻找着绝好的风景，亦会与近臣在龙舟上泛游。而诗人则期待着应考折桂，成为欣赏美景的从游之人。

科考时也会以麦垄之秀美景象为题。汪极的《奉试麦垄多秀色》写道：

> 南陌生岐穗，农家乐事多。塍畦交茂绿，苗实际清和。日布玲珑
> 影，风翻浩荡波。来牟知帝力，含哺有衢歌。①

南陌一带禾麦吐穗，也带来了农家的欢乐。田畔垄亩之间禾麦茂盛碧绿，麦苗间透着清和之气。日光照在麦苗上落下玲珑之影，风吹过翻起浩荡之波澜。由生长茂盛的大小麦即可得知帝王的功绩与盛德，口含食物的太平无忧日子里街头巷尾处处都唱起欢乐的歌谣。

（二）唐代科举试帖诗中的动植物生态书写

在动态的命题外，唐代科考还会以单纯的动植物为题，但从答题者的试帖诗作看，尽管试题是静态的纯咏物命题，但唐代举子们仍会将这些动植物放置在万物间关系中，进行动态细绘，包蕴着极为浓厚的生态创作特质。

以"龙池春草"为题的试帖诗作即可见出这一特质。宋迪的《龙池春草》次第铺开春天的万物生态，烟波让绿，堤柳不争新绿，暖风吹拂处枝叶翻卷迎接着红日，空气中充盈着借来的白蘋之香气，万年枝幽美的姿态偏偏占尽暮色，芬芳之意欲留住春天，在全让、不争、迎、借、偏占、欲留的动态描写中，让万物如此有情、有序，也将凤阙韶光遍布，草色均匀，天地万物和谐共生的物态一一绘出：

> 凤阙韶光遍，龙池草色匀。烟波全让绿，堤柳不争新。翻叶迎红
> 日，飘香借白蘋。幽姿偏占暮，芳意欲留春。已胜生金埒，长思藉玉
> 轮。翠华如见幸，正好及兹辰。②

---

① （清）彭定求等编：《全唐诗》卷690，中华书局1997年版，第7994页。
② （清）彭定求等编：《全唐诗》卷782，中华书局1997年版，第8921页。

万俟造的《龙池春草》在积、连、迎、未偃、裛、分、杂、依、落、引、宜、怜、惜的动词串联中，将春天万物间的谐和关系次第铺开：

> 暖积龙池绿，晴连御苑春。迎风茎未偃，裛露色犹新。茸茸分阶砌，离离杂荇蘋。细丛依远渚，疏影落轻沦。迟引萦花蝶，偏宜拾翠人。那怜献赋者，惆怅惜兹辰。①

天气渐暖，龙池生绿，丽日晴天，春满御苑。和风吹过，草茎不偃，沾着露珠的草色更显清新。长势茂盛的春草沿阶砌分开，浓密鲜亮的样子与荇蘋相错杂生。细嫩的草丛与远处的沙渚相依，稀疏的清影落在水面的轻轻波纹之上。虽很难吸引萦绕在花间的蝴蝶，却很适宜游春的拾翠之人。面对此景，献赋之人，既珍惜这样的良辰，又不禁为此心生惆怅。

王贞白的《宫池产瑞莲（帖经日试）》也是以动态地展现万物的和谐关系为咏物创作的中心，在及、有、飘、占、临、照的动词连接中，将雨露惠及万物，嘉祥之气中生长出祥瑞之莲花，荷香飘过中书省（宰相府第之树），在凤池上占尽荣华的生态展现而出：

> 雨露及万物，嘉祥有瑞莲。香飘鸡树近，荣占凤池先。圣日临双丽，恩波照并妍。愿同指佞草，生向帝尧前。②

刘得仁的《赋得听松声》在动、生、听、觉、与、嫌、拂、增、过、合、当、在等一系列的动词中次第展开创作：

> 庭际微风动，高松韵自生。听时无物乱，尽日觉神清。强与幽泉并，翻嫌细雨并。拂空增鹤唳，过牖合琴声。况复当秋暮，偏宜在月明。不知深涧底，萧瑟有谁听。③

---

① （清）彭定求等编：《全唐诗》卷782，中华书局1997年版，第8821页。
② （清）彭定求等编：《全唐诗》卷701，中华书局1997年版，第8139页。
③ （清）彭定求等编：《全唐诗》卷545，中华书局1997年版，第6352页。

当庭院之间的微风乍起时，亭亭之青松的韵律亦由此产生。而听到这来自自然的动听美妙乐音，自然不会有尘世之物扰乱人心，尽日都感觉神清气爽。无论是与幽泉之声交叠，抑或和细雨糅合在一起，都会破坏到松声之美妙。拂动高空的松声增加了鹤喉之清气，飘荡路过户牖时则与琴声相伴。而时值秋天之薄暮，松声是最适宜与明月相辉映的。只可惜松音幽闭在深涧之底，那种萧瑟的声音又有谁会听到呢？整首诗作对松声的摹写，一直是将之放置于自然万物的关联之中，以展现松声之动态，并由此勾勒出一幅动人的生态画卷。

李频参加的府试则以风雨之中的鸡鸣之声为题，其《府试风雨闻鸡》写道：

> 不为风雨变，鸡德一何贞。在暗长先觉，临晨即自鸣。阴霾方见信，顷刻讵移声。向晦如相警，知时似独清。萧萧和断漏，喔喔报重城。欲识诗人兴，中含君子情。①

在唐人的心目中，动物与人一样都是有品性的。而鸡之品性在于仁德贞洁，从不因风雨之变换而改变自己的品性。在天色还晦暗之时，它就已经感觉到拂晓之来临，每当清晨之时都会自觉地鸣叫。在阴霾之时仍然掌握着天地间的时刻，由此方可体会到它的守信守时之质。在风雨如晦之时仍然知道时辰发出预警般的鸣叫，又足见其独自清醒之特质。而风雨之中的鸡鸣声，亦成为引发诗人诗兴的动因，同时在诗人心中亦成为包含君子之风的象征。

他所参加的省试试题则要求描摹的是振起之白鹭的姿态，其《省试振鹭》写道：

> 有鸟生江浦，霜华作羽翰。君臣将比洁，朝野共相欢。月影林梢下，冰光水际残。翻飞时共乐，饮啄道皆安。迥翥宜高咏，群栖入静看。由来鸳鹭侣，济济列千官。②

---

① （清）彭定求等编：《全唐诗》卷589，中华书局1997年版，第6897页。
② 同上。

有鸟生于江浦之畔，其羽翰如霜华一般洁白莹透。君臣们往往以此物来比附贞洁，朝野上下对此物亦欢乐不已。白鹭在月色映衬的林梢下舞弄着清影，在水际冰光的照拂下徘徊。

吴融的《府试雨夜帝里闻猿声》：

> 雨滴秦中夜，猿闻峡外声。已吟何逊恨，还赋屈平情。暗逐哀鸿泪，遥含禁漏清。直疑游万里，不觉在重城。霎霎侵灯乱，啾啾入梦惊。明朝临晓镜，别有鬓丝生。①

秦中夜半，雨声滴沥，凄清迷离，似乎听到峡外清猿的哀啼声。轻吟透着恨意的何逊诗句，铺叙愤懑郁结的屈平之情。追随着哀鸿之泪，遥含禁漏之清气。霎霎之风雨侵入，灯影摇曳，似猿鸣啾啾之声，惊醒残梦。明朝面对明镜，两鬓别有华丝暗生。

（三）唐代科举试帖诗中的季节天象生态意识

唐人对季节之关注：对物候变化之敏感，从唐人科举考试的试题题目以及保留下来的唐人应试诗作亦可得知。马戴的《府试水始冰》即可看出唐人对节候变化的敏感，细致到自然界之流水随气温之骤降初始结冰的动态，亦被收入诗人眼底：

> 南池寒色动，北陆岁阴生。薄薄流澌聚，漓漓翠溦平。暗沾霜稍厚，回照日还轻。乳窦悬残滴，湘流减恨声。即堪金井贮，会映玉壶清。洁白心虽识，空期饮此明。②

南池浮动的寒色，北陆初生之岁阴。池面上随水流动聚集在一起的薄薄冰澌，无不体现出唐人对物候动态的敏锐感知，甚至当冷霜铺于冰面在视觉上造成的冻冰增厚感，回照洒到冰面时所显现的轻薄感，以及冰封流水之时，乳窦悬着的残留水滴，因冰冻而减少了的惆怅幽怨水流声等，更为细腻的自然变化，都被关注到。而自然界的冻冰，亦被赋予人文之意

---

① （清）彭定求等编：《全唐诗》卷687，中华书局1997年版，第7972页。
② 杨军、戈春源注：《马戴诗注》，上海古籍出版社1987年版，第81页。

蕴，在唐人意识中，它既可以在金井中贮藏，亦可以辉映玉壶之清莹，是洁白明亮之象征。

礼部试题中亦有以早春残雪为吟咏对象的。姚康的《礼部试早春残雪》写道：

> 微暖春潜至，轻明雪尚残。银铺光渐湿，珪破色仍寒。无柳花常在，非秋露正团。素光浮转薄，皓质驻应难。幸得依阴处，偏宜带月看。玉尘销欲尽，穷巷起袁安。①

天气微暖，春天悄悄而至，残雪尚且轻明，透着银光在春日之暖气下渐渐消融湿润，如破碎的美玉仍然透着寒气，如柳花轻盈，如秋露团光。素白的清光浮动渐渐转薄，皓洁的质地在春日里应该是难以驻留。幸运的是在阴暗处得以依存，最适合在月下和着月光欣赏。

唐代的科举考试亦关注着东风来临，冰封之水解冻的自然生态情形，徐黄的《东风解冻省试》写道：

> 暖气飘蘋末，冻痕销水中。扇冰初觉泮，吹海旋成空。入律三春照，朝宗万里通。岸分天影阔，色照日光融。波起轻摇绿，鳞游乍跃红。殷勤排弱羽，飞翥趁和风。②

暖气在轻蘋之末飘浮，冰冻的痕迹亦随风在水中消融。东风扇动处冻冰刚刚开始消解，吹动着河海旋即成空。堤岸隔开辽阔的天影，日光融融。波水轻动荡漾着碧绿的色彩，锦鳞游泳瞬间跃动起鲜红的光影。鸟儿殷勤地拍动着纤弱的翅膀，趁着和风展翅飞动。万物告别冬天的沉寂，显得欣欣向荣。

高弁的《省试春台晴望》写道：

> 层台聊一望，遍赏帝城春。风暖闻啼鸟，冰开见跃鳞。晴山烟外

---

① （清）彭定求等编：《全唐诗》卷331，中华书局1997年版，第3697页。
② （清）彭定求等编：《全唐诗》卷711，中华书局1997年版，第8266页。

翠，香蕊日边新。已变青门柳，初销紫陌尘。金汤千里国，车骑万方人。此处云霄近，凭高愿致身。①

于层台眺望，遍赏帝城的春色。暖风吹拂中听啼鸟欢唱，于层冰破开处观锦鳞跃动。轻烟外晴山生翠，日光照耀下花蕊浮动着香气。青门之柳变色，紫陌之尘初销。广阔的国度固若金汤，长安城中车骑万方。

敬括的《省试七月流火》写道：

> 前庭一叶下，言念忽悲秋。变节金初至，分寒火正流。气含凉夜早，光拂夏云收。助月微明散，沿河丽景浮。礼标时令爽，诗兴国风幽。自此观邦正，深知王业休。②

门庭前飘落的一片树叶，让人顿觉节气之变化，金秋将要来临，作为分节点，一面是火星的西沉，一面则是寒凉之气的到来，夜间清晨的凉气也预示着节气间的变换，夏云亦将收起，迎来凉爽的时令。

科举试题还会关注节气后的帝城风光，林宽的《省试腊后望春宫》写道：

> 皇都初度腊，凤辇出深宫。高凭楼台上，遥瞻灞浐中。仗凝霜彩白，袍映日华红。柳眼方开冻，莺声渐转风。御沟穿断霭，骊岫照斜空。时见宸游兴，因观稼穑功。③

皇都刚刚度过腊月，帝王的凤辇就离开深宫。在楼台上凭高而望，瞭望远处的浐灞。仪仗凝结着洁白的霜华，日光映照着鲜红的袍服。柳芽在开冻的时节刚刚睁开双眼，莺儿在渐渐转向的风中发出啼声。御沟之水流动着穿过断断续续的霭气，骊山峰顶耸入斜空。此时的帝王为了解观看百姓稼穑之情，亦兴起巡游之兴。

---

① （清）彭定求等编：《全唐诗》卷368，中华书局1997年版，第4159页。
② （清）彭定求等编：《全唐诗》卷215，中华书局1997年版，第2250页。
③ （清）彭定求等编：《全唐诗》卷606，中华书局1997年版，第7056页。

对天象的关注，亦反映到科举考试之中。李频的府试应试诗——《府试老人星见》，即以代表着天人感应之祥瑞征兆的老人星的出现为题：

> 良宵出户庭，极目向青冥。海内逢康日，天边见寿星。临空遥的的，竟晓独荧荧。春后先依景，秋来忽近丁。垂休临有道，作瑞掩前经。岂比周王梦，徒言得九龄。①

良宵之时步出户庭，向青冥之际极目眺望。适逢海内和平安泰之日，在天边则见到应时而来的寿星。在遥远的天边发出明亮的光芒，整个拂晓独自荧亮。春后依伴着清景，秋来忽然靠近。时值有道盛世，寿星亦垂临作瑞。

李行敏的《省试观庆云图》写道：

> 缣素传休祉，丹青状庆云。非烟凝漠漠，似盖乍纷纷。尚驻从龙意，全舒捧日文。光因五色起，影向九霄分。裂素观嘉瑞，披图贺圣君。宁同窥汗漫，方此睹氛氲。②

以尺素书写着福瑞，以丹青描绘着庆云之状。虽不是轻烟但凝固着迷茫，像车盖般突然纷纷而至。可使从龙之意停驻，使捧日之文舒展。光照之下五色绚烂，在九霄中分分合合。朝堂之上众臣争相吟咏与描绘，祝贺着祥瑞的来临。

薛能（一作韦承贻诗）的省试诗题则以夜作为书写对象，其《省试夜》写道：

> 白莲千朵照廊明，一片承平雅颂声。更报第三条烛尽，文昌风景画难成。③

---

① （清）彭定求等编：《全唐诗》卷589，中华书局1997年版，第6897页。
② （清）彭定求等编：《全唐诗》卷368，中华书局1997年版，第4159页。
③ （清）彭定求等编：《全唐诗》卷561，中华书局1997年版，第6568页。

白莲千朵映照得回廊格外分明，耳畔则回荡着歌颂承平的雅颂之音。当烛火燃尽之时，文昌之风景更为奇异，是书画都难以书写而成的。

当然也会关注到日月星辰。郑谷的《京兆府试残月如新月》写道：

> 荣落何相似，初终却一般。犹疑和夕照，谁信堕朝寒。水木辉华别，诗家比象难。佳人应误拜，栖鸟反求安。屈指期轮满，何心谓影残。庾楼清赏处，吟彻曙钟看。①

将残月与新月对举作为命题，其实是将月放置到动态的时间的运行流走中作以观照，也足见唐人的观物意识与思维模式，即万事万物皆是相关联的，且共同放置于时空之轴中在大化运行中周而复始。而应试者显然对此也是了然于心的，很自然地由此关联到残月与新月这一自然界事物的运行规律，与人世间人事的荣华与陨落景象何其相似，开始和最终竟然是一样的情形。当其初升之时，和着夕阳晚照，坠落时则是在透着丝丝寒气的清晨。月华笼罩下的人间，佳人会对月而拜，栖鸟安静地宿于枝上。人们都在期待着月满时节，谁会关注残月的清影。只有诗人会于此夜清赏吟唱，看着它由初升到残落，直到曙钟响起。

（四）与科考相关的生态书写余绪

唐代选拔贤才的考试还包括在都堂测试各地学校选送的优秀者，或州（府）、县科举考试（乡贡、乡举）的中试者——贡士。元稹在《戏兵部马射赋》中即提及：二月丙申，初命天下学校岁贡士于京师。都堂则是总辖各部的尚书省都省左右仆射的总办公处，尚书省的省署居中，东有吏、户、礼三部，西有兵、刑、工三部。而唐诗中还留存有都堂试贡士日对春雪的吟咏。

李衢的《都堂试贡士日庆春雪》写道：

> 锡瑞来丰岁，旌贤入贡辰。轻摇梅共笑，飞袅柳知春。绕砌封琼屑，依阶喷玉尘。蜉蝣吟更古，科斗映还新。鹤氅迷难辨，冰壶鉴易

---

① 严寿澄、黄明、赵昌平笺注：《郑谷诗集笺注》，上海古籍出版社1991年版，第148页。

真。因歌大君德，率舞咏陶钧。①

旌贤入贡之辰，瑞雪飞来，预示着丰收之年的到来。雪花轻摇与梅花共笑，细长柔美的柳枝随风飞动，昭示着春天的到来。雪花环绕，如琼玉一般的雪屑封盖着阶砌，风起时依绕台阶喷起玉尘。

李损之的《都堂试贡士日庆春雪》写道：

> 春雪昼悠扬，飘飞试士场。缀毫疑起草，沾字共成章。匝地如铺练，凝阶似截肪。鹅毛萦树合，柳絮带风狂。息疫方殊庆，丰年已报祥。应知郢上曲，高唱出东堂。②

悠扬的春雪飘飞在贡士考试的试场，坠落在笔毫上似乎也在起草着文章，沾着文字共同谱出文章。落在地上如铺上素练，在台阶上凝聚，颜色质地白润如切开的脂肪。如鹅毛萦绕着绿树，如带风狂舞的柳絮。这样的瑞雪会平息时疫，也预报着祥瑞的丰年。

李景的《都堂试贡士日庆春雪》写道：

> 密雪分天路，群才坐粉廊。霭空迷昼景，临宇借寒光。似暖花消地，无声玉满堂。洒池偏误曲，留砚忽因方。几处曹风比，何人谢赋长。春晖早相照，莫滞九衢芳。③

细密的飞雪分开天路，群才坐于粉廊。在空中密集萦绕，靠近楼宇衬着寒光。消融在地上如暖花，无声落落如珠玉满堂。

而考试过后，看到举子的省试试题，亦会有诗人以此为题展开吟咏。郑谷的《光化戊午年举公见示省试春草碧色诗偶赋是题》写道：

> 苌弘血染新，含露满江滨。想得寻花径，应迷拾翠人。窗纱迎拥

---

① （清）彭定求等编：《全唐诗》卷542，中华书局1997年版，第6312页。
② 同上。
③ 同上书，第6313页。

砌，簪玉妒成茵。天借新晴色，云饶落日春。岚光垂处合，眉黛看时
嚬。愿与仙桃比，无令惹路尘。①

当春天来临，春草如苌弘化碧之血一样，亦着染上新绿，含着露水长
满江滨。想着那些在花径中寻觅的拾翠之人，一定会在这样的春色中迷失
吧。窗纱迎着石砌，簪玉映着如茵的碧草也会妒忌。天借着新晴之色格外
青碧，云彩丰饶伴着落日的余晖。佳人观看着山间雾气重合之处，轻皱着
眉黛。愿与仙桃相比，不要惹起争相观看的尘土。

科考成功者亦会徜徉在长安城，看尽长安的生态之美。翁承赞的《擢
探花史三首》写道：

> 洪崖差遣探花来，检点芳丛饮数杯。深紫浓香三百朵，明朝为我
> 一时开。
> 九重烟暖折槐芽，自是升平好物华。今日始知春气味，长安虚过
> 四年花。
> 探花时节日偏长，恬淡春风称意忙。每到黄昏醉归去，纻衣惹得
> 牡丹香。②

槐花、牡丹是长安城中最引人的风景。诗人在花丛中流连，对花饮
酒，看着盛开的花海，也期待着含苞的花蕾之绽放，与花朵心灵相契，等
待着明日深紫浓香的花朵，一并为自己绽放。

风暖烟熏，槐芽吐黄，物华美好。槐花的清香阵阵袭来，才知道这就是
春天的味道。而记忆中追随槐花的生活亦烙在诗人的内心深处。他的《题
槐》写道："雨中妆点望中黄，勾引蝉声送夕阳。忆昔当年随计吏，马蹄终
日为君忙。"点点槐花，远望处的鸭黄色，成为风雨中最美的装点。吸引着
蝉儿驻足，在夕阳中吟唱。也引得长安城的文人们徘徊不尽，终日观赏。

长安城的春天，清风恬淡，也是探花的绝佳时节。每到黄昏醉酒归去
时，衣襟上亦沾惹着牡丹的浓郁香气。

---

① 严寿澄、黄明、赵昌平笺注：《郑谷诗集笺注》，上海古籍出版社 1991 年版，第 295 页。
② （清）彭定求等编：《全唐诗》卷 703，中华书局 1997 年版，第 8167 页。

可以说无论是从唐人科考的命题，还是唐代举子的应试诗作，抑或是科考日监考者的诗作，甚至科考后高中者的诗作，举凡与科考相关的诗作中，无不浸润着对唐代良好生态的倾情与吟咏，从中不仅可以看出彼时彼地人与动植物的生存状态，更透着非常浓厚的人对万物的敬畏、怜惜之情，以及对万物生命的关注与珍惜。而诗人们在有意识的拟人手法运用中，则是很自觉地认为物与人一样，是有情感有意识的，可与人相呼应，亦明白人的心情，从而与人交汇为一体，达到大化合一的至境，孕育着更高层次的生态观念。

二　唐人日常生活咏叹中的唐代关中生态与文学

唐人的生活与诗歌中少不了自然，也少不了令自然生色的绚丽花朵，尤其是每到春来，长安城更是让花朵装点得美不胜收，待花、看花、探花、对花与惜花、叹花自然成为整个春天里唐人生活中必不可少的内容。杜甫的《曲江》二首其一写道：

> 一片花飞减却春，风飘万点正愁人。且看欲尽花经眼，莫厌伤多酒入唇。江上小堂巢翡翠，苑边高冢卧麒麟。细推物理须行乐，何用浮荣绊此身。①

当晚春之时，曲江一带，飞红万点，对酒惜春，愁绪萦怀。在减却、飘、愁、且看、经眼、莫厌、巢、卧、何用的动态勾勒中，将物之动态、人之情态、人对物的依恋、人对物而洞悟的人生哲理——道出，可作为唐代关中诗作与关中生态关系的最好概括。

唐人对自然界万物之动容倾情，亦表现在对风云雨雪等自然气象的关注上。一场风雨也足以让倾城出动，去观览雨后之众生态。司空曙的《奉和御制雨后出城观览敕朝臣已下》即有描述这样的情景：

> 上上开鹑野，师师出凤城。因知圣主念，得遂老农情。陇麦垂秋合，郊尘得雨清。时新荐玄祖，岁足富苍生。却马川原静，闻鸡水土

① （清）仇兆鳌注：《杜诗详注》，中华书局1979年版，第446—447页。

平。薰弦歌舜德，和鼎致尧名。览物欣多稼，垂衣御大明。史官何所录，称瑞满天京。①

在一场风雨后，帝王亲率众臣出城观览，这场雨在唐人的意识当中是天人感应的结果，是上天感知到圣主心中所念，于是得降甘霖，以遂帝王与农夫的企盼之情。在天雨的滋润下，陇头的麦子欣欣向荣，郊外飞扬的尘土亦沉静下来透着清新，整个京城都沉浸在天降甘霖的祥瑞之中。

对自然天地的关注还体现在对关中星月云虹、风雪露雾的关注上。董思恭就曾对此做过——铺咏，他的《咏云》写道：

> 帝乡白云起，飞盖上天衢。带月绮罗映，从风枝叶敷。参差过层阁，倏忽下苍梧。因风望既远，安得久踟蹰。②

帝乡长安的白云初起，飞盖驰骋于天街之上。云朵与夜月辉映着绮罗，亦跟随着风儿飘浮在枝叶上。参差飞过层叠的阁楼，又倏忽落于苍青的梧桐树上。

其《咏露》写道：

> 夜色凝仙掌，晨甘下帝庭。不觉九秋至，远向三危零。芦渚花初白，葵园叶尚青。晞阳一洒惠，方愿益沧溟。③

露珠在夜色中凝结于仙掌，清晨滴落在帝王的庭院。不知不觉间九秋已至，弥漫在更远的地区（《尚书·舜典》载："窜三苗于三危"）。芦苇沙渚上芦花初白，葵叶尚青。

其《咏雾》亦对自然界的特殊天象——雾进行了描摹：

---

① 文航生校注：《司空曙诗集校注》，人民文学出版社 2011 年版，第 312 页。
② （清）彭定求等编：《全唐诗》卷 63，中华书局 1997 年版，第 739—740 页。
③ 同上书，第 740 页。

苍山寂已暮，翠观黯将沉。终南晨豹隐，巫峡夜猿吟。天寒气不
歇，景晦色方深。待访公超市，将予赴华阴。①

暮色时苍山寂寂，翠观暗淡。终南隐居的山林中雾气弥漫（终南豹隐
本比喻隐居山林。据《列女传·陶答子妻》："妾闻南山有玄豹，雾雨七
日而不下食者，何也？欲以泽其毛而成文章也。故藏而远害。犬彘不择食
以肥其身，坐而须死耳。"），巫峡的夜色中烟雾缭绕，清猿哀啼。寒天中
雾气不歇，景色晦暗时雾色浓重。华山一带的雾色更是胜景，于是诗人意
欲赴华阴寻访有雾谷之称的公超市（《后汉书·张楷传》载，张楷字公
超，"隐居弘农山中，学者随之，所居成市。后华阴山南遂有公超市"。又
传说他能为五里雾）。

其《咏虹（一作虹蜺）》描绘暮春时节，日落雨飞后，横挂在天空，
将妩媚的姿态映于清渠的彩虹美景：

春暮萍生早，日落雨飞余。横彩分长汉，倒色媚清渠。梁前朝影
出，桥上晚光舒。愿逐旌旗转，飘飘侍直庐。②

宗楚客的《奉和圣制喜雪应制》描绘飞雪图：

飘飘瑞雪下山川，散漫轻飞集九埏。似絮还飞垂柳陌，如花更绕
落梅前。影随明月团纨扇，声将流水杂鸣弦。共荷神功万庾积，终朝
圣寿百千年。③

瑞雪飘飘，在天空散漫轻飞着落在山川之上，在九州大地上渐渐积
聚。似柳陌轻飞的柳絮，在垂柳的枝条上盘绕，更如梅花飘落在梅树前。
飞雪的身影在明月辉映下与佳人相伴，飘落的声音趁着流水夹杂着鸣弦。
而飞雪之飘落，亦表明社稷苍生会共同仰仗着上天的护佑，预示着禾谷的

---

① （清）彭定求等编：《全唐诗》卷63，中华书局1997年版，第740页。
② 同上。
③ （清）彭定求等编：《全唐诗》卷46，中华书局1997年版，第565页。

丰收，万千谷仓得以囤积。

王建的《未央风》吟咏的即是风之动态：

> 五更先起玉阶东，渐入千门万户中。总向高楼吹舞袖，秋风还不及春风。①

在诗人眼中，万事万物都是有情的，而五更升起的风穿梭于长安城的千门万户中，吹动着高楼上飘逸的舞袖，让人顿生萧瑟之意，也意识到是秋天来了，秋风毕竟不如春风之柔和温暖。

而天降瑞雪，亦在唐人的吟咏之中。司空曙的《雪》二首其一写唐人对飞雪之关注：

> 乐游春苑望鹅毛，宫殿如星树似毫。漫漫一川横渭水，太阳初出五陵高。②

当春雪飘零，诗人在乐游宫苑望着飞雪覆盖之苍茫关中大地，宫殿星星点点，树木细似微毫，渭水漫漫，一边是飞雪漫舞，而一边旋即是太阳在五陵原上升起。

陈羽的《喜雪上窦相公》，一作朱湾《长安喜雪》写道：

> 千门万户雪花浮，点点无声落瓦沟。全似玉尘销更积，半成冰水结还流。光添曙色连天远，轻逐春风绕玉楼。平地已沾盈尺润，年丰须荷富人侯。③

雪花于千门万户飞舞，又无声无息落入瓦檐与沟渠之上。一点点消融又一层层堆积，一半结冰一半又消融成水流走，衬得天色邈远明亮，带着拂晓的光色使得天苑清寒明丽，轻轻追逐着春风在玉楼间环绕，长安城的

---

① （唐）王建著：《王建诗集》，中华书局上海编辑所 1959 年版，第 83 页。
② 文航生校注：《司空曙诗集校注》，人民文学出版社 2011 年版，第 335 页。
③ （清）彭定求等编：《全唐诗》卷 348，中华书局 1997 年版，第 3900 页。

平地上已积聚有满尺之厚的莹润积雪，预兆着又一个丰收之年。这种春雪独特的形态气韵，被诗人敏锐细腻、惟妙惟肖地展现出来。

可以说，唐代文学尤其是诗歌中浸透着相当浓厚的生态意识。而唐代关中生态与唐代文学之间有着相当深厚的双向互动关系，一方面唐代关中生态为唐人在关中的创作提供了充足的物质基础和广阔的背景，另一方面唐代士人徜徉于其间，既获得了审美的愉悦，也寻觅到一种空灵澄澈的心境，可以说，关中自然山水是唐代关中士人创作的不竭源泉，而他们在走向山水的过程中，也与此地山水、动植物形成一种依存的关系，由此获得与自然更深层的内在沟通的机会，从而形成一种与自然和谐共生的全新关系，体味出"诗意栖居"的化境，寻找到精神家园的最终依托与归宿，而王维的"我家南山下，动息自遗身。入鸟不相乱，见兽皆相亲。云霞成伴侣，虚白侍衣巾……"则是此种情形最生动的注脚。

第二章

泾水桥南柳欲黄，杜陵城北花应满

——唐代文学中的关中植物生态书写

关中自古丰饶，得地利，享天时，八水环绕，四季分明，夏季虽有短暂的酷热，但还未到极热难耐之境地，冬季虽冷，亦不至于奇冷难忍，光照、降水充足，非常适合植物生长与人类生活，在这样得天独厚的环境里，万物滋长，生生不息。这里自然成为农耕时代帝都的最佳选择地。这里不仅孕育了绝好的自然生态，亦由此积淀出深厚浓郁的人文生态。其生态在汉代即非常良好，《史记·货殖列传》云："燕秦千树栗……渭川千亩竹……此其人皆与千户侯等。"司马相如的《上林赋》更是对其出产植物之富做出铺排：

> 于是乎崇山矗矗，巃嵸崔巍；深林巨木，崭岩参差……振溪通谷，寒产沟渎，谽呀豁閜，阜陵别岛。崴魁嵔廆……散涣夷陆，亭皋千里，靡不被筑。揜以绿蕙，被以江蓠，糅以蘪芜，杂以留夷；布结缕，攒戾莎；揭车衡兰，稾本射干；茈姜蘘荷，葴持若荪；鲜支黄砾，蒋芧青薠；布濩闳泽，延蔓太原。丽靡广衍，应风披靡；吐芳扬烈，郁郁菲菲；众香发越，肸蚃布写，晻薆咇茀……
>
> 于是乎卢橘夏熟，黄甘橙楱；枇杷橪柿，亭奈厚朴；樗枣杨梅，樱桃蒲陶；隐夫薁棣，答沓离支；罗乎后宫，列乎北园；崒丘陵，下平原；扬翠叶，扤紫茎；发红华，垂朱荣；煌煌扈扈，照曜钜野。沙棠栎槠，华枫枰栌；留落胥邪，仁频并闾，欈檀木兰，豫章女贞。长千仞，大连抱；夸条直畅，实叶葰楙。攒立丛倚，连卷欐佹；崔错癹骩，坑衡閜砢；垂条扶疏，落英幡纚。纷溶箾蔘，猗狔从风；藰莅卉

歆，盖象金石之声，管籥之音；偊池茈虖，旋还乎后宫。杂袭累辑，被山缘谷，循阪下隰，视之无端，究之无穷。①

至唐代，关中风物之盛、生态之美尤甚，经由唐诗唐文益发富有生机与情韵，其中又以唐长安为代表。唐代长安城的美，是由关中的风物所构织的优美如画的自然环境而引发的人们的视觉与心灵的审美印象。长安城之美，在唐诗中随处可见，诸如：

宋之问《军中人日登高赠房明府》写身处边塞的军中之人在收到长安的家人寄来的春衣，登上高处所遥想的长安春景：

> 幽郊昨夜阴风断，顿觉朝来阳吹暖。泾水桥南柳欲黄，杜陵城北花应满。长安昨夜寄春衣，短翮登兹一望归。闻道凯旋乘骑入，看君走马见芳菲。②

记忆中的长安城，当幽静的郊野昨夜阴风停歇后，清晨太阳初起即顿觉暖风和煦。泾水岸边桥南的杨柳透着嫩嫩的鹅黄色，此时的花朵也应争相绽放，开满杜陵城北。

王涯的《宫词》三十首其一写道：

> 春风摆荡禁花枝，寒食秋千满地时。又落深宫石渠里，尽随流水入龙池。③

春风摇曳，漫天飞舞的花瓣会带来诗意，寒食时节，秋千边落红已满地，追随着落花飘零的足迹，又看到落花随深宫石渠的流水游走入龙池的飘零命运。可以说是自然界万物的生命际遇给了诗人以诗情，而以长安为核心的关中生态之美，给了唐代诗人无穷尽的灵感，也让唐诗在这个特殊的时空之上，开出最令人感动与神往的唐诗之花。

---

① 金国永校注：《司马相如集校注》，上海古籍出版社 1993 年版，第 44—45、56—57 页。
② 陶敏、易淑琼校注：《沈佺期宋之问集校注》，中华书局 2001 年版，第 369 页。
③ （清）彭定求等编：《全唐诗》卷 346，中华书局 1997 年版，第 3888 页。

上苑何穷树，花间次第新。香车与丝骑，风静亦生尘。（王涯《春游曲二首》其一）①

满眼望去，是无边无际的绿色，与绿色相伴的，是次第开放的新鲜花朵，再加上宝马香车、风华涌动的人群，让长安城呈现出不一样的生态景象，另一面是清新自然、优美宁静，一面是红尘、喧哗、躁动。

而"五陵春色泛花枝，心醉花前远别离"（陈羽《送友人及第归江东》），则道出唐人对长安城的心醉神迷处，让唐人不忍别离的不只是梦回萦绕的仕宦梦、功业梦，还有积淀着沉重历史底蕴的五陵风物，跳跃泛动在花枝上的自然景色之美，更有云集于此的天下才俊的深情厚谊。

刘禹锡的《百花行》则是对长安城春天生态之美全景式的勾勒：

长安百花时，风景宜轻薄。无人不沽酒，何处不闻乐。春风连夜动，微雨凌晓濯。红焰出墙头，雪光映楼角。繁紫韵松竹，远黄绕篱落。临路不胜愁，轻飞去何托。满庭荡魂魄，照庑成丹渥。烂漫喉颠狂，飘零劝行乐。时节易晼晚，清阴覆池阁。唯有安石榴，当轩慰寂寞。②

长安城的春天是与百花相伴的，一夜春风，初晓的一袭微雨，让长安城格外清新绚丽。你看那墙头似燃烧的花朵，再看那楼角映照的雪光，繁复的紫色，青绿的松竹，篱落间的黄花，轻飞的落花，让诗人在满眼满心的烂漫间已呈癫狂之态，诗意勃兴心醉神迷是长安城生态给唐代诗人与唐诗最丰厚的馈赠。

白居易的《宿杜曲花下》则叙写出唐代杜曲的生态景象：

觅得花千树，携来酒一壶。懒归兼拟宿，未醉岂劳扶。但惜春将晚，宁愁日渐晡。篮舆为卧舍，漆盝是行厨。斑竹盛茶柜，红泥罨饭

---

① （清）彭定求等编：《全唐诗》卷346，中华书局1997年版，第3884页。
② 卞孝萱编订：《刘禹锡集》，中华书局1990年版，第356页。

炉。眼前无所阙,身外更何须。小面琵琶婢,苍头觱篥奴。从君饱富贵,曾作此游无。①

诗人在杜曲一带寻觅到繁花千树,遂携酒欣赏美景。尽日徘徊,懒得回归,即打算在此住宿,酒到半酣仍然清醒岂劳搀扶。但恐春日将尽,益发珍惜花间之畅游,亦为日将近晡(下午三时到五时)而心生愁绪。尽日沉浸于此,诗人不禁萌生出眼前所有之物即可令人一无所缺更无须身外之物之感。

其《曲江有感》则将春风吹拂,曲江万树花开时,诗人们醉酒对花的情形进行了吟咏:

> 曲江西岸又春风,万树花前一老翁。遇酒逢花还且醉,若论惆怅事何穷。②

其《杏园花下赠刘郎中》则将自己与友人均称作"花下人",足见诗人们与杏园杏花结下的深厚亲密关系:

> 怪君把酒偏惆怅,曾是贞元花下人。自别花来多少事,东风二十四回春。③

而积雨中的万物呈现的另一种姿态,在唐人的笔底亦未被忘记,卢纶的《客舍苦雨即事寄钱起郎士元二员外》写道:

> 积雨暮凄凄,羁人状鸟栖。响空宫树接,覆水野云低。穴蚁多随草,巢蜂半坠泥。绕池墙藓合,拥溜瓦松齐。旧圃平如海,新沟曲似溪。坏阑留众蝶,欹栋止群鸡。莽盛终无实,槎枯返有荑。绿萍藏废井,黄叶隐危堤。闾里欢将绝,朝昏望亦迷。不知霄汉侣,何路可相携。④

---

① 朱金城笺校:《白居易集笺校》,上海古籍出版社 1988 年版,第 1768 页。
② 同上书,第 1755 页。
③ 同上书,第 1756 页。
④ (清)彭定求等编:《全唐诗》卷 278,中华书局 1997 年版,第 3151 页。

勾写出积雨时万物之生态：积雨连绵的长安城，暮色时分更加冷清凄凉，飘零的他乡客如鸟归巢般蜷缩于客舍，滴答的雨声与宫树相接，空中的积雨云低低地覆盖于水面上，草丛中的蚁穴，被雨打湿破坏了的蜂巢向下坠着泥水，而池边的苔藓合着溜下的雨水，与房檐齐高的松树，由于积雨涨满了的曲曲折折流动的水沟，看起来如海水般的布满积水的田畴，破败的栏杆上滞留的蝴蝶，倾斜的栋梁上栖息的群鸡，杂生茂密但不结实的稗莠，干枯的枝桠下长出嫩芽的茅草，废井上藏匿的绿萍，危堤上隐秘的黄叶，均在烟雨中透着朦胧凄迷的气息。

武元衡的《长安叙怀寄崔十五》写道：

> 延首直城西，花飞绿草齐。迢遥隔山水，怅望思游子。百啭黄鹂细雨中，千条翠柳衡门里。门对长安九衢路，愁心不惜芳菲度。风尘冉冉秋复春，钟鼓喧喧朝复暮。汉家宫阙在中天，紫陌朝臣车马连。萧萧霓旌合仙仗，悠悠剑佩入炉烟。李广少时思报国，终军未遇敢论边。无媒守儒行，荣悴纷相映。家甚长卿贫，身多公干病。不知身病竟如何，懒向青山眠薜萝。鸡黍空多元伯惠，琴书不见子猷过。超名累岁与君同，自叹还随鹢退风。闻说唐生子孙在，何当一为问穷通。①

长安城的春天，细雨中会有飞花绿草，黄鹂百啭，翠柳千条。但更多的则是喧闹的钟鼓与车马喧阗，长安大道上扬起的飞尘，以及熙熙攘攘的人群，还有在红尘中辗转的士子。

其《长安春望》亦是一幅雨后的万物生态图：

> 宿雨净烟霞，春风绽百花。绿杨中禁路，朱载五侯家。草色金堤晚，莺声御柳斜。无媒犹未达，应共惜年华。②

长安城的春天，一场夜雨过后，烟霞明净，百花绽放，禁中大道上绿杨直立，五侯之家门列朱载。向晚之时，夕阳余晖下的金堤之上草色连天，御

---

① （清）彭定求等编：《全唐诗》卷316，中华书局1997年版，第3547—3548页。
② 同上书，第3552页。

柳斜摇,莺声婉转,眼前的美景令人心醉神迷,倍觉年华之令人珍惜。

李贺的《春归昌谷》则写出离开时所见历历在目的关中生态景观:

> 束发方读书,谋身苦不早……旱云二三月,岑岫相颠倒。谁揭赪玉盘,东方发红照。春热张鹤盖,兔目官槐小。思焦面如病,尝胆肠似绞。京国心烂漫,夜梦归家少。发轫东门外,天地皆浩浩。青树骊山头,花风满秦道。宫台光错落,装画偏峰峤。细绿及团红,当路杂啼笑。香气下高广,鞍马正华耀。独乘鸡栖车,自觉少风调。心曲语形影,只身焉足乐。岂能脱负担,刻鹄曾无兆。幽幽太华侧,老柏如建纛。龙皮相排戛,翠羽更荡掉。驱趋委憔悴,眺览强笑貌。花蔓阒行軦,縠烟暝深徼。少健无所就,入门愧家老……①

少年苦读,青年满怀壮志的诗人,在春日满心失意地回归昌谷,追忆初来京城身处其间的满心烂漫,沉浸其中,为其吸引,梦中亦很少梦回家乡。在东门外流连,天地浩荡。遥望处骊山上青树连绵,秦道上花风盈满。宫台辉煌,光影错落,高尖的山峰装饰如画。细绿团红,似当路啼笑。太华幽幽,老柏盘曲。

在张说与王涯的眼底、心里、诗端、长安城、关中道的春天,竟已美到了"花如扑"与"花繁衮衮压枝低"的境地,杜牧的回望中长安是"绣成堆"的,大笔勾勒出最具关中特色的生态影像,即便是记忆中的长安印象最深的则是"柳发三条陌,花飞六辅渠。灵盘浸沆瀣,龙首映储胥"(张南史《奉酬李舍人秋日寓直见寄》)、"遥想长安此时节,朱门深巷百花开"(刘禹锡《伤循州浑尚书》),足见唐时关中生态之美。

而以长安为中心的关中之所以会呈现出如此良好的生态景观,则与朝中有意识的花木栽植有关,据《旧唐书·玄宗本纪》记载:"二十九年春正月,两京路及城中苑内种果树。"唐王朝不仅在两京路上栽种千里之果树,而且会派专人巡检两京路上的果树栽种与生长情况。郑审的《奉使巡检两京路种果树事毕入秦因咏》写道:

---

① (清)王琦等注:《李贺诗歌集解》,上海古籍出版社 1977 年版,第 226 页。

圣德周天壤，韶华满帝畿。九重承涣汗，千里树芳菲。陕塞余阴薄，关河旧色微。发生和气动，封植众心归。春露条应弱，秋霜果定肥。影移行子盖，香扑使臣衣。入径迷驰道，分行接禁闱。何当扈仙跸，攀折奉恩辉。①

正是这种欲令京畿韶华满布、芳菲千里的与自然植物相伴的自觉意识，让往来于关中大道的士子们看到一路的风景，春天里有露水滋润的丰盈嫩枝陪伴，秋天则可见经霜的累累果实。而来往的行人与使臣可见绿荫影随，可闻花香扑衣。一个"扑"字，写尽了人与自然亲密之关系，也写尽了关中道、两京路生态之美与无限生机。

宝历二年（826）中进士，官至秘书省校书郎的朱庆余，在《种花》中写道：

忆昔两京官道上，可怜桃李昼阴垂。不知谁作巡花使，空记玄宗遣种时。②

追忆中的两京官道上，桃李成林，绚烂可爱，白昼之时则浓荫垂地。这样的美景都是当时的巡花使留下的，只可惜其未留下任何踪迹，人们只记得这是玄宗时派遣官吏督促栽种的。

除了官方的敦促栽种外，唐代长安的私人种花之风亦炽。生活在玄宗至宪宗年间的刘言史（约742—813）在其《买花谣》中将长安城贵族之家惜花、种花风尚之盛，环京畿一带田家移花、卖花之况，以及唐时自然与社会生态之况勾勒与描摹得淋漓尽致：

杜陵村人不田穑，入谷经黪复缘壁。每至南山草木春，即向侯家取金碧。幽艳凝华春景曙，林夫移得将何处。蝶惜芳丛送下山，寻断孤香始回去。豪少居连鸡鹊东，千金使买一株红。院多花少栽未得，零落绿娥纤指中。咸阳亲戚长安里，无限将金买花子。浇红湿绿千万

---

① （清）彭定求等编：《全唐诗》卷311，中华书局1997年版，第3514页。
② （清）彭定求等编：《全唐诗》卷514，中华书局1997年版，第5918页。

家，青丝玉轳声哑哑。①

因为京城需要，杜陵一带的农户遂不以稼穑为业，每到春来，即深入南山，入谷经溪缘壁，遍搜奇花异草，并将之移植出山，以向贵族之家换取财物。诗人以万物有情的诗意情怀观照此情此景此物，记录下林夫移开终南山的幽艳繁花之时极其动人的画面：南山的蝴蝶环绕跟随着芳丛，久久不忍离去，相送直至南山之下。而被移植的奇花异木则以千金之价被购置栽种到豪少贵侯的广阔庭院里，零落在佳人的纤纤玉指之中。然花少不足以装点院落，豪贵们遂以重金寻买花籽。而哑哑的青丝玉轳汲水浇花的声音，则弥漫在长安城的千家万户里。

宣宗大中时，侨居茂陵，生活在关中的司马扎，在《卖花者》中记录下长安近郊栽种花木的情形：

> 少壮彼何人，种花荒苑外。不知力田苦，却笑耕耘辈。当春卖春色，来往经几代。长安甲第多，处处花堪爱。良金不惜费，竞取园中最。一蕊才占烟，歌声已高会。自言种花地，终日拥轩盖。农夫官役时，独与花相对。那令卖花者，久为生人害。贵粟不贵花，生人自应泰。②

长安城的荒苑之外，有青壮的务花之人，由于未曾稼穑，遂不知耕田之苦，反而取笑那些耕耘的农夫。其几代经营花木，每到春天时，就会将绚烂的满含春色的花木卖出。长安城权贵的甲第何其多，处处都喜爱以花木装点。即便花费重金也在所不惜，争相竞取园中最美丽的风景。当一枝珍稀的花蕊刚刚绽开容颜在烟雾缭绕中呈现绚丽的姿态时，赏花高会的人群即已云集，歌声缕缕不绝。务花人言，自己种花的田地里，终日轩盖拥挤。当别的农夫面临官役征租时，务花人独与花木相对。对弥漫当时的贵花不贵粟的世风，诗人不禁忧心忡忡。这种情形由来已久，危害甚深，而

---

① （清）彭定求等编：《全唐诗》卷468，中华书局1997年版，第5353页。
② （清）彭定求等编：《全唐诗》卷596，中华书局1997年版，第6955页。

只有贵粟,才能令民生安泰。

这种买花、卖花之风,一直延续到唐末。生活在僖宗咸通、乾符年间的诗人罗邺(860—879),在其《春日偶题城南韦曲》中就记录了长安城南韦曲一带受昔日豪贵争相买花的世风影响,以致栽花养花、锦绣成堆的情境:

> 韦曲城南锦绣堆,千金不惜买花栽。谁知豪贵多羁束,落尽春红不见来。①

然而,谁能料到,在晚唐的光景里,春红已经落尽,也未曾见到多受羁束的豪贵们前来观赏与采买,已没有了昔日的繁华喧闹。

一　关中典型植物生态意象书写

可以说,在与长安城美好生态的相依相伴中,诗人们诗兴盎然,亦将诗情倾注于长安城的一草一木中,从而记录与保留了千年前的关中植物生态景观。虽说文学并不像专门的动植物百科全书那样,详细地记载这些物种的特性,古代中国亦缺乏这样的专书,而唐代有些博物类的小说,偶尔会细细描述观赏到的动植物,至宋代还出现过诸如《全芳备祖》这样的书籍,但相比于非常专业系统的现代动植物学专书而言,仍显得要么只是零星记载,要么并不提产地,存在诸多遗憾。同时文学仍然存在审美概括地表现动植物,以至大凡没有太多美感的动植物不会出现在文学的视野中,而文学家们有时亦只会概括性地用诸如鸟鸣、花开、犬吠、蛙鸣等词语来描写景色或抒发情感,以至通过文学的表现想要搜寻更多的物种的生存状态,仍然存在诸多困难,但通过对现有唐代文献中存在的动植物踪影的大致梳理,仍可以得窥其更多的端倪,作为我国古代动植物文献的补充。其中某些植物在众多诗人的反复吟咏中,成为极具关中植物生态代表的典型物象,亦在屡屡沉吟中被赋予特殊的情韵,从而深化为极具关中特色的植物生态意象。通过文献的梳理,与唐代文学结下深厚渊源的关中植物景

---

① (清)彭定求等编:《全唐诗》卷654,中华书局1997年版,第7582页。

观有以下数种:

(一) 曲江杏花

《广群芳谱》对杏花有过非常翔实的总括:

> 杏花 (杏实别见果谱)
>
> [原] 杏,树大花多,根最浅。以大石压根则花盛。叶似梅差大,色微红,圆而有尖。花二月开,未开色纯红,开时色白微带红,至落则纯白矣。花五出,其六出者,必双仁有毒。千叶者不结实。[增]《格物丛话》:杏有黄花者,真绝品也。
>
> 汇考:[增]《山海经》:灵山之下,其木多杏。[原]《庄子》:孔子游缁帷之林,坐杏坛之上,弟子读书,孔子弦歌鼓琴。《典术》:杏者,东方岁星之精。《西京杂记》:上林苑有蓬莱杏,又有文杏,谓其树有文彩也。东海都尉于台献杏一株,花杂五色六出,云仙人所食……《摭言》:唐进士杏花园初会,谓之探花宴。择少俊二人为探花使,遍游名园。若他人先折得花,二人皆受罚。《异景录》:裴晋公午桥庄,有文杏百株。其处立碎锦坊。[①]

杏花绽放的长安,是唐诗留给后人长安春天最绚丽的映象,而千年前的唐代长安的诗情画意,也与长安城中杏花的栽植密切相关。吴融在路途中看见杏花时,亦会不自觉地浮现出长安城中最具风韵的杏花盛开的景象,其《途中见杏花》写道:"更忆帝乡千万树,澹烟笼日暗神州。"追忆长安城千万杏林的良好生态景观。长安城中有曲江杏园,杏园中的风物之美,在唐诗中有极其生动的展现。

王涯的《春游曲》二首其一写道:

> 万树江边杏,新开一夜风。满园深浅色,照在绿波中。[②]

一夜春风后,长安城江边万树杏花勃然绽放,将最美的生命姿态呈现

---

① (清)汪灏等撰:《广群芳谱》第二十五花谱,商务印书馆1935年版,第595页。

② (清)彭定求等编:《全唐诗》卷346,中华书局1997年版,第3884页。

于满园深深浅浅的缤纷多彩的春色中，而这样姹紫嫣红的影子又倒映在动荡的绿波中，随碧波蔓延开去，摇影无限。面对此情此景，怎能说长安城不美，又怎能不为之动情动容，从而生发出无限诗情呢？

刘禹锡曾多次徜徉在曲江，与朋友同僚在杏园饮酒赏花，亦在数首诗歌中留下曲江杏花与诗人相依相伴的生动画面。他的《酬令狐相公杏园花下饮有怀见寄》写道：

> 年年曲江望，花发即经过。未饮心先醉，临风思倍多。三春看又尽，两地欲如何。日望长安道，空成劳者歌。①

年年曲江的守望，寄托着唐人心中对曲江杏园最深厚的依恋与喜爱，而离开长安到他乡后，追忆中的长安道上，曲江池边，仍会有那绚丽的杏花春影。

在《杏园花下酬乐天见赠》中他写道：

> 二十余年作逐臣，归来还见曲江春。游人莫笑白头醉，老醉花间有几人。②

贬谪二十年后重回长安城的刘禹锡，在曲江的春天里，给我们留下了白发人醉于杏花园中的疏狂清影。

而《陪崔大尚书及诸阁老宴杏园》则记录了他和多位同僚齐聚杏园宴饮赏花的雅事：

> 更将何面上春台，百事无成老又催。唯有落花无俗态，不嫌憔悴满头来。③

与朋友们在杏园的宴饮，则让诗人感受到人与花相亲的谐和，多年后

---

① 卞孝萱校订：《刘禹锡集》，中华书局1990年版，第472页。
② 同上书，第430—431页。
③ 同上书，第558页。

的回归,蹉跎了的岁月,在诗人心间泛起波澜,亦让他心生年华催迫、百事无成之苍凉感,此时此地,能与诗人心灵沟通,抚慰似水年华的恐怕只有眼前飘落的点点杏花了,只有它(她)并不像趋炎附势的俗人那样,因人的起伏升沉而选择靠近还是离弃,即便你一身憔悴仍不厌弃,一时间满头落花的诗人在杏园给后世人留下他又一珍贵的剪影。

他亦曾与朋友同游杏园,留下集体歌咏的《杏园联句》:

> 杏园千树欲随风,一醉同人此暂同。——崔群
> 老态忽忘丝管里,衰颜宜解酒杯中。——李绛
> 曲江日暮残红在,翰苑年深旧事空。——白居易
> 二十四年流落者,故人相引到花丛。——刘禹锡①

杏园里千树随风,曲江日暮时分,残红飘零,诗人们同醉于此,而流落二十四年重新回到长安的诗人,亦在故人的携引下徜徉在杏花丛中。

元稹也曾在诗中多次吟咏关中的杏花之盛。在《伴僧行》中他记录下杏园千树万树杏花盛开的情境:

> 春来求事百无成,因向愁中识道情。花满杏园千万树,几人能伴老僧行。②

而齐聚于此赏花的诗人们,亦往往会同题创作以吟咏曲江杏花的绰约风姿,《曲江亭望慈恩寺杏园花发》即为典范。

李君何的《曲江亭望慈恩寺杏园花发》写道:

> 春晴凭水轩,仙杏发南园。开蕊风初晓,浮香景欲暄。光华临御陌,色相对空门。野雪遥添净,山烟近借繁。地闲分鹿苑,景胜类桃

---

① 卞孝萱校订:《刘禹锡集》,中华书局1990年版,第453页。
② 冀勤点校:《元稹集》,中华书局1982年版,第186页。

源。况值新晴日，芳枝度彩鸳。①

　　春晴之时于水轩凭栏而望，南园的杏花绽放。晓风中花蕊绽开，暗香浮动。御陌之上光华耀目，艳丽繁茂之相对照着空门清净地——慈恩寺。山烟近衬花枝之繁茂，野雪遥相呼应倍添洁净之气息。如此之景色胜过桃源。更值新晴之日，花枝芳菲，光影摇动，彩鸳游弋，更添生动鲜艳、祥和明净的气韵。

　　周弘亮则写道：

　　　江亭闲望处，远近见秦源。古寺迟春景，新花发杏园。萼中轻蕊密，枝上素姿繁。拂雨云初起，含风雪欲翻。容辉明十地，香气遍千门。愿莫随桃李，芳菲不为言。②

　　花萼中的密丽花蕊，枝头上的繁盛花朵，素雅的姿容，在风中翻飞的如雪般的姿态，令处处明丽生辉的荣光，四溢于千门万户的香气，无不让人为之沉醉。

　　贞元进士陈翥（一作沈亚之）既大笔勾勒出十亩庭林中千株杏花开放时的远景，也写出杏花如雪如霞之绚烂，还写出长安城的紫陌上弥漫的花香，红泉清溪中映落的斜影：

　　　曲江晴望好，近接梵王家。十亩开金地，千林发杏花。映雪（一作带云）犹误雪，煦日欲成（一作欺）霞。紫陌传香远，红泉落影斜。园中春尚早，亭上路非赊。芳景堪游处（一作偏堪赏），其如惜物华（一作积岁年）。③

　　丽日晴天，在曲江亭台上遥望，杏花与白云绵延一片，洁白似雪，在日光的映衬下，色彩绚丽，可欺压彩霞。其香气在紫陌之上传至很远，红

---

① （清）彭定求等编：《全唐诗》卷466，中华书局1997年版，第5328页。
② 同上。
③ 同上书，第5329页。

泉中亦映着杏花飘落的身影。园中的春天尚早,曲江亭上的路径还不须借用。此时的芬芳景色偏偏值得欣赏,就如积岁的芳华一样绚烂美丽。

曹著则勾勒出凭轩远望,杏花辉映千门的明丽之色,耀人眼目之鲜明华彩,葳蕤繁茂之姿态,以及九陌飘香,早莺喧哗的景象:

> 渚亭临净域,凭望一开轩。晚日分初地,东风发杏园。异香飘九陌,丽色映千门。照灼瑶华散,葳蕤玉露繁。未教游妓折,乍听早莺喧。谁复争桃李,含芳自不言。①

在倾力描绘曲江杏花之艳、之盛、之香、之态、之美,展现人与花相伴的愉悦,勾写曲江杏花生态美的同时,也有诗人注意到倾城观赏带来的生态问题。姚合的《杏园》不仅写出曲江杏园面积足有数顷之广,车马之喧阗,也写出黄昏人散后杏树与杏花上落满的尘埃:

> 江头数顷杏花开,车马争先尽此来。欲待无人连夜看,黄昏树树满尘埃。②

元稹在《杏园(此后并校书郎已前诗)》中铺叙出每到春来杏花开时争先涌来的看花人,以及浩浩荡荡的车马在杏花前扬起的飞尘:

> 浩浩长安车马尘,狂风吹送每年春。门前本是虚空界,何事栽花误世人。③

在看花、赏花后,对长安城的看花世相做出道德评价,认为在虚空的佛门清净地前,栽花乃是误人之举。

关中杏花最负盛名的是曲江杏园,但其他各地亦均有杏花栽植,元稹在同州供职时就记录下此地杏花开放的情形,其《杏花》写道:

---

① (清)彭定求等编:《全唐诗》卷466,中华书局1997年版,第5329页。
② (清)彭定求等编:《全唐诗》卷502,中华书局1997年版,第5756页。
③ 冀勤点校:《元稹集》,中华书局1982年版,第180页。

常年出入右银台，每怪春光例早回。惭愧杏园行在景，同州园里也先开。①

（二）御陌金柳

《艺文类聚》中对柳的叙述极多：

> 《尔雅》曰：旄，泽柳（生泽中也）。杨，蒲柳。《诗》曰：杨柳依依。《左传》曰：董泽之蒲。《庄子》：支离叔观于冥伯之丘，昆仑之墟，黄帝之所休，俄而柳生其左肘。……《汉书》曰：昭帝时，上林苑中大柳树断，卧地，一朝起生枝叶，有虫蚀其叶为字，曰公孙病已立。及昭帝崩，亡嗣，大臣迎立昌邑王。王即位，淫乱失道，霍光废之，更立昭帝兄卫太子之孙，是为宣帝，帝本名病已云。《文士传》曰：嵇康性绝巧，能锻。家有一柳树，乃激水以圜之。夏天甚凉，居其下遨戏及锻。陶潜曰：五柳先生，不知何许人，亦不详姓字，宅边有五柳，因以为号。……焦赣《易林》：豫之晋曰：鹊巢柳树，鸠夺其处。任力劣薄，天命不祐。……《毛诗义疏》曰：蒲柳之木二种，一种皮正白，可为箭竿。传曰：董泽之蒲，今人以为其藿，可为矢。《诗义疏》曰：树杞，杞柳也。生水旁，树如柳，叶粗而白，木理微赤，今人以为榖。《大戴礼》曰：正月柳梯，梯者发叶也。《尔雅》曰：柽，河柳。《说文》曰：杨，薄柳也，从木易声。柽，河柳也，从木圣声。柳，小杨也，从木卯声也。……沈约《宋书》曰：萧惠开为少府，不得志，寺内斋前香草蕙兰悉铲除，列种白柳。……盛弘之《荆州记》曰：缘城堤边，悉植细柳，绿条散风，清阴交陌。《三齐略记》曰：台城东南，有蒲台，高八丈，始皇所顿处，在台下萦马，至今蒲生犹萦，似水杨而堪为箭。……《管子》曰：五沃之土宜柳。《孟子》曰：性犹杞柳，义犹桮棬。崔寔《四民月令》曰：三月三日，以及上除，采柳絮，柳絮愈疮。《梦书》曰：杨为使者。《本草经》曰：柳花一名絮。《论语》曰：钻燧改火，春取柳榆木。《毛诗》曰：昔我往矣，杨柳依依。又曰：东门之杨，其叶牂牂。……《文选》曰：《闲

---

① 冀勤点校：《元稹集》，中华书局1982年版，第240页。

居赋》：长杨映碧沼，修杨夹广津。又曰：细柳夹道生。又，高杨拂地垂。又，二月杨花满路飞。春林本自奇，杨柳最相宜。……一齐（《太平御览》九百五十七作齐书）：刘悛之为益州刺史，献蜀柳数株。条甚长，状若丝缕，武帝植于太昌云和殿前，常玩嗟之，曰：杨柳风流可爱，似张绪常（御览作当时二字）。见赏如此。

晋（《太平御览》九百五十六作《晋书》：下桓温条同）王恭，字孝伯，美姿容，人多悦之，或目之濯濯如春月之柳。

桓温自江陵北行，往少时所种柳处，皆十围。慨然叹曰：木犹如此，人何以堪。攀枝执条，泫然流涕。……《山海经》曰：沃民之国有白柳。《战国策》曰：夫杨横树之则生，倒树之亦生，折而树之又生。然十人㧌之，一人拔之，则无杨矣。且以十人众㧌易生之初，然而不胜一人者何也，㧌之难而去之易故也。《古今注》曰：杨员华弱蒂，微风则大摇（云云）。一名高飞，一名烛摇。①

柳树是组成唐长安城独特映象的又一道风景，如果说长安城的靓丽是由五彩的花木合成，那么长安城的风情摇曳，则由柳树铺设而来。

长安城其实并不只是方志或史书所记载的那样，仅由皇宫禁院、里巷的格局交错，由厚重敦实的城墙环绕而成的方方正正的城，还是由柳陌与桃蹊点染的充满诗情画意、缤纷色彩、摇曳多姿的无限风情的城。王涯的《游春词二首》其一：

> 经过柳陌与桃蹊，寻逐春光著处迷。鸟度时时冲絮起，花繁衮衮压枝低。②

记录的是诗人在长安城的柳陌与桃蹊上追逐春光，不由得神迷于此忘乎所以的情境，鸟儿时时飞起在柳絮中穿梭，与之追逐嬉戏，长安城花朵之繁盛已有了滚滚而来压枝低垂之势。在这里，花草、树木、鸟与人交融

---

① （唐）欧阳询撰，汪绍楹校：《艺文类聚》卷八十九木部下，上海古籍出版社1965年版，第1530—1531页。

② （清）彭定求等编：《全唐诗》，中华书局1997年版，第3886页。

一体，构织出和谐动人的画面。

长安柳，是唐代关中诗作中诗人们最乐于也最常描写的风物，俯拾即得。"花明绮陌春，柳拂御沟新"①（王涯《闺人赠远五首》）、"曲江绿柳变烟条，寒谷冰随暖气销"②（王涯《游春词二首》）、"柳挂九衢丝，花飘万家雪"③（武元衡《寒食下第》）等诗句，捕捉到的是刚刚着嫩绿色的柳条在御沟之上轻拂的姿态，而长安城盛开的花朵也让长安城变得绮丽明媚；曲江岸边水烟迷蒙下的绿柳则呈现着另一种情状。

对长安柳的集体咏唱，是唐诗中独特的一种现象。同题的《小苑春望宫池柳色》，既呈现出唐人不同的诗才、视角，也表明唐代长安城柳树之特有生存状态，其随处可见，已与以长安为中心的整个关中交融为一体，到了令人不能忽略与漠视之地步，还记录下诗人眼底柳树的生长变化姿态，以及唐代诗人对长安柳的情有独钟。

唐代宗大历十一年（776）游历长安并于次年状元及第的诗人黎逢，在其《小苑春望宫池柳色》中写道：

> 上林新柳变，小苑暮天晴。始望和烟密，遥怜拂水轻。色承阳气暖，阴带御沟清。不厌随风弱，仍宜向日明。垂丝遍阁树，飞絮触帘旌。渐到依依处，思闻出谷莺。④

上林苑的柳色悄然褪去冬天的苍灰色，而丽日晴天的暮色时分，诗人伫立在天地间凝望着长安城的柳树在春天里独有的姿态，和浓密的暮烟交融，轻抚着流水，承接着暖暖的阳气，连接着清湛的御沟水。随风处柔弱轻盈，日光映衬处明媚清丽。长安城的台阁亭榭中处处都有杨柳低垂摇曳的姿态，漫天飞舞的柳絮则轻触着帘幕与旌旗。而诗人于此也思虑期待着当其渐渐成依依之态时，也可听到出谷黄莺栖息于此的清脆声音。

代宗大历中应进士试的诗人丁位，仅存的一首诗作即为《小苑春望宫池柳色》，被《文苑英华》卷188省试州府试收录，由此可见当为科考诗

---

① （清）彭定求等编：《全唐诗》卷346，中华书局1997年版，第3885页。

② 同上书，第3886页。

③ （清）彭定求等编：《全唐诗》卷317，中华书局1997年版，第3569页。

④ （清）彭定求等编：《全唐诗》卷288，中华书局1997年版，第3284页。

题，其诗作写道：

> 小苑宜春望，宫池柳色轻。低昂含晓景，萦转带新晴。似盖芳初合，如丝荫渐成。依依连水暗，袅袅出墙明。虽以阳和发，能令旅思生。他时花满路，从此接迁莺。①

小苑的春天是最宜观望的，而放眼处首先跃入眼帘的则是宫池柳色。柳树那低昂萦转的姿态是初晴拂晓时的一道道风景，依依的轻荫遮蔽着御沟水，使得水色转暗，而袅袅伸出宫墙外的柳条则衬得宫墙分外明丽。当柳花铺满关中道时，也是迎接迁移的黄莺回归的时候，而鸟语趁着花香会让长安城充满着更灵动鲜活的气息。

欧阳詹（755—800）的《小苑春望宫池柳色（一作御沟新柳)》写道：

> 东风韶景至，垂柳御沟新。媚作千门秀，连为一道春。柔黄生女指，嫩叶长龙鳞。舞絮回青岸，翻烟拂绿蘋。王孙初命赏，佳客欲伤神。芳意堪相赠，一枝先远人。②

东风和煦，韶景初至，御沟新柳绵延一道，给千门万户增添柔媚秀丽之色，如佳人柔黄般的玉指，出生的嫩芽也如龙鳞般参差，在青岸上飞舞，在水烟中翻飞，低拂着绿蘋。长安城的王公贵族们在此时已开始邀约文臣雅士们来欣赏这变动中的柳色了，而佳客对柳也颇费精神，要以清词丽句来吟咏歌唱眼前的客体。如果说整首诗至此，诗人一直是以客体来旁观眼前之物的话，那么诗句的最后处，诗人终于体现出物之人情，也体现出对物的真正关爱之意，他站在柳的立场指出，虽然折柳枝以表芳意，相互折赠已成为风习，但柳枝似乎也并不乐意，风吹处飞走，远离开眼前意欲攀折自己的行人。而这幅画面，则道尽唐人与长安柳之间最亲密生动、交融一体的关系。

张昔虽无任何记载，但从其仅存的诗作看，亦应生活在此时，其同题

---

① （清）彭定求等编：《全唐诗》卷288，中华书局1997年版，第3285页。
② （清）彭定求等编：《全唐诗》卷349，中华书局1997年版，第3920页。

诗作写道：

> 小苑春初至，皇衢日更清。遥分万条柳，回出九重城。隐映龙池润，参差凤阙明。影宜宫雪曙，色带禁烟晴。深浅残阳变，高低晓吹轻。年光正堪折，欲寄一枝荣。①

长安城的柳，当是弥望一片的。春天来临时，万条柳丝像帘幕一样隐映着龙池凤阙，当清风吹起时，长安城则在这样的柳帘摇曳中若隐若现。

也是大历中应进士试，德宗建中元年（780）中贤良方正、能言极谏科，后授京畿尉的元友直，同题诗作写道：

> 柳色新池遍，春光御苑晴。叶依青阁密，条向碧流倾。路暗阴初重，波摇影转清。风从垂处度，烟就望中生。断续游蜂聚，飘飘戏蝶轻。怡然变芳节，愿及一枝荣。②

丽日晴天的春光沐浴下，宫池沿岸遍地柳色清新，浓密的枝叶与青阁相依相伴，低垂的枝条向着碧绿的流水倾斜，浓密的繁荫遮蔽着长安道，水波动荡处的柳影在水色映衬下愈发清澄。风从垂条下吹过，凝望处轻烟在柳枝上缓缓升起。风吹枝条相接或背离处游蜂丛聚，飘摇着的枝条轻轻拂动着飞舞的蝴蝶。在这个转换了的季节里，一切都显得怡然自得、欣欣向荣。

杨系写道：

> 胜游从小苑，宫柳望春晴。拂地青丝嫩，萦风绿带轻。光含烟色远，影透水文清。玉笛吟何得，金闺画岂成。皇风吹欲断，圣日映逾明。愿驻高枝上，还同出谷莺。③

---

① （清）彭定求等编：《全唐诗》卷288，中华书局1997年版，第3285页。
② 同上书，第3286页。
③ 同上。

　　春天来临时,长安城的宫苑内,宫廷诗人的小苑胜游中,自是少不了对长安柳的观望与吟咏,此时杨柳拂地的青丝尚嫩,萦风的绿带亦轻,在清光烟色的笼罩中,在绿水清波的倒映中,杨柳益发姿态万千。

　　大历年间进士及第的张季略写道:

　　　　韶光归汉苑,柳色发春城。半见离宫出,才分远水明。青葱当淑景,隐映媚新晴。积翠烟初合,微黄叶未生。迎春看尚嫩,照日见先荣。倘得辞幽谷,高枝寄一名。①

　　而青葱、隐映、妩媚、积翠、微黄、迎春、柔嫩、分明,则是不同视角下诗人观望禁苑柳,感受到、观览到的杨柳映象。

　　同是大历进士及第的裴达写道:

　　　　胜游经小苑,闲望上春城。御路韶光发,宫池柳色轻。乍浓含雨润,微澹带云晴。幂历残烟敛,摇扬落照明。几条垂广殿,数树影高旌。独有风尘客,思同雨露荣。②

　　韶光初发,柳色轻丽,含雨时的润泽浓厚,晴天白云下的浅淡鲜明,残烟弥漫笼罩时模糊黯淡收敛的光彩,夕阳映照下摇曳的明丽色泽,都被诗人捕捉于诗底。

　　中大历进士第的沈回写道:

　　　　今来游上苑,春染柳条轻。濯濯方含色,依依若有情。分行临曲沼,先发媚重城。拂水枝偏弱,摇风丝已生。变黄随淑景,吐翠逐新晴。伫立徒延首,裴回欲寄诚。③

　　在轻柔之外,含色濯濯,依依有情,变黄吐翠,则是诗人沈回视角下

---

① (清)彭定求等编:《全唐诗》卷288,中华书局1997年版,第3287页。
② 同上。
③ 同上书,第3288页。

的御柳独特幽微的姿态。

杨凌写道：

> 上苑闲游早，东风柳色轻。储胥遥掩映，池水隔微明。春至条偏弱，寒余叶未成。和烟变浓淡，转日异阴晴。不独芳菲好，还因雨露荣。行人望攀折，远翠暮愁生。①

而和着轻烟变换着浓淡之色，在不同阴晴时日中呈现出不同的姿态，不只是芳菲时美好，而每一场雨露后则更加繁茂，则是诗人所捕捉到的细腻独到的杨柳的变化。

在这次大历年间的科考应试吟咏之后，贞元八年（792）又一次科考中仍以柳树命题，即《御沟新柳》。

贞元五年入京，举进士两次不第，困居关中，直到贞元八年才登进士第的李观（766—794）在其科考应试诗《御沟新柳》中写道：

> 御沟回广陌，芳柳对行人。翠色枝枝满，年光树树新。畏逢攀折客，愁见别离辰。近映章台骑，遥分禁苑春。嫩阴初覆水，高影渐离尘。莫入胡儿笛，还令泪湿巾。②

长安城御沟环绕的广陌上，柳树与行人构成那时最常见的一道风景。而诗人们的心中，每到春来，满眼的翠绿色，清丽的光影映衬着长安城来来往往的车骑与人群，嫩绿枝叶形成的清荫覆盖着长安城的流水，也装点得长安城的春天格外美丽，而柳树也是最有情的，它畏惧与愁见的则是离人的攀折与离别时的情境，也怕听胡儿的笛音，更怕见有情人洒下的点点清泪。

同榜进士贾棱等人面对长安城最具代表意义的风景——御沟新柳，如此写道：

---

① （清）彭定求等编：《全唐诗》卷291，中华书局1997年版，第3301页。
② （清）彭定求等编：《全唐诗》卷319，中华书局1997年版，第3600页。

御苑阳和早,章沟柳色新。托根偏近日,布叶乍迎春。秀质方含翠,清阴欲庇人。轻云度斜景,多露滴行尘。袅袅堪离赠,依依独望频。王孙如可赏,攀折在芳辰。①

御苑春日初来,章池的柳色已变,枝叶舒展,开始迎接春天之气,刚刚着天地自然之气呈现出翠绿之色与秀丽资质的柳枝,在春日下已生出清荫意欲庇护众人。而柳树与人的相惜之情,还不止于此,它以袅袅依依的姿态,让人在观赏中满心喜爱,也伴着离别的人以表惜别留恋之情愫。

刘遵古的《御沟新柳》写道:

韶光先禁柳,几处覆沟新。映水疑分翠,含烟欲占春。悠悠迟日晚,袅袅好风频。吐节茸犹嫩,通条泽稍均。远和瑶草色,暗拂玉楼尘。愿假骞飞便,归栖及此辰。②

韶光似乎偏爱长安柳,让它早早露出鹅黄嫩绿之清新,而柳树倒映于水中,似乎是要把先得的翠绿之色分与江水,在水烟中绿色愈发明丽,似要早早占尽春色。袅袅春风中摇曳,暮色向晚中悠悠,枝条上初发之嫩芽,参差之色泽也随着春气渐深稍稍均匀,与远处的草色遥相呼应,轻拂着玉楼之烟尘。诗人以非常细腻的灵心观照着眼前的长安柳,也让柳条的细微之姿态得以展现,而物与人的相通与合一,更让长安柳有了人的情与思,从而萌生出更动人的情韵来。

陈羽的《小苑春望宫池柳色(一作御沟新柳)》,从其贞元八年中进士第的经历看,应是同次科考应试之作:

宛宛如丝柳,含黄一望新。未成沟上暗,且向日边春。袅娜方遮水,低迷欲醉人。托空芳郁郁,逐溜影鳞鳞。弄水滋宵露,垂枝染夕

---

① (清)彭定求等编:《全唐诗》卷347,中华书局1997年版,第3890页。
② 同上。

尘。夹堤连太液，还似映天津。①

唐代诗人对节气的感知是非常敏锐细腻的，早春的柳色是嫩黄的，望远处春色已来，万物已褪去苍灰之色，添上清新之色。不再是御沟上那一抹暗灰色，开始迎着太阳展示着新的姿态。袅娜低迷的姿态在绿水上轻漾，令人心醉神迷。仰望处空中有郁郁青青之色，俯首处波光粼粼的水面上曲影随波轻荡。弄水以滋润宵露，垂枝以染绿夕阳中的尘灰色。太液池的两岸弥望处满眼的青翠，而这种绿色似乎已映衬到天上之河津，天地间一派绿意盎然之气。

间隔16年，就有同样以柳树为吟咏对象的科考命题，足见其在唐人心目中的地位。如果说应试中的被迫吟咏还不足以道出唐代诗人对柳树的真实情感的话，那么诗人个体自觉的吟唱，则更能说明问题。

刘禹锡的《杨柳枝词》九首分选大江南北不同地域的柳作以咏叹，而有关长安柳的吟咏就有四首，几近一半。同时在结构安排上，从初起，到镜头闪回中的时时穿插，再到收束，无不以长安柳的吟咏为核心，可以说一气呵成的九首组诗中，长安柳是一条贯穿始终的线索，绾结着不同的变调：

> 凤阙轻遮翡翠帏，龙池遥望麴尘丝。御沟春水相辉映，狂杀长安年少儿。
> 花萼楼前初种时，美人楼上斗腰肢。如今抛掷长街里，露叶如啼欲向谁。
> 御陌青门拂地垂，千条金缕万条丝。如今绾作同心结，将赠行人知不知。
> 城外春风吹酒旗，行人挥袂日西时。长安陌上无穷树，唯有垂杨管别离。②

和众多诗人群集时的集体咏唱，逞词斗才不同，在那样的集体唱和

---

① （清）彭定求等编：《全唐诗》卷348，中华书局1997年版，第3901页。
② 卞孝萱编订：《刘禹锡集》卷九，中华书局1990年版，第363页。

中，围绕着同一地域的同一事物进行创作，诗人们想要特例独出，是要倾尽才力变换视角来描摹以求新颖的，于是对长安城柳树的吟咏也基本是以细腻的把摩为创作基调，细到对长安柳的每一点细微的变化，全到搜求出长安柳在轻烟中在晴日下，在水面上在驰道中，在远望时在近观处，乃至四时的不同变化，而诗人们反而成为其中的点缀，而刘禹锡的不拘特定地域的杨柳组诗创作，视野则更宽阔，但在天南海北的更宽广的背景下，记忆深处印象最深的还是长安柳，以至于诗人时不时要将散漫开的视线重新聚焦到长安柳上，同时记忆中的长安柳也是和记忆中的长安人融合于一体，无法分开的。御陌青门的千丝万缕拂地而垂的杨柳枝的掩映相伴下，那凤阙翡翠帘后、花萼楼头的争芳斗艳千姿百媚的佳人，那癫狂的长安少年，那意欲以柳条绾结同心的依依惜别的有情人，那日暮时分长安城外春风吹拂的酒旗下，无不出现柳树的影子。而在诗人的心目中，长安道上尽管有无穷无尽的不同种类的花木，可陪伴着人们与离人最相亲最有情的就只有柳树了。

元稹的《第三岁日咏春风，凭杨员外寄长安柳》写道：

> 三日春风已有情，拂人头面稍怜轻。殷勤为报长安柳，莫惜枝条动软声。[①]

长安柳甚至成为帝都的象征，寄托着居外官吏对帝乡的不尽相思，绾结着朋友间绵长的友情。当三日春风即已有了春天的情谊，带着怜爱之意轻拂着人的头面时，朋友殷勤地寄来传报着春天气息的长安柳，亦勾起诗人对长安生活的深情追忆，记忆中此时的摇曳长安柳之间一定缭绕着清软动人的清唱之声。

白居易的《勤政楼西老柳》还记录下长安城宫殿中勤政楼西饱经沧桑的一株老柳：

> 半朽临风树，多情立马人。开元一株柳，长庆二年春。[②]

---

① 冀勤点校：《元稹集》，中华书局 1982 年版，第 241 页。
② 朱金城笺校：《白居易集笺校》，上海古籍出版社 1988 年版，第 1276 页。

在诗人心目中，这株半朽的老柳是有情的，它见证过传说中的开元之繁华，目睹过战火狼烟之颓毁，在数十年后的春天仍然临风摇曳，而徘徊于此的诗人也在这棵古树前思绪纷飞，久久不愿离去。

晚唐诗人薛能的《咏柳花》则以长安城的柳花为吟咏对象：

> 浮生失意频，起絮又飘沦。发自谁家树，飞来独院春。朝容萦断砌，晴影过诸邻。乱掩宫中蝶，繁冲陌上人。随波应到海，沾雨或依尘。会向慈恩日，轻轻对此身。①

在诗人的笔下，柳絮是有人之情感的，其飘零的姿态和人频频失意的浮生何其相似。也不知它从谁家的柳树上飘来，飞到春意盎然的独院之中。清晨柳花的容颜在石砌之上凋落，晴天里柳花的身影又飞过左邻右舍。凌乱的飞絮掩映着长安城宫殿中飞舞的蝴蝶，纷繁的飞絮冲扰着陌上的行人。轻落在池水中的飞花应该随波流入大海，而沾染上雨滴的柳絮又会依附尘土。

从唐代诗人倾尽热情从不同角度、不同侧面对长安柳的咏叹中，不难发现千年前的长安城一道不容忽略的景观，也是长安城的柳让后世人记下围绕它而来的一次次的诗人聚合，也记住了那些在漫长的唐诗记忆中仅留下一首诗作的一个个诗人。亦可从中体会出唐代诗人的独特观物方式：往往最初是与物分离的，作为主体凝视着客体，从而描写客体之形色姿态，同时在两两凝视的时间蔓延中，这种疏离渐渐融合，对物的凝视越久体悟越深入，从而化身为物代物抒情。而在诗人们的眼里心里，柳与人、与万物之间的关系则是相依相伴的，集体的咏叹中，诗人们使用的诸如辉映、掩映、和、染、依依、带、嬉戏、丛聚等词语，构织出自然万物间的相生和合之关系，而怜、有情等充满感情色彩的词语，则道出人与自然之间的相惜相爱谐和关系。

（三）缤纷桃蹊

对于桃花，《艺文类聚》中如此记叙：

---

① （清）彭定求等编：《全唐诗》卷558，中华书局1997年版，第6531页。

《春秋运斗枢》曰：玉衡星散为桃。《本草经》曰：枭桃在树不落，杀百鬼。武王剋商后，放牛马于桃林之野。《礼记·月令》曰：仲春之月，桃始华。《毛诗》曰：何彼秾矣，华如桃李。又曰：园有桃，其实之殽。又曰：桃之夭夭，灼灼其华。桃之夭夭，其叶蓁蓁。又曰：投我以木桃，报之以琼瑶。《易通卦验》：惊蛰日大壮。初九，桃不花，仓库多火。①

《全芳备祖》并无详细解释，所引《诗经》中的诗句和《月令》的叙述，则对其花之光华、花开时节稍有介绍，而纪要所引《西京杂记》的记载亦留下有关关中桃树品类以及外来引入品类的记录：

桃之夭夭，灼灼其华。华如桃李。园有桃。（俱毛诗）仲春之月桃始华。（《月令》）

［纪要］汉武帝上林苑有缃桃、紫纹桃、金城桃、霜桃（《西京杂记》）。汉明帝常山献巨桃核，其桃霜下花，至暑方熟，使植园林（《西京杂记》）。②

《植物名实图考》云：

《本经》：下品。桃花、桃叶、茎皮、核仁、桃毛，皆入药。实在树经冬不落者，为桃枭，一曰桃奴，汁流出为桃胶，以木为橛、为符，皆辟鬼气。③

《广群芳谱》云：

桃花（桃实别见果谱）
［原］桃，西方之木也，乃五木之精。枝干扶疏，处处有之。叶

------

① （唐）欧阳询撰，汪绍楹校：《艺文类聚》卷八十六果部上，上海古籍出版社 1965 年版，第 1467 页。
② （宋）陈景沂撰：《全芳备祖》，农业出版社影印手抄本 1982 年版，第 327 页。
③ （清）吴其濬著：《植物名实图考》卷三十二，清道光山西太原府署刻本。

狭而长，二月开花，有红白、粉红、深粉红之殊。他如单瓣大红、千瓣桃红之变也。单瓣白桃，千瓣白桃之变也。烂漫芳菲，其色甚媚。花早易植，木少则花盛。种类颇多。《本草》云：绛桃（千瓣）、绯桃（俗名苏州桃花，如剪绒，比诸桃开迟，而色可爱）、千叶桃（一名碧桃花，色淡红）、美人桃（一名人面桃，粉红，千瓣不实）、二色桃（花开稍迟，粉红，千瓣极佳）、日月桃（一枝二花，或红或白）、鸳鸯桃（千叶深红，开最后）、瑞仙桃（色深红花，最密），又有寿星桃（树矮，而花亦可玩）、巨核桃（出常山，汉明帝时所献，霜下始花）、十月桃（十月实熟，故名，花红色）、油桃（《月令》中"桃始华"即此，其华最繁，《文选》所谓"山桃发红萼"是也）、李桃（花深红色）。王敬美有言：桃花种最多，其可供玩者，莫如碧桃、人面桃二种。绯桃乏韵，即不种亦可也。①

在长安城，处处都会有桃树的影迹，从宫廷禁苑到王公贵族的宅邸别苑，乃至道观寺院的庭院中，都会栽植桃树。而长安城的桃花，则是其又一道绝美的风景，春天来临时，千树万树盛开的桃花，将长安城装点得格外绚丽。

1. 宫苑桃花

宫苑中专辟有桃花园，每到春来，众臣子亦会追随帝王在此侍宴，并留下应制诗歌。苏颋的《侍宴桃花园咏桃花应制》写道：

> 桃花灼灼有光辉，无数成蹊点更飞。为见芳林含笑待，遂同温树不言归。②

桃花光辉鲜亮，在风中点点飞落。每到如此美景来临时，众人为观赏桃花林之芳华，含笑等待着，与温树相伴，徘徊其间不愿归去。

李乂的同题之作写道：

---

① （清）汪灏等撰：《广群芳谱》第二十五花谱，商务印书馆 1935 年版，第 610 页。

② （清）彭定求等编：《全唐诗》卷 74，中华书局 1997 年版，第 814 页。

绮萼成蹊遍籞芳，红英扑地满筵香。莫将秋宴传王母，来比春华奉圣皇。①

整个御苑当中遍布桃花之绮萼芳华，扑地的红英散发的香气布满宴席之上，以绚烂的姿态侍奉着圣明的皇朝。

张说的《桃花园马上应制》写道：

林间艳色骄天马，苑里秾华伴丽人。愿逐南风飞帝席，年年含笑舞青春。②

艳丽的桃花林间天马矫健，秾丽的芳华与佳人相伴。桃花有情，愿意追逐着南风飞落到帝王的绮席宴上，年年含笑在春天里飞舞着姣好的身影。

董思恭的《咏桃（一作太宗诗）》写道：

禁苑春光丽，花蹊几树装。缀条深浅色，点露参差光。向日分千笑，迎风共一香。如何仙岭侧，独秀隐遥芳。③

禁苑当中春光绚丽，花蹊的几株树枝上装扮着鲜艳的桃花。枝头上光色深浅不一，在点点的露珠映衬下泛着参差不一的光泽。向着太阳分享着繁多的笑容，迎风散播着馥郁的香气。

王建的《宫词》一百首其一写道：

树头树底觅残红，一片西飞一片东。自是桃花贪结子，错教人恨五更风。④

暮春时节风起之时，桃花的花瓣在御苑的天空飞舞，惜花的宫女仍在

① （清）彭定求等编：《全唐诗》卷92，中华书局1997年版，第996页。
② 熊飞校注：《张说集校注》，中华书局2013年版，第25页。
③ （清）彭定求等编：《全唐诗》卷63，中华书局1997年版，第740页。
④ （唐）王建著：《王建诗集》，中华书局上海编辑所1959年版，第94页。

苦苦寻找着桃花的痕迹，原来桃花谢尽自会有累累果实，这本是自然万物之意愿与规律，哪里是因昨夜的一场春风呢？而因桃花飘零，遂心生对春风的错恨，更凸显出人的恋花之情。

韩愈的《题百叶桃花（知制诰时作）》对生长在禁中的繁盛百叶桃花的姿态做出描绘：

> 百叶双桃晚更红，窥窗映竹见玲珑。应知侍史归天上，故伴仙郎宿禁中。①

夕阳向晚时，百叶桃花更加红艳，与竹林相映衬更见玲珑之态，而此桃花也是仙界之物，它知道侍史已升上界，却仍然没有离开，陪伴着仙郎落宿于禁苑之中。桃花之美好艳丽，桃花之玲珑姿态，桃花的仙姿绰约，均是在与自然万物的关联中，通过与夕阳，与竹林，与隔窗之人，与夜色的相互通融与交互映衬，逐一显现。

2. 私宅桃花

岑参的《春兴戏赠李侯》则写出长安城李侯家所栽桃树的生长情态：

> 黄雀始欲衔花来，君家种桃花未开。长安二月眼看尽，寄报春风早为催。②

点染出眼看二月将尽，黄雀也飞来意欲衔花嬉戏，但是李侯家的桃花却迟迟未开，遂令人心焦，心生寄报春风早早将之催开的愿望。在这里一切都是活泼的，天机生动的，人与春风，春风与花之间，相通无碍，人可通信与春风，而春风又可催促桃花，充盈着人与万物之间和谐互动的美好氛围。

3. 寺观桃花

玄都观是当时最负盛名的桃花观赏地，也留下相当多的诗篇。刘禹锡

---

① （清）方世举笺注，郝润华、丁俊丽整理：《韩昌黎诗集编年笺注》，中华书局 2012 年版，第 475 页。

② 廖立笺注：《岑嘉州诗笺注》，中华书局 2004 年版，第 776 页。

多次记录长安城玄都观里的千树万树桃花映象，他的《元和十一年自朗州召至京，戏赠看花诸君子》写道：

> 紫陌红尘拂面来，无人不道看花回。玄都观里桃千树，尽是刘郎去后栽。①

当长安城的春天来临时，相约去看盛开的桃花，则是那时长安城生活中的重要内容，那拂面而来的紫陌上的红尘，则告知着长安城里倾城而出争相看花的盛况，虽说诗人语带讽刺，但也从客观上描绘出那时玄都观的桃花的生长状况，它也应是那时最美的风景。

多年后再次寻游，他又写下《再游玄都观》：

> 百亩庭中半是苔，桃花净尽菜花开。种桃道士归何处，前度刘郎今又来。②

如今的玄都观，门庭已冷落，百亩之庭苔藓丛生，桃花已开尽，换了风景，尽显风华的只有满目之菜花。

刘禹锡身后的诗人们仍未忘情于此。章孝标的《玄都观栽桃十韵》写道：

> 驱使鬼神功，攒栽万树红。薰香丹凤阙，妆点紫琼宫。宝帐重庶日，妖金遍累空。色然烧药火，影舞步虚风。粉扑青牛过，枝惊白鹤冲。拜星春锦上，服食晚霞中。棋局阴长合，箫声秘不通。艳阳迷俗客，幽邃失壶公。根柢终盘石，桑麻自转蓬。求师饱灵药，他日访辽东。③

玄都观千树万树桃花盛开时繁盛密丽得箫声都无法穿透，得造化之鬼

---

① 卞孝萱编订：《刘禹锡集》卷九，中华书局1990年版，第308页。
② 同上。
③ （清）彭定求等编：《全唐诗》卷506，中华书局1997年版，第5801页。

斧神工的壮丽景观，使得整个长安城都为之动容，沐浴在桃花的香气之中，也装点得紫琼宫观格外绚烂。似火燃烧的花色，风中飞舞的花影，轻轻洒落在青牛上的花粉，白鹤飞起时惊动的花枝，星光晚霞中如织锦般的花海，花底修道服食下棋的如仙生活，构成玄都观桃花最美的风景。

而蒋防的《玄都楼桃》则着意于桃花开过留下的鲜美果实：

> 旧传天上千年熟，今日人间五日香。红软满枝须作意，莫交方朔施偷将。①

枝头挂满的红艳仙桃，构织出桃花过后玄都观绝美的风景。

除了玄都观，玉真观也有桃花种植。司空曙的《题玉真观公主山池院》题写的则是公主园林中的古桃树：

> 香殿留遗影，春朝玉户开。羽衣重素几，珠网俨轻埃。石自蓬山得，泉经太液来。柳丝遮绿浪，花粉落青苔。镜掩鸾空在，霞消凤不回。唯余古桃树，传是上仙栽。②

整首诗歌在最后的落脚点上，抓拍到的则是长安城玉真公主池院中最让人瞩目的风景，当诗人沉浸在往事中时，追忆遥想中，他似乎看到了玉真公主的遗影，而粘满尘埃、结满蛛网的香殿里，已让人无法将之与昔日的繁华相关联，但细细分辨时，每一处又都透着、留着昔日的华贵，你可知身边的这块石，眼前的这眼清泉是来自何处，太液蓬山才是它的生身地，而无声处柳丝遮蔽着绿波，花粉轻落于青苔之上，菱花镜尚在，但人已不在，漫天霞彩散去，鸾凤也已仙去。在感伤中悠游，诗人突然又被眼前的古桃树所吸引，而这株如今已枝繁叶茂有着古韵的桃树，相传是如上仙般的公主所载，只有它还在默默诉说着曾经逝去的繁华往事，也只有它以依然绚丽的姿态烙下最深的印记。

华阳观也是当时的桃花观赏胜地。白居易的《华阳观桃花时招李六拾

---

① （清）彭定求等编：《全唐诗》卷507，中华书局1997年版，第5805页。
② 文航生校注：《司空曙诗集校注》，人民文学出版社2011年版，第1页。

遗饮》则写出诗人邀友人共赏华阳观桃花的情境：

> 华阳观里仙桃发，把酒看花心自知。争忍开时不同醉？明朝后日即空枝。①

每当桃花盛开时，携酒看花，与友人共醉于花下，源自于诗人心中的惜花之情。

4. 帝都外的关中桃花

关中处处不乏桃花之装点。王维的"桃红复含宿雨，柳绿更带朝烟"（《田园乐》）、"雨中草色绿堪染，水上桃花红欲然"，是对蓝田辋川别业桃花生长情形的生动写意。

白居易则捕捉到关中多处桃花的情影，他的《夜惜禁中桃花，因怀钱员外》写道：

> 前日归时花正红，今夜宿时枝半空。坐惜残芳君不见，风吹狼藉月明中。②

不久前的花开绚烂，与今日夜宿禁中所看到的枝头零落，明月下风吹花落，满地狼藉的情景，令诗人不禁独坐惋叹。

在下邽生活时，他还写有《下邽庄南桃花》：

> 村南无限桃花发，唯我多情独自来。日暮风吹红满地，无人解惜为谁开？③

当桃花盛开时，远望村南，绚丽无限，而多情的诗人总会独自看花，也在日暮风起时看着满地的落红，怜惜不已。

温庭筠在华阴的敷水一带驻留时，亦为桥畔盛开的桃花留下剪影，其

---

① 朱金城笺校：《白居易集笺校》，上海古籍出版社1988年版，第730页。
② 同上书，第824页。
③ 同上书，第735页。

《敷水小桃盛开因作》写道：

> 敷水小桥东，娟娟照露丛。所嗟非胜地，堪恨是春风。二月艳阳
> 节，一枝惆怅红。定知留不住，吹落路尘中。①

桃花娟好的姿态与晶莹的露珠交相映衬，只可惜并未生长在繁华的胜
地，只能在春风中独自展现美好的身影，徒留幽恨。在二月艳阳的节气
里，惆怅地绽放着一枝嫣红。而这样的繁华亦是非常短暂难以驻留的，最
后亦只能随风吹，落化作路边的尘土。

郑谷的《小桃》写出关中一带从敷水一直蔓延到灞桥的桃花盛开之
状态：

> 和烟和雨遮敷水，映竹映村连灞桥。撩乱春风耐寒令，到头赢得
> 杏花娇。②

和着烟雨遮蔽着敷水，辉映着竹林、村庄，一直绵延至灞桥。忍耐着
寒冷的节令、缭乱的春风，赢得比杏花更娇艳的美丽姿态。

（四）如雪玉蕊

宋敏求《长安志》卷九对唐代长安城唐昌观玉蕊花之美，仙人攀折之
传说，游人寻赏之盛，以及唐代诗人相继吟咏之文学盛事，均有记载：

> （长安）次南安业坊……次南唐昌观：《剧谈录》曰：观有玉蕊
> 花，花每发，若琼林玉树。元和中，春物方盛，车马寻玩，若相继。
> 忽一日有女子年可十七八，衣绿绣衣，垂髻双鬟，无簪珥之饰，容色
> 婉娈，迥出于众。从以二女冠，三小仆，仆皆丱髻黄衫，端丽无比。
> 既下马，以白角扇障面，直造花所。异香芬馥，闻于数十步之外，观
> 者疑出宫掖，莫敢逼而视之。伫立良久，令小仆取花数枝而出，将乘
> 马，顾谓黄冠者曰："襄有玉峰之期，自此可以行矣。"时观者如堵，

---

① 刘学锴校注：《温庭筠全集校注》，中华书局 2007 年版，第 680 页。
② 严寿澄、黄明、赵昌平笺注：《郑谷诗集笺注》，上海古籍出版社 1991 年版，第 400 页。

或觉烟飞鹤唳,景物辉焕,举辔百余步,有轻风拥尘,随之而去。须臾尘灭,望之已在半天,方悟神仙之游。余香不散者,经月余。时严休复、元稹、刘禹锡、白居易俱有诗。①

宋人周必大的《玉蕊辨证》中曾对长安城玉蕊花的生长地,以及唐人好玉蕊花的风尚有过考证,指出:

> 唐人甚重玉蕊,故唐昌观有之,集贤院有之,翰林院亦有之,皆非凡境也。予往因亲旧,自镇江招隐来远致一本,条蔓如荼蘼,种之轩窗。冬凋春茂,拓叶紫茎,再岁始著花,久当成树。玉蕊花苞初甚微,经月渐大,暮春方八出须如冰丝上缀金粟,花心复有碧筒,状类胆瓶。其中别抽一英出众须上,散为十余蕊,犹刻玉然。花名玉蕊,乃在于此,群芳所未有也。宋子京、刘原父、宋次道,博洽无比,不知何故疑为琼花。王元之知扬州,但言未详何木,俗呼为琼花,子京何故以诬元之?蔡君谟又引是晏同叔之言以为证,甚无谓也。刘梦得"雪蕊琼丝"之句,最为中的,何必拘李善赤玉为琼之注耶?②

唐长安城的玉蕊花在诗歌的留影中以唐昌观为盛,唐昌观为唐昌公主修行之所,以此得名。王建的《唐昌观玉蕊花》写道:

> 一树笼松玉刻成,飘廊点地色轻轻。女冠夜觅香来处,唯见阶前碎月明。③

如玉般明净晶莹的色泽,风起时在回廊飘飞、轻轻点地的姿态,夜静时散发的阵阵幽香,月光下斑驳的满阶落花,将唐昌观玉蕊花清幽晶莹的特质描绘得恰到好处。

大历中擢进士第的杨凝(?—802),在《唐昌观玉蕊花》中将唐昌

---

① (宋)宋敏求撰:《长安志》卷九,中华书局1991年版,第121页。
② (宋)周必大撰:《玉蕊辨证》,中华书局1985年版,第26页。
③ (唐)王建著:《王建诗集》,中华书局上海编辑所1959年版,第80页。

观玉蕊花的来历做了交代，指出它是公主所留下的：如今置身于如琼瑶般明净的玉蕊花林中，诗人不禁生出幻想，想必公主驸马已得道飞仙于紫烟中，但他们亦会留恋如此美丽的花朵，于是时不时在玉蕊花开时驾着彩鸾回到旧邸，将摘到的人间奇花献给玉皇，以此比衬出玉蕊的丽质仙韵：

> 瑶华琼蕊种何年，萧史秦嬴向紫烟。时控彩鸾过旧邸，摘花持献玉皇前。①

武元衡的《唐昌观玉蕊花》写道：

> 琪树芊芊玉蕊新，洞宫长闭彩霞春。日暮落英铺地雪，献花应过九天人。②

琪树芊芊，玉蕊新开，在绚丽彩霞的映衬下显得越发洁白纯净，而日暮时分风起时落英缤纷，铺地如雪，别有一番动人之处。

贞元五年（789）进士擢第的杨巨源在其《唐昌观玉蕊花》一诗中所铺绘的是丽日晴空的彩霞映照下，玉蕊花清新素丽与光艳动人交相辉映的情景：

> 晴空素艳照霞新，香洒天风不到尘。持赠昔闻将白雪，蕊珠宫上玉花春。③

而玉蕊绝世之清香在风中弥漫，不染尘渍，其花色之洁白亦只有白雪才堪比衬。

严休复的《唐昌观玉蕊花折有仙人游怅然成二绝》则将玉蕊与人世女冠、天上仙女两相映衬，勾勒出玉蕊花之清容丽影：

---

① （清）彭定求等编：《全唐诗》卷290，中华书局1997年版，第3296页。
② （清）彭定求等编：《全唐诗》卷317，中华书局1997年版，第3578页。
③ （清）彭定求等编：《全唐诗》卷333，中华书局1997年版，第3740页。

终日斋心祷玉宸，魂销目断未逢真。不如满树琼瑶蕊，笑对藏花洞里人。

羽车潜下玉龟山，尘世何由睹媄颜。唯有多情枝上雪，好风吹缀绿云鬟。①

将潜心修道终日祈祷魂销目断却未能得道成仙的女冠与玉蕊对比，更衬出玉蕊天生的自然任真逍遥之绰约风姿。而传说中的仙女亦曾为玉蕊之仙姿动容，如雪般的花朵，在春风吹拂下飘落，宛如仙女散落的云鬟般美丽动人。

元稹的《和严给事闻唐昌观玉蕊花下有游仙》则将唐昌公主留下的美丽传说与玉蕊花相互映衬，为玉蕊花着染上缥缈朦胧神秘高贵的灵气与仙气：

弄玉潜过玉树时，不教青鸟出花枝。的应未有诸人觉，只是严郎不得知。②

刘禹锡的《和严给事闻唐昌观玉蕊花下有游仙二绝》写道：

玉女来看玉蕊花，异香先引七香车。攀枝弄雪时回顾，惊怪人间日易斜。

雪蕊琼丝满院春，衣轻步步不生尘。君平帘下徒相问，长伴吹箫别有人。③

当玉蕊花开时，霎时间令满院生春，如雪一般的洁白花蕊，如琼玉一般的花瓣，奇异的花香，引得玉女的七香车在此止步，而天之骄女则徘徊于玉蕊花前驻足流连，不知不觉中已到夕阳斜沉时。

白居易亦有《酬严给事（闻玉蕊花下有游仙绝句）》，叙述玉女被玉

---

① （清）彭定求等编：《全唐诗》卷463，中华书局1997年版，第5297页。
② 冀勤点校：《元稹集》外集卷七续补一，中华书局1982年版，第693页。
③ 卞孝萱编订：《刘禹锡集》，中华书局1990年版，第432页。

蕊之美吸引，偷偷前来戏弄琼枝，又悄悄离开的故事：

> 嬴女偷来凤去时，洞中潜歇弄琼枝。不缘啼鸟春饶舌，青琐仙郎可得知？[1]

张籍的《同严给事闻唐昌观玉蕊近有仙过作》二首则写出唐昌观玉蕊花之繁多，当春风吹拂时千枝万枝的玉蕊花瓣纷纷飘落，如玉尘般洁净，透着迥异凡尘的仙境气息：

> 千枝花里玉尘飞，阿母宫中见亦稀。应共诸仙斗百草，独来偷折一枝归。
>
> 九色云中紫凤车，寻仙来到洞仙家。飞轮迥处无踪迹，唯有斑斑满地花。[2]

对玉蕊花的吟咏，以中唐为盛，且多同题唱和之作，而玉蕊花在唐代诗人心目中，亦被赋予冰清玉洁绝非凡品的仙品特质，同时亦给予它一段美丽动人的仙女折花传说，再加上人间公主的亦真亦幻故事，使得唐昌观玉蕊花自非凡间之桃李杨柳等可比。时至晚唐，郑谷亦曾徘徊在昔日曾经繁盛的唐昌观玉蕊花旧址，写下《玉蕊》（乱前唐昌观玉蕊最盛）一诗：

> 唐昌树已荒，天意眷文昌。晓入微风起，春时雪满墙。[3]

记录下晚唐乱离之后，昔日的玉蕊树已荒芜枯毁的破败境况。而追忆中唐昌观玉蕊的繁盛画面却仍然定格在诗人心中，闪回的画面中，玉蕊花瓣在晓风中随风飞舞，如飞雪般飘满观墙。

除最负盛名的唐昌观外，集贤院亦栽植有玉蕊花，白居易在《惜玉蕊

---

① 朱金城笺校：《白居易集笺校》，上海古籍出版社 1988 年版，第 1763 页。
② 余恕诚、徐礼节整理：《张籍系年校注》，中华书局 2011 年版，第 723 页。
③ 严寿澄、黄明、赵昌平笺注：《郑谷诗集笺注》，上海古籍出版社 1991 年版，第 7 页。

花有怀集贤王校书起》中写道:

> 芳意将阑风又吹,白云离叶雪辞枝。集贤仇校无闲日,落尽瑶花
> 君不知。①

玉蕊花素净的颜色,在唐人心目中激发起特殊的情怀,看着春风中飘落的玉蕊花瓣,白居易亦不自觉地将之与白云、飞雪、瑶花等来自天界与仙境的事物相互比对。

其实不只唐昌观,玉蕊之清丽绝俗亦令满朝之文士为之倾倒,于是在庭院中栽植以供朝夕相伴。羊士谔的《故萧尚书瘿柏斋前玉蕊树,与王起居吏部孟员外同赏》写道:

> 柏寝闲何时,瑶华自满枝。天清凝积素,风暖动芬丝。留步苍苔
> 暗,停筋白日迟。因吟茂陵草,幽赏待妍词。②

柏斋幽闭闲寝时,玉蕊已不知在何时静静地绽放,瑶华满枝,向着青天凝结着如素的花朵,在暖风中摇动丝丝芬芳。在幽暗的苍苔间留步,在白日迟迟中停筋。曾吟咏过茂陵的春草,在如今幽赏情境里亦期待着歌咏玉蕊花的妍丽好词。

(五)国色牡丹

牡丹,作为百花之冠,其广为种植与享有盛名是在唐代,随后更有国花之誉。唐人笔记中对牡丹亦是多有关注:不仅记录下当时的赏花盛况,亦叙写出和牡丹相关的唐人逸事。段成式在《酉阳杂俎》中对牡丹亦有非常详细的叙述:

> 牡丹,前史中无说处,唯《谢康乐集》中言竹间水际多牡丹。成
> 式捡隋朝《种植法》七十卷中,初不记说牡丹,则知隋朝花药中所无
> 也。开元末,裴士淹为郎官,奉使幽冀回,至汾州众香寺,得白牡丹

---

① 朱金城笺注:《白居易集笺校》,上海古籍出版社1988年版,第751页。
② (清)彭定求等编:《全唐诗》卷332,中华书局1997年版,第3701页。

一窠，植于长安私第。天宝中，为都下奇赏。当时名公有《裴给事宅看牡丹》诗，时寻访未获。一本有诗云："长安年少惜春残，争认慈恩紫牡丹。别有玉盘乘露冷，无人起就月中看。"太常博士张乘尝见裴通祭酒说。又房相有言："牡丹之会，琯不预焉。至德中，马仆射镇太原，又得红紫二色者，移于城中。"元和初犹少，今与戎葵角多少矣。韩愈侍郎有疏从子侄自江淮来，年甚少，韩令学院中伴子弟，子弟悉为凌辱。韩知之，遂为街西假僧院令读书，经旬，寺主纲复诉其狂率。韩遽令归，且责曰："市肆贱类营衣食，尚有一事长处。汝所为如此，竟作何物？"侄拜谢，徐曰："某有一艺，恨叔不知。"因指阶前牡丹曰："叔要此花青、紫、黄、赤，唯命也。"韩大奇之，遂给所须试之。乃竖箔曲尺遮牡丹丛，不令人窥。掘窠四面，深及其根，宽容入座。唯赍紫矿、轻粉、朱红，旦暮治其根。几七日，乃填坑。白其叔曰："恨校迟一月。"时冬初也。牡丹本紫，及花发，色白红历绿，每朵有一联诗，字色紫，分明乃是韩出官时诗。一韵曰"云横秦岭家何在，雪拥蓝关马不前"十四字，韩大惊异。侄且辞归江淮，竟不愿仕。①

又言：贞元中牡丹已贵。柳浑善言："近来无奈牡丹何，数十千钱买一窠。今朝始得分明见，也共戎葵校几多。"成式又尝见卫公图中有冯绍正鸡图，当时已画牡丹矣。②

《广群芳谱》对牡丹的品类与栽种历史有非常详细之描述：

[原] 牡丹一名鹿韭，一名鼠姑，一名百两金，一名木芍药。（《通志》云：牡丹初无名，依芍药得名，故其初曰木芍药。《本草》又云：以其花似芍药而宿干似木也。）秦汉以前无考，自谢康乐始言"永嘉水际竹间多牡丹"。而《刘宾客嘉话录》谓：北齐杨子华有画牡丹，则此花之从来旧矣。唐开元中天下太平，牡丹始盛于长安，逮

---

① （唐）段成式撰，方南生点校：《酉阳杂俎》前集卷之十九，中华书局1981年版，第185页。

② （唐）段成式撰，方南生点校：《酉阳杂俎》续集卷之九支植上，中华书局1981年版，第283页。

宋惟洛阳之花为天下冠,一时名人高士如邵康节、范尧夫、司马君实、欧阳永叔诸公,尤加崇尚,往往见之咏歌。洛阳之俗,大都好花,阅《洛阳风土记》,可考镜也。天彭号小西京,以其好花有京洛之遗风焉。大抵洛阳之花以姚魏为冠,姚黄未出,牛黄第一。牛黄未出,魏花第一。魏花未出,左花第一。左花之前,惟有苏家红、贺家红、林家红之类。花皆单叶,惟洛阳者千叶,故名曰"洛阳花",自洛阳花盛而诸花诎矣。嗣是岁益培接,竞出新奇,固不特前所称诸品已也。性宜寒畏热,喜燥恶湿,得新土则根旺,栽向阳则性舒,阴晴相半,谓之养花天,栽接剔治,谓之弄花,最忌烈风炎日,若阴晴燥湿得中,栽接种植有法,花可开至七百叶,面可径尺。善种花者,须择种之佳者种之,若事事合法,时时着意,则花必盛茂,间变异品,此则以人力夺天工者也。[①]

从中可见,牡丹自南朝才进入人们的关注视野,生长在南方永嘉一带,至开元年间始盛于京城。而牡丹经过后世的培育变异,品类相当繁多,号称数以百千计,又以姚黄最为名贵。

在大唐长安的百花中,唐人最喜牡丹,也只有牡丹配得起那时的唐风唐韵,于饱满滋润的姿态中展示出盛世特有的大气繁华,而唐人"唯有牡丹真国色,花开时节动京城"的诗句,即将长安牡丹在唐人心目中的地位,以及牡丹之繁荣,牡丹盛开时节倾动整个长安城的盛况,展示得鲜活而动人。郑谷的《街西晚归》亦将暮春时御沟春水环绕长安城的里坊、晚风吹过长安紫陌上时时飘来的牡丹花香描绘而出:"御沟春水绕闲坊,信马归来傍短墙。幽榭名园临紫陌,晚风时带牡丹香。"[②]

1. 唐长安的牡丹生态空间

由于唐人的喜爱与追捧,唐长安的牡丹不仅繁盛,品类繁多,且栽植地甚广。白居易的《惜牡丹花》二首,一首为翰林院北厅花下作,另一首则是新昌窦给事宅南亭花下作:

---

① (清)汪灏等撰:《广群芳谱》卷之三十二花谱,商务印书馆1935年版,第753页。

② 严寿澄、黄明、赵昌平笺注:《郑谷诗集笺注》,上海古籍出版社1991年版,第204页。

　　惆怅阶前红牡丹，晚来唯有两枝残。明朝风起应吹尽，夜惜衰红
把火看。

　　寂寞萎红低向雨，离披破艳散随风。晴明落地犹惆怅，何况飘零
泥土中。①

　　流连在阶前的红牡丹畔，诗人为误了繁花之期，晚来仅剩两枝残花而
惆怅不已。想起明朝风起花落殆尽，不由得趁夜把火观赏，足见人与花相
依相惜之情。

　　而雨中的牡丹情态亦被诗人撷取，牡丹寂寞委顿低垂的残红，随风离
批破散的哀艳，晴明时随风落地的飘零，都会令诗人心生惆怅，而雨中零
落成泥的情景，更是让诗人心痛不已。

　　皇宫御苑、台省厅衙、道观寺庙，乃至私人宅邸，均可看到牡丹的身
影。并形成三处牡丹观赏胜地：一为宫苑，一为寺庙，一为私宅。

　　（1）宫苑牡丹

　　唐代宫苑内的牡丹游赏往往是和诗赋吟咏相伴的。这种对名花、写
诗赋的风尚，从初唐至盛唐一直延续着。据《龙城录·高皇帝宴赏牡
丹》记载：

　　高皇帝御群臣赋宴赏双头牡丹诗，惟上官昭容一联为绝丽，所
谓"势如连璧友，心若臭兰人"者。使夫婉儿稍知义训，亦足为贤
妇人，而称量天下，何足道哉。此祸成所以无赦于死也。有文集一
百卷行于世。②

　　时至盛唐，这种游赏赋诗之风尤炽。李白的《清平调》即是赏宫苑名
花得来：

　　开元中，禁中重木芍药，即今牡丹也。得数本红紫浅红通白者，
上因移植于兴庆池东沉香亭前。会花方繁开，上乘照夜车，妃以步辇

_____

① 朱金城笺校：《白居易集笺校》，上海古籍出版社 1988 年版，第 1249 页。
② （唐）柳宗元著：《唐五代笔记小说大观·龙城录》，上海古籍出版社 2000 年版，第 148 页。

从。诏选梨园弟子中尤者，得乐一十六色。李龟年以歌擅一时之名，手捧檀版，押众乐前，将欲歌之。上曰："赏名花，对妃子，焉用旧乐词为？"遂命龟年持金花笺，宣赐翰林学士李白，立进《清平乐》词三章。承旨犹若宿酲，因援笔赋之。龟年捧词进。上命梨园弟子略约词调，遂促龟年以歌之。太真妃持颇黎七宝杯，酌西凉州蒲萄酒，笑领歌辞，意甚厚。上因调玉笛以倚曲。每曲遍将换，则迟其声以媚之。妃饮罢，敛绣巾再拜。上自是顾李翰林尤异于诸学士。……

云想衣裳花想容，春风拂槛露华浓。若非群玉山头见，会向瑶台月下逢。

一枝红艳露凝香，云雨巫山枉断肠。借问汉宫谁得似，可怜飞燕倚新妆。

名花倾国两相欢，长得君王带笑看。解释春风无限恨，沉香亭北倚阑干。①

长安城御苑沉香亭畔的牡丹花色繁多，富丽名贵，每到花开时，玄宗甚至会趁夜赏花，足见珍爱之情，对着牡丹花开，作词入乐以歌咏，则是彼时彼地必然会有的盛事。而牡丹之神得诗仙李白之笔，亦得以将最美的姿态绽放而出，诗人并没有工笔细绘牡丹的形色，只是将笔下的牡丹置于春风、露华、倾国倾城的佳人当中，而牡丹在春风中的绰约妩媚之态，在晶莹的露珠衬托下的明润之神，在与佳人相互映照下的国色天香之质，都得以显露展现。

王建的《宫词》一百首其一则叙写出宫中妃嫔居住之小殿以牡丹点缀的风尚：

小殿初成粉未乾，贵妃姊妹自来看。为逢好日先移入，续向街西索牡丹。②

刚刚得宠品级荣升的宫人，被恩幸专修别殿，当小殿刚刚营建完工

---

① （清）王琦注：《李太白全集》，中华书局1977年版，第304页。
② （唐）王建著：《王建诗集》，中华书局上海编辑所1959年版，第92页。

粉还未干时，她就已满心欢喜地选择吉日迁入了，面对虽然富丽明亮装饰一新的小殿，她觉得还差了一件最重要的事物，那就是牡丹，接下来要做的事自然是去购买西街的牡丹，才能让她的新居焕发出卓越动人的光彩来。

时至晚唐时，宫中牡丹仍盛。《杜阳杂编》中就对穆宗时盛开在宫殿中的千叶红牡丹的生长姿态做出叙写：

> 穆宗皇帝殿前种千叶牡丹，花始开，香气袭人。一朵千叶，大而且红。上每睹芳盛，叹曰：人间未有。自是宫中每夜即有黄白蛱蝶万数，飞集于花间，辉光照耀，达晓方去。官人竞以罗巾扑之，无有获者。上令张网于空中，遂得数百于殿内，纵嫔御追捉以为娱乐。迟明视之，则皆金玉也。其状工巧，无以为比。而内人争用绛缕绊其脚，以为首饰。夜则光起妆奁中。其后开宝厨，睹金钱玉屑之内，有蠕蠕将化为蝶者，宫中方觉焉。①

从中不仅见出牡丹的形色香味之美：千叶衬托，花朵硕大，色彩红艳，香气袭人，人间少有。而且可以看出因牡丹之繁盛奇香所带来的夜间上万黄白蝴蝶齐聚环绕至清晨飞去的生态奇观。也目睹了由此带来的宫中捕蝶戏蝶之生态灾难。

文宗亦曾在殿前赏玩牡丹，据记载：

> 上于内殿前看牡丹，翘足凭栏，忽吟舒元舆《牡丹赋》云："俯者如愁，仰者如语，合者如咽。"吟罢，方省元舆词，不觉叹息良久，泣下沾臆。②

（2）寺院牡丹

除过宫殿外，唐代长安的寺院中亦多有种植，且形成多处观赏胜地。《唐国史补·京师尚牡丹》卷中就指出由于京城追尚牡丹，以至于

① （唐）苏鹗撰：《杜阳杂编》卷中，中华书局1985年版，第15页。
② 同上书，第18页。

京城的寺观种牡丹以求利的情形:"京城贵游尚牡丹,三十余年矣。每春暮,车马若狂,以不耽玩为耻。执金吾铺官围外,寺观种以求利,一本有直数万者。元和末,韩令始至长安,居第有之,遽命劚去,曰:'吾岂效儿女子耶!'"①

《剧谈录·慈恩寺牡丹》中不仅记载慈恩寺僧所栽植红牡丹的生长状态,也叙写出僧与会昌朝士赏玩牡丹的盛况:

> 京国花卉之晨,尤以牡丹为上。至于佛宇道观,游览者罕不经历。慈恩浴堂院有花两丛,每开及五六百朵,繁艳芬馥,近少伦比。有僧思振,常话会昌中朝士数人,寻芳遍诣僧室,时东廊院有白花可爱,相与倾酒而坐,因云牡丹之盛,盖亦奇矣。然世之所玩者,但浅红深紫而已,竟未识红之深者。院主老僧微笑曰:"安得无之?但诸贤未见尔!"于是从而诘之,经宿不去。云:"上人向来之言,当是曾有所睹。必希相引寓目,春游之愿足矣!"僧但云:"昔于他处一逢,盖非辇毂所见。"及旦求之不已,僧方露言曰:"众君子好尚如此,贫道又安得藏之,今欲同看此花,但未知不泄于人否?"朝士作礼而誓云:"终身不复言之。"僧乃自开一房,其间施设幡像,有板壁遮以旧幕。幕下启开而入,至一院,有小堂两间,颇甚华洁,轩庑栏槛皆是柏材。有殷红牡丹一窠,婆娑几及千朵,初旭才照,露华半晞,浓姿半开,炫耀心目。朝士惊赏留恋,及暮而去。僧曰:"予保惜栽培近二十年矣,无端出语,使人见之,从今已往,未知何如耳!"信宿,有权要子弟与亲友数人同来入寺,至有花僧院,从容良久,引僧至曲江闲步。将出门,令小仆寄安茶笈,裹以黄帕,于曲江岸藉草而坐。忽有弟子奔走而来,云有数十人入院掘花,禁之不止。僧俛首无言,唯自吁叹。坐中但相眄而笑。既而却归至寺门,见以大畚盛花,异而去。取花者因谓僧曰:"窃知贵院旧有名花,宅中咸欲一看,不敢预有相告,盖恐难于见舍。适所寄笈子,中有金三十两、蜀茶二斤,以为酬赠。"②

---

① (唐)李肇著:《唐五代笔记小说大观·唐国史补》,上海古籍出版社2000年版,第185页。
② (唐)康骈著:《剧谈录》,古典文学出版社1958年版,第35—36页。

《酉阳杂俎》中对长安寺院中的牡丹生长地亦有记录：

> 兴唐寺有牡丹一窠，元和中着花一千二百朵。其色有正晕、倒晕、浅红、浅紫、深紫、黄白檀等，独无深红。又有花叶中无抹心者。重台花者，其花面径七八寸。兴善寺素师院牡丹，色绝佳。①

《南部新书》载："长安三月十五日，两街看牡丹，奔走车马。慈恩寺元果院牡丹，先于诸牡丹半月开；太真院牡丹，后诸牡丹半月开。"②

白居易的《自城东至以诗代书，戏招李六拾遗、崔二十六先辈》则点出长安城牡丹的繁盛之处在崇敬寺：

> 青门走马趁心期，惆怅归来已校迟。应过唐昌玉蕊后，犹当崇敬牡丹时。暂游还忆崔先辈，欲醉先邀李拾遗。尚残半月芸香俸，不作归粮作酒赀。

青门走马，惆怅不已，已过了唐昌观玉蕊花开的花期，而崇敬寺的牡丹则正当时节。暂且游历，忆起朋友崔先辈，亦邀请李拾遗前来。何惜半月的俸禄，亦不为琐碎之生计所迫，且在花前放歌醉饮，快意人生。

而位于唐长安城延康坊西南隅原为隋权臣杨素宅的西明寺，亦是春日看牡丹的绝好去处，白居易的《西明寺牡丹花时忆元九》写道：

> 前年题名处，今日看花来。一作芸香吏，三见牡丹开。岂独花堪惜，方知老暗催。何况寻花伴，东都去未回。讵知红芳侧，春尽思悠哉。③

前年题名之处，则是诗人三年来每到春天必定和友人游览看花的地

---

① （唐）段成式撰，方南生点校：《酉阳杂俎》前集卷之十九，中华书局 1981 年版，第185 页。

② （宋）钱易撰，黄寿成点校：《南部新书》，中华书局 2006 年版，第 49 页。

③ 朱金城笺校：《白居易集笺校》，上海古籍出版社 1988 年版，第 463 页。

方。自从在长安城供职以来，已是三次观看到牡丹花开的盛况了，年华亦在悄悄流逝，而昔日相伴看花的友人，前去东都未回，只剩下诗人在红艳的牡丹花畔，对暮春思念友人，幽思不尽。

《重题西明寺牡丹》写道：

> 往年君向东都去，曾叹花时君未回。今年况作江陵别，惆怅花前又独来。只愁离别长如此，不道明年花不开。①

位于长安城中永安坊的永寿寺亦有牡丹。元稹的《与杨十二李三早入永寿寺看牡丹》写道：

> 晓入白莲宫，琉璃花界净。开敷多喻草，凌乱被幽径。压砌锦地铺，当霞日轮映。蝶舞香暂飘，蜂牵蕊难正。笼处彩云合，露湛红珠莹。结叶影自交，摇风光不定。繁华有时节，安得保全盛。色见尽浮荣，希君了真性。②

拂晓来到白莲宫，在琉璃清净之地观赏牡丹。循着青草凌乱覆盖的幽径，看到遮盖着石砌如锦绣铺地的盛开牡丹，在霞彩与朝阳的映照下格外艳丽。蝶舞其上，香气飘溢，蜜蜂牵惹着花蕊动荡摇曳。如彩云回合，露珠沾于红色的花瓣上格外晶莹。密密的枝叶落下交错的影子，在风中摇动，光影不定。然而牡丹的繁华亦是有时节的，难保全盛，其生长凋落的命运，既让诗人感叹不尽，亦从此了悟人世之真谛。

卓负盛名的慈恩寺，除了杏花外，也有牡丹栽植。权德舆的《和李中丞慈恩寺清上人院牡丹花歌》写道：

> 澹荡韶光三月中，牡丹偏自占春风。时过宝地寻香径，已见新花出故丛。曲水亭西杏园北，浓芳深院红霞色。擢秀全胜珠树林，结根幸在青莲域。艳蕊鲜房次第开，含烟洗露照苍苔。龙（一作庞）眉倚

---

① 朱金城笺校：《白居易集笺校》，上海古籍出版社 1988 年版，第 804 页。
② 冀勤点校：《元稹集》，中华书局 1982 年版，第 50 页。

杖禅僧起，轻翘紫枝舞蝶来。独坐南台时共美，闲行古刹情何已。花间一曲奏阳春，应为芬芳比君子。①

三月澹荡的韶光中，牡丹在春风中摇曳，占尽春光，于慈恩寺的牡丹香径寻行而过，时时看见花朵在绿丛间绽放。曲江亭西杏园之北的僧院中，牡丹的浓芳如红霞般艳丽，鲜艳的花蕊次第开放，轻烟缭绕，露珠晶莹，映照着寺院的苍苔，惹得蝴蝶绕枝飞舞，而诗人独坐南台，与艳丽之牡丹相依相伴，情难自已。

荐福寺的牡丹亦繁茂成荫。胡宿的《忆荐福寺牡丹》写道：

> 十日春风隔翠岑，只应繁朵自成阴。樽前可要人颓玉，树底遥知地侧金。花界三千春渺渺，铜槃十二夜沉沉。雕槃分篆何由得，空作西州拥鼻吟。②

追忆中的荐福寺，十日春风被青碧的小山阻隔，而牡丹花亦是枝叶繁密。尽日于花前赏玩酒醉时人如玉山崩倒，在树底徘徊，远远望去可知地底瘗埋有金子。三千如花世界，春色绵渺，十二铜槃，沉沉夜深。都是梦回时分留在记忆中最深的印记，如今亦只能化作刻着思念的西州吟唱。

（3）私宅牡丹

牡丹之动人，不禁让长安城的庭院中以栽植牡丹为时尚，也让文人士子们在居所的牡丹花前流连，为之吟咏不绝。

牡丹在唐长安城的生长之盛，以其栽植出的繁多的品类，即可得知，而当时的人们最喜欢的则是街西的紫牡丹，在春日将尽的春残时节，长安豪贵为珍惜春色，争相观赏先开的紫牡丹，卢纶的《裴给事宅白牡丹（一作裴潾诗）》即道出当时的盛景：

> 长安豪贵惜春残，争玩街西紫牡丹。别有玉盘承露冷，无人起就

---

① 郭广伟点校：《权德舆诗文集》，上海古籍出版社 2008 年版，第 139 页。
② （清）彭定求等编：《全唐诗》卷 731，中华书局 1997 年版，第 8448 页。

月中看。①

但裴给事宅的白牡丹则在群芳当中呈现出特有的高贵来,承接着露珠在夜色中独自绽开,虽与紫牡丹身边的喧嚣相比倍显冷落,无人借着月色欣赏其绝世之清丽容颜,但它的晶莹纯净却是其他花朵所无法比拟的,倍显晶莹素净与清冷。

王建的《题所赁宅牡丹花》亦点出长安城的私宅中争相栽植牡丹的情景:

> 赁宅得花饶,初开恐是妖。粉光深紫腻,肉色退红娇。且愿风留著,惟愁日炙燋。可怜零落蕊,收取作香烧。②

诗人租赁的宅子里花开丰饶,牡丹初开时妖艳异常。细腻柔嫩的深紫色,透着粉色的光泽,红艳娇嫩褪去仍留肉色的残色。出于对牡丹花的怜惜诗人更细腻地祈愿:但愿风能将残花保留,亦忧愁太阳会将其焦灼。珍爱着零落的花蕊,将花瓣收取作为烧香之用。

武元衡的《闻王仲周所居牡丹花发,因戏赠》即写出暮春时节王仲周宅院的牡丹花开,亦一定引发长安才子频频观赏的情景:

> 闻说庭花发暮春,长安才子看须频。花开花落无人见,借问何人是主人。③

刘禹锡亦有数首与朋友在其宅中同赏长安牡丹的诗作,其《唐郎中宅与诸公同饮酒看牡丹》写道:

> 今日花前饮,甘心醉数杯。但愁花有语,不为老人开。④

---

① 刘初棠校注:《卢纶诗集校注》,上海古籍出版社 1989 年版,第 558 页。
② (唐)王建著:《王建诗集》,中华书局上海编辑所 1959 年版,第 49 页。
③ (清)彭定求等编:《全唐诗》卷 317,中华书局 1997 年版,第 3579 页。
④ 卞孝萱编订:《刘禹锡集》卷九,中华书局 1990 年版,第 334 页。

与友人痛饮牡丹花前，甘心一醉。就怕美丽的花朵，会不为如今已两鬓斑白的老人而开放。

其《浑侍中宅牡丹》写道：

> 径尺千余朵，人间有此花。今朝见颜色，更不向诸家。

浑侍中的宅院内千余朵牡丹盛开，繁盛而娇艳的颜色，胜过长安城其他地方的牡丹之景，令人沉醉心迷。

白居易作于永贞元年（805）任校书郎期间的《看浑家牡丹花戏赠李十二》，则对浑家宅院浓香胜兰花、红艳胜过天边彩霞的牡丹花进行了描写：

> 香胜烧兰红胜霞，城中最数令公家。人人散后君须看，归到江南无此花。①

令狐楚将要离开京城时最难割舍的则是小庭中刚刚绽开的紫牡丹，他在《赴东都别牡丹》中写道：

> 十年不见小庭花，紫萼临开又别家。上马出门回首望，何时更得到京华。②

2. 唐代诗人与长安牡丹

这些散落在长安城中，绽放着动人姿态的牡丹，也成为唐代诗人的流连地与绝佳吟咏对象。唐代的很多诗人都对牡丹的生长姿态做过描绘，也是在他们的吟咏中，原本就富丽耀目的牡丹，焕发出异样的光彩。曾在长安有过长期生活，又做过长安近郊昭应尉的王建，对长安牡丹有过较多的描绘吟咏。他的《赏牡丹》将牡丹的姿态描绘得细致动人：

> 此花名价别，开艳益皇都。香遍苓菱死，红烧踯躅枯。软光笼细

---

① 朱金城笺校：《白居易集笺校》，上海古籍出版社 1988 年版，第 737 页。
② （清）彭定求等编：《全唐诗》卷 334，中华书局 1997 年版，第 3755 页。

脉，妖色暖鲜肤。满蕊攒黄粉，含棱缕绛苏。好和薰御服，堪画入宫图。晚态愁新妇，残妆望病夫。教人知个数，留客赏斯须。一夜轻风起，千金买亦无。①

在诗人的眼里，牡丹是艳丽的，而每到牡丹花开时，则衬得整个皇都益发美丽。花开时如燃烧的火焰般艳丽，而花香则让茯苓与菱花为之羞死，柔和的软光笼罩着花叶的细脉，妖艳的花色令鲜润的肌肤温暖滋润。花蕊间细密的黄粉，纷纷洒落，花香薰染着御服，美丽妖娆的姿态可堪画入宫图。流连在牡丹花丛间的诗人们，数着一个个盛开的花朵，不忍离去，深知当一夜轻风吹过，这样的美景将会不在，即便用千金亦再难买到。

其《长安春游》还将牡丹与长安城的代表景观柳树与桃花作比：

骑马傍闲坊，新衣著雨香。桃花红粉醉，柳树白云狂。不觉愁春去，何曾得日长。牡丹相次发，城里又须忙。②

长安春日骑马看花，在里坊闲游，衣服上沾着春雨带落花的香气。桃花红粉如醉，柳树飞絮如云癫狂。惆怅春之将去，尽日流连，不曾觉得日长。而牡丹是在春晚才开放的，当其盛放时，则会迎来长安城里的再次奔忙。

其《同于汝锡赏白牡丹》写道：

晓日花初吐，春寒白未凝。月光裁不得，苏合点难胜。柔腻于云叶，新鲜掩鹤膺。统心黄倒晕，侧茎紫重棱。乍敛看如睡，初开问欲应。并香幽蕙死，比艳美人憎。价数千金贵，形相两眼疼。自知颜色好，愁被彩光凌。③

春日的初晓牡丹花刚刚绽放，春寒中露出白色。月光亦不如其洁净素

---

① （唐）王建著：《王建诗集》，中华书局上海编辑所1959年版，第51页。
② （清）彭定求等编：《全唐诗》卷299，中华书局1997年版，第3387页。
③ 同上书，第3392页。

白，苏合香亦难以胜过其芳香，柔嫩细腻如云叶，新鲜之色赛过仙鹤的胸部。花心呈淡淡的黄晕（花瓣一般近萼处色深，至瓣尖渐浅。若近萼处色浅，至其末反深者，称为倒晕），侧茎泛紫。半开半敛如初睡之貌，初开的样子似乎能和人相互问答。幽香的蕙草与牡丹之香并置会自惭不如而死，和美人比艳亦会令其心生憎恨。价值千金，光彩夺目。牡丹亦自知颜色之美，但仍然有被彩光欺凌之忧。

其《闲说》写道：

> 桃花百叶不成春，鹤寿千年也未神。秦陇州缘鹦鹉贵，王侯家为牡丹贫。歌头舞遍回回别，鬓样眉心日日新。鼓动六街骑马出，相逢总是学狂人。①

桃花即便百叶亦构不成最美的春天，仙鹤即便有千年之寿亦未必是神灵。秦陇之地最为珍贵的是鹦鹉和牡丹。王侯之家亦往往因购买牡丹而耗资无数，足见唐人贪爱牡丹之痴、之盛。

白居易对牡丹更是情有独钟，同时面对牡丹，他又充满矛盾心理，既为牡丹倾国倾城之姿态而动容，又在举城皆赏牡丹的痴狂中敦诫天子勿为物而伤人，其《牡丹芳》写道：

> 牡丹芳，牡丹芳，黄金蕊绽红玉房。千片赤英霞烂烂，百枝绛点灯煌煌。照地初开锦绣段，当风不结兰麝囊。仙人琪树白无色，王母桃花小不香。宿露轻盈泛紫艳，朝阳照耀生红光。红紫二色间深浅，向背万态随低昂。映叶多情隐羞面，卧丛无力含醉妆。低娇笑容疑掩口，凝思怨人如断肠。秾姿贵彩信奇绝，杂卉乱花无比方。石竹金钱何细碎，芙蓉芍药苦寻常。遂使王公与卿士，游花冠盖日相望。庳车软舆贵公主，香衫细马豪家郎。卫公宅静闭东院，西明寺深开北廊。戏蝶双舞看人久，残莺一声春日长。共愁日照芳难驻，仍张帷幕垂阴凉。花开花落二十日，一城之人皆若狂。三代以还文胜质，人心重华不重实。重华直至牡丹芳，其来有渐非今日。元和天子忧农桑，恤下

---

① （清）彭定求等编：《全唐诗》卷300，中华书局1997年版，第3407页。

动天天降祥。去岁嘉禾生九穗，田中寂寞无人至。今年瑞麦分两歧，君心独喜无人知。无人知，可叹息。我愿暂求造化力，减却牡丹妖艳色。少回卿士爱花心，同似吾君忧稼穑。①

当牡丹吐蕊时，红玉般的花瓣托着如黄金般绚丽的花蕊，格外芬芳艳丽。千片繁复的红色花朵如云霞般绚烂，百株花枝中绛紫色的点点花蕊如辉煌之灯光。辉映着大地如初开的锦绣绸缎，当风之处不用缩结兰麝香囊亦有馥郁芳香。仙人琪树过于素净无色，王母桃花则花小无香。经夜的露珠轻盈泛着紫艳的光色，朝阳照耀牡丹时则生出红色的光芒。红紫深浅之色相间，仪态万方随风低昂。隐藏于叶间的花朵如多情娇羞的佳人，卧于丛中柔弱无力的花朵如佳人含醉之妆。又如掩口娇笑的佳人，或如凝思断肠满含幽怨的思妇。秾丽的姿态娇贵的色彩处处透着奇绝，令其他的杂卉乱花黯然失色。石竹金钱与之相比过于细碎，芙蓉芍药则过于寻常。于是每当牡丹花开的时节，游赏牡丹的冠盖日日相望。贵公主的犊车软舆亦曾驻足于此，朱门豪贵的香衫细马也日日徘徊在此。长安城的卫公宅院幽静深闭，延康坊西南隅的西明寺深开北廊。驻留于此久看双飞蝴蝶的戏舞，听着春日残莺的声声啼叫。亦为牡丹之美景难驻而惆怅，而牡丹二十日的花期里，花开花落均引得一城之人痴狂如醉。面对这样的情境，诗人却独具忧虑，为重文浮华的时风而倍感忧心，而崇尚华丽的牡丹之风由来已久，并非当时才有，诗人忆起元和年间天子心忧农桑，体恤民生的情怀感动上天，于是天降祥瑞，以致去年嘉禾生出九穗，但对此情境却并无人关注：田间寂寞无人探访。而今年瑞麦分成两歧，民乐年丰，君王独喜，却无人明白。对此风尚诗人不禁叹息，祈愿自然造化，能减却牡丹的妖艳之色，令卿士的爱花之心稍稍褪去，能像君王一样心系稼穑。

其《秦中吟十首·买花》则叙写出长安城珍爱牡丹争相买花的盛况，而有关牡丹的时价、栽种与移栽技术，重花轻农的时风，诗中均有体现：

　　帝城春欲暮，喧喧车马度。共道牡丹时，相随买花去。贵贱无常价，酬直看花数。灼灼百朵红，戋戋五束素。上张幄幕庇，旁织

---

① 朱金城笺校：《白居易集笺校》，上海古籍出版社 1988 年版，第 218 页。

巴篱护。水洒复泥封，移来色如故。家家习为俗，人人迷不悟。有一田舍翁，偶来买花处。低头独长叹，此叹无人喻。一丛深色花，十户中人赋。①

帝城暮春之时，车马喧阗而来。都说是此时牡丹盛开，纷纷相随着买花而去。牡丹贵贱不一，依花朵之数定价。明亮鲜艳的百朵红牡丹，价值清浅雪白的五束白素。种植牡丹需精心呵护，其上有张开的帷幕荫庇，旁边还罗织着篱笆保护。移植时用水浇洒又用泥巴封闭，则会颜色如故。长安城家家栽种牡丹的风尚已习以为俗，人人执迷于此而不知醒悟。当田舍老翁，偶然来到买花之地，不由得独自低头沉吟，但他的长叹却无人能懂，他是在叹息一丛深艳的牡丹花，竟是要抵十户中等人家的赋税。

其《白牡丹》（和钱学士作）写道：

　　城中看花客，旦暮走营营。素华人不顾，亦占牡丹名。闭在深寺中，车马无来声。唯有钱学士，尽日绕丛行。怜此皓然质，无人自芳馨。众嫌我独赏，移植在中庭。留景夜不暝，迎光曙先明。对之心亦静，虚白相向生。唐昌玉蕊花，攀玩众所争。折来比颜色，一种如瑶琼。彼因稀见贵，此以多为轻。始知无正色，爱恶随人情。岂惟花独尔，理与人事并。君看入时者，紫艳与红英。②

城中看花之客，旦暮奔走忙碌。纷纷痴迷于牡丹的富丽，对素净高洁之物不再垂顾。而闭锁在深寺中的素净白牡丹却门前冷落，无车马往来之喧嚣。只有钱学士，尽日绕丛独赏。珍爱怜惜着白牡丹的皓然之质，其即便无人欣赏亦能独自芬芳馨香的高洁。尽管遭众人嫌弃，而诗人仍独自赏惜，将其移植入中庭。面对着白牡丹的芳姿昼夜流连，心境亦因此清净虚空。唐昌观的玉蕊花，众人争相攀折，将之折来与白牡丹相比，二者均如琼瑶般明净。但一种因珍稀而人以为贵，而一种则因繁多平常被人们轻视。诗人亦由自然界的物理顿悟人情，其实并无颜色之差别，一切皆由人

---

① 朱金城笺校：《白居易集笺校》，上海古籍出版社 1988 年版，第 18 页。
② 同上书，第 39 页。

情之好恶所决定，而当时入时的事物，都是那些艳丽的朱紫之色，亦由此对世事风俗作以讽刺。

另一首《白牡丹》则写出时人爱娇艳牡丹，而白牡丹因色彩冷澹而无人赏识喜爱的风尚：

> 白花冷澹无人爱，亦占芳名道牡丹。应似东宫白赞善，被人还唤作朝官。①

其《邓鲂张彻落第》亦写出长安城中奔走竞逐赏看牡丹的情境，亦将松树与牡丹进行对比，相较之下寒松因无妖艳的花朵，而无人欣赏，当春风吹遍长安城的十二街衢时，车马均不会在古松前停留，而众人却竞相去奔看富丽的牡丹，走马听着秦筝，均为牡丹的芳香艳丽而愉悦，可见在诗人的心头还固守着对牡丹的另一层态度，以之为艳妖俗的代称：

> 古琴无俗韵，奏罢无人听。寒松无妖花，枝下无人行。春风十二街，轩骑不暂停。奔车看牡丹，走马听秦筝。众目悦芳艳，松独守其贞。众耳喜郑卫，琴亦不改声。怀哉二夫子，念此无自轻。②

其作于盩厔尉上的《醉中归盩厔》则记录出诗人流连长安城数日，非关王事，而是徘徊在牡丹花前，直到花尽才半醉信马而回的赏花兴致：

> 金光门外昆明路，半醉腾腾信马回。数日非关王事系，牡丹花尽始归来。③

即便是秋季牡丹早已枯败之时，白居易亦曾留下《秋题牡丹丛》的诗作：

---

① 朱金城笺校：《白居易集笺校》，上海古籍出版社 1988 年版，第 918 页。
② 同上书，第 55 页。
③ 同上书，第 747 页。

> 晚丛白露夕，衰叶凉风朝。红艳久已歇，碧芳今亦销。幽人坐相对，心事共萧条。①

傍晚的牡丹丛白露初生，凉风乍起，衰叶萧瑟。曾经的红艳繁华、碧绿芳华早已消歇。而幽独之诗人与残丛默默相对，心事凄凉。

刘禹锡的《赏牡丹》则将牡丹与缺少气格仅是妖艳的庭前芍药、缺少风情仅是素净的池上芙蕖做过对比后，描写出牡丹最具特色的特质，那就是国色天香，于是每到花开时节自是令整个京城为之动容：

> 庭前芍药妖无格，池上芙蕖净少情。唯有牡丹真国色，花开时节动京城。②

姚合的《和王郎中召看牡丹》（创作地与描绘地待考）可谓对牡丹姿态形容的极为细致的铺绘：

> 葩叠萼相重，烧栏复照空。妍姿朝景里，醉艳晚烟中。乍怪霞临砌，还疑烛出笼。绕行惊地赤，移坐觉衣红。殷丽开繁朵，香浓发几丛。裁绡样岂似，染茜色宁同。嫩畏人看损，鲜愁日炙融。婵娟涵宿露，烂熳抵春风。纵赏襟情合，闲吟景思通。客来归尽懒，莺恋语无穷。万物珍那比，千金买不充。如今难更有，纵有在仙宫。③

重叠的花瓣，相交错的花萼，红艳的颜色似火般灼烧着栏杆又辉耀着天空。在清晨呈现妍丽的姿态，在晚烟中凸显沉醉鲜艳的色彩。初看时惊讶着以为是彩霞临映着石砌，又怀疑是摇曳的烛光透过纱笼。绕行时也为牡丹映衬的赤地而惊异，移处而坐仍觉曾被牡丹映照的衣袍是红艳的。牡丹绽开繁复美丽的花朵，浓厚的香味在花丛间散溢。如裁剪的绫绡但形容又哪里相似，又似染成大红色的茜纱。娇嫩的花朵因畏惧游人的争相观看

---

① 朱金城笺校：《白居易集笺校》，上海古籍出版社1988年版，第483页。
② 卞孝萱编订：《刘禹锡集》卷九，中华书局1990年版，第335页。
③ 吴河清校注：《姚合诗集校注》，上海古籍出版社2012年版，第518页。

而折损，鲜艳的姿容忧愁烈日烘炙而融化。在牡丹丛中纵情游赏与其襟怀情感相通，美景闲吟中诗思洞开。游客流连忘返看花归来倍感慵懒，黄莺因依恋而鸣语无穷。万物之珍贵都不可与牡丹相比，以千金之价购买也不能补充。如今则更是难得了，纵使有也只有仙宫才能看到。

徐夤的《和仆射二十四丈牡丹八韵》写道：

> 帝王城里看，无故亦无新。忍摘都缘借，移栽未有因。光阴嫌太促，开落一何频。羞杀登墙女，饶将解佩人。蕊堪灵凤啄，香许白龙亲。素练笼霞晓，红妆带脸春。莫辞终夕醉，易老少年身。买取归天上，宁教逐世尘。①

在帝京里观赏牡丹，因为怜惜忍着不去采摘，亦怨嫌光阴太促，开落何其频繁。其娇艳的姿态羞杀登墙之女，亦吸引着解佩人。娇嫩的花蕊惹得灵凤啄取，香气四溢令白龙亲近。如笼罩着拂晓彩霞的素练，如着红装的娇艳面容。终夕醉于花前，竟生买取牡丹，还归天上，莫令沾染世事尘埃的痴愿。

其《牡丹花》二首对长安牡丹盛赞不已，礼赞其是万花当中第一流，看遍诸花亦无胜过此花的，红艳似蘸抹丹砂，白色的则如披盖白雪，轻柔得如天边的云彩，如浅霞轻染，娇嫩如银瓯，每到二三月盛开时，亦令长安城的千家万户因买花而“破却”，秾华万芳，妖艳无比，使得绮陌朱门的千金之子与万户之侯为之痴狂不已。每当朝日照耀下盛开之时，即携酒观看，傍晚时风起花落，则绕栏拾取，每到此时亦令满架的诗书落满尘埃，读书人亦不再举头读书：

> 看遍花无胜此花，剪云披雪蘸丹砂。开当青律二三月，破却长安千万家。天纵秾华剗鄙吝，春教妖艳毒豪奢。不随寒令同时放，倍种双松与辟邪。
>
> 万万花中第一流，浅霞轻染嫩银瓯。能狂绮陌千金子，也惑朱门万户侯。朝日照开携酒看，暮风吹落绕栏收。诗书满架尘埃扑，尽日

---

① （清）彭定求等编：《全唐诗》卷711，中华书局1997年版，第8266页。

无人略举头。①

离别长安十多年的诗人，梦魂萦绕中仍留有长安牡丹的秾艳之姿，其《忆牡丹》写道：

> 绿树多和雪霰栽，长安一别十年来。王侯买得价偏重，桃李落残花始开。宋玉邻边腮正嫩，文君机上锦初裁。沧洲春暮空肠断，画看犹将劝酒杯。②

长安城的王侯以重价购得牡丹，和着雪霰栽种绿树，每到桃李花残的时候才盛开。如宋玉邻人登墙而窥的香腮一样粉嫩，如文君初裁的织锦一样华丽。暮春时节身处沧洲的诗人追忆起长安城的牡丹时，亦不禁空自断肠，只能画出追忆中的牡丹姿态对酒思念。

晚唐僖宗时诗人崔道融在《长安春》中，留意的仍是长安春天最令人动容的牡丹花开盛况：

> 长安牡丹开，绣毂辗晴雷。若使花长在，人应看不回。③

当长安暮春时节的牡丹花开放时，长安城的街道上华丽的车辇轰隆而过的声音似晴天的雷鸣声，争相去欣赏牡丹的艳丽姿态。这种情形一直持续到牡丹开尽，如果牡丹花常开不败的话，长安城的人群一定是流连于此而不会回还的。

从诗人们的吟咏内容看，唐人对牡丹的关注点基本集中在以下数点：

（1）国色天香的自然之美

在唐人心目中，牡丹以其形态色香，毫无疑问是冠绝天下的。唐人在吟咏牡丹时，对其这一特质的认定，亦往往在将其与牡丹、玉蕊、荷花、芍药，甚至被唐人视为仙药的茯苓、白菱的对比中展开并得到进一步确

---

① （清）彭定求等编：《全唐诗》卷708，中华书局1997年版，第8228页。
② 同上书，第8230页。
③ （清）彭定求等编：《全唐诗》卷714，中华书局1997年版，第8285页。

认,对比中,牡丹之独特气韵风格独出,成为冠首,也有了"国色"、"第一流"等美誉。《撼异记》记载:唐文宗太和年间,中书舍人李正封诗曰:"国色朝酣酒,天香夜染衣。"

（2）倾国倾城独领风尚的社会之质

在对牡丹的自然之质做出描绘与确认的同时,唐人亦对牡丹的社会之质做出叙写。吟咏中,诗人们几乎都注意到牡丹与其他花朵的不同之处在于"倾城"。提到因为牡丹花开,使得长安城内倾城观看,终日流连,从而形成唐长安城内独特的自然与人文生态奇观。也因为时人之爱,牡丹亦有了千金之价、贵重之质。

（3）妖艳、轻俗、惑众的伦理之罪

牡丹的妖艳、轻俗、惑众之判,是在与松树、麦岐之瑞的对比中,在诗人将社会伦理道德评价附会于它时生成的。也由于牡丹绝美之自然之质在人间引发的倾城观看以至尘烟滚滚、重价购买乃至破家倾家、为求重利乃至弃农栽花、为看牡丹而轻国之祥瑞等一系列世相中,逐渐累积而成的。

（六）金秋菊花

《艺文类聚》对之有极其详尽的记录:

> 《尔雅》曰:菊,治蘠（今之秋华菊也）。《山海经》曰:女几之山,其草多菊。《礼记》曰:季秋之月,菊有黄花。《楚辞》曰:朝饮木兰之坠露兮,夕餐秋菊之落英。又曰:春兰兮秋菊,长无绝兮终古。……《神仙传》曰:康风子服甘菊花、柏实散得仙。《抱朴子》曰:刘生丹法,用白菊花汁、莲汁、樗汁,和丹蒸之。服一年,寿五百岁。又曰:菊花与薏花相似,直以甘苦别之耳。菊甘而薏苦,谚所谓苦如薏者也。今所有真菊,但为少耳。《续晋阳秋》曰:陶潜无酒,坐宅边菊丛中,採摘盈把,望见王弘遣送酒,即便就酌。
>
> 晋袁山松《菊》诗曰:灵菊植幽崖,擢颖凌寒飙。春露下染色,秋霜不改条。
>
> ［赋］魏钟会《菊花赋》……又云:夫菊有五美焉,黄华高悬,准天极也;纯黄不杂,后土色也;早植晚登,君子德也;冒霜吐颖,

象劲直也；流中轻体，神仙食也。①

由此可见一脉相承的菊花内蕴积淀，对于这种外形金黄耀目的花朵，古人与之结下极为深厚的渊源。从其最基本的实用药用价值到其可供观赏的审美价值，再到对其特性的人化内蕴赋予，菊花一步步被圣洁化、高贵化，最终成为高洁的隐士生活之象征载体。在唐代关中的秋天时，菊花是必不可少的装点，无论是在宫廷，还是在达官贵人之府邸园林，抑或是在隐士布衣之庭院，甚或在乡野陋居，都会栽植菊花，而菊花也是诗人们和着季节争相赏玩与吟咏的对象，激发出诗人们无限的诗情与诗意，留存的大量唐代菊花诗作，亦成为珍贵的生态史资料。

白居易的《和钱员外早冬玩禁中新菊》写道：

> 禁署寒气迟，孟冬菊初拆。新黄间繁绿，烂若金照碧。仙郎小隐日，心似陶彭泽。秋怜潭上看，日惯篱边摘。今来此地赏，野意潜自适。金马门内花，玉山峰下客。寒芳引清句，吟玩烟景夕。赐酒色偏宜，握兰香不敌。凄凄百卉死，岁晚冰霜积。唯有此花开，殷勤助君惜。②

禁中台署寒气来得迟，孟冬时节菊花才开始绽放。新生的金黄色与繁密的绿色相间，灿烂得如金子照耀着碧玉。而友人钱员外身兼官职，在菊花前玩赏的日子则如闹中求静的小隐，心也如陶渊明一样弃却尘俗忘情于自然中悠然轻淡。当秋天来临，怜惜菊花之人常在清潭边观赏，白天则习惯于篱笆边采摘菊花。如今来禁中赏看，顿生野趣，闲情自适。身在达官贵人金马出入的辉煌富丽之地的花朵，也是来自关中南山群峰中的幽居之客。透着清寒的芬芳之菊花往往会引发清丽的诗句，令诗人在夕阳烟景中吟玩终日。菊花的颜色与御赐之酒色交融，而兰花之香亦不及菊花之幽香。在天气寒冷冰霜积聚，百花凄凄凋零的日子，也只有菊花还在绽放，

---

① （唐）欧阳询撰，汪绍楹校：《艺文类聚》卷八十一·药香草部上，上海古籍出版社1965年版，第1390—1391页。

② 朱金城笺校：《白居易集笺校》，上海古籍出版社1988年版，第825页。

也以殷勤之姿得到君子的爱惜。

时值九月九日重阳之节气,菊花盛开,身处禁中的诗人白居易,手持盛满御赐美酒的酒杯,在菊花边站立,独自对物思人,沉吟着友人的咏菊之诗,其《禁中九日对菊花酒忆元九》写道:

> 赐酒盈杯谁共持,宫花满把独相思。相思只傍花边立,尽日吟君咏菊诗。①

其《东墟晚歇(时退居渭村)》:

> 凉风冷露萧索天,黄蒿紫菊荒凉田。绕冢秋花少颜色,细虫小蝶飞翻翻。中有腾腾独行者,手拄渔竿不骑马。晚从南涧钓鱼回,歇此墟中白杨下。褐衣半故白发新,人逢知我是何人。谁言渭浦栖迟客,曾作甘泉侍从臣?②

凉风冷露的萧索天气,黄蒿紫菊交错丛生的荒凉田地,环绕丘冢的秋花,翻飞的小蝶,构织出关中渭村独特的生态图景。而手拄渔竿腾腾缓步的独行者,傍晚时分从南涧钓鱼而回,在墟中的白杨下歇息,惬意自足,悠闲自在。

其作于元和八年(813)下邽的《东园玩菊》则将日澹风寒,白露晶莹,秋蔬芜没,好树凋残的秋季唯数丛菊花开于篱落间的生态情境勾勒而出:

> 少年昨已去,芳岁今又阑。如何寂寞意,复此荒凉园。园中独立久,日澹风露寒。秋蔬尽芜没,好树亦凋残。唯有数丛菊,新开篱落间。携觞聊就酌,为尔一留连。忆我少小日,易为兴所牵。见酒无时节,未饮已欣然。近从年长来,渐觉取乐难。常恐更衰老,强饮亦无

---

① 朱金城笺校:《白居易集笺校》,上海古籍出版社 1988 年版,第 799 页。
② 同上书,第 643 页。

欢。顾谓尔菊花，后时何独鲜。诚知不为我，借尔暂开颜。①

而诗人在岁华阑珊时，寂寞寥落、徒叹年华的情怀，却因菊花之独鲜而开颜，足见人与菊花之间相生相惜之情。

沈亚之的《劝政楼下观百官献寿》写出九月九日的黄花节气里秉承秋气，在紫陌临轩观望所见情境，初生的朝阳在彩仗间照耀，雨后初晴的清新霁色沁入仙楼。劝政楼下百官献寿，瞻仰帝王的尊仪，歌舞乐终，祥烟四起，庆贺皇室之寿诞：

> 御气黄花节，临轩紫陌头。早阳生彩仗，霁色入仙楼。献寿皆鸳鹭，瞻天在冕旒。菊尊开九日，凤历启千秋。乐阕祥烟起，杯酣瑞影收。年年歌舞夕，此地庆皇休。②

顾非熊的《万年厉员外宅残菊》写道：

> 才过重阳后，人心已为残。近霜须苦惜，带蝶更宜看。色减频经雨，香销恐渐寒。今朝陶令宅，不醉却应难。③

重阳过后，菊花凋残，人心亦因花之衰败而悲戚。菊花在秋季临霜而开，更须好好珍惜，蝴蝶飞舞其上的景象更适合观赏。秋雨连绵，频经风雨欺凌的菊花颜色渐减，天气渐寒，其香气亦会日渐消损。如今身处在如陶渊明一般的隐士宅院，不趁醉欣赏菊花之残影，也是很难之事啊。

唐代的菊花吟咏多与九月九日的重阳节交叠，而其临霜而开的气节，亦每令诗人心生敬意，倍感怜惜，加以在陶渊明采菊、咏菊的行为与诗作中早已积淀出的菊花高隐之特质，则构成唐代诗作中菊花的基本内蕴。

（七）劲拔青松

有关松的特性等，《全芳备祖》对其解释得非常详细：

---

① 朱金城笺校：《白居易集笺校》，上海古籍出版社 1988 年版，第 328 页。
② （清）彭定求等编：《全唐诗》卷 493，中华书局 1997 年版，第 5622 页。
③ （清）彭定求等编：《全唐诗》卷 509，中华书局 1997 年版，第 5830 页。

松,有脂,味苦,一名松膏,一名松肪。(《本草》)食松叶令人
不老。皮上绿衣名艾纳香,用合诸香烧之其烟不散。(并《本草》)
松脂沦入地千年为茯苓,又千年为琥珀,又千年为璧,烧之皆有松
气。(《本草》)千岁之松下有茯苓,上有兔丝。(《淮南子》)徂来之
松。(《诗》)天陵偃盖之松,大谷倒生之松。(《抱朴子》)……松柏
为百木长。(《史记》)如松柏之有心也,故贯四时而不改柯易叶。
(《礼记》)培塿无松柏。(《左传》)岁寒然后知松柏之后凋也。(《论
语》)受命于地惟松柏,在冬夏青青。(《庄子》)天寒既至,霜雪既
降,吾是以知松柏之茂也。(同上)茑与女萝施于松柏。①

《酉阳杂俎》中记载了长安城中栽种的五鬣、两鬣、七鬣松等不同种
类松树的生长状态、习性、果实等境况:

> 松,凡言两粒、五粒,粒当言鬣。成式修竹里私第,大堂前有五
> 鬣松两株,大财如椀。甲子年结实,味与新罗、南诏者不别。五鬣
> 松,皮不鳞。中使仇士良水砲亭子在城东,有两鬣皮不鳞者。又有七
> 鬣者,不知自何而得。俗谓孔雀松,三鬣松也。松命根遇石则偃,盖
> 不必千年也。②

松树以长青不凋的姿态,装点着人类的家园,即便是处处透着昏暗色
调的冬天里,松树亦会以满目的青绿色,给人以生机,于是在中国的古典
诗歌中,松树早已是被赋予诸多意蕴的特殊意象了,成为长青、坚贞、长
寿的代名词。唐时的关中一带,自然少不了松树的生长与装扮。而松树旺
盛顽强的生命力,不仅让它既可以在平原生长,也可以在青山沟谷中生
存,于是在关中的山川如华山、终南山、骊山地域亦会看到松树的影迹,
在以长安城为核心的关中园林庭院中亦少不了松树的装点。松树的种类亦
多,在唐诗中出现的就有乳毛松等。

---

① (宋)陈景沂撰:《全芳备祖》后集卷十四木部,农业出版社影印手抄本1982年版,第
1105—1106页。
② (唐)段成式撰,方南生点校:《酉阳杂俎》前集卷之十八广动植之三木篇,中华书局
1981年版,第172页。

和柳树一样，作为长安城中的一道胜景，松树也曾引起诗人们的同题吟咏唱和。大历六年（771）中进士，又应博学鸿词科，随后授华州郑县尉，迁渭南县主簿，德宗年间以其才华、品性渐被委以重任的中唐大政治家陆贽（754—805）在《禁中春松》中写道：

> 阴阴清禁里，苍翠满春松。雨露恩偏近，阳和色更浓。高枝分晓日，虚吹杂宵钟。香助炉烟远，形疑盖影重。愿符千载寿，不羡五株封。倘得回天眷，全胜老碧峰。①

春天的禁苑中，苍翠布满青松，终年不凋的青松在阳和春色里绿意更浓，高耸的枝头遮蔽着初升的太阳，而松间亦时时飘扬着歌舞之音与夜深时的钟声。同时在诗人心目中，禁中之松亦与别处之松不同，在长青、长寿、高洁之外，亦独得上天之眷顾。

常沂仅存诗作《禁中春松》写道：

> 映殿松偏好，森森列禁中。攒柯沾圣泽，疏盖引皇风。晚色连秦苑，春香满汉宫。操将金石固，材与直臣同。翠影宜青琐，苍枝秀碧空。还知沐天眷，千载更葱茏。②

不仅细细描绘青松之姿态：森森列于禁中，青翠的色泽在秦苑连成一片，松香亦溢满汉宫，翠绿的松影与禁苑宫殿的青琐相合宜，苍劲秀丽的松枝直入碧空。亦点出其金石般坚固的操守，与直臣相同的材质与禀性。

周存的《禁中春松》先是从松树被人们赋予的坚贞特质入手吟唱：

> 几岁含贞节，青青紫禁中。日华留偃盖，雉尾转春风。不为繁霜改，那将众木同。千条攒翠色，百尺澹晴空。影密金茎近，花明凤沼通。安知幽涧侧，独与散樗丛。③

---

① （清）彭定求等编：《全唐诗》卷288，中华书局1997年版，第3282页。
② 同上书，第3283—3284页。
③ 同上书，第3284页。

而松树因其即便经历冬天的风霜仍不凋零依然长青的特性,在人们的心目中早已不同一般的草木,被作为有独特操守贞节的事物而钦佩,长安城紫禁中的松树既多又高,当春天来临时,百尺千条的松枝攒聚着翠色,令晴空澹荡。

员南溟的《禁中春松》写道:

> 郁郁贞松树,阴阴在紫宸。葱茏偏近日,青翠更宜春。雅韵风来起,轻烟霁后新。叶深栖语鹤,枝亚拂朝臣。全节长依地,凌云欲致身。山苗荫不得,生植荷陶钧。①

苍郁坚贞的松树,生长在紫宸。茂盛葱茏的姿态靠近太阳,青翠的色彩更适宜春天。风来时更生雅韵,春雨初晴的轻烟映衬下倍觉清新。枝叶深密,白鹤在此栖息鸣叫,枝杈低垂,拂动着来往的朝臣。高洁的品性总是依附着土地,又不乏凌云之志。

此后亦有以《贡院楼北新栽小松》为题的同题咏叹。宪宗元和年间曾任中书舍人、监察御史等职的诗人李正封,在《贡院楼北新栽小松》中吟咏道:

> 青苍初得地,华省植来新。尚带山中色,犹含洞里春。近楼依北户,隐砌净游尘。鹤寿应成盖,龙形未有鳞。为梁资大厦,封爵耻嬴秦。幸此观光日,清风屡得亲。②

由山中移植来的青松,给华省的楼阁门庭带来山中之春色,来此观光的诗人们与青苍色的松树在清风中交融一体,倍感亲切和谐之气。

宪宗元和二年(807)登进士第的钱众仲,在其《贡院楼北新栽小松》中写道:

> 爱此凌霜操,移来独占春。贞心初得地,劲节始依人。笼月烟犹

---

① (清)彭定求等编:《全唐诗》卷782,中华书局1997年版,第8920页。
② (清)彭定求等编:《全唐诗》卷347,中华书局1997年版,第3891页。

薄，当轩色转新。枝低无宿羽，叶静不留尘。每与芝兰近，常惭雨露均。幸因逢顾盼，生植及兹辰。①

　　贡院楼北被移栽的小松独占着春天的气息，而诗人更是珍爱松树凌霜耐寒的节操。坚贞的品性刚刚移换生长之地，苍劲的气节开始与人相依。夜月笼罩，薄烟环绕，邻近轩窗的松色渐渐转新。低枝上尚无栖息的鸟儿，枝叶清新，幽静无尘。高洁的品性每每与芝兰相近，幸运的是逢遇世人之顾盼，得以栽植生长在这样的嘉地之中。

　　白行简的《贡院楼北新栽小松》写道：

华省春霜曙，楼阴植小松。移根依厚地，委质别危峰。北户知犹远，东堂幸见容。心坚终待鹤，枝嫩未成龙。夜影看仍薄，朝岚色渐浓。山苗不可荫，孤直俟秦封。②

　　当春霜凝结，曙光欲晓时，在华省的楼阙阴面栽种小松，这株小松告别生长的险峻高峰，移根依附在肥厚的土壤里。小松生长之地与北户较远，在东堂才可幸运地见到它的形容。松树之心性坚贞只与松鹤相待，枝叶幼嫩，尚未化成虬龙之形。在夜色下观看松影尚且薄小，在早晨的岚气中，碧绿之色渐渐浓重。

　　吴武陵也曾吟咏贡院新栽的松树，其《贡院楼北新栽小松》中写道：

拂槛爱贞容，移根自远峰。已曾经草没，终不任苔封。叶少初陵雪，鳞生欲化龙。乘春濯雨露，得地近垣墉。逐吹香微动，含烟色渐浓。时回日月照，为谢小山松。③

　　坚贞的松树移根自远峰，幼嫩的叶子刚刚遭受雪之欺凌，松干上斑驳生鳞欲演化成龙形。秉承着春天之雨露的清洗，得以靠近帝都高墙，在此

① （清）彭定求等编：《全唐诗》卷782，中华书局1997年版，第8922页。
② （清）彭定求等编：《全唐诗》卷466，中华书局1997年版，第5335页。
③ （清）彭定求等编：《全唐诗》卷799，中华书局1997年版，第5458页。

生长。追逐着春风,香气微动,在云烟映衬下,松色渐浓。

不只禁中、尚书都堂、贡院、侍中后阁,长安城中的兵部台府仍然广植松树,兵部侍郎于此所栽四棵松树,亦引来诗人们的同题吟咏。刘禹锡的《和兵部郑侍郎省中四松诗十韵》(松是中书相公任侍郎时栽)写道:

> 右相历中台,移松武库栽。紫茸抽组绶,青实长玫瑰。便有干霄势,看成构厦材。数分天柱半,影逐日轮回。旧赏台阶去,新知谷口来。息阴常仰望,玩境几裴回。翠粒晴悬露,苍鳞雨起苔。凝音助瑶瑟,飘蕊泛金罍。月桂花遥烛,星榆叶对开。终须似鸡树,荣茂近昭回。①

诗人先是交代了兵部郑侍郎在武库移栽松树的事件,接着细细描绘松树的姿态,它的紫茸、青实、枝干、材质,它的冲天之势,它在日光下动荡的光影,以及晴天时带露的枝叶,雨天时苍老的根下的青苔。而人与青松的关系则是更加亲密和谐的:在松下弹琴鼓瑟,松树则似乎会让乐音在松间凝固,在松下饮酒,飘落的黄色松蕊泛起在金罍中,则会衬得酒更美更香。

唐扶的《和兵部郑侍郎省中四松诗》(序:松是中书相公任侍郎日手栽。一本作奉和中书相公任兵部侍郎日后阁植四松):

> 幽抱应无语,贞松遂自栽。寄怀丞相业,因擢大夫材。日射苍鳞动,尘迎翠帟回。嫩茸含细粉,初叶泛新杯。偶圣为舟去,逢时与鹤来。寒声连晓竹,静气结阴苔。赫奕鸣驺至,荧煌洞户开。良辰一临眺,憩树几裴回。恨发风期阻,诗从绮思裁。还闻旧涧契,凡在此中培。②

无语幽独的情怀与坚贞的松树相匹配,于是在省中栽下松树。寄托丞

---

① 卞孝萱编订:《刘禹锡集》,中华书局 1990 年版,第 533 页。
② (清)彭定求等编:《全唐诗》卷 488,中华书局 1997 年版,第 5581 页。

相之业、大夫之材。日光照射下，苍鳞浮动，风尘之下迎接翠绿的松树而回。松树的嫩茸含着细粉，新生的叶子泛着光环。适逢仙鹤飞来，在寒声中与竹树相连，沉静的气息与松荫的青苔相结。在良辰美景中临眺，在松树下徘徊。幽恨因阻滞的风期而生，诗歌从绮丽的情思剪裁而来。

陶雍的《和兵部郑侍郎省中四松诗》写道：

> 右相历兵署，四松皆手栽。劚时惊鹤去，移处带云来。根倍双桐植，花分八桂开。生成造化力，长作栋梁材。岂羡兰依省，犹嫌柏占台。出楼终百尺，入梦已三台。幽韵和宫漏，余香度酒杯。拂冠枝上雪，染履影中苔。高位相承地，新诗寡和才。何由比萝蔓，樊附在条枚。①

右相任职兵署，省中的四棵松树皆是他亲手栽种。挖掘松树时的声音惊动白鹤飞去，移走松树的地方白云环绕。松树之根一倍于双桐，松花之香气可分开八桂。靠造化之功生长，长成栋梁之材。岂羡慕依附在省中生长的兰花，亦不嫌柏树占据台省。超出楼阙有百尺之高，幽静的清韵和着宫中的漏声，余香度过酒杯。雪压松枝，拂动衣冠，影中青苔着染鞋履。在此高位相承之地，新诗生成亦少有相和之才。

郑澣的《中书相公任兵部侍郎日后阁植四松逾数年瀚忝此官因献拙什》则写在兵部侍郎手植四松已过数年之后：

> 丞相当时植，幽襟对此开。人知舟楫器，天假栋梁材。错落龙鳞出，褵褷鹤翅回。重阴罗武库，细响静山台。得地公堂里，移根涧水隈。吴臣梦寐远，秦岳岁年摧。转觉飞缨缪，何因继组来。几寻珠履迹，愿比角弓培。柏悦犹依社，星高久照台。后凋应共操，无复问良媒。②

追忆丞相栽植松树后，每日对此敞开幽怀。人们都知道这四棵松树是

---

① （清）彭定求等编：《全唐诗》卷488，中华书局1997年版，第5581页。
② （清）彭定求等编：《全唐诗》卷368，中华书局1997年版，第4154页。

栋梁之材、舟楫之器。松枝错落、龙鳞盘生,仙鹤展开初生的濡湿黏合羽毛在松枝上盘桓。浓重的松荫罗列在兵部台省,细细的声响衬得山台更加幽静。从山涧边移根生长在公堂的适宜之地。

在同题的咏叹调中,诗人们几乎都注意到松树的青青苍翠的特质,也无一例外地要在描写松树的形色的同时,歌咏已经被人化了的松树的坚贞操守,与对柳树的怜爱不同,对松树诗人们则是充满着敬重之情。

除了同题的集体吟咏外,唐代诗人们亦时时对关中的松树作以单独歌咏。杨凭的《长安春夜宿开元观》亦留下傍晚时轻烟缭绕,高耸入云,枝扫明月的开元观松树剪影:

> 霓裳下晚烟,留客杏花前。遍问人寰事,新从洞府天。长松皆扫月,老鹤不知年。为说蓬瀛路,云涛几处连。①

刘禹锡的《庙庭偃松诗》则叙写的是侍中后阁一株偃松:

> 侍中后阁前有小松,不待年(一作特立)而偃。丞相晋公为赋诗,美其犹龙蛇然。植于高檐乔木间,上嵌旁轧,盘礴倾亚,似不得天和者。公以遂物性为意,乃加怜焉。命畚土以壮其趾,使无敧;索绹以牵其干,使不仆。盥漱之余以润之,顾眄之辉以照之。发于仁心,感召和气,无复夭阏。坐能敷舒,向之踥蹀,化为奇古。故虽衷丈而有偃号焉。予尝诣阁白事,公为道所以,且示以诗。窃感嘉木之逢时,斐然成咏。
>
> 势轧枝偏根已危,高情一见与扶持。忽从憔悴有生意,却为离披无俗姿。影入岩廊行乐处,韵含天籁宿斋时。谢公莫道东山去,待取阴成满凤池。②

诗的小序当中所叙之人与松树的故事,处处体现着丞相晋公对松树的喜爱、呵护之心,而遂物性为意的怜爱,则是一种升华了的对松树的

---

① (清)彭定求等编:《全唐诗》卷288,中华书局1997年版,第3289页。
② 卞孝萱编订:《刘禹锡集》,中华书局1990年版,第330页。

观照。

白居易对松树有着别样的情怀，在诗作中曾多次吟咏过松树，其《庭松》写道：

> 堂下何所有？十松当我阶。乱立无行次，高下亦不齐。高者三丈长，下者十尺低。有如野生物，不知何人栽？接以青瓦屋，承之白沙台。朝昏有风月，燥湿无尘泥。疏韵秋槭槭，凉阴夏凄凄。春深微雨夕，满叶珠蓑蓑。岁暮大雪天，压枝玉皑皑。四时各有趣，万木非其俦。去年买此宅，多为人所哈。一家二十口，移转就松来。移来有何得？但得烦襟开。即此是益友，岂必交贤才？顾我犹俗士，冠带走尘埃。未称为松主，时时一愧怀！①

堂下有十棵松树当阶而立，行次错乱，高低不齐。其间高者已有三丈，而低者则不到十尺。就像野生之物一样，也不知是何人所栽。与青瓦之屋相接，和白沙之台相承。白天和黄昏在风中月下生长，此地气候燥湿亦无尘泥污染。秋风起，吹动松叶发出槭槭的声响，卓富疏韵，夏天浓密的枝叶成荫，顿生寒凉之意。春深微雨的黄昏，落满的雨滴如珠垂下。岁暮大雪的天气里，积雪压枝皑皑如玉。四季之中各有佳趣情态，万木均不可与之同俦。最初购买此宅时，多为人所嗤笑。一家二十口人，将这十棵松树转移栽植在此。对着松树，自可让烦闷之襟怀敞开。松树就是有益的朋友，面对它何必结交贤才。与松树坚贞高拔的品性相比，诗人自觉只是尘俗之士，身着冠带奔走在俗世的尘埃中，自是难以自称是松树之主，于是面对松树亦每每心生愧疚之意。

其《松声（修行里张家宅南亭作）》写道：

> 月好好独坐，双松在前轩。西南微风来，潜入枝叶间。萧寥发为声，半夜明月前。寒山飒飒雨，秋琴泠泠弦。一闻涤炎暑，再听破昏烦。竟夕遂不寐，心体俱倦然。南陌车马动，西邻歌吹繁。谁知兹檐

---

① 朱金城笺校：《白居易集笺校》，上海古籍出版社 1988 年版，第 617—618 页。

下，满耳不为喧?①

独坐月下，前轩的双松静静独立。来自西南的微风，潜入松树的枝叶之间。发出寂寥的松涛之声，夜半的月华无声洒落。飒飒的夜雨，幽远的寒山，泠泠的琴声，涤荡着炎暑之气，亦破去昏烦之神。以致使得诗人整夜不寐，身心俱处在自由自在无拘无束的超脱情境下。而南陌喧嚣的车马声，西邻繁华的歌吹之声，都消解在如此月色下的静夜松声之中。

其《寄题周至厅前双松（两松自仙游山移植县厅)》写道：

> 忆昨为吏日，折腰多苦辛。归家不自适，无计慰心神。手栽两树松，聊以当嘉宾。乘春日一往，生意渐欣欣。清韵度秋在，绿茸随日新。始怜涧底色，不忆城中春。有时昼掩关，双影对一身。尽日不寂寞，意中如三人。忽奉宣室诏，征为文苑臣。闲来一惆怅，恰似别交亲。早知烟翠前，攀玩不逡巡。悔从白云里，移尔落嚣尘。②

在唐人的心中，与来自自然的松树相伴，是可以聊慰尘世中卑微苦辛与郁闷烦躁的心神的，于是在厅衙或居住的府邸栽植松树，则成为生活中必不可少之事。白居易在排遣归家不适的情怀时，就曾亲手栽种两棵松树，并把它当作陪伴自己的嘉宾。趁着春日灌溉着松树，其渐渐欣欣向荣透着生机。到秋天时已透着清韵，绿茸一天天清新。看到青松，诗人亦开始怜惜清溪涧底的古松，不再思忆城中的春色。有时白昼亦会掩起门扉，独对松树的双影。觉得尽日充实，不再寂寞，与松树如意中人般相对。然而生活中又出现转折，奉召为文苑之臣，与松树辞别，就像要离别自己的至亲，不觉心生惆怅。早知如此，就应该在轻烟笼罩的松树苍翠之色中尽情流连。亦开始后悔将松树从本自生长的与青山绿水白云相伴的地方，带到喧嚣的尘世之中。

元稹的《题翰林东阁前小松》写道：

---

① 朱金城笺校：《白居易集笺校》，上海古籍出版社 1988 年版，第 284 页。
② 同上书，第 469 页。

檐碍修鳞亚，霜侵簇翠黄。唯余入琴韵，终待舜弦张。①

翰林东阁的小松枝干如苍鳞，秋霜侵凌着翠黄的枝叶，似乎在等待着圣明君主所弹奏的古雅之乐（《孔子家语·辨乐解》："昔者舜弹五弦之琴，造《南风》之诗。其诗曰：'南风之薰兮，可以解吾民之愠兮；南风之时兮，可以阜吾民之财兮。'"此事《礼记·乐记》亦载，未载诗词。又《韩诗外传》第四卷第七章谓："舜弹五弦之琴，以歌《南风》，而天下治。"）将国家治理成太平盛世，亦余留下清明的琴韵。

而兴善寺被移植来的青松则成为整个长安城中极负盛名的植物。许棠的《和薛侍御题兴善寺松》写道：

何年劚到城，满国响高名。半寺阴常匝，邻坊景亦清。代多无朽势，风定有余声。自得天然状，非同涧底生。②

自青松来到城中后，即落得满国的高名。半寺之中都覆盖着苍松的清荫，相邻的里坊亦因之景色清明。历经了数代后仍然繁茂无衰朽之状，风过之后留下余声。自得天然之状，引得无数诗人徘徊于此，留下无数吟唱之作。

郑谷的《中台五题·乳毛松》写道：

松格一何高，何人号乳毛。霜天寓直夜，愧尔伴闲曹。③

长安中台的松树，号称乳毛松。霜天寓值之夜，面对有高洁之志的松树，亦为它与俗世之人相伴而愧疚。

吴融的《和陆拾遗题谏院松》吟咏的是长安谏院的松树：

落落孤松何处寻，月华西畔结根深。晓含仙掌三清露，晚上宫墙

---

① 冀勤点校：《元稹集》，中华书局1982年版，第48页。
② （清）彭定求等编：《全唐诗》卷604，中华书局1997年版，第7039页。
③ 严寿澄、黄明、赵昌平笺注：《郑谷诗集笺注》，上海古籍出版社1991年版，第4页。

百雉阴。野鹤不归应有怨,白云高去太无心。碧岩秋涧休相望,捧日须在禁林。①

月华西畔的松树结根深厚,拂晓时承接着三清之露,晚上依伴着百雉之宫墙。野鹤不归,白云高耸。碧岩秋涧休要相望,捧日原须在禁林之中。

(八) 青青竹林

《艺文类聚》叙述颇多:

> 《尚书》曰:篠簜既敷(篠,竹箭也)。《山海经》曰:云山有桂竹,甚毒,伤人必死(始兴小桂县,出桂竹也)。《说文》曰:箭矢,竹也。《尔雅》曰:东南之美者,有会稽之竹箭焉。又曰:桃枝四寸有节。《礼记》曰:如竹箭之有筠。《竹谱》曰:桃枝竹,皮滑而黄,可以为席。《山海经》曰:嶓冢之山,潚水之上,多桃枝竹。《魏志》曰:倭国有桃枝竹。……《史记》曰:汧渭川千亩竹,其人与千户侯等。《韩诗外传》曰:黄帝时,凤皇栖帝梧桐,食帝竹实。……《三辅旧事》曰:窦将军有青竹田。

> [赞] 晋谢庄《竹赞》曰:瞻彼中唐,绿竹猗猗。贞而不介,弱而不亏。杳袅人圃,萧瑟云崖。推名楚潭,美质梁池。②

唐代的关中,竹林丛生,不仅在终南山的深处有茂密的修竹,平原上也遍植竹林,在唐代诗人的记录中,长安城是有千杆竹树,万户竹林的,独孤授的"影连千户竹,香散万人家"(《花发上林》)在描写上林的繁花时,透露出当时竹树丛生的盛况。王建的"水冻横桥雪满池,新排石笋绕巴篱"③(《长安县后亭看画》),则让人看到冰封池面、飞雪飘零的时节,新生的竹笋环绕篱笆排排丛生的情形。而出于对竹的喜爱,唐人在官厅、宅院亦往往栽植成片的竹林,这一情形在唐人诗文中亦是屡屡可见。

---

① (清) 彭定求等编:《全唐诗》卷684,中华书局1997年版,第7920页。

② (唐) 欧阳询撰,汪绍楹校:《艺文类聚》卷八十九木部下,上海古籍出版社1965年版,第1550—1551页。

③ (唐) 王建著:《王建诗集》,中华书局上海编辑所1959年版,第84页。

卢纶的《颜侍御厅丛篁咏送薛存诚》则勾勒出长安城中侍御厅内广栽竹子的景况：

> 玉干百余茎，生君此堂侧。拂帘寒雨响，拥砌深溪色。何事凤凰雏，兹焉理归翼。①

此处的竹林有百余株，风吹时拂动着帘幕，下雨时雨打竹叶发出窸窸窣窣的声响，簇拥着石阶，环绕着清溪，亦倍添溪水之深绿色。

权德舆的《竹径偶然作》写道：

> 退朝此休沐，闭户无尘氛。杖策入幽径，清风随此君。琴觞恣偃傲，兰蕙相氛氲。幽赏方自适，林西烟景曛。②

退朝之后，在幽静的别业休假，廷户深闭，没有尘埃。杖策步入幽深的竹径，清风伴随，杯酒幽琴相随，恣意笑傲，兰草香气氛氲。在如此幽静透着清韵的地方游赏自适，不知不觉间已到薄暮，落日的余光笼罩着这方清景，林间轻烟四起，交汇出竹与天地日月、自然万物，人与竹、酒、琴、诗相生相乐的谐和画面。

其《奉和礼部尚书酬杨著作竹亭歌》写道：

> 直城朱户相逦连，九逵丹毂声阗阗。春官自有花源赏，终日南山当目前。晨摇玉佩趋温室，莫入竹溪疑洞天。烟销雨过看不足，晴翠鲜飙逗深谷。独谣一曲泛流霞，闲对千竿连净绿。萦回疏凿随胜地，石磴岩扉光景异。虚斋寂寂清籁吟，幽洞纷纷杂英坠。家承麟趾贵，剑有龙泉赐，上奉明时事无事。人间方外兴偏多，能以簪缨狎薜萝。常通内学青莲偈，更奏新声白雪歌。风入松，云归栋，鸿飞灭处犹目送。蝶舞闲时梦忽成，兰台有客叙交情，返照中林曳履声。直为君恩

---

① 刘初棠校注：《卢纶诗集校注》，上海古籍出版社 1989 年版，第 88 页。
② 郭广伟点校：《权德舆诗文集》，上海古籍出版社 2008 年版，第 13 页。

催造膝,东方辨色谒承明。①

　　长安城西的直城门,朱户连绵不断,四通八达的大道上,车毂轰隆而过。礼部尚书自有赏花之源,终日悠游在终南山中。清晨,玉佩摇动,趋入温室,流连在竹溪,则时常怀疑是步入了人间仙境。当烟销雨过之时,风景更是引人,晴翠与新鲜的春风与深谷相逗。独歌一曲,在流霞间泛览,闲对着千竿竹林,洁净清新的绿色绵延一片。依随着风景绝佳的胜地盘旋,石磴岩扉光景奇丽。寂寂的空斋清籁之音低吟,幽涧之上落英缤纷。身值清明之盛世,闲来无事,常生人间方外之幽兴,与山间之薜萝亲近,亦时深通佛偈。在青山间悠游,看风入松林,云归栋宇,目光相送着鸿飞之天尽头。

　　白居易的《西省北院新构小亭,种竹开窗,东通骑省,与李常侍隔窗小饮,各题四韵》则写出诗人在新购小亭中栽种竹林,并邀约朋友依附在青竹丛中,诗酒相伴的惬意生活:

　　　　结托白须伴,因依青竹丛。题诗新壁上,过酒小窗中。深院晚无日,虚檐凉有风。金貂醉看好,回首紫垣东。②

其《竹窗》写道:

　　　　常爱辋川寺,竹窗东北廊。一别十余载,见竹未曾忘。今春二月初,卜居在新昌。未暇作厩库,且先营一堂。开窗不糊纸,种竹不依行。意取北檐下,窗与竹相当。绕屋声浙浙,逼人色苍苍。烟通杳霭气,月透玲珑光。是时三伏天,天气热如汤。独此竹窗下,朝回解衣裳。轻纱一幅巾,小簟六尺床。无客尽日静,有风终夜凉。乃知前古人,言事颇谙详。清风北窗卧,可以傲羲皇。③

　　诗人自道非常喜爱辋川寺,其东北回廊则有竹窗。一别十载的追忆

---

①　郭广伟点校:《权德舆诗文集》,上海古籍出版社 2008 年版,第 173 页。
②　朱金城笺校:《白居易集笺校》,上海古籍出版社 1988 年版,第 1249 页。
③　同上书,第 619 页。

中，见到竹子都会勾起对那里的记忆。春二月之初，卜居青龙寺西北的新昌里。还未来得及修建厩库，就先营建一堂竹林。窗户不用糊纸，开窗即可看见随意栽种不依行的竹林。环屋可听到淅淅的竹叶之声，亦可看到逼人的苍青之色。在烟雾环绕中连通着杳渺之气，在月光笼罩之下透着玲珑之光华。时值三伏天，天气如滚汤一般热气蒸腾。散朝归来，解开衣裳，独自停驻在竹窗之下，轻纱巾帽，小簟竹床，尽享着无客时的幽静之境，有风时则终夜清凉，并了悟到古人所言之周详。清风徐徐，当窗而卧，尽可以笑傲羲皇。

白居易对长安生活的追忆中，清幽之竹林是最令他难以忘怀的，其《思竹窗》写道：

> 不忆西省松，不忆南宫菊。惟忆新昌堂，萧萧北窗竹。窗间枕簟在，来后何人宿。①

记忆中，西省的苍郁青松，南宫的绚烂菊花，都不会烙下深刻的印记。唯一忆起的则是新昌堂北窗下的萧萧竹林。

薛能的《盩厔官舍新竹》写道：

> 心觉清凉体似吹，满风轻撼叶垂垂。无端种在幽闲地，众鸟嫌寒凤未知。②

当清风吹动低垂的竹叶，内心顿觉清凉。而竹子栽种在这样幽静清闲的地方，没有鸟儿的喧闹声，众鸟亦似乎嫌弃这里的清寒，凤鸟亦不知有这样一处佳境。

李频的《夏日题盩厔友人书斋》写道：

> 修竹齐高树，书斋竹树中。四时无夏气，三伏有秋风。黑处巢幽

---

① 朱金城笺校：《白居易集笺校》，上海古籍出版社 1988 年版，第 422 页。
② （清）彭定求等编：《全唐诗》卷 561，中华书局 1997 年版，第 6569 页。

鸟，阴来叫候虫。窗西太白雪，万仞在遥空。①

　　螯屋友人书斋即与竹林相伴，修长的竹子已与高树相齐。身处竹林之中，四时无暑热的夏气，三伏天亦似有秋风徐徐。幽深的竹林中有鸟儿筑巢，幽暗的角落，不时有标识着节候的虫儿鸣叫。窗西遥见高耸万仞的太白山峰上的积雪，在夏日里顿生凉意。

　　李洞的《鄠郊山舍题赵处士林亭》勾勒的仍然是山舍里竹树成林的情形：

　　　　圭峰秋后叠，乱叶落寒墟。四五百竿竹，二三千卷书。云深猿拾栗，雨霁蚁缘蔬。只隔门前水，如同万里余。②

　　秋日，山峰重叠，乱叶飘零，落于寒墟。赵处士的林亭有四五百竿竹子，在白云缭绕的山谷幽深处，清猿摘拾着板栗，雨后天晴时，蚂蚁攀缘着菜蔬。

　　（九）驰道槐荫

　　槐，为一种观赏乔木，开黄白色的花朵。栽种历史相当久远，而有关槐树的典故亦相当多，于是在自然特质外，槐亦被赋予更多的人文寓意。而关中自古有槐树栽植，据《汉书·地理志》的记载，关中还有以槐里命名的地方，隶属右扶风。自魏晋南北朝至唐代，关中的槐树种植非常受重视。《酉阳杂俎》中则记录有长安城西持国寺前栽植的数株槐树的生存境况：

　　　　京西持国寺，寺前有槐树数株，金监买一株，令所使巧工解之。及入内回，工言：木无他异。金大嗟愧，令胶之，曰："此不堪矣，但使尔知予工也。"乃别理解之，每片一天王，塔载成就。都官陈修古员外言，西川一县，不记名，吏因换狱卒木薪之，天尊形像存焉。③

---

①　（清）彭定求等编：《全唐诗》卷587，中华书局1997年版，第6872页。
②　（清）彭定求等编：《全唐诗》卷721，中华书局1997年版，第8353页。
③　（唐）段成式撰，方南生点校：《酉阳杂俎》前集卷之十九，中华书局1981年版，第173页。

《广群芳谱》对此有非常详细的记载：

[原] 槐，虚星之精也（见《春秋说题辞》）。一名櫰，有数种。有守宫槐，一名紫槐，似槐，干弱，花紫，昼合夜开，《尔雅翼》谓之合昏槐。有白槐，似楠而叶差小。有櫰槐，叶大而黑，其叶细而色青绿者，直谓之槐。功用大略相等。木有极高大者，材实重，可作器物。有青黄白黑数色。黑者为猪屎槐，材不堪用，四五月开黄花，未开时，状如米粒，采取曝干炒过，煎水染黄甚鲜。其青槐花，无色不堪用，七八月结实，作荚如连珠，中有黑子，以子多者为好。《淮南子》云：槐之生也季春，五日而兔目，十日而鼠耳，更旬而始规，二旬而叶成，味苦平无毒，久服明目益气，乌须固齿，催生。[增]《神农本草经》：槐实生河南平泽，可作神烛。

汇考：[原]《周礼·秋官》：朝士掌建邦外朝之法，面三槐，三公位焉。州长众庶在其后。[注]：槐之言怀也，怀来人于此，欲与之谋。[增]《尔雅》：槐棘丑乔。[疏]：丑类也，乔高也，槐棘之类，枝皆翘竦。……《晋书·李玄盛传》：河右不生楸槐柏漆，张骏之世取于秦陇而植之，终于皆死。而酒泉宫之西北隅，有槐树生焉，玄盛著《槐树赋》以寄情，盖叹僻陋遐方，立功非所也。《苻坚载记》：坚颇留心儒学，王猛整齐风俗，政理称举，学校渐兴，关陇清晏，百姓丰乐。自长安至于诸州，皆夹路树槐柳，百姓歌之曰：长安大街，夹树杨槐。下走朱轮，上有鸾栖。英彦云集，诲我萌黎。《周书·韦孝宽传》：孝宽为雍州刺史，先是路侧一里置一土堠，经雨颓毁，每须修之。自孝宽临州，乃勒部内当堠处植槐树代之，既免修复，行旅又得庇荫。周文后见怪问知之，曰："岂得一州独尔，当令天下同之。"于是令诸州夹道一里种一树，十里种三树，百里种五树焉。《隋书·高颎传》：颎每坐朝堂北槐树下以听事，其树不依行列，有司将伐之。上特命勿去，以示后人其见重如此。《孝义传》：纽回子士雄，少质直孝友。其庭前有一槐树先甚郁茂，及士雄居丧，树遂枯，服阕还宅，复荣。高祖闻之，下诏褒扬。《唐书·吴凑传》：凑为京兆尹，街樾稀残，有司莳榆其空。凑曰：榆非人所荫玩，悉易以槐。及槐成，而凑已亡，行人指树怀之。……《山海经》：首山其木多槐，条谷之山其木多槐桐。《尚书·逸篇》：北社惟槐。《太公金匮》：武王问太公曰：天下神来甚众，恐有试者，何以待之？太公请树槐于王门内，有益者入，无益者距之。《穆天子传》：天子遂驱升于弇山，乃纪丌迹于弇山之石，而树之槐，眉曰：西王母之山。《管子》：五沃之土宜槐。《晏子春秋》：齐景公有所爱槐，令吏守之，令曰：犯槐者刑，伤槐者死，有醉而伤槐者，且加刑焉。其女告晏子曰：妾闻明君不为禽兽伤人民，不为草木伤禽兽，不为野草伤禾苗，今君以树木之故罪妾父，恐邻国谓君爱树而贱人也。晏子入言之，公令罢守槐之役，废伤槐之法，出犯槐之囚。《庄子》：阴阳错行，则天地大絯，于是乎有雷有霆。水中有火，乃焚大槐。[注]：言阴阳气郁，则雷霆奋击，水中起火，而焚大槐。槐者，东方之木，老而生火，在人身则谓龙雷之火，难以直折是已。《邹子》：秋取槐檀之火。[原]《淮南子》：老槐生火。[增]《淮南子》：夫天之所覆，地之所载，六合所包，阴阳所煦，雨露所濡，道德所扶，此皆生一父母而阅一和也。是故槐榆与橘柚合，而为兄弟。《三辅黄图》：元始四年，起明堂辟雍，为博士舍三十区，为会市，但列槐树数百行，诸生朔望会此市，各持其郡所出物及经书相与贾卖，雍容揖让，议论槐下，侃侃訚訚。甘泉谷北岸有槐树，今谓玉树，根干盘峙，三二百年木也。杨震《关辅古语》云：耆老相传，咸以谓此树即扬雄《甘泉赋》所谓玉树青葱也。《春秋元命苞》：树槐听讼其下。[注]：槐之言归也，情见归实也。《魏德论》：武帝执政日，白雀集于庭槐。《西京杂记》：上林苑槐六百四十株，守宫槐十株。《抱朴子》：槐子服之补脑，令人发不白而长生……[原]《颜氏家训》：庾肩吾常服槐实，年七十余，目看细字，须发犹黑。《天玄生物簿》：老槐生丹。[增]《刘宾客嘉话录》：贾嘉隐年七岁，以神童召见。时长孙无忌、徐司空勣于朝堂立语。徐戏之曰：吾所倚何树？嘉隐曰：松树。徐曰：此槐也，何言松？嘉隐云：以公配木，何得非松？长孙复问：吾所倚何树？曰：槐树。公曰：汝不能复矫对耶？嘉隐曰：何烦矫对，但取其鬼木耳。《国史补》：贞元中，度支欲砍取两京道中槐树造车，更栽小树，先符牒渭南县尉张造。造批其牒曰："近奉文牒，令伐官槐，若欲造车，岂无良木？恭惟此树，其来久远。东西列植，南北成行。辉映秦中，光临关外。不惟用资行者，抑亦曾荫学徒。拔本塞源，虽有一时之利，深根固蒂须存百代之规。况神尧入关，先驻此树，玄宗幸岳，见立丰碑，山川宛然，原野未改，且召伯所憩，尚自保全，先皇旧游，宁宜翦伐？思人爱树，诗有薄言，运斧操斤，情所未忍。付司具状。"牒上，度支使仍具奏闻，遂罢。造寻入台……［原］《卢氏杂说》：裴晋公度在相位日，有人寄槐瘿一枚，欲削为枕，时郎中庾威世称博物，召请别之，庾捧玩良久，白曰：此槐瘿是雌树生者，恐不堪用。裴曰：郎中甲子多少？庾曰：某与令公同是甲辰生。公笑曰：郎中便是雌甲辰。《中朝故事》：天街两畔多槐，俗号为槐街。［增］……《南部新书》：都堂南门道东，古槐垂阴至广，或夜闻丝竹之音，则省中有入相者，俗谓音声树。……《玉堂闲话》：长安城有孙家宅，居之数世，堂室甚古。其堂前一柱，忽生槐枝，孙氏初尤障闭之，不欲人见。期年之后，渐渐滋茂，以至柱身通体变易，坏其屋上冲，秘藏不及，衣冠士庶之来观者，车马填咽。不久偃处岩廊居节制，人以为应三槐之朕，亦甚异也。其孙悼备言之。……《全唐诗话》：翁承赞乾宁进士也。唐语云：槐花黄，举子忙。承赞有诗曰：雨中装点望中黄，勾引蝉声送夕阳。忆得当年随计吏，马蹄终日为君忙。①

尤其是《唐国史补》中所记载的那段渭南县尉张造对砍伐槐木以造车之事的批复之文，可谓唐代士人对草木的绝佳护卫之词，而唐人对草木之怜惜之情，由此亦分明可见。

长安城的夹道与禁中、台阁、公卿府邸等地，亦会植槐，在炎热的夏季，槐树下是最好的去处。而六月纷飞的槐花，则是长安城继春天飘飞的桃花、杏花、梨花、柳絮后的又一奇景。王维的《宫槐陌》写道："仄径荫宫槐，幽阴多绿苔。应门但迎扫，畏有山僧来。""门前宫槐陌，是向欹湖道。秋来山雨多，落叶无人扫。"

岑参的《送许子擢第归江宁拜亲，因寄王大昌龄》写道：

---

① （清）汪灏等撰：《广群芳谱》卷之七十四木谱，商务印书馆 1935 年版，第 1767—1772 页。

　　十年自勤学,一鼓游上京。青春登甲科,动地闻香名。解褐皆五侯,结交尽群英。六月槐花飞,忽思莼菜羹。①

　　十载寒窗,饱读诗书,信心百倍,来到长安城参加科考的士子,科举高中后青春得意,在长安城中肆意悠游,广交五侯与群英,但六月满天飞舞的槐花,却不由得让人心生怀家念远之乡愁。

　　张南史的《奉酬李舍人秋日寓直见寄》写道:

　　　　秋日金华直,遥知玉佩清。九重门更肃,五色诏初成。槐落宫中影,鸿高苑外声。翻从魏阙下,江海寄幽情。②

　　秋日寓直,远远处听见玉佩的清音。宫禁的九重朱门肃穆庄严,初拟诏令。槐叶飘落宫中,苑外孤鸿声起。

　　韩愈的《南内朝贺归呈同官》云:"绿槐十二街,涣散驰轮蹄。"③ 白居易的《七言十二句赠驾部吴郎中七兄(时早夏朝归,闭斋独处,偶题此什)》写道:"四月天气和且清,绿槐阴合沙堤平。"④ 描写铺叙出清和的四月天里,长安城的沙堤驰道上绿槐浓密、清荫铺泻环合的情形。孟郊的《感别送从叔校书简再登科东归》写道:"长安车马道,高槐结浮阴。"⑤ 记录的是长安大道上,槐树高大茂盛,在驰道上结满浮动的清荫的生态景观。

　　白居易的《禁中晓卧,因怀王起居》写道:

　　　　迟迟禁漏尽,悄悄暝鸦喧。夜雨槐花落,微凉卧北轩。曙灯残未灭,风帘闲自翻。每一得静境,思与故人言。⑥

------

① 廖立笺注:《岑嘉州诗笺注》,中华书局2004年版,第15页。
② (清)彭定求等编:《全唐诗》卷296,中华书局1997年版,第3349页。
③ (清)方世举笺注,郝润华、丁俊丽整理:《韩昌黎诗集编年笺注》,中华书局2012年版,第563页。
④ 朱金城笺校:《白居易集笺校》,上海古籍出版社1988年版,第1292页。
⑤ (清)彭定求等编:《全唐诗》卷379,中华书局1997年版,第4261页。
⑥ 朱金城笺校:《白居易集笺校》,上海古籍出版社1988年版,第290页。

禁漏迟迟，暝色中悄悄栖息的乌鸦受到惊扰喧闹而啼，夜雨中槐花飘落，天气微凉，诗人卧于北轩，对此景生怀人之情，遂诗思不尽。

刘驾的《豪家》则叙写长安城豪门权贵的生活：

> 九陌槐叶尽，青春在豪家。娇莺不出城，长宿庭上花。高楼登夜半，已见南山多。恩深势自然，不是爱骄奢。①

而叙写的长安城自然生态中则以九陌槐树为标志，当槐叶落尽时，长安城的朱门豪贵之家仍然是草木茂盛如春天一般。娇莺宛啭，长宿于开满鲜花的庭院之上。夜半登上高楼，亦时时可见南山之风景。

李频的《送友人下第归感怀》写长安城春尽之时，心灰意冷的下第友人决定归山面对物华，而诗人则约请朋友来日去长安城九陌之上踏飘落满地的槐花，这是生活在帝都的文人们乐此不疲心生依恋的所在：

> 帝里春无意，归山对物华。即应来日去，九陌踏槐花。②

郑谷的《槐花》则描绘槐花散落的金色花蕊在晴空中扑面而来的姿态："毵毵金蕊扑晴空，举子魂惊落照中。今日老郎犹有恨，昔年相虐十秋风。"③

罗邺的《入关》描写的是入关古道上槐花满树、蝉声鸣唱的情境：

> 古道槐花满树开，入关时节一蝉催。出门唯恐不先到，当路有谁长待来。似箭年光还可惜，如蓬生计更堪哀。故园若有渔舟在，应挂云帆早个回。④

韦庄的《惊秋》写道：

---

① （清）彭定求等编：《全唐诗》卷585，中华书局1997年版，第6837页。
② （清）彭定求等编：《全唐诗》卷589，中华书局1997年版，第6899页。
③ 严寿澂、黄明、赵昌平笺注：《郑谷诗集笺注》，上海古籍出版社1991年版，第399页。
④ （清）彭定求等编：《全唐诗》卷654，中华书局1997年版，第7574页。

不向烟波狎钓舟，强亲文墨事儒丘。长安十二槐华陌，曾负秋风多少秋。①

诗中亦提及长安城十二陌上均栽植槐树的情形，竟至于诗人将其称作槐花陌。

曹松的《曲江暮春雪霁》作于暮春雨后天晴时，而风吹时漫天弥际的如雪槐花，则是此时最令人心动的标志性景象，此时的天气亦被称作雪霁天气，足见曲江槐树生长之盛况：

霁动江池色，春残一去游。菰风生马足，槐雪滴人头。北阙尘未起，南山青欲流。如何多别地，却得醉汀洲。②

暮春时节，春雨初霁，变换着满池春色，北阙不起飞尘，南山青翠流动。当春残时前去曲江游赏，春风吹动曲江池浅水边涨满的菰（即茭白，一种多年水生高秆的禾草类植物，茎中因寄生菌的作用而形成笋状结构，称茭白笋，可供食用），亦起于马足之上，而槐花如雪，飘满游人头上。

（十）曲苑莲影

莲是与水相伴的，而江南水乡则是莲花最好的栖息地，于是伴随着江南特有之风物，则有了江南民歌里卓负盛名的《采莲曲》。对园林亭阁，对湖沼流水而言，荷花是最能增添清气与风韵的植物，于是即便在北方也少不了莲花的影子，而在以长安城为中心的关中密布的宅邸与园林中，自是少不了曲苑平湖中的莲影。汉代宫苑的曲池当中荷花就有多种奇异的品类了，据记载："汉明帝时，池中有分枝荷，一茎四（一曰两）叶，状如骈盖。子如玄珠，可以饰珮也。灵帝时，有夜舒荷，一茎四莲，其叶夜舒昼卷。"③《艺文类聚》对其有详细叙写：

《尔雅》曰：荷，芙蕖，其茎茄，其叶蕸，其本蔤，其花菡萏，

---

① 向迪聪校订：《韦庄集》，人民文学出版社 1958 年版，第 19 页。
② （清）彭定求等编：《全唐诗》卷 717，中华书局 1997 年版，第 8317 页。
③ （唐）段成式撰，方南生点校：《酉阳杂俎》前集卷之十九，中华书局 1981 年版，第 190 页。

其实莲，其根藕，其中的（的，子也），的中薏（子中心也），的莲实。《广雅》曰：菡萏，芙蓉也。《周书》曰：薮泽已竭，即莲藕掘。《毛诗》曰：彼泽之陂，有蒲与荷。又曰，隰有荷花。《说文》曰：芰，菱也。《管子》曰：五沃之土生莲。《真人关令尹喜传》曰：真人游时，各各坐莲花之上，一花辄径十丈。《楚辞》曰：集芙蓉以为裳。又曰：因芙蓉而为媒，惮褰衣而濡足。又曰：搴芙蓉兮木末。又曰：披荷稠之旲旲。又曰：制芰荷以为衣。又曰：荷衣兮蕙带。又曰：芙蓉始发杂芰荷，紫茎屏风文绿波。

《洛神赋》：灼若芙蓉出绿波。《文选》：芙蓉散其华。又曰：神飙自远至，左右芙蓉披。又曰：菡萏溢金塘。又曰：鱼戏新荷动。又曰：神蔡止荷心。《毛诗义疏》曰：的可磨以为散，轻身益气，令人强健。《拾遗记》曰：汉昭帝游柳池，有芙蓉，紫色，大如斗，花素叶甘，可食。芬气闻车之内，莲实如珠。宋《起居注》曰：泰始二年，嘉莲一双，骈花并实，合树同茎……《古今注》曰：一名水且，一名水芝，一名泽芝，一名水花。

晋孙楚《莲花赋》曰：有自然之丽草，育灵沼之清濑。结根低于重壤，森蔓延以腾迈。尔乃红花电发，晖光烨烨。仰曜朝霞，俯照绿水。潜绷房之奥密兮，含珍藕之甘腴。攒聚星列，纤离相扶。

晋潘岳《芙蓉赋》曰：荫兰池之丰沼，育沃野之上腴。课众荣而比观，焕卓荦而独殊。狎獝云布，窑咤星罗。光拟烛龙，色夺朝霞。丹辉拂红，飞鬟垂的。斐披艳赫，散焕熠爚。流芬赋采，风靡云旋。布濩磊落，蔓衍夭闲。发清阳而增媚，润白玉而加鲜。①

一以贯之的对荷花的吟咏叙写脉流，积淀出古人对其形色神态与内蕴的根深蒂固认知。唐代的关中各地的曲池当中都少不了荷花的清影，而诗人们对其亦是别有偏好，自是吟咏不绝。

包何的《阙下芙蓉》即叙写江南花在长安城的宫殿中生长留影的情景：

---

① （唐）欧阳询撰，汪绍楹校：《艺文类聚》卷八十二草部下，上海古籍出版社 1965 年版，第 1400—1401 页。

一人理国致升平,万物呈祥助圣明。天上河从阙下过,江南花向殿前生。广云垂荫开难落,湛露为珠满不倾。更对乐悬张宴处,歌工欲奏采莲声。①

时值升平之世,万物呈祥,更添圣明气息。在长安城宫阙中生长的莲花,绽放后成为宫中绝美的风景,荷叶垂荫,花开难落,莲花与莲叶上挂满晶莹的露珠随风处亦不倾落,而对莲塘美景张乐设宴则是宫廷中此时常有的一幕。

王建的《宫中三台词》二首其一:"鱼藻池边射鸭,芙蓉园里看花。日色柘袍相似,不著红鸾扇遮。"② 他的《宫词》一百首其一:"风帘水阁压芙蓉,四面钩栏在水中。避热不归金殿宿,秋河织女夜妆红。"③ 都道出了宫中禁苑的水阁广植荷花的情形。

对长安城宫苑外的其他领域,诸如寺观、王公贵族之家、士大夫的庭院而言,莲也是必不可少的风景。如果说杏花、桃花在寺院栽种形成的盛景,在大多数诗人对其流连徘徊倾慕赞颂的声音外,仍有个别诗人指出空门与这些艳丽之花的气韵格格不入的话,那么莲花则是与佛寺结缘最深最适于寺院生长的花了。韦应物的《慈恩寺南池秋荷咏》写道:

对殿含凉气,裁规覆清沼。衰红受露多,余馥依人少。萧萧远尘迹,飒飒凌秋晓。节谢客来稀,回塘方独绕。④

对荷花的生长而言,夏天是它的极盛时,而此时的慈恩寺内的南池会成为游客驻足的胜地,争睹莲花摇曳的清韵,但秋天来临时,随节气凋零的莲花前,游客已相当稀少了,只有诗人独自在冷落的莲塘前回绕,看着受秋露侵袭的衰红,不再像盛开时散发着环绕人的馥郁香气,而如今飘散着的依恋于人的残存香气则越来越淡,在这个清秋的拂晓时处处透着远离尘迹、萧飒冷落的气息。

---

① (清)彭定求等编:《全唐诗》卷208,中华书局1997年版,第2172页。
② (唐)王建著:《王建诗集》,中华书局上海编辑所1959年版,第20页。
③ (清)彭定求等编:《全唐诗》卷302,中华书局1997年版,第3440页。
④ 孙望编:《韦应物诗集系年校笺》,中华书局2002年版,第242页。

与慈恩寺毗邻的曲江千顷碧波上，自然少不了荷花的装点。韩愈的《酬司门卢四兄云夫院长望秋作》："曲江荷花盖十里，江湖生目思莫缄。"① 写出铺盖十里荷花的曲江生态图。其《奉酬卢给事云夫四兄曲江荷花行见寄并呈上钱七兄阁老张十八助教》则是对曲江荷花的细细铺绘：

> 曲江千顷秋波净，平铺红云盖明镜。大明宫中给事归，走马来看立不正。遗我明珠九十六，寒光映骨睡骊目。我今官闲得婆娑，问言何处芙蓉多。撑舟昆明度云锦，脚敲两舷叫吴歌。太白山高三百里，负雪崔嵬插花里。玉山前却不复来，曲江汀滢水平杯。我时相思不觉一回首，天门九扇相当开。上界真人足官府，岂如散仙鞭笞鸾凤终日相追陪。②

千顷曲江秋波明净，当落日映衬的红云平铺在波面则遮盖了如镜般明亮的水面。在大明宫中朝罢归来的卢给事走马来到曲江畔，禁不住为曲江的景色而沉醉。如骊目明珠一般散发着晶莹光芒，寒光映骨。而诗人亦得以在官闲之际逍遥闲游，来到长安城中荷花最多的曲江。撑舟泛览在如云锦一般的荷花池中，为如此之风景而痴狂，脚敲着两舷放声歌唱。曲江汀滢，负雪崔嵬的太白山似乎也倒插在花海中。诗人为此景相思迷恋不已，回首之间，仿佛天门顿开，落入仙境。

姚合的《和李补阙曲江看莲花》属于对曲江荷花的工笔细描：

> 露荷迎曙发，灼灼复田田。乍见神应骇，频来眼尚颠。光凝珠有蒂，焰起火无烟。粉腻黄丝蕊，心重碧玉钱。日浮秋转丽，雨洒晚弥鲜。醉艳酣千朵，愁红思一川。绿茎扶萼正，翠荚满房圆。淡晕还殊众，繁英得自然。高名犹不厌，上客去争先。景逸倾芳酒，怀浓习彩笺。海霞宁有态，蜀锦不成妍。客至应消病，僧来欲破禅。晓多临水立，夜只傍堤眠。金似明沙渚，灯疑宿浦船。风惊丛

---

① （清）方世举笺注，郝润华、丁俊丽整理：《韩昌黎诗集编年笺注》，中华书局 2012 年版，第 414 页。
② 同上书，第 503 页。

乍密, 鱼戏影微偏。秾彩烧晴雾, 殷姿缬碧泉。画工投粉笔, 宫女弃花钿。鸟恋惊难起, 蜂偷困不前。绕行香烂熳, 折赠意缠绵。谁计江南曲, 风流合管弦。①

带着露珠的荷花迎着曙色绽开, 明亮盛密。初一相见精神即为之骇倒, 频频观看眼睛亦为之癫狂。清光凝聚其上如结蒂的珍珠, 花朵鲜艳如火焰却无浓烟。如脂粉般细腻的花瓣中镶嵌着黄丝蕊, 日光浮动在青莲之上益发明丽, 而雨洒其上则更加鲜艳。在艳丽的千朵荷花中酣醉, 愁思因一川的红花而起。扶萼绿茎笔直挺立, 翠绿的莲子圆实饱满充盈蓬蓬。淡淡的晕华与众不同, 繁丽的花朵自得天然。曲江荷花的高名, 令上客争先前去观赏。在清逸的莲景中倾倒芳香的美酒, 不禁诗思萦怀, 遂展开彩笺歌咏如此之盛景。宁有海霞之姿态, 蜀锦亦不比其妍丽。游客至此疾病消除, 僧人来此则会参破禅机。拂晓临江而立, 夜晚则傍堤而眠。曲江沙渚如金般明亮耀眼, 疑似夜宿江浦舟船上明灭的灯火。风起之时惊动绵密的莲叶随风摇曳, 泛起涟漪的池水中, 鱼儿嬉戏的身影微微偏斜。秾丽的色彩在晴天的烟雾中燃烧, 芳姿在碧泉上织染出美丽的花纹。画工对此美景亦是弃笔难绘, 宫中佳人佩戴的美丽花钿对此亦应抛弃, 鸟儿留恋美景即便受惊动亦很难飞起离开。在莲池边绕行, 清香四溢, 折花赠友情意连绵。如此之美景自让人忆起江南采莲曲, 不知谁还能记得昔日之曲谱, 将如此风流之美景被之于管弦。

其《咏南池嘉莲》则是对曲江所绽开的并蒂莲花的轻吟低唱与特写:

芙蓉池里叶田田, 一本双花出碧泉。浓淡共妍香各散, 东西分艳蒂相连。自知政术无他异, 纵是祯祥亦偶然。四野人闻皆尽喜, 争来入郭看嘉莲。②

芙蓉池里荷叶田田, 一枝并蒂莲花在碧泉上亭亭玉立。浓淡不一, 共展妍丽之姿, 香气四处分散, 并蒂相连, 各占东西, 分呈艳丽。此

---

① 吴河清校注:《姚合诗集校注》, 上海古籍出版社 2012 年版, 第 515 页。
② 同上书, 第 579 页。

时的朝政并无杰出之处，即便并蒂莲花呈现祯祥之气亦是偶然之天象。四野之人听闻这样的祥瑞现象皆欢喜动容，争相来此观赏这样难得的天地之异景。

在私人的别业与台省厅衙亦少不了荷花的栽植，这在诗中也有描绘。刘禹锡的《刘驸马水亭避暑》点出刘驸马水亭植莲的事实：

> 千竿竹翠数莲红，水阁虚凉玉簟空。琥珀盏红疑漏酒，水晶帘莹更通风。赐冰满碗沉朱实，法馔盈盘覆碧笼。尽日逍遥避烦暑，再三珍重主人翁。①

而当夏季来临时千竿翠竹映着水阁中绽放的红莲，再加上对着水阁饮酒宴饮的士人，酷暑中烦躁的心情，遂因此而倍感逍遥快意。

白居易的《京兆府新栽莲（时为盩厔县尉赵府作）》则在叙写被移栽到京兆府的莲花遭际时借物惋叹，由此亦可得知关中荷花生长的情形：

> 污沟贮浊水，水上叶田田。我来一长叹，知是东溪莲。下有青泥污，馨香无复全。上有红尘扑，颜色不得鲜。物性犹如此，人事亦宜然。托根非其所，不如遭弃捐。昔在溪中日，花叶媚清涟。今来不得地，憔悴府门前。②

在污沟浊水之上，莲叶田田。来此的诗人见此情境不由长叹，他明白这是从东溪移栽过来的青莲。因为生长环境的污浊，其下有青泥污染已无馨香之气，其上有红尘铺蒙，亦不再有昔日鲜艳的容色。物性如此，人事宜然。若托根非所，则不如被抛弃。此株原本生长在清溪中的青莲，昔日花叶娇媚，与澄清的涟漪交相映衬。如今来到这不适宜的地方，亦只能憔悴于府门之前。

（十一）梧桐清影

《艺文类聚》对其叙写颇多：

---

① 卞孝萱编订：《刘禹锡集》，中华书局1990年版，第319页。
② 朱金城笺校：《白居易集笺校》，上海古籍出版社1988年版，第18页。

《尔雅》曰：荣，桐木（梧桐也）……《礼》曰：季春之月，桐始华。《毛诗》曰：梧桐生矣，于彼朝阳。又曰：椅桐梓漆，爰伐琴瑟。《诗义疏》曰：有青桐、赤桐、白桐，白桐宜琴瑟。今云南牂人，绩以为布。《周书》曰：清明之日，桐始华，不始华，岁大寒。《礼斗威仪》曰：君乘火而王，其政平。梧桐为常生。《庄子》曰：外乎子之神，劳乎子之精。倚树而吟，据梧而暝。又曰：鹓鶵发南海，而飞到北海。非梧桐不止，非竹实不食。……《秦记》曰：初长安谣云：凤皇止阿房。符坚遂于阿房城植桐数万株。以至慕容冲入阿房而居，冲小字凤皇。《广志》曰：梧桐有白者。异（《太平御览》九百五十六作剽）国有白木，其叶有白毻。取其毻淹清滑，绩织以为布也。……《庄子》曰：空门未（《太平御览》九百五十六作来）风，桐乳致巢。（司马彪注曰：门户空，风叶而生其叶自簨曰投之也。桐子似乳，着鸟之巢。御览作门户空，风喜投之。桐子似乳，着叶而生，鸟喜巢之。此有讹倒。）……王逸子曰：木有状（《太平御览》九百五十六作扶）桑梧桐松柏，皆受气淳矣，异于群类者。《新论》曰：神农皇（《太平御览》九百五十六作黄）帝，削桐为琴……

　　［赞］郭璞《梧桐赞》曰：桐寔嘉木，凤凰所栖。爰伐琴瑟，八音克谐。歌以永言，噰噰喈喈。宋孝武《孤桐赞》曰：珍无隐德，产有必甄。资此孤干，献枝楚山。梢星云界，衍叶炎墨。名列贡宝，器赞虞弦。[①]

　　在以往的文化记忆中，桐树清明开花，鸟类喜欢做巢于此，可为琴瑟材质的特性，均被关注到，而庄子所言鹓鶵非梧桐不栖的故事，亦让梧桐具备了神话般的浪漫气息，嘉木之称已深深烙在人们的认知中。至于关中则是桐树生长的绝佳地域，北朝符坚遂于阿房城植桐数万株的历史记载，亦让后人得知其在关中的生长盛况。到了唐代，桐树亦是关中诗作中留下痕迹的吟咏对象。韦应物的《题桐叶》写道：

---

① （唐）欧阳询撰，汪绍楹校：《艺文类聚》卷八十八木部上，上海古籍出版社1965年版，第1526—1527页。

参差剪绿绮，潇洒覆琼柯。忆在沣东寺，偏书此叶多。①

在诗人的追忆中，既有沣东寺枝叶繁茂的梧桐，也有因此而来的诗意情怀。

张南史的《同韩侍郎秋朝使院》亦记录下梧桐的清影：

重门启曙关，一叶报秋还。露井桐柯湿，风庭鹤翅闲。忘情簪白笔，假梦入青山。惆怅只应此，难裁语默间。②

曙色初露时使院重门开启，飘零的落叶预示着秋天的到来。金井旁梧桐枝柯被露水打湿，庭院风起，仙鹤垂翅悠闲。对此清景，诗人忘情书写，梦入青山。

武元衡的《长安秋夜怀陈京昆季》则于长安秋夜生态图景的呈现与书写中寄托着绵延不尽的思友情怀：

钟鼓九衢绝，出门千里同。远情高枕夜，秋思北窗空。静见烟凝烛，闲听叶坠桐。玉壶思洞彻，琼树忆葱笼。萤影疏帘外，鸿声暗雨中。羁愁难会面，懒慢责微躬。甲乙科攀桂，图书阁践蓬。一瓢非可乐，六翮未因风。寥落悲秋尽，蹉跎惜岁穷。明朝不相见，流泪菊花丛。③

长安城的九衢上钟鼓之声息绝，诗人在寂静的秋夜里思念着远方友人。摇曳的红烛上轻烟凝绕，静听着秋风里梧桐叶坠落的声音。明月美酒下顿生透彻了悟之思，追忆着友人如玉壶琼树般的高洁品性。疏帘外萤火虫光影闪烁，暗雨中鸿雁声鸣。追忆着与友人同年登科折桂的情境，也忆起同在馆阁供职的情形。在寂寥的秋季里悲秋之情思不尽，在岁尽之时，忆起蹉跎之年华。而友人羁旅他乡，难再相会，亦只能明朝

---

① 孙望编：《韦应物诗集系年校笺》，中华书局2002年版，第286页。
② （清）彭定求等编：《全唐诗》卷296，中华书局1997年版，第3349页。
③ （清）彭定求等编：《全唐诗》卷317，中华书局1997年版，第3565页。

独自在菊花丛中思君而泪流。

贞元五年（789）进士及第的杨巨源在《赠崔驸马》中勾勒出崔驸马宅院的生态景观：

> 百尺梧桐画阁齐，箫声落处翠云低。平阳不惜黄金坞，细雨花骢踏作泥。①

驸马庭院的梧桐高大茂盛，与冲天的画阁交相叠映，箫声在低低的翠云处缭绕，公主宅院的垣墙金碧辉煌，细雨中骏马驰过，落花成泥。

吕温的《奉和张舍人阁中直夜思闻雅琴因书事通简僚友》书写的是馆阁中夜值所见之生态图景，而月色下桐树的清荫亦是其中一景：

> 凉生子夜后，月照禁垣深。远风霭兰气，微露清桐阴。②

禁中子夜后凉气渐生，月光如水泻在幽深的禁垣之上。清风输送兰花的清香，烟气缭绕，露水清澈晶莹，桐树生荫。

（十二）梨花清韵

欧阳询《艺文类聚》记载：

> 庄子曰：三王五帝之礼义法度不同，譬其犹植梨橘柚耶，其味相反而皆可于口。《神异经》曰：东方有树高百丈，敷张自转，叶长一丈，广六尺，名曰梨。其子径三尺，剖之白。如素食之地仙，可入水火。《汉武内传》曰：太上之药果有玄光梨。③

元胡古愚《树艺篇》果部卷四对梨有详细的记叙：

> 梨之别二十有七，《洛阳花木记》：水梨、红梨、西梨、浊

---

① （清）彭定求等编：《全唐诗》卷333，中华书局1997年版，第3742页。
② （清）彭定求等编：《全唐诗》卷370，中华书局1997年版，第4172页。
③ （唐）欧阳询撰，汪绍楹校：《艺文类聚》卷八十六果部上，上海古籍出版社1965年版，第1473页。

梨、鹅梨、穰梨、消梨、乳梨、家梨、车实梨、红鹅梨、敷鹅梨、秦王稻稍梨、大洛梨、甘棠梨、红消梨、早接梨、凤西梨、密脂梨、罢罗梨、红罢罗梨、捧搥梨、青沙烂桷、棠梨、压沙梨、梅梨、榅桲梨。

梨味甘微酸，寒主止渴，利大小便。除（渴）止心烦，通胃中痃寒结，多食令人寒中金疮，乳妇不可食，以血虚也。又食则动脾，惟病酒烦食之甚佳，亦不去脚疾。种甚多，此为乳梨、鹅梨、消梨，近是出宣城，皮厚实，味长。鹅梨出西北州郡，皮薄浆多，味差而香则过之；消梨，甘南北各处出，有味甚美，而大至一二斤者。余如水梨、紫穈梨、赤梨、青梨、棠梨、御梨、儿苍梨、茅梨。子未闻入药。丹溪云梨者利也，流利下行之谓也。《食物本草》①

《广群芳谱》对梨树梨花之形状、特性，以及相关轶事有过详细解释：

梨花（梨实别见果谱）

[原] 梨树似杏，高二三丈，叶亦似杏，微厚，大而硬，色青光腻，有细齿，老则斑点。二月间，开白花，如雪六出。[增]《格物丛话》：春二三月，百花开尽，始见梨花，靓艳寒香，罕见赏识。又一种千叶花，赋姿迥别。《花木考》：梨花有二种，瓣舒者佳。

[汇考] [原]《唐书·杜景佺传》：武后尝季秋出梨花示群臣，宰相皆贺，景佺独曰："阴阳不相夺伦，渎则为灾，故曰'冬无愆阳，夏无伏阴，春无凄风，秋无苦雨'，今草木黄落而梨复花，渎阴阳也。"……《金銮密记》：九仙殿银井有梨二株，枝叶交接，宫中呼为雌雄树。《唐余录》：洛阳梨花时，人多携酒其下，日为梨花洗妆，或至买树。[增]《清异录》：司空图《菩萨蛮》谓梨花为瀛洲玉雨。《云斋广录》：汝阳侯穆清叔，因寒食纵步郊外，会数年少同饮梨花下，各赋梨花诗，清叔得愁字，诗曰：共饮梨花下，梨花插满头。清香来玉树，白蚁泛金瓯。妆靓青娥妒，光凝粉蝶羞。年年寒食夜，吟绕不胜愁。众客（搁）笔。[原]《花经》：梨花五品五命。

---

① （元）胡古愚撰：《树艺篇》果部卷四，明纯白斋钞本，第425—428页。

《瓶花谱》：梨花四品六命。①

对于唐人而言，记忆中长安最深刻的印象，除了那依依的杨柳、绚丽的桃花杏花、风姿绰约的莲花外，还有透着清韵如雪的梨花。

李白的《宫中行乐词》八首其一写道：

　　柳色黄金嫩，梨花白雪香。玉楼巢翡翠，金殿锁鸳鸯。②

对李白而言，春天里长安城宫苑代表性的风物，除标志性的如黄金般的长安嫩柳外，还有飘香的如雪般洁白的梨花，玉楼上栖息的翡翠鸟，池园中悠游的鸳鸯。整首诗纯以标志性的动植物构织而成，将宫禁中独特的自然色彩展现而出，嫩黄配雪白，再加上翠绿色与五彩色，明丽绚烂，又透着富丽。

岑参的《送杨子》则勾勒出渭城边的迷人风景：

　　斗酒渭城边，垆头醉不眠。梨花千树雪，杨叶万条烟。③

时值春天，千树万树梨花盛开如白雪覆盖，万条杨柳依依笼罩在轻烟之中，而与友人相伴于渭城的诗人，虽醉卧于此却因即将到来的分别而心情低落。

王维的《左掖梨花》则绘出春风吹拂下左掖梨花轻轻飘洒在石阶边的青草之上，黄莺流连于梨花间，乐此不疲，轻衔花瓣飞入未央宫的生动和谐图景，青白黄相间的明丽色彩，轻盈灵动卓富生机的自然动态，被一一展现在短小的绝句里：

　　闲洒阶边草，轻随箔外风。黄莺弄不足，衔入未央宫。④

---

① （清）汪灏等撰：《广群芳谱》卷二十七花谱，商务印书馆 1935 年版，第 649—650 页。
② （清）王琦注：《李太白全集》，中华书局 1977 年版，第 296 页。
③ 廖立笺注：《岑嘉州诗笺注》，中华书局 2004 年版，第 668 页。
④ 陈铁民校注：《王维集校注》，中华书局 1997 年版，第 505 页。

　　同样欣赏着春天梨花曼妙姿态的诗人丘为，与朋友王维相互唱和，他的《左掖梨花》勾勒出梨花如雪般的冷艳，随风处侵入衣襟的阵阵余香，以及在春风中向玉阶飞舞的姿态：

　　　　冷艳全欺雪，余香乍入衣。春风且莫定，吹向玉阶飞。①

此后还有武元衡同题的《左掖梨花》：

　　　　巧笑解迎人，晴雪香堪惜。随风蝶影翻，误点朝衣赤。②

　　左掖的梨花盛开时，如佳人之巧笑倩兮，迎接着前来观赏的行人，如丽日中的白雪般美丽，清香四溢，令人珍爱，随风处蝶影翻飞，梨花飘落在赤红的朝衣上，红白相间的画面，格外鲜艳动人。

　　刘言史的《乐府杂词》三首其一则铺写出紫禁城中梨花如飞雪满天飞舞的清丽景象：

　　　　紫禁梨花飞雪毛，春风丝管翠楼高。城里万家闻不见，君王试舞郑樱桃。③

李端的《送窦兵曹》写道：

　　　　梨花开上苑，游女著罗衣。闻道情人怨，应须走马归。御桥迟日暖，官渡早莺稀。莫遣佳期过，看看蝴蝶飞。④

　　当上苑梨花盛开时，游女换上美丽轻薄的罗衣，翩翩飞舞的蝴蝶，暖暖的迟日，都催促着在外的行人早早归家。

　　令狐楚的《宫中乐》五首在铺写唐长安城的景象时，除了庄严巍峨的

---

① （清）赵殿成笺注：《王右丞集笺注》，上海古籍出版社2007年版，第254页。
② （清）彭定求等编：《全唐诗》卷317，中华书局1997年版，第3570页。
③ （清）彭定求等编：《全唐诗》卷468，中华书局1997年版，第5356页。
④ （清）彭定求等编：《全唐诗》卷284，中华书局1997年版，第3260页。

大明宫殿、雪过初晴的长杨御苑、冰破后春水涌动的太液池水,天下升平的歌舞之乐、明月辉映的幽静宫花、轻烟笼罩的深深苑树、夜深时闭锁的银台朱门、沉沉的钟漏、百尺碧楼、明月秋风外,还有少不了的一幕就是春天来临时如烟的柳色、欺雪的梨花,有情的春风,一一装点着帝王之居,使之格外壮丽:

> 楚塞金陵靖,巴山玉垒空。万方无一事,端拱大明宫。
> 雪霁长杨苑,冰开太液池。宫中行乐日,天下盛明时。
> 柳色烟相似,梨花雪不如。春风真有意,一一丽皇居。
> 月上宫花静,烟含苑树深。银台门已闭,仙漏夜沉沉。
> 九重青琐闼,百尺碧云楼。明月秋风起,珠帘上玉钩。[①]

据《云仙杂记》记载唐代九仙殿银井有梨树二株长势茂盛,号"雌雄树":

> 九仙殿银井有梨二株,枝叶交结,宫中呼为雌雄树。(《金銮密记》)[②]

在对品类繁多的梨树作统一的观照与描绘之外,先着重看唐诗中描绘较多的梨树中的甘棠与紫梨两种品类。

(1)甘棠

甘棠,一词较早出现于《诗经·甘棠》:"蔽芾甘棠,勿剪勿伐,召伯所茇。蔽芾甘棠,勿剪勿败,召伯所憩。蔽芾甘棠,勿剪勿拜,召伯所说。"从诗中亦可见出甘棠与周代贤臣召伯特殊的关系,是召伯让它枝叶葱茏,而它也是召伯于此休息之地,是召伯所爱之物,也可令召伯为之心情愉悦,而整首诗中反复陈说的"勿剪勿伐",也充满着对甘棠的喜爱与珍惜之情。在这里甘棠与召伯已合二为一,对甘棠的喜爱珍惜,亦是对召伯的珍视与纪念。后世也往往以甘棠比附有美政的贤臣。《树艺篇》果部

---

① (清)彭定求等编:《全唐诗》卷334,中华书局1997年版,第3754页。
② (唐)冯贽著:《云仙杂记》卷三,中华书局1985年版,第20页。

卷四对此有记叙：

> 《尔雅》曰：杜，甘棠也。郭璞注曰：今之杜梨。《诗》云：蔽
> 芾甘棠。毛云：甘棠，杜也。《诗义疏》云：今棠梨，一名杜梨。如
> 梨而小，甜酢可食也。《唐诗》曰：有杕之杜。毛云：杜，赤棠也，
> 与白棠同，但有赤、白、美、恶。子白色者，为白棠，甘棠也，酢滑
> 而美。赤棠，子涩而酢，无味。俗语云：涩如杜。赤棠，木理赤，可
> 作弓干。案：今棠叶有中染绛者，有惟中染紫者，杜则全不用。其
> 实三种，则异。《尔雅》、毛、郭以为同，未详也。棠熟时，收种
> 之，否则春月移栽。八月初，天晴时，摘叶薄布，晒令干，可以染
> 绛。必候天晴时，少摘叶，干之；复更摘，慎勿顿收。苦遇阴雨则
> 浥，浥不堪染绛也。成树之后，岁绢一疋。亦可多种，利乃胜桑
> 也。（《齐民要术》）

而《广群芳谱》对此则有极其详尽的总结性的铺叙，在花谱和果谱中
对之都有复述：

> 棠梨花（棠梨别见果谱）
> [原] 棠梨，野梨也。（《尔雅》所谓杜甘棠也。详见《果谱》）
> 树如梨而小，叶似苍术，亦有圆者。三叉者，边皆有锯齿，色黪白，
> 二月开白花，可煤食。晒干磨面作烧饼，可济饥。叶味微苦，嫩时煤
> 熟水浸，淘净油盐调食，或蒸晒代茶。
> [汇考] [增]《史记·燕召公世家》：召公巡行乡邑，有棠树，
> 决狱政事其下，自侯伯至庶人，各得其所，无失职者。召公卒，而民
> 人思召公之政，怀棠树，不敢伐，歌咏之，作甘棠之诗…… [原]
> 《韩诗外传》：召伯在朝，有司请召民，伯曰：不劳一身而劳百姓，非
> 吾先君之志也。于是舍于棠下听讼，百姓大悦，诗人歌焉。 [增]
> 《酉阳杂俎》：建中四年，赵州宁晋县沙河北，有大棠李树，百姓常祈
> 祷，忽有群蛇数十，自东南来，渡北岸，集棠梨树下，为二积，俄见
> 三龟径寸绕行积傍，积蛇尽死。乃各登其积，视蛇腹各有疮，若矢所
> 中。刺史康日知图甘棠，奉三龟以献。《曲江县志》：县东九十里，有

梨溪，岸多棠梨，故名。①

《广群芳谱》果谱：

　　棠梨（棠梨花别见花谱）

　　[原]棠梨（郑康成诗注云：北人谓之杜梨，南人谓之棠梨。《通志》云：甘棠谓之棠梨。《丹铅总录》云：樗山梨，今棠梨。《广志》云：上党樗梨小而加甘是也。）实如小楝子，霜后可食。其树接梨甚佳，处处有之。有甘酢、赤白二种。陆玑诗疏云：白棠，甘棠也。子多酸美而滑。赤棠，子涩而酢，木理亦赤，可作弓材。《尔雅》云：杜，甘棠。[注]云：今之杜梨。又云：杜，赤棠，白者棠。疏云：赤者为杜，白者为棠。陆玑诗疏云：赤棠与白棠同耳，但子有赤白美恶。《本草》云：或云牝曰杜，杜曰棠，或云涩者杜，甘者棠。杜者涩也，棠者糖也。②

　　因为甘棠在历史的延续中被积淀固化的文化意蕴，文人们对甘棠有着更深厚的情愫，台阁、府衙等地均会栽植棠梨，同时但凡有济民之志的文人亦喜欢在庭院中种植甘棠。唐代关中的甘棠树亦成为一道独特的景观。

　　岑参的《尹相公京兆府中棠树降甘露诗》则将人、天降之甘露与甘棠树交融于一起，叙写甘棠的独特姿态与情韵：

　　相国尹京兆，政成人不欺。甘露降府庭，上天表无私。非无他人家，岂少群木枝。被兹甘棠树，美掩召伯诗。团团甜如蜜，晶晶凝若脂。千柯玉光碎，万叶珠颗垂。昆仑何时来，庆云相逐飞。魏宫铜盘贮，汉帝金掌持。玉泽布人和，精心动灵祇。君臣日同德，祯瑞方潜施。何术令大臣，感通能及兹。忽惊政化理，暗与神物期。却笑赵张

---

① （清）汪灏等撰：《广群芳谱》卷之二十八花谱，商务印书馆1935年版，第665页。
② 同上书，第1321页。

辈，徒称今古稀。为君下天酒，麴蘖将用时。①

在诗中，甘棠之繁荣是京兆尹爱民与政绩的象征，而府庭所降之甘露，则是上天无私之表征。团团如蜜、晶若凝脂的甘露凝聚在甘棠树上，使得甘棠的枝柯上玉光闪烁，枝叶上垂挂着晶莹的露珠。如此之情境在唐人心目中亦是政通人和的象征，是感通上天才会出现的祥瑞。

刘禹锡的《同乐天送令狐相公赴东都留守（自户部尚书拜）》则写出甘棠树在从长安至河南的大道上广泛栽植的境况，诗歌末尾，诗人还特意强调"自华、陕至河南，皆故林也"：

> 尚书剑履出明光，居守旌旗赴洛阳。世上功名兼将相，人间声价是文章。衙门晓辟分天仗，宾幕初开辟省郎。从发坡头向东望，春风处处有甘棠。②

在令狐相公由皇都前往洛阳的大道上一路望去，春风吹拂处，处处甘棠。

元和圣代之时，白居易闲居在渭村。亦在《渭村退居，寄礼部崔侍郎、翰林钱舍人诗一百韵》中将这一代的春天丽景与和美生活一一铺叙于笔下：

> 圣代元和岁，闲居渭水阳……荞麦铺花白，棠梨间叶黄……赐褉东城下，颁醑曲水傍。尊罍分圣酒，妓乐借仙倡。浅酌看红药，徐吟把绿杨。宴回过御陌，行歇入僧房。白鹿原东脚，青龙寺北廊。望春花景暖，避暑竹风凉。③

荞麦吐秀，铺展开白色的轻花，棠梨间杂着青黄之色。三月三日，春风和煦，帝王赐群臣于东城修褉祭祀，以清除不祥之气，在曲水旁颁设宴

---

① 廖立笺注：《岑嘉州诗笺注》，中华书局 2004 年版，第 291 页。
② 卞孝萱编订：《刘禹锡集》，中华书局 1990 年版，第 433 页。
③ 朱金城笺校：《白居易集笺校》，上海古籍出版社 1988 年版，第 847 页。

会，令臣民在此聚会饮酒。樽罍中盛着御赐的圣酒，歌舞伎乐纷呈。浅酌间观赏着红药之艳丽，手把绿杨徐徐吟唱。饮宴归来驰马在御陌之上，入僧房停歇休息。足迹曾留在白鹿原东，亦曾在青龙寺北廊停留。在花景和暖之时望春，在竹风习习间避暑。

（2）紫梨

为多年生草本植物，自下而上开紫红色花，花期可达4个月。《广群芳谱》卷五十五果谱云：（《尹喜内传》）老子西游省太真王母，共食碧桃紫梨。

卢纶的《晚次新丰北野老家书事呈赠韩质明府》写道：

> 机鸣春响日曈曈，鸡犬相和汉古村。数派清泉黄菊盛，一林寒露紫梨繁。衰翁正席矜新社，稚子齐襟读古论。共说年来但无事，不知何者是君恩。[①]

日光明亮而温暖，织机扎扎春米之声响起，汉代古村新丰一带鸡犬相闻。数派清泉边黄菊盛开，寒露浸入繁茂的紫梨林间。衰翁夸耀着新社，稚子习读古论，一派祥和清闲之况。

（十三）早春寒梅

《艺文类聚》中对梅亦有诸多记载，历代的咏梅诗也不少：

> 《尚书》曰：若作和羹，尔惟盐梅。《大戴礼》曰：夏小正曰，五月煮梅为豆实。《毛诗·召南》曰：摽有梅，男女及时也，被文王之化。又，摽有梅，其实七兮。《东方朔传》曰：朔门生三人俱行，乃见一鸠。一生曰：今当得酒，一生曰：其酒必酸。一生曰：虽得酒，不得饮也。三生皆到，须臾，主人出酒，即安樽于地而覆之，讫不得酒。乃问其故，曰：出门见鸠饮水，故知得酒，鸠飞集梅树，故知酒酸，鸠飞去，所集枝折，故知不得饮之。《神异经》曰：横公鱼，长七八尺，形状如鲤而目赤，昼在湖中，夜化为人，刺之不入，煮之不死，以乌梅二七煮之，即熟，食之治邪病。《语林》曰：范任

---

① 刘初棠校注：《卢纶诗集校注》，上海古籍出版社1989年版，第309页。

（《北堂书钞》一百三十五，《太平御览》七百十七、九百七十，《事类赋注》二十六作汪。）能啖梅，人常致一斛盒，留信食之，须臾而尽。……《诗》曰：山有嘉卉，侯栗侯梅。《淮南子》曰：梅以为百人酸不足一梅不足为一人之（句有脱，《淮南》说林篇作百梅足以为百人酸，一梅不足以为一人和）。喻众能济。《选》曰：今朝梅树下，定有咏花人。《本草》梅核能益气不饥。

上林有双梅、紫梅、同心梅、粗枝梅……①

唐代的两京路上，除了甘棠树外，梅花亦是一景。李端《送客东归》写道：

昨夜东风吹尽雪，两京路上梅花发。行人相见便东西，日暮溪头饮马别。把君衫袖望垂杨，两行泪下思故乡。②

一夜的冬风吹过，两京路上梅花次第绽放。而此处亦是诗人们送别的处所，日暮时分溪头饮马之后，相惜的友人们亦会从此各奔东西，手把垂柳，遥望故乡，不禁泪湿衣衫。

李贺的《酬答》二首其一写道：

雍州二月梅池春，御水鸂鶒暖白蘋。试问酒旗歌板地，今朝谁是拗花人。③

雍州二月，初春时节，碧池边寒梅绽放，御水和暖，白蘋漂浮，长安城酒旗飘飘，歌板声喧，处处透着生机。

唐懿宗咸通中在世的诗人刘沧，在《看榜日》中亦记录下曲江一带千树寒梅绽开的景象：

---

① （唐）欧阳询撰，汪绍楹校：《艺文类聚》卷八十六果部上，上海古籍出版社 1965 年版，第 1471—1472 页。

② （清）彭定求等编：《全唐诗》卷 284，中华书局 1997 年版，第 3237 页。

③ （清）王琦等注：《李贺诗歌集解》，上海古籍出版社 1977 年版，第 168 页。

　　禁漏初停兰省开，列仙名目上清来。飞鸣晓日莺声远，变化春风鹤影回。广陌万人生喜色，曲江千树发寒梅。青云已是酬恩处，莫惜芳时醉酒杯。①

　　禁漏初停，兰省洞开，到了放榜之日。拂晓的莺声传播很远，春风吹拂仙鹤清影。当曲江千树寒梅绽放之时，广陌之上万人涌动，皆对此心生喜色。

　　咸通末年上京应试，累十余年不中（一说咸通二年进士）的诗人唐彦谦，在《韦曲》一诗中则勾写出二月时身处韦曲穷郊，因离别而愁绪萦怀，独自依傍在寒村所见之野梅绽放的特写镜头，亦叙写梅花散发的幽幽寒香：

　　欲写愁肠愧不才，多情练漉已低摧。穷郊二月初离别，独傍寒村嗅野梅。②

（十四）深秋红柿

　　柿子树是落叶乔木，树干直立，树冠庞大，开黄白色花，于九、十月间或橙色或红色的果实成熟，挂于枝头格外艳丽。喜温暖湿润气候，耐干旱。

　　关中地区，无论气候、温度、光照、湿度、土壤等条件，均适宜柿子树的生长。《艺文类聚》记载其少：

　　《说文》曰：柿，赤实果也。《晋宫阁名》曰：华林园柿六十七株，晖章殿前，柿一株。《义熙起居注》曰：吴令顾俦期言，县西乡有柿树，殊本合条，依旧集驾（《太平御览》九百七十一作贺），诏停。

　　［诗］梁庾仲容《咏柿诗》曰：发叶临层槛，翻英糅花药。风生树影移，露重新枝弱。苑朱正葱翠，梁乌未销铄。

---

①　（清）彭定求等编：《全唐诗》卷586，中华书局1997年版，第6861页。
②　（清）彭定求等编：《全唐诗》卷672，中华书局1997年版，第7750页。

[启] 宋江夏王刘义恭《谢柿启》曰：垂赉华林糟柿，味滋殊绝。

梁简文帝《谢东宫赐柿启》曰：悬霜照采，凌冬挺润。甘清玉露，味重金液。虽复安邑秋献，灵关晚实，无以匹此嘉名，方兹擅美。①

《酉阳杂俎》指出，唐代就有柿有七德之说：

柿，俗谓柿树有七绝，一寿，二多阴，三无鸟巢，四无虫，五霜叶可玩，六嘉实，七落叶肥大。②

唐代诗歌亦有描写关中柿树生长的情境。白居易的《朝归书寄元八》写道：

进入阁前拜，退就廊下餐。归来昭国里，人卧马歇鞍。却睡至日午，起坐心浩然。况当好时节，雨后清和天。柿树绿阴合，王家庭院宽。瓶中鄠县酒，墙上终南山。③

在阁前朝拜，退朝后在廊下就餐。供职归来，前往昭国里的家中，人困马乏，遂睡至午间，起坐于庭院之中，心中充满浩然之气。更何况在这样美好的时节，雨后天晴，天气清和。柿子树生成的绿荫环绕，庭院宽敞。
郑谷的《游贵侯城南林墅》则记录下韦杜一带秋初的生态景观：

韦杜八九月，亭台高下风。独来新霁后，闲步澹烟中。荷密连池绿，柿繁和叶红。主人贪贵达，清境属邻翁。④

八九月的韦杜一带，亭台上清风徐徐吹过。诗人在新雨过后独自来到贵侯在城南的别业中，在澹烟中闲步。绿池上，荷花枝叶茂盛，密密绵

---

① （唐）欧阳询撰，汪绍楹校：《艺文类聚》卷八十六果部上，上海古籍出版社1965年版，第1482页。

② （唐）段成式撰，方南生点校：《酉阳杂俎》前集卷之十八，中华书局1981年版，第174页。

③ 朱金城笺校：《白居易集笺校》，上海古籍出版社1988年版，第348页。

④ 严寿澄、黄明、赵昌平笺注：《郑谷诗集笺注》，上海古籍出版社1991年版，第106页。

延,红红的柿子挂满枝头,与红叶交相辉映。

（十五）殷红樱桃

《艺文类聚》中对樱桃的汇录如下：

> 《礼记·月令》曰：仲夏之月,天子羞以含桃,先荐寝庙。《汉书》曰：惠帝出离宫,叔孙通曰：古者春尝果,方今樱桃熟可献,愿陛下出,因取樱桃献宗庙,上许之。《博物志》：樱桃者或如弹丸。《晋宫阁名》曰：式乾殿前,樱桃二株,含章殿前,樱桃一株,华林园樱桃二百七十株。

> 宋江夏王刘义恭启曰：手敕猥赐华林樱桃,为树则多阴,百果则先熟,故种之于厅事之前,有蝉鸣焉,顾命黏取以弄（本条樱桃以下,本书九十七蝉篇,太平御览九百六十九作傅咸粘蝉赋,严可均校本,《初学记》二十八,与此同,当从本书九十七及御览）。

> 王僧达诗：初樱动时艳,蝉噪灼辉芳,缃叶未开蕊,红葩已发光。

> 《尔雅》：楔,荆桃,今之樱桃。

> 《广志》曰：樱桃有大八分者,白色多肥者,凡三（严校本,《初学记》二十八,《太平御览》九百六十九作二）种,有白色者（四字《初学记》,御览无）。

> 《吴氏本草》：樱桃一名朱茱（《太平御览》九百六十九作桃）,一名麦英,甘酣,主调中,益脾气,令人好颜色,美志气。

> 后汉明帝于月夜宴群臣于照园,太官进樱桃,以赤瑛为盘,赐群臣,月下视之,盘与桃同色,群臣皆笑,云是空盘（本条《太平御览》九百六十九作拾遗录）。①

樱桃本为南方生长之木,但在唐代已在关中生长,据《新唐书·地理志》记载："（京兆府京兆郡）厥贡：……樱桃……"《唐摭言》就记载有京师所重的樱桃宴,以及樱桃初熟时人们争相品尝的盛况：

---

① （唐）欧阳询撰,汪绍楹校：《艺文类聚》卷八十六果部上,上海古籍出版社1965年版,第1479页。

新进士尤重樱桃宴。乾符四年，永宁刘公第二子覃及第；时公以故相镇淮南，敕邸吏日以银一铤资覃醵罚，而覃所费往往数倍。邸吏以闻，公命取足而已。会时及荐新状元，方议醵率，覃潜遣人厚以金帛预购数十硕矣。于是独置是宴，大会公卿。时京国樱桃初出；虽贵达未适口，而覃山积铺席，复和以糖酪者，人享蛮画一小盎，亦不啻数升。以至参御辈，靡不沾足。①

王建《宫词》有云："樱桃初赤赐尝新。"② 张籍作于长庆三年（823）早春水部员外郎任上的《和裴仆射看樱桃花》写道："昨日南园新雨后，樱桃花发旧枝柯。天明不待人同看，绕树重重履迹多。"③ 将南园新雨过后樱桃花在旧枝上绽放，以及唐人迫不及待绕树看花的爱花惜花之情叙写而出。白居易的《酬韩侍郎、张博士雨后游曲江见寄》提及自己园中种植的红樱桃树，闲来绕花而行即可当作春游，自不必跟随着鞍马车队，在泥泞中淋着雨奔赴曲江头欣赏风景：

> 小园新种红樱树，闲绕花行便当游。何必更随鞍马队，冲泥蹋雨曲江头。④

元稹的《同醉（吕子元、庾及之、杜归和同隐客泛韦氏池）》也记录出京畿内的韦氏池亭内一行诗友在柏树台下、杏花坛上修道论事，并在春风澹荡时共醉于樱桃林下的赏心乐事：

> 柏树台中推事人，杏花坛上炼形真。心源一种闲如水，同醉樱桃林下春。⑤

温庭筠的《自有扈至京师已后朱樱之期》可算是精雕细绘的京师樱桃

---

① （五代）王定保著：《唐摭言》，中华书局 1985 年版，第 32 页。
② （唐）王建著：《王建诗集》，中华书局上海编辑所 1959 年版，第 88 页。
③ 余恕诚、徐礼节整理：《张籍系年校注》，中华书局 2011 年版，第 707 页。
④ 朱金城笺校：《白居易集笺校》，上海古籍出版社 1988 年版，第 1282 页。
⑤ 冀勤点校：《元稹集》，中华书局 1982 年版，第 186 页。

胜景图:

> 露圆霞赤数千枝,银笼谁家寄所思。秦苑飞禽谙熟早,杜陵游客恨来迟。空看翠幄成阴日,不见红珠满树时。尽日徘徊浓影下,只应重作钓鱼期。①

铺绘出京师数千枝樱桃翠荫成幄、红珠满树的绚丽景致。如露珠般晶莹剔透、如彩霞般红艳的樱桃,即引来秦苑飞禽的环绕憩息,亦招来杜陵游客的爱怜之情与诗思。而晚来的诗人则尽日徘徊在浓影之下,为错过繁华的盛景而追悔不尽,只得在心中约下来年的花期。

（十六）亭亭萱草

萱草别名有"金针"、"忘忧草"、"宜男草"、"疗愁"等。主产于秦岭以南的亚热带地区。关中湿地一带多有萱草生长,枝叶亭亭玉立,开花状若百合,花色橙黄,亦常常被栽种于庭院中。《太平广记》中对此有过叙写:

> 萱草一名紫萱,又名忘忧草。吴中书生谓之疗愁。嵇康《养生论》云:"萱草忘忧。"（出《述异记》)②

杜甫的《腊日》叙写的是长安城的一个暖冬的生态景观:

> 腊日常年暖尚遥,今年腊日冻全消。侵陵雪色还萱草,漏泄春光有柳条。纵酒欲谋良夜醉,还家初散紫宸朝。口脂面药随恩泽,翠管银罂下九霄。③

与关中一带常有的腊日还在冰天酷寒中的气象不同,今年的腊日冰冻全消。曾经雪色侵凌的大地上归还的萱草已露出嫩小的草芽,柳条色变亦

---

① 刘学锴校注:《温庭筠全集校注》卷二,中华书局 2007 年版,第 836 页。
② （宋）李昉撰:《太平广记》卷408,中华书局 1961 年版,第 3303 页。
③ （清）仇兆鳌注:《杜诗详注》,中华书局 1979 年版,第 426 页。

泄漏着缕缕之春光。

刘长卿的《奉和杜相公新移长兴宅，呈元相公》则记录下杜相公在长兴里的宅院中栽种萱草的情形：

> 间气生贤宰，同心奉至尊。功高开北第，机静灌中园。入并蝉冠
> 影，归分骑士喧。窗闻汉宫漏，家识杜陵源。献替常焚藁，优闲独对
> 萱。花香逐荀令，草色对王孙。有地先开阁，何人不扫门。江湖难自
> 退，明主托元元。①

杜相公因功绩卓越在长安城中开辟宅邸，庭院内清幽安静；朝罢归来后即可去却烦嚣。窗前可听宫漏之声，在家即可识杜陵清源。在朝中对君主进谏，议论国事朝政，往往能焚去草稿，保守机密，回到家，又可悠闲地独对庭中萱草，忘却烦忧。

张籍的《奉和舍人叔直省时思琴》则叙写夜值禁苑时所见之景象：

> 滴沥仙阁漏，肃穆禁池风。竹月泛凉影，萱露澹幽丛。②

禁中台阁，夜间漏声滴沥，晚风吹过，肃穆的禁中庭池。月光洒在竹林间，泛着明净玲珑的光色，清影摇曳，泛着清凉的气息，萱草花叶上，露珠澹荡，在幽谧的花丛间闪着晶莹的光芒。

（十七）秾艳红药

芍药为温带植物，喜温耐寒，花朵妩媚艳丽。《艺文类聚》稍有记载：

> 《本草经》曰：芍药，一名白犬，生山谷及中岳。《古今注》：芍
> 药，一名可离。《毛诗》曰：惟士与女，伊其相噱，赠之以芍药。
>
> ［赋］宋王徽《芍药华赋》曰：原夫神区之丽草兮，凭厚德而挺
> 授。禽光液而发藻兮，飔风晖而振秀。③

---

① 储仲君撰：《刘长卿诗编年笺注》，中华书局 1996 年版，第 277 页。
② 余恕诚、徐礼节整理：《张籍系年校注》，中华书局 2011 年版，第 902 页。
③ （唐）欧阳询撰，汪绍楹校：《艺文类聚》卷八十一草部上，上海古籍出版社 1965 年版，第 1383 页。

韩愈的《芍药(元和中知制诰寓直禁中作)》则勾写出禁中芍药的姿态:

> 浩态狂香昔未逢,红灯烁烁绿盘笼。觉来独对情惊恐,身在仙宫第几重。[①]

诗人先是总体描绘芍药繁复盛大的姿态、浓烈的香气,以昔日从未遇见过渲染其独特惊人姿态,这是初见时芍药带给诗人的第一突出印象。接着细绘其形态,特写其似红灯闪烁的明亮花朵,如盘笼罩环绕的绿叶。觉来独对盛放的芍药花,不禁情思惊恐,恍惚中不知身在仙宫的第几重。而浩、狂、烁烁、惊恐、仙,则是诗人直观的对视后,赋予芍药的认知意蕴。

李绅的《忆春日曲江宴后许至芙蓉园》,在追忆中,芙蓉园春日草木生长的状态一幕幕闪回在诗人的心头眼前:

> 春风上苑开桃李,诏许看花入御园。香径草中回玉勒,凤凰池畔泛金樽。绿丝垂柳遮风暗,红药低丛拂砌繁。归绕曲江烟景晚,未央明月锁千门。[②]

春风过后,芙蓉园中桃李花开,帝王则会在此时下诏,赐群臣入御园游春赏花。在香气缭绕的御径草丛中回马观望,在凤凰池边饮酒,看美酒在金樽中泛着的光泽。垂柳的绿丝摇曳,遮蔽着春风,鲜红的芍药繁密茂盛,低拂着石砌。向晚时,曲江薄烟浮动,诗人们则在江畔徘徊,不忍回归,而明月下的未央宫,夜已寂静,千门闭锁。

其《新昌宅书堂前有药树一株,今已盈拱。前长庆中,于翰林院内西轩药树下移得,才长一寸,仆夫封一泥丸以归植,今则长成,名之天上树》中,诗人不仅交代了翰林院中栽种芍药的情境,还叙写了因为喜爱将

① (清)方世举笺注,郝润华、丁俊丽整理:《韩昌黎诗集编年笺注》,中华书局2012年版,第477页。
② 王旋伯注:《李绅诗注》,上海古籍出版社1985年版,第15页。

才长一寸的小苗移至新昌宅书堂前，甚至简略叙写了芍药的移植方法，并以天上树名之，足见喜爱珍重之情：

> 白榆星底开红甲，珠树宫中长紫霄。丹彩结心才辨质，碧枝抽叶乍成条。羽衣道士偷玄圃，金简真人护玉苗。长带九天余雨露，近来葱翠欲成乔。①

在诗人眼中心底，芍药最突出的特质就是它的鲜艳红色，并将其外形特征内化为丹心之质，赋予赤诚之文化内蕴。但对其姿态之描摹仍为诗作核心：从悄悄（足见小心）移植，到悉心呵护（足见爱心），再到看到它葱翠繁盛，高大之姿类似乔木，无不见出诗人与芍药结下的美好和谐关系。

白居易的《草词毕，遇芍药初开，因咏小谢红药，当阶翻诗……偶成十六韵》可谓对芍药的工笔细描：

> 罢草紫泥诏，起吟红药诗。词头封送后，花口拆开时。坐对钩帘久，行观步履迟。两三丛烂熳，十二叶参差。背日房微敛，当阶朵旋敧。钗葶抽碧股，粉蕊扑黄丝。动荡情无限，低斜力不支。周回看未足，比谕语难为。勾漏丹砂里，僬侥火焰旗。彤云剩根蒂，绛帻欠缨緌。况有晴风度，仍兼宿露垂。疑香薰罨画，似泪著胭脂。有意留连我，无言怨思谁。应愁明日落，如恨隔年期。蓝苕泥连萼，玫瑰刺绕枝。等量无胜者，唯眼与心知。②

草拟诏令公务完毕，对着面前的艳红芍药，诗思益然。在钩帘前久久独坐，观赏的步履迟迟。两三丛花朵烂漫，枝叶参差。背日之花房微微闭敛，当阶之花朵斜敧。如葶苎（原野杂草，开黄色小花，种子黑褐色，可入药，称"葶苈子"。《山海经》熊耳山记载：有草焉，其状如苏而赤华，名曰葶苎，可以毒鱼）钗朵一般抽出碧绿的花股，粉色的花

---

① 王旋伯注：《李绅诗注》，上海古籍出版社 1985 年版，第 15—16 页。
② 朱金城笺校：《白居易集笺校》，上海古籍出版社 1988 年版，第 1286 页。

蕊夹杂着扑面而来的黄丝。动荡摇曳时含情思无限，低斜柔弱的姿态若无力不支。周回在芍药花前观看不足，想要用比喻来修饰它亦难寻合适的词语。如道家第二十二洞天交趾勾漏所出的丹砂般红艳（勾漏，在今广西北流县东北，有山峰耸立如林，溶洞勾曲穿漏，故名。出丹砂。《云笈七签》卷二七称之为道家所传三十六小洞天的第二十二洞天。《晋书·葛洪传》："以年老，欲炼丹以祈遐寿，闻交趾出丹，求为勾扁令。"），如燋侥的火焰旗帜。如彤云却差红药的根蒂，似绛色巾帻又缺少冠带与冠饰。更何况当芍药在晴天微风拂过时别有姿态，再加上经宿的露珠低落时更富情韵。如香薰染覆盖掩映的画，似泪和染着胭脂。芍药有情似有意流连，幽怨无语又似思念着谁。应是忧愁着明日花落，再聚只待隔年。荷花虽好只可惜根茎连着淤泥，玫瑰虽艳但针刺绕枝。和其他花儿细细等量，还无胜过芍药的，而芍药之美只有眼观心知才可体悟得到。

在其《春夜宿直》中他亦为禁中栽植的芍药留下春夜中的剪影：

> 三月十四夜，西垣东北廊。碧梧叶重叠，红药树低昂。月砌漏幽影，风帘飘暗香。禁中无宿客，谁伴紫微郎。[1]

三月十四值夜，诗人徘徊在西垣东北回廊，此处梧桐的碧叶繁茂交叠，红药则随风摇曳，时高时低。

（十八）缘窗蔷薇

蔷薇又称野蔷薇，为蔓藤植物，开小花，与玫瑰、月季等同属。花朵大、单生的为玫瑰或月季，小朵丛生的为蔷薇。《艺文类聚》记载：

> 《本草经》曰：蔷薇一名牛棘，又曰一名牛勒，一名山枣，一名蔷蘼。葛洪《治金创方》曰：用蔷薇炭（灰）末一方，寸匕，日三服之。
>
> ［诗］齐谢朓《咏蔷薇》诗曰：低枝讵胜叶，轻香幸自通。发萼

---

① 朱金城笺校：《白居易集笺校》，上海古籍出版社 1988 年版，第 1291 页。

初攒紫，余采尚霏红。新花对白日，故蕊逐行风。①

沈佺期的《仙萼池亭侍宴应制》写道：

> 步辇寻丹嶂，行宫在翠微。川长看鸟灭，谷转听猿稀。天磴扶阶
> 迥，云泉透户飞。闲花开石竹，幽叶吐蔷薇。径狭难留骑，亭寒欲进
> 衣。白龟来献寿，仙吹返彤闱。且复命酒樽，独酌陶永夕。②

帝王的步辇在高险的山间攀缘，仰望蜿蜒不尽的长河上飞向天之尽头
而消失的飞鸟，峰回路转的山谷间猿啼稀疏。石阶高悬，户牖间透着云
泉，石竹间闲花绽放，幽密的绿叶间蔷薇吐蕊。

而徜徉在终南山清溪绿水间的李白，也在终南隐士的居所看到缘窗而
发的蔷薇，绕壁的女萝，他的《春归终南山松龛旧隐》写道：

> 我来南山阳，事事不异昔。却寻溪中水，还望岩下石。蔷薇缘东
> 窗，女萝绕北壁。别来能几日，草木长数尺。

王建的《题应圣观（观即李林甫旧宅）》写道：

> 精思堂上画三身，回作仙宫度美人。赐额御书金字贵，行香天乐
> 羽衣新。空廊鸟啄花砖缝，小殿虫缘玉像尘。头白女冠犹说得，蔷薇
> 不似已前春。③

应圣观的精思堂上画三身佛像，御赐匾额上所题金色御书格外珍贵，
天乐飘飘，羽衣清新。庭院内的空旷回廊上，鸟儿啄食着砖缝间的落花，
小殿内虫儿沿着玉像上的灰尘攀缘。白发的女冠还在诉说着这里曾经的繁
华，而如今的蔷薇远无此前春天时的繁盛绚烂。

---

① （唐）欧阳询撰，汪绍楹校：《艺文类聚》卷八十一草部上，上海古籍出版社 1965 年版，
第 1397 页。
② 陶敏、易淑琼校注：《沈佺期宋之问集校注》，中华书局 2001 年版，第 248 页。
③ （唐）王建著：《王建诗集》，中华书局上海编辑所 1959 年版，第 55 页。

韩愈的《游城南十六首·题于宾客庄》描写榆荚落满车前的路径,蔷薇低蘸水面,芦笋穿过篱笆的城南暮春生态景观:

> 榆荚车前盖地皮,蔷薇蘸水笋穿篱。马蹄无入朱门迹,纵使春归可得知。①

白居易在《戏题新栽蔷薇(时为周至尉)》中极其体贴地与易地的蔷薇花对话,叮嘱它莫因移根而憔悴,无论身处野外,还是被移栽到庭院,都要一样地绽放出春天的气息,甚至欲以蔷薇为妻,以解春天来到却无妻相伴的寂寞,足见与花相依相恋之情:

> 移根易地莫憔悴,野外庭前一种春。少府无妻春寂寞,花开将尔当夫人。②

其《戏题卢秘书新移蔷薇》将蔷薇柔软的翠条、垂露的红萼,比作美人袅娜的身姿,带泪的妆容,并以蔷薇为百花主:

> 风动翠条腰袅娜,露垂红萼泪阑干。移他到此须为主,不别花人莫使看。③

章孝标的《刘侍中宅盘花紫蔷薇》吟咏春天点缀刘侍中宅院的蔷薇:

> 真宰偏饶丽景家,当春盘出带根霞。从开一朵朝衣色,免踏尘埃看杂花。④

在诗人的眼里,蔷薇如春天盘出的带根的云霞般绚丽绽放,在诗人的

---

① (清)方世举笺注,郝润华、丁俊丽整理:《韩昌黎诗集编年笺注》,中华书局 2012 年版,第 477 页。
② 朱金城笺校:《白居易集笺校》,上海古籍出版社 1988 年版,第 743 页。
③ 同上书,第 919 页。
④ (清)彭定求等编:《全唐诗》卷 506,中华书局 1997 年版,第 5800 页。

心目中，自从蔷薇开出一朵后，就不用踏着尘埃去看其他的花朵了，对比衬托中见出蔷薇在众花中的独特地位。

徐夤的《经故翰林杨左丞池亭》写道：

> 八角红亭荫绿池，一朝青草盖遗基。蔷薇藤老开花浅，翡翠巢空落羽奇。春榜几深门下客，乐章多取集中诗。平生德义人间诵，身后何劳更立碑。①

八角红亭绿荫遮盖锦池碧波，青草隐蔽着颓败的遗基。蔷薇的老藤交错开着浅浅的花朵，翡翠鸟的巢穴已空，仅留下珍奇的羽毛。

无名氏的《明月湖醉后蔷薇花歌》在看到眼前柔条嫩蕊一低一昂盛开的蔷薇花时，追忆起垂于帝城宫墙的蔷薇的千花万叶：

> 万朵当轩红灼灼，晚阴照水尘不著。西施醉后情不禁，侍儿扶下蕊珠阁。柔条嫩蕊轻菩鳃，一低一昂合又开。深红浅绿状不得，日斜池畔香风来。红能柔，绿能软，浓淡参差相宛转。舞蝶双双谁唤来，轻绡片片何人剪。白发使君思帝乡，驱妻领女游花傍。持杯忆著曲江事，千花万叶垂宫墙。复有同心初上第，日暮华筵移水际。笙歌日日微教坊，倾国名倡尽佳丽。我曾此处同诸生，飞盂落盏纷纵横。将欲得到上天路，刚向直道中行去。一朝失势当如此，万事如灰壮心死。谁知奏御数万言，翻割龟符四千里。丈夫达则贤，穷则愚。胡为紫，胡为朱？莫思身外穷通事，且醉花前一百壶。②

（十九）娇艳石竹

因同有娇艳之质，石竹在唐诗中常与蔷薇相对而出。顾况的《道该上人院石竹花歌》对其有过详细的描绘："道该房前石竹丛，深浅紫，深浅红。婵娟灼烁委清露，小枝小叶飘香风。上人心中如镜中，永日垂帘观色空。"可知其花色紫红，叶小色香，姿态婵娟。《广群芳谱》对它如此解

---

① （清）彭定求等编：《全唐诗》卷708，中华书局1997年版，第8225页。
② （清）彭定求等编：《全唐诗》卷785，中华书局1997年版，第8946页。

释:"石竹草品,纤细而青翠,花有五色,单叶千叶,又有剪绒,娇艳夺目,便娟动人。"①

唐代关中的寺院与庭院中可见,唐诗中亦有对其妍丽之姿的描绘。沈佺期的《仙萼池亭侍宴应制》写道:"闲花开石竹,幽叶吐蔷薇。"李端在《宿荐福寺东池有怀故园因寄元校书》中对荐福寺的生态景观做出细绘,其中亦有石竹:

> 暮雨风吹尽,东池一夜凉。伏流回弱荇,明月入垂杨。石竹闲开碧,蔷薇暗吐黄。倚琴看鹤舞,摇扇引桐香。旧笋方辞箨,新莲未满房。林幽花晚发,地远草先长。抚枕愁华鬓,凭栏想故乡。露余清汉直,云卷白榆行。惊鹊仍依树,游鱼不过梁。系舟偏忆戴,炊黍愿期张。末路还思借,前恩讵敢忘。从来叔夜懒,非是接舆狂。②

暮雨风吹尽,夜间的荐福寺东池清冷幽静。柔弱的荇菜随水流起伏摇曳,明月的光色轻洒在垂杨上。石竹悠闲地展开碧绿之色,蔷薇在幽暗中吐着黄色的花朵。倚靠古琴看白鹤起舞,摇动的扇子引来桐花的暗香。旧笋上一片片的皮刚刚脱去,新莲未满花房。密林幽静,花朵晚发,碧草丛生。天河笔直,白云舒卷,清露残留,白榆静立。鸟鹊惊起,又飞回依恋着树枝,游鱼在河梁绕行。而诗人在夜色里,对着眼前的清景,凭栏思乡,抚枕怀忧。

(二十) 芳香桂树

桂树又名木樨、岩桂,经冬不凋。有金桂、银桂、丹桂、月桂等。《全芳备祖》"岩桂花"条《事实祖·碎录》所辑录的各种解释是:

> 扫木桂树也,一名木樨花,淡白。其淡红者,谓之丹桂。黄花者能子,丛生岩岭间。(《尔雅》)
>
> [纪要] 月中有桂树。(《淮南子》) 月桂高五丈,下有人常斫之,树疮随合。人姓吴名刚,西河人,学仙有过,谪令伐树。(《酉阳杂

---

① (清) 汪灏等撰:《广群芳谱》卷之四十六,商务印书馆1935年版,第1105页。
② (清) 彭定求等编:《全唐诗》,中华书局1997年版,第3270页。

俎》）皋塗之山桂木八，树在番禺东。八树成桂，言其大也。贲禺即
番禺也。（《山海经》）桂阳郡有桂岭，放花偏白，林岭尽香。（《地理
志》）淮南子刘安好道，感八公共登山，斫桂树而赋，有大小桂，山
因以自号。《招隐士》者，刘安小山之所作也。（《楚辞》注）有左翁
者，坐桂树下，以玉杯承甘露与吴猛服之。（《庐山记》）晋郤诜对策
第一，武帝问之曰："臣今为天下第一，犹桂林一枝。"（《晋史》）①

从纪要中所列文献对桂树的叙述可见，在历史文化积淀中，桂树早
已被披上一袭神话外衣，透着洁净高华的天界气息，而晋人的"桂林一
枝"之自比、蟾宫折桂之成语，亦是对人才华与品性的最高褒扬。在传
统意识里，桂树延年益寿、九里飘香，以及月中广寒宫前生长繁茂桂树
的传说，遂使唐代关中的宫苑、私人园林中多栽植桂树。李适《侍宴安
乐公主山庄应制》中的"后岭香炉桂蕊秋"②，就写到在弥漫的香烟缭绕
下公主园林的桂蕊散发着阵阵幽香。此外，关中道上、山岭岩畔亦有桂树
生长。

李贺的《出城》勾勒出抑郁而归在关中道上所见寒雪侵凌的桂花稀疏
清影：

> 雪下桂花稀，啼乌被弹归。关水乘驴影，秦风帽带垂。入乡试万
> 里，无印自堪悲。卿卿忍相问，镜中双泪姿。③

罗隐的《杜陵秋思》在书写秋思时亦写到杜陵一带独特的生态景观：

> 南望商於北帝都，两堪栖托两无图。只闻斥逐张公子，不觉悲同
> 楚大夫。
> 岩畔早凉生紫桂，井边疏影落高梧。一杯渌酒他年忆，沥向清波

---

① （宋）陈景沂撰：《全芳备祖》前集卷十三花部，农业出版社影印手抄本 1982 年版，第
489—490 页。
② （清）彭定求等编：《全唐诗》，中华书局 1997 年版，第 777 页。
③ （清）王琦等注：《李贺诗歌集解》，上海古籍出版社 1977 年版，第 176 页。

寄五湖。①

生逢晚唐乱世的诗人在秋日里感慨万端,回想起两次托栖两次失意的偃蹇仕途,想起壮志未酬的人生悲哀,思绪亦在历史中流连,其忧谗畏讥、心忧家国的悲凉竟与屈原相通。而这样的秋天里,寒凉的气息已侵入岩畔生长的紫桂,井边高大的梧桐树疏影婆娑。在这样的天气这样的清景中,诗人寄情于美酒,追忆着流逝的华年,将美酒洒入清波以寄托五湖之志。

(二十一)木兰花开

《太平广记》中对唐长安城内的木兰花如此叙写:

> 长安敦化坊百姓家,唐大和中,有木兰一树,花色深红。后桂州观察使李勃看宅人,以五千买之,宅在水北。经年,花紫色。②

唐代诗人的诗题中亦留下木兰的痕迹。王维与裴迪的辋川诗作互答中均留下《木兰柴》的诗题,虽然诗歌中并未吟咏木兰。

(二十二)端正遗恨

端正树,是石楠木的异名,又名端正木。石楠别名水红树、山官木、细齿石楠、凿木、猪林子,为蔷薇目、石楠属木本植物,喜温暖湿润的气候,主要生长在长江流域及秦岭以南地区。《太平广记》对其在关中的生长状况及得名由来如此记载:

> 长安西端正树,去马嵬一舍之程,乃唐德宗皇帝幸奉天,睹其蔽芾,锡以美名。后有文士经过,题诗逆旅,不显姓名。诗曰:"昔日偏沾雨露荣,德皇西幸赐嘉名。马嵬此去无多地,合向杨妃冢上生。"风雅有如此焉。(出《抒情诗》)③

---

① 潘慧惠校注:《罗隐集校注》修订本,中华书局2011年版,第87页。
② (宋)李昉撰:《太平广记》卷409,中华书局1961年版,第3319页。
③ (宋)李昉撰:《太平广记》卷407,中华书局1961年版,第3292页。

贞元文士的《题端正树》：

> 昔日偏沾雨露荣，德皇西幸赐嘉名。马嵬此去无多地，合向杨妃冢上生。①

长于杨妃墓上的端正树，如昔日得玄宗宠幸的杨妃一样，生长繁茂。贞元年间，德宗西幸避乱，路过此地时，赐予它美好的名字。

赵嘏的《咏端正春树》提及此树仅生于杨妃墓上：

> 一树繁阴先著名，异花奇叶俨天成。马嵬此去无多地，只合杨妃墓上生。②

时值春天，马嵬驿的杨妃冢上，端正树枝叶繁密，花朵枝叶奇异美丽，俨然天成。

温庭筠的《题望苑驿（东有马嵬驿西有端正树一作相思树）》：

> 弱柳千条杏一枝，半含春雨半垂丝。景阳寒井人难到，长乐晨钟鸟自知。花影至今通博望，树名从此号相思。分明十二楼前月，不向西陵照盛姬。③

临近马嵬驿的望苑驿一带，春天来临时景色宜人，弱柳千条，随风摇曳，杏花一枝，姿态妖娆，含着春雨，低垂着枝条。南朝陈后主与张丽华所投景阳殿胭脂井，路途遥远，很难到达，而帝城长安的长乐晨钟，飞翔的鸟儿，则是可以知道这里景色的迷人。端正树的花影，吸引着前往山南西道梁州汉中一带避难的德宗皇帝，而树名亦从此被称作相思树。至今望苑驿相思树的花影还通向博望侯张骞的故里城固。十二楼前明亮的月光，亦不会照向西陵盛姬之倾国倾城之姿容。

---

① （清）彭定求等编：《全唐诗》卷784，中华书局1997年版，第8936页。
② 谭优学注：《赵嘏诗注》，上海古籍出版社1985年版，第150页。
③ 刘学锴校注：《温庭筠全集校注》，中华书局2007年版，第360页。

其《题端正树》写道:

> 路傍佳树碧云愁，曾侍金舆幸驿楼。草木荣枯似人事，绿阴寂寞汉陵秋。①

路旁姿态美好的端正树，在碧云之下凝结着愁绪，它见证着唐玄宗与杨贵妃所乘金舆来到驿楼，亦目睹这里曾发生的爱情悲剧，至此二人阴阳阻隔，两处相思。草木之荣枯与人事相通，杨贵妃昔日之荣宠与如今之凄惨冷落一如草木的繁茂与枯黄，如今的马嵬驿，杨妃青冢上生长的端正树枝叶茂盛，绿荫遮蔽处，透着冷清寂寞的气息，亦到了肃杀的秋季，汉陵四周透着荒寒萧瑟。

(二十三) 参天楸树

楸树为高大落叶乔木，树干通直，主枝开阔伸展。花冠浅粉紫色，内有紫红色斑点，不结果实。可固土防风，净化空气，亦有较强的消声、吸尘、吸毒能力。

唐代关中诗文中亦能看到楸树生长的印迹。韩愈的《游城南十六首·楸树》二首对楸树的生长特性、姿态等都有描述和记录:

> 几岁生成为大树，一朝缠绕困长藤。谁人与脱青罗帔，看吐高花万万层。
>
> 幸自枝条能树立，可烦萝蔓作交加。傍人不解寻根本，却道新花胜旧花。②

诗中提及，楸树数年间就能长成参天大树，而其枝干间则往往有长藤缠绕。枝繁叶茂的藤萝如青罗织成的披肩，在楸树高高的枝头吐着千层万层的繁花。好在楸树的枝条能够独立竖立，亦厌烦攀缘的藤萝缠绕交加。而一旁观看到的游人与路人并不明白寻找楸树的根本，只是欣赏着藤萝新

---

① 刘学锴校注:《温庭筠全集校注》，中华书局 2007 年版，第 480 页。
② （清）方世举笺注，郝润华、丁俊丽整理:《韩昌黎诗集编年笺注》，中华书局 2012 年版，第 477 页。

开的繁盛花朵，却以为远远胜过楸树已凋零的旧花。

其《游城南十六首·楸树》也描绘出楸树花开时的迷人姿态：

> 青幢紫盖立童童，细雨浮烟作彩笼。不得画师来貌取，定知难见
> 一生中。

楸树茂密的枝叶间开满紫色的繁花，远望处如青幢紫盖，在细雨浮烟中如绚烂的灯笼。只可惜没有工于绘画的画师将楸树迷人的容貌细绘出，留下记忆，诗人心知此次观览，亦一定是一生中难得再见的盛景。

（二十四）寻常枣树

枣树为落叶乔木，5—6月开黄绿色小花，8—9月结果。《艺文类聚》中汇录如下：

> 《尔雅》曰：枣，壶枣（今江东呼枣大而锐上者为壶枣，犹瓠也），边要枣（子细要者）。
>
> 《礼记》曰：妇人之贽，椇榛脯脩枣栗。
>
> 《毛诗》曰：八月剥枣，十月获稻。
>
> 《晏子》曰：景公谓晏子曰：东海之中，有水而赤，其中有枣，华而不实，何也？晏子曰：昔者秦缪公乘龙理天下，以黄布裹蒸枣，至海而投其布，故水赤，蒸枣，故华而不实。公曰：吾佯问子耳。对曰：婴闻之，佯问者，亦佯对。
>
> 《孟子》曰：曾晳嗜羊枣，而曾子不忍食之。
>
> 《韩子》曰：秦饿。应侯谓王曰：五苑之枣栗，请发与之。
>
> 《史记》曰：李少君以却老方见上。少君曰：臣尝游海上，见安期生，食巨枣，大如瓠。
>
> 《真人关令尹喜内传》曰：尹喜共老子西游，省太真王母，共食玉门之枣，其实如瓶。
>
> 《神异经》曰：北方荒中，有枣林焉。其高五丈，敷张枝条一里余，子长六七寸，围过其长，熟赤如朱，乾之不缩，气味甘润，殊于常枣，食之可以安躯，益气力。
>
> 《东方朔传》曰：武帝时，上林献枣。上以枝击未央前殿槛，呼

朔曰:叱来叱来,先生知此筐中何物?朔曰:上林献枣四十九枚。上曰:何以知之?朔曰:呼朔者,上也,以枝击槛,两木林也,曰朔来朔来者,枣也,叱叱者四十九。上大笑,赐帛十匹。

《汉书》曰:王吉少时学问,居长安,其东家有枣树,垂吉庭中,吉妇取枣以啖吉,吉后知之,乃去妇。东家闻而欲伐其树,邻里共止之。因固请吉,令还妇。里中为之语曰:东家枣树,王阳妇去。东家枣完,去妇复还。

《汉武内传》曰:七月七日,西王母当下,帝设玉门之枣。

《刘根别传》曰:今年春,当有病,可服枣核中仁二七枚。能常服之,百邪不复干也。

《风俗通》曰:鲍焦耕田而食,穿井而饮,于山中食枣。或曰:此枣子所殖耶?遂强欧吐而死也。

魏文帝诏群臣曰:南方有龙眼荔枝,宁比西国蒲萄石蜜乎?酢且不如中国凡枣味,莫言安邑御枣也。

《马明生别传》曰:安期生仙人见神女,设厨膳。安期曰:昔与女郎游息于西海之际,食枣异美,此间枣小,不及之。忆此枣味久,已二千年矣。神女云:吾昔与君共食一枚,乃不尽,此间小枣,那可相比耶。

王隐《晋书》:傅虞为鄱阳内史,劝厉学业,宽裕简素,风化大行,白鸟集郡庭枣树上。

《晋宫阁名》曰:华林园枣六十二株,王母枣十四株。

《异苑》曰:太元中,南郡州陵县有枣树,一年忽生桃李枣三种花子。

《世说》曰:魏文帝忌弟任城(原讹成,据冯校本改)王骁壮,因在卞太后所,共围棋,并啖枣。文帝以毒着诸枣蒂中,自选可食者,而王不悟,遂杂进之,既中毒。太后索水救之,帝豫敕毁器,太后徒跣趋井,无以汲之,须臾遂卒。

又曰:大将军王敦,初尚武帝舞阳公主。如厕,见漆箱中盛枣,本以塞鼻,王谓厕上下果,遂食之,群婢莫不笑之。

《左传》:御孙曰:女贽不过榛栗枣脩以告虔。

《邺中记》:石季龙园中有羊角枣,三子一尺。

《史》：楚庄王爱一马，啖枣脯。①

在以往的叙事脉流中，作为食物的枣，在史书或笔记中出现较多，在诗歌出现的机会不多，最早在《诗经》的叙事诗中出现，到了魏晋南北朝时，咏物诗中出现枣，但仍是相当少。而在唐代的田园诗中，枣的出现渐多，但仍多为陪衬。

王维的《酬诸公见过（时官未出，在辋川庄）》写道："篚食伊何，蘡瓜抓枣"。王昌龄的《宿灞上寄侍御玙弟》："独饮灞上亭，寒山青门外。长云骤落日，桑枣寂已晦。"② 岑参的《行军诗》二首其一写道："村落皆无人，萧条空桑枣。"则以萧条桑枣衬托安史之乱后村落凋敝无人之死寂氛围。可见在描写田园乡居生活的诗中，离不开瓜枣、桑枣等虽缺少观赏的审美特质却必不可少的农作物。

由盛唐到中唐，尤其是到白居易手中，除了在乡居生活中穿插瓜枣作为生活叙述与背景外，还由此引申出更多蕴意。白居易的《杏园中枣树》对枣树作细细描写：

> 人言百果中，唯枣凡且鄙。皮皴似龟手，叶小如鼠耳。胡为不自知，花生此园里？岂宜遇攀玩，幸免遭伤毁。二月曲江头，杂英红旖旎。枣亦在其间，如嫫对西子。东风不择木，吹煦长未已。眼看欲合抱，得尽生生理。寄言游春客，乞君一回视。君爱绕指柔，从君怜柳杞。君求悦目艳，不敢争桃李。君若作大车，轮轴材须此。③

在唐人的心目中，百果之中，枣是最平凡粗鄙的。枣皮皴皱如龟手，叶子细小如鼠耳。然枣树竟然不知自己之庸陋，生长在艳丽的杏花园中。而恰恰是在被人忽略的情境下，枣树才不被攀玩免遭损伤。二月的曲江头，风光旖旎，杂英满树。枣花亦在其间绽开，就如丑陋的嫫母对着国色之西子。然而自然造化对万物之珍爱是一样的，并不择木而普降恩泽，和

---

① （唐）欧阳询撰，汪绍楹校：《艺文类聚》卷八十七果部下，上海古籍出版社 1965 年版，第 1485—1486 页。

② 李国胜注：《王昌龄诗校注》，文史哲出版社印行 1973 年版，第 235 页。

③ 朱金城笺校：《白居易集笺校》，上海古籍出版社 1988 年版，第 66 页。

煦的东风吹拂之下，枣木仍然生长不息。眼看着就有合抱之粗，尽显着生生之理。诗人从中亦顿悟自然天理，并寄言游春之客，眷顾这默默的枣树。虽无柳枝之绕指柔媚，虽无桃李之悦目娇艳，但枣木却是制作大车车轮必不可少的珍贵木材。

其《登村东谷冢》则道出元和八年退居地——下邽一带的生态景观：

> 高低古时冢，上有牛羊道。独立最高头，悠哉此怀抱。回头向村望，但见荒田草。村人不爱花，多种栗与枣。自来此村住，不觉风光好。花少莺亦稀，年年春暗老。①

高高低低的荒凉古冢上，牛羊小道曲曲折折。站在高处回望村间，但见草盛田荒。村中之人并不爱花木，栽种的多是栗树与枣树。于是在诗人的心目中并不觉得此地的春天风光明丽，因为缺少了柳媚莺啼，娇艳的春花，即便是年年春天亦是黯淡而了无生机。可见即便是在田园诗中出现，枣树在唐人心目中仍然是较少观赏性的。

其《秋游原上》亦写出七月早秋时节，天凉气清，清晨步出柴门，风吹衣襟，越过芭蕉，与家人同登秋原，新枣还未全红，晚瓜亦留有余香，树树蝉声，新雨过后，夹道禾黍青青，与村人相识已久，田家老叟依依逢迎，老幼皆有情谊，一派和谐生动的秋日田园生态图景：

> 七月行已半，早凉天气清。清晨起巾栉，徐步出柴荆。露杖筇竹冷，风襟越蕉轻。闲携弟侄辈，同上秋原行。新枣未全赤，晚瓜有余馨。依依田家叟，设此相逢迎。自我到此村，往来白发生。村中相识久，老幼皆有情。留连向暮归，树树风蝉声。是时新雨足，禾黍夹道青。见此令人饱，何必待西成。②

（二十五）初晴桑柘
桑树为落叶乔木，桑叶可养蚕，4月开花，5—7月结果，果实称桑

---

① 朱金城笺校：《白居易集笺校》，上海古籍出版社1988年版，第521页。
② 同上书，第324页。

葚，紫黑色、淡红或白色，汁多味甜，可食用或酿酒。桑树根系发达，可保持水土、固沙。

柘有刺，夏季开花，果红色，有"南檀北柘"之誉，亦可作黄色染料，叶可喂养蚕，果实可食用或酿酒。《礼记·月令》："（季春之月）命野虞无伐桑柘，鸣鸠拂其羽，戴胜降於桑。"《艺文类聚》对其记录颇多：

> 《尔雅》曰：女桑桋桑（桋音夷。长条者为女桑，檿桑山桑）。《山海经》曰：宣山上有桑，大五十尺，其枝四衢（支交四出），叶大尺，赤理青华，名之曰帝女之桑。又曰：阳谷上有扶桑，十日所浴。《毛诗》曰：蚕月条桑（条桑，被落枝，采其叶）。又曰：猗彼女桑（少枝长条不落，束而采之）。又曰：肃肃鸨行，集于包桑。《礼记仪注》曰：后妃斋戒，将夫人世妇出采桑……《典术》曰：桑木者，箕星之精神。木虫食叶为文章，人食之，老翁为小童……《礼记》：古者天子诸侯，必有公桑蚕室。近川而为之。《春秋元命苞》曰：姜嫄游閟宫，其地扶桑。履大人迹，生稷。陈留申屠蟠，耻郡无义士，遂闭门养志。蓬户莱室，依大桑树，以为栋梁。（本条《太平御览》九百五十五作谢承《后汉书》）……《孟子》曰：五亩之宅，树之以桑。《礼》曰：鸣鸠拂羽，戴胜降桑。氾胜之书曰：五种桑，因取椹着水中濯洗，取子阴干之，治肥田十亩荒久不耕者，先好耕治之，黍椹子各三升，合种之，黍桑俱生；锄之，桑令疏条适，黍熟获之，放火烧之，当逆风起火。桑至春生，一亩食三簿蚕。《本草经》曰：桑根旁行出土上者，名伏蛇，治心痛。①

章孝标的《长安秋夜》在勾勒长安的秋夜生态景观时亦留意到桑树的生长情境：

> 田家无五行，水旱卜蛙声。牛犊乘春放，儿童候暖耕。池塘烟未

---

① （唐）欧阳询撰，汪绍楹校：《艺文类聚》卷八十八木部上，上海古籍出版社1965年版，第1519—1520页。

起，桑柘雨初晴。步晚香醪熟，村村自送迎。①

五行运行不畅，田家干旱，遂占卜求雨，寻找青蛙的声音（因为在先民心目中，青蛙主管着甘霖的降落）。牧童乘着春天的气息放牧牛犊，儿童等候着天气变暖。池塘间轻烟未起，桑木与柘木在雨后初晴的日色下格外清新。薄暮时分在田间村边徘徊，家家户户的美酒已熟，热情地相迎相送。

许棠的《送裴拾遗宰下邽（一作赴畿令）》：

> 受谪因廷谏，兹行不出关。直庐辞玉陛，上马向仙山。地古桑麻广，城偏仆御闲。县斋高枕卧，犹梦犯天颜。②

诗人送别因廷谏而被贬谪到京畿之地不用出关的裴拾遗。辞别玉陛，上马奔赴古老的下邽，而这一带土地肥沃，自古栽种桑树和麻。

（二十六）青青嘉麦

历史上的关中，自古以富庶著称，其地南背秦岭，北对北山，又有潼关诸塞环绕，《史记·留侯世家》有云："左崤函，右陇蜀，沃野千里……此所谓金城千里，天府之国也。"在这有着"八百里秦川"之称的土地上，最典型的作物就是麦子了，关中人对麦田有着极其深厚的情感，日出而作、日落而息的生活里，与麦田相依相伴，成熟的麦穗则满载着他们所有的希望与喜悦。夕阳映照下一望无垠的麦田，闪耀着迷人的金黄色，麦穗在暮风吹拂下摇曳多姿的情境，更是令人心醉神迷。

郑畋的《麦穗两岐》写道：

> 圣虑忧千亩，嘉苗荐两岐。如云方表盛，成穗忽标奇。瑞露纵横滴，祥风左右吹。讴歌连上苑，化日遍平陂。史册书堪重，丹青画更宜。愿依连理树，俱作万年枝。③

---

① （清）彭定求等编：《全唐诗》卷506，中华书局1997年版，第5796页。
② （清）彭定求等编：《全唐诗》卷604，中华书局1997年版，第7034页。
③ （清）彭定求等编：《全唐诗》卷557，中华书局1997年版，第6518页。

对帝王而言，千亩的麦田是心之所系，事关民生国计，麦苗呈现着长势美好的状态，则表明地方官吏改善农业有方，民乐年丰。如云般茂盛的麦子昭示着盛世之情势，结成的饱满麦穗标识着奇丽的景象。祥瑞晶莹的露珠纵横滴落，吉祥的微风左右吹拂。歌颂盛世的歌谣绵延至上苑，阳光洒满平地与倾斜不平之地。而这样的景象亦足以被载入史册，也更适宜用丹青描画。而麦穗两岐也是与连理树、万年枝一样，有着吉祥安泰寓意的祥瑞之征兆。

温庭筠的《鄠杜郊居》亦描写到关中麦垄的情境：

> 槿篱芳援近樵家，垄麦青青一径斜。寂寞游人寒食后，夜来风雨送梨花。①

寒食过后，寂寞的游人在鄠杜郊居独自徜徉，被木槿篱笆（《通志略》："木槿，人多植庭院间，亦可作篱，故谓之槿篱。"）援引着靠近樵夫之家，麦垄中麦苗青青，小径独斜，夜来的一场风雨，送走曾经盛放的梨花。

（二十七）水岸青菰

雕葫亦名青菰，俗称茭白。生于河边、沼泽地。可作蔬菜。其实如米，称雕胡米，可作饭，古以为六谷之一。《艺文类聚》对其解释相当简单：

> 《说文》曰：蒋，菰也。《广雅》曰：蒋，菰，其米谓之彫胡。《广志》曰：菰可以为席，温于蒲，生南方。《庄子》曰：孔子之楚，舍于蚁丘之蒋。《礼记》曰：十月收水泽之赋。《江赋》曰：泛泛之游蒋。《吴都赋》：菰穗彫胡，菰子作饼。

有关对它的吟咏诗作亦仅提及一首：

> ［诗］梁沈约《咏菰》诗曰：结根布洲渚，垂叶满皋泽。匹彼露

---

① 刘学锴校注：《温庭筠全集校注》，中华书局2007年版，第493页。

葵羹,可以留上客。①

而《太平广记》引《西京杂记》则记载汉代太液池中还长满雕葫,
凫雏于其间嬉戏,紫龟绿鳖沉于池中,平沙上鹈鹕、鸿鵙成群,生态环境
极好:

> 太液池边,皆是雕葫紫萚、绿节蒲丛之类。菰之有米者,长安人
> 谓为雕葫;莨芦之未解叶者,谓为紫萚;菰之有首者,谓为绿节。其
> 间凫雏子,布满充积。又多紫龟绿鳖。池边多平沙,沙上鹈鹕、鵁
> 鶄、鸂鶒、鸿鵙,动辄成群。(出《西京杂记》)②

这种植物在唐代关中诸地亦多有生长,到唐诗中则成为诗人们乐于
表现的对象。王维在诗作中曾多次提到临水挺拔而生的青青蒲菰,菰米
饭则成为其叙写田园生活时常常提起的事物。其《游感化寺》云:"绕
篱生野蕨,空馆发山樱。香饭青菰米,嘉蔬绿芋羹。"③ 其《辋川闲居》
写道:"一从归白社,不复到青门。时倚檐前树,远看原上村。青菰临水
映,白鸟向山翻。寂寞於陵子,桔槔方灌园。"④

其《春过贺遂员外药园》以槿篱、药栏、水穿盘石、藤系古松、蔗
浆、菰米饭、蒟酱、露葵羹作为勾画田园生活的代表物:

> 前年槿篱故,新作药栏成。香草为君子,名花是长卿。水穿盘石
> 透,藤系古松生。画畏开厨走,来蒙倒屣迎。蔗浆菰米饭,蒟酱露葵
> 羹。颇识灌园意,於陵不自轻。⑤

裴迪的《辋川集二十首·北垞》也提及依傍南山,结宇临湖的辋川山

① (唐)欧阳询撰,汪绍楹校:《艺文类聚》卷八十二药香草部下,上海古籍出版社1965
年版,第1409页。
② (宋)李昉撰:《太平广记》卷412,中华书局1961年版,第3352页。
③ 陈铁民校注:《王维集校注》,中华书局1997年版,第439页。
④ 同上书,第442页。
⑤ 同上书,第346页。

居生活，在青山采樵而去，乘扁舟泛游蒲菰绿水之上，逍遥自在：

> 南山北垞下，结宇临敧湖。每欲采樵去，扁舟出菰蒲。①

李端的《暮春寻终南柳处士》简笔绘出豆苗初成，溪水绕着花径，岭鸟缓缓飞翔，紫葛垂于长满青苔的石壁，青菰与柳丝相映的终南生态景观：

> 庞眉一居士，鹑服隐尧时。种豆初成亩，还丹旧日师。入溪花径远，向岭鸟行迟。紫葛垂苔壁，青菰映柳丝。偶来尘外事，暂与素心期。终恨游春客，同为岁月悲。②

白居易的《昆明春水满（思王泽之广被也，贞元中始涨之）》对生长着蒲菰的唐时昆明湖，叙述得更为详细：

> 昆明春，昆明春，春池岸古春流新。影浸南山青滉漾，波沉西日红奫沦。往年因旱池枯竭，龟尾曳涂鱼喣沫。诏开八水注恩波，千介万鳞同日活。今来净绿水照天，游鱼鱍鱍莲田田。洲香杜若抽心短，沙暖鸳鸯铺翅眠。动植飞沉皆遂性，皇泽如春无不被。渔者仍丰网罟资，贫人又获菰蒲利。诏以昆明近帝城？官家不得收其征。菰蒲无租鱼无税，近水之人感君惠。感君惠，独何人？吾闻率土皆王民，远民何疏近何亲？愿推此惠及天下，无远无近同欣欣。吴兴山中罢榷茗，鄱阳坑里休封银。天涯地角无禁利，熙熙同似昆明春。③

先是描绘出春天的昆明湖，流水清新，南山的倒影在青青的波面随水荡漾，西沉的红日映照在水面泛起红色的涟漪，接着回忆曾经的昆明湖因为天旱，池水干枯，以致水中的乌龟拖着尾巴在泥地里挣扎，鱼儿

---

① （清）彭定求等编：《全唐诗》卷129，中华书局1997年版，第1314页。
② （清）彭定求等编：《全唐诗》卷286，中华书局1997年版，第3269页。
③ 朱金城笺校：《白居易集笺校》，上海古籍出版社1988年版，第176页。

口吐白沫, 随后经过导引八水注入昆明池, 才得以让池中的千介万鳞恢复生机的生态往事, 亦描绘出当时的昆明湖, 池水碧绿映照着蓝天, 鲜活的游鱼在田田莲叶间自在嬉戏, 杜若抽出嫩蕊散着芳香, 沙岸上鸳鸯趁着暖意铺翅而眠, 动植物均随性自在生长的极其良好的生态情境。而在这里生长的农人亦能获得大自然的丰厚馈赠, 收获蒲菰, 网罗丰盈的鱼儿, 唐王朝亦罢免其租税, 使得自然万物均能在此幸福快乐地生活。

刘得仁的《宿宣义池亭》则勾勒出暮色环绕下亭中的青柯, 南山的幽竹, 夜深时风儿不动, 碧池上洒满点点星辰, 蒲菰里白鹤沉卧的寂静幽深生态情境:

> 暮色绕柯亭, 南山幽竹青。夜深斜舫月, 风定一池星。岛屿无人迹, 菰蒲有鹤翎。此中足吟眺, 何用泛沧溟。①

薛能的《题襄城驿池》亦写出牧牛在雨中寻食蒲菰的情景:

> 池馆通秦槛向衢, 旧闻佳赏此踟蹰。清凉不散亭犹在, 事力何销舫已无。钓客坐风临岛屿, 牧牛当雨食菰蒲。西川吟吏偏思茸, 只恐归寻水亦枯。②

郑谷的《同志顾云下第出京偶有寄勉》则以菰米、杏花、莺啼作为唐代关中最突出的代表动植物景观, 描写出下第归乡的友人当回去后一定会避开这些事物, 因为这都会勾起对帝乡的怀念:

> 凤策联华是国华, 春来偶未上仙槎。乡连南渡思菰米, 泪滴东风避杏花。吟耸暮莺归庙院, 睡消迟日寄僧家。一般情绪应相信, 门静莎深树影斜。③

---

① (清)彭定求等编:《全唐诗》卷544, 中华书局1997年版, 第6341页。
② (清)彭定求等编:《全唐诗》卷560, 中华书局1997年版, 第6555页。
③ 严寿澄、黄明、赵昌平笺注:《郑谷诗集笺注》, 上海古籍出版社1991年版, 第359页。

喻坦之的《春游曲江》也写出曲江上杏花飞尘，晴江上春意盎然，蒲菰丛生，曲岸藏鹭，垂杨浮动着跃动的锦鳞的生机勃勃的生态情境：

> 误入杏花尘，晴江一看春。菰蒲虽似越，骨肉且非秦。曲岸藏翘鹭，垂杨拂跃鳞。徒怜汀草色，未是醉眠人。①

（二十八）隰有红蓼

红蓼为一年生草本植物。俗名狗尾巴花等。《诗经》中称作游龙，以其枝叶之放纵，形似游龙。《诗经·郑风·山有扶苏》云：“山有桥松，隰有游龙，不见子充，乃见狡童。”枝茎直立中空，多分枝，开艳红、淡红或白色密结花朵，果实扁平，黑色有光泽。喜温暖湿润环境，生长迅速、高大茂盛。可入药，据《别录》记载：主消渴，去热，明目，益气。《品汇精要》云：明眼目，消疮毒。

《艺文类聚》记载：

> 《尔雅》曰：蔷虞蓼（虞，泽蓼也）。《诗》曰：予又集于蓼（言辛苦也）。《离骚》曰：蓼虫不能从乎葵菜。吴氏《本草》曰：蓼实，一名天蓼，一名野蓼，一名泽蓼。《礼记》曰：鹑鸡羹鸳酿之蓼。刘向《别录》曰：尹都尉书有《种蓼篇》。《吴越春秋》曰：越王念吴，欲复怨，非一旦也，苦思劳心，夜以接日，卧则切之以蓼。《魏文子》曰：蓼虫在蓼则生，在芥则死，非蓼仁而芥贼也，本不可失。古诗曰：苏蓼出沟渠。
>
> ［赋］汉孔臧《蓼虫赋》曰：季夏既望，暑往凉还。逍遥讽诵，遂居东园。周旋览观，憩乎南蕃。睹兹芪蓼，纷葩吐荣。猗那随风，绿叶厉茎。爰有蠕虫，厥状似螟。群聚其间，食之以生。于是瘝物讬事，推况乎人？幼长斯蓼，莫或知辛。膏粱之子，岂曰不云。苟非德义，不以为家。安逸无心，如禽兽何？逸必致骄，骄必致亡。匪唯辛

苦,乃丁大殃。①

白居易的《早秋曲江感怀》描绘出暑热初散,凉风袅袅,荷花半结莲子,青芜夹杂着红蓼的曲江早秋生态图:

> 离离暑云散,袅袅凉风起。池上秋又来,荷花半成子。朱颜易销歇,白日无穷已。人寿不如山,年光忽于水。青芜与红蓼,岁岁秋相似。去岁此悲秋,今秋复来此。②

其《曲江早秋》勾勒出信马独游曲江岸畔时所见之早秋景象:

> 秋波红蓼水,夕照青芜岸。独信马蹄行,曲江池四畔。早凉晴后至,残暑暝来散。方喜炎燠销,复嗟时节换。我年三十六,冉冉昏复旦。人寿七十稀,七十新过半。且当对酒笑,勿起临风叹。③

秋波绵渺,红蓼丛生,夕阳笼罩,青芜迷蒙。早秋的清晨,初晴微凉的天气里来到曲江岸畔,残暑日暮时分散去。刚刚为炎热之气的消散而欣喜,不觉又为时节的暗换而嗟叹。不觉为年华逝去,终日庸碌而心生感慨,对酒而笑,临风长叹。

元稹的《和乐天秋题曲江》亦提及曲江长满红蓼的绵绵江水:"绵绵红蓼水,飏飏白鹭鹚。"郑谷的《访题表兄王藻渭上别业》:"桑林摇落渭川西,蓼水瀰瀰接稻泥。"则勾勒出关中渭水一带桑林摇落,弥漫的水面上红蓼丛生连接稻田的生态情境。

二 唐代文学中的关中植物生态掠影

除了在唐代文学中被反复描写、吟咏,已形成具有特殊意蕴的花木生态意象外,唐代文学中亦留下一些其他植物生长的印记,借此亦可看到更

---

① (唐)欧阳询撰,汪绍楹校:《艺文类聚》卷八十二草部下,上海古籍出版社1965年版,第1418—1419页。

② 朱金城笺校:《白居易集笺校》,上海古籍出版社1988年版,第474页。

③ 同上书,第468页。

为多样的关中植物生态情形。

1. 紫薇

白居易作于长庆元年（821）任主客郎中知制诰期间的《紫薇花》撷取的则是禁中紫薇花之富丽身影：

> 丝纶阁下文书静，钟鼓楼中刻漏长。独坐黄昏谁是伴？紫薇花对紫微郎。①

撰写诏令的丝纶阁下文书静寂，钟鼓楼中的刻漏声长。黄昏中独坐，诗人与紫薇花相依相伴，构成一幅和谐动人的图景。

郑畋的《中秋月直禁苑》：

> 禁署方怀忝，纶闱已再加。暂来西掖路，还整上清槎。恍惚归丹地，深严宿绛霞。幽襟聊自适，闲弄紫薇花。②

在禁中官署值夜，在西掖御路独自徘徊。幽独的襟怀聊且自适，且闲弄官署中的紫薇花。

2. 凌霄

凌霄，薄叶木质藤本，别名藤萝花、紫葳花。喜温暖湿润环境，生于山谷、溪边、疏林下，攀缘于山石、墙面或树干向上生长，多植于墙根、树旁、竹篱边。每年农历五月至秋末，绿叶满墙，花枝伸展。

李端的《慈恩寺怀旧》写道：

> 余去夏五月，与耿湋、司空文明、吉中孚同陪故考功王员外，来游此寺。员外，相国之子，雅有才称，遂赋五物，俾君子射而歌之。其一曰凌霄花，公实赋焉，因次请屋壁以识其会。今夏，又与二三子游集于斯，流涕语旧。既而携手入院，值凌霄更花，遗文在目，良友逝矣，伤心如何。陆机所谓同宴一室，盖痛此也。观者必不以秩位不

---

① 朱金城笺校：《白居易集笺校》，上海古籍出版社1988年版，第1240页。
② （清）彭定求等编：《全唐诗》卷557，中华书局1997年版，第6517页。

俦,则契分曾厚,词理不至,则悲哀在中,因赋首篇,故书之。

去者不可忆,旧游相见时。凌霄徒更发,非是看花期。①

凌霄的花期较晚,已到盛夏五月才孤独地盛开,也是在此时长安城的诗人们相约于慈恩寺中雅集,发现并惊叹于凌霄花的美,约定集体吟咏,而第二年的夏季,诗人们又来到此地,寻找故人留下的痕迹,还是凌霄花开时,却无心去看花赏花,内心的悲哀之情,让人无法像去年那样沉浸在花开的喜悦中。

3. 李花

有关李花,《全芳备祖》前集卷九花部"李花附李木"中对与李花有关的轶事与评论有过详细记载:

宪宗以凤李花酿换骨醪赐裴度。(《叙闻录》)萧瑀、陈叔达于龙昌寺看李花,相与论:李有九标,谓香雅、细淡、洁密,宜月夜,宜绿鬓,宜泛酒,皆实事。(《承平旧纂》)……元微之、白乐天两不相下。一日同咏李花,微之先成曰:苇绡开万朵。乐天乃服。盖苇绡白而轻,一时所尚。(《高隐外书》)桃李岁岁同时并开,而退之有"花不见桃惟见李"之句,殊不可解。因晚登碧落堂,望隔江桃李,皆桃暗而李独明,乃悟其妙。盖炫昼缟夜云。(《诚斋诗序》)老子之母适到李下生老子。老子生而能言,指李曰以此为我姓。(《神仙传》)东方朔令弟子叩道边人家门,不知室主姓名,呼不应。朔复往,见博劳飞集其家李木上,朔谓弟子曰:主人当姓李名博,汝呼当应。室中人果有姓李名博者出,与朔相见,即入取饮与之。(《韩诗外传》)②

由此段记载可知,李树在中国国土上生长历史之悠久,也足以见出李树在国人心目中的神圣地位,而对李花的欣赏更在唐代上升到了很高的高度,以至有李有九标之论,诗歌中对李花的吟咏亦盛极一时。

---

① (清)彭定求等编:《全唐诗》卷284,中华书局1997年版,第3234页。
② (宋)陈景沂撰:《全芳备祖》前集卷八花部桃花附桃木,农业出版社影印宋刻本1982年版,第372—373页。

董思恭的《咏李（一作太宗诗）》描写的是盘根错节于水渚、交干横天、舒展的光华辉耀四海、枝叶浓密荫蔽着山川的李树：

> 盘根植瀛渚，交干横倚天。舒华光四海，卷叶荫山川。①

4. 郁李

白居易的《惜郁李花》约作于元和六年（811）至元和十年（815）在下邽生活时。其序言中对郁李花的生长情形做过简述：花细而繁，色艳而黯，亦花中之有思者。速衰易落，故惜之耳。诗句则着意对郁李花的生长姿态予以描绘：

> 树小花鲜妍，香繁枝软弱。高低二三尺，重叠千万萼。朝艳蔼菲菲，夕凋纷漠漠。辞枝朱粉细，覆地红韶薄。由来红颜色，尝苦易销铄。不见凉荡花，狂风吹不落。②

树小花妍，枝软香繁，是郁李花总体的外形特征，在高不足二三尺的枝叶中开满重重叠叠的万千花萼，而清晨尚见艳丽繁复的花朵，到了暮霭时分，就已经是纷纷凋落了。细细的朱粉辞却枝头，落花满地，令人惋叹不已。

5. 素柰

白柰。柰即林檎，又名沙果，俗称花红。柰有赤柰、白柰两种。白柰花开时白色而微呈红晕。《文选·左思〈蜀都赋〉》："朱樱春熟，素柰夏成。"李善注："素柰，白柰也。"杜甫《寄李十四员外布十二韵》写道："宿阴繁素柰，遇雨乱红蕖。"《艺文类聚》汇录如下：

> 《广志》曰：榛有白青赤三种，张掖有白柰，酒泉有赤柰。《汉武内传》：仙药之次者，有圆丘紫柰。晋《咸和起居注》曰：六年，宁州上言，甘露降城北园柰桃树等。晋《太始起居注》曰：二年六

---

① （清）彭定求等编：《全唐诗》卷63，中华书局1997年版，第74页。
② 朱金城笺校：《白居易集笺校》，上海古籍出版社1988年版，第506页。

月,嘉奈一蒂十五实,生于酒泉。萧广济《孝子传》:王祥后母庭中有奈树,始著子,使祥守视,昼驱鸟雀,夜惊虫鼠,时雨总至,祥抱树至曙,母见之恻然。[①]

王建《故梁国公主池亭》写道:

> 平阳池馆枕秦川,门锁南山一朵烟。素奈花开西子面,绿榆枝散沈郎钱。装檐玳瑁随风落,傍岸鸂鶒逐暖眠。寂寞空余歌舞地,玉箫声绝凤归天。[②]

地枕秦川的公主池馆,朱门闭锁青烟缭绕。素奈花开如西子之面,绿榆枝头榆钱累累。房檐的玳瑁随风飘落,岸旁的鸂鶒逐暖而眠。

6. 海棠

王建《宫词》(一作花蕊夫人)有多处提及宫苑中的海棠,每当春天时,海棠花发,必定引来无穷尽的观赏:"海棠花下打流莺。"[③]

顾非熊的《斜谷邮亭玩海棠花》对斜谷邮亭的海棠花作以吟咏:

> 忽识海棠花,令人只叹嗟。艳繁惟共笑,香近试堪夸。驻骑忘山险,持杯任日斜。何川是多处,应绕羽人家。[④]

在斜谷邮亭忽见海棠花,令人不住嗟叹。花之繁艳似乎与人共同欢笑,清香之气令人赞叹。面对绽开的花朵,诗人亦驻足观赏,忘记了山路之艰险,手持酒杯流连于此,任日落西斜。

7. 迎春花

每到早春,除早开的梅花外,迎春花亦是关中一带的早春独特景观。白居易的《代迎春花招刘郎中》则写出迎春花在长安城中的独特姿态:

①　(唐)欧阳询撰,汪绍楹校:《艺文类聚》卷八十六果部上,上海古籍出版社 1965 年版,第 1483 页。
②　(唐)王建著:《王建诗集》,中华书局上海编辑所 1959 年版,第 67 页。
③　同上书,第 95 页。
④　(清)彭定求等编:《全唐诗》,中华书局 1997 年版,第 3443 页。

幸与松筠相近栽，不随桃李一时开。杏园岂敢妨君去，未有花时且看来。①

在诗人眼里，迎春花是有独特品格的，与松树竹树比邻，亦不会追随桃李争相竞艳，杏园的繁华亦不是迎春花所追逐的，它是在其他花朵还未开放时就已经最早感觉到春天的气息，为迎春而来的。

其《玩迎春花赠杨郎中》则细细描绘出迎春花金黄色的花瓣带着春寒的独特姿态：

金英翠萼带春寒，黄色花中有几般？恁君与向游人道，莫作蔓菁花眼看。②

8. 辛夷

《全芳备祖》花部对辛夷有过阐述：

正二月，开花既落，无子，夏秋再着花，即《离骚》所谓辛夷者。（《本草》）一名侯桃，人家园庭多种。木高数尺，叶似柿而长，初出如笔，故北人呼为木笔花，其子如相思子。（《本草注》）③

王维在《辛夷坞》中对辋川别业的辛夷生长状态有过描绘：

木末芙蓉花，山中发红萼。洞户寂无人，纷纷开且落。
绿堤春草合，王孙自留玩。况有辛夷花，色与芙蓉乱。④

在诗人眼里，辛夷是可与芙蓉花相比勘的，同样的色泽，同样的品性，在寂寂无人的山中自开自落。

白居易的《代书诗一百韵寄微之》写道："树依兴善老，草傍静安

---

① 朱金城笺校：《白居易集笺校》，上海古籍出版社1988年版，第1753页。
② 同上。
③ （宋）陈景沂撰：《全芳备祖》前集卷十九，农业出版社影印宋刻本1982年版，第598页。
④ 陈铁民校注：《王维集校注》，中华书局1997年版，第425页。

衰。前事思如昨,中怀写向谁。北村寻古柏,南宅访辛夷。"

9. 榆树

《艺文类聚》对榆树的记载颇多:

> 《尔雅》曰:藲荎(《诗》云:山有枢。今之刺榆也),无姑,其实夷(姑榆也,生山中,叶圆厚,剥取皮,合渍之,味辛香,所谓无夷是也)。《说文》曰:榆,白枌也。榆有刺荚,为芜荑。《毛诗》曰:山有枢,隰有榆。《周官》:司烜氏,四时变国火,春取榆柳(原讹所,据冯校本改)之火。……《春秋元命苞》曰:三月榆荚落。《管子》曰:五沃之土,其榆条长。《史记·天官书》曰:凡望云气,平望在桑榆上,余二千里。《庄子》曰:鹊上高城之垝,而巢于高榆之颠,城坏巢折,凌风而起,故君子之居世也,得时则义行,失时则鹊起……《汉书·郊祀志》云:高祖祷丰枌榆社(在丰东北十五里也)。又《天文志》曰:成帝河平元年,旱,伤麦,民食榆皮。崔寔《四民月令》曰:榆荚成者,收干以为旨蓄,色变白,将落,收为酱。随节早晚,勿失其适。《魏志》曰:郑浑为魏郡太守,课百姓乏材木,乃课种榆为篱。嵇康《养生论》曰:豆令人重,榆令人眠,愚智所知也。《博物志》曰:食枌榆则眠不欲觉……《氾胜之书》曰:种木无期,因地为时。三月榆荚雨时,高地强土可种木。《风俗通》曰:桑车榆毂闻声之(句有讹文)。《梦书》曰:榆为人君,德至仁也。梦采榆叶,受赐恩也。梦居树上,得贵官也。①

有关榆树在关中的生存痕迹,《酉阳杂俎》中有过记叙:

> 贞元中,望苑驿西有百姓王申,手植榆于路傍成林,构茅屋数椽,夏月常馈浆水于行人,官者即延憩具茗。②

---

① (唐)欧阳询撰,汪绍楹校:《艺文类聚》卷八十八木部上,上海古籍出版社1965年版,第1524—1525页。

② (唐)段成式撰,方南生点校:《酉阳杂俎》续集卷之二,中华书局1981年版,第208页。

唐人笔记的这段记载，记录下此地榆树成林的生态情境。白居易在《晚春重到集贤院》中也写道："满砌荆花铺紫毯，隔墙榆荚撒金钱。"

10. 茱萸

《广群芳谱》记载：

> 茱萸二种同［增］《本草纲目》：吴茱萸（陈藏器曰：茱萸南北总有，入药以吴地者为好，所以有吴之名也。）处处有之，江淮蜀汉尤多，木高丈余，皮青绿色，叶似椿而阔厚，紫色，三月开红紫细花，七八月结实似椒子，嫩时微黄，至熟则深紫。李时珍曰：枝柔而肥，叶长而皱，其实结于梢头，累累成簇。而无核，一种粒大，一种粒小，小者入药为胜，气味辛温，有小毒，温中下气，止痛除湿，逐风邪，开腠理，治咳逆寒热，利五脏，去痰冷逆气，治饮食不消……

> 汇考：［增］《唐书·文艺传》：王维别墅在辋川，有《茱萸沜》诗。含神雾，茱萸耐老。……《风土记》：俗尚九月九日，谓之上九，茱萸到此日气烈，熟，色赤，可折其房以插头，云辟恶气，御冬。①

周辛文《计然万物录》记载：茱萸出三辅……山茱萸出三辅。②

王维与裴迪的《茱萸沜》对茱萸的形色与生长姿态均有写意式描绘：

> 结实红且绿，复如花更开。山中傥留客，置此芙蓉杯。
> 飘香乱椒桂，布叶间檀栾。云日虽回照，森沈犹自寒。③

茱萸的果实红绿相间，如重开的花朵一样鲜妍，飘来的阵阵幽香亦可淆乱椒桂之香，与竹林相间，虽有回照辉映，繁茂幽深的枝叶仍散发出阵阵清寒之气。

其《山茱萸》写道："朱实山下开，清香寒更发。幸与丛桂花，窗前

---

① （清）汪灏等撰：《广群芳谱》卷之九十九药谱，商务印书馆1935年版，第2473—2475页。
② （周）辛文撰：《计然万物录》，清道光刻本，第6页。
③ 陈铁民校注：《王维集校注》，中华书局1997年版，第418页。

向秋月。"① 将茱萸红色的果实、清香的味道,以及迎寒气而开的习性,还有与丛桂花一样在秋月下并开的姿态,皎洁明净的品性,——简笔勾勒而出。

11. 漆树

《广群芳谱》如此描述:

> [原]漆,《说文》云:漆本作桼木……似榎而大,树高二三丈余,身如柿皮白,叶似椿,花似槐,子似牛李子,木心黄。生汉中山谷,梁、益、陕、襄、歙州皆有,金州者最善,广州者性急易燥,辛温有小毒。干漆去积滞,消淤血,杀三虫,通经脉。李时珍曰:漆性毒而杀虫,降而行血,主证虽烦,功只在二者。
>
> [汇考][增]《诗·鄘风》:椅桐梓漆。《唐风》:山有漆。……《西京杂记》:上林苑蜀漆树十株。《拾遗记》:始皇起云明台,穷四方之珍木,北得冥阜乾漆。[原]《本草》:葛洪《抱朴子》云:漆叶青黏,凡藪之草也,樊阿服之,得寿二百岁。而耳目聪明,尤能持针治病,此近代实事,史所记注者也。洪说犹近於理,有言阿年五百岁者,误也,或云青黏即葳蕤。②

王维的《漆园》勾勒出辋川一带数株漆树的婆娑姿态:

> 古人非傲吏,自阙经世务。偶寄一微官,婆娑数株树。
> 好闲早成性,果此谐宿诺。今日漆园游,还同庄叟乐。③

而庄子漆园傲吏的典故,亦让漆树蕴含了更深的人文特质。诗人王维则在辋川漆园中,与漆树相伴,尽日周游在此,自得一种与庄子相通的逍遥之乐。

12. 草决明

决明为豆科一年生半灌木状草本植物,花为黄色,荚果细长。决

---

① 陈铁民校注:《王维集校注》,中华书局 1997 年版,第 459 页。
② (清)汪灏等撰:《广群芳谱》卷之九十九药谱,商务印书馆 1935 年版,第 1720—1721 页。
③ 陈铁民校注:《王维集校注》,中华书局 1997 年版,第 426 页。

明子也叫草决明、羊明、羊角、马蹄决明、还瞳子、狗屎豆、假绿豆、千里光、芹决、羊角豆、猪骨明、细叶猪屎豆、夜拉子等。生于山坡、路边和旷野等处。分布于长江以南各省区，热带地区均有。唐时长安城亦有。

杜甫的《秋雨叹》三首其一写道：

> 雨中百草秋烂死，阶下决明颜色鲜。著叶满枝翠羽盖，开花无数黄金钱。凉风萧萧吹汝急，恐汝后时难独立。堂上书生空白头，临风三嗅馨香泣。[①]

秋雨连绵，百草在雨中枯烂而死，石阶下的决明子颜色鲜艳。满枝着叶如翠羽车盖，开满黄色的花朵。凉风萧瑟急急吹动决明子，诗人不禁担心此后的决明子恐难独立。鬓头虚生白发的布衣书生，在秋风中迎风独立，深嗅着雨中决明的馨香不觉抽泣，为繁花之易逝人生之蹉跎而独自悲伤。

13. 地黄

地黄为多年生草本植物，喜温暖气候，较耐寒。其根部为传统中药之一，最早见于《神农本草经》。关中一带是地黄的最佳产地，《别录》曰：地黄生咸阳川泽黄土地者佳，二月、八月采根阴干。弘景曰：咸阳即长安也。生渭城者乃有籽实如小麦。今以彭城干地黄最好，次历阳，近用江宁板桥者为胜……颂曰：今处处有之，以同州者为上。二月生叶，布地便出似车前，叶上有皱纹而不光。

白居易作于元和八年（813）下邽时的《采地黄者》即记录了关中渭南一带春天干旱不雨麦苗旱死，而秋天亦因早霜折损，老百姓无食，于是凌晨即出门在田中采地黄，到薄暮时还未采满，将采来的地黄卖与朱门豪贵之家以换取口粮的生活状况：

> 麦死春不雨，禾损秋早霜。岁晏无口食，田中采地黄。采之将何用？持以易饙粮。凌晨荷锄去，薄暮不盈筐。携来朱门家，卖与白面

---

① （清）仇兆鳌注：《杜诗详注》，中华书局1979年版，第216页。

郎。与君唉肥马，可使照地光。愿易马残粟，救此苦饥肠。①

14. 瓦松

瓦松，又名流苏瓦松，为多年生肉质草本，茎略斜伸，全体粉绿色。基部叶成紧密的莲座状，茎上叶线形如倒披针形，绿色带紫，花瓣淡红色，或具白粉，边缘有流苏状的软骨片和针状尖刺。花期7—9月。果期8—10月。生于屋顶、墙头及石上。取瓦松的干燥地上部分，夏、秋二季花开时采收，除去根及杂质，晒干，可制成中药。有关瓦松，《酉阳杂俎》卷十九·广动植类之四如此记载：

> 瓦松，崔融《瓦松赋》序曰："崇文馆瓦松者，产于屋溜之下。谓之木也，访山客而未详。谓之草也，验农皇而罕记。"赋云："煌煌特秀，状金芝之产溜。历历虚悬，若星榆之种天。苞条郁毓，根柢连卷。间紫苔而裹露，凌碧瓦而含烟。"又曰："惭魏宫之鸟悲，恧汉殿之红莲。"崔公学博，无不该悉，岂不知瓦松已有著说乎？
>
> 《博雅》："在屋曰昔耶，在墙曰垣衣。"《广志》谓之兰香，生于久屋之瓦。魏明帝好之，命长安西载其瓦于洛阳以覆屋。前代词人诗中多用昔耶，梁简文帝《咏蔷薇》曰："缘阶覆碧绮，依檐映昔耶。"或言构木上多松栽土，木气泄则瓦生松。
>
> 大历中，修含元殿，有一人投状请瓦，且言："瓦工唯我所能，祖父已尝瓦此殿矣。"众工不服，因曰："若有能瓦毕不生瓦松乎？"众方服焉。又有李阿黑者，亦能治屋。布瓦如齿，间不通綖，亦无瓦松。《本草》："瓦衣谓之屋游。"②

李华的《尚书都堂瓦松》（一题李晔）描写的则是长安城的尚书都堂中瓦松的生长姿态：

---

① 朱金城笺校：《白居易集笺校》，上海古籍出版社1988年版，第54页。
② （唐）段成式撰，方南生点校：《酉阳杂俎》前集卷之十九，中华书局1981年版，第184页。

华省秘仙踪，高堂露瓦松。叶因春后长，花为雨来浓。影混鸳鸯色，光含翡翠容。天然斯所寄，地势太无从。接栋临双阙，连甍近九重。宁知深涧底，霜雪岁兼封。①

在尚书省高堂的屋瓦间发现瓦松的仙踪。春天里瓦松生出嫩绿的新叶，雨后的松花亦愈发润泽秾丽，在阳光的照耀下呈现出如鸳鸯羽毛般的五彩斑斓的色彩，绽放着如翡翠般光鲜晶莹的姿容。

15. 苔

"苔"为隐花苔藓植物，常贴在阴湿的地方生长。《艺文类聚》汇录如下：

《尔雅》曰：藫，石衣也。《说文》曰：苔，水衣也。《淮南子》曰：穷谷之污，生青苔。《风土记》曰：石发，水衣也，青绿色，皆生于石。……《古今注》：苔，或紫或青，一名员藓，一名绿钱，一名绿藓。《拾遗记》曰：晋武帝时，租梨园（《太平御览》一千作祖梨国）献蔓苔，亦曰金苔，亦曰夜明苔。②

《酉阳杂俎》记录有慈恩寺后檐台阶上生长的苔：

慈恩寺唐三藏院后檐阶，开成末有苔，状如苦苣。初于砖上，色如盐绿，轻嫩可爱。谈论僧义林，太和初改葬棋法师，初开冢，香气袭人，侧卧砖台上，形如生。砖上苔厚二寸余，作金色，气如栴檀。③

长成的苔形状如苦苣（苦苣则是菊科菊苣属中以嫩叶为食的栽培种，一二年生草本植物。苦苣叶披针形。头状花序，约有小花20朵，花冠淡

---

① （清）彭定求等编：《全唐诗》卷159，中华书局1997年版，第1593页。
② （唐）欧阳询撰，汪绍楹校：《艺文类聚》卷八十二草木部下，上海古籍出版社1965年版，第1408—1409页。
③ （唐）段成式撰，方南生点校：《酉阳杂俎》前集卷之十九，中华书局1981年版，第184页。

紫色，花药淡蓝色。种子短柱状，灰白色），最初生长在砖上，颜色如青绿的盐，看起来青嫩可爱。

16. 莎

属莎草科多年生杂草。别名台、夫须、莎草、回头青、野韭菜、隔夜抽等。《毛诗·小雅·南山有台》云：南山有台，北山有莱。陆机疏云：旧说夫须，莎草也，可为蓑笠。

唐彦谦的《移莎》写道：

> 移从杜城曲，置在小斋东。正是高秋里，仍兼细雨中。结根方迸竹，疏荫托高桐。茸茸齐芳草，飘飘笑断蓬。片时留静者，一夜响鸣蛩。野露通宵滴，溪烟尽日蒙。试才卑庾薖，求味笑周菘。只此霜栽好，他时赠伯翁。[1]

莎草从杜城移栽在诗人的小斋之东，时值高秋，又兼细雨。根茎与竹子相接，依托高大桐树的疏影。长势茂密与芳草连成一片，夜间鸣蛩声起。通宵的露水凝结叶上，又静静滴落，溪水边尽日轻烟朦胧。

17. 苦荬菜

别名苦菜、兔儿菜、兔仔菜、小金英、鹅仔菜、燕儿尾、苦麻菜、裁菜，菊科莴苣属，一年生或越年生草本，为优等饲草。有乳汁，叶长圆状披针形，秋末至翌年初夏开黄色花，果长椭圆形。原产长江以南，在温带、亚热带的气候条件下亦能生长。喜生于土壤湿润的路旁、沟边、山麓灌丛、林缘的森林草甸和草甸群落中。其生存痕迹在唐诗中未见，但在唐代史书中则有记载：

> 景龙二年，岐州郿县民王上宾家，有苦荬菜高三尺余，上广尺余，厚二分。近草妖也。三年，内出蒜条，上重生蒜。蒜，恶草也；重生者，其类众也。[2]

---

① （清）彭定求等编：《全唐诗》卷672，中华书局1997年版，第7754页。

② （宋）欧阳修、宋祁撰：《新唐书·五行志》，中华书局1975年版，第888页。

18. 瓜

《艺文类聚》中有关瓜的汇录甚多：

> 《尔雅》曰：瓞瓝其绍瓞（郭注：俗呼瓝为瓞绍者，瓜蔓绪亦着子，但小耳）。《广志》曰：瓜之所出，以辽东庐江敦煌之种为美，有鱼瓜，狸头瓜，蜜筒瓜，女臂瓜，羊核瓜。如（《太平御览》九百七十八如上有又有鱼瓜犬瓜六字）斛，出凉州，旧阳城御瓜，有青登瓜，大如三斗魁，有桂枝瓜，长二尺余，蜀地温，食瓜至冬熟。《礼记》曰：为天子削瓜者，副之，巾以絺，为国君者华之（华，中列之巾以绤）。为大夫累之（裸也，不巾覆也）士蒦之，庶人龁之。《毛诗》曰：绵绵瓜瓞，民之初生。《左传》曰：齐侯使连称管至父戍葵丘，瓜时而往，曰：及瓜而代。①

唐代由河中到长安的沿途亦生长着瓜，《酉阳杂俎》中对此即有记录：

> 瓜，恶香，香中尤忌麝。郑注太和初赴职河中，姬妾百余尽骑，香气数里，逆于人鼻。是岁自京至河中所过路，瓜尽死，一蒂不获。②

而瓜生长的特性好恶，由记载亦可得知。瓜恶香气尤其是麝香，以至于郑注姬妾香气四溢的脂粉，带来了沿途瓜的生态灾难。

19. 藤本植物

藤本植物，是指茎部细长，不能直立，只能依附在其他物体（如树、墙）或匍匐于地面上生长的一类植物。《艺文类聚》对典籍中有关藤的记载汇聚不多：《尔雅》曰：诸虑，山櫐（今江东呼櫐为藤，藤似葛而粗大也）。《广雅》曰：虆，藤也。《毛诗》曰：南有樛木，葛虆累之。《山海经》曰：卑山其上多櫐（今狸豆之属）。③

---

① （唐）欧阳询撰，汪绍楹校：《艺文类聚》卷八十七果部下，上海古籍出版社1965年版，第1501—1502页。
② （唐）段成式撰，方南生点校：《酉阳杂俎》前集卷之十九，中华书局1981年版，第184页。
③ （唐）欧阳询撰，汪绍楹校：《艺文类聚》卷八十二草部下，上海古籍出版社1965年版，第1414页。

崔元翰的《杂言奉和圣制至承光院见自生藤感其得地因以成咏应制》
写道:

> 新藤正可玩,得地又蓬时。罗生密叶交绿蔓,欲布清阴垂紫蕤。
> 已带朝光暖,犹含轻露滋。遥依千华殿,稍上万年枝。余芳连桂树,
> 积润傍莲池。岂如幽谷无人见,空覆荒榛杂兔丝。圣心对此应有感,
> 隐迹如斯谁复知。怀贤劳永叹,比物赋新诗。聘丘园,访茅茨,为谢
> 中林士,王道本无私。①

生长在承光院的新藤枝叶得地逢时,正适合玩赏。茂密绿蔓交错而
生,意欲布满清荫而低垂着紫色的花朵。枝叶上已带着朝阳的光照与暖
意,尚且含着清晨露水的滋润。远远地依附着千华殿,又攀着爬上万年枝
头。余留的芳香和桂树相连,依傍着莲池累积润泽。它哪里和生长在幽谷
的藤萝那样,覆盖着荒寒的榛树与菟丝错杂相生,无人得见。而这样的美
景亦激发出诗人无限的诗思,徘徊在此为赋新诗。

陆畅的《出蓝田关寄董使君》描绘出从京城步入蓝田关的沿途,轻烟
缭绕如锦帐一般的藤萝:

> 万里烟萝锦帐间,云迎水送度蓝关。七盘九折难行处,尽是龚黄
> 界外山。②

张蠙的《和友人许裳题宣平里古藤》则是一幅细绘的古藤生态图:

> 欲结千年茂,生来便近松。迸根通井润,交叶覆庭秋。历代频
> 更主,盘空渐变龙。昼风圆影乱,宵雨细声重。盖密胜丹桂,层危
> 类远峰。嫩条悬野鼠,枯节叫秋蛩。翠老霜难蚀,皴多藓乍封。几
> 家遥共玩,何寺不堪容。客对忘离榻,僧看误过钟。顷因陪预作,

---

① (清)彭定求等编:《全唐诗》卷313,中华书局1997年版,第3522页。
② (清)彭定求等编:《全唐诗》卷478,中华书局1997年版,第5480页。

终夕绕枝筇。①

诗句中描写出古藤意欲有千年之茂盛，常常靠近青松攀缘青松而生的特性。藤根靠井水之滋润，枝叶交错长势繁密，结成之清荫覆盖着庭院。年代久远频换主人，古藤盘空渐渐有虬龙之形。白昼风过，枝叶晃动，园影凌乱，夜间雨落，滴打在藤叶上的声音由细变弱。古藤交织如盖，胜过丹桂，层层叠叠的样子像远处高耸险峻的山峰。嫩绿的枝条上野鼠悬窜，秋天草木枯黄的时节，寒蜩鸣叫。古藤苍翠的枝叶寒霜难以侵蚀，树皮皲裂，苔藓丛生。而这株古藤古老茂盛的姿态亦成为人们远远观望共同玩赏的绝佳事物。游客们面对它往往忘记离开，寺僧为观看古藤亦误了钟声。而诗人则因陪友人观赏并唱和诗作，黄昏时仍环绕在古藤枝下。

藤类植物，品类繁多，在唐代关中诗文笔记中提及的品类有菟丝与紫藤。

（1）菟丝

为一年生寄生草本。茎细柔缠绕，多分枝，黄色。花白色，簇生。生长于田边、荒地及灌木丛间。寄生于豆、菊、藜等草本植物。

菟丝有诸多别名，如《诗经》中的"唐"，《尔雅》中的"王女"，《本经》中的"菟芦"、"鸮萝"、"复实"，《广雅》中的"兔丘"，《别录》中的"菟缕"、"菟累"，《本草纲目》中的"金线草、野狐丝"，《群芳谱》中叫"狐丝"，《李氏草秘》中的"缠豆藤、豆马黄"，《纲目拾遗》称之为"无根草"，以菟丝根砍仍生的柔韧生命力而命名。而关中一带亦生长着菟丝。段成式在《酉阳杂俎》中称之为狐丝：

　　野狐丝，庭有草蔓生，色白，花微红，大如栗，秦人呼为狐丝。②

（2）紫藤

紫藤是一种落叶攀缘缠绕性大藤本植物，开紫色或深紫色花。

白居易作于元和五年（810）左拾遗、翰林学士任上的《紫藤》，对紫

---

① （清）彭定求等编：《全唐诗》卷702，中华书局1997年版，第8158页。
② （唐）段成式撰，方南生点校：《酉阳杂俎》前集卷之十九，中华书局1981年版，第19页。

藤攀缘树木而生的习性进行了刻画，又以其攀附的特性对人事进行了讽咏：

> 藤花紫蒙茸，藤叶青扶疏。谁谓好颜色，而为害有余。下如蛇屈盘，上若绳萦纡。可怜中间树，束缚成枯株。柔蔓不自胜，袅袅挂空虚。岂知缠树木，千夫力不如。先柔后为害，有似谀佞徒。附著君权势，君迷不肯诛。又如妖妇人，绸缪蛊其夫。奇邪坏人室，夫惑不能除。寄言邦与家，所慎在其初。毫末不早辨，滋蔓信难图。愿以藤为戒，铭之于座隅。①

在对紫藤紫花蒙茸、青叶扶疏的美好姿态稍作勾勒后，诗人即对其缠绕如蛇、萦纡如绳，束缚树木使其难以生长遂成枯株的特性予以描述。并对其以无法自己生长遂以柔弱袅袅之形、以千夫不如的强劲力量缠绕树木的特性作以延伸，将其与附着君主之势却魅惑君主而君主受其迷惑不肯诛杀他们的谀佞之徒相比，又将其比作绸缪蛊惑丈夫的妖妇。感此物性，诗人在诗末寄言于邦国与家室，应在最初即慎重，当其毫末之时不能早辨，等到滋蔓时就难以图谋，应以藤为戒，赋予紫藤误国破家之人文意蕴。

慈恩寺亦有紫藤环绕，其《三月三十日题慈恩寺》则描绘出紫藤花开的情境：

> 慈恩春色今朝尽，尽日裴回倚寺门。惆怅春归留不得，紫藤花下渐黄昏。②

慈恩寺暮春时节，诗人尽日徘徊在慈恩寺门前。惆怅着春天的归去，亦在紫藤花下流连直到暮色渐起，时已黄昏。

20. 水生植物

（1）芰

菱为一年生水生草本植物，俗称菱角。两角的叫菱，四角的叫芰。

---

① 朱金城笺校：《白居易集笺校》，上海古籍出版社1988年版，第50—51页。
② 同上书，第736页。

《艺文类聚》汇录典籍中的记载：

> 《说文》曰：菱，薐蔆也。《广志》曰：钜野大于常蔆，淮汉以南，凶年以菱为蔬，犹以橡为资也。《周官》曰：冬食蔆藕枣栗杍实。《国语》曰：屈到嗜芰，有疾，召其宗老而属之曰：祭我必以芰（屈到，楚卿也，宗老，家臣也，属，讬也）。《楚辞》曰：制芰荷以为衣。①

王建的《宫词》一百首其一即描绘出宫苑锦池中鸡头菱角越长越多乃至铺锦池底的生态景观："鱼藻宫中锁翠娥，先皇行处不曾过。如今地底休铺锦，菱角鸡头积渐多。"②《酉阳杂俎》中记录有汉代昆明池中生长的青水芰。传说神仙居住的玄都则生长有碧色的菱角，形状若飞起的鸡，称作翻鸡芰：

> 一名水栗，一名薢茩。汉武昆明池中有浮根菱，根出水上，叶沦没波下，亦曰青水芰。玄都有菱碧色，状如鸡飞，名翻鸡芰，仙人凫伯子常采之。③

（2）水耐冬

《酉阳杂俎》中记录有水耐冬生长在水中，耐寒经冬不死的生长习性，段成式在自已城南别业的池水中曾见过：

> 此草经冬在水不死。成式于城南村墅池中见之。④

---

①（唐）欧阳询撰，汪绍楹校：《艺文类聚》卷八十二草部下，上海古籍出版社 1965 年版，第 1405 页。

②（唐）王建著：《王建诗集》，中华书局上海编辑所 1959 年版，第 89 页。

③（唐）段成式撰，方南生点校：《酉阳杂俎》前集卷之十九，中华书局 1981 年版，第 184 页。

④ 同上书，第 188 页。

（3）水网藻

水网藻是群体型的绿藻，广泛分布于不大流动或静止的浅水里，生长时大量消耗水中养料，影响动物的繁殖生长，同时附着在虾、蟹等养殖动物的鳃、颊、额等处，使其活动困难，严重时窒息死亡，而浮张的罗网，亦可使动物因被缠住而死亡。《酉阳杂俎》中亦记录下汉武昆明池中水网藻生长的生态情境：

> 汉武昆明池中有水网藻，枝横侧水上，长八九尺，有似网目。凫鸭入此草中，皆不得出，因名之。①

昆明池中水网藻，横斜在水面上，面积广大有八九尺，池中巡游的凫鸭来到这里，往往被网入其中，不得而出。

（4）绿芡

睡莲科，一年生大型水生植物。以形若鸡袋，民间称之"鸡头"。茎叶都有刺，叶花漂浮水面；开紫红色花，果实叫芡实，外皮有刺，种子黑色，含淀粉，可食用或酿酒。适应性强，喜温暖潮湿，不耐霜冻和干旱。

白居易的《同韩侍郎游郑家池吟诗小饮》写道：

> 野艇容三人，晚池流浣浣。悠然依棹坐，水思如江海。宿雨洗沙尘，晴风荡烟霭。残阳上竹树，枝叶生光彩。我本偶然来，景物如相待。白鸥惊不起，绿芡行堪采。齿发虽已衰，性灵未云改。逢诗遇杯酒，尚有心情在。②

一行三人乘野艇悠然荡漾在郑家碧池中，水波浩渺如江海，宿雨清洗尘沙，晴风吹荡烟霭。竹树上残阳斜坠，枝叶上光彩浮动。原本偶然而来的诗人，看到似等待着诗人到来的景物，与眼前美景两相契合，见白鸥不

---

① （唐）段成式撰，方南生点校：《酉阳杂俎》前集卷之十九，中华书局1981年版，第188页。

② 朱金城笺校：《白居易集笺校》，上海古籍出版社1988年版，第620页。

起，绿芡堪采，遂诗兴勃发，又遭遇杯酒，更是兴味盎然。

(5) 荇菜

多年生水生草本，茎细长，节上生根，沉没水中。叶心形对生，漂浮水面。夏秋开黄花。嫩茎可食，全草入药。许浑的《朱坡故少保杜公池亭》写道："楸梧叶暗潇潇雨，菱荇花香淡淡风。"①勾勒出潇潇阴雨滴打着楸树梧桐的晦暗枝叶，风吹时菱角荇菜的淡淡花香四处飘溢的生态情境。

三 移自关中之外的植物生态书写

作为皇都的长安城，宫苑中的花木种植往往有其特殊之处。王建的"宫花不共外花同，正月长生一半红。供御樱桃看守别，直无鸦鹊到园中"②（《宫词》一百首其一）即道出宫殿花木的不同之处，其一当隆冬之际宫廷外花木凋零之际，而宫苑中仍然可见繁花之盛开，可见苍白的冬天里稀见的象征着生命繁华的花红色。其二，宫苑中往往会尽可能地种植关中一带并不生长的植物，诸如樱桃，同时会派专人精心种植，亦派专人精心守卫，以至于宫苑中的花木，不会像无人呵护的野生花木那样，受到鸦鹊的啄食与侵扰，从而更苗壮地生长。

对于长安城而言，除过秦地自生的植物外，还有来自天南海北的南地或北地的珍奇佳木。以今天植物学或生态学的名词将之称作外来物种（alien species）是指在某一生态系统中原来没有，通过人为或其他因素有意或天意的作用，从原生地生态系统引入新的生态系统的物种。亦有称之为非本地的（non-native）、非土著的（non-indigenous）、外国的（foreign）或外地的（exotic）物种。而通常所说的外来物种是指来自国外的物种。③但由于本著作研究的特定时空领域是唐代关中，于是特指的是唐代关中本土并不生长，从关中之外引入的物种。可以说，外来物种是一些翻山越岭、远涉重洋的"生物移民"。它们漂洋过海来到唐代关中，在唐代关中的生态环境中扎根生长，安家落户，并繁衍定居，渐渐融入关中，

---

① （清）彭定求等编：《全唐诗》卷533，中华书局1997年版，第6132页。
② （唐）王建著：《王建诗集》，中华书局上海编辑所1959年版，第93页。
③ 李家乐等编：《中国外来水生动植物》，上海科学技术出版社2007年版，第2—3页。

成为关中生态不可或缺的一部分。李白的《宫中行乐词》八首其一就写出关中风物在江山一统、南北交融,以及开放的中西方文化交流背景下呈现的新特色:

> 卢橘为秦树,蒲萄出汉宫。烟花宜落日,丝管醉春风。

指出本是生长在江南的卢橘,落根在关中,如今亦被称为秦树,而来自西域的葡萄也成为宫中的独特风景。

李商隐的《茂陵》也铺写出唐代的长安城内,由于东西方文化间的交流,西域草木在此丛生的情境:

> 汉家天马出蒲梢,苜蓿榴花遍近郊。内苑只知含凤嘴,属车无复插鸡翘。玉桃偷得怜方朔,金屋修成贮阿娇。谁料苏卿老归国,茂陵松柏雨萧萧。[1]

诗歌作于会昌六年八月武宗葬端陵之后,以汉武帝故事讽刺唐武宗的好大喜功、寻仙访道、贪恋女色。其中也充盈着来自异域的动植物与器物印记,据《史记·乐书》载:汉武帝伐大宛,得千里马,名蒲梢,作歌曰:“天马来兮从西极。”另据《史记·大宛列传》,宛俗嗜酒,马嗜苜蓿,汉使取其实来,于是天子始种苜蓿。《博物志》谓张骞使西域还,得安石榴、胡桃、蒲桃。而此处的凤嘴,据《十洲记》记载,则为续弦胶,是仙人煮凤喙及麟角制成的。又传武帝时西域国王使臣献此胶。帝至华林苑射虎,弦断,使者用口濡胶以续弦。也勾勒出长安近郊茂陵一带苜蓿丛生遍野、石榴花开鲜艳,烟雨凄迷中松柏繁茂的景致。

移自关中之外的植物,亦成为关中植物生态书写中不可忽视的内容。而诗文中较多叙及的则有以下数种:

(一)南方草木

1. 柑橘

在春秋战国乃至汉代,作为南方之物的柑橘,若移至北方,则会发生

---

① 刘学锴、余恕诚集解:《李商隐诗歌集解》,中华书局 1998 年版,第 607 页。

质性变化，于是有《晏子春秋》中的"橘生淮南则为橘，生于淮北则为枳"的比附，而《异闻录》中看似奇异的神仙故事，亦道出汉武时橘生江南的事实，据记载：

> 汉武帝时，董元素自江南来。上召见，留宿翰林。夜召与语曰："闻公有神术，今江南柑橘正熟，卿能致之否？"对曰："请安一合于御榻前。"数刻忽有微风入帘，元素乃启合，柑子满其中。奏曰："此江陵支县柑也，远处恐来迟。"上尝之惊叹。

但至唐代，柑橘在关中亦多有栽植，甚至与江南无异。据《唐国史补》记载："开元中，有神仙持罗浮柑子种于南楼寺，其后常资进献。幸蜀之岁则不结实。"《酉阳杂俎》记载：

> 天宝十年，上谓宰臣曰："近日于宫内种甘子数株，今秋结实一百五十颗，与江南蜀道所进不异。"宰臣贺表曰："雨露所均，混天区而齐被；草木有性，凭地气而潜通。故得资江外之珍果，为禁中之华实。"相传玄宗幸蜀年，罗浮甘子不实。岭南有蚁，大于秦中马蚁，结窠于甘树。甘实时，常循其上，故甘皮薄而滑。往往甘实在其窠中，冬深取之，味数倍于常者。[①]

从中即可看出长安城中广植柑橘，而柑橘亦可生长于秦地，且滋味与江南蜀中无异的情境。

此事宋人乐史《杨太真外传》亦有类似描述：

> 开元末，江陵进乳柑橘，上以十枚种蓬莱宫。至天宝十载九月秋，结实，宣赐宰臣曰："朕于宫内种柑子树数株，今秋结实一百五十余颗，乃与江南及蜀道所进无别，亦可谓稍异者。"宰臣表贺曰："自天所育者，不能改有常之性。旷古所无者，乃可谓非常之感。是

---

① （唐）段成式撰，方南生点校：《酉阳杂俎》前集卷之十八，中华书局1981年版，第175页。

知圣人御物，以元气布和，大道乘时，则殊方叶致。橘抽所植，南北异名，实造化之有初，匪阴阳之有革。陛下玄风真纪，六合一家，雨露所均，混天区而齐被；草木有性，凭地气以潜通。故兹江外之珍果，为禁中之佳实。绿蒂含霜，芳流绮殿，金衣烂日，色丽彤庭。云矣。"乃颁赐大臣。①

唐人笔记中亦记载有江南进贡柑子的轶事。据《大唐新语》记载：

益州每岁进柑子，皆以纸裹之，他时长吏嫌纸不敬，代以细布，既而恐柑子为布所损，每怀忧惧。俄有御史甘子布使于蜀，驿使驰白长吏："有御史甘子布至。"长史以为推布裹柑子事，惧曰："果为所推！"及子布到驿，长吏但叙以布裹柑子为敬。子布初不知之，久而方悟，闻者莫不大笑。②

《太平广记》中还铺演出一段道家仙化故事：唐明皇食柑千余枚，皆缺一瓣，问进柑使者，云中途有道士嗅之，盖罗公远也。

2. 紫荆花

紫荆花，为苏木科常绿中等乔木，热带、亚热带观赏树种。以叶片顶端裂为似羊蹄甲的两半，又叫红花羊蹄甲。冬春之间，开红色或粉红色大如掌的花朵，略带芳香。树根、树皮和花朵可入药。

紫荆花有兄弟同枝并茂之意，起于东汉的传说，京兆尹田真兄弟三人分家，甚至欲将紫荆树分为三截，砍树时，树已枯萎，落花满地。田真不禁感叹："人不如木也！"从此兄弟三人和睦相处，而紫荆树也重获生机，花繁叶茂。李白所云："田氏仓促骨肉分，青天白日摧紫荆。"即指此典。从传说中亦可得知，东汉时京兆一带即有紫荆生存。

白居易的《晚春重到集贤院》亦描绘出长安城中的集贤院里紫荆生长的状态：

---

① （宋）乐史撰：《杨太真外传》卷下，中华书局1981年版，第9页。
② （唐）刘肃撰：《大唐新语》卷十三谐谑，中华书局1984年版，第191页。

官曹清切非人境，风月鲜明是洞天。满砌荆花铺紫毯，隔墙榆荚撒青钱。前时谪去三千里，此地辞来十四年。虚薄至今惭旧职，院名抬举号为贤。①

晚春时节的集贤院中清净如仙境，风月鲜明如洞天。紫荆花落满石砌，如铺满的紫色地毯，隔墙的榆荚洒满青青的榆钱。

段成式《酉阳杂俎》中在记载"异菌"时，提到自家修行里宅邸腐烂的紫荆上所长的菌类植物：

> 异菌，开城元年春，成式修竹里私第书斋前，有枯紫荆数枝蠹折，因伐之，余尺许。至三年秋，枯根上生一菌，大如斗。下布五足，顶黄白两晕，缘垂裙如鹅鞴（一曰鞴），高尺余。至午色变黑而死，焚之气如芋香。成式尝置香炉于枿台上，每念经，门生以为善徵。后览诸志怪，南齐吴郡褚思庄，素奉释氏，眠于梁下，短柱是楠木，去地四尺余，有节。大明中，忽有一物如芝，生于节上，黄色鲜明，渐渐长数尺，数日遂成千佛状，面目爪指及光相衣服，莫不完具。如金碟隐起，摩之殊软。常以春末生，秋末落，落时佛形如故，但色褐耳。至落时，其家贮之箱中。积五年，思庄不复住其下，亦无他显盛，阖门寿考，思庄父终九十七，兄年七十，健如壮年。②

3. 芭蕉

芭蕉是多年生的草本植物，叶子宽大，性喜温暖耐寒力弱，多产于亚热带地区。而唐代的青龙寺亦有芭蕉，且生长繁茂。《艺文类聚》汇录如下：

> 《广志》曰：芭蕉，一曰芭苴，或曰甘蕉。茎如荷、芋，重皮相裹，大如盂斗。叶广二尺，长一丈，有角子，长六七寸、四五寸、二

---

① 朱金城笺校：《白居易集笺校》，上海古籍出版社1988年版，第1240页。
② （唐）段成式撰，方南生点校：《酉阳杂俎》前集卷之十九，中华书局1981年版，第187页。

三寸，两两共对，若相抱形，剥其上皮，色黄白，味似蒲萄，甜而脆，亦饱人。其茎解散如丝，绩以为葛，谓之蕉葛，虽脆而好，色黄白，不如葛赤色也，出交趾建安。

《南州异物志》曰：甘蔗，草类，望之如树株。大者一围余，叶长一丈，或七八尺余，二尺许。华大如酒杯，形色如芙蓉。著茎末百余子，大名为房。根似芋块，大者如车毂。实随华长，每华一闿，各有六子，先后相次，子不俱生，华不俱落。此蕉有三种，一种子大如手拇指，长而锐，有似羊角，名羊角蕉，味最甘好。一种子大如鸡卵，有似羊乳，名牛乳蕉，微灭（《太平御览》九百七十五作减。）羊角。一种大如藕，长六七寸，形正方，少甘，最不好也，取其闿，以灰练之，绩以为采。

《异物志》曰：芭蕉，茎如芋，取镬煮之如丝，可纺绩为絺绤。

《南方草物状》曰：蕉树子房相连累，甜美，亦可蜜藏。①

《三辅黄图》曰：汉武帝元鼎六年，破南越，建扶荔宫，以植所得奇草异木，有甘蕉二本。这种生于南方的植物在唐代的长安城亦找到了生长地，并旺盛地生长着。李端的《病后游青龙寺》捕捉到芭蕉高大丰硕以致折断的状态，而荷叶也因极其旺盛肥大而沉落：

病来形貌秽，斋沐入东林。境静闻神远，身羸向道深。芭蕉高自折，荷叶大先沈。②

（二）西域草木

1. 葡萄

段成式在《酉阳杂俎》中对葡萄在关中的栽种历史有详细的叙述：

蒲萄，俗言蒲萄，蔓好引于西南。庾信谓魏使尉瑾曰："我在邺，

---

① （唐）欧阳询撰，汪绍楹校：《艺文类聚》卷八十七果部下，上海古籍出版社1965年版，第1499页。

② （清）彭定求等编：《全唐诗》卷284，中华书局1997年版，第3233页。

遂大得蒲萄，奇有滋味。"陈昭曰："作何形状？"徐君房曰："有类软枣。"信曰："君殊不体物，可得言似生荔枝。"魏肇师曰："魏武有言，末夏涉秋，尚有余暑。酒醉宿醒，掩露而食。甘而不饴，酸而不酢。道之固以流味称奇，况亲食之者。"瑾曰："此物实出于大宛，张骞所致。有黄、白、黑三种，成熟之时，子实逼侧，星编珠聚，西域多酿以为酒，每来岁贡。在汉西京，似亦不少。杜陵田五十亩，中有蒲萄百树。今在京兆，非直止禁林也。"信曰："乃园种户植，接荫连架。"昭曰："其味何如橘柚？"信曰："津液奇胜，芬芳减之。"瑾曰："金衣素裹，见苞作贡。向齿自消，良应不及。"①

2. 石榴

石榴为汉代张骞出使西域，从涂林所得。《齐民要术》安石榴第四十一对此物的来源与栽种有过详细的解说：

> 陆机曰：张骞为汉使外国十八年，得涂林。涂林，安石榴也。《广志》曰：安石榴有甜酸二种。《邺中记》云：石虎苑中有安石榴，子大如盂捥，其味不酸。《抱朴子》曰：积石山有苦榴。周景式《庐山记》曰：香炉峰头有大磐石，可坐数百人，垂生山石榴。二月中作花，色如石榴而小，淡红敷紫萼，烨烨可爱。《京口记》曰：龙刚县有石榴。《西京杂记》曰：有甘石榴也。②

王建《宫词》一百首其一写道：

> 树叶初成鸟护窠，石榴花里笑声多。众中遗却金钗子，拾得从他要赎么。③

---

① （唐）段成式撰，方南生点校：《酉阳杂俎》前集卷之十八，中华书局 1981 年版，第 175 页。
② （南北朝）贾思勰著，缪启愉、缪桂龙译注：《齐民要术译注》卷四，上海古籍出版社 2009 年版，第 261 页。
③ （唐）王建著：《王建诗集》，中华书局上海编辑所 1959 年版，第 92 页。

禁苑宫中,树叶渐渐浓密,鸟儿则开始修护自己的巢窠,石榴花丛中,留下宫人们的欢笑声。刘禹锡的《百花行》中提道:"唯有安石榴,当轩慰寂寞。"指出石榴花开是在百花飘零之时。

3. 贝多树

在关中古寺中,还有移自摩伽陀国的贝多树,也在这里扎根生长。《酉阳杂俎》中对其出产地,形状、特性等有过详细的记录与描绘:

> 贝多,出摩伽陀国,长六七丈,经冬不凋。此树有三种:一者多罗婆力叉贝多。二者多梨婆力叉贝多,三者部婆力叉多罗多梨……西域经书,用此三种皮叶。若能保护,亦得五六百年。《嵩山记》称嵩高等中有思惟树,即贝多也。释氏有贝多树下《思惟经》,顾徽《广州记》称贝多叶似枇杷,并谬。交趾近出贝多枝,弹材中第一。[①]

这种来自异域,生长在亚热带甚至热带的植物,在唐代亦被栽植在终南一带的寺院里。有关这一点,张乔在《兴善寺贝多树》一诗中有过描写与吟咏:

> 还应毫末长,始见拂丹霄。得子从西国,成阴见昔朝。势随双刹直,寒出四墙遥。带月啼春鸟,连空噪暝蜩。远根穿古井,高顶起凉飙。影动悬灯夜,声繁过雨朝。静迟松桂老,坚任雪霜凋。永共终南在,应随劫火烧。

诗中很明白地交代种植在兴善寺的这株佳木,得子于西国,从此将会扎根在终南。树干笔直高大,随古刹而生,在四面寺墙上遥遥独出。傍晚时,鸣蜩连空喧噪,月夜时春鸟啼鸣,贝多树根穿古井,高起凉飙,在灯火夜色中树影摇动,在雨中清晨随风声繁,坚贞亦如松桂,任霜雪欺凌。

---

① (唐)段成式撰,方南生点校:《酉阳杂俎》前集卷之十八,中华书局1981年版,第177页。

4. 苜蓿

《太平广记》中对苜蓿如此记载：

> 乐游苑自生玫瑰树，下多苜蓿，一名怀风，时人或谓之光风。风在其间常肃然，日照其花有光采，故名曰苜蓿怀风。茂陵人谓之连枝草。（出《西京杂记》）①

从中可看出，汉代时由西域传入的苜蓿在关中的生长状态：玫瑰花下的苜蓿在光照下，带着特有的光彩，风吹时光影浮动，姿态极其动人，以至于到了汉王朝后拥有了极具诗意的新名称——"怀风"，足见汉民族对这一来自关外的事物的欣赏、喜爱与认同之情。

及至唐代，唐人的关中诗作中仍然少不了苜蓿的影子。鲍防的《杂感》写道：

> 汉家海内承平久，万国戎王皆稽首。天马常衔苜蓿花，胡人岁献葡萄酒。五月荔枝初破颜，朝离象郡夕函关。雁飞不到桂阳岭，马走先过林邑山。甘泉御果垂仙阁，日暮无人香自落。远物皆重近皆轻，鸡虽有德不如鹤。②

由此可见，在唐人心目中，天马、苜蓿、葡萄酒、荔枝，这些来自关外的事物，已成为天南海北文化交融，唐帝国文明与强大国力、文化向心力的象征。

---

① （宋）李昉著：《太平广记》卷 409，中华书局 1961 年版，第 3320 页。
② （清）彭定求等编：《全唐诗》卷 307，中华书局 1997 年版，第 3484 页。

第三章

漠漠水田飞白鹭,阴阴夏木啭黄鹂

——唐代文学中的关中动物生态书写

中国古典诗文中,从来不乏对动植物的关注与倾情,孔子就意识到《诗经》与自然界动植物的关系,认为读诗可以"多识鸟兽草木之名"。而历来对花木鸟兽的关注亦集中在更多的类书当中,《艺文类聚》中别辟有天地日月风雨雷电鸟兽草木之类,清人吴宝芝撰的《四库全书·花木鸟兽集类》则历数文献中聚集的花木鸟兽。而唐代诗歌中亦有对关中动植物的细腻描写。

王维的《酬诸公见过(时官未出,在辋川庄)》则对地处关中的辋川动植物景观写意勾描,瓜枣待客,泛游陂池,荷花依依,山鸟群飞,鸟雀躁动,素鲔游弋,在良好的生态环境中,万物均充满勃勃生机。而这里生存的素鲔,古称白鲟,俗称象鱼、箭鱼、柱鲟鳇、琵琶鱼等,现已是濒危动物,被列入国家一级保护野生动物:

> 屏居蓝田,薄地躬耕……我闻有客,足扫荆扉。箪食伊何,疈瓜抓枣……泛泛登陂,折彼荷花。静观素鲔,俯映白沙。山鸟群飞,日隐轻霞。登车上马,倏忽云散。雀噪荒村,鸡鸣空馆……①

一 关中动物生态书写

1. 柳丛莺啼

鸟语是与花香,还有丛生的树木相依相伴的,唐关中良好的花木生长

---

① 陈铁民校注:《王维集校注》,中华书局 1997 年版,第 742 页。

状态，让黄莺的婉转啼叫声在长安城的禁苑、驰道，城外的灞河岸边缭绕，成为唐代关中最动听的音乐。仓庚的别名为黄莺，《艺文类聚》对其叙写颇多：

> 《说文》曰：离黄，仓庚也，鸣即蚕生。《礼记》曰：仲春之月，仓庚鸣。《毛诗》曰：春日载阳，有鸣仓庚。又曰：仓庚于飞，熠燿其羽。又曰：黄鸟于飞，集于灌木。又，绵蛮黄鸟，止于丘阿。又曰：睍睆黄鸟，载好其音。又曰：黄鸟，哀三良也，交交黄鸟，止于棘。谁从穆公，子车奄息。
>
> 《诗义疏》曰：黄鸟，䳞鹠也，或谓黄栗留，幽州谓之黄莺，或谓之黄鸟，一名仓庚，一名商庚，一名䳔黄，一名楚雀，齐人谓之抟黍，关西谓之黄鸟。常椹熟时，来在桑树间，皆应节趣时之鸟，或谓之黄袍。
>
> ［赋］魏文帝《莺赋》曰：堂前有笼莺，晨夜哀鸣，凄若有怀，怜而赋之曰：怨罗人之我困，痛密网而在身。顾穷悲而无告，知时命之将泯。升华堂而进御，奉明后之威神。唯今日之侥倖，得去死而就生。讬幽笼以栖息，厉清风而哀鸣。
>
> 魏王粲《莺赋》曰：览堂隅之笼鸟，独高悬而背时。虽物微而命轻，心凄怆而愍之。日掩蔼以西迈，忽逍遥而既冥。就隅角而敛翼，眷独宿而宛颈。历长夜以向晨，闻仓庚之群鸣。春鸣翔于南薨，戴纴集乎东荣。既同时而异忧，实感类而伤情。
>
> 晋王珲妻钟夫人《莺赋》曰：嘉京都之莺鸟，冠群类之殊形。擢末躯于紫闼，超显御乎天庭。惟节运之不停，惧龙角之西颓。慕同时之逸豫，怨商风之我催。①

在唐诗中，有关关中风物的描写与吟唱，总是少不了黄莺美妙的身影与百啭的歌声。王涯的"鸡鸣天汉晓，莺语禁林春"（《思君恩》）可算作长安城春天莺啼声的总括之语。即将离开长安城的客子，也总是在莺啼声

---

① （唐）欧阳询撰，汪绍楹校：《艺文类聚》卷九十二鸟部下，上海古籍出版社 1965 年版，第 1602—1603 页。

中才意识到长安城春天的来临，豆卢复的"客里愁多不记春，闻莺始叹柳条新。年年下第东归去，羞见长安旧主人"（《落第归乡留别长安主人》）①，则可作为离开长安城时客子与最具长安特色的长安柳与长安莺声独具特色的留影。而诗人离开长安后的追忆中也少不了对长安城莺啼的思念，足见其在唐人脑海中烙下的印象之深刻。韦应物在《春思》中回忆道：

> 野花如雪绕江城，坐见年芳忆帝京。阊阖晓开凝碧树，曾陪鸳鹭听流莺。②

面对江城的春天，不由得让诗人的思绪游走在昔日帝京的时空中，当有关长安生活的一幕幕记忆之门打开后，长安城雄伟高大的天门，碧树是画面中最突出的部分，而婉转莺语似乎仍在耳畔回荡。

身处长安城的诗人们，春游看花是重要的内容，听鸟语莺啼也是少不了的，而莺声之美妙，亦让唐人诗思益然。李白的《侍从宜春苑，奉诏赋龙池柳色初青、听新莺百啭歌》写道：

> 东风已绿瀛洲草，紫殿红楼觉春好。池南柳色半青青，萦烟袅娜拂绮城。垂丝百尺挂雕楹，上有好鸟相和鸣，间关早得春风情。春风卷入碧云去，千门万户皆春声。是时君王在镐京，五云垂晖耀紫清。仗出金宫随日转，天回玉辇绕花行。始向蓬莱看舞鹤，还过茝若听新莺。新莺飞绕上林苑，愿入《箫韶》杂凤笙。③

当春天来临，柳色半青，湖畔草绿，而黄莺也在枝头和鸣，间关之莺语早早预报着春天的情韵，亦被春风卷入碧云中，传送到天际与人间，遂使千门万户都洋溢着春天的气息，弥漫着春天的声音。而帝王生活的镐京城中，玉云垂辉，紫气清耀，玉辇在花阵中绕行，仪仗在丽日中步出金

---

① （清）彭定求等编：《全唐诗》卷 203，中华书局 1997 年版，第 2126 页。
② 孙望编：《韦应物诗集系年校笺》，中华书局 2002 年版，第 398 页。
③ （清）王琦注：《李太白全集》，中华书局 1977 年版，第 376 页。

宫，在如蓬莱瀛洲一样的池沼间看飞鹤轻舞，在香草缠绕的彩石间听新莺宛啭，动听流利的声音在上林苑上空飞绕，与箫韶凤笙之乐音相依伴，奏出长安城春天最美妙的乐章。

贾至的《早朝大明宫呈两省僚友》亦写出禁城春天里，弱柳千条，流莺百啭的动人画面：

> 银烛熏天紫陌长，禁城春色晓苍苍。千条弱柳垂青琐，百啭流莺绕建章。剑佩声随玉墀步，衣冠身惹御炉香。共沐恩波凤池上，朝朝染翰侍君王。①

韦应物的《听莺曲》写得更为细致：

> 东方欲曙花冥冥，啼莺相唤亦可听。乍去乍来时近远，才闻南陌又东城。忽似上林翻下苑，绵绵蛮蛮如有情。欲啭不啭意自娇，羌儿弄笛曲未调。前声后声不相及，秦女学筝指犹涩。须臾风暖朝日暾，流音变作百鸟喧。谁家懒妇惊残梦，何处愁人忆故园。伯劳飞过声踟促，戴胜下时桑田绿。不及流莺日日啼花间，能使万家春意闲。有时断续听不了，飞去花枝犹袅袅。还栖碧树锁千门，春漏方残一声晓。②

因为有繁花冥冥，所以有莺啼声声。而黄莺之声时远时近，在南陌与东城、上林与下苑间穿梭，声音缠绵有情。有时啼啭之后又停歇下来，自有一种欲语还羞的娇柔，如未调好的羌儿笛曲，有时前后之声断断续续，如初学秦筝的琴女筝音。一时间在暖风醺醺的晴日间，莺啼的声音引起百鸟的呼应与喧哗。惊扰了还未睡醒的懒妇的残梦，亦勾起了游子的思乡情。伯劳的声音与莺啼相比太过踟促，戴胜的鸣叫则太晚，已到了桑田变绿农忙的时候，均不及日日在花间流连与啼鸣的流莺那样，让千家万户感受到春天之美与春天的从容和闲趣。

---

① （清）彭定求等编：《全唐诗》卷235，中华书局1997年版，第2592页。
② 孙望编：《韦应物诗集系年校笺》，中华书局2002年版，第532页。

戴叔伦的《赋得长亭柳》写道：

> 濯濯长亭柳，阴连灞水流。雨搓金缕细，烟裹翠丝柔。送客添新恨，听莺忆旧游。赠行多折取，那得到深秋。①

灞河水，长亭柳，烟雨中的金缕翠丝，声声之莺啼，在莺声中追忆长安城旧时光的诗人们，一起构成凄迷的长安送别画面。

诗人李端在作诗祝贺僚友的升迁时，叙事当中撷入的唯一代表性画面，即是绮阁画堂的莺飞与柳拂，其《喜皇甫郎中拜谕德兼集贤学士》写道：

> 为郎三载后，宠命一朝新。望苑迁词客，儒林拜丈人。莺飞绮阁曙，柳拂画堂春。几日调金鼎，诸君欲望尘。②

足见长安城中的黄莺与画柳在诗人心中的烙印之深。

杨凌的《春霁花萼楼南闻宫莺》则铺写出长安城春天拂晓时的绚丽轻盈愉悦情态：

> 祥烟瑞气晓来轻，柳变花开共作晴。黄鸟远啼鸤鹊观，春风流出凤凰城。③

缭绕的轻烟，柳条变色，花朵绽开，鸤鹊观外黄莺的远啼声，在春风的吹拂下流出凤凰城外，无不装点出雨后初霁的晴天美景。

刘禹锡的《和令狐相公春早朝回盐铁使院中作》写道：

> 柳动御沟清，威迟堤上行。城隅日未过，山色雨初晴。莺避传呼

---

① 蒋寅校注：《戴叔伦诗集校注》，中华书局2010年版，第230页。此诗被收录备考部分，是否戴叔伦诗作，尚待考证。
② （清）彭定求等编：《全唐诗》卷285，中华书局1997年版，第3259页。
③ （清）彭定求等编：《全唐诗》卷291，中华书局1997年版，第3302页。

起，花临府署明。簿书盈几案，要自有高情。①

春日早朝回使院的长安路途中，柳枝摇曳，御沟澄清，雨后初晴的山
色更加清新明丽。黄莺听见传呼之声惊起躲避，盛开的花朵将整个府署映
衬得格外清明。与如此之美景相伴，对盈案之簿书，自有高情满怀，诗思
不绝。

陈去疾的《春宫曲》写道：

> 流莺春晓唤樱桃，花外传呼殿影高。抱里琵琶最承宠，君王敕赐
> 玉檀槽。②

春晓时宫苑中的流莺啼叫声在花外传呼，亦响入高高的殿影里。

陆宬的《禁林闻晓莺》则是对禁林莺声的特写：

> 曙色分层汉，莺声绕上林。报花开瑞锦，催柳绽黄金。断续随风
> 远，间关送月沈。语当温树近，飞觉禁园深。绣户惊残梦，瑶池啭好
> 音。愿将栖息意，从此沃天心。③

天色初晓的曙色时分，莺声在上林环绕，预报着花开似锦、柳绽黄
金的春天的到来。声音随风去远，时断时续，也相送着皓月东沉。鸟语
在温暖的春树间缭绕，亦飞入禁苑深处。飞去绣户，惊扰了佳人的残
梦，在瑶池中发出悦耳的声音。可以说每到春来，长安城中的莺声是无
处不在。

徐夤的《宫莺》亦算作对长安城黄莺生活状态的细腻描摹：

> 领得春光在帝家，早从深谷出烟霞。闲栖仙禁日边柳，饥啄御园
> 天上花。睍睆只宜陪阁凤，间关多是问宫娃。可怜鹦鹉殊言语，长闭

---

① 卞孝萱编订：《刘禹锡集》，中华书局 1990 年版，第 472 页。
② （清）彭定求等编：《全唐诗》卷 490，中华书局 1997 年版，第 5593 页。
③ （清）彭定求等编：《全唐诗》卷 688，中华书局 1997 年版，第 7976 页。

雕笼岁月赊。①

从烟霞缭绕的深谷飞出，占得帝家之春光，闲栖在禁城日边的柳树枝头，饥饿时则可啄食御园之花。清和圆转的声音只适宜与台阁之中的凤凰、皇宫中的佳人相伴相语。

2. 绮陌飞燕

《艺文类聚》对其记载相当多，可见燕与人类所结之深厚渊源，长期以来，燕已成为人们深为喜爱的伙伴，出现在诸多诗文与文献之中，积淀出极为浓厚的文化意蕴：

> 《尔雅》曰：燕燕乙也。《春秋运斗枢》曰：瑶光星散为燕。《说文》曰：燕布翄枝尾，作巢，避戊己。《广雅》曰：玄鸟燕也。《礼》曰：仲春之月，玄鸟至，至之日，以太牢祠于高禖。《毛诗》曰：燕燕，卫庄姜送归妾也，燕燕于飞，差池其羽，下上其音。又曰：天命玄鸟，降而生商，宅殷土茫茫（《大雅》）。《左传》曰：郯子云，少皞时，玄鸟氏司分者也。又曰：吴公子札，自卫如晋，将宿于戚（戚孙文子邑）。闻钟声曰：异哉，夫子获罪于君以在此（文子时以戚叛）。惧有不足，而又何乐，夫子之在此也，犹燕之巢于幕上也（言至危）。《史记》曰：秦之先，颛顼之苗孙曰女脩，女脩织，玄鸟陨卵，女脩吞之，生大业。又曰：临江闵王荣，坐侵庙壖为宫，上徵荣，荣诣中尉府，中尉郅都责讯王，王恐，自杀，葬蓝田，燕数万，衔土置冢上，百姓怜之。《汉书》曰：王莽开哀帝母丁姬冢，有燕数千，衔土投其窟中。《淮南子》曰：大厦成而燕雀相贺。……②

其中《史记》、《汉书》两部史书中记载的临江王葬于蓝田，数万燕子衔土置冢，以及哀帝母丁姬冢上有燕数千衔土填窟的事迹，不仅记录下关中一带燕子群聚的生态景观，亦展现出燕子有情有义，与人结下的惺惺

---

① （清）彭定求等编：《全唐诗》卷710，中华书局1997年版，第8252页。

② （唐）欧阳询撰，汪绍楹校：《艺文类聚》卷九十二鸟部下，上海古籍出版社1965年版，第1596—1597页。

相惜之关系。在唐代关中诗作中，自然少不了燕子的身影。杨巨源的《宫燕词》将春日燕子的情态刻画得细腻动人，惟妙惟肖：

> 毛衣似锦语如弦，日暖争高绮陌天。几处野花留不得，双双飞向御炉前。[①]

身着如锦的毛衣，在明丽的暖日下，绮陌上，飞向天之高处，发出如弦一般尖利轻快的鸣叫声。一会儿在野花前流连，一会儿又双双飞到御炉前缭绕的轻烟里。燕儿在春天里自在轻盈，令人心生羡慕。

与友人同登青龙寺的诗人李益，以"摇光浅深树，拂木参差燕"（《与王楚同登青龙寺上方》）的诗句，写下纵目处看到的光影浮动深浅不一的远树，而欢快的燕子则在树林之间上下翻飞，亦捕捉到眼前关中自然的谐和画面，为后世人留下千年前长安一带生态谐和的美好画面。

因公职在春天未得还乡的诗人章孝标，在《春原早望》中勾勒出长安迷人的春日生态图景：

> 一泺乡书荐，长安未得回。年光逐渭水，春色上秦台。燕掠平芜去，人冲细雨来。东风生故里，又过几花开。[②]

流光在渭水上动荡摇曳，春天的色彩已着染秦台，燕子在平芜之上掠过，人在细雨迷蒙中徜徉，身处在春日的长安，诗人不禁遥想东风吹拂下的故里，此时一定是在姹紫嫣红中的，而自己身处他乡，已错过了数次的花期。

许浑的《朱坡故少保杜公池亭》写道：

> 杜陵池榭绮城东，孤岛回汀路不穷。高岫乍疑三峡近，远波初似五湖通。楸梧叶暗潇潇雨，菱荇花香淡淡风。还有昔时巢燕在，飞来

---

① （清）彭定求等编：《全唐诗》卷333，中华书局1997年版，第3742页。
② （清）彭定求等编：《全唐诗》卷506，中华书局1997年版，第5801页。

飞去画堂中。①

　　绮城东边的杜陵池畔楼榭参差，孤岛回汀道路不穷。高耸的岩穴，初看疑似三峡之景象，远望的无际碧波则如五湖洞庭之波。潇潇阴雨滴打着楸树、梧桐的晦暗枝叶，风吹时菱角、荇菜的淡淡花香四处飘溢，这样幽静自然的景象中，当然少不了在画堂中飞来飞去的巢燕的灵动身影。

　　3. 秦天归雁

　　雁为鸟类的一属，形状略像鹅，颈和翼较长，足和尾较短，羽毛淡紫褐色，善于游泳和飞行。喜在淡水沿岸水生植物或水岸植物稠密区觅食，也会生活在水田与鱼塘间。有迁徙的习性，飞行时成有序的队列。古代文献中对雁的记载颇多，《艺文类聚》有如下汇录：

　　　　《尔雅》曰：凫雁丑，其足蹼（脚指间有幕蹼属相著）。《方言》
　　曰：自关而东谓之雁。《海内经》曰：雁门山，雁出其间，在高柳北。
　　《礼记》曰：季冬之月，雁北向。《周书》曰：白露之日，鸿雁来，
　　寒露之日，又来。《仪礼》曰：婚礼下达，纳采用雁。《毛诗》曰：
　　雍雍鸣雁，旭日始旦。《庄子》曰：山木以不材，得终其天年，出于
　　山，及邑，舍故人之家，令竖子杀雁烹之，竖子请曰：其一雁能鸣，
　　其一不能鸣，请奚杀？主人曰：杀不能鸣者。弟子问曰：山中之木，
　　以不材得其天年，主人之雁，以不材而死，先生何处焉？庄子笑曰：
　　周将处夫材与不材之间乎。《史记》曰：苏武在匈奴中，昭帝遣使通
　　和，武思归，乃夜见汉使，教使谓单于曰：天子射上林中，得雁，足
　　有系帛书，言武等在其泽中。使者如其言，单于大惊，乃使武还。
　　《淮南子》曰：夫雁从风而飞，以爱气力，衔芦而翔，似备弋缴。
　　《说苑》曰：秦穆公得百里奚，公孙支归取雁以贺曰：君得社稷之臣，
　　敢贺社稷之福。公不辞，再拜而受。……郑氏《婚礼谒文赞》曰：雁
　　候阴阳，待时乃举，冬南夏北，贵其有所。……晋孙楚《雁赋》曰：
　　有逸豫之俊禽，禀和气之清冲。候天时以动静，随寒暑而污隆。飒同
　　集于旷野，纷群翔于云中，翳朝阳之景曜，角声势于晨风，族类阜

----

① （唐）许浑著，罗时进笺证：《丁卯集笺证》，中华书局 2012 年版，第 345 页。

繁，数则千亿。迎素秋而南游，背青春而北息。溯长川以鸣号，凌洪波以鼓翼。任自然而相伴，穷天壤于八极。①

一脉相承的文献记载，汇聚积淀出雁的诸多文化内蕴，亦可以见出古人对这种迁徙鸟类的特殊情怀。而鸿雁传书的历史掌故中，既可见出古人的智慧，亦寄托着人们的不尽情思。唐代关中的诗作中亦留下了飞雁的痕迹。

贾至的《答严大夫》云：

今夕秦天一雁来，梧桐坠叶捣衣催。思君独步华亭月，旧馆秋阴生绿苔。②

夕阳暮色中的秦天上孤雁飞过，梧桐叶落，捣衣声催，独自漫步在华亭月下，遥思故人，旧馆的秋阴处，绿苔丛生。

马戴的《白鹿原晚望》写道：

浐曲雁飞下，秦原人葬回。丘坟与城阙，草树共尘埃。③

暮色时分，在白鹿原上远望可见，浐水之上时有大雁飞下，远处的秦原一带草树、丘坟与城阙交叠。

4. 远渚白鹭

白鹭又叫鹭鸶，鹳的一种，能涉水捕食鱼虾子。身体修长，腿及颈细长，嘴也很长，羽毛洁白如雪。喜稻田、河岸、沙滩、沼泽地、湖泊、潮湿的森林和其他湿地环境。今天已因滥捕而濒于绝灭。《艺文类聚》记录较少：

《尔雅》曰：鹭，春锄。《毛诗》：周颂曰：振鹭于飞，于彼西

---

① （唐）欧阳询撰，汪绍楹校：《艺文类聚》卷九十一鸟部中，上海古籍出版社 1965 年版，第 1578—1580 页。

② （清）彭定求等编：《全唐诗》卷 235，中华书局 1997 年版，第 2593 页。

③ 杨军、戈春源注：《马戴诗注》，上海古籍出版社 1987 年版，第 128 页。

雕。《诗义疏》曰：鹭，水鸟也，好而絜白，谓之白鸟，齐鲁谓之舂
锄，辽东乐浪吴杨谓之白鹭。楚成王时，有朱鹭，合沓飞翔，复有赤
色者。旧鼓吹音乐朱鹭曲是也。

　　[赋] 宋谢惠连《白鹭赋》曰：有提樊而见献，寔振鹭之鲜禽，
表弗缁之素质，挺乐水之奇心。①

　　唐时的长安，良好的生态环境，使得八水沿岸的湿地上空，时时有白
鹭环绕，而唐诗也记录描绘出这样优质的环境特色。

　　王维的《积雨辋川庄作》写道："漠漠水田飞白鹭，阴阴夏木啭黄
鹂。"其"跳波自相溅，白鹭惊复下"（《栾家濑》）则捕捉到水流激荡，
白鹭惊起又重新落下的姿态。钱起的《蓝田溪杂咏二十二首·晚归鹭》将
日暮时分仍在云间乘着清风背夕阳而飞的晚归白鹭的姿态勾勒而出："池
上静难厌，云间欲去晚。忽背夕阳飞，乘兴清风远。"②

　　陈上美的《咸阳有怀》写道：

　　　　山连河水碧氛氲，瑞气东移拥圣君。秦苑有花空笑日，汉陵无主
　　自侵云。古槐堤上莺千啭，远渚沙中鹭一群。赖与渊明同把菊，烟郊
　　西望夕阳曛。③

　　山水相依，碧色侵眼，瑞气氛氲。古槐堤上群莺千啭，远渚沙中鸥鹭
成群，这是诗人在夕阳下西望时，看到的烟雾迷蒙下的咸阳生态景象。

　　刘得仁的《晚游慈恩寺》则铺写出慈恩寺一带的水渚青林上白鹭惊飞
的情境：

　　　　寺去幽居近，每来因采薇。伴僧行不困，临水语忘归。磬动青林
　　晚，人惊白鹭飞。④

---

　　① （唐）欧阳询撰，汪绍楹校：《艺文类聚》卷九十二鸟部下，上海古籍出版社 1965 年版，
第 1606—1607 页。
　　② （清）彭定求等编：《全唐诗》卷 239，中华书局 1997 年版，第 2677 页。
　　③ （清）彭定求等编：《全唐诗》卷 542，中华书局 1997 年版，第 6317 页。
　　④ （清）彭定求等编：《全唐诗》卷 544，中华书局 1997 年版，第 6334 页。

　　许棠的《亲仁里双鹭》亦勾勒出双飞双去的白鹭，寻找水源，振动如霜的白翎唯恐染上尘埃，在五陵树头寻找栖身之处的情形：

　　　　双去双来日已频，只应知我是江人。对敲雪顶思寻水，更振霜翎恐染尘。三楚几时初失侣，五陵何树又栖身。天然不与凡禽类，傍砌听吟性自驯。①

唐彦谦的《东韦曲野思》勾勒出东韦曲一带的绿塘秋景图：

　　　　淡雾轻云匝四垂，绿塘秋望独攒眉。野莲随水无人见，寒鹭窥鱼共影知。九陌要津劳目击，五湖闲梦诱心期。孤灯夜夜愁敧枕，一觉沧洲似昔时。②

　　秋日独自瞭望绿塘，四野环绕着淡雾轻云，野莲随水无人欣赏，而寒鹭窥鱼的清影倒映在澄清的碧波之上，绘出晚唐时期清幽冷寂的生态图景。

　　郑谷的《曲江》亦写出曲江一带的湿地上鸥鹭群飞的美景：

　　　　细草岸西东，酒旗摇水风。楼台在烟杪，鸥鹭下沙中。翠幄晴相接，芳洲夜暂空。何人赏秋景，兴与此时同。③

　　韩偓的《曲江秋日》，则铺绘出斜烟缕缕之中鹭鸶栖息、枯荷凋败的秋日曲江图景：

　　　　斜烟缕缕鹭鸶栖，藕叶枯香折野泥。有个高僧入图画，把经吟立水塘西。④

①　（清）彭定求等编：《全唐诗》卷604，中华书局1997年版，第7038页。
②　（清）彭定求等编：《全唐诗》卷672，中华书局1997年版，第7753页。
③　严寿澄、黄明、赵昌平笺注：《郑谷诗集笺注》，上海古籍出版社1991年版，第94页。
④　（清）彭定求等编：《全唐诗》卷682，中华书局1997年版，第7893页。

其《曲江晚思》，则勾绘出曲江夜晚的清冷生态图景，苍寒的竹林，昏黄的烟月，以及清冷的江水中独立的鹭鸶，无不透着孤冷的气息：

> 云物阴寂历，竹木寒青苍。水冷鹭鸶立，烟月愁昏黄。①

喻坦之的《春游曲江》写道：

> 误入杏花尘，晴江一看春。菰蒲虽似越，骨肉且非秦。曲岸藏翘鹭，垂杨拂跃鳞。徒怜汀草色，未是醉眠人。②

春日晴江，杏花飘飞。菰蒲因依，曲岸藏鹭，垂杨轻拂，池跃锦鳞，自然万物各以自在的姿态呈现着。

无可的《奉和裴舍人春日杜城旧事》则写出杜城一带观农所见之生态图景：

> 早晚辞纶绂，观农下杜西。草新池似镜，麦暖土如泥。鹡鹭依川宿，骅骝向野嘶。春来诗更苦，松韵亦含凄。③

杜城春日，新草染绿，池面如镜，鹡鹭依川而宿，骅骝向野长嘶。

5. 丽城栖鸦

乌鸦俗称"老鸹"、"老鸦"，以全身或大部分羽毛为乌黑色，得名。常成群结队，且飞且鸣，声音嘶哑，杂食谷类、昆虫等。唐以前，乌鸦被认为是有吉祥和预言作用的神鸟，汉董仲舒在《春秋繁露·同类相动》中引《尚书传》："周将兴时，有大赤乌衔谷之种而集王屋之上，武王喜，诸大夫皆喜。"古代史籍《淮南子》、《左传》、《史记》也均有此类记载。《艺文类聚》汇聚极多：

---

① （清）彭定求等编：《全唐诗》卷682，中华书局1997年版，第7895页。
② （清）彭定求等编：《全唐诗》卷713，中华书局1997年版，第8280页。
③ （清）彭定求等编：《全唐诗》卷814，中华书局1997年版，第9243页。

《尔雅》：鸢乌丑，其飞也翔。又曰：鸅（浊），山乌。又曰：燕白脰乌。《春秋运斗枢》曰：摇星散为乌。《广志》曰：乌有白颈乌。《毛诗》曰：具曰予圣，谁知乌之雌雄（时若臣贤愚，适同如乌也）。又曰：瞻乌爰止，于谁之屋（集富人之屋也）。又曰：弁彼鸒斯，归飞提提（雅乌，一曰鸒居）。《左传》曰：楚子元以车六百乘伐郑，诸侯救郑，楚师夜遁。郑人将奔桐丘，谍告：楚幕有乌，乃止。又曰：晋侯伐齐，齐师夜遁。师旷告晋侯曰：乌乌之声乐，齐师其遁（乌乌得空营，故乐）。叔向告晋侯曰：城上有乌，齐师其遁。《春秋元命苞》曰：火流为乌。乌孝乌，何知孝乌？阳（阳上疑有脱文）精，阳天之意，乌在日中，从天，以昭孝也。太公《六韬》曰：武王登夏台，以临殷民。周公旦曰：臣闻之，爱其人者，爱其屋上乌，憎其人者，憎其余胥。……《淮南子》曰：尧时十日并出，尧命羿仰射十日，中其九乌。谢承《汉书》曰：广汉儒叔林，为东郡太守，乌巢于厅事屋梁，兔产于床下。王隐《晋书》曰：虞溥为鄱阳内史，劝励学业，虽威不猛，宽裕简素。白乌集郡庭，止枣树，就执不动。《抱朴子》曰：荧惑火精，生朱乌。《古今注》：所谓赤乌者，朱乌也。其所居高远，日中三足乌之精，降而生三足乌。何以三足，阳数奇也，是以有虞至孝，三足集其庭，曾参锄瓜，三足萃其冠。徐整《三五历》曰：天地之初，有三白乌，主生众乌。……《豫章旧志》曰：太守李仪，临郡二年，白乌见南昌。蜀李雄书曰：武皇帝雄，泰成三年，白乌赤足来翔。帝以问范贤，贤曰：乌有反哺之义，必有远人怀惠而来。果关中流民请降。师觉授《孝子传》曰：吴叔和，犍为人。母没，负土成坟。有赤乌巢门，甘露降户。王韶《孝子传》曰：李陶，交阯人。母终，陶居于墓侧，躬自治墓，不受邻人助，群乌衔块，助成坟。《异苑》曰：东阳颜乌，以纯孝著闻。后有群乌衔鼓，集颜所居之村，乌口皆伤。一境以为颜至孝，故慈乌来萃。衔鼓之兴，欲令聋者远闻。即于鼓处立县，而名为乌伤，王莽改为乌孝，以彰其行迹云。①

---

① （唐）欧阳询撰，汪绍楹校：《艺文类聚》卷九十二鸟部下，上海古籍出版社1965年版，第1591—1592页。

唐代以后，方有乌鸦主凶之说，《酉阳杂俎》云："乌鸣地上无好声。人临行，乌鸣而前引，多喜。"① 唐长安城内以及关中诸地多乌鸦聚集，这在《新唐书·五行志》羽虫之孽就有记载：

> 景龙四年六月辛巳朔，乌集太极殿梁，驱之不去。
> 开元二十八年四月庚辰，慈乌巢宣政殿栱。辛巳，又巢宣政殿栱。
> 宝历元年十一月丙申，群乌夜鸣。
> 开成元年闰五月丙戌，乌集唐安寺，逾月散。
> 天复二年，帝在凤翔，十一月丁巳，日南至，夜骤风，有乌数千，迄明飞噪，数日不止。自车驾在岐，常有乌数万栖殿前诸树，岐人谓之神鸦。②

李世民的《咏乌代陈师道》，则细细描摹出长安城乌鸦的生活图景：

> 凌晨丽城去，薄暮上林栖。辞枝枝暂起，停树树还低。向日终难托，迎风讵肯迷。只待纤纤手，曲里作晓啼。③

凌晨飞离丽城而去，薄暮则栖息在上林枝头。辞枝停树，向日迎风，宵夜啼叫，笔笔刻画出乌鸦的动态剪影。

王涯（764—835）的《宫词三十首》其一描写出乌鸦在禁苑中活动的状态：

> 鸦飞深在禁城墙，多绕重楼复殿傍。时向春檐瓦沟上，散开朝翅占朝光。④

乌鸦在幽深的禁中飞动，一时徘徊在城墙周围，一时又环绕在禁中的重楼复殿旁。时不时还会飞向春日阳光沐浴的飞檐瓦沟上，散开翅膀接受

---

① （唐）段成式撰，方南生点校：《酉阳杂俎》前集卷之十六，中华书局 1981 年版，第 153 页。
② （宋）欧阳修、宋祁撰：《新唐书》，中华书局 1975 年版，第 889 页。
③ 吴云、冀宇校注：《唐太宗集》，陕西人民出版社 1986 年版，第 85 页。
④ （清）彭定求等编：《全唐诗》卷 346，中华书局 1997 年版，第 3887 页。

清晨阳光的滋润照耀。

施肩吾（780—861）的《禁中新柳》所写春烟迷蒙中的万条金线，显得迷人绚丽，而提到生当离别的痛苦时，又添上一笔宫苑禁门前的宫鸦哀啼，霎时充溢悲切凄迷之感：

> 万条金钱带春烟，深染青丝不直钱。又免生当离别地，宫鸦啼处禁门前。①

时至晚唐，诗人们仅去关注描摹乌鸦生存境况的雅兴渐少，而出现在诗中的乌鸦亦哀怨意味渐浓，增添了更多凄冷的况味。唐武宗会昌元年（841）中进士的薛逢在《长安夜雨》中，提及一场夜雨后的清晨早鸦压于枝头的生存情境：

> 滞雨通宵又彻明，百忧如草雨中生。心关桂玉天难晓，运落风波梦亦惊。压树早鸦飞不散，到窗寒鼓湿无声。当年志气俱消尽，白发新添四五茎。②

通宵滞雨、不散的早鸦，与难、惊落、寒等词汇相间，再加上志气消尽新添白发的忧愁诗人，亦有悲戚之内蕴。

唐彦谦（？—893）的《长溪秋望》写道：

> 柳短莎长溪水流，雨微烟暝立溪头。寒鸦闪闪前山去，杜曲黄昏独自愁。③

杜曲黄昏的细雨中，烟色暝暗，只见柳短莎长溪水自流，闪闪寒鸦前山掠去的情境。

---

① （清）彭定求等编：《全唐诗》卷494，中华书局1997年版，第5656页。
② （清）彭定求等编：《全唐诗》卷548，中华书局1997年版，第6379页。
③ （清）彭定求等编：《全唐诗》卷672，中华书局1997年版，第7749页。

6. 群聚鹡鸰

白鹡鸰，又名白脸鹡鸰。体背发灰黑色，腹部除胸口有黑斑外，纯白色，翅、尾都是黑色而点缀着白色。故而全身都是黑白相间。而长安城的麟德殿内，则出现过千数鹡鸰群聚于庭树上的壮观生态奇景。对此，李隆基的《鹡鸰颂》（题注：并序。俯同魏光乘作）有过非常详细的记述：

序：朕之兄弟，唯有五人，比为方伯，岁一朝见。虽载崇藩屏，而有暌谈笑，是以辍牧人而各守京职。每听政之后，延入宫掖，申友于之志，咏常棣之诗。邕邕如，怡怡如，展天伦之爱也。秋九月辛酉，有鹡鸰千数，栖集于麟德殿之庭树，竟旬焉。飞鸣行摇，得在原之趣，昆季相乐，纵目而观者久之。逼之不惧，翔集自若，朕以为常鸟，无所志怀。左清道率府长史魏光乘，才雄白凤，辩壮碧鸡，以其宏达博识。召至轩槛，预观其事，以献其颂。夫颂者，所以揄扬德业。褒赞成功，顾循虚昧，诚有负矣。美其彬蔚，俯同颂云。

伊我轩宫，奇树青葱，蔼周庐兮。冒霜停雪，以茂以悦，恣卷舒兮。连枝同荣，吐绿含英，曜春初兮。蓂收御节，寒露微结，气清虚兮。桂宫兰殿，唯所息宴，栖雍渠兮。行摇飞鸣，急难有情，情有馀兮。顾惟德凉，夙夜兢惶，惭化疏兮。上之所教，下之所效，实在予兮。天伦之性，鲁卫分政，亲贤居兮。爱游爱处，爱笑爱语，巡庭除兮。观此翔禽，以悦我心，良史书兮。①

而长安城宫殿的青葱之奇树，即便在霜雪中仍然繁茂愉悦，恣意舒卷。当春天来临时，则枝叶交错，吐绿含英，绚丽耀目。每到秋季寒露初结之时，清气盈空。桂宫兰殿里，白鹡鸰栖息于此，巡游在庭院里飞翔鸣叫，含不尽之情，令人心愉悦。

7. 闪烁萤火

萤火虫夜间活动，喜栖于潮湿温暖、草木繁盛的地方，多于夏季出现。光色有黄色、绿色、红光或橙红色。作为反映生态环境的重要生物指标，近年来因生态破坏已鲜有见到。据崔豹《古今注》鱼虫第五的解释：

① （清）彭定求等编：《全唐诗》卷3，中华书局1997年版，第41页。

"一名耀夜，一名夜光，一名宵烛，一名景天，一名熠燿，一名燐，一名丹良。腐草化之，食蚊蚋。"① 《艺文类聚》对其的解释是：

> 《尔雅》曰：萤火，即炤。《广雅》曰：景天，萤火，蟒也。《吕氏本草》曰：萤火一名夜照，一名熠燿，一名救火，一名景天，一名据火，一名挟火。《礼记》曰：季夏之月，腐草为萤，飞虫萤火也。《毛诗》曰：町畽鹿场，熠燿宵行。《续晋阳秋》曰：车胤字武子，学而不倦，家贫，不常得油，夏日用练囊，盛数十萤火，以夜继日焉。
>
> ［诗］梁简文帝《咏萤诗》曰：本将秋草并，今与夕风轻。腾空类星陨，拂树若花生。井疑神火照，帘似夜珠明。……
>
> ［赋］晋傅咸《萤火赋》曰：……览熠燿于前庭，不以姿质之鄙薄，欲增晖乎太清。虽无补于日月，期自竭于陋形。不进竞于天光，退在晦而能明。谅有似于贤臣，于疏外而尽诚。假乃光而尔赋，庶有表乎忠贞。
>
> 晋潘安仁《萤火赋》曰：嘉熠燿之精将，与众类乎超殊。东山感而增叹，行士慨而怀忧。翔太阴之玄昧，抱夜光以清游。颎若飞焱之宵逝，彗如星移之云流。动集漂扬，灼如隋珠。熠熠荧荧，若丹英之照葩，飘飘颎颎，若金流之在沙。歇湛露于旷野，庇一叶之垂柯。无干欲于万物，岂顾恤于网罗。
>
> ［赞］晋郭璞《萤火赞》曰：熠燿宵行，虫之微么。出自腐草，烟若散熛。物之相煦（按当作煦），孰知其陶。②

千年前的唐代关中萤火则是夜晚时最美的风景。王涯的《宫词三十首》其一写道：

> 白雪猧儿拂地行，惯眠红毯不曾惊。深宫更有何人到，只晓金阶吠晚萤。③

① （晋）崔豹：《古今注》卷下，中华书局1985年版，第35页。
② （唐）欧阳询撰，汪绍楹校：《艺文类聚》卷九十七虫豸部，上海古籍出版社1965年版，第1684—1685页。
③ （清）彭定求等编：《全唐诗》卷346，中华书局1997年版，第3888页。

深夜寂寂的宫苑深处，一个辗转失意的不眠人，习惯于伴着红毯而眠的白雪猧儿安定从容，突然被深夜中的声响惊起，急急出户寻望，却并未有人到来，人是失望而回，小狗儿却并未懂得主人的满腹失落与幽怨，只是对着夜晚时在金阶闪烁的萤火虫吠叫。

刘禹锡的《秋萤引》对萤火虫的描述更为精彩：

> 汉陵秦苑遥苍苍，陈根腐叶秋萤光。夜空寥寂金气净，千门九陌飞悠扬。纷纶晖映互明灭，金炉星喷镫花发。露华洗濯清风吹，低昂不定招摇垂。高丽罦罳照珠网，斜历璇题舞罗幌。曝衣楼上拂香裾，承露台前转仙掌。槐市诸生夜读书，北窗分明辨鲁鱼。行子东山起征思，中郎骑省悲秋气。铜雀人归自入帘，长门帐开来照泪。谁言向晦常自明，童儿走步娇女争。天生有光非自衒，远近低昂暗中见。撮蚊妖鸟亦夜飞，翅如车轮人不见。①

写出秋萤在汉陵秦苑陈根腐叶间发出的幽光，在寂寥的夜空，在长安城的千门九陌间飞扬，在锦楼玉阁上环绕着佳人，在承露台前环绕着仙掌，在华阴的槐市伴随夜读的书生，伴随着游子的乡思，也兴起帝都里得意仕宦的悲秋情怀，照出长门锦帐不眠人的眼泪，亦是娇女儿童争相追逐的玩伴。在诗人心里，萤火虫是自然界天生即有光芒的灵物，总是在晦暗处闪着光芒，它还是有情的在幽暗处给人以情思与光明，陪伴着每一个夜深时的失意人。

郑谷的《长安夜坐寄怀湖外嵇处士》写道：

> 万里念江海，浩然天地秋。风高群木落，夜久数星流。钟绝分宫漏，萤微隔御沟。遥思洞庭上，苇露滴渔舟。②

长安秋夜，天地浩然。看风高叶落，数夜空星流。钟声已绝宫漏滴答，萤火微弱分隔着御沟。这即是唐长安城秋夜独特的生态景观。

---

① 卞孝萱校订：《刘禹锡集》，中华书局1990年版，第269页。
② 严寿澄、黄明、赵昌平笺注：《郑谷诗集笺注》，上海古籍出版社1991年版，第71页。

8. 清夜蚤鸣

蚤，蝗虫的别名，俗称蚱蜢。旱年常伴有秋蝗的发生，第二年常见更为严重的夏蝗灾害。地形低洼、沿海盐碱荒地、泛区、内涝区都易成为飞蝗的繁殖基地。

又是蟋蟀的别名，《艺文类聚》蟋蟀条汇录如下：

> 《尔雅》曰：蟋蟀，蚤也。《方言》曰：楚谓蜻蛚为蟋蟀，或谓之蚤，南楚谓之王孙，即趣织也。《礼记》曰：季夏之月，蟋蟀居壁。蔡邕《月令章句》曰：蟋蟀虫名，斯螽莎鸡之类，世谓之蜻蛚。《毛诗》曰：蟋蟀在堂，岁聿云暮。《诗义疏》曰：蟋蟀似蝗而小，正黑，目有光泽，如漆，有角翅，幽州人谓之趣织，督促之言也。里语"趣织鸣，懒妇惊"。《京房占》曰：七月建申，律为夷则，蟋蟀鸣。
>
> ［赋］晋卢谌《蟋蟀赋》曰：何兹虫之资生，亦灵和之攸授。享神气之么草，体含容之微陋。喓喓唎唎，翾翾（句有脱文）。候日月之代谢，知时运之斡迁。①

唐代关中一带的草丛中蟋蟀、蝗虫均有活动的踪迹，诗歌中则多以蚤声为描写对象，应指的是蟋蟀。

白居易的《禁中闻蚤》勾写出禁门闭锁，漆黑冷寂的禁中深夜，诗人在黑暗中独坐于西窗，听到的满耳蚤声：

> 悄悄禁门闭，夜深无月明。西窗独暗坐，满耳新蚤声。②

李昌符的《秋夜作》铺绘的是杜陵秋夜池塘边的生态情景：

> 数亩池塘近杜陵，秋天寂寞夜云凝。芙蓉叶上三更雨，蟋蟀声中一点灯。迹避险巇翻失路，心归闲淡不因僧。既逢上国陈诗日，长守

---

① （唐）欧阳询撰，汪绍楹校：《艺文类聚》卷九十七虫豸部，上海古籍出版社1965年版，第1688页。

② 朱金城笺校：《白居易集笺校》，上海古籍出版社1988年版，第828页。

林泉亦未能。①

数亩池塘上,夜云凝结,秋意寂寥,耳畔听到三更夜深时雨打芙蓉叶的窸窸窣窣声,蟋蟀声中,不眠人的一点灯火摇曳。

9. 万树鸣蝉

蝉是昆虫纲半翅目颈喙亚目的一科,俗称知了或借落子。蝉的生命周期经过三次蜕变:从幼虫到蝉蛹,再到飞虫。古人对其神奇生命旅程的观察,亦让蝉在人们的意识与文学中积淀出多重特殊的蕴意:复活,永生,高洁,凄切。公元前 2000 年的商代青铜器上就有蝉的幼虫形象,从周朝后期到汉代的葬礼中,玉蝉被放入死者口中以求庇护和永生。此外,古人还以为蝉以露水为生,于是它又成为纯洁的象征。而蝉声,则是最能引起诗人诗情的吟咏物象。《艺文类聚》有关蝉的汇录如下:

> 《尔雅》曰:蜩,螓蜩(五采具者),螗蜩(俗呼为胡蝉),鸒茅蜩(似蝉而小青),蛚马蜩(蝉中最大者),蜺寒蜩(寒蜩也,小,青赤)。
>
> 方言曰:蝉,楚谓之蜩,宋卫之间谓之螗蜩(今胡蝉也,鸣声清亮,江南呼螗蛦也),陈郑之间谓之螂蜩,秦晋之间谓之蝉,海岱之间谓之蛦,或谓之蛚马,其小者谓之麦礼(小而青)。
>
> 又曰:蛣蛙(上音祈,下音决),齐谓之螇螰(奚音,鹿音),楚谓之蟪蛄,自关以东,谓之蚗(貂)蟟(聊)。
>
> 《礼记》曰:仲夏之月,蝉始鸣,季夏之月,寒蝉鸣。
>
> 《毛诗》曰:螓首蛾眉(螓,青蝉也)。
>
> 《庄子》曰:仲尼适楚,出于林中,见痀偻者承蜩,犹掇之也。仲尼曰:子有道耶?曰:我有道,五六月累二丸而不坠,则失者锱铢(累二丸于竿头,是用手停审也,故其承蜩所,不过锱铢之间)。
>
> 又曰:鹏之飞,抟扶摇而上者九万里。蜩与莺鸠笑之曰:我决起而枪榆枋,时则不至,而控于地,奚以九万里而南为。
>
> 《楚辞》曰:岁暮兮不自聊,蟪蛄鸣兮啾啾。

---

① (清)彭定求等编:《全唐诗》卷 601,中华书局 1997 年版,第 7007 页。

　　华峤《汉书》曰：蔡邕在陈留，其邻人有以酒食召邕者，比往而酒已酣焉。客有弹琴者，邕至门潜听之，曰：嘻，以乐召我而有杀心，何也？遂反，将命者告主人。主人遽自追而问其故，邕具以告。弹琴者曰：我向鼓弦，见螳螂方向鸣蝉，蝉将去，螳螂为之一前一却，吾心唯恐螳螂之失蝉也，此岂为杀心而形于声者乎？邕笑曰：此足以当之。

　　《风土记》曰：七月而蟋蟀鸣于朝，寒螀鸣于夕。①

　　李商隐的《乐游原》即勾勒出乐游原上万树繁茂，蝉声四起，隔岸的彩虹绚丽迷人，乐游原上西风乍起，斜阳笼罩下的凄迷景色：

　　万树鸣蝉隔岸虹，乐游原上有西风。羲和自趁虞泉宿，不放斜阳更向东。②

10. 花间蝴蝶

《艺文类聚》将蝴蝶归为虫豸部，解释亦极为简单：

　　《列子》曰：乌足之叶为胡蝶。《庄子》曰：昔庄周梦为胡蝶，栩栩然胡蝶，不知周也。俄然觉，则蘧蘧然周也。不知周之梦为胡蝶，胡蝶之为周与？胡（《太平御览》九百四十五胡上有周与二字，此脱）蝶，必有分矣，此谓物化。③

　　李贺的《谣俗》中上林苑的蝴蝶，时而飞向南城，环绕在身着石榴裙的佳人身边，时而在满树繁花上翻飞，与翩翩而来在云间雀跃的燕子，构成长安城灵动美丽的画面：

---

① （唐）欧阳询撰，汪绍楹校：《艺文类聚》卷九十七虫豸部，上海古籍出版社 1965 年版，第 1677—1678 页。
② 刘学锴、余恕诚集解：《李商隐诗歌集解》，中华书局 1998 年版，第 2167 页。
③ （唐）欧阳询撰，汪绍楹校：《艺文类聚》卷九十七虫豸部，上海古籍出版社 1965 年版，第 1684 页。

上林胡蝶小，试伴汉家君。飞向南城去，误落石榴裙。脉脉花满树，翾翾燕绕云。出门不识路，羞问陌头人。①

宝历二年（826）中进士的朱庆余，在《凤翔西池与贾岛纳凉》中写道：

四面无炎气，清池阔复深。蝶飞逢草住，鱼戏见人沈。拂石安茶器，移床选树阴。几回同到此，尽日得闲吟。②

夏日的凤翔西池，四面毫无暑热之气，池水清澄幽深。蝴蝶在花草间或飞戏或停驻，鱼儿见到游人则沉入池底。诗人在佳石上置放茶具，将床移入树荫下。多少次与友人相携至此，终日沉浸在美景之中，沉吟诗赋，尽享惬意悠闲的时光。

其《和刘补阙秋园寓兴之什》十首其一写道：

留情清景宴，朝罢有余闲。蝶散红兰外，萤飞白露间。墙高微见寺，林静远分山。吟足期相访，残阳自掩关。③

朝罢之后的闲余之际，与友人在宴会上欣赏清景。看着眼前在红花兰花间飞散的蝴蝶，白露间的点点飞萤。高墙外隐约的古寺，辽远幽静的林木外的青山，沉吟着诗句，在残阳掩映中，相期再访之期。

罗邺的《秋蝶》二首其一写道：

秦楼花发时，秦女笑相随。及到秋风日，飞来欲问谁。
似厌栖寒菊，翾翾占晚阳。愁人如见此，应下泪千行。④

秦楼花发时，蝴蝶轻盈而欢快，可与笑语盈盈的秦女相依相随。而秋

① （清）王琦等注：《李贺诗歌集解》，上海古籍出版社1977年版，第361页。
② （清）彭定求等编：《全唐诗》卷514，中华书局1997年版，第5908页。
③ 同上书，第5914页。
④ （清）彭定求等编：《全唐诗》卷654，中华书局1997年版，第7586页。

风起时，即便飞来又可与谁相依呢？它似乎已厌倦了栖息在清寒的菊花丛上，于是翩翩飞去欲占斜阳。而心怀悲愁的伤心人若见如此凄切之景，一定会是泪流千行了吧。

11. 山林白鹿

《艺文类聚》对鹿的汇录颇多：

《尔雅》曰：鹿牡麚，其子麛，其迹速，绝有力麟（肩）。《毛诗》曰：野有死鹿。又曰：鹿鸣，宴嘉宾也。呦呦鹿鸣，食野之萍。《国语》曰：周穆王征犬戎，得四白鹿。《穆天子传》曰：天子赐曹奴之人黄金之鹿。又曰：天子射鹿于林中。《韩子》曰：夫马似鹿者千金。《史记》曰：赵高欲为乱，恐群臣不听，乃先设验。持鹿于二世，曰：马也。二世笑曰：丞相误耶，谓鹿为马。问左右，或言马以阿赵高，或言鹿者，高因阴中言鹿者以法。……

《东方朔传》曰：武帝时，有杀上林鹿者，下有司收杀之。朔时在旁曰：是故当死者三，陛下以鹿杀人，一当死，天下闻陛下重鹿贱人，二当死，匈奴有急，须鹿触之，三当死。

《列仙传》曰：苏耽与众儿俱戏猎，常骑鹿。鹿形如常鹿，遇崄绝之处，皆能超越。众儿问曰：何得此鹿骑而异常鹿耶？答曰：龙也。

谢承《后汉书》曰：郑弘为临淮太守，行春，有两白鹿随车，侠毂而行。弘怪问主簿黄国：鹿为吉凶？国拜贺曰：闻三公车辀画作鹿，明府当为宰相。弘果为太尉。

……《三辅决录》曰：辛缮，字公文，少治《春秋》、《诗》、《易》。隐居弘农华阴，弟子受业者六百余人。所居旁有白鹿，甚驯，不畏人。

……《抱朴子》曰：鹿寿千岁，满五百岁则色白。

《神仙传》曰：鲁女生者，饵术绝谷，入华山。后故人逢女生，乘白鹿，从玉女数十人。又曰：沈羲尝于道路逢白鹿车一乘，龙车一乘，从数十人骑，迎羲。

《濑乡记》曰：老子乘白鹿，下讬于李母也。[①]

---

① （唐）欧阳询撰，汪绍楹校：《艺文类聚》卷九十五兽部，上海古籍出版社 1965 年版，第 1647—1648 页。

在长期的文化积淀中,鹿除了是自然物,成为与人相伴的驯顺的动物,或人们狩猎捕获的对象外,亦和着历史结成成语,同时也在道家仙话中成为长寿、仙瑞的代名词。唐代的关中禁苑与终南山地均有鹿出没,据《新唐书·五行志》毛虫之孽记载:

> 贞元二年二月乙丑,有野鹿至于含元殿前,获之;壬申,又有鹿至于含元殿前,获之。占曰:"有大丧。"
> 四年三月癸亥,有鹿至京师西市门,获之。
> 开成四年四月,有麝出于太庙,获之。①

郑嵎的《津阳门诗》写道:"雪衣女失玉笼在,长生鹿瘦铜牌垂。象床尘凝罨飒被,画檐虫网颇梨碑。"

注云:上常于芙蓉园中获白鹿,惟山人王旻识之,曰:"此汉时鹿也。"上异之,令左右周视之。乃于角际雪毛中得铜牌子,刻之曰"宜春宛中白鹿",上由是愈爱之。移于北山,目之曰仙客。

郑谷的《少华甘露寺》写道:

> 石门萝径与天邻,雨桧风篁远近闻。饮涧鹿喧双派水,上楼僧蹋一梯云。孤烟薄暮关城没,远色初晴渭曲分。长欲然香来此宿,北林猿鹤旧同群。②

登临少华甘露寺,眼前的景象也伴随着诗人的游踪纷至沓来。缠绕石径的绿萝攀缘着直与天接,风雨中的桧篁处处可见。白鹿在涧边饮水喧闹,登楼而上的僧人脚踏着一梯的白云。孤烟薄暮中,关城闭锁,雨霁后的渭水分明。面对此景,诗人顿生长宿于此燃香修道,与旧时北林的猿鹤同群的归隐之心。

黄滔的《省试内出白鹿宣示百官(乾宁二年)》,可谓对白鹿的细致铺排与描绘之作:

---

① (宋)欧阳修、宋祁撰:《新唐书》,中华书局1975年版,第923页。
② 严寿澄、黄明、赵昌平笺注:《郑谷诗集笺注》,上海古籍出版社1991年版,第314页。

> 上瑞何曾乏，毛群表色难。推于五灵少，宣示百僚观。形夺场驹洁，光交月兔寒。已驯瑶草别，孤立雪花团。戴豸惭端士，抽毫跃史官。贵臣歌咏日，皆作白麟看。①

象征着祥和瑞气的白鹿，也成为御诏百僚同观的灵物。其外形远比马驹光洁，透出的光华亦可与月宫寒兔相媲美。驯化的白鹿辞别瑶草，孤立时如雪花般晶莹。面对白鹿之圣洁，传说中能明辨是非的神兽獬豸，亦当自惭。史官们面对着它也是纷纷雀跃挥毫。而朝中的贵臣们争相歌咏，均将其视作珍奇灵异的白麟。

12. 秦城杜鹃

古称子规。属于孵卵寄生物。相传为少帝死后精魂所化，因鸣叫凄切，闻之肠断，自唐代以后，有"冤禽"、"悲鸟"、"怨鸟"之称；又以其叫声听似"布谷布谷"，遂赋予其劝农、知时等意蕴，成为蕴含多种意味的意象。

因为神话故事所赋予的色彩，杜鹃亦被人们别称为楚鸟，在关中仍然有它们的栖息地。张籍的《和周赞善闻子规》就描写在帝都城西听到的杜鹃声：

> 秦城啼楚鸟，远思更纷纷。况是街西夜，偏当雨里闻。应投最高树，似隔数重云。此处谁能听，遥知独有君。②

听到秦城的杜鹃声啼，诗人不禁远思纷纷。尤其是在街西的雨夜里，听闻其声，应是投身于最高的树枝之上，似乎隔着数重浓云而来。在这样的夜色中能静心听到其啼鸣，也就只有诗人与异地的朋友周赞善了。

岐下的杜鹃声啼，亦被晚唐昭宗时诗人吴融撷入诗底，其《岐下闻杜鹃》写道：

---

① （清）彭定求等编：《全唐诗》卷706，中华书局1997年版，第8201页。
② 余恕诚、徐礼节整理：《张籍系年校注》，中华书局2011年版，第322页。

　　化去蛮乡北，飞来渭水西。为多亡国恨，不忍故山啼。怨已惊秦凤，灵应识汉鸡。数声烟漠漠，余思草萋萋。楼迥波无际，林昏日又低。如何不肠断，家近五云溪。①

　　杜鹃历来是与蜀地相联的，蜀王杜宇化作杜鹃哀鸣啼血以寄托亡国之思的幽怨传说，让杜鹃成为亡国之思的象征物，也成为蜀地的代表。诗人们题写杜鹃亦多从此处入笔。至于本诗中关中岐下的杜鹃书写，诗人则以极其体贴的手法，让杜鹃有了人之情思。题写它离开蛮乡，飞来渭水，是因为难忍亡国之恨，故不忍在故山哀啼。但即便来到秦地，那幽怨之声亦不曾衰减，惊动了秦凤，在秦地岐下的漠漠轻烟与芳草萋萋的背景里，杜鹃的数声啼叫，亦无不透着未尽的余思。高楼远眺碧波无际，斜阳西沉林木昏暗，听到杜鹃的断肠之声，让人不禁愁怀满腹。

　　吴融的《岐下闻子规》仍然书写的是蜀地之象征物杜鹃在秦地啼叫，以及由此而来的不尽诗思：

　　剑阁西南远凤台，蜀魂何事此飞来。偶因陇树相迷至，唯恐边风却送回。只有花知啼血处，更无猿替断肠哀。谁怜越客曾闻处，月落江平晓雾开。②

　　徐夤的《忆荐福寺南院》亦勾勒出春雨中杜鹃的啼叫声：

　　忆昔长安落第春，佛宫南院独游频。……鹁鸠声中双阙雨，牡丹花际六街尘……③

13. 高飞黄鹄

　　鹄又叫天鹅。比雁大，羽毛白有光泽，也有黄鹄、丹鹄，生活在湖、海、江、河。是一种冬候鸟，每年三四月间，它们大群地从南方飞向北

──────────

① （清）彭定求等编：《全唐诗》卷684，中华书局1997年版，第7921页。
② 同上书，第7928页。
③ （清）彭定求等编：《全唐诗》卷709，中华书局1997年版，第8238页。

方，一过十月份，又会结队南迁。在气候较温暖的南方越冬、养息。《艺文类聚》汇录如下：

> 《离骚》曰：黄鹄之举兮，知山川之纡曲，再举兮知天地之圆方。《战国策》曰：庄辛谓楚襄王曰：黄鹄游于江海，俯喙鳝鲤，仰断菱藕，奋其六翮，自以为无患，与人无事，不知夫射者大脩弧矢，治矰缴，将加己百仞之上，故昼游江湖，夕调鼎俎。《韩诗外传》曰：田饶事鲁哀公而不见察。谓哀公曰：夫鸡有五德，犹日瀹而食之者，以其所从来近也。夫黄鹄一举千里，止君园池，喙君稻粱，君犹贵之，以其所从来远也。故臣将去君，黄鹄举矣。《汉书》曰：黄鹄下建章宫太液池中，公卿上寿，赐诸侯王列侯宗室金钱也。……《古今注》曰：汉惠帝五年七月，黄鹄二，集萧池。①

贾岛的《黄鹄下太液池》记录下太液池黄鹄的身影：

> 高飞空外鹄，下向禁中池。岸印行踪浅，波摇立影危。来从千里岛，舞拂万年枝。跟跄孤风起，徘徊水沫移。幽音清露滴，野性白云随。太液无弹射，灵禽翅不垂。②

天空上高飞的黄鹄，飞落于禁池中。时而在岸上印着浅浅的黄鹄足迹，时而站立在池面，当水波摇荡时清影斜动。它是从千里之外的岛上飞来关中的，起舞拂动着万年枝叶。风起时跟跄而起，在池面泛起的水沫上徘徊移动。清幽的鸣叫声如清露滴落，性情闲野追随着天际的白云。来到禁苑的太液池上不必再担心被飞弹射落，灵禽翅膀亦不再低垂。

14. 曲水鸂鶒

鸂鶒即"赤头鹭"，一种生活在南方热带地区的水鸟，嘴长脚高，入夏，雄鸟的头、颈及羽冠呈栗红色。《艺文类聚》汇录如下：

---

① （唐）欧阳询撰，汪绍楹校：《艺文类聚》卷九十鸟部上，上海古籍出版社 1965 年版，第 1565—1566 页。

② 齐文榜校注：《贾岛集校注》，人民文学出版社 2001 年版，第 535 页。

《尔雅》曰:鸻,鸹鹕。《说文》曰:鸹鹕,鸻也,一曰鸹鷜(似凫,脚高毛冠,江东人家养之,以厌火灾)。《异物志》曰:鸹鹕巢于高树,生子在窟中,未能飞,皆衔其翼飞也。

[赋]晋挚虞《鸹鹕赋》曰:有南州之奇鸟,谅殊美而可嘉。生九皋之旷泽,游江淮之洪波。既翦翼以就养,遂婉娈乎邦家。鸹鹕呈仪,若刻若画。鸾颈龟背,戴玄珥白。班毛頳膺,駮羽朱掖。青不专绀,纁不擅赤。因宛点注:希稠有适,其在水也,则巧态多姿。调节柔骨,一低一仰,乍浮乍没,或游或舞,缤翻倏忽。若乃阳故多阴,殊方相求,见水则喜,睹火而忧。[①]

王建在《故梁国公主池亭》中描写出鸹鹕在岸边逐暖而眠的情态:"装檐玳瑁随风落,傍岸鸹鹕逐暖眠。"杜甫的《曲江陪郑八丈南史饮》也描绘出雀鸟啄食江头的黄色柳花,曲江沙头布满鸹鹕鸂鶒:"雀啄江头黄柳花,鸹鹕鸂鶒满晴沙。"韩愈、孟郊等的《城南联句》提及:"将身亲魍魅,浮迹侣鸥鹕。"

李贺的《酬答》二首其一写道:

雍州二月梅池春,御水鸹鹕暖白蘋。试问酒旗歌板地,今朝谁是拗花人。

描绘出二月的雍州梅池上,白蘋浮动,鸹鹕逐水,酒旗飘动,歌板声动的生态景观。

15. 池面鸳鸯

鸳指雄鸟,鸯指雌鸟。雌雄异色,雄鸟红喙,羽色鲜丽,头具艳丽的冠羽,雌鸟黑喙,灰褐色,眼周白色,其后连一细的白色眉纹。属雁形目的中型鸭类。主要栖息于山地森林河流、湖泊、水塘、芦苇沼泽和稻田地中。

崔豹的《古今注》中说:"鸳鸯,水鸟,凫类,雌雄未尝相离,人得

---

① (唐)欧阳询撰,汪绍楹校:《艺文类聚》卷九十二鸟部下,上海古籍出版社1965年版,第1605—1606页。

其一，则一者相思死，故谓之匹鸟。"《艺文类聚》中汇录颇多：

> 《归藏》曰：有凫鸳鸯，有雁鹅鹴。《毛诗》曰：鸳鸯，刺幽王
> 也。思古明王，交于万物有道，自奉养有节。鸳鸯于飞，毕之罗之。
> 君子万年，福禄宜之。《魏志》：文帝问周宣曰：吾梦殿屋两瓦坠地，
> 化为鸳鸯，何也？宣对曰：后宫当有暴死者。帝曰：吾诈卿耳。宣
> 曰：夫梦者意耳，苟以形言，便占吉凶。言未卒，黄门令奏宫人相
> 杀。郑氏《婚礼谒文赞》曰：鸳鸯鸟，雄雌相类，飞止相匹。《列异
> 传》曰：宋康王埋韩冯夫妻，宿夕文梓生，有鸳鸯雌雄各一，恒栖树
> 上，晨夕交颈，音声感人。①

李时珍的《本草纲目》中也说它"终日并游，有宛在水中央之意也。
或曰：雄鸣曰鸳，雌鸣曰鸯。"

鸳鸯以其并游的生长习性，被赋予多重意蕴。先是以之喻兄弟情深，
如《文选》中的"昔为鸳和鸯，今为参与商"等诗句。但更多的是以鸳
鸯比男女不离不弃的恩爱深情，卢照邻《长安古意》中"愿做鸳鸯不羡
仙"，杜甫有"合昏尚知时，鸳鸯不独宿"，孟郊有"梧桐相持老，鸳鸯
会双死"，杜牧有"尽日无云看微雨，鸳鸯相对浴红衣"等。

唐长安城的御苑曲池中鸳鸯往往是其中极具观赏价值的点缀。张乔的
《春日游曲江》写道：

> 日暖鸳鸯拍浪春，蒹葭浦际聚青蘋。若论来往乡心切，须是烟波
> 岛上人。②

春日曲江，太阳照在水面上，暖意融融，鸳鸯在江上徐行，拍打着水
面，泛起浪花，江浦蒹葭苍苍，水面轻蘋丛聚。

---

① （唐）欧阳询撰，汪绍楹校：《艺文类聚》卷九十二鸟部下，上海古籍出版社 1965 年版，
第 1604 页。
② （清）彭定求等编：《全唐诗》卷 639，中华书局 1997 年版，第 7376 页。

16. 水上鸂鶒

形似鸳鸯而稍大的水鸟,多紫色,雌雄偶游。亦作"鸂鶒",亦称"紫鸳鸯"。《艺文类聚》的记录很少:

> 《临海异物志》曰:鸂鶒水鸟,毛有五色,食短狐,其在溪中,无毒气。
>
> [诗]齐谢朓《咏鸂鶒》诗曰:蕙草含初芳,瑶池暖晚色。得厕鸿鸾影,晞光弄羽翼。
>
> 梁简文帝《咏飞来鸂鶒》诗曰:飞从何处来,似出上林隈。口衔长生叶,翅染昆明苔。
>
> [赋]宋谢惠连《鸂鶒赋》曰:览水禽之万类,信莫丽乎鸂鶒。服昭晰之鲜姿,糅玄黄之美色。命俦旅以翱游,憩川湄而偃息。超神王以自得,不意虞人之在侧。网罗幕而云布,摧羽翮于翩翩。乖沉浮之谐豫,宛羁畜于笼樊。①

杜甫在《曲江陪郑八丈南史饮》中提及:"雀啄江头黄柳花,鸂鶒鸂鶒满晴沙。"描绘出天晴时曲江的万物生态景观:雀儿啄戏江头之柳花,鸂鶒鸂鶒落满沙洲。

17. 池面白鸥

《艺文类聚》的记录很少:

> 《说文》曰:鸥,水鸮也。《仓颉解诂》曰:鹭,鸥也。《山海经》曰:玄股国,其人食鸥。《列子》曰:海上之人好鸥者,每旦之海上,从鸥鸟游。鸥鸟之至者,百数而不止。其父曰:吾闻鸥鸟皆从汝好,取来吾玩之,明日之海,鸥鸟舞而不下。《南越志》曰:江鸥,一名海鸥。在涨海中,随潮上下。常以三月风至,乃还洲屿,颇知风云。若群飞至岸,渡海者以此为候。②

---

① (唐)欧阳询撰,汪绍楹校:《艺文类聚》卷九十二鸟部下,上海古籍出版社1965年版,第1606页。

② 同上书,第1607页。

白居易作于长庆二年（822）中书舍人任上的《同韩侍郎游郑家池吟诗小饮》，写道："残阳上竹树，枝叶生光彩。我本偶然来，景物如相待。白鸥惊不起，绿芡行堪采。"① 描绘出与友人荡舟郑家池面所见之残阳映照竹林，枝叶流光，白鸥不惊，绿芡堪采，如画景物像专门等待着偶然前来的诗人观赏的绝美生态画面。

18. 杏园伯劳

伯劳，又名鵙或鴂，俗称胡不拉。额部和头部两旁为黑色，颈部蓝灰色，背部棕红色，有黑色波状横纹。性情凶猛，有"雀中猛禽"之称。《诗经·豳风》中的"七月鸣鵙"，就指的是伯劳。而曹子建在《恶鸟论》中以之为表明不祥之兆的恶鸟。

白居易的《曲江早春》写道：

> 曲江柳条渐无力，杏园伯劳初有声。可怜春浅游人少，好傍池边下马行。②

曲江池畔的柳条渐渐柔软无力，杏园的伯劳即开始鸣叫。此时春意尚浅游人稀少，诗人下马依傍在池边独行，浏览这早春的曲江景象。

19. 绝崖义鹘

鹘，鸷鸟名，即隼。在唐代关中的绝崖峭壁、崇山峻岭与河流沿岸，还有雕鹘翱翔。杜甫的《义鹘行》更是描摹出一幕惊心动魄的动物世界生存状态图景：

> 阴崖二苍鹰，养子黑柏颠。白蛇登其巢，吞噬恣朝餐。雄飞远求食，雌者鸣辛酸。力强不可制，黄口无半存。其父从西归，翻身入长烟。斯须领健鹘，痛愤寄所宣。斗上挟孤影，噭哮来九天。修鳞脱远枝，巨颡坼老拳。高空得蹭蹬，短草辞蜿蜒。折尾能一掉，饱肠皆已穿。生虽灭众雏，死亦垂千年。物情有报复，快意贵目前。兹实鸷鸟最，急难心炯然。功成失所往，用舍何其贤。近经潏水湄，此事樵夫

---

① 朱金城笺校：《白居易集笺校》，上海古籍出版社1988年版，第620页。
② 同上书，第803页。

传。飘萧觉素发,凛欲冲儒冠。人生许与分,只在顾盼间。聊为义鹘行,用激壮士肝。①

这是诗人行经潏水之湄,听樵夫们口述的发生在这里的动物传奇故事。在潏水两岸的山崖上时有苍鹘盘旋,并在黑柏之巅筑巢哺养幼子。当雄鹘外出求食时,白蛇爬上巢穴吞食了幼子。雌鹘虽奋力营救,但终因力不能敌,眼见着自己的黄口小儿一点点的消失,不留痕迹。河畔天际只留下雌鹘悲切的哀鸣之声。西归回家的雄鹘,在苍天之上留下凄厉的孤影、嗷哮九天的声音,顷刻之间饱食的白蛇,就在愤怒的雄鹘的重击之下,命丧黄泉。而诗人为我们记录摄取到的发生在千年前的一幕,也为后世保留下极为珍贵的关中潏水一带的自然生态资料。

20. 飞鹳

鹳是一种羽毛灰白色或黑色,嘴长而直,形似白鹤,长颈的大型鸟类,与鹭、红鹳和鹮同属。生活在江、湖、池沼的近旁,捕食鱼虾等。据《酉阳杂俎》记载:"鹳,江淮谓群鹳旋飞为鹳井。鹤亦好旋飞,必有风雨。人探巢取鹳子,六十里旱。能群飞,薄霄激雨,雨为之散。"②

杜甫乾元二年(759)作于华州的《夏夜叹》中提及:"北城悲笳发,鹳鹤号且翔。"

21. 戴胜

戴胜鸟又名胡哱哱、花蒲扇、山和尚、鸡冠鸟等,嘴细长下弯,其最特别处在头顶醒目的五彩羽冠,平时折叠,直竖时起伏鸣叫打开折扇。栖息在开阔的田园、园林、郊野的树干上,食虫为生,大量捕食金针虫、蝼蛄、行军虫、步行虫和天牛幼虫等害虫,可保护森林和农田。其外形之独特,错落有致之羽纹、机警耿直之禀性,忠贞不渝之习性,亦成为宗教和传说中的象征物之一,积淀出祥和、美满、快乐等文化意蕴。由于环境的破坏,如今已很少见到其踪影,可喜的是在唐代关中诗作中仍可窥见其影迹。岑参的《送魏四落第还乡》写道:"东归不称意,客舍戴胜鸣。腊酒

---

① (清)仇兆鳌注:《杜诗详注》,中华书局1979年版,第474页。

② (唐)段成式撰,方南生点校:《酉阳杂俎》前集卷之十六羽篇,中华书局1981年版,第153页。

饮未尽，春衫缝已成。长安柳枝春欲来，洛阳梨花在前开……" 勾勒出腊酒未尽、春衫已成、柳枝泛青的冬末初春在关中客舍中听到的戴胜啼鸣。

22. 蚯蚓

段成式在《酉阳杂俎》中还记录下槐树下洞穴内蚯蚓群聚的生存状态：

> 上都浑瑊宅，戟门内一小槐树，树有穴，大如钱。每夜月霁后，有蚓如巨臂，长二尺余，白颈红斑，领数百条如索，缘树枝条。及晓，悉入穴。或时众鸣，往往成曲。学士张乘言，浑令公时堂前，忽有一树从地踊出，蚯蚓遍挂其上。①

这段笔记小说中的记载，在唐史中有更详细且更真切的记载：

> 贞元十年四月戊申，京师地震。癸丑，又震，侍中浑瑊第有树涌出，树枝皆戴蚯蚓。②

从中可知浑瑊宅第所涌出之树以及挂满的蚯蚓，是因为地震的生态灾害所致。

除了这些在唐代文学中留下生存痕迹的动物外，在《新唐书·五行志》中还记载有雉、秃鹙、雀以及一些不知名的鸟类生存的印记：

> 贞观十七年……是岁四月丙戌，立晋王为太子，雌雉集太极殿前，雄雉集东宫显德殿前。太极，三朝所会也。
>
> 大历八年九月，武功获大鸟，肉翅狐首，四足有爪，长四尺余，毛赤如蝙蝠，群鸟随而噪之。近羽虫孽也……
>
> 贞元三年三月，中书省梧桐树有鹊以泥为巢。鹊巢知岁次，于羽虫为有知，今以泥露巢，遇风雨坏矣。十年四月，有大鸟飞集宫中，食杂骨数日，获之，不食死。六月辛未晦，水鸟集左藏库。
>
> 开成元年闰五月丙戌，鸟集唐安寺，逾月散。雀集玄法寺，燕集

---

① （唐）段成式撰，方南生点校：《酉阳杂俎》续集卷之二，中华书局1981年版，第208页。
② （宋）欧阳修、宋祁撰：《新唐书》，中华书局1975年版，第908页。

萧望之冢。二年三月，真兴门外鹊巢于古冢。鹊巢知避岁，而古占又以高下卜水旱，今不巢于木而穴于冢，不祥。五年六月，有秃鹙群飞集禁苑。鹙，水鸟也。

昭宗时，有秃鹙鸟巢寝殿隅，帝亲射杀之。①

其他的羽类动物见诸唐代文献记载的，还有鹊，甚或不知名的被称作大鸟的事物。据《酉阳杂俎》记载：

鹊巢中必有梁。崔圆相公妻在家时，与姊妹戏于后园，见二鹊构巢，共衔一木如笔管，长尺余，安巢中，众悉不见。俗言见鹊上梁必贵。

大历八年，乾陵上仙观天尊殿，有双鹊衔柴及泥，补葺隙坏一十五处。宰臣上表贺。

贞元三年，中书省梧桐树上有鹊以泥为巢，焚其巢可禳狐魅。②

大历八年，大鸟见武功，群鸟随噪之，行营将张日芬射获之。肉翅，狐首，四足，足有爪，广四尺三寸，状类蝙蝠。③

虫类动物见诸记载的还有蚂蚁、颠当、天牛虫、白蜂窠等：

蚁，秦中多巨黑蚁，好斗，俗呼为马蚁。次有色窃赤者。细蚁中有黑者，迟钝，力举等身铁。有窃黄者，最有兼弱之智。成式儿戏时，尝以棘刺标蝇，置其来路，此蚁触之而返，或去穴一尺，或数寸，才入穴中者如索而出，疑有声而相召也。其行每六七有大首者间之，整若队伍。至徙蝇时，大首者或翼或殿，如备异蚁状也。元和中，假居在长兴里。庭有一穴蚁，形状如窃赤之蚁之大者，而色正黑，腰节微赤，首锐足高，走最轻迅，每生致蠖及小鱼（一曰虫）入穴，辄坏堑窒穴，盖防其逸也。自后徙居数处，更不复见此。

① （宋）欧阳修、宋祁撰：《新唐书》，中华书局 1975 年版，第 889 页。
② （唐）段成式撰，方南生点校：《酉阳杂俎》前集卷之十六，中华书局 1981 年版，第153 页。
③ 同上书，第 155 页。

蠮螉，成式书斋多此虫，盖好窠于书卷也，或在笔管中，祝声可听。有时开卷视之，悉是小蜘蛛，大如蝇虎，旋以泥隔之。时方知不独负桑虫也。

颠当，成式书斋前，每雨后多颠当，窠（秦人所呼）深如蚓穴，网丝其中，土盖与地平，大如榆荚。常仰捍其盖，伺蝇蠖过，辄翻盖捕之，才入复闭，与地一色，并无丝隙可寻也。其形似蜘蛛（如墙角乱绱中者）。《尔雅》谓之王蛈（一作蛛）蜴，《鬼谷子》谓之蛈母。秦中儿童对曰："颠当颠当牢守门，蠮螉寇汝无处奔。"

蝇，长安秋多蝇，成式蠹书，尝日读百家五卷，颇为所扰，触睫隐字，驱不能已。偶拂杀一焉，细视之，翼甚似蜩，冠甚似蜂。性察于腐，嗜于酒肉。按理首翼，其类有苍者声雄壮，负金者声清聒，其声在翼也。青者能败物。巨者首如火，或曰大麻蝇，茅根所化也。

壁鱼，补阙张周封言，尝见壁上白瓜子化为白鱼，因知《列子》言朽瓜为鱼之义。

天牛虫，黑甲虫也。长安夏中，此虫或出于离壁间，必雨，成式七度验之皆应。

白蜂窠，成式修竹里私第，果园数亩。壬戌年，有蜂如麻子蜂，胶土为窠于庭前檐，大如鸡卵，色正白可爱，家弟恶而坏之，其冬果衅钟手足。《南史》言，宋明帝恶言白。问《金楼子》言，子婚日，疾风雪下，帏幕变白，以为不祥。抑知俗忌白久矣。①

二 作为贡物的外来动物生态书写

在唐帝王的禁苑当中，还会有一些珍禽异兽，唐代文学中仍然留下了它们的痕迹，于是通过细细的梳理，仍可将其生态昭示于后世人眼中。其踪迹如下：

（一）灵禽

1. 翡翠

又名翠鸟，因常在水边捕鱼，也叫打渔郎。毛色美丽，有蓝、绿、

---

① （唐）段成式撰，方南生点校：《酉阳杂俎》前集卷之十七，中华书局1981年版，第167—169页。

红、棕等颜色,《说文》云:翡,赤羽雀也。出郁林,从羽,非声。雄赤曰翡,雌青曰翠。有"红翡绿翠"之说。《艺文类聚》汇录如下:

> 《尔雅》曰:翠,鹬也。《仓颉解诂》曰:鹬,翠别名也。《说文》曰:翡,赤雀,翠,青雀也。《周书》曰:成王时,苍梧献翡翠。《孝经援神契》曰:神灵滋液,则翠羽曜。《离骚》曰:翾飞兮翠曾(曾举)。又曰:翡帷翠帱。《汉书》曰:尉佗献文帝翠鸟千。……《广志》曰:翡色赤,翠色绀,皆出交州兴古县。《吴录》:薛综上疏曰:日南远致翡翠,充备宝玩……《交趾异物志》曰:翠鸟先高作巢,及生子,爱之,恐堕,稍下作巢。子生毛羽,复益爱之。又更下巢也。……梁江淹《翡翠赋》曰:彼一鸟之奇丽,生金洲与炎山。映铜陵之素气,灌碧磴之红泉。敛慧性及驯心,骞赪翼与青羽。终绝命于虞人,充南眺于内府,备宝帐之光仪,登美女之丽饰。杂白玉而成文,糅紫金而为色。专妙采于五都,擅精华于八极。
>
> [赞]晋郭璞《翠赞》曰:翠雀麑鸟,越在南海。羽不供用,肉不足宰。怀璧其罪,贾害以采。①

李白的《宫中行乐词》八首其一写道:"玉楼巢翡翠,金殿锁鸳鸯。"

杜甫在《曲江》二首其一中刻画出暮春时花落万点,翡翠巢于曲江小堂上的情态:

> 一片花飞减却春,风飘万点正愁人。且看欲尽花经眼,莫厌伤多酒入唇。江上小堂巢翡翠,花边高冢卧麒麟。细推物理须行乐,何用浮名绊此身。

钱起的《蓝田溪杂咏二十二首·衔鱼翠鸟》写道:"有意莲叶间,瞥

---

① (唐)欧阳询撰,汪绍楹校:《艺文类聚》卷九十二鸟部下,上海古籍出版社1965年版,第1608—1609页。

然下高树。擘波得潜鱼，一点翠光去。"① 写出翠鸟在莲叶间徘徊，突然从高树上飞下，擘开水波抓住沉潜水底的游鱼，而后在水面上仅留下动荡的泛着浮光的水纹的动态生活，可谓极其生动的蓝溪翠鸟生态图。

2. 白翟

孙昌胤的《越裳献白翟》，一作丁仙芝诗，写道：

> 圣哲符休运，伊皋列上台。覃恩丹徼远，入贡素翚来。北阙欣初见，南枝顾未回。敛容残雪净，矫翼片云开。驯扰将无惧，翻飞幸莫猜。甘从上苑里，饮啄自裴回。②

诗歌先是以旁观的局外人的眼光叙述来自南越的白翟作为贡物被送到北阙，人们初见它时的惊奇欣喜之情。接着在观看中慢慢移情于这个远离家乡的外来客，并开始体贴它的情感，于是诗人先是想到它将无法回顾之前栖息的南枝，无法回归曾经的家园了。而关注中竟至于化身为白翟代它言说，设想它此后的生活与心理：从此我将生活在长安城的上苑里，告别以往无拘无束的山林生活，来到被驯养供养的上苑中，在从未见过的残雪中整顿姿容，在云间矫翼飞翔，无惧于宫廷中的驯扰，当我上下翻飞间亦莫要猜疑，因为我将会心甘情愿地在长安的上苑生活，徘徊在供给的食物前饮水啄食。从最初的你来到北阙的叙述，到最后的我在上苑徘徊啄食，"你叙述"与"我抒情"的转变中，我们得以真切地看到并体会到来自他乡的珍禽在长安城中的生存状态。得以看出诗人从初始的与物隔离，到化身于物代物言情的情感变化过程。亦得以见出唐人深化于心的物亦有情当珍爱万物的生态智慧。

王若岩的《试越裳贡白雉》如此描写：

> 素翟宛昭彰，遥遥自越裳。冰晴朝映日，玉羽夜含霜。岁月三年远，山川九泽长。来从碧海路，入见白云乡。作瑞兴周后，登歌美汉

---

① （清）彭定求等编：《全唐诗》卷239，中华书局1997年版，第2678页。
② （清）彭定求等编：《全唐诗》卷196，中华书局1997年版，第2018—2019页。

皇。朝天资孝理,惠化且无疆。①

诗歌铺叙出来自越裳作为贡品的白翟从碧海之路,途经山川九泽的艰难遥远路途,历经三年之久,才来到白云缭绕之帝乡,在结冰的寒冷晴日里,在深夜寒霜的关中环境下生活,也成为唐帝国国运清明惠泽四海的吉祥象征物。

3. 孔雀

《艺文类聚》对其汇录颇多:

> 《春秋元命苞》曰:火离为孔雀。《周书》曰:成王时,西方人献孔雀。《楚辞》曰:孔盖兮翠旌(孔雀之羽为车盖)。《盐铁论》曰:南越以孔雀珥门户,今贵其所饶,非所以厚中国也。《神仙传》曰:萧史吹箫,常致孔雀。《汉书》曰:尉佗献文帝孔雀二双。《西域传》曰:罽宾国出孔雀。《续汉书》曰:西南夷曰滇池,出孔雀。又云,西域条支国,出孔雀。魏文帝诏朝臣曰:前于阗王山习,所上孔雀尾万枚,文彩五色,以为金根车盖,遥望曜人眼。……晋公卿赞曰:世祖时,西域献孔雀,解人语,驯指,应节起舞。杨孝元《交州异物志》曰:孔雀,人拍其尾则舞。②

薛能的《孔雀》写道:

> 偶有功名正俗才,灵禽何事降瑶台。天仙黼黻毛应是,宫后屏帏尾忽开。曾处嶂中真雾隐,每过庭下似春来。佳人为我和衫拍,遣作傞傞送一杯。③

面对有着黼黻之毛如天仙般的孔雀,诗人与之相对成趣,在其眼中孔雀亦如佳人,为诗人展开彩屏,和衫而拍,杯酒相和。

---

① (清)彭定求等编:《全唐诗》卷782,中华书局1997年版,第8924页。
② (唐)欧阳询撰,汪绍楹校:《艺文类聚》卷九十一鸟部中,上海古籍出版社1965年版,第1574页。
③ (清)彭定求等编:《全唐诗》卷560,中华书局1997年版,第6558页。

4. 朱来鸟

据《杜阳杂编》记载：

> 代宗朝，异国所献奇禽驯兽，自上即位，多放弃之。建中二年，南方贡朱来鸟，形有类于戴胜，而红觜绀尾，尾长于身。巧解人语，善别人意。其音清响，闻于庭外数百步。宫中多所怜爱，为玉屑和香稻以啖之，则其声益加寥亮。夜则栖于金笼，昼则飞翔于庭庑，而俊鹰大鹊不敢近。一日，为巨雕所搏而毙，宫中无不欷歔。或遇其笼自开，内人有善书者，于金华纸上，为朱来鸟写《多心经》。及朱泚犯禁闱，朱来鸟之兆明矣。①

从中可见，来于南方，在宫苑中备受珍爱，养于笼中，以玉屑和香稻饲养的朱来鸟，在长安城中的生长状态。不仅以其巧解人语的清越声音得到众人的怜爱，但最终仍被巨雕所伤，而在其死后，宫中人仍为之唏嘘哀叹，甚至为其祈求来生。

5. 却火雀

据《杜阳杂编》记载：

> 顺宗皇帝即位岁，拘弭国贡却火雀一雄一雌、履水珠、常坚冰、变昼草。其却火雀纯黑，大小似燕，其声清，殆不类寻常禽鸟，置于火中，火自散去。上嘉其异，遂盛于水精笼，悬于寝殿。夜则宫人持蜡炬以烧之，终不能损其毛羽。②

6. 白野鹊

薛能的《鄜州进白野鹊》：

> 轻毛叠雪翅开霜，红嘴能深练尾长。名应玉符朝北阙，色柔金性瑞西方。不忧云路填河远，为对天颜送喜忙。从此定知栖息处，月宫

---

① （唐）苏鹗撰：《杜阳杂编》卷上，中华书局1985年版，第8页。
② （唐）苏鹗撰：《杜阳杂编》卷中，中华书局1985年版，第11页。

琼树是仙乡。①

进贡的白野鹊羽毛如层叠之白雪,展开的双翅如霜之洁白,有着红色的嘴巴长如白练的尾巴,亦是灵瑞玉符之象征物。从西方不辞云路长河之远,被进贡于此,从此也将以关中禁苑作为自己的栖息地,而月宫琼树则是它的仙境般的家园。

7. 白鹰

窦巩的《新罗进白鹰》写道:"御马新骑禁苑秋,白鹰来自海东头。汉皇无事须游猎,雪乱争飞锦臂鞲。"② 描绘来自新罗的白鹰,秋天来到长安城,在冬天狩猎时在乱雪中争飞的迅疾矫健姿态。

8. 隼

耿湋《进秋隼》交代出罗捕者在秋霜时节将隼进献到长安城,也写出夕阳与秋色映于它的花衣上倍显的安静与美丽,以及举翅高翔直近云霄回首燕雀的高傲姿态:"岂悟因罗者,迎霜献紫微。夕阳分素臆,秋色上花衣。举翅云天近,回眸燕雀稀。应随明主意,百中有光辉。"③

9. 鹦鹉

郑嵎的《津阳门诗》写道:"雪衣女失玉笼在,长生鹿瘦铜牌垂。象床尘凝罿飒被,画檐虫网颇梨碑。"

> 注云:太真养白鹦鹉,西国所贡,辨惠多辞,上尤爱之,字为雪衣女。

（二）异兽

1. 犀牛

在关中,不仅有本土的动物生长于山林,还有南方或北方进贡的动物,如犀牛。储光羲的《述韦昭应画犀牛》写道:

---

① （清）彭定求等编:《全唐诗》卷560,中华书局1997年版,第6559页。
② （清）彭定求等编:《全唐诗》卷271,中华书局1997年版,第3044页。
③ （清）彭定求等编:《全唐诗》卷268,中华书局1997年版,第2973页。

遐方献文犀，万里随南金。大邦柔远人，以之居山林。食棘无
秋冬，绝流无浅深。双角前崭崭，三蹄下骎骎。朝贤壮其容，未能
辨其音。有我衰鸟郎，新邑长鸣琴。陛阁飞嘉声，丘甸盈仁心。闲
居命国工，作绘北堂阴。眈眈若有神，庶比来仪禽。昔有舞天庭，
为君奏龙吟。①

作为万里遐方之贡物来到关中的犀牛，泱泱之大邦亦以优厚的怀柔之
政对待，将之养于山林之中。秋冬食棘，在浅深之溪流中饮水嬉戏，而文
犀双角崭崭，三蹄迅急，姿态矫健奇异。它的庞大形貌、奇特声音都引起
朝贤之惊异，不仅有乐工模其声音，亦时时有画工绘其形容，而它的生活
习性，它在关中的生活状态都得到众人之关注，亦被诗歌描摹出来。

元稹的《驯犀》，也在叙述驯犀由南方被进贡到长安城的故事中，表
露着对此事的认知，亦由此可见古人的自然观：

建中之初放驯象，远归林邑近交广。兽返深山鸟构巢，鹰雕鸱鹘
无羁靮。贞元之岁贡驯犀，上林置圈官司养。玉盆金栈非不珍，虎唉
狌牢鱼食网。渡江之橘逾汶貉，反时易性安能长。腊月北风霜雪深，
蹜踖鳞身遂长往。行地无疆费传驿，通天异物罹幽枉。乃知养兽如养
人，不必人人自敦奖。不扰则得之于理，不夺有以多于赏。脱衣推食
衣食之，不若男耕女令纺。尧民不自知有尧，但见安闲聊击壤。前观
驯象后观犀，理国其如指诸掌。②

诗歌先是叙述建中初驯象被放归临近交广的林邑，对此诗人认为是深
得鸟兽之天性的做法，野兽返归深山，鸟儿在林木间构巢，鹰雕鸱鹘的天
性均是不受羁绊，天空深山林木才是它们的家园。而玉盆金栈并不是不珍
贵，但却如虎在狌牢唉食鱼在网中食饵一样，没有自由。同时亦认为渡江
之柑橘、渡过汶水的貉，离开生长地，改变生长季候与习性，哪里能很好
地生长呢？腊月的关中北风凛冽霜雪深厚，而驯犀却要蜷缩着鳞身在此长

---

① （清）彭定求等编：《全唐诗》卷136，中华书局1997年版，第1373页。
② 冀勤点校：《元稹集》，中华书局1982年版，第283页。

住了。这种接纳远方贡物的做法,既让驿传不胜滋扰,也违背了动物的天性,使之遭受幽禁的屈枉,要知道养人和养兽的道理是一样的,不去滋扰它,让其以自然之道生存生长,才是符合规律之道。

而白居易的《驯犀(感为政之难终也)》,仍然叙述的是驯犀不远万里由南方来到长安城的事迹:

> 贞元丙戌岁,南海进驯犀,诏纳苑中。至十三年冬,大寒,驯犀死矣。
>
> 驯犀驯犀通天犀,躯貌骇人角骇鸡。海蛮闻有明天子,驱犀乘传来万里。一朝得谒大明宫,欢呼拜舞自论功。五年驯养始堪献,六译语言方得通。上嘉人兽俱来远,蛮馆四方犀入苑。秣以瑶刍锁以金,故乡迢递君门深。海鸟不知钟鼓乐,池鱼空结江湖心。驯犀生处南方热,秋无白露冬无雪。一入上林三四年,又逢今岁苦寒月。饮冰卧霰苦蜷跼,角骨冻伤鳞甲缩。驯犀死,蛮儿啼,向阙再三颜色低。奏乞生归本国去,恐身冻死似驯犀。君不见,建中初,驯象生还放林邑(建中元年,诏尽出苑中驯象,放归南方也)。君不见,贞元末,驯犀冻死蛮儿泣。所嗟建中异贞元,象生犀死何足言![1]

初来的驯犀躯貌骇人,它是经过五年的驯养才供奉而来的,征途万里,经过多重语言的翻译,才得以来到大明宫朝见天子。来时亦受到唐王朝以瑶刍饲养以金锁圈养的优待。只可惜从此故乡遥隔,君门深闭。驯犀本是生长在气候湿热的南方,那里秋冬之时并无白露霜雪。可来到上林生活的三四年里,又遭逢酷寒之冬,饮冰卧霜,角骨冻伤而死。

2. 驯象

唐长安城内亦时时会有作为贡物的驯象出现,至德宗朝曾将之放归荆南。据《杜阳杂编》记载:

> 上试制科于宣政殿,或有词理乖谬者,即浓笔抹之至尾。如辄称旨者,必翘足朗吟。翌日,则遍示宰臣学士曰:"此皆朕门生也。"是

---

[1] 朱金城笺校:《白居易集笺校》,上海古籍出版社 1988 年版,第 185 页。

以公卿大臣以下，无不服上藻鉴。宏词独孤绶所司试《放驯象赋》，及进其本，上自览考之，称叹者久，因吟其句曰："化之式孚，则必受乎来献；物或违性，斯用感于至仁。"上以绶为知去就，故特书第三等。先是代宗朝文单国累进驯象三十有二。上即位，悉令放之于荆山之南，而绶不辱其受献，不伤放弃，故赏其知去就焉。①

3. 豹子

卢纶的《腊日观咸宁王部曲娑勒擒豹歌》记录的是唐朝禁苑中展开的一幕作为质子的蕃中勇士与猛兽相搏的擒豹之歌，诗中写道：

> 山头瞳瞳日将出，山下猎围照初日。前林有兽未识名，将军促骑无人声，潜形踠伏草不动，双雕旋转群鸦鸣。阴方质子才三十，译语受词蕃语揖。舍鞍解甲疾如风，人忽虎蹲兽人立。欻然扼颡批其颐，爪牙委地涎淋漓。既苏复吼拗仍怒，果协英谋生致之。拖自深丛目如电，万夫失容千马战。传呼贺拜声相连，杀气腾凌阴满川。始知缚虎如缚鼠，败虏降羌生眼前。祝尔嘉词尔无苦，献尔将随犀象舞。苑中流水禁中山，期尔攫搏开天颜。非熊之兆庆无极，愿纪雄名传百蛮。②

虽然充满着人与兽之间的搏斗等反生态气息，但由此也可以获得有关关中禁山有豹子生长以及豹子的姿态等生态学资料。

---

① （唐）苏鹗撰：《杜阳杂编》卷上，中华书局 1985 年版，第 9 页。
② 刘初棠校注：《卢纶诗集校注》，上海古籍出版社 1989 年版，第 237—238 页。

第四章

云横秦岭家何在，雪拥蓝关马不前

——唐代文学中的关中季候生态书写

中国古人对天地四时之动，既有敏锐的感知，又满怀尊重与敬畏之情，当风雨霜雪来临，自然界随之发生变化，从王朝到乡邑，从皇室到庶民，均会以隆重的仪式迎来送往，亦会以程式繁缛的礼节对山川风雨之神进行祭拜。于是礼拜天地，应时而动，则成为深化于心的有关天地四时季候的意识与思想。在万物萌动的春天，祀风迎神，祭拜主管树木发芽生长的春天之神——句芒，则成为春天刚刚来临时的隆重盛事。句芒既掌管着人间万木之生长，亦主管着天界太阳升起之地的神木扶桑，自然是春祭时顶礼膜拜的重要吉神。唐诗中的祭拜乐章，即记录描摹出唐王朝对四季与风雨雷电等的祭礼。

包佶的《祀风师乐章·迎神》写道：

> 太皞御气，句芒肇功。苍龙青旗，爰候祥风。律以和应，神以感通。鼎俎修虔，时惟礼崇。①

春天来临时，太皞主掌着春气，他是古人心目中非常尊贵的司春之神，曾观察天地万物的变化，推演出八卦，又发明文字，定婚嫁礼法，传授百姓畜牧之法，制作十五弦之瑟。据《吕氏春秋通诠》考证，太皞即伏羲氏，秦汉阴阳家用五帝配四时五方，以伏羲氏配木德，祀于东方，象日之明，故称太皞。句芒也开始建立功业。天子亦驾着苍龙，载着青旗，等

---

① （清）彭定求等编：《全唐诗》卷205，中华书局1997年版，第2139页。

候和暖祥风的到来。苍龙即青龙，中国传统文化中的四象之一，五行学说以之代表东方、春季。《吕氏春秋·孟春》："天子居青阳左个，乘鸾辂，驾苍龙，载青旂，衣青衣，服青玉。"律吕和畅，天神人相感通，当春气萌动时，浮尘子等水稻害虫亦出现（螽即知声虫，也叫"地蛹"，具有细微的感应能力。《说文》，知声虫也。《广雅》：土蛹，螽虫也。《物类相感志》云：山行虑迷，握螽虫一枚于手中则不迷。按：如蚕而大，出土中，螽之为吉响也），这个时节也是准备好祭祀用的礼器表达崇敬的礼节时。

其《祀风师乐章·奠币登歌》写道：

> 旨酒告洁，青蘋应候。礼陈瑶币，乐献金奏。弹弦自昔，解冻惟旧。仰瞻胖螽，群祥来凑。

当春天来临时，青藻浮萍悄然变色应和着这样的季候，应时而动的人们，以喜悦尊敬的心情，迎接着春天的到来，以美玉和束帛相陈，以庙堂音乐献奏，弹奏琴弦，送走旧日之寒气，冰河解冻，万物复苏，仰观着弥漫的春天气息，各种祥瑞之气均来凑集。

其《祀风师乐章·迎俎酌献》写道：

> 德盛昭临，迎拜巽方。爰候发生，式荐馨香。酌醴具举，工歌再扬。神歆入律，恩降百祥。

盛德昭显，迎拜东南，当季候发生时，以隆重的仪式向百神奉献馨香，举起酒具，奏响乐曲，唱着颂歌，期冀众神能为人间降临百祥。

其《祀风师乐章·亚献终献》写道：

> 臀芗备，玉帛陈。风动物，乐感神。三献终，百神臻。草木荣，天下春。

准备好祀神时用的油脂与香草，焚之以散发馨香，陈献玉帛。春风动物，乐音感神，三献之礼结束后，百神愉悦，遂令天下春气生发，草木繁茂。

其《祀风师乐章。送神》写道:

> 微穆敷华能应节,飘扬发彩宜行庆。送迎灵驾神心飨,跪拜灵坛礼容盛。气和草木发萌芽,德畅禽鱼遂翔泳。永望翠盖逐流云,自兹率土调春令。[1]

和煦的春风、盛开的百花均能感应季节,在春天来临时飘扬而动,绽放光彩,此时也正是庆贺祭拜之时。迎送灵驾,祭祀神心,跪拜在灵坛上的礼仪相当隆盛。春气和畅,草木萌芽,德行畅扬,禽鸟飞翔,鱼儿泳动。期望帝王的玉辇翠盖能与流云相逐,使得天人相感相通,以此使得春令时节能风调雨顺,万物繁茂。

对雨师祭拜的过程与风师相通,也是先迎神,接着奠币登高颂歌,三献之后送神。其《祀雨师乐章。迎神》写道:

> 陟降左右,诚达幽圆。作解之功,乐惟有年。云軿戾止,洒雾飘烟。惟馨展礼,爰列豆笾。[2]

陟降左右祭坛,将诚意传达于天。化解万物之功业,和乐的五谷丰收之年。以云为之的神仙所乘之车驾来临至此而停止,四处弥漫着雾气,飘洒着缭绕的轻烟,此时只能以馨香之气,展现敬慕之礼节,将祭祀所用盛满果品的礼器陈列于此,以供众神享用。

其《祀雨师乐章。奠币登歌》写道:

> 岁正朱明,礼布玄制。惟乐能感,与神合契。阴雾离披,灵驭摇裔。膏泽之庆,期于稔岁。

以自古沿袭的礼制来奉献礼节,只有音乐能感通天神,使得人与神契合一致。阴沉的雾气纷纷下落,神灵的御驾遥远。期盼着滋润作物的雨

---

① (清)彭定求等编:《全唐诗》卷205,中华书局1997年版,第2140页。
② 同上。

水，带来人间之丰年。

其《祀雨师乐章。迎俎酌献》写道：

> 阳开幽蛰，躬奉郁鬯。礼备节应，震来灵降。动植求声，飞沉允望。时康气茂，惟神之贶。

春气懵懂，和暖的春日使得冬眠于土中的虫类开始复苏，亲奉上用鬯酒调和郁金之汁而成的郁金香酒。准备好嘉礼以应合节气，雷电震动神灵来降。人间万物萌动，动植物求其声名，飞鸟沉鱼皆允盼期望。时节康和，元气茂盛，这都是神之所赐。

《亚献终献》：

> 奠既备，献将终。神行令，瑞飞空。迎乾德，祈岁功。乘烟燎，俨从风。

祭奠之仪式既已准备，三献之礼行将结束。神灵行令，瑞气浮空。迎接天德，祈求一年农事的丰收。乘着祭天燔柴的烟火，庄重地随风而去。

《送神》：

> 整驾升车望寥廓，垂阴荐祉荡昏氛。飨时灵贶傥如在，乐罢余声遥可闻。
>
> 饮福陈诚礼容备，撤俎终献曙光分。跪拜临坛结空想，年年应节候油云。

整驾升车仰望辽阔的天空，荐献福祉企望天神垂降荫庇涤荡昏暗的气氛。祝飨之时神灵的赐予仿佛还在，祭天之乐结束后的余声似乎还可听到。饮食之福，精诚之陈的礼仪容止具备，终献之后撤掉祭盘时已到曙光初显。跪拜在祭坛徒然思念，企盼年年均能应合时节，有油然而作之云（《孟子·梁惠王上》："天油然作云，沛然下雨"）。

农耕时代的中国，早早既已明了四时物候之变化，深悟节气对万物生长之深远影响，也在经年的体悟与摸索中，定出中国特有的历法，不仅有十二月, 还在之外设闰月以补足。而许稷的《闰月定四时》则以特有的历法中的闰月推定为诗题作以吟咏, 反映出古人对节气的深厚敏锐体悟:

> 玉律穷三纪, 推为积闰期。月余因妙算, 岁遍自成时。乍觉年华改, 翻怜物候迟。六旬知不惑, 四气本无欺。月桂亏还正, 阶蓂落复滋。从斯分历象, 共仰定毫厘。①

在诗歌中诗人写出闰月对物候节气的精细反映与把握, 其精微处在于季节转换时人们已乍觉年华改换, 但事实上物候的变化却姗姗来迟, 诗人以自己六十年的岁月经历感慨四气的变换之精准, 而历象的不失毫厘, 则是由观察自然界万物的生长变化而得来。

生活于宪宗朝以文学而有誉的罗让, 在其《闰月定四时》中即叙述的是年逢闰月, 重定四时的事迹:

> 月闰随寒暑, 畴人定职司。余分将考日, 积算自成时。律候行宜表, 阴阳运不欺。气薰灰琯验, 数扐卦辞推。六律文明序, 三年理暗移。当知岁功立, 唯是奉无私。②

每年的闰月随寒暑而定, 由父子相承执掌并精通天文历算之学的"畴人"制定。当王朝国运隆昌之时, 对此亦会十分重视, 而国运衰微时, 对天文之变动、历法之修订, 亦不再重视。据《史记·历书》:"幽厉之后, 周室微, 陪臣执政, 史不记时, 君不告朔, 故畴人子弟分散。"畴人往往会以地球环绕太阳运行一周的实际时间与纪年时间相比所余的零头数来考订日历, 通过计算定制时日。律候合宜, 阴阳不欺。以葭莩之灰置于律管候验节气变化。据《晋书·律历志上》:"又叶时日于晷度, 效地气于灰管, 故阴阳和则景至, 律气应则灰飞。"数蓍草占卜, 将零数夹在手指中间以周易卦辞推算律历。六律本是指中国古代的一种律制, 古乐的十二调。由于律吕的发音, 阴阳相生, 左右旋转, 能发出许多声音, 周而复

---

① (清) 彭定求等编:《全唐诗》卷347, 中华书局1997年版, 第3894页。
② (清) 彭定求等编:《全唐诗》卷313, 中华书局1997年版, 第3529页。

始，循环无端，所以古时用六律来比拟十二年月、时辰节气、经脉循环的统一性。《灵枢·经别》记载："六律建阴阳诸经，而合之十二月、十二辰、十二节、十二经水、十二时、十二经脉。"

古时定四时是相当重要的国之大事，于是这样的事迹在诗歌中亦得到相互唱和与隔朝回响。德宗贞元十七年（801）登进士第的京兆人杜周士，仅存的一首诗歌即是《闰月定四时》，其中写道：

> 得闰因贞岁，吾君敬授时。体元承夏道，推历法尧咨。直取归余改，非如再失欺。葭灰初变律，斗柄正当离。寒暑功前定，春秋气可推。更怜幽谷羽，鸣跃尚须期。①

时逢祥和之岁，遭逢闰月，君王敬重历时，颁行历书记录天时以告民。《书·尧典》云："历象日月星辰，敬授人时。"孔传："敬记天时以授人也。"汉张衡《东京赋》："规天矩地，授时顺乡。"可见这一行为是效法尧舜，沿袭夏历的举动。直接取所剩之余日修改律历，以与季节天时相吻合而不欺于天。以葭莩之灰置于律管候验节气变化，以星辰之斗柄与律历相应。推算出适合节气寒暑春秋之气的历法。这也是与自然界的飞鸟之活动相谐和的。

乐伸的《闰月定四时》：

> 圣代承尧历，恒将闰正时。六旬余可借，四序应如期。分至宁愆素，盈虚信不欺。斗杓重指甲，灰琯再推离。羲氏兼和氏，行之又则之。愿言符大化，永永作元龟。②

则指出唐代中期的历法修正，是上承尧历而来的，总是以补足之闰月来正四时。律历运用久远所余留的六十天即可借闰月来修正，从而让四序相应如期，不会愆期（《左传·僖公五年》："凡分至启闭，必书云物。"杜预注："分，春、秋分也。至，冬、夏至也。"《汉书·律历志上》："时

---

① （清）彭定求等编：《全唐诗》卷780，中华书局1997年版，第8905页。
② 同上。

所以记启闭也，月所以纪分至也。启闭者，节也。分至者，中也。"杨炯的《浑天赋》："分至启闭，圣人於是乎范围。"）于是春分、秋分、夏至、冬至等节气宁可越过原来计划，日月之变化与律法时日不相欺。以斗杓灰琯重新推定纪年和差离。这是羲和氏推行并规范的历法。期望与大化相符合，以此作为长久的可资借鉴、卜筮吉祥之物。

徐至的《闰月定四时》写道：

> 积数归成闰，羲和职旧司。分铢标斗建，盈缩正人时。节候潜相应，星辰自合期。寸阴宁越度，长历信无欺。定向铜壶辨，还从玉律推。高明终不谬，委鉴本无私。[1]

以历法纪年长久积留下的时日最后就归入闰月计日了，这是羲和之时即制定的旧则。我国远古根据黄昏时北斗星斗柄的指向确定季节，斗柄东指为春，南指为夏，西指为秋，北指为冬。北斗所指，叫作斗建，上古时候用于确定阴阳历月份的起始位置。由《汉书·律历志上》记载："凡十二次，日至其初为节，至其中为中。""斗建下为十二辰，视其建而知其次。"可知斗柄指十二辰内什么方位，就可以知道相对应的月次。然而随着时间的流逝，古人发现北斗星逐渐偏离原来的位置，于是改用赤道上所定的十二地支。以一分一铢来计量岁月流变，以日月盈缩来规范时间。从而使节候相应，星辰合期。定向以铜制壶形的计时器来分辨，又以玉制的十二律配十二月，用吹灰法，以候气。《后汉书·律历志上》："候气之法……殿中候，用玉律十二。"这种方法是高明不谬的，公正而无私的。

唐人不仅对历象十分关注，对节气中的重要时刻，亦非常重视，立春、夏至、冬至等节气的到来都会有隆重的迎接节气的仪式。

刘禹锡《监祠夕月坛书事（其礼用昼）》则将监管供奉鬼神的祠堂——夕月坛的祭祀事迹记录下来：

> 西睹司分昼夜平，羲和停午太阴生。铿锵揖让秋光里，观者如云

---

[1]　（清）彭定求等编：《全唐诗》卷780，中华书局1997年版，第8905页。

出凤城。①

夕月坛是皇帝每年秋分祭夜明之神（月亮）和天上诸星宿的处所。每当西皞执掌秋季的秋分来临时，昼夜平分。秋光里，铿锵之庙堂之乐奏响，揖拜礼让之众涌动，而长安城里万民出动，观者如云，争相目睹这一隆重的祭祀盛典。

而对四时变化之吟咏，则于唐诗当中时时可见。纥干讽的《新阳改故阴》捕捉到季候变换时的天地万物之姿态：

> 律管才推候，寒郊忽变阴。微和方应节，积惨已辞林。暗觉余渐断，潜惊丽景侵。禁城佳气换，北陆翠烟深。有截知遍布，无私荷照临。韶光如可及，莺谷免幽沈。②

律管刚刚推换节候，寒郊忽然变动了阴暗之气。微和之气刚刚应节气而来，冬日堆积的阴惨之气就已辞别林木。暗暗发觉河中残留的冰块解冻断裂，潜移暗换的丽景慢慢侵入让人惊异不绝。皇城中换了佳气，北陆的绿色渐深。九州春气远布，无私照临。韶光何时可以到达幽谷，那时黄莺则会免去幽沉之声，变得清脆而欢快。

裴元的《律中应钟》，一作裴次元诗，写道：

> 律穷方数寸，室暗在三重。伶管灰先动，秦正节已逢。商声辞玉笛，羽调入金钟。密叶翻霜彩，轻冰敛水容。望鸿南去绝，迎气北来浓。愿托无凋性，寒林自比松。③

应钟本是古乐律名，古人以十二律与十二月相配，应钟与十月相应。《礼记·月令》："（孟冬之月）其音羽，律中应钟。"郑玄注："孟冬气至，则应钟之律应。应钟者，姑洗之所生，三分去一，律长四寸二十七分寸之

---

① 卞孝萱校订：《刘禹锡集》，中华书局 1990 年版，第 306 页。
② （清）彭定求等编：《全唐诗》卷 780，中华书局 1997 年版，第 8905 页。
③ 同上。

二十。"《汉书·律历志上》:"应钟,言阴气应亡射,该臧万物而杂阳阂种也。位于亥,在十月。"而此诗则是描写十月的诗篇。十二律至此也快尽了,室宇灰暗。此季与乐声中的商羽之调相应,显得凄切。丛林的密叶上泛着霜华,薄冰也收敛了水之姿容。仰望空中,鸿雁已向南飞尽,迎接着浓重的自北而来的凛冽寒气。只有寒松在此时仍然坚贞不凋。

而诸如送春迎夏、苦雨喜雪之作亦屡见不鲜,如刘禹锡的《曲江春望》写道:

> 凤城烟雨歇,万象含佳气。酒后人倒狂,花时天似醉。三春车马客,一代繁华地。何事独伤怀,少年曾得意。[1]

凤池的一场烟雨后,万象饱含佳气。在春花烂漫时,酒后人狂,青天似醉。三春的长安城是车马之客不绝的一代繁华之地。

其《路傍曲》写道:

> 南山宿雨晴,春入凤凰城。处处闻弦管,无非送酒声。[2]

长安城的春季是迷人的,南山的宿雨初晴时,春意潜入凤凰城。而长安城里,处处管弦之乐,送酒之声,充满喧闹欢快的氛围。

当春天已过,夏天来临时,季节转换间生态之变化,在唐代诗人的吟咏中仍有表现。立夏自是标志着夏天的正式到来。韦应物的《立夏日忆京师诸弟》写道:

> 改序念芳辰,烦襟倦日永。夏木已成阴,公门昼恒静。长风始飘阁,叠云才吐岭。坐想离居人,还当惜徂景。[3]

在时序改变的夏日里还在追思怀念着春天的美好时辰,在烦躁厌倦中

---

① 卞孝萱编订:《刘禹锡集》,中华书局1990年版,第431页。
② 同上书,第357页。
③ 孙望编:《韦应物诗集系年校笺》,中华书局2002年版,第313页。

度过漫长的白昼。此时已是夏木成荫，公门的白天十分宁静。长风飘过飞阁，青岭之上闲云重叠。于此时此地独坐，不禁想起离居的京师诸弟，他们此时此刻也应当和诗人一样怜惜着往日的丽景吧。

立秋则标志着秋天的正式到来。司空曙的《立秋日》写道：

> 律变新秋至，萧条自此初。花酣莲报谢，叶在柳呈疏。澹日非云映，清风似雨余。卷帘凉暗度，迎扇暑先除。草静多翻燕，波澄乍露鱼。今朝散骑省，作赋兴何如。①

每到秋天初来时，万物呈现出萧条情态，莲花在夏季酣畅盛开后，如今已显凋谢之态，柳树的叶子虽未飘零却已不像夏天那样繁密，呈现出稀疏之相，此时的太阳即便没有云朵的遮蔽也已不再骄阳似火，呈现着澹荡之意，吹过的徐徐清风好似带着雨后的凉湿之气，卷帘之际，秋凉暗度，已换了节气，消了暑气，不再有夏天的燥热之气，立秋后的景象透着澄明清净之气，丛草之上翻飞的燕子，澄净的碧波上乍露的鱼儿，都呈现着自在的气息。而散朝回来的诗人，面对着这样的景象，亦不禁诗兴大发。唐人对季节转换之敏感，由此可见一斑。

上述诗作，足以见出唐人对节候的感知，以及节候对唐人诗兴勃发、诗歌创作的影响之深。而终生梦想中的关中，无论来到这里求仕入仕逗留生活，还是出使、贬谪后的暂且离开与梦碎后彻底离开，诗人们都对关中风物抱以极大的热情，而有关关中春夏秋冬、四时节令中的变化与吟咏，相比于其他地域的歌咏，要多得多。可以说对以长安城为中心的关中四季等季候生态的关注构成唐代诗人关中书写的重要内容，唐代的众多诗人均有对关中四季的咏叹。李绅的《忆春日太液池亭候对（长庆三年）》写道：

> 宫莺报晓瑞烟开，三岛灵禽拂水回。桥转彩虹当绮殿，舰浮花鹢近蓬莱。草承香辇王孙长，桃艳仙颜阿母栽。簪笔此时方侍从，却思

---

① 文航生校注：《司空曙诗集校注》，人民文学出版社 2011 年版，第 121 页。

金马笑邹枚。①

　　清晨，宫莺报晓，轻烟散开，太液池的小岛上，灵禽凫水回还。绮殿前桥转彩虹，泛着花鹢靠近仙岛。桃花姿容艳丽，似王母宫中所栽之仙桃，草色青青，承接着王孙连延的香辇。帝王的近侍之臣，以插笔于冠或笏的簪笔之礼准备书写春日之盛景，寻思着如何作赋才能超过待诏金马门的邹阳、枚乘之作。

　　元稹更是一气呵成，写出《春六十韵》，以抒发关中在春天里的物候变化：

> 节应寒灰下，春生返照中。未能消积雪，已渐少回风。
> 迎气邦经重，斋诚帝念隆。龙骧紫宸北，天压翠坛东。
> 仙仗摇佳彩，荣光答圣衷。便从威仰座，随入大罗宫。
> 先到璇渊底，偷穿玳瑁栊。馆娃朝镜晚，太液晓冰融。
> 撩摘芳情遍，搜求好处终。九霄浑可可，万姓尚忡忡。
> 昼漏频加箭，宵晖欲半弓。驱令三殿出，乞与百蛮同。
> 直自方壶岛，斜临绝漠戎。南巡暖珠树，西转丽崆峒。
> 度岭梅甘坼，潜泉脉暗洪。悠悠铺塞草，冉冉著江枫。
> 蚕役投筐妾，耘催荷蓧翁。既蒸难发地，仍送懒归鸿。
> 约略环区宇，殷勤绮镐沣。华山青黛扑，渭水碧沙蒙。
> 宿露清余霭，晴烟塞迥空。燕巢才点缀，莺舌最惺憁。
> 腻粉梨园白，胭脂桃径红。郁金垂嫩柳，罯画委高笼。
> 地甲门阑大，天开禁掖崇。层台张舞凤，阁道架飞虹。
> 麹蘖调神化，鹓鸾竭至忠。歌钟齐锡宴，车服奖庸功。
> 俊造欣时用，闾阎贺岁丰。倡楼妆燿燿，农野绿芃芃。
> 贵主骄矜盛，豪家恃赖雄。偏沾打球彩，频得铸钱铜。
> 专杀擒杨若，殊恩赦邓通。女孙新在内，婴稚近封公。
> 游衍关心乐，诗书对面聋。盘筵饶异味，音乐斥庸工。
> 酒爱油衣浅，杯夸玛瑙烘。挑鬟玉钗鬓，刺绣宝装拢。

---

① 王旋伯注：《李绅诗注》，上海古籍出版社1985年版，第12页。

启齿呈编贝，弹丝动削葱。醉圆双媚靥，波溢两明瞳。
但赏欢无极，那知恨亦充。洞房闲窈窕，庭院独葱茏。
谢砌萦残絮，班窗网曙虫。望夫身化石，为伯首如蓬。
顾我沉忧士，骑他老病骢。静街乘旷荡，初日接曈昽。
饮败肺常渴，魂惊耳更聪。虚逢好阳艳，其那苦昏懵。
黾勉还移步，持疑又省躬。慵将疲悴质，漫走倦赢僮。
季月行当暮，良辰坐叹穷。晋悲焚介子，鲁愿浴沂童。
燧改鲜妍火，阴繁晻澹桐。瑞云低□□，香雨润濛濛。
药溉分窠数，篱栽备幼冲。种莎怜见叶，护笋冀成筒。
有梦多为蝶，因蒬定作熊。漂沉随坏芥，荣茂委苍穹。
震动风千变，晴和鹤一冲。丁宁骞芳侣，须识未开丛。①

　　从初春时的灰色褪去，残雪渐消，到皇室隆重的迎气盛典，再到春天似乎感应到人间对它的企盼之情，随后即跟随帝王回到宫殿环绕在他的身边，一会又来到璇渊底，一会又偷穿玳瑁桄。让馆娃感知到它的存在，也让太液晓冰悄悄融化。霎时间春回大地，整个唐帝国都沐浴在春风里，呈现出春天的特有气象、生机无限。

　　武元衡的《崔敷叹春物将谢恨不同览时余方为事牵束……不遇题之留赠》写道：

　　九陌迟迟丽景斜，禁街西访隐沦赊。门依高柳空飞絮，身逐闲云不在家。轩冕强来趋世路，琴尊空负赏年华。残阳寂寞东城去，惆怅春风落尽花。②

　　在春日迟迟、斜阳掩映的长安城九陌丽景中寻访隐士，门前相依的高柳上柳絮飞舞，而主人则追逐闲云、悠游青山而去。诗人亦感念强入尘世之路辜负了琴酒相对欣赏美好年华的逍遥。在残阳里寂寞而归，看着满目春风中落尽的繁花心生惆怅。

---

①　冀勤点校：《元稹集》，中华书局1982年版，第147页。
②　（清）彭定求等编：《全唐诗》卷317，中华书局1997年版，第3561页。

其《秋灯对雨寄史近崔积》勾勒的是秋雨长安图：

> 坐听宫城传晚漏，起看衰叶下寒枝。空庭绿草结离念，细雨黄花赠所思。蟋蟀已惊良节度，茱萸偏忆故人期。相逢莫厌尊前醉，春去秋来自不知。①

在宫城中坐听晚漏之声，看衰叶无声自寒枝落下。空庭中的绿草，细雨中的黄花，无不缋结着相思。蟋蟀声中，惊觉佳节已过，登高遍插茱萸之时，偏偏思忖着与故人的佳期。相逢之日，莫要厌弃樽前之酒，年华在春去秋来中不知不觉中逝去。

他的《酬谈校书长安秋夜对月寄诸故旧》则是一幅秋月长安图：

> 故园千里渺遐情，黄叶萧条白露生。惊鹊绕枝风满幌，寒钟送晓月当楹。蓬山高价传新韵，槐市芳年把盛名。莫怪孔融悲岁序，五侯门馆重娄卿。②

长安秋月下，黄叶萧条，白露滋生，惊飞的鹊鸟绕枝而飞，风满绣幌，寒钟送晓，月移门槛。

李峤曾以十二月为题进行过吟咏，对不同月令的物候变化，天气变化，随不同月令而来的人们的活动，都有过细致的描写。其《二月奉教作》写道：

> 柳陌莺初啭，梅梁燕始归。和风泛紫若，柔露濯青薇。日艳临花影，霞翻入浪晖。乘春重游豫，淹赏玩芳菲。③

时值二月，柳陌的黄莺开始啼叫，开满梅花的堤梁之上燕子开始回归。和风在紫若之上泛流，晶莹柔润的露珠濯洗着青薇。艳阳临照花影，

---

① （清）彭定求等编：《全唐诗》卷317，中华书局1997年版，第3561页。
② 同上书，第3562页。
③ 徐定祥注：《李峤诗注》，上海古籍出版社1995年版，第101—107页。

彩霞翻入波浪。此时的人们也开始乘着春色四处游赏，对芳菲吟赏流连。

《三月奉教作》写道：

> 银井桐花发，金堂草色齐。韶光爱日宇，淑气满风蹊。蝶影将花乱，虹文向水低。芳春随意晚，佳赏日无暌。

时值三月，银井边桐树花发，金堂外碧草如茵。韶光与檐宇相亲相爱，淑气布满和风吹拂的小路。蝶影在花丛中翻飞，彩虹紧贴着水面。在芳春中随意徜徉，不知不觉间已到了傍晚，游人们每日与美好的游赏景色相亲相伴，毫无隔离疏远之况。

《四月奉教作》写道：

> 暄箫三春谢，炎钟九夏初。润浮梅雨夕，凉散麦风余。叶暗庭帏满，花残院锦疏。胜情多赏托，尊酒狎林樊。

到了四月，天气日暖，管箫声中，三春已过，百花凋谢，已到了炎阳钟爱的初夏。润泽的气息浮动在梅雨的日暮时分，凉气在麦风中散布。庭帏密叶色暗，院落里花儿残落稀疏。时时游赏，胜情不尽，常伴樽酒，在林樊间终日狎玩。

《五月奉教作》写道：

> 绿树炎氛满，朱楼夏景长。池含冻雨气，山映火云光。果院新樱熟，花庭曙槿芳。欲逃三伏暑，还泛十旬觞。

五月时，绿树之间暑气满布，白昼变长。池水间还弥漫着寒雨之气，火云的光色映衬着青山。庭院中的樱桃已熟，曙光中映衬着花庭木槿。意欲逃避三伏之暑热，在这暑热的百天里将会日日泛酒。

《六月奉教作》写道：

> 养日暂裴回，长景尚悠哉。避暑移琴席，追凉□□□。竹风依扇动，桂酒溢壶开。劳饵□飞雪，自可□□□。

六月的盛夏，畏避艳阳，终日休养，暂且悠哉徘徊。为了避暑，逐凉而处，迁移琴席，竹风依伴凉扇而动，桂酒之香气在壶边四溢。

《八月奉教作》写道：

> 黄叶秋风起，苍葭晓露团。鹤鸣初警候，雁上欲凌寒。月镜如开匣，云缨似缀冠。清尊对旻序，高宴有余欢。①

八月秋风起，黄叶翻飞，拂晓时，兼葭之上露珠晶莹。鹤鸣声警示着秋天的到来，大雁意欲在寒空中翱翔。清樽对秋景，高宴留有余欢。

《九月奉教作》写道：

> 曲池朝下雁，幽砌夕吟蛩。叶径兰芳尽，花潭菊气浓。寒催四序律，霜度九秋钟。还当明月夜，飞盖远相从。

九月深秋的清晨大雁落下曲池，日暮的幽静石砌畔鸣蛩吟唱。叶径边兰花落尽，花潭外菊花的香气浓郁。寒气催逼着四序之节律，霜满九秋之钟。此时的明月之夜，还当飞盖相从，欣赏清景。

《十月奉教作》写道：

> 白藏初送节，玄律始迎冬。林枯黄叶尽，水耗绿池空。霜待临庭月，寒随入牖风。别有欢娱地，歌舞应丝桐。

十月刚刚送走气白而收藏的秋天，玄律就开始迎接冬天的到来。林木干枯，黄叶落尽，池水耗尽，绿池成空。霜待庭月，寒风入牖。在此初冬，亦别有欢娱之地，丝桐之乐的伴奏下，歌舞翩跹。

《十一月奉教作》写道：

> 凝阴结暮序，严气肃长飙。霜犯狐裘夕，寒侵兽火朝。冰深遥架浦，雪冻近封条。平原已从猎，日暮整还镳。

---

① （清）彭定求等编：《全唐诗》卷58，中华书局1997年版，第698页。

十一月适逢岁暮凝阴密结，长风严气肃穆。日暮时严霜侵犯狐裘，清晨寒气侵浸兽火。远处的水边深冰凝结，近处飞雪冰冻着枝条。隆冬之时亦是狩猎之时，众友朋相从出猎，日暮时分还在整顿马镳。

《十二月奉教作》写道：

玉烛年行尽，铜史漏犹长。池冷凝宵冻，庭寒积曙霜。兰心未动色，梅馆欲含芳。裴回临岁晚，顾步伫春光。

十二月则是一年将尽的时节，夜变得十分长。宵夜时池冷凝冰，拂晓时庭寒积霜。兰心还未变色，梅馆之梅已有了含苞待放的迹象。在岁晚之时徘徊，等待着春天的到来。

而长安城从一月至十二月的生态之美，在唐人的《忆长安》中亦有生动的表现，这是烙在诗人们记忆中最深的长安四季印象。

谢良辅的《忆长安·正月》写道：

忆长安，正月时，和风喜气相随。献寿彤庭万国，烧灯青玉五枝。终南往往残雪，渭水处处流澌。①

在长安城的正月里，充满着新年的喜气与大国的气象，在彤庭接受万国的献寿与朝贺，灯火辉煌。而远望中的终南山上还覆盖着未曾消融的残雪，在漫长的冬季里冰封着的渭河水，在春天将来的讯息里则呈现着半消融的状态，携卷着冰凌缓缓流走。

二月里的长安城，最让人记取的则是满城的春色，鲍防的《忆长安·二月》写道：

忆长安，二月时，玄鸟初至禖祠。百啭宫莺绣羽，千条御柳黄丝。更有曲江胜地，此来寒食佳期。②

① （清）彭定求等编：《全唐诗》卷307，中华书局1997年版，第3483页。

② （清）彭定求等编：《全唐诗》，中华书局1997年版，第3484页。

燕子已经飞回，黄莺翻飞着秀丽的羽毛在御苑中婉转歌唱，千万条嫩黄的柳丝在春风中低垂摇曳，寒食时节就到了曲江胜地最美、游人如织的时候。

杜奕的《忆长安·三月》写道：

> 忆长安，三月时，上苑遍是花枝。青门几场送客，曲水竟日题诗。骏马金鞭无数，良辰美景追随。①

长安城的三月已到了春深之时，上苑遍是花枝。于青门送客，在曲水题诗。无数骏马金鞭络绎不绝地追随着良辰美景。

丘丹的《忆长安·四月》写道：

> 忆长安，四月时，南郊万乘旌旗。尝酎玉卮更献，含桃丝笼交驰。芳草落花无限，金张许史相随。②

四月里的长安南郊一带，万乘出巡，旌旗飘摇，以玉卮美酒迎接新的节气到来，春天已过，芳草连天，落花无限。

严维的《忆长安·五月（共十二咏，丘丹等同赋，各见本集）》写道：

> 忆长安，五月时，君王避暑华池。进膳甘瓜朱李，续命芳兰彩丝。竞处高明台榭，槐阴柳色通逵。

长安城的五月已到夏季暑热之时，君王亦会在华池避暑。当时的瓜果有甘瓜红李，端午日还会以芳兰彩丝缔结延年益寿的希望。到处都是明丽高峻的台榭，大路上槐荫遮蔽，柳色青青。

郑概的《忆长安·六月》写道：

> 忆长安，六月时，风台水榭逶迤。朱果雕笼香透，分明紫禁寒

---

①　（清）彭定求等编：《全唐诗》，中华书局1997年版，第3480页。
②　同上。

随。尘惊九衢客散，赭珂滴沥青骊。①

长安城的六月，曲折的风台水榭边，雕笼里朱果透香，紫禁分明，寒气相随。

陈元初的《忆长安·七月》写道：

> 忆长安，七月时，槐花点散罘罳。七夕针楼竞出，中元香供初移。绣毂金鞍无限，游人处处归迟。②

长安城的七月，槐花点点飞散，落于城墙角的罘罳之上。七夕节，仕女于楼台上争相竞赛女红之巧，紧接着又是中元节所供之香缭绕。长安城处处是绣毂金鞍，游赏之人直到很晚才会回归。

吕渭的《忆长安·八月》写道

> 忆长安，八月时，阙下天高旧仪。衣冠共颁金镜，犀象对舞丹墀。更爱终南灞上，可怜秋草碧滋。③

长安城的八月，秋高气爽，阙下展开千秋节的欢庆仪式，赐予百官千秋镜，丹墀前犀象对舞。

范灯的《忆长安·九月》写道：

> 忆长安，九月时，登高望见昆池。上苑初开露菊，芳林正献霜梨。更想千门万户，月明砧杵参差。④

长安城的九月，登高眺望昆明池水。上苑的菊花带露，芳林进献霜梨。月明之夜千门万户亦响起捣衣之声。

樊珣的《忆长安·十月》写道：

---

① （清）彭定求等编：《全唐诗》，中华书局 1997 年版，第 3486 页。
② 同上书，第 3487 页。
③ 同上。
④ 同上书，第 3488 页。

　　忆长安，十月时，华清士马相驰。万国来朝汉阙，五陵共猎秦祠。昼夜歌钟不歇，山河四塞京师。

长安城的十月，士马驰向华清。万国朝拜汉阙，五陵校猎。昼夜歌钟不歇。

刘蕃的《忆长安·十一月》写道：

　　忆长安，子月时，千官贺至丹墀。御苑雪开琼树，龙堂冰作瑶池。兽炭毡炉正好，貂裘狐白相宜。[①]

长安城的十一月，千官朝贺。御苑内雪花装点，瑶池冰封。以兽炭毡炉取暖、狐裘御寒。

谢良辅的《忆长安·十二月》写道：

　　忆长安，腊月时，温泉彩仗新移。瑞气遥迎凤辇，日光先暖龙池。取酒虾蟆陵下，家家守岁传卮。

而每到隆冬腊月时节，帝王则会移仗华清宫。华清宫的瑞气远远处迎着凤辇，日光暖暖照着龙池。腊月将尽时，取酒虾蟆陵下，家家守岁，传递着卮酒。

可以说，对关中节候的吟咏与表现，在史书与方志中，仅是寥寥几笔，亦往往仅是记载事关民生国运的重要气候征兆，但在诗歌中却找到了被多方观照与书写的生存之地，形成一大批特殊的可被称作"节候诗"的创作，成为唐诗中数量惊人的重镇，亦由此得以观照千年前唐代关中气候的部分特质与特色。

一　唐代关中春季生态书写

春天万物萌动，是整个关中最美的时节，也是与唐代文学结缘最深的时节。李隆基的《春台望》算作登高极目对关中春天景象的总览：

---

① （清）彭定求等编：《全唐诗》，中华书局1997年版，第3489页。

眼景属三春，高台聊四望。目极千里际，山川一何壮。太华见重
岩，终南分叠嶂。郊原纷绮错，参差多异状。佳气满通沟，迟步入绮
楼。初莺一一鸣红树，归雁双双去绿洲。太液池中下黄鹤，昆明水上
映牵牛。闻道汉家全盛日，别馆离宫趣非一。甘泉逶迤亘明光，五柞
连延接未央。周庐徼道纵横转，飞阁回轩左右长。须念作劳居者逸，
勿言我后焉能恤。为想雄豪壮柏梁，何如俭陋卑茅室。阳乌黯黯向山
沉，夕鸟喧喧入上林。薄暮赏余回步辇，还念中人罢百金。①

在三春的悠闲时光里，登上高台瞭望。极目千里，山川壮观。太华、
终南层峦叠嶂，郊原缤纷，高低错落，异状纷呈。佳气布满御沟，缓缓步
入绮楼。初生的黄莺在绽放着姹紫嫣红的树枝间一一鸣叫，归来的大雁双
飞绿洲之上。太液池中黄鹤飞落，昆明水上倒映着牵牛星。闻听汉朝全盛
之时，别宫离馆层叠，佳趣不一。甘泉宫蜿蜒曲折连通着明光殿，五柞宫
连延与未央宫相接。皇宫周围所设警卫庐舍鳞次栉比，巡逻警戒的道路纵
横交织，飞阁回轩曲折林立。在春望台上眺望，看着旧日离宫的遗址思
绪纷飞，作为帝王的李隆基想到的是居住宫殿中的人虽说安逸，但劳作
修造离宫之人却是备受劳苦，若为民生着想，豪壮的柏梁台哪里比得上
身居简陋卑微的茅室。阳乌黯黯向山中沉去，斜阳暮色中的飞鸟喧闹着
飞入上林。

崔日用的《奉和圣制春日幸望春宫应制》写道：

东郊风物正熏馨，素浐鸳鹭戏绿汀。凤阁斜通平乐观，龙旐直逼
望春亭。光风摇动兰英紫，淑气依迟柳色青。渭浦明晨修禊事，群公
倾贺水心铭。②

每到春日群臣亦会追随帝王至望春宫赏春。此时东郊风物和暖馨香，
明净的浐水上野鸭鸥鸟嬉戏，水中小洲绿意融融。皇宫凤阁斜通平乐观
（亦作"平乐馆"、"平乐苑"，汉高祖时始建，武帝增修，在长安上林

---

① （清）彭定求等编：《全唐诗》卷3，中华书局1997年版，第29页。
② （清）彭定求等编：《全唐诗》卷46，中华书局1997年版，第562页。

苑），龙旗飘摇，直逼望春亭。风光摇动兰草的花蕊，泛着紫气，淑气依依，柳色返青。明日的渭水边群臣亦会在清晨会聚，洗涤嬉戏（三月三日人们相约到水边沐浴洗濯，借以除灾去邪，古俗称之为祓禊），亦会对此诗兴勃发争相吟咏。

畅当的《春日过奉诚园（一作曲江，一作玉林园）》写道：

> 帝里阳和日，游人到御园。暖催新景气，春认旧兰荪。咏德先臣没，成蹊大树存。见桐犹近井，看柳尚依门。献地非更宅，遗忠永奉恩。又期攀桂后，来赏百花繁。①

帝里阳和之日，游人来到御园。暖风催动着新的景象，春天亦认得旧日之兰荪（菖蒲香草）。歌咏盛德的先臣已经故去，下自成蹊的大树仍然存活。桐树仍然靠近金井生长，柳树依然依恋着园门。期待着折桂后，来赏百花之繁茂绽放。

薛逢的《长安春日》写道：

> 穷途日日困泥沙，上苑年年好物华。荆棘不当车马道，管弦长奏绮罗家。王孙草上悠扬蝶，少女风前烂熳花。懒出任从游子笑，入门还是旧生涯。②

日日穷途困于泥沙的诗人，感受着长安上苑中的美好物华。长安城的车马道四通八达无荆棘之碍，绮罗之家日日管弦高奏。青草之上蝴蝶悠扬，春风之中春花烂漫。而仕途偃塞的失意诗人却懒于欣赏这样的芳华，尽管天气清和、景色绚烂，回到家却依旧是昔日的困顿生涯。

章碣的《长安春日》则非常细腻地道出春日时东风无力、细雨微微的特点，而六宫绮罗的繁华与九陌烟花的飞扬，暖意着于柳丝，柳丝金蕊之色渐渐浓重，也破开南山雪棱的寒意，冰凌融化露出青翠的山色，对此美景，即便是输却到蓬莱寻仙访道之路，也是宁愿烂醉在红绿的山头兴尽才

---

① （清）彭定求等编：《全唐诗》卷287，中华书局1997年版，第3279页。
② （清）彭定求等编：《全唐诗》卷548，中华书局1997年版，第6377页。

归的:

> 春日皇家瑞景迟,东风无力雨微微。六官罗绮同时泊,九陌烟花
> 一样飞。暖著柳丝金蕊重,冷开山翠雪棱稀。输他得路蓬洲客,红绿
> 山头烂醉归。①

除夕夜是告别旧岁冬日迎来新年春天的临界日。除夕夜长安的人情物
态等生态特点在唐诗中亦得到生动细腻的展示。李景的《除夜长安作》,
一作李京诗,写道:

> 长安朔风起,穷巷掩双扉。新岁明朝是,故乡何路归。鬓丝饶镜
> 色,隙雪夺灯辉。却羡秦州雁,逢春尽北飞。②

长安城除夜里朔风四起,诗人身处穷巷的陋室里掩合门扉。明朝就是
新的一年了,独自在长安飘零的诗人萌生着归乡之思。镜中的诗人年华逝
去,鬓生华发,间隙透出的雪色明亮,光夺烛辉。而秦州的大雁,每到春
来时就会飞向北方。雁尚如此,人却不得归乡,独处长安,仕途无望,壮
志未酬,徒生白发,诗人不由得羡慕起北飞的大雁。

元日则是冬季退却来年到来的标志。元日,本以为吉日,农历正月初
一为元旦,为一年的第一天。元日还有很多别名,如元朔、元正、正旦、
端日、岁首、新年、元春等等。《书·舜典》:"月正元日,舜格于文祖。"
孔传:"月正,正月;元日,上日也。"《文选·张衡〈东京赋〉》:"於是
孟春元日,群后旁戾。"薛综注:"言诸侯正月一日从四方而至。"卢纶的
《元日早朝呈故省诸公》写道:

> 万戟凌霜布,森森瑞气间。垂衣当晓日,上寿对南山。济济延多
> 士,跄跄舞百蛮。小臣无事谏,空愧伴鸣环。③

---

① (清)彭定求等编:《全唐诗》卷669,中华书局1997年版,第7715页。
② (清)彭定求等编:《全唐诗》卷542,中华书局1997年版,第6313页。
③ 刘初棠校注:《卢纶诗集校注》,上海古籍出版社1989年版,第556页。

元日早朝,万戟凌霜陈列,瑞气森森。晓日垂衣,上朝献寿,朝堂上贤才济济,百蛮率舞。

他的《元日朝回中夜书情寄南宫二故人》写道:

> 鸣珮随鹓鹭,登阶见冕旒。无能裨圣代,何事别沧洲。闲夜贫还醉,浮名老渐羞。凤城春欲晚,郎吏忆同游。①

清晨追随朝中大臣登阶拜见帝王,鸣佩叮咚。朝回后中夜未眠书写情怀,随着年华之逝去,为浮名而羞愧,忆起凤城春晚之日与友人同游的美好情境。

张莒的《元日望含元殿御扇开合（大历十三年吏部试)》写道:

> 万国来朝岁,千年觐圣君。辇迎仙仗出,扇匝御香焚。俯对朝容近,先知曙色分。冕旒开处见,钟磬合时闻。影动承朝日,花攒似庆云。蒲葵那可比,徒用隔炎氛。②

元日之时,万国来朝,觐见圣君。玉辇迎仙仗而出,御扇环绕,御香焚烧。开合高扬的御扇俯对朝容,先知曙色。打开时可睹冕旒,闭合时,时时听闻钟磬之乐。影动承日,花攒似祥云。

1. 立春

立春是一年中的第一个节气。又叫打春。在每年二月四日或五日,斗柄正指向东北时,即是立春之日。《月令·七十二候集解》:"正月节,立,建始也,立夏秋冬同。"古代将立春的十五天分为三候:"一候东风解冻,二候蛰虫始振,三候鱼陟负冰。"

当天气渐暖,春天来临,万物萌动,立春日亦会有盛大的迎春祭礼仪式,天子于立春之日率臣僚迎春于东郊。以祭祀天地,除此外游园也是立春日的重要活动,宫廷的游苑活动中,应制作诗,吟咏春天之万物生态则是其中必不可少的部分。而唐王朝立春的迎春词从帝王到文臣,从初盛唐

---

① 刘初棠校注:《卢纶诗集校注》,上海古籍出版社 1989 年版,第 557 页。
② (清)彭定求等编:《全唐诗》卷 281,中华书局 1997 年版,第 3188 页。

到晚唐不绝如缕。

李显的《立春日游苑迎春》写道：

> 神皋福地三秦邑，玉台金阙九仙家。寒光犹恋甘泉树，淑景偏临
> 建始花。彩蝶黄莺未歌舞，梅香柳色已矜夸。迎春正启流霞席，暂嘱
> 曦轮勿遽斜。①

立春日，三秦福地之上，玉台金阙之间，寒光仍然依恋着甘泉宫殿的
树木，美好的光景偏偏光临洛阳的建始殿（《三国志·魏志·武帝纪》裴
松之注引《世说新语》："太祖自汉中至洛阳，起建始殿。"），春花始发。
此时梅花的香气、柳树的色彩已发生变化，似乎在夸耀已有的生机与动人
的春日姿态，而彩蝶还未翩翩起舞，黄莺亦未发出动听的歌声。唐皇室每
在立春日则会启动迎春之筵席，在春日中畅饮赏景，吟诗作赋，不知不觉
间时光飞逝，已到黄昏，而唐帝王与文武百官仍为此流连，嘱咐着太阳神
羲和所驾的车轮不要太快，勿使太阳很快西斜。由帝王带动的奉和应制词
亦蔚为大观。

崔日用的《奉和立春游苑迎春应制》写道：

> 乘时迎气正璇衡，灞浐烟氛向晚清。剪绮裁红妙春色，宫梅殿柳
> 识天情。瑶筐彩燕先呈瑞，金缕晨鸡未学鸣。圣泽阳和宜宴乐，年年
> 捧日向东城。②

乘着时令，迎接着节气，调正观测天象的璇玑玉衡，灞浐烟氛向晚清
和。剪裁着美妙的嫣红之色，宫殿中的梅花杨柳亦知晓春天的情意。瑶筐
内剪好的彩燕灵动如生，率先呈现着春天的祥瑞之气，金缕装饰的金鸡彩
胜鲜活似还未学会鸣叫的晨鸡。阳和天气正适宜宴乐迎春，年年此日，朝
臣们即追随帝王向东城参加祭礼，迎接立春的到来。

阎朝隐的《奉和立春游苑迎春应制》写道：

---

① （清）彭定求等编：《全唐诗》卷2，中华书局1997年版，第24页。
② （清）彭定求等编：《全唐诗》卷46，中华书局1997年版，第562页。

管籥周移寰极里，乘舆望幸斗城闉。草根未结青丝缕，萝茑犹垂绿帔巾。鹊入巢中言改岁，燕衔书上道宜新。愿得长绳系取日，光临天子万年春。①

宫苑禁垣里管籥周移，乘着车舆穿过重重城门。草根还未结出青丝缕一样碧绿柔嫩茂密的青草，茑萝低垂如绿色的巾帔。喜鹊入巢，喧闹之声诉说着季节之改换，燕儿衔泥，轻语着新节气的到来。

韦元旦的《奉和立春游苑迎春应制》写道：

灞涘长安恒近日，殷正腊月早迎新。池鱼戏叶仍含冻，宫女裁花已作春。向苑云疑承翠幄，入林风若起青蘋。年年斗柄东无限，愿把琼觞寿北辰。②

灞涘长安总是靠近暖日，殷历正腊月时已早早迎来新春。池仍寒冻，鱼儿却已早早地嬉戏在叶间，宫女们则忙于裁剪花饰迎接春天的到来。御苑的连天云朵，疑似承接着翠色帷幄，入林的暖风若起于轻蘋之末。每年当斗柄东移时春光无限，而长安城的人们亦会挹取琼觞的美酒庆贺。

李适的《奉和立春游苑迎春》写道：

金舆翠辇迎嘉节，御苑仙宫待献春。淑气初衔梅色浅，条风半拂柳墙新。天杯庆寿齐南岳，圣藻光辉动北辰。稍觉披香歌吹近，龙骖日暮下城闉。③

当立春日来临，帝王的金舆翠辇迎接着嘉节的到来，御苑仙宫中等待着迎接春天。淑气刚刚来临，梅色尚浅，春风拂动，柳条色新。宫中杯酒庆寿，恭贺寿与南岳齐高，帝王辞藻的光辉耀动北辰。歌舞声动，觥筹交错，御驾日暮时分才回归城门。

---

① （清）彭定求等编：《全唐诗》卷69，中华书局1997年版，第769页。
② 同上书，第771页。
③ （清）彭定求等编：《全唐诗》卷70，中华书局1997年版，第776页。

刘宪的《奉和圣制立春日侍宴内殿出剪彩花应制》写道：

> 上林宫馆好，春光独早知。剪花疑始发，刻燕似新窥。色浓轻雪点，香浅嫩风吹。此日叨陪侍，恩荣得数枝。①

上林苑的宫馆中早早就能感知春光融融的气息。人们亦忙着裁剪立春日的彩花，剪刻的燕儿似刚刚看到的回归春燕。色彩秾丽轻雪点缀，嫩风吹拂香气清浅。

苏颋的《立春日侍宴内出剪彩花应制》写道：

> 晓入宜春苑，秾芳吐禁中。剪刀因裂素，妆粉为开红。彩异惊流雪，香饶点便风。裁成识天意，万物与花同。②

立春日的清晨，步入宜春苑，秾丽芬芳的花朵在禁中绽放。手持剪刀，因循着裂开洁白的素练，以粉彩装饰着剪开的红艳花物。奇异的色彩，惊动流动的飞雪，丰饶的香气，点染着和顺的春风。裁成的花饰似天然生成，万物与春天盛开的花朵一样，处处透着天趣。

在宫廷的集体唱和之外，文人们的独立吟唱亦不绝。白居易的《立春日酬钱员外曲江同行见赠》，勾勒出立春日下直后骑马出禁闱，与友人携手共语、十里看山的惬意生活，此时的曲江一带，柳色浅黄，水文微绿，处处透着新绿，风光向晚独好：

> 下直遇春日，垂鞭出禁闱。两人携手语，十里看山归。柳色早黄浅，水文新绿微。风光向晚好，车马近南稀。机尽笑相顾，不惊鸥鹭飞。③

晚唐时温庭筠的《汉皇迎春词》写道：

---

① （清）彭定求等编：《全唐诗》卷71，中华书局1997年版，第778页。
② （清）彭定求等编：《全唐诗》卷73，中华书局1997年版，第798页。
③ 朱金城笺校：《白居易集笺校》，上海古籍出版社1988年版，第817页。

春草芊芊晴扫烟，宫城大锦红殷鲜。海日初融照仙掌，淮王小队
缨铃响。猎猎东风焰赤旗，画神金甲葱龙网。钜公步辇迎句芒，复道
扫尘燕彗长。豹尾竿前赵飞燕，柳风吹尽眉间黄。碧草含情杏花喜，
上林莺啭游丝起。宝马摇环万骑归，恩光暗入帘栊里。①

立春来临，春草柔嫩细软，恢复生机，晴天的阳光一扫烟气，长安城
的宫锦殷红新鲜。太阳初升，暖意融合，辉照在建章宫高高的仙人承露盘
之上，王公大臣们的迎春队伍缨铃声响（淮南王刘安好仙道、所带摄鬼神
之流金铃发出清越的声响）。赤旗如火焰般耀眼，在东风吹拂下猎猎有声，
天子的步辇迎接着掌管草木的春神句芒的到来，复道之上，天子出行时前
驱的鸾旗车上的羽毛长耸。豹尾（《汉书·扬雄传》：豹尾，汉天子大驾
八十一乘，最后一乘悬豹尾）装饰的帝王属车前赵飞燕妆容艳丽，春风吹
过，柳色变黄，如佳人额上眉间涂黄的妆容，在此春日之潋荡风光中，碧
草含情，杏花欢喜，上林苑的莺声宛啭，柳树的游丝摇曳飞起。当宝马铃
佩叮咚万骑回归时，恩光暗暗潜入帘栊。

罗隐的《京中正月七日立春》写道：

一二三四五六七，万木生芽是今日。远天归雁拂云飞，近水游鱼
迸冰出。②

正月初七的人日恰逢立春之日，从此万木生芽。远天之上，归雁拂云
飞回，近水的游鱼在春冰消融中破冰而出。

曹松的《立春日》写道：

春饮一杯酒，便吟春日诗。木梢寒未觉，地脉暖先知。鸟啭星沈
后，山分雪薄时。赏心无处说，怅望曲江池。③

① 刘学锴校注：《温庭筠全集校注》，中华书局2007年版，第93页。
② （清）彭定求等编：《全唐诗》卷663，中华书局1997年版，第7659页。
③ （清）彭定求等编：《全唐诗》卷717，中华书局1997年版，第8317页。

立春来临时，一杯清酒，即可开始吟咏初日之诗。木梢已不觉寒意，地脉已感受到暖意融融。夜间星沉鸟啭，山间雪薄。吟赏之心，无处诉说，怅望曲江，独自黯然。

2. 人日

人日指正月七日，有时立春日会与人日重叠。每逢立春日和人日，古人用绢绸或纸，制成双熙、小幡、人形、花朵头饰，戴在头上或缀在花下，以庆祝春日来临，并互相赠送。谓博戏取胜，亦称"旛胜"、"彩花"。人日亦是一个重要的赏春日，宫廷中的赏春宴饮活动不断。崔日用的《奉和人日重宴大明宫恩赐彩缕人胜应制》写道：

> 新年宴乐坐东朝，钟鼓铿锽大乐调。金屋瑶筐开宝胜，花笺彩笔颂春椒。曲池苔色冰前液，上苑梅香雪里娇。宸极此时飞圣藻，微臣窃扑预闻韶。①

新年的人日，坐于东朝听宴乐之声，钟鼓奏响的大乐调铿锵洪亮。金碧辉煌的大明宫，瑶筐内盛满珍贵的人日所裁剪的头饰，人们争相以彩笔花笺歌颂春天的到来。曲池冰面渐消，泛出青苔之色，上苑的梅花飘香，在雪中绽出娇俏的姿态。皇宫里帝王正在飞动笔墨驰骋文辞，大臣们亦得以听闻美妙的令人神往的韶乐之声。

韦元旦的《奉和人日宴大明宫恩赐彩缕人胜应制》写道：

> 鸾凤旌旗拂晓陈，鱼龙角牴大明辰。青韶既肇人为日，绮胜初成日作人。圣藻凌云裁柏赋，仙歌促宴摘梅春。垂旒一庆宜年酒，朝野俱欢荐寿新。②

鸾凤旌旗陈列，大明宫的清晨，鱼龙角抵之戏纷呈。人日春天刚刚到来，剪裁的绮丽花饰初成。帝王吟咏松柏的词赋凌云，弦歌缭绕，为欢宴助兴，采摘的梅花清香四溢。

---

① （清）彭定求等编：《全唐诗》卷46，中华书局1997年版，第562页。
② （清）彭定求等编：《全唐诗》卷69，中华书局1997年版，第771页。

李适的《人日宴大明宫恩赐彩缕人胜应制》写道：

> 朱城待凤韶年至，碧殿疏龙淑气来。宝帐金屏人已帖，图花学鸟胜初裁。林香近接宜春苑，山翠遥添献寿杯。向夕凭高风景丽，天文垂耀象昭回。①

韶光初至，淑气渐来，朱城碧殿里的宝帐金屏上都贴上裁剪好的彩缕人胜，描绘裁剪着鲜花与鸟儿的形容。林中的清香连接着宜春苑，远处群山上的青翠之色增添着献寿杯的清韵。夕阳下凭高远望，风景秀丽。

人日宴会，若遇飞雪，则会对雪咏唱。宗楚客的《奉和人日清晖阁宴群臣遇雪应制》吟咏正月初七人日飞雪的情态：

> 窈窕神仙阁，参差云汉间。九重中叶启，七日早春还。太液天为水，蓬莱雪作山。今朝上林树，无处不堪攀。②

如仙境般美好的清辉阁，高耸云汉之间。九重宫殿开启，七日早春回还。太液池水青碧，雪花飞舞积满青山。清晨的上林树上，无处不攀附着雪花，琼妆素裹，分外明丽。

刘宪的《奉和人日清晖阁宴群臣遇雪应制》写道：

> 舆辇乘人日，登临上凤京。风寻歌曲飏，雪向舞行萦。千官随兴合，万福与时并。承恩长若此，微贱幸升平。③

人日来临，舆辇来到京城。清风吹拂，歌曲轻飏，雪花萦绕着起舞的行列。长安城的文武百官乘兴聚集，贴人胜辟邪，祈求赐福，万福亦趁着节气并临。

其《奉和立春日内出彩花树应制（一作人日大明宫应制）》写道：

---

① （清）彭定求等编：《全唐诗》卷70，中华书局1997年版，第776页。
② （清）彭定求等编：《全唐诗》卷46，中华书局1997年版，第564页。
③ （清）彭定求等编：《全唐诗》卷71，中华书局1997年版，第778页。

禁苑韶年此日归，东郊道上转青旂。柳色梅芳何处所，风前雪里觅芳菲。开冰池内鱼新跃，剪彩花间燕始飞。欲识王游布阳气，为观天藻竞春晖。①

禁苑韶年从立春日开始回归，东郊道上，青旗飘扬，风前雪里，寻觅柳树的嫩绿之色与梅花的清香。池面破冰，鱼儿跃动，裁剪的彩花间，燕子开始飞动。阳气初布，帝王开始出游，臣子们观看着天子的文辞，在春晖中竞骋词赋。

李峤的《奉和人日清晖阁宴群臣遇雪应制》写道：

三阳偏胜节，七日最灵辰。行庆传芳蚁，升高缀彩人。阶前蓂候月，楼上雪惊春。今日衔天造，还疑上汉津。②

三阳开泰时的人胜节，是最美好充满灵气的时节，传递着芳香的美酒，相互庆贺，登上高处，缀挂彩色的人胜。阶前的瑞草蓂荚，静候着月亮的照耀，楼阁上纷飞的雪花惊动了春天。

李乂的《奉和人日清晖阁宴群臣遇雪应制》：

上日登楼赏，中天御辇飞。后庭联舞唱，前席仰恩辉。睿作风云起，农祥雨雪霏。幸陪人胜节，长愿奉垂衣。③

人日登楼观赏，看御辇飞动。后庭里歌舞连绵，庭前筵席间仰沾恩辉。雨雪霏霏，预示着农业的祥瑞。

苏颋的《奉和圣制人日清晖阁宴群臣遇雪应制》写道：

楼观空烟里，初年瑞雪过。苑花齐玉树，池水作银河。七日祥图启，千春御赏多。轻飞传彩胜，天上奉薰歌。④

---

① （清）彭定求等编：《全唐诗》卷71，中华书局1997年版，第780页。
② 徐定祥注：《李峤诗注》，上海古籍出版社1995年版，第55页。
③ （清）彭定求等编：《全唐诗》卷92，中华书局1997年版，第798页。
④ （清）彭定求等编：《全唐诗》卷73，中华书局1997年版，第798页。

年初的瑞雪过后,清辉阁的楼观里轻烟缭绕。宫苑中的花朵与玉树在白雪覆盖下连延一片,池面上雪白如银河。

崔湜的《奉和春日幸望春宫(一作立春内出彩花应制)》写道:

> 澹荡春光满晓空,逍遥御辇入离宫。山河眺望云天外,台榭参差烟雾中。庭际花飞锦绣合,枝间鸟啭管弦同。即此欢娱齐镐宴,唯应率舞乐薰风。①

春光澹荡,布满拂晓的天空,御辇逍遥,奔赴离宫。眺望处,云天外山河无际,烟雾中,台榭参差。庭际花朵飞舞如锦绣,枝头鸟儿的宛啭之声与管弦之乐相通。在这美好的时光里,人群欢乐,齐聚欢宴,在和暖的春风里舞乐相庆。

阎朝隐的《奉和圣制春日幸望春宫应制》写道:

> 句芒人面乘两龙,道是春神卫九重。彩胜年年连七日,酴醾岁岁满千钟。宫梅间雪祥光遍,城柳含烟淑气浓。醉倒君前情未尽,愿因歌舞自为容。②

乘龙而来的人面句芒执掌春天,作为春神护卫着九重天地。每年的正月七日彩胜迎春,酴醾酒岁岁添满千钟。宫梅夹杂着白雪祥光遍布,宫城中的柳树含烟透着浓浓的淑气。

韦元旦的《奉和圣制春日幸望春宫应制》写道:

> 九重楼阁半山霞,四望韶阳春未赊。侍跸妍歌临灞涘,留觞艳舞出京华。危竿竞捧中街日,戏马争衔上苑花。景色欢娱长若此,承恩不醉不还家。③

---

① (清)彭定求等编:《全唐诗》卷54,中华书局1997年版,第666页。
② (清)彭定求等编:《全唐诗》卷69,中华书局1997年版,第769页。
③ 同上书,第771页。

　　九重楼阁与半山的霞彩辉映，四望处春光明媚。帝王出行的清道上，玉辇步出京华，来到灞涘的望春宫，妍歌缭绕，艳舞初起，觥筹交错，高耸的旗杆争相捧日，嬉戏的马儿竞逐衔取上苑的鲜花。在如此令人欢娱的景色中流连，不到沉醉是不愿意还家的。

　　李适的《奉和春日幸望春宫应制》写道：

　　　　玉辇金舆天上来，花园四望锦屏开。轻丝半拂朱门柳，细缬全披画阁梅。舞蝶飞行飘御席，歌莺度曲绕仙杯。圣词今日光辉满，汉主秋风莫道才。①

　　追随玉辇金舆，从皇宫来到望春宫中的花园，四望处，景色秀丽如展开的锦屏。朱门的柳枝轻丝浮动，画阁中开满梅花，如披上细腻的有彩色花纹的轻纱。蝴蝶飞舞，飘于御席之上，黄莺的歌声，伴着乐曲，缭绕着酒杯。而帝王的诗词亦令春日布满光辉，远胜过汉主的秋风词。

　　3. 早春

　　施肩吾的《长安早春》写道：

　　　　报花消息是春风，未见先教何处红。想得芳园十余日，万家身在画屏中。②

　　春风吹拂，传递着花开的消息，却没看到何处绽开嫣红。想着不久的芳园里，长安城的千家万户都会如身处绚烂迷人的画屏中一样。

　　孟浩然的《长安早春》，一作张子容诗，写道：

　　　　关戍惟东井，城池起北辰。咸歌太平日，共乐建寅春。雪尽青山树，冰开黑水滨。草迎金埒马，花伴玉楼人。鸿渐看无数，莺歌听欲频。何当遂荣擢，归及柳条新。③

---

① （清）彭定求等编：《全唐诗》卷70，中华书局1997年版，第776页。
② （清）彭定求等编：《全唐诗》卷494，中华书局1997年版，第5649页。
③ 佟培基笺注：《孟浩然诗集笺注》，上海古籍出版社2000年版，第236页。

城池上北辰星起，太平之日的早春，歌舞升平。青山雪尽，黑水冰开。草迎金埒之马，花伴玉楼之人。鸿鹄无数，莺歌频啭。

王建的《长安早春》则将冰雪渐消、寒气被欺，暖气徐来，衣缝罗胜，窗点彩球的早春景象，写得极为细腻动人：

霏霏漠漠绕皇州，销雪欺寒不自由。先向红妆添晓梦，争来白发送新愁。暖催衣上缝罗胜，晴报窗中点彩球。每度暗来还暗去，今年须遣蝶迟留。①

而在诗人的感觉中，早春总是悄悄来又悄悄去的，十分短暂，于是心生今年一定要遣蝶儿迟走、多多逗留的愿望。诗作中充盈着对早春的敏锐感知，遣蝶留住的心理，亦透露着唐人潜意识里浓厚的万物相通的和谐自然观。

卢纶的《早春游樊川野居却寄李端校书兼呈司空曙簿耿湋拾遗》也将早春时樊川一带白水环绕沟塍，青山对着杜陵，晴天时望着飞鹤，旷野上白鹿追随着寺僧，古柳连巢折断，小桥阴面覆盖着积雪，瀑布半垂着冰溜，争斗嬉戏的松鼠摇动着松树留下晃动的清影，游龟藏于石层，韶光中衰败枯朽的冬天气象还在，但春天的气息也急急而出的生态情形：

白水遍沟塍，青山对杜陵。晴明人望鹤，旷野鹿随僧。古柳连巢折，荒堤带草崩。阴桥全覆雪，瀑溜半垂冰。斗鼠摇松影，游龟落石层。韶光偏不待，衰败巧相仍。桂树曾争折，龙门几共登。琴师阮校尉，诗和柳吴兴。舐笔求书扇，张屏看画蝇。卜邻空遂约，问卦独无征。投足经危路，收才遇直绳。守农穷自固，行乐病何能。掩帙蓬蒿晚，临川景气澄。飒然成一叟，谁更慕骞腾。②

其《早春归螯屋旧居却寄耿拾遗湋李校书端》也写出虽然已到春天，万物更新，但山涧仍然结冰的早春情景：

---

① （唐）王建著：《王建诗集》，中华书局上海编辑所 1959 年版，第 70 页。
② 刘初棠校注：《卢纶诗集校注》，上海古籍出版社 1989 年版，第 339 页。

野日初晴麦垄分，竹园相接鹿成群。几家废井生青草，一树繁花傍古坟。引水忽惊冰满涧，向田空见石和云。可怜荒岁青山下，惟有松枝好寄君。①

司空曙的《早春游慈恩寺南池》写道：

山寺临池水，春愁望远生。蹋桥逢鹤起，寻竹值泉横。新柳丝犹短，轻蘋叶未成。还如虎溪上，日暮伴僧行。②

慈恩寺依山临水，远望处春愁暗生。踏上桥头，遇见仙鹤临空而起，寻觅幽径的翠竹，正值泉水横溢，柳丝尚短，蘋叶未成，日暮伴僧而行，处处可感春气初来的气息。

孟郊亦有《长安早春》，但却在自然生态的描写中，将长安城内朱门豪贵趁醉游赏，美人们争相探春，却只为花柳之色的情境，与每到春来田家即奔忙于桑田与麦垄的田家之春作对比，赋予其更多的人文生态内蕴：

旭日朱楼光，东风不惊尘。公子醉未起，美人争探春。探春不为桑，探春不为麦。日日出西园，只望花柳色。乃知田家春，不入五侯宅。③

杨巨源的《城东早春》勾勒出早春时节长安城独特的生态图景：

诗家清景在新春，绿柳才黄半未匀。若待上林花似锦，出门俱是看花人。④

绿柳半黄颜色还不均匀，对诗人而言此时才是最清净的景致。若等到

---

① 刘初棠校注：《卢纶诗集校注》，上海古籍出版社 1989 年版，第 281 页。
② 文航生校注：《司空曙诗集校注》，人民文学出版社 2011 年版，第 27 页。
③ 华忱之、喻学才校注：《孟郊诗集校注》，人民文学出版社 1995 年版，第 91 页。
④ （清）彭定求等编：《全唐诗》卷 333，中华书局 1997 年版，第 3741 页。

春深上林苑花开似锦时，出门望去到处都是看花之人，过于热闹喧嚣，少了早春时的这份幽静的清韵。

王涯的《游春词》二首其一写道：

> 曲江绿柳变烟条，寒谷冰随暖气销。才见春光生绮陌，已闻清乐动云韶。①

关中的长安城，冬去春来的初春时节，柳条色绿，寒谷冰消，绮陌上春光浮动，清乐飘摇。

白居易的《早春独游曲江》亦将早春时生机勃发的生态景象细腻勾勒而出：

> 散职无羁束，羸骖少送迎。朝从直城出，春傍曲江行。风起池东暖，云开山北晴。冰销泉脉动，雪尽草芽生。露杏红初坼，烟杨绿未成。影迟新度雁，声涩欲啼莺。闲地心俱静，韶光眼共明。酒狂怜性逸，药效喜身轻。慵慢疏人事，幽栖遂野情。回看芸阁笑，不似有浮名。②

东风初起，池水微暖，云开天晴。冰消泉动，雪尽草芽萌生，杏花的红蕾稍稍绽开，轻烟笼罩下的绿杨还未完全回绿。新回的大雁影儿迟迟，黄莺的啼叫稍显生涩。悠闲之地身心俱静，韶光中眼界明媚。酒狂性逸，药效身轻。在自然春色中疏懒于人事，幽栖中顺遂野趣。回看供职之芸阁淡然一笑，似乎不再有浮名系挂于心。

其《和钱员外答卢员外早春独游曲江见寄长句》则写出曲江春色暗动，暖意融融，柳岸霏微，新雨裛去微尘，杏园春光澹荡，风催花开的生态景致，以及由此带动的诗情与酒思：

> 春来有色暗融融，先到诗情酒思中。柳岸霏微裛尘雨，杏园澹荡

---

① （清）彭定求等编：《全唐诗》卷346，中华书局1997年版，第3886页。
② 朱金城笺校：《白居易集笺校》，上海古籍出版社1988年版，第764页。

开花风。闻君独游心郁郁，薄晚新晴骑马出。醉思诗侣有同年，春叹
翰林无暇日。云夫首唱寒玉音，蔚章继和春搜吟。此时我亦闭门坐，
一日风光三处心。①

其《曲江独行招张十八》更是细腻地写出早春的气象，冰水相合，南
岸尚留残雪，柔和的东风还未能吹动水波，曲江岸畔寂寂独行，尚无春深
时的绚烂喧嚣：

> 曲江新岁后，冰与水相和。南岸犹残雪，东风未有波。偶游身独
> 自，相忆意如何？莫待春深去，花时鞍马多。②

《新居早春》二首则是作于长庆元年（821）身居长安时，将早春时
长安城中人与自然的生动气象，一一撷入笔端诗中：

> 静巷无来客，深居不出门。铺沙盖苔面，扫雪拥松根。渐暖宜闲
> 步，初晴爱小园。觅花都未有，唯觉树枝繁。
> 地润东风暖，闲行蹑草芽。呼童遣移竹，留客伴尝茶。溜滴檐冰
> 尽，尘浮隙日斜。新居未曾到，邻里是谁家。③

早春时，铺沙遮盖青苔面，清扫残雪拥着松根，天气渐暖，更适宜闲
庭信步，初晴的小园更为清新，更惹人怜爱，尚难寻觅花朵的踪迹，却发
觉树枝已不知不觉间布满新绿。

早春时，土地柔润，东风熏暖，诗人闲行时踏着草芽，呼唤着童子移
栽新竹，留客品茶，听屋檐上凝冰滴答的声音，看日斜时分浮尘在空隙中
漂浮，尽享着早春的舒适与惬意。

其作于下邽的《溪中早春》写道：

---

① 朱金城笺校：《白居易集笺校》，上海古籍出版社 1988 年版，第 641—642 页。
② 同上书，第 1267—1268 页。
③ 同上书，第 1268 页。

南山雪未尽，阴岭留残白。西涧冰已消，春溜含新碧。东风来几日，蛰动萌草坼。潜知阳和功，一日不虚掷。爱此天气暖，来拂溪边石。一坐欲忘归，暮禽声唶唶。蓬蒿隔桑枣，隐映烟火夕。归来问夜餐，家人烹荠麦。①

早春时节，南山阴岭，残雪未消，远望处仍留有残白。西涧的冻冰已消融，春水透着新碧之色。东风吹动，蛰伏之物萌动，草芽出坼。诗人亦感知到造化阳和之功，遂生不虚掷美好春光之心。于是趁着渐暖之天气，拂动着溪边的青石。独坐于溪边，忘记回还，听傍晚归鸟的唶唶之声。蓬蒿间隔着桑树与枣树，隐映着夕阳烟火中的村庄。而夜归后，亦有家人制好的荠麦作为晚餐。

刘得仁的《禁署早春晴望》写道：

御林闻有早莺声，玉槛春香九陌晴。寒著霁云归紫阁，暖浮佳气动芳城。宫池日到冰初解，辇路风吹草欲生。鸳侣此时皆赋咏，商山雪在思尤清。②

早春之时，御林中早莺鸣叫，九陌晴天里春香漫溢。初晴的云朵带着寒气回归紫阁峰，暖气浮动惊动芳城。晴日辉耀着宫池，池冰初解，辇路之上风吹草生。面对生机萌动的春天，人们争相赋咏，而商山之雪仍在，亦令诗思清冷。

4. 仲春

仲春即农历二月，春季的第二个月。因处春季之中，故称仲春。此时的季候，已彻底摆脱冬天残留的苍冷气息，春意渐浓，透着姹紫嫣红的味道了。因为在春中时节，故描绘阳春、深春、二月的诗作，均可视为仲春之例。此后则渐渐步入花落叶成的暮春时节了。

李白的《阳春歌》写道：

---

① 朱金城笺校：《白居易集笺校》，上海古籍出版社 1988 年版，第 519 页。
② （清）彭定求等编：《全唐诗》卷 545，中华书局 1997 年版，第 6350 页。

长安白日照春空，绿杨结烟桑袅风。披香殿前花始红，流芳发色绣户中。绣户中，相经过。飞燕皇后轻身舞，紫宫夫人绝世歌。圣君三万六千日，岁岁年年奈乐何。①

长安城白日照耀，绿杨、桑树轻烟缩结，在春风中袅袅摇曳低垂。披香殿前的红艳花朵开始盛开，在绣户中流动着芬芳，呈现着艳丽的色彩。宫苑中歌舞升平，处在一片欢乐的氛围之中。

权德舆的《奉和圣制仲（一作中）春麟德殿会百寮观新乐》：

仲春蔼芳景，内庭宴群臣。森森列干戚，济济趋钩陈。大乐本天地，中和序人伦。正声迈咸濩，易象含羲文。玉俎映朝服，金钿明舞茵。韶光雪初霁，圣藻风自薰。时泰恩泽溥，功成行缀新。赓歌仰昭回，窃比华封人。②

仲春之时，芳景和蔼，内庭里欢宴群臣。干戚森列，仪仗济济。聆听着本天地而创的大乐，中和之声昭示着人伦之序。正声超越尧乐《大咸》与汤乐《大濩》这样的典雅古乐。玉俎辉映着群臣的朝服，闪耀明亮的金钿令舞茵生色。雪后初霁韶光美好，暖风熏熏圣藻自成。

王涯的《汉苑行》亦写出二月仲春之生态景观：

二月春风遍柳条，九天仙乐奏云韶。蓬莱殿后花如锦，紫阁阶前雪未销。③

二月春风和煦，吹拂遍野时，长安城中仍有令人惊异的两重天地，一面是柳条摇曳、繁花如锦，另一面却留有紫阁阶前尚未消融的残雪。

白居易的《和韩侍郎题杨舍人林池见寄》也写出二月渠水暗流随暖风日炙解冻的情形：

①（清）王琦注：《李太白全集》，中华书局1977年版，第224页。
② 郭广伟点校：《权德舆诗文集》，上海古籍出版社2008年版，第6页。
③（清）彭定求等编：《全唐诗》卷346，中华书局1997年版，第3886页。

渠水暗流春冻解，风吹日炙不成凝。凤池冷暖君谙在，二月因何更有冰。①

刘禹锡的《同乐天和微之深春二十首（同用家花车斜四韵）》可谓对长安深春之景的层层铺叙：

> 何处深春好，春深万乘家。宫门皆映柳，辇路尽穿花。池色连天汉，城形象帝车。旌旗暖风里，猎猎向西斜。
> 何处深春好，春深阿母家。瑶池长不夜，珠树正开花。桥峻通星渚，楼暄近日车。层城十二阙，相对玉梯斜。
> 何处深春好，春深执政家。恩光贪捧日，贵重不看花。玉馔堂交印，沙堤柱碍车。多门一已闭，直道更无斜。
> 何处深春好，春深贵戚家。枥嘶无价马，庭发有名花。欲进宫人食，先薰命妇车。晚归长带酒，冠盖任倾斜。
> 何处深春好，春深恩泽家。炉添龙脑炷，绶结虎头花。宾客珠成履，婴孩锦缚车。画堂帘幕外，来去燕飞斜。
> 何处深春好，春深京兆家。人眉新柳叶，马色醉桃花。盗息无鸣鼓，朝回自走车。能令帝城外，不敢径由斜。②

当深春之时，景色最好的地方，自然是万乘之家。宫门柳映，辇路处处花开。碧绿的池水与天汉相接，暖风里出城巡游的旌旗猎猎。

春色最好的阿母之家，瑶池不夜，珠树开花。桥通星渚，近日之车，城楼喧闹。层层叠叠的十二城阙，在日斜时两两相对，笼罩在落日的余晖之中。

春深的执政之家，供丞相专用的沙堤之上可见其出行的车马，玉堂之上玉馔交印。

贵戚之家，马槽里无价之马声嘶，庭院内名花盛开。出入于宫廷宴饮前，香薰命妇之车。带着酒气晚归，冠盖倾斜。

---

① 朱金城笺校：《白居易集笺校》，上海古籍出版社 1988 年版，第 1276 页。
② 卞孝萱编订：《刘禹锡集》，中华书局 1990 年版，第 434—435 页。

恩泽之家，龙脑香绕，宾客盈门，画堂帘幕之外，燕子来去轻盈。
京兆之家，佳人眉如柳叶，马儿在艳丽的桃花中沉醉。

而唐诗中亦有以"春色布满皇州"作为题咏的同题诗作，从各个角度展现描摹出春深时长安城春意无处不在的生态景象。

贞元八年进士及第的诗人张嗣初，在《春色满皇州》中写道：

> 何处年华好，皇州淑气匀。韶阳潜应律，草木暗迎春。柳变金堤畔，兰抽曲水滨。轻黄垂辇道，微绿映天津。丽景浮丹阙，晴光拥紫宸。不知幽远地，今日几枝新。①

当春之时皇州里淑气匀布，是年华最好的地方。明媚的春光应着节律潜入，草木悄悄变成绿色，迎接着春天的到来。堤畔的杨柳变成金黄色，曲水之滨兰草抽蕊。辇道上轻黄之色低垂，天津河水上泛着微绿。丹阙上丽景浮动，紫宸间晴光拥绕。不知幽远的地方，又增添了几枝新绿。

元和十年（815）举进士的封敖，在《春色满皇州》中写道：

> 帝里春光正，葱茏喜气浮。锦铺仙禁侧，镜写曲江头。红萼开萧阁，黄丝拂御楼。千门歌吹动，九陌绮罗游。日近风先满，仁深泽共流。应非憔悴质，辛苦在神州。②

帝都里春光正好，葱茏之气浮动。仙禁中春色绚烂如铺开的锦绣，曲江清澄如镜。萧阁前红萼绽开，御楼前黄嫩的柳丝拂动。千门内歌吹声动，九陌之上布满身着华丽绮罗的游人。

同为元和十年登进士第的诗人沈亚之，在《春色满皇州》中如此描绘：

> 何处春辉好，偏宜在雍州。花明夹城道，柳暗曲江头。风软游丝重，光融瑞气浮。斗鸡怜短草，乳燕傍高楼。绣毂盈香陌，新泉溢御

---

① （清）彭定求等编：《全唐诗》卷319，中华书局1997年版，第3603页。
② （清）彭定求等编：《全唐诗》卷479，中华书局1997年版，第5491页。

沟。回看日欲暮，还骑似川流。①

当春天来临时，雍州的春晖是最好最适宜的。夹城的道路上春花明媚，曲江头柳色深暗。春风和软，杨柳的游丝低垂，光色融和，瑞气浮动。乳燕依傍着高楼轻盈地飞动，青青的春草上斗鸡出没。绣毂驰过，香气布满九陌，涌动的新泉溢入御沟。回看日暮的长安道上，回归的车骑川流不息。

会昌八年进士及第的晚唐诗人薛能，一作滕迈（元和十年登进士第）诗，在《春色满皇州》中写道：

> 蔼蔼复悠悠，春归十二楼。最明云里阙，先满日边州。色媚青门外，光摇紫陌头。上林荣旧树，太液镜新流。暖带祥烟起，清添瑞景浮。阳和如启蛰，从此事芳游。②

草木茂盛，万物悠悠，春天回归皇城的亭台楼阁。令高耸入云的宫阙明丽，亦满布日边的皇州。灞桥青门柳色明媚，紫陌间光色摇动。上林苑的冬日旧树重新繁荣，昔日封冻的如镜的太液池水冰消水动。暖气融入吉祥的烟霭，浮动的瑞景中增添清丽之气。阳和天气的人们如经冬蛰伏至春又复出活动的动物一样，从此开始沉浸在春天的芳游中。

章碣的《长安春日》写道：

> 春日皇家瑞景迟，东风无力雨微微。六宫罗绮同时泊，九陌烟花一样飞。暖著柳丝金蕊重，冷开山翠雪棱稀。输他得路蓬洲客，红绿山头烂醉归。③

春日长安，东风柔和，细雨微微，六宫罗绮在湖面泛舟停泊靠岸，九陌上烟花飞舞。暖气依着柳丝，远山雪棱稀疏，冷气渐开，渐生青翠。而

---

① （清）彭定求等编：《全唐诗》卷493，中华书局1997年版，第5621页。
② （清）彭定求等编：《全唐诗》卷491，中华书局1997年版，第5603页。
③ （清）彭定求等编：《全唐诗》卷669，中华书局1997年版，第7715页。

长安城中的游客们，在红绿相间的山头赏春饮酒趁醉而归。

韦庄的《长安春》写道：

> 长安二月多香尘，六街车马声辚辚。家家楼上如花人，千枝万枝
> 红艳新。帘间笑语自相问，何人占得长安春？长安春色本无主，古来
> 尽属红楼女。如今无奈杏园人，骏马轻车拥将去。①

长安城的二月，六街上车马辚辚，香尘飞起。家家户户绽放出千枝万
枝鲜红艳丽的花朵，楼上赏花的佳人如花，帘间笑语盈盈。

5. 仲春暮春转换间的节日与节气

（1）上巳节

上巳节是中国古老的传统节日，俗称三月三，汉代以前定为三月上旬
的巳日，后定在夏历三月初三。"上巳"一词，最早出现在汉初的文献。
《周礼》郑玄注："岁时祓除，如今三月上巳如水上之类。"据记载，春秋
时期上巳节已流行。"祓除畔浴"活动是上巳节最重要的内容。《论语》：
"暮春者，春服既成，冠者五六人，童子六七人，浴乎沂，风乎舞雩，咏
而归。"即描写此景。唐代的上巳节异常热闹富丽，满城尽是赏花修禊之
人，唐帝王亦会率领众臣祓禊渭滨。宋代以后，理学盛行，礼教渐趋森
严，上巳节风俗在汉文化中渐渐衰微。

唐代关中的上巳节情境，从留存的应制诗中，即可得知。

韦嗣立的《上巳日祓禊渭滨应制》写道：

> 乘春祓禊逐风光，扈跸陪銮渭渚傍。还笑当时水滨老，衰年八十
> 待文王。②

上巳日，乘春修禊，追逐美好的风光，扈从帝王出行的车驾来到渭
水之旁。亦不觉想起当年时值八十之衰朽之年尚在渭滨得遇文王成就功
业的吕尚。

---

① 向迪聪校订：《韦庄集》，人民文学出版社 1958 年版，第 112 页。
② （清）彭定求等编：《全唐诗》卷 91，中华书局 1997 年版，第 983 页。

徐彦伯的《上巳日祓禊渭滨应制》写道：

> 晴风丽日满芳洲，柳色春筵被锦流。皆言侍跸横汾宴，暂似乘槎天汉游。[①]

晴风丽日，春满芳洲，柳色青嫩，于锦流边修禊，陈设春筵。群臣皆言是扈从帝王的车驾来赴横汾之宴（汉武帝尝巡幸河东郡，在汾水楼船上与群臣宴饮，自作《秋风辞》，中有"泛楼舡兮济汾河，横中流兮扬素波"句。后以"横汾"为典，称颂皇帝或其作品），又似乘槎在天河巡游（据张华《博物志》记载：天河与海通，近世有人居海滨者，年年八月见有浮槎去来不失期，人有奇志，立飞阁于槎上，多赍粮，乘槎而去。十余日中，犹观星月日辰。自后茫茫忽忽，亦不觉昼夜。去十余日，奄至一处，有城郭状，屋舍甚严。遥望宫中，多织妇。见一丈夫，牵牛渚次饮之。牵牛人乃惊问曰："何由至此？"此人具说来意，并问此为何处。答曰："君还至蜀郡，访严君平，则知之。"竟不上岸。因还如意，后至蜀，问君平曰："某年月日，有客星犯牵牛宿。"计年月，正此人到天河时也。[②] 南朝梁宗懔《荆楚岁时记》也载有类似记载）。

李乂的《奉和三日祓禊渭滨》写道：

> 上林花鸟暮春时，上巳陪游乐在兹。此日欣逢临渭赏，昔年空道济汾词。[③]

上林苑暮春时，花繁鸟喧，上巳日陪帝王至此游乐。又欣逢临渭游赏，当年汉武帝在河东汾水与群臣的宴饮之盛与清赏之词亦不如此日。

崔国辅的《奉和圣制上巳祓禊应制》则写出元巳秦中节日时，追随帝王在灞上巡游所见桃花行将开尽，谷雨将会在夜间收去它的鲜艳，这一非常细微而富有意味的季节转换生态变化情景：

---

① （清）彭定求等编：《全唐诗》卷76，中华书局1997年版，第826页。
② （晋）张华：《博物志》，中华书局1985年版，第66页。
③ （清）彭定求等编：《全唐诗》卷92，中华书局1997年版，第996页。

　　元巳秦中节，吾君灞上游。鸣銮通禁苑，别馆绕芳洲。鹓鹭千官
列，鱼龙百戏浮。桃花春欲尽，谷雨夜来收。庆向尧樽祝，欢从楚棹
讴。逸诗何足对，窃作掩东周。①

崔元翰的《奉和圣制三日书怀因以示百寮》写道：

　　佳节上元巳，芳时属暮春。流觞想兰亭，捧剑传金人。风轻水初
绿，日迟花更新。天文信昭回，皇道颇敷陈。恭己每从俭，清心常保
真。戒兹游衍乐，书以示群臣。②

上巳佳节，巳属暮春。风轻水碧，日迟花新。天文昭回，皇道敷陈。
帝王为警戒游乐之滋蔓，亦在诗歌中书写恭己节俭、清心保真的情怀以示
群臣。

杨凝的《上巳》写道：

　　帝京元巳足繁华，细管清弦七贵家。此日风光谁不共，纷纷皆是
掖垣花。③

帝京上巳节，繁华富丽，七贵之家管弦轻细。此日的风光谁不想共
享，眼前尽是纷纷飞落的掖垣繁花。

殷尧藩的《上巳日赠都上人》写道：

　　三月初三日，千家与万家。蝶飞秦地草，莺入汉宫花。鞍马皆争
丽，笙歌尽斗奢。吾师无所愿，惟愿老烟霞。
　　曲水公卿宴，香尘尽满街。无心修禊事，独步到禅斋。细草萦愁
目，繁花逆旅怀。绮罗人走马，遗落凤凰钗。④

---

① （清）彭定求等编：《全唐诗》，中华书局1997年版，第1201页。
② （清）彭定求等编：《全唐诗》卷313，中华书局1997年版，第3521页。
③ （清）彭定求等编：《全唐诗》卷290，中华书局1997年版，第3296页。
④ （清）彭定求等编：《全唐诗》卷492，中华书局1997年版，第5606页。

三月三日上巳节时,长安城的千家万户都沉浸在无边春色中。蝴蝶飞舞在秦地芳草之上,黄莺飞入嬉戏在汉宫花枝头。鞍马争丽,笙歌斗奢。而上人则无所欲求,唯愿终老于烟霞山水之中。

曲水之畔陈设公卿筵席,满街尽是香尘。诗人无心于修禊之事,独自步入禅房。细草萦绕悲愁之目,繁花勾起逆旅情怀。身着绮罗华服的佳人乘车奔赏,遗落满地的凤凰钗。

刘驾的《上巳日》写道:

> 上巳曲江滨,喧于市朝路。相寻不见者,此地皆相遇。日光去此远,翠幕张如雾。何事欢娱中,易觉春城暮。物情重此节,不是爱芳树。明日花更多,何人肯回顾。①

上巳日曲江之滨,喧闹胜于朝市之路。昔日费尽心力相寻不见之人,在此时此地皆可相遇。日光渐渐去远,暮气渐起,翠幕张开如雾。欢娱之中,倍觉时光易逝,已到春城日暮。人情于此只是看重这样的节日,并不是真正怜爱春天的芳树。其实明日之花还要更繁盛,却不再有人再肯回头看这里的风景。

（2）寒食

寒食节亦称"禁烟节"、"冷节"、"百五节",在夏历冬至后一百零五日,清明节前一二日。初,禁烟火,吃冷食,后渐增祭扫、踏青、秋千、蹴鞠、牵勾、斗卵等风俗,寒食节绵延两千余年,曾被称为民间第一大祭日。相传源于纪念春秋时晋国介之推。介之推曾与晋公子重耳流亡列国,割股肉供之充饥。文公复国后,之推与母归隐绵山。文公焚山以求之,之推抱树而死。文公葬其尸于绵山,修祠立庙,并下令于子推焚死之日禁火寒食,以寄哀思,后相沿成俗。唐代诗人卢象的《寒食》写道:"之推言避世,山火遂焚身。四海同寒食,千古为一人。深冤何用道,峻迹古无邻。魂魄山河气,风雷御宇神。光烟榆柳火,怨曲龙蛇新。可叹文公霸,平生负此臣。"从中可见唐人普遍认为寒食是为纪念"之推绵山焚身"之事。古时春祭在寒食节,后改为清明节。

---

① （清）彭定求等编:《全唐诗》卷585,中华书局1997年版,第6831页。

李隆基的《初入秦川路逢寒食》描写的是从洛阳入关中的秦川路上的一路春色：

> 洛阳芳树映天津，灞岸垂杨窣地新。直为经过行处乐，不知虚度两京春。去年余闰今春早，曙色和风著花草。可怜寒食与清明，光辉并在长安道。自从关路入秦川，争道何人不戏鞭。公子途中妨蹴鞠，佳人马上废秋千。渭水长桥今欲渡，葱葱渐见新丰树。远看骊岫入云霄，预想汤池起烟雾。烟雾氤氲水殿开，暂拂香轮归去来。今岁清明行已晚，明年寒食更相陪。①

洛阳的芳树映衬着天津河水，灞河岸边的垂杨渐变新绿，枝条下垂拂动地面。早春时节，拂晓的天色和暖的清风里著满花草。寒食清明的节气里，长安道上晴光辉耀。长安道上人人争相戏鞭驰骋，佳人马上奔走不再流连秋千之戏，公子亦不再贪恋蹴鞠，驰骋在路途之上。渭水桥边，绿意葱茏，渐渐可以看见繁茂的新丰绿树。

张说的《奉和初入秦川路逢寒食应制》写道：

> 上阳柳色唤春归，临渭桃花拂水飞。总为朝廷巡幸去，顿教京洛少光辉。昨从分陕山南口，驰道依依渐花柳。入关正投寒食前，还京遂落清明后。路上天心重豫游，御前恩赐特风流。便幕那能镂鸡子，行宫善巧帖毛球。渭桥南渡花如扑，麦陇青青断人目。汉家行树直新丰，秦地骊山抱温谷。香池春溜水初平，预欢浴日照京城。今岁随宜过寒食，明年陪宴作清明。②

寒食节令，整个关中的景象绚丽迷人，有上阳的柳色，临渭的桃花，驰道上花柳依依，麦垄青青，满眼的繁花玉树，而整首诗中最为动人的诗句则是"渭桥南渡花如扑"，极其生动鲜活地写出关中道春天景色的灵动明媚，勾勒出当时关中道上花园般良好美丽的生态景象。

---

① （清）彭定求等编：《全唐诗》卷3，中华书局1997年版，第29页。
② 熊飞校注：《张说集校注》，中华书局2013年版，第108页。

其《奉和圣制寒食作应制》写道:

> 寒食春过半,花秾鸟复娇。从来禁火日,会接清明朝。斗敌鸡殊胜,争球马绝调。晴空数云点,香树百风摇。改木迎新燧,封田表旧烧。皇情爱嘉节,传曲与箫韶。①

时至寒食,春已过半,春花秾丽,鸟儿娇媚。寒食日向来是与清明相接。而此时嬉戏活动的人群渐多,长安城的斗鸡争球娱乐活动亦热闹非凡。晴空之上数云点缀,暖风摇动绿树,香气四溢。寒食节改变钻木取火之本,迎接新的取火之燧。帝王亦喜爱如此之佳节,每到此时庆贺赏景的韶乐飘飘,满溢着欢娱。

卢纶的《寒食》写道:

> 孤客飘飘岁载华,况逢寒食倍思家。莺啼远墅多从柳,人哭荒坟亦有花。浊水秦渠通渭急,黄埃京洛上原斜。驱车西近长安好,宫观参差半隐霞。②

寒食节气里,漂泊在外的孤客思家情切。远处的别墅里,黄莺依随柳枝啼叫,荒坟之上,野花丛开。秦渠水浊,急急流向渭水,京洛上原,黄埃四起。驱车临近长安,风景无限美好,参差的宫观,半隐于绚丽的彩霞之中。

韩翃的《寒食》写道:

> 春城无处不飞花,寒食东风御柳斜。日暮汉宫传蜡烛,轻烟散入五侯家。③

春天的长安城,处处落花飘飞,寒食节,东风吹斜御园柳枝。黄昏

---

① 熊飞校注:《张说集校注》,中华书局 2013 年版,第 56 页。
② 刘初棠校注:《卢纶诗集校注》,上海古籍出版社 1989 年版,第 553 页。
③ (清)彭定求等编:《全唐诗》卷 245,中华书局 1997 年版,第 2749 页。

时，宫中御赐的烛火传出，轻烟散入五侯之家。

武元衡的《寒食下第》写道：

> 柳挂九衢丝，花飘万家雪。如何憔悴人，对此芳菲节。①

长安城的寒食时节，九衢上柳丝摇曳，花飘如雪，洒入万家。而下第的举子，在这样的芳菲时节却独自憔悴。

王涯的《宫词》写道：

> 春风帘里旧青娥，无奈新人夺宠何。寒食禁花开满树，玉堂终日闲时多。②

寒食日，宫禁中春意益然，满树鲜花绽放，而春风帘里失宠的青娥，却在玉堂中终日清闲。

李德裕的《寒食日三殿侍宴，奉进诗一首》写道：

> 宛转龙歌节，参差燕羽高。风光摇禁柳，霁色暖宫桃。春露明仙掌，晨霞照御袍。雪凝陈组练，林植耸干旄。广乐初跄凤，神山欲抃鳌。鸣笳朱鹭起，叠鼓紫骍豪。象舞严金铠，丰歌耀宝刀。不劳孙子法，自得太公韬。分席罗玄冕，行觞举绿醪。毂中时落羽，橦末乍升猱。瑞景开阴翳，薰风散郁陶。天颜欢益醉，臣节劲尤高。楛矢方来贡，雕弓已载櫜。英威扬绝漠，神算尽临洮。赤县阳和布，苍生雨露膏。野平惟有麦，田辟久无蒿。禄秩荣三事，功勋乏一毫。寝谋惭汲黯，秉羽贵孙敖。焕若游玄圃，欢如享太牢。轻生何以报，只自比鸿毛。③

寒食节，龙歌宛啭，燕羽参差。和风中，禁柳摇曳，霁后的光色里，

---

① （清）彭定求等编：《全唐诗》卷317，中华书局1997年版，第3596页。
② （清）彭定求等编：《全唐诗》卷346，中华书局1997年版，第3888页。
③ （清）彭定求等编：《全唐诗》卷475，中华书局1997年版，第5424页。

宫桃和暖。仙人承露盘上,春露晶莹明亮,清晨的彩霞辉映着御袍。组练陈列如凝结的白雪,干旄耸动。广乐动风,神山之鳌,闻乐率舞而抃足。鸣筇叠鼓声中,朱鹭跃起,紫骍豪迈。丰歌象舞,辉映着宝刀金甲的严阵。御宴上,众臣分席列坐,行觞举起美酒。筵席间,表演着爬杆的技艺,乍看似猿猱攀缘,而射箭的技艺高超,飞鸟应声而落。祥瑞的和暖光景中,阴翳驱散,熏风驱散内心忧闷不乐的情怀。天子容颜愉悦,醉意萌生,臣子气节苍劲高洁。四野臣服,兵戈不兴,楛矢雕弓,载满收藏盔甲弓矢的器具。赤县神州,阳和布满,苍生亦有雨露滋润。平野中,麦子繁密,良田开辟,久无野蒿。

赵嘏的《寒食新丰别友人》写道:

> 一百五日家未归,新丰鸡犬独依依。满楼春色傍人醉,半夜雨声前计非。缭绕沟塍含绿晚,荒凉树石向川微。东风吹泪对花落,憔悴故交相见稀。[1]

诗人已多日未归,寒食节独自依傍着新丰的满楼春色卧酒而醉,在夜半的春雨声中,思量着前尘往事,不禁为昔日之计而懊恼悔恨。日暮时,沟渠和田埂满含绿意,河边荒凉的林木山石渐渐朦胧。东风吹拂,对落花而泣送友人,此去相见已难,风光虽好,斯人憔悴。

咸通七年(866)至京为国子生的晚唐诗人邵谒,也有《长安寒食》:

> 春日照九衢,春风媚罗绮。万骑出都门,拥在香尘里。莫辞吊枯骨,千载长如此。安知今日身,不是昔时鬼。但看平地游,亦见摧骭死。[2]

春日阳光,照耀长安九衢,春风使罗绮飘飘平添妩媚。长安城万骑出动,拥挤在香尘之中。而在这样的寒食日里吊祭枯骨,也是千载如此的风俗。

---

① 谭优学注:《赵嘏诗注》,上海古籍出版社1985年版,第51页。
② (清)彭定求等编:《全唐诗》卷605,中华书局1997年版,第7048页。

李山甫的《寒食》二首写道：

> 柳带东风一向斜，春阴澹澹蔽人家。有时三点两点雨，到处十枝
> 五枝花。万井楼台疑绣画，九原珠翠似烟霞。年年今日谁相问，独卧
> 长安泣岁华。
>
> 风烟放荡花披猖，秋千女儿飞短墙。绣袍驰马拾遗翠，锦袖斗鸡
> 喧广场。天地气和融霁色，池台日暖烧春光。自怜尘土无他事，空脱
> 荷衣泥醉乡。①

柳枝带着东风倾斜摇曳，春阴澹荡，遮蔽人家。这样的寒食日里，有
时亦会有两三点雨，到处是花枝缭绕。万井楼台如锦绣图画，九原上珠翠
盈野似烟霞艳丽。而飘零长安的客子，在年年如此的繁华与迷人景色中，
却无人相问，独卧于此，为岁月之蹉跎、年华之逝去而饮泣。

寒食日，风烟澹荡，花草繁茂，荡着秋千的女儿飞过短墙。广场上，
斗鸡之声热闹喧天，身着华服的游客飞驰而过，九陌之上，珠翠遗落。雨
过初晴，天地气和，暖意融融，池台上暖日灼烧着春光。闲来无事，怜惜
这飞扬尘土中的迷人春色，沉醉在无边的春日里。

罗隐的《寒食日早出城东》写道：

> 青门欲曙天，车马已喧阗。禁柳疏风雨，墙花拆露鲜。向谁夸丽
> 景，只是叹流年。不得高飞便，回头望纸鸢。②

长安青门刚欲破晓，车马已喧阗。禁中柳树在风雨中摇曳，宫墙内的
鲜花和着露珠格外鲜亮。对这样的丽景，诗人不觉叹流年之逝去。回头望
着天上自由飘荡的纸鸢，徒生艳羡。

（3）清明

清明节是中国传统节日之一，也是最重要的祭祀节日之一，在仲春与
暮春之交。其渊源可上溯至周代，距今已有二千五百多年的历史。其名称

---

① （清）彭定求等编：《全唐诗》卷 643，中华书局 1997 年版，第 7416 页。
② 潘慧惠校注：《罗隐集校注》修订本，中华书局 2011 年版，第 151 页。

得来与此时天气物候的特点有关。《淮南子·天文训》中说："（春分）加十五日指乙，则清明风至，音比仲吕。"①《岁时百问》曰"万物生长此时，皆清洁而明净。故谓之清明。"清明时节，气温变暖，降雨增多，正是春耕春种的大好时节。东汉崔寔《四民月令》记载："清明节，命蚕妾，治蚕室……"② 早期的清明，仅指节令，源于汉代的二十四节气之一——"清明"，其作为节日在唐朝才形成。

扫墓祭祖、踏青郊游是基本主题。清明赐火，也是其最重要的一项内容。古代钻木取火，四季换用不同木材，称为"改火"，又称改木。《论语·阳货》："旧谷既没，新谷既升，钻燧改火，期可已矣。"何晏《论语集解》注引马融语对改火如此解释：

> 《周书·月令》有更火。春取榆柳之火，夏取枣杏之火，季夏取桑柘之火，秋取柞楢之火，冬取槐檀之火。一年之中，钻火各异木，故曰改火也。③

刘宝楠《论语正义》引徐颋《改火解》对改火的历史沿革与得名由来有极其详尽的解说：

> 改火之典，昉于上古，行于三代，迄于汉，废于魏晋以后，复于隋而仍废……盖四时之火，各有所宜，若春用榆柳，至夏仍用榆柳便有毒，人易以生疾，故须改火以去兹毒，即是以救疾也。④

由此可知，寒食禁火，是把冬季保留的火种熄灭。至清明，则重新钻木取火。唐代帝王于此日要举行隆重的"清明赐火"典礼，把新的火种赐给群臣，以表示对臣民的宠爱。这在唐诗中则有同题的集体咏叹。

史延的《清明日赐百僚新火》写道：

---

① （汉）高诱注：《淮南子注》，上海书店1986年版，第41页。
② 石声汉校注：《四民月令校注》，中华书局1965年版，第26页。
③ 皇侃义疏，（三国魏）何晏集解：《论语集解》卷9，中华书局1965年版，第251页。
④ （清）刘宝楠：《论语正义》卷20，中华书局1990年版，第701—702页。

上苑连侯第，清明及暮春。九天初改火，万井属良辰。颁赐恩逾洽，承时庆自均。翠烟和柳嫩，红焰出花新。宠命尊三老，祥光烛万人。太平当此日，空复荷陶甄。①

上苑与诸侯宅第相连，清明来临已至暮春。九天初改四时之火，节气变更，千家万户沐浴在良辰之中。清明时节诏令颁赐新火，朝中乘着时令庆贺节日。轻烟和着嫩柳，红焰发出新花。新火之祥光烛照万人。

韩濬的《清明日赐百僚新火》写道：

朱骑传红烛，天厨赐近臣。火随黄道见，烟绕白榆新。荣耀分他日，恩光共此辰。更调金鼎膳，还暖玉堂人。灼灼千门晓，辉辉万井春。应怜萤聚夜，瞻望及东邻。②

朱骑传递着红烛，皇宫中赐予近臣酒宴。轻烟缭绕，榆柳之火随黄道之改换而现。臣子们分享着荣耀与恩光。新火调和着金鼎之御膳，温暖着玉堂之人。千门破晓时格外明亮，万井之春润泽光辉。

郑辕的《清明日赐百僚新火》写道：

改火清明后，优恩赐近臣。漏残丹禁晚，燧发白榆新。瑞彩来双阙，神光焕四邻。气回侯第暖，烟散帝城春。利用调羹鼎，余辉烛缙绅。皇明如照隐，愿及聚萤人。③

清明改火，帝王赐予近臣格外的恩惠。丹禁中残漏向晚时，初改榆柳之火。顿时城阙迎来祥瑞彩焰，神光闪耀光明，映照四邻。暖气回还，诸侯宅第变暖，烟散帝城，春光澹荡。可用以调羹，余辉亦烛照缙绅。

王濯的《清明日赐百僚新火》写道：

---

① （清）彭定求等编：《全唐诗》卷281，中华书局1997年版，第3189页。
② 同上书，第3189—3190页。
③ 同上书，第3190页。

御火传香殿,华光及侍臣。星流中使马,烛耀九衢人。转影连金屋,分辉丽锦茵。焰迎红蕊发,烟染绿条春。助律和风早,添炉暖气新。谁怜一寒士,犹望照东邻。①

香殿里御赐新火,华光恩及侍臣。新火似流星驰马而过,烛光照耀九衢之人。金屋烛影流转,分散的光辉使如锦的草茵分外明丽。火焰迎着绽放的红蕊,轻烟着染着碧绿的枝条。和风早来协调着节律,觉添炉气暖,万象更新。

权德舆的《奉和崔阁老,清明日候许阁老交直之际辱装阁老书招云与考功苗曹长老先城南游览独行口号因以简赠(时德舆以疾,故有阻追游)》,将从禁城值夜归来所见长安城南生态景观勾勒而出:

紫禁宿初回,清明花乱开。相招直城外,远远上春台。谏曹将列宿,几处期子玉。深竹与清泉,家家桃李鲜。折芳行载酒,胜赏随君有。愁疾自无悰,临风一搔首。②

清明时节,百花乱开,深竹青翠,清泉盈溢,家家桃李鲜妍。身处其中的诗人们,亦相招相伴来到直城外,登上春台,瞻望美景。折芳载酒,相随游赏,临风搔首,自然愁疾无踪。

久困举场三十多年,因诗名闻于武宗,会昌五年(845)仍落榜,但终被武宗责令追榜及第的顾非熊,在《长安清明言怀》中将明时看花与落第看花的众生态穿插而出:

明时帝里遇清明,还逐游人出禁城。九陌芳菲莺自啭,万家车马雨初晴。客中下第逢今日,愁里看花厌此生。春色来年谁是主,不堪憔悴更无成。③

遭遇升平时的帝里清明,诗人亦追逐着游人步出禁城。九陌之上花草

---

① (清)彭定求等编:《全唐诗》卷281,中华书局1997年版,第3190页。
② 郭广伟点校:《权德舆诗文集》,上海古籍出版社2008年版,第98页。
③ (清)彭定求等编:《全唐诗》卷509,中华书局1997年版,第5831页。

芳香盛美，黄莺鸣啭，雨后初晴的道路上万家车马涌动。而刚刚落第客居
在京城里的诗人遭逢如此盛况，却在赏花时倍添愁绪厌倦此生。不知来年
谁会是如此春色的主人，功业未成的诗人在绚烂的春日里已憔悴不堪。

韦庄的《长安清明》写道：

> 蚤是伤春梦雨天，可堪芳草更芊芊。内官初赐清明火，上相闲分
> 白打钱。紫陌乱嘶红叱拨，绿杨高映画秋千。游人记得承平事，暗喜
> 风光似昔年。①

忽然之间已到了伤春之时，细雨如丝，芳草异常柔嫩细软，富有生
气，让人难以承受这样的美景。内官颁诏赐予新火，大臣们无事，以蹴鞠
为戏，优胜者即受赐金钱。紫陌之上，汗血宝马胡乱嘶叫（唐天宝中西域
进汗血马六匹，分别以红、紫、青、黄、丁香、桃花叱拨为名），高高的
绿杨映衬着华美的秋千，上下飞舞。游人还记得承平时的盛事，看着如此
的风光，亦觉与昔日没有两样，不由得心生喜悦。

6. 暮春

暮春既是春色最深最美的时节，也是春日将去而惜春的时节。此前亦
有寒食、清明、上巳等多个节气与之承接。

刘宪的《奉和春日幸望春宫应制》写道：

> 暮春春色最便妍，苑里花开列御筵。商山积翠临城起，浐水浮光
> 共幕连。莺藏嫩叶歌相唤，蝶碍芳丛舞不前。欢娱节物今如此，愿奉
> 宸游亿万年。②

暮春的春色最明媚，望春宫花开处御宴陈列。远处商山叠积的青翠之
色连着城阙，浐水之上光色浮动。黄莺藏在嫩叶之间以歌声相互呼唤，蝴
蝶在芳丛中流连。在令万物欢娱的春日里，诗人不禁祈愿这样的伴圣驾出
游的日子能长长久久。

---

① 向迪聪校订：《韦庄集》补遗，人民文学出版社 1958 年版，第 120 页。
② （清）彭定求等编：《全唐诗》卷71，中华书局 1997 年版，第 780 页。

卢纶的《同钱郎中晚春过慈恩寺》道出雨后惜花的晚春特有生态情境:不见僧中旧,仍逢雨后春。惜花将爱寺,俱是白头人。①

张籍的《晚春过崔驸马东园》将晚春新雨后竹香飘过、莺语落花中的生态图景描绘而出,也在面对如此晚春情境时透着浓浓的惆怅之情:

> 闲园多好风,不意在街东。早早诗名远,长长酒性同。竹香新雨后,莺语落花中。莫遣经过少,年光渐觉空。②

白居易退居下邽所作《晚春酤酒》则写出关中一带晚春时的景观,百花凋落如雪,而人至暮春,倍感年华易逝,老之将至,亦酤酒步行,酩酊而归的情形:

> 百花落如雪,两鬓垂作丝。春去有来日,我老无少时。人生待富贵,为乐常苦迟。不如贫贱日,随分开愁眉。卖我所乘马,典我旧朝衣。尽将酤酒饮,酩酊步行归。名姓日隐晦,形骸日变衰。醉卧黄公肆,人知我是谁。③

温庭筠的《长安春晚》二首写道:

> 曲江春半日迟迟,正是王孙怅望时。杏花落尽不归去,江上东风吹柳丝。
> 四方无事太平年,万象鲜明禁火前。九重细雨惹春色,轻染龙池杨柳烟。④

曲江春半,白日迟迟,亦是王孙怅望之时。杏花落尽不忍归去,江上东风吹拂下柳丝摇曳。

太平治世四方无事,寒食禁火之前万象鲜明。细雨迷蒙中逗惹出浓浓

---

① 刘初棠校注:《卢纶诗集校注》,上海古籍出版社 1989 年版,第 403 页。
② 余恕诚、徐礼节整理:《张籍系年校注》,中华书局 2011 年版,第 280 页。
③ 朱金城笺校:《白居易集笺校》,上海古籍出版社 1988 年版,第 319 页。
④ 刘学锴校注:《温庭筠全集校注》,中华书局 2007 年版,第 470 页。

春色，龙池上青烟轻染杨柳。

赵嘏的《春日书怀》写道：

> 暖莺春日舌难穷，枕上愁生晓听中。应衮绿窗残梦断，杏园零落满枝风。①

春日之暖莺宛啭不歇，清晓倾听，不觉枕上生愁。缭绕绿窗，惊断残梦，杏园风起时，满枝繁花零落。

黄滔的《晚春关中》，已无繁华气象，透着兵荒马乱、烦躁不安的破败气息：

> 忍历通庄出，东风舞酒旗。百花无看处，三月到残时。游塞闻兵起，还吴值岁饥。定唯荒寺里，坐与噪蝉期。②

经行来往关中的大路而出，东风吹拂，酒旗飘舞。三月春残时，沿途已无百花可赏。想起游历关塞，却听闻兵火已起，回还吴地之时，亦正值兵荒岁饥。身处在关中荒寺静坐，只听见蝉噪之声。

罗邺的《长安惜春》写道：

> 千门共惜放春回，半锁楼台半复开。公子不能留落日，南山遮莫倚高台。残红似怨皇州雨，细绿犹藏画蜡灰。毕竟思量何足叹，明年时节又还来。③

草木萌发生长的春天，长安城的千门万户都因珍惜春天流连游赏，直到日暮才慢慢回还，仍然有楼台半锁，亦有回还复开的。皇州春雨中，残红幽怨，细细的碧绿春草中，犹藏着不愿离开趁黑秉烛夜游的蜡烛的青灰。在春将归去的时节思量着还是不要叹息了，毕竟明年春天还会趁时归来。

---

① 谭优学注：《赵嘏诗注》，上海古籍出版社1985年版，第142页。
② （清）彭定求等编：《全唐诗》卷704，中华书局1997年版，第8180页。
③ （清）彭定求等编：《全唐诗》卷663，中华书局1997年版，第7567页。

7. 春风

在唐人的心目中，春天的到来是由春风带动的，于是但凡写到春天，一定少不了对春风的叙述，唐代科举考试试题中的《赋得风动万年枝》即是对此的细致考查。

韦纾的《赋得风动万年枝》写道：

> 嘉名标万祀，擢秀出深宫。嫩叶含烟霭，芳柯振惠风。参差摇翠色，绮靡舞晴空。气禀祯祥异，荣沾雨露同。天年方未极，圣寿比应崇。幸列华林里，知殊众木中。[①]

嘉名标于万年，深宫中草木欣欣向荣而生。嫩叶含烟，芳柯在惠风中振动。参差的绿色在风中摇动，艳丽的花枝在晴空中飞舞。禀祯祥之异气，沾雨露之荣。万年枝幸运地生长在华林里，与众木不同。

樊阳源的《赋得风动万年枝》如此描绘春风：

> 珍木罗前殿，乘春任好风。振柯方袅袅，舒叶乍濛濛。影动丹墀上，声传紫禁中。离披偏向日，凌乱半分空。轻拂祥烟散，低摇翠色同。长令占天眷，四气借全功。[②]

万年殿前珍木罗列，乘着春天的暖风。摇曳飘动的枝柯轻盈纤美，舒展的叶子刚刚浓盛。清影舞动于丹墀之上，风动枝叶之声传于紫禁之中。在风中万年枝向着太阳参差错杂，凌乱飘动于半空中。春风轻轻吹拂，吹散祥烟，轻摇着满枝的翠色。诗人亦祈愿万年枝能长占天眷，得借四气之功。

许稷的《赋得风动万年枝》：

> 琼树偏春早，光飞处处宜。晓浮三殿日，暗度万年枝。婀娜摇仙禁，缤翻映玉池。含芳烟乍合，拂砌影初移。为近韶阳煦，皆先众卉

---

① （清）彭定求等编：《全唐诗》卷347，中华书局1997年版，第3893页。
② 同上。

垂。成阴知可待，不与众芳随。①

早春时琼树繁茂，光飞处处。春风在清晨浮动于三殿，暗暗度过万年枝，使其在仙禁中婀娜摇动，缤纷翻卷的姿态倒映在玉池里。也让含着芬芳的烟气乍合，拂动着石砌之影来回移动。为了靠近和煦的韶阳，万年枝先众卉而垂。绿树成荫将不久可待，不与众芳相随。

8. 春雨

对春天而言，春风之外的最重要物象则是春雨，王维的"渭城朝雨浥轻尘，客舍青青柳色新"，韩愈的"天街小雨润如酥，草色遥看近却无"，可谓对关中春雨的极为细腻形象的描摹。从初唐到晚唐，但凡春天的诗作中，均少不了对春雨的咏叹。李峤的《奉和春日游苑喜雨应制》描写的即是春雨时的宫苑情境：

> 仙跸九成台，香筵万寿杯。一旬初降雨，二月早闻雷。叶向朝隮密，花含宿润开。幸承天泽豫，无使日光催。②

九成台的台阶上，香筵席间恭贺万寿的酒杯传动。在二月初春时早闻雷声，春雨初降。朝阶上叶子密集，润泽的花朵含着春雨盛开。

唐文宗李昂的《暮春喜雨诗》写道：

> 风云喜际会，雷雨遂流滋。荐币虚陈礼，动天实精思。渐侵九夏节，复在三春时。霢霂垂朱阙，飘飖入绿墀。郊坰既沾足，黍稷有丰期。百辟同康乐，万方佇雍熙。③

当风云际会之时，雷雨遂倾泻而来。祭祀之礼中所陈荐币仅是虚陈，感动天地而降喜雨，其实靠的是精诚之思。在三春之时降临，渐渐侵入九夏。小雨滴落于朱阙，飘摇着落在绿墀之上。郊外远界沾泽丰足（邑外谓

---

①（清）彭定求等编：《全唐诗》卷347，中华书局1997年版，第3894页。
② 徐定祥注：《李峤诗注》，上海古籍出版社1995年版，第91页。
③（清）彭定求等编：《全唐诗》卷4，中华书局1997年版，第49—50页。

之郊，郊外谓之牧，牧外谓之野，野外谓之林，林外谓之坰)，黍稷丰收有期。四方康乐，万方雍熙。

王涯《宫词》三十首其一这样写春雨时的生态景观：

> 霏霏春雨九重天，渐暖龙池御柳烟。玉辇游时应不避，千廊万屋自相连。

春天之美，不只在丽日晴空时，还美在自然赐予的春雨滋润上。长安城春雨霏霏时的景象，也因帝都之因缘，呈现出非凡之气象。龙池御柳上渐暖的青烟，曲相勾连的回廊楼阁，连绵相接的宫殿，让帝王在春雨淅沥中游赏，穿梭于回廊间亦无须避雨。

刘禹锡的《春日退朝》写道：

> 紫陌夜来雨，南山朝下看。戟枝迎日动，阁影助松寒。瑞气转绡縠，游光泛波澜。御沟新柳色，处处拂归鞍。①

紫陌夜来一场春雨，下朝后眺望南山。戟枝迎日而动，阁影遮蔽增添松树之阴寒。游光泛于波澜之上，瑞气在轻纱上流转。御沟嫩绿的柳色，柳条处处拂动着归来的鞍马。

刘得仁的《春日雨后作》则对雨后的长安景象进行了描摹：

> 朝来微有雨，天地爽无尘。北阙明如画，南山碧动人。车舆终日别，草树一城新。枉是吾君戚，何门谒紫宸。②

清晨微雨后，天地清爽无尘。北阙明媚如画，南山青碧动人。尽日来往送别的车舆，雨后的青草绿树格外清新。

罗邺的《长安春雨》写道：

① 卞孝萱编订：《刘禹锡集》，中华书局1990年版，第272页。
② （清）彭定求等编：《全唐诗》卷544，中华书局1997年版，第6348页。

兼风飒飒洒皇州，能滞轻寒阻胜游。半夜五侯池馆里，美人惊起为花愁。①

春雨飒飒，落于皇州，能滞留清寒，阻碍胜游。夜半的五侯池馆里，美人听雨声而惊起，为风雨中的落花而愁绪满怀。

二　唐代关中夏季生态书写

相比于令人满心欢喜的春天，关中的夏季气温逐渐升高，进入三伏天时，更是酷热难耐，当然关中偏西地区，或远离长安的偏东田园地区，夏季气温稍低，这一情形在白居易的《新构亭台，示诸弟侄》中就有体现。其避居渭村时的夏日生活被如此描写：

> 平台高数尺，台上结茅茨。东西疏二牖，南北开两扉。芦帘前后卷，竹簟当中施。清泠白石枕，疏凉黄葛衣。开襟向风坐，夏日如秋时。啸傲颇有趣，窥临不知疲。东窗对华山，三峰碧参差。南檐当渭水，卧见云帆飞。仰摘枝上果，俯折畦中葵；足以充饥渴，何必慕甘肥？况有好群从，旦夕相追随。②

在数尺之高的平台上，搭建茅茨。东西开两扇窗牖，南北亦有两个门扇。卷起芦帘，庭院中施置竹簟。身着葛布制成的清凉夏衣，头枕清澈凉爽的白石枕。开襟向风而坐，夏日亦如秋天一样凉爽。笑傲在清景之间，颇得佳趣，观赏终日而不知疲倦。东窗面对着华山，三峰青碧。南檐面临渭水，可见云帆飞扬。树上的果实，园中的青葵，即可充饥解渴，何必羡慕甘肥之口食。更何况还有一群志趣相投的好友相从，旦夕相随于青山绿水之中，何其惬意逍遥。

李频的《送凤翔范书记》中亦有所表现：

> 西京无暑气，夏景似清秋。天府来相辟，高人去自由。江山通蜀

---

① （清）彭定求等编：《全唐诗》卷654，中华书局1997年版，第7581页。
② 朱金城笺校：《白居易集笺校》，上海古籍出版社1988年版，第330页。

国，日月近神州。若共将军语，河兰地未收。①

指出西京凤翔一带即便到夏天亦无暑气，景象如清秋一般。

于此季节避暑则成为生活中的首要事情，自然诗情诗思较少，总体而言，文学中对夏天的书写要少很多，且多集中在春夏之交的首夏，对仲夏的吟咏较少，当夏秋之交，暑热将退时，又转而增多，尽管作品较少，但仍能见出关中夏季的生态情形。

1. 首夏

李隆基的《首夏花萼楼观群臣宴宁王山亭回楼下又申之以赏乐赋诗并序》：

> 万物莫不气兆乎上，而形视乎下。铁石异品，云蒸并湿，草木无心，春来咸喜，故圣人弘道，先王法天，酒星主献酬之义，需卦陈饮食之象。近命群官（臣），欣时乐宴，尽九春之丽景，匝三旬之暇日。畅饮桂山，棹歌沁水，醇以养德，味以平心。本将导达阳和，助成长育，亦朝廷多庆，军国余闲者也。前月之晦，细风飘雨，繁弦中止，列席半醉，佳辰易失，绝兴难追，良可恍也。今年带闰，节候全晚，景气犹清，芳草未歇，申布雅意，复叙初筵。披乐善之虞邸，坐忘忧之观。东郊跰步，南山在目，足以缔夏首之新赏，补春余之坠欢。朕登览上官，俯临长陌，畅众心之怡，欢归骑之逶迤。鼓之以琴瑟，侑之以筐筥。衢尊意洽，场藿思苗。赋我有嘉宾之诗，奏君臣相悦之乐。踟蹰西日，吟玩乘风，不知衷情之发于翰墨也。
>
> 今年通闰月，入夏展春辉。楼下风光晚，城隅宴赏归。九歌扬政要，六舞散朝衣。天喜时相合，人和事不违。礼中推意厚，乐处感心微。别赏阳台乐，前旬暮雨飞。②

时逢闰月，已到入夏之时还呈现着春天的光辉。楼下风光已晚，城隅宴赏之人方才回归。奏响远古祭祀歌曲《九歌》与圣君之乐舞典范的"六乐"

---

① （清）彭定求等编：《全唐诗》卷589，中华书局1997年版，第6893页。
② （清）彭定求等编：《全唐诗》卷3，中华书局1997年版，第34页。

（黄帝之《云门》、尧之《咸池》、舜之《大韶》、禹之《大夏》、汤之《大濩》、武王之《大武》），以发扬政要。时日相合，人事不违。礼乐之中感知着微心与厚意。欣赏着阳台乐曲，前旬暮雨飞降。序言中则时时透着唐人的生态观念与智慧，包括万物可感季节而共喜的人与万物等同观念，圣人弘道、效法天地的尊崇自然观，以及导达阳和，助成长育的顺应自然的和谐生态观，以及趁时欣赏自然以坐而忘忧的回归大化的人与自然关系认知等。

初夏时节，气温不高，尚且清和。唐代宗大历十二年（777）丁巳科状元及第的诗人黎逢（一作张聿），在《夏首犹清和》中对此作过描述：

> 早夏宜初景，和光起禁城。祝融将御节，炎帝启朱明。日送残花晚，风过御苑清。郊原浮麦气，池沼发荷英。树影临山动，禽飞入汉轻。幸逢尧禹化，全胜谷中情。①

早夏之时和光起于禁城，祝融炎帝将要统御开启夏日的节令，捕捉到首夏时季节转换间呈现出不同于春天的生态景观：日送残花，风过御苑。郊原麦气浮动，池沼中荷花初绽。临山的树影摇动，轻盈的禽鸟飞入云汉。

白居易的《青龙寺早夏》则写出经过小雨后的初夏，景气清和，残莺意尽，绿叶成荫，春去不多，夏云嵯峨的情境，以及季节转换之际，诗人独依高地长坡之上，朝朝感知时节，暗惊岁月蹉跎：

> 尘埃经小雨，地高倚长坡。日西寺门外，景气含清和。闲有老僧立，静无凡客过。残莺意思尽，新叶阴凉多。春去来几日，夏云忽嵯峨。朝朝感时节，年鬓暗蹉跎。胡为恋朝市，不去归烟萝。青山寸步地，自问心如何。②

其《首夏同诸校正游开元观，因宿玩月》写道：

> 我与二三子，策名在京师。官小无职事，闲于为客时。沉沉道观

---

①　（清）彭定求等编：《全唐诗》卷288，中华书局1997年版，第3285页。
②　朱金城笺校：《白居易集笺校》，上海古籍出版社1988年版，第482页。

中,心赏期在兹。到门车马回,入院巾杖随。清和四月初,树木正华滋。风清新叶影,鸟恋残花枝。向夕天又晴,东南余霞披。置酒西廊下,待月杯行迟。须臾金魄生,若与吾徒期。光华一照耀,殿角相参差。终夜清景前,笑歌不知疲。长安名利地,此兴几人知?①

初夏时,诗人与二三子在京师供职,因官小无事,闲来游赏开元观,寂静无声的道观中,期冀在此得到心之游赏。清和的四月天,树木滋润华茂。清风吹过,新叶之影婆娑,鸟儿依恋着残败的花枝。晴天向晚之时,东南的天空中披满余霞。西廊下置酒待月,须臾间金魄初生,似乎是与众人有约。光华照耀,殿角参差。初夏时面对终夜之清景,笑歌不倦。在长安这样的名利之地,这样的兴致又有几人可知。

其退居下邽的《首夏病间》亦写出初夏时节,天气清和,微风吹衣,不寒不热,移榻于树荫之下,竟日无事,或饮清茗,或吟诗句,悠闲自适的情境:

我生来几时,万有四千日。自省于其间,非忧即有疾。老去虑渐息,年来病初愈。忽喜身与心,泰然两无苦。况兹孟夏月,清和好时节。微风吹袷衣,不寒复不热。移榻树阴下,竟日何所为。或饮一瓯茗,或吟两句诗。内无忧患迫,外无职役羁。此日不自适,何时是适时。②

2. 端午

端午节为每年农历五月初五,又称端阳节、午日节、艾节、端午、蒲节等,最初是夏季祛除瘟疫的节日,后来演变为纪念屈原的节日,影响波及日本、朝鲜、韩国、越南等地。以"端"字有"初始"之意,历法五月即"午"月,因此称作"端午"。其起源有多种说法。一说龙的节日。一说源于浴兰节的习俗,距今已有两千多年的历史,源自以兰草汤沐浴、除毒之俗。亦有认为源于纪念屈原、伍子胥、孝女曹娥等。近来又有新

---

① 朱金城笺校:《白居易集笺校》,上海古籍出版社 1988 年版,第 271 页。
② 同上书,第 318—319 页。

说，认为起源于夏、商、周时期的夏至节。

端午节时配长命缕，亦称续命丝、延年缕，别称百索、辟兵绍、五彩缕等。用五色丝结而成索，或悬于门首，或戴小儿项颈，或系小儿手臂，或挂于床帐、摇篮等处，以避灾除病、保佑安康、益寿延年。

李隆基的《端午三殿宴群臣探得神字并序》写道：

> 律中蕤宾，献酬之象著。火在盛德，文明之义煇。故以式宴陈诗，上和下畅者也。朕宵衣旰食，辑声教于万方，卜战行师，总兵铃于四海，勤贪日给，忧忘心劳。闻蝉声而悟物变，见槿花而惊候改。所赖济济朝廷，视成鹓鹭。桓桓边塞，责办熊罴。喜麦秋之有登，玩梅夏之无事。时雨近霁，西郊霢霂而一色。炎云作峰，南山嵯峨而异势。正当召儒雅，宴高明。广殿肃而清气生，列树深而长风至。厨人尝散热之馔，酒正行逃暑之饮。庖捐恶鸟，俎献肥龟。新筒裹练，香芦角黍，恭俭之仪有序，慈惠之意溥洽。讽味黄老，致息心于真妙。抑扬游夏，涤烦想于诗书，超然玄览，自足乐。何止柏枕桃门，验方术于经记。彩花命缕，观问遗于风俗。感婆娑于孝女，悯枯槁之忠臣而已哉！叹节气之循环，美君臣之相乐，凡百在会，咸可赋诗。五言纪其日端，七韵成其火数，岂独汉武之殿，盛朝士之连章，魏文之台，壮辞人之并作云尔。
>
> 五月符天数，五音调夏钧。旧来传五日，无事不称神。穴枕通灵气，长丝续命人。四时花竞巧，九子粽争新。方殿临华节，圆宫宴雅臣。进对一言重，遒文六义陈。股肱良足咏，风化可还淳。①

五月符合天数，五音调整夏天的乐调。而历来的五月五日，则是风俗中认为符合神灵之意的日子。枕穴通灵（枕穴中放置驱邪除秽之香薰之物），长丝续命。四时之花竞相争巧，九子粽子亦新成。宫殿迎来传统的佳节，大宴群臣。进谏忠言，以遒劲之文铺陈六义。股肱之臣足以咏叹，使得风化淳厚。

3. 盛夏

关中气候四季分明，每到夏天，天气渐热，而三伏之暑热天气，燥热

---

① （清）彭定求等编：《全唐诗》卷3，中华书局1997年版，第28页。

难耐。这从唐人的关中诗作中即可得知。杜甫的《夏日叹》，乾元二年（759）作于华州，则是对关中暑热天气的详细记录：

> 夏日出东北，陵天经中街。朱光彻厚地，郁蒸何由开。上苍久无雷，无乃号令乖。雨降不濡物，良田起黄埃。飞鸟苦热死，池鱼涸其泥。万人尚流冗，举目唯蒿莱。至今大河北，化作虎与豺。浩荡想幽蓟，王师安在哉。对食不能餐，我心殊未谐。眇然贞观初，难与数子偕。①

夏日从东北初出，经行日行的轨道升上天空，当顶直射。朱光直透厚地，天气蒸郁难以散开。上苍久无雷声，不降甘霖，时令乖违。无雨润泽万物，良田上布满黄埃。飞鸟在苦热中难以生存，池鱼泥水干涸。万人流离失所，举目望去唯有蓬蒿。至今河北尚在豺狼之手，诗人遥想着失去的幽蓟一带，王师安在，何时收复？心绪郁结对餐难食，内心难以和谐。

其《夏夜叹》写道：

> 永日不可暮，炎蒸毒我肠。安得万里风，飘飘吹我裳。昊天出华月，茂林延疏光。仲夏苦夜短，开轩纳微凉。虚明见纤毫，羽虫亦飞扬。物情无巨细，自适固其常。念彼荷戈士，穷年守边疆。何由一洗濯，执热互相望。竟夕击刁斗，喧声连万方。青紫虽被体，不如早还乡。北城悲笳发，鹳鹤号且翔。况复烦促倦，激烈思时康。②

夏日天长，永日不暮，炎蒸之气毒害五脏六腑。期盼着万里之风，飘摇吹至襟裳。夏日夜间，华月出于昊天，茂密的树林间疏光蔓延。仲夏苦于夜短，开轩接纳微凉。明亮的月色下纤毫可见，羽虫飞扬。物情无论巨细，自适可稳固其常态。念及操戈之士，穷年守于边疆，无由洗濯，执热相望。竟夕刁斗，喧闹之声连延万方。虽然获得功勋得以青紫荣耀披体，还不如早还故乡。北城悲笳声起，鹳鹤飞翔鸣叫。况复烦躁促使疲倦，思

---

① （清）仇兆鳌注：《杜诗详注》，中华书局 1979 年版，第 540—541 页。
② 同上书，第 542—543 页。

绪激烈，思念着太平康乐之时。

丘为的《省试夏日可畏》，一作张籍诗，写道：

> 赫赫温风扇，炎炎夏日徂。火威驰迥野，畏景铄遥途。势娇翔阳
> 翰，功分造化炉。禁城千品烛，黄道一轮孤。落照频空簟，余晖卷夕
> 梧。如何倦游子，中路独踟蹰。①

炎炎夏日来临，赫赫热风扇起。炎火之威力遍野驰骋，令人可畏的光
景消融征途。夏日之势，矫正飞翔的鸟儿，其功力分自造化之炉。黄道之
一轮孤日，如禁城之千品烛火。落日频频照在空簟之上，余晖映衬着翻卷
的梧桐。倦游之客子在中路独自踟蹰。

卜居新昌里的白居易在《竹窗》中对三伏天的特征亦有描写："今春
二月初，卜居在新昌……是时三伏天，天气热如汤。独此竹窗下，朝回解
衣裳。"足见关中盛夏时天气如热汤，蒸腾酷热的特质。

夏日干旱时更是枯焦难耐，白居易的《夏旱》就铺叙出元和九年
（814）下邽遭遇夏旱的情境：

> 太阴不离毕，太岁仍在午。旱日与炎风，枯焦我田亩。金石欲销
> 铄，况兹禾与黍。嗷嗷万族中，唯农最辛苦。悯然望岁者，出门何所
> 睹？但见棘与茨，罗生遍场圃。恶苗承沴气，欣然得其所。感此因问
> 天，可能长不雨？②

关中的旱日与炎热的夏风炙烤着田亩的禾苗，在这样的旱热天气里，
金石都几乎被销铄，更何况禾黍呢？而棘与茨这种耐旱的恶草欣然得所，
长满场圃。期盼老天降雨，则成为众生焦灼的愿望了。

---

① 参见《张籍系年校注》，其中就此有简明考证，指出原本卷3，英华卷181"省试二"，
刘本五言排律诗，《全唐诗》卷384，库本卷四皆作张籍诗。英华题注："类诗作丘为。"《全唐
诗》题注："一作丘为诗。"《全唐诗》卷129丘为诗重出，题作《夏日犹可畏》。但据张籍诗中
提及一次科考即中的经历，没有多次偃蹇，且其参加科考的试题并非此题，故推断为丘为，中华
书局1997年版，第1018页。

② 朱金城笺校：《白居易集笺校》，上海古籍出版社1988年版，第62页。

为了消暑，唐人亦想到了诸多天然降温的方法。诸如在庭院中栽种树木，在树荫中乘凉。登上寺庙的高塔乘凉，或在山中消暑。对于宫廷而言，还会在冬季贮存冰块，到夏季用车载送入宫。这在唐人的诗作中亦留下痕迹。杨巨源的《和人与人分惠赐冰》写道：

> 天水藏来玉堕空，先颁密署几人同。映盘皎洁非资月，披扇清凉不在风。莹质方从纶阁内，凝辉更向画堂中。丽词珍贶难双有，迢递金舆殿角东。①

珍藏的冰如玉从空中坠落，颁赐予密署之臣子。辉映着托盘，皎洁明净，却非靠明月而来，虽未有风，却如披扇一般带来阵阵清凉。晶莹的品质刚入中书省内，凝结的光辉已映入画堂之中。金舆殿角之东，珍贵的赐物与华丽的辞藻交相映衬。

元和时，诗人刘叉在《雪车》一诗中，对宫廷运送冬日积雪、贮存以消夏的奢侈降温方式进行痛斥：

> 腊令凝绨三十日，缤纷密雪一复一。彤云润泽在枯荄，阛阓饿民冻欲死。死中犹被豺狼食，官车初还城垒未完备。人家千里无烟火，鸡犬何太怨。天下恤吾氓，如何连夜瑶花乱。皎洁既同君子节，沾濡多著小人面。寒锁侯门见客稀，色迷塞路行商断。小小细细如尘间，轻轻缓缓成朴樕。官家不知民馁寒，尽驱牛车盈道载屑玉。载载欲何之，秘藏深宫以御炎酷。徒能自卫九重间，岂信车辙血，点点尽是农夫哭。刀兵残丧后，满野谁为载白骨。远戍久乏粮，太仓谁为运红粟。戎夫尚逆命，扁箱鹿角谁为敌。士夫困征讨，买花载酒谁为适。天子端然少旁求，股肱耳目皆奸慝。依违用事佞上方，犹驱饿民运造化防暑厄。吾闻躬耕南亩舜之圣，为民吞蝗唐之德。未闻墟蓁苦苍生，相群相党上下为蟊贼。庙堂食禄不自惭，我为斯民叹息还叹息。②

---

① （清）彭定求等编：《全唐诗》卷333，中华书局1997年版，第3729页。
② （清）彭定求等编：《全唐诗》卷395，中华书局1997年版，第4457页。

当腊令大雪缤纷密密匝匝降落时，天寒地冻。谁说天降瑞雪润泽枯草，怎没看到城区内饥饿的百姓寒冻欲死，即便死掉亦会被豺狼吞食。官车初还，城垒亦未修缮完备。时逢灾荒之年，千里无炊烟之火，而老天亦未体恤饥民，竟然连夜乱坠瑶花。皎洁的雪花如君子之节气，沾盖着小人之面。侯门因寒气闭锁不再见客，积雪拥塞，道路阻断行商。飞雪细小如飞尘，轻轻缓缓而落，发出扑簌之声。而朝廷却不知人民的冻馁，驱遣牛车运载满道的积雪玉屑，藏在深宫中，为来年酷暑降温而备。而贮藏积雪的车辙上的血痕，点点尽是农人哭泣之辛酸血泪。兵荒马乱，刀兵伤残之后，荒野之上尸骨累累。戍守在外的士兵亦久乏粮食，谁会为他们运送太仓之红粟。赳赳武夫尚且逆命以扁箱车阵逐鹿中原无人可敌（晋代马隆征凉州时所作车阵："晋马隆循卫、李选士三千二百人，配车一百二十八乘，三百人为游奕，依孔明八阵而为四层，路广，车上以木为拒马向外，结营而行，名鹿角车营；路狭，更施木屋，以蔽矢石，木屋拒马，以低为式，治力前拒，兼束部伍，且战且进，故曰扁箱车阵也……"《续武经总要》云："木屋拒马高则难用，故扁其箱以承。"矢石，故阵以"扁箱"得名。）士大夫困于征讨，买花载酒独自行乐。天子端然高坐别无所求，身边的耳目皆为奸佞之人。依违逢迎，以谄媚于上方，驱遣饿民运送造化之积雪，以防暑厄。而昔日舜躬耕于南亩，发生蝗灾时，唐尧为民吞食蝗虫，这都是昔日圣君之仁德。那时未闻残害苍生的孽臣与上下结党以为蟊贼。如今朝臣高居庙堂之上，虚食俸禄却不觉惭愧，看着眼前运送积雪的苦难饥民，诗人忍不住一声声地叹息。

在仅有帝王后妃、王公贵族、大臣，才能享受到的冰雪去热方法外，避暑树荫之下，登高登山亦是夏日人们普遍选择的消夏方式。王涯的《宫词三十首（存二十七首）》写道：

> 炎炎夏日满天时，桐叶交加覆玉墀。向晚移铛上银簟，丛丛绿鬓坐弹棋。①

当炎炎夏日，桐树繁茂枝叶交加，以清荫覆盖着玉墀。向晚之时，下

---

① （清）彭定求等编：《全唐诗》卷346，中华书局1997年版，第3888页。

马坐上银簟，消夏的佳人云鬟环绕，亦在此弹棋解闷。

白居易作于元和二年（807）周至尉任上的《月夜登阁避暑》即描绘关中夏季干旱持久，炎气极盛，尽日无风，草树不动，禾黍焦枯，乃至让人感觉如燔烧炙烤一般的生态景象，又将唐人面对酷暑时的普遍避暑方式——登高纳凉情形叙写而出：

> 旱久炎气盛，中人若燔烧。清风隐何处？草树不动摇。何以避暑气？无如出尘嚣。行行都门外，佛阁正岧峣。清凉近高生，烦热委静销。开襟当轩坐，意泰神飘飘。回看归路傍，禾黍尽枯焦。独善诚有计，将何救旱苗？①

4. 晚夏

时至晚夏，暑热渐退，秋气滋生，度过关中苦热难熬盛夏的人们，稍感舒适。这一情形，在唐诗中亦有反映。白居易的《永崇里观居》写道：

> 季夏中气候，烦暑自此收。萧飒风雨天，蝉声暮啾啾。永崇里巷静，华阳观院幽。轩车不到处，满地槐花秋。年光忽冉冉，世事本悠悠。何必待衰老，然后悟浮休！真隐岂长远，至道在冥搜。身虽世界住，心与虚无游。朝饥有蔬食，夜寒有布裘。幸免冻与馁，此外复何求！寡欲虽少病，乐天心不忧。何以明吾志？《周易》在床头。②

农历六月，烦躁的暑气收敛。风雨之时，天气萧飒，薄暮中蝉声啾啾。永崇里小巷寂静，华阳观庭院清幽。轩车不到的清幽之地，满地槐花，已露出清秋的气象。年光冉冉，世事悠悠。何必待到衰老，才参悟人生之浮休。冥思之中方得悟道，虽身处在尘世之中，但心在虚游之界。

杨凝的《晚夏逢友人》亦同样勾写出晚夏之情境：

> 一别同袍友，相思已十年。长安多在客，久病忽闻蝉。骤雨才沾

---

① 朱金城笺校：《白居易集笺校》，上海古籍出版社1988年版，第19页。
② 同上书，第272页。

地，阴云不遍天。微凉堪话旧，移榻晚风前。①

诗人久客长安，多病中听闻蝉鸣。骤雨初降，阴云还未布满天空。天气微凉中，与相思十年的同袍之友相逢话旧，移榻于晚风之前。

三　唐代关中秋季生态书写

相比于夏天，春天、秋天是诗人最喜吟咏的时节。夏季告退，秋天来临，遇到的第一个节气，就是立秋，在每年农历七月初一前后。立秋日所见之关中季节转换与情绪感受，在唐诗中亦有体现。白居易的《立秋日曲江忆元九》勾画出立秋日的曲江清景，下马柳荫，堤上独行，蝉声凄清，是最具季节特征的物候：

下马柳阴下，独上堤上行。故人千万里，新蝉三两声。城中曲江水，江上江陵城。两地新秋思，应同此日情。②

其《立秋日登乐游原》写道：

独行独语曲江头，回马迟迟上乐游。萧飒凉风与衰鬓，谁叫计会一时秋。③

诗人在立秋之日，独行曲江之上，回马迟迟，登上乐游原，凉风萧飒，一时天下皆秋。

关中的秋天气象，亦在大量的诗作中被表现。白居易在《禁中秋宿》中写出秋夜宿值禁中的清冷孤独情怀，风翻朱幕，雨冷寒枕，耿耿独影，斜灯摇曳：

风翻朱里幕，雨冷通中枕。耿耿背斜灯，秋床一人寝。④

---

① （清）彭定求等编：《全唐诗》卷290，中华书局1997年版，第3298页。
② 朱金城笺校：《白居易集笺校》，上海古籍出版社1988年版，第486页。
③ 同上书，第1250页。
④ 同上书，第474页。

其《曲江感秋》二首并序写道:

> 元和二年、三年、四年,予每岁有曲江感秋诗,凡三篇,编在第七集卷。是时予为左拾遗、翰林学士。无何,贬江州司马、忠州刺史。前年,迁主客郎中、知制诰。未周岁,授中书舍人。今游曲江,又值秋日,风物不改,人事屡变。况予中否后遇,昔壮今衰,慨然感怀,复有此作。噫!人生多故,不知明年秋又何许也?时二年七月十日云耳。

其第一首着重回忆贬谪的前尘往事,仅在末尾处写道"独有曲江秋,风烟如往日"。接着的第二首开始细绘秋季曲江的生态图景:

> 疏芜南岸草,萧飒西风树。秋到未几时,蝉声又无数。莎平绿茸合,莲落青房露。今日临望时,往年感秋处。池中水依旧,城上山如故。独我鬓间毛,昔黑今垂素。荣名与壮齿,相避如朝暮。时命始欲来,年颜已先去。当春不欢乐,临老徒惊误。故作咏怀诗,题于曲江路。①

曲江的秋天,风烟如旧,南岸的青草依依,青芜稀疏,西风吹拂,绿树萧飒。秋来未几,蝉声无数。莎草齐平,绿茸回合,莲花凋落,莲子的青房初露。

其《翰林院中感秋怀王质夫》写道:

> 何处感时节?新蝉禁中闻。宫槐有秋意,风夕花纷纷。寄迹鸳鹭行,归心鸥鹤群。唯有王居士,知予忆白云。何日仙游寺,潭前秋见君?②

秋天的长安城最具节候特征的物象,就是禁中的蝉声,与夕阳晚风中

---

① 朱金城笺校:《白居易集笺校》,上海古籍出版社 1988 年版,第 622 页。
② 同上书,第 470 页。

纷纷飘落的宫槐。而感此清秋时节，身处台阁的诗人，不禁思念起与白云鸥鹤同群，身处仙游寺的友人。

薛能在《关中秋夕》写道：

> 簟湿秋庭岳在烟，露光明滑竹苍然。何人意绪还相似，鹤宿松枝月半天。①

秋季的庭院，日暮时雾气已升，竹席湿润，烟雾缭绕，秋露明洁光滑，竹树苍然，明月半天之时白鹤宿于松枝，显得宁静华美，洁净与幽美。

而早秋、仲秋与晚秋之时，气候亦有差别，带给人的感受也不同，呈现在诗作中的景象、境界、诗境亦各有特色。

1. 早秋

经历关中夏热难耐的诗人，对关中早秋有着特殊的关注与珍爱。许敬宗的《奉和仪鸾殿早秋应制》写道：

> 睿想追嘉豫，临轩御早秋。斜晖丽粉壁，清吹肃朱楼。高殿凝阴满，雕窗艳曲流。小臣参广宴，大造谅难酬。②

帝王系想美好和乐的时光，早秋时登临仪鸾殿亭轩。斜晖附着在天空，清风吹拂，朱楼萧瑟。高殿布满阴云，富艳的雕窗外曲水流动。

关中的早秋，虽告别夏日之酷热，但暑气的余绪，尚未全退，俗语所谓"秋老虎"，即是指早秋天气烦热之威力。杜甫的《早秋苦热，堆案相仍（时任华州司功）》则将关中一带早秋苦热的情形描绘而出：

> 七月六日苦炎蒸，对食暂餐还不能。常愁夜来皆是蝎，况乃秋后转多蝇。束带发狂欲大叫，簿书何急来相仍。南望青松架短壑，安得赤脚蹋层冰。③

---

① （清）彭定求等编：《全唐诗》卷561，中华书局1997年版，第6567页。
② （清）彭定求等编：《全唐诗》卷35，中华书局1997年版，第467页。
③ （清）仇兆鳌注：《杜诗详注》，中华书局1979年版，第487页。

七月六日已至,早秋暑热仍未退却,炎热之气让人对餐亦无心饮食。夜中每每为遍布的蝎子忧愁,更何况秋后的青蝇亦转多。诗人束带发狂,烦躁难耐,意欲大叫,而案中簿书亦连续不断,急急催人。南望群山万壑中架起的青松,不禁心生向往;若能赤脚踏在层冰之上才能消除这样的炎热。

但总体而言,时逢早秋,关中的天气慢慢转凉,其清晨与夜间的秋露与清风则带来丝丝凉意。那种昼夜烦躁难耐的情形不再。因于夏热终得消歇的诗人们,在诗中对早秋的季节转换亦多有关注。卢纶的《长安疾后首秋夜即事》,一作陈羽诗,写道:

> 九重深锁禁城秋,月过南宫渐映楼。紫陌夜深槐露滴,碧空云尽火星流。清风刻漏传三殿,甲第歌钟乐五侯。楚客病来乡思苦,寂寥灯下不胜愁。①

首秋夜半之时,九重宫殿深锁,月过南宫,辉映朱楼。紫陌槐树,露珠滴落,碧空无云,火星西流。清风中的漏声传于三殿,五侯甲第,歌钟乐舞之声缭绕。卧疾之客子,心生相思之苦,寂寥的秋灯下,愁绪满怀。

王涯的《秋思》二首其一亦描写的是早秋之景:

> 宫连太液见沧波,暑气微消秋意多。一夜清风蘋末起,露珠翻尽满池荷。②

太液池连着宫阙,暑气些微消去,秋意一天天增多。一夜清风,起于轻蘋之末,满池荷花之上露珠翻落。

刘禹锡的《早秋集贤院即事(时为学士)》写道:

> 金数已三伏,火星正西流。树含秋露晓,阁倚碧天秋。灰琯应新律,铜壶添夜筹。商飙从朔塞,爽气入神州。蕙草香书殿,槐花点御

---

① 刘初棠校注:《卢纶诗集校注》,上海古籍出版社 1989 年版,第 511 页。
② (清)彭定求等编:《全唐诗》卷 346,中华书局 1997 年版,第 3886 页。

沟。山明真色见，水静浊烟收。早岁忝华省，再来成白头。幸依群玉府，有路向瀛洲。①

三伏过后，火星西流，清晨的树叶上已可见秋露，碧天透着初秋的气息。而以葭莩之灰置于律管以验节气变化的灰琯亦显示出新的季节气象，夜长了，随漏水上浮以报时的漏壶中的铜（或竹）筹也该增添了。秋风已出朔塞，秋天的清爽之气已入神州，蕙草的香气在书殿蔓延，槐花飘飞，点点轻落于御沟之上，山色分明可见，浊烟散去，碧水清净。

白居易有多首吟咏关中早秋的诗作，他的《早秋曲江感怀》写道：

> 离离暑云散，袅袅凉风起。池上秋又来，荷花半成子。朱颜易销歇，白日无穷已。人寿不如山，年光忽于水。青芜与红蓼，岁岁秋相似。去岁此悲秋，今秋复来此。②

暑云散去，袅袅凉风生起。池上秋气来临，荷花半结莲子。秋芜与红蓼，每年秋来都是相似的，而年复一年，对曲江的秋景，由此生起的悲秋感秋之情，亦是岁岁相似。

其《曲江早秋》勾勒出信马独游曲江岸畔时所见之早秋景象：

> 秋波红蓼水，夕照青芜岸。独信马蹄行，曲江池四畔。早凉晴后至，残暑暝来散。方喜炎燠销，复嗟时节换。我年三十六，冉冉昏复旦。人寿七十稀，七十新过半。且当对酒笑，勿起临风叹。③

秋波绵渺，红蓼丛生，夕阳笼罩，青芜迷蒙。早秋的清晨初晴，诗人在微凉的天气里来到曲江岸畔，残暑日暮时分散去。刚刚为炎热之气的消散而欣喜，不觉又为时节的递换嗟叹，为年华逝去终日庸碌而心生感慨，遂对酒而笑，临风长叹。

---

① 卞孝萱编订：《刘禹锡集》，中华书局1990年版，第284页。
② 朱金城笺校：《白居易集笺校》，上海古籍出版社1988年版，第474页。
③ 同上书，第468页。

其《西掖早秋直夜书意》则写出西掖早秋月夜的生态景观:

> 凉风起禁掖,新月生宫沼。夜半秋暗来,万年枝袅袅。炎凉递时节,钟鼓交昏晓。遇圣惜年衰,报恩愁力小。素餐无补益,朱绶虚缠绕。冠盖栖野云,稻粱养山鸟。量力私自省,所得已非少。五品不为贱,五十不为夭。若无知足心,贪求何日了?①

凉风初起,新月初升。禁掖夜半,秋气暗来,万年绿枝,随风袅袅摆动。时节递换,炎热之气与凉爽之气渐变,钟鼓声起,昏晓交接。

2. 重阳

农历九月初九,二九相重,称为"重九",《易经》以"九"为阳数,又叫重阳,以登高之风俗,又称"登高节"。亦有重九节、茱萸、菊花节等称谓。以"九九"谐音"久久",故常以此日祭祖或敬老。出游赏景、登高远眺、观赏菊花、遍插茱萸、吃重阳糕、饮菊花酒等,是重阳节的重要内容。其名在春秋战国的楚辞中已有,屈原的《远游》写道"集重阳入帝宫兮,造旬始而观清都",但仅是指天非指节日。到三国时,魏文帝曹丕《九日与钟繇书》中则明确提到重阳饮宴:"岁往月来忽复九月九日。九为阳数,而日月并应,俗嘉其名以为宜于长久,故以享宴高会。"陶渊明在《九日闲居》诗序文云:"余闲居爱重九之名。秋菊盈园而持醪,靡由空服九华寄怀于言。"可知魏晋时期的重阳日已有了饮酒、赏菊的内容。至唐代,重阳被定为正式的节日。

李峤的《九日应制得欢字》则对九月九日的重阳节长安城宫苑中的情境进行了描写:

> 令节三秋晚,重阳九日欢。仙杯还泛菊,宝馔且调兰。御气云霄近,乘高宇宙宽。今朝万寿引,宜向曲中弹。②

三秋节令,重阳节的长安城欢声腾跃。仙杯泛菊,宝馔调兰,秉承秋

---

① 朱金城笺校:《白居易集笺校》,上海古籍出版社1988年版,第617页。
② 徐定祥注:《李峤诗注》,上海古籍出版社1995年版,第64页。

气，登高凭览，顿觉云霄逼近，宇宙广阔。

武元衡的《奉和圣制重阳日即事》写道：

> 玉烛降寒露，我皇歌古风。重阳德泽展，万国欢娱同。绮陌拥行
> 骑，香尘凝晓空。神都自蔼蔼，佳气助葱葱。律吕阴阳畅，景光天地
> 通。徒然被鸿霈，无以报玄功。①

太平盛世的重阳日，天气和畅，帝王颂扬古风。重阳的德泽呈现，万
国欢娱。绮陌上车骑相拥，香尘凝聚于晓空。神都草木茂盛幽暗，佳气葱
葱。阴阳和畅，天地祥光通畅。

权德舆有数首重阳应制诗作，可谓重阳吟咏之代表。其《奉和圣制九
日言怀赐中书门下及百寮》写道：

> 令节在丰岁，皇情喜乂安。丝竹调六律，簪裾列千官。烟霜暮景
> 清，水木秋光寒。筵开曲池上，望尽终南端。天文丽庆霄，墨妙惊飞
> 鸾。愿言黄花酒，永奉今日欢。②

重九之日，喜逢丰收之岁，帝王为天下之太平安定而愉悦。丝竹调和
六律，显贵千官林立。日暮时烟气缭绕、微霜初降，景色清冷，秋水秋树
在秋光中透着寒气。曲池上设置欢宴，众人望尽终南。天文附丽云霄，文
辞清妙，惊动飞鸾。诗人则愿以黄花酒，长久承享此日之欢愉。

其《奉和圣制重阳日中外同欢以诗言志因示百僚》写道：

> 玉醴宴嘉节，拜恩欢有余。煌煌菊花秀，馥馥萸房舒。白露秋稼
> 熟，清风天籁虚。和声度箫韶，瑞气深储胥。百辟皆醉止，万方今宴
> 如。宸衷在化成，藻思焕琼琚。微臣徒窃抃，岂足歌唐虞。③

---

① （清）彭定求等编：《全唐诗》卷317，中华书局1997年版，第3563页。
② 郭广伟点校：《权德舆诗文集》，上海古籍出版社2008年版，第5页。
③ 同上。

美酒佳宴庆祝嘉节,众臣拜谢圣恩,欢悦不尽。菊花明丽秀美,茱萸子房舒展,芳香馥郁。白露初降,秋稼成熟,清风徐徐,天籁虚空。和声奏起圣明之尧舜古乐,宫殿中瑞气深厚。百官皆醉,万方宴如。

其《奉和圣制重阳日即事六韵》写道:

> 嘉节在阳数,至欢朝野同。恩随千钟洽,庆属五稼丰。时菊洗露华,秋池涵霁空。金丝响仙乐,剑舄罗宗公。天道光下济,睿词敷大中。多惭击壤曲,何以答尧聪。①

重阳佳节,朝野至欢。恩泽随千钟和洽,欢庆属于五谷丰登之时。秋菊在露华中格外清丽,雨后初晴的秋池滋润。金丝奏响仙乐,宗公罗列于前。天道之恩光长养万物,帝王词作敷陈中正之气。

其《奉和圣制丰年多庆九日示怀》写道:

> 寒露应秋杪,清光澄曙空。泽均行苇厚,年庆华黍丰。声明畅八表,宴喜陶九功。文丽日月合,乐和天地同。圣言在推诚,臣职惟匪躬。琐细何以报,翩飞淳化中。②

暮秋时寒露降落秋杪,清光使曙空澄清。寒露之光泽均匀地滋润着肥厚的芦苇,庆贺着五谷之丰收。八表和畅,宴会陶然和乐。日月和合,天地相通。

3. 晚秋

李峤的《晚秋喜雨》写道:

> 咸亨元年,自四月不雨至于九月。王畿之内,嘉谷不滋。君子小人,惶惶如也。天子虑深求瘼,念在责恭。避寝损膳,录冤驰役。牲币之礼,遍于神祇。钟庾之贷,周于穷乏。至诚斯感,灵眷有融。爰降甘泽,大拯灾尤。朝廷公卿,相趋动色。里闾甿庶,讴吟成响。年

---

① 郭广伟点校:《权德舆诗文集》,上海古籍出版社 2008 年版,第 7 页。
② 同上书,第 8 页。

和俗阜，于焉可致。抚事形言，孰云能已。乃诗曰：

积阳躔首夏，隆旱届徂秋。炎威振皇服，歊景暴神州。气涤朝川朗，光澄夕照浮。草木委林甸，禾黍悴原畴。国惧流金告，人深悬磬忧。紫宸就履薄，丹宸念推沟。望肃坛场祀，冤申图圄囚。御车迁玉殿，荐菲撤琼羞。济窘邦储发，蠲穷井赋优。服闲云骥屏，冗术土龙修。睿感通三极，天诚贯六幽。夏祈良未拟，商祷讵为俦。穴蚁祯符应，山蛇毒影收。腾云八际满，飞雨四溟周。聚霭笼仙阙，连霏绕画楼。旱陂仍积水，涸沼更通流。晚穗萎还结，寒苗瘁复抽。九农欢岁阜，万宇庆时休。野洽如坻咏，途喧击壤讴。幸闻东李道，欣奉北场游。①

积阳经行夏季，隆盛的干旱之气褪去，秋天来到。炎热之酷暑的威力使帝王震动，横蹋着神州大地。秋季清爽之气涤荡着清晨的山川，河水明朗，夕阳余晖中，秋水澄清光色浮动。树林郊野中草木枯萎，原野田地里禾黍憔悴。国家惧怕气候酷热之天灾，人为空无所有的贫困而深忧。君主忧念悲悯百姓，整肃坛场之祭祀，重申图圄囚徒之冤屈。御车载帝王迁移华丽的宫殿，亦撤去御膳珍馐。为救济窘迫的灾民打开国库，为去除穷困降低井赋优待黎民。圣睿感通三极，天诚贯通六幽。夏天的祈祷未曾拟定，秋季的祷告怎能为伴。蚂蚁急急入穴，与降雨之贞符相应，山蛇亦躲藏起来，收去毒影。天际四野，乌云密布，飞雨急降。聚集的烟霭笼罩帝阙，绵延的雾霏，缭绕画楼。干旱的池塘积满雨水，干涸的池沼开始通流。枯萎的晚穗重新结子，干枯的禾苗开始抽穗。九农欢畅，万宇庆贺。四野路途中击壤而歌。

王涯的《宫词三十首（存二十七首）》写道：

银瓶泻水欲朝妆，烛焰红高粉壁光。共怪满衣珠翠冷，黄花瓦上有新霜。

御果收时属内官，傍檐低压玉阑干。明朝摘向金华殿，尽日枝边次第看。②

---

① 徐定祥注：《李峤诗注》，上海古籍出版社1995年版，第1页。
② （清）彭定求等编：《全唐诗》卷346，中华书局1997年版，第3889页。

宫女们清晨梳洗妆扮，夜晚红烛高烧，大家都在奇怪怎会有冷冷的气息，其实是不知不觉间秋气渐浓，看看黄花上、屋瓦上已着新霜，而累累的果实傍檐低垂，压着阑干，就知道转眼间物华已变。

韩愈的《游青龙寺赠崔大补阙（寺在京城南门之东）》将季秋时节青龙寺一带的生态景观铺叙而出：

> 秋灰初吹季月管，日出卯南晖景短。友生招我佛寺行，正值万株红叶满。光华闪壁见神鬼，赫赫炎官张火伞。然云烧树火实骈，金乌下啄赪虬卵。魂翻眼倒忘处所，赤气冲融无间断。有如流传上古时，九轮照烛乾坤旱。二三道士席其间，灵液屡进玻黎碗。忽惊颜色变韶稚，却信灵仙非怪诞。桃源迷路竟茫茫，枣下悲歌徒纂纂。前年岭隅乡思发，踯躅成山开不算。去岁羁帆湘水明，霜枫千里随归伴。猿呼鼯啸鹧鸪啼，恻耳酸肠难濯浣。思君携手安能得，今者相从敢辞懒。由来钝骎寡参寻，况是儒官饱闲散。惟君与我同怀抱，锄去陵谷置平坦。年少得途未要忙，时清谏疏尤宜罕。何人有酒身无事，谁家多竹门可款。须知节候即风寒，幸及亭午犹妍暖。南山逼冬转清瘦，刻画圭角出崖窾。当忧复被冰雪埋，汲汲来窥戒迟缓。

季秋时节，白天的光景变短，青龙寺一带的万株林木上挂满红叶，深秋时节的节候，寒气渐滋，仅亭午时分尚暖，景色妍丽。南山一带，冬日逼近，渐转清瘦，亦带来诗人心中的忧虑，怕的是此后南山将被冰雪覆盖，于是急急来窥，不再迟缓。

权德舆的《奉和圣制九月十八日赐百寮追赏因书所怀》写道：

> 锡宴朝野洽，追欢尧舜情。秋堂丝管动，水榭烟霞生。黄花媚新霁，碧树含余清。同和六律应，交泰万宇平。春藻下中天，湛恩阐文明。小臣谅何以，亦此影华缨。①

御赐宴席上，朝野欢洽，蒙圣君之情，追寻欢乐。秋堂之上，丝管乐

---

① 郭广伟点校：《权德舆诗文集》，上海古籍出版社 2008 年版，第 4 页。

动，水榭里烟霞绚丽。雨后初霁，黄花格外娇媚，碧树滋润，饱含清韵。六律相应，万宇太平。帝王骋辞，阐发文明，众臣亦纷纷相和，吟咏着此日的清景。

赵嘏的《长安晚秋（一作秋望，一作秋夕）》写道：

> 云物凄凉拂曙流，汉家宫阙动高秋。残星几点雁横塞，长笛一声人倚楼。紫艳半开篱菊静，红衣落尽渚莲愁。鲈鱼正美不归去，空戴南冠学楚囚。①

长安晚秋，云物凄清，拂晓的流光里，残星数点，雁横关塞。长笛声中，独倚绮楼。庭院篱笆中，秋菊半开紫艳的花朵，静谧芬芳，池沼中莲花红衣落尽，独生愁怨。而此时独在长安客居的诗人却不能回归，空自惆怅。

其《长安月夜与友人话故山（一作旧山，一作故人）》写道：

> 宅边秋水浸苔矶，日日持竿去不归。杨柳风多潮未落，蒹葭霜冷雁初飞。重嘶匹马吟红叶，却听疏钟忆翠微。今夜秦城满楼月，故人相见一沾衣。②

宅边秋水，浸漫秋苔，诗人日日持竿垂钓，不愿归还。杨柳风中，潮起未落，蒹葭苍苍，秋霜凄寒，北雁南飞，匹马长嘶在红叶飘零中吟唱，听耳畔疏钟，忆起翠微山寺。今夜的秦城，明月满楼，故人相见，因思乡而泪沾衣襟。

4. 秋雨

秋雨是关中秋天极具代表性的事物，立秋之后，虽有暑热未消，但此时的雨水渐多，于是俗语有了一场秋雨一场凉之说。在雨水的冲洗下，秋意渐深，而深秋时若逢苦雨，寒气日滋，则倍添肃杀之气。也是在这样的秋雨逼迫下，冬日渐渐来临。杜甫的《秋雨叹》三首作于唐玄宗天宝十三载（754），即描绘出秋日苦雨中的生态景观：

---

① 谭优学注：《赵嘏诗注》，上海古籍出版社 1985 年版，第 26 页。
② 同上书，第 29 页。

雨中百草秋烂死,阶下决明颜色鲜。著叶满枝翠羽盖,开花无数黄金钱。凉风萧萧吹汝急,恐汝后时难独立。堂上书生空白头,临风三嗅馨香泣。

阑风伏雨秋纷纷,四海八荒同一云。去马来牛不复辨,浊泾清渭何当分。禾头生耳黍穗黑,农夫田妇无消息。城中斗米换衾裯,相许宁论两相直。

长安布衣谁比数,反锁衡门守环堵。老夫不出长蓬蒿,稚子无忧走风雨。雨声飕飕催早寒,胡雁翅湿高飞难。秋来未曾见白日,泥污后土何时干。①

秋雨连绵,百草在雨中枯烂而死,石阶下的决明子颜色鲜艳。满枝着叶如翠羽车盖,开满黄色的花朵。凉风萧瑟,急急吹动决明子,诗人不禁担心此后的决明子恐难独立。鬓头虚生白发的布衣书生,在秋风中迎风独立,深嗅着雨中决明的馨香不觉抽泣,为繁花之易逝、人生之蹉跎而独自悲伤。

阑珊之风中,沉伏之雨纷纷而落,四海八荒,乌云密布。阴雨绵绵风烟凄迷中,来来往往的车马难以分辨,泾渭难分。久雨不尽,芽蘖萦卷如耳形,黍穗腐黑将烂,灾情严重,却被权臣瞒报,以致帝王难以获知庄稼生长之情势。人民只能不计衾裯和斗米的价值是否相等,就无奈交换了。

身份卑贱偃蹇长安仍为布衣之身的诗人,无人愿意与其比数。反锁衡门幽闭在四堵墙内,不愿出门,庭院荒凉,长满蓬蒿,稚子却无贫病之忧,快乐地在风雨中行走嬉戏。雨声飕飕早寒渐逼,胡雁翅湿难以高飞。自从秋日阴雨不晴,道路泥泞难以行走,何时才能得晴日照耀而干呢?

钱起的《秋霖曲》写道:

君不见圣主旰食忧元元,秋风苦雨暗九门。凤凰池里沸泉腾,苍龙阙下生云根。阴精离毕太淹度,倦鸟将归不知树。愁阴惨淡时殷雷,生灵垫溺若寒灰。公卿红粒爨丹桂,黔首白骨封青苔。貂裘玉食张公子,炰炙熏天戟门里。且如歌笑日挥金,应笑禹汤能罪己。鹤鸣

---

① (清)仇兆鳌注:《杜诗详注》,中华书局 1979 年版,第 216 页。

蛙跃正及时，豹隐兰洞亦可悲。焉得太阿决屏翳，还令率土见朝曦。①

遭逢苦雨，帝王天不亮就穿衣起来，时间晚了才吃饭，为处理国事而操劳，秋风阴雨中，九门昏暗。凤凰池里，沸泉蒸腾，龙城凤阙下，云起深山。月亮附于毕星，天将久降阴雨，烟雨朦胧，倦鸟回归，亦找不到栖息之树。愁阴惨淡，雷声轰鸣，生灵遭遇连绵苦雨，淹入水中，心境淡漠、意志消沉。（《书·益稷》："洪水滔天，浩浩怀山襄陵，下民昏垫。"孔传："言天下民昏瞀垫溺，皆困水灾。"）公卿烧火做饭，烹制红米与丹桂，青苔遍布的原野上，百姓尘封。京城中的朱门豪贵，依然锦衣玉食，挥金如土，歌舞升平。此时鹤鸣蛙跃、豹隐兰洞。何时才能破开屏翳，重见天日。

李益的《宿冯翊夜雨赠主人》叙写的是秋雨秋夜中的冯翊景象：

> 危心惊夜雨，起望漫悠悠。气耿残灯暗，声繁高树秋。凉轩辞夏扇，风幌揽轻裯。思绪蓬初断，归期燕暂留。关山蔼已失，脸泪迸难收。赖君时一笑，方能解四愁。②

忧惧之心在夜雨中惊醒，起望秋雨，弥漫不尽。微光闪烁，残灯幽暗，秋风中高树声繁。亭轩生凉，风吹帘帷，轻揽短衣。思绪如飞蓬初断，燕儿暂且留驻。

顾非熊的《秋夜长安病后作》写道：

> 秋中帝里经旬雨，晴后蝉声更不闻。牢落闲庭新病起，故乡南去雁成群。③

长安城的秋天，经旬之久雨连绵，天气渐寒，即便天晴亦不闻蝉声。新病夜起的诗人在寥落孤寂闲庭里，看南去之群雁，顿生乡愁。

---

① （清）彭定求等编：《全唐诗》卷236，中华书局1997年版，第2598页。
② 范之麟注：《李益诗注》，上海古籍出版社1984年版，第79页。
③ （清）彭定求等编：《全唐诗》卷509，中华书局1997年版，第5833页。

四　唐代关中冬季生态书写

关中至隆冬，则寒风凛冽刺骨，气温骤降，河水冰冻，亦有飞雪飘零。相比于气温宜人的春秋二季，夏季的酷热与冬季的酷寒，不仅带来身体的不适，亦带来心理上的逼迫难忍之感，加之冬天时草木凋零，鸟兽潜藏，春天与秋天的斑斓色彩不再，呈现出凄冷的苍灰色，于是诗文中的冬天生态景观，亦呈现出不同的面貌。

1. 冬至

冬至在农历十一月，是二十四节气中的第二十二个。在长期的生活与文化积淀中，它亦成为重要的节日，被称作"冬节"、"长至节"等。每至此日，会有隆重的祭奠迎送仪式，太史亦会登台书写云物，足见其重要。王建的《冬至后招于秀才》写道：

> 日近山红暖气新，一阳先入御沟春。闻闲立马重来此，沐浴明年称意身。①

冬至过后，太阳照临，映红群山，暖气融融，气象更新，一阳初入御沟，春天渐进。与友人闲来，立马御沟之地，沐浴着冬至的暖阳，期待着来年。

德宗贞元九年（793）登进士第，宪宗元和五年（810）任监察御史的穆寂，在《冬至日祥风应候》中写道：

> 节逢清景至，占气二仪中。独喜登台日，先知应候风。呈祥光舜化，表庆感尧聪。既与乘时叶，还将入律同。微微万井遍，习习九门通。更绕炉烟起，殷勤报岁功。②

节气适逢清景，占动着天地之气。在此冬至日，登上高台，就可感受到应时而来的祥和冬风。呈现表示着尧舜之君的贤明仁德，在禁城的万井

---

① （唐）王建著：《王建诗集》，中华书局上海编辑所 1959 年版，第 77 页。
② （清）彭定求等编：《全唐诗》卷 779，中华书局 1997 年版，第 8901—8902 页。

九门中习习吹拂。缭绕着炉烟袅袅升起，殷勤地报送着季节的转换。

权德舆的《朔旦冬至摄职南郊，因书即事》则记录吟咏出南至日于圆丘祭祀的隆重仪式：

> 大明南至庆天正，朔旦圆丘乐六成。文轨尽同尧历象，斋祠忝备汉公卿。星辰列位祥光满，金石交音晓奏清。更有观台称贺处，黄云捧日瑞升平。①

南至日来临时，朝廷于大明宫庆祝天正，初一之时圆丘之上《云门大卷》、《咸池》、《大韶》、《大夏》、《大濩》、《大武》等为冬至日祭祀活动而备的六套乐舞已制定而成。斋祠忝备，公卿林立，星辰列位，祥光满布，拂晓时金石交错奏响清音。观台称贺之地，黄云捧日，瑞气缭绕，共庆升平。

日南至，是指太阳走到最南面，即冬至日。夏至以后，日躔自北而南；冬至以后，又自南而北。故称。《左传·僖公五年》："春，王正月，辛亥朔，日南至。"杜预注："周正月，今十一月，冬至之日，日南极。"《新五代史·梁本纪第二》中：五代梁开平三年冬十一月甲午，是日为冬至，故于南郊行谢天大礼。《旧唐书·太宗本纪》："十一月甲子朔，日南至，有事于圆丘。"

南至日太史亦会登台书写云物，唐人对此作过集体咏叹，裴遘的《南至日太史登台书云物》写道：

> 圆丘才展礼，佳气近初分。太史新簪笔，高台纪彩云。烟空和缥缈，晓色共氛氲。道泰资贤辅，年丰荷圣君。恭惟司国瑞，兼用察人文。应念怀铅客，终朝望碧雰。②

圆丘祭祀礼仪刚刚展开，佳气临近。太史簪笔于高台，书写记录浮动的彩云。空中烟云缥缈，晓色中浓郁的烟气缭绕。有圣君眷顾，贤臣辅

---

① 郭广伟点校：《权德舆诗文集》，上海古籍出版社2008年版，第96页。
② （清）彭定求等编：《全唐诗》卷288，中华书局1997年版，第3288页。

佐，道泰年丰。太史亦恭敬地掌管国瑞，观察人文。也应顾念从事著述的文臣，终朝望着碧氛，吟咏唱诵。

于尹躬的《南至日太史登台书云物》写道：

> 至日行时令，登台约礼文。官称伯赵氏，色辨五方云。昼漏听初发，阳光望渐分。司天为岁备，持简出人群。惠爱周微物，生灵荷圣君。长当有嘉瑞，郁郁复纷纷。[①]

冬至时令来临，登台约定礼仪文章。掌管夏至、冬至之少皞氏（《左传·昭公十七年》："伯赵氏，司至者也。"杜预注："伯赵，伯劳也。以夏至鸣，冬至止。"孔颖达疏："此鸟以夏至来鸣，冬至止去，故以名官，使之主二至也"），辨五方之云色。昼漏初发，阳光渐分。掌管天象备岁，持简从人群中而出。惠爱遍布细小之物，生灵蒙圣君眷顾。但愿长久拥有如此之嘉瑞，郁郁纷纷长盛不衰。

王良士的《南至日隔霜仗望含元殿炉烟》，一作车缅诗，写道：

> 抗殿疏龙首，高高接上玄。节当南至日，星是北辰天。宝戟罗仙仗，金炉引御烟。霏微双阙丽，容曳九门连。拂曙祥光满，分晴瑞色鲜。一阳今在历，生植仰陶甄。[②]

高筑殿堂于龙首山，高接上玄。当南至日时，北辰星缀于天空。仙仗罗列，宝戟森立，金炉添引着御烟。雾气弥漫，双阙壮丽，九门连延，宽松舒展。拂晓时祥光满布，晴天里瑞色鲜丽。历在一阳，生植都仰仗陶冶。

郭遵的《南至日隔仗望含元殿香炉》，一作裴次元诗，写道：

> 冕旒亲负扆，卉服尽朝天。旸谷移初日，金炉出御烟。芬馨流远近，散漫入貂蝉。霜仗凝逾白，朱栏映转鲜。如看浮阙在，稍觉逐风

---

① （清）彭定求等编：《全唐诗》卷305，中华书局1997年版，第3473页。
② （清）彭定求等编：《全唐诗》卷318，中华书局1997年版，第3591页。

迁。为沐皇家庆，来瞻羽卫前。①

天子背扆（户牖之间的屏风）而坐，朝臣身着卉服朝见天子。初日由东方日出之处出生（《书·尧典》："分命羲仲，宅嵎夷，曰旸谷，寅宾出日。"孔传："旸，明也。日出于谷而天下明，故称旸谷"），金炉里御烟缭绕。芬芳馨香之气远近流播，散入贵臣的貂尾服饰之间。仪仗凝霜，更加洁白，朱栏在日光映照下格外新鲜。轻烟在宫阙间浮动，逐风迁动。臣子为沐浴皇家之吉庆，在羽卫前瞻望。

崔立之的《南至隔仗望含元殿香炉》写道：

> 千官望长至，万国拜含元。隔仗炉光出，浮霜烟气翻。飘飘萦内殿，漠漠澹前轩。圣日开如捧，卿云近欲浑。轮囷洒宫阙，萧索散乾坤。愿倚天风便，披香奉至尊。②

长至日，数千朝官、万国衣冠瞻拜于含元殿，香炉之光隔仗而出，清霜上炉烟翻动，炉香飘飘萦绕在内殿之中，恬然安静地漂浮于前轩。圣日光辉铺展开如捧日，彩云临近模糊不清。盘曲洒于宫阙，萧索散于乾坤。愿倚天风之便，披香侍奉至尊。

长至日，指夏至。夏至白昼最长，故称。《礼记·月令》："（仲夏之月）是月也，日长至，阴阳争，死生分。"孙希旦集解："孔氏曰：长至者，谓日长之至极。大史漏刻，夏至昼漏六十五刻，夜漏三十五刻。愚谓以昏明为限，则夏至昼六十五刻，夜三十五刻；以日之出入为限，则昼六十刻，夜四十刻也。"一说指冬至。自夏至后日渐短，自冬至后日又渐长。

广德二年（764）进士及第的诗人张叔良，在《长至日上公献寿》写道：

> 凤阙晴钟动，鸡人晓漏长。九重初启钥，三事正称觞。日至龙颜近，天旋圣历昌。休光连雪净，瑞气杂炉香。化被君臣洽，恩沾士庶

---

① （清）彭定求等编：《全唐诗》卷347，中华书局1997年版，第3892页。
② 同上。

康。不因稽旧典，谁得纪朝章。①

凤阙中晴钟初动，鸡人报晓的晓漏变长。九重宫门初启，朝中三公举杯称觞祝酒（三事是周代之官。指常伯、常任、准人，常伯又称为"牧"，是掌管地方民事之官。常任又称"任人"，掌管选择人员以充任官吏。准人又作"准夫"，掌管司法之官。一说三事指司徒、司马、司空）。日至之时圣历吉昌，盛美的光华连接净雪（由雪净可明显见出是指冬至到了），炉香交杂瑞气。恩泽感化使君臣和洽，士庶康泰。

大历二年（767）进士及第的崔琼，在《长至日上公献寿》中写道：

> 应律三阳首，朝天万国同。斗边看子月，台上候祥风。五夜钟初
> 动，千门日正融。玉阶文物盛，仙仗武貔雄。率舞皆群辟，称觞即上
> 公。南山为圣寿，长对未央宫。②

长至日律应三阳之首（古人称农历十一月冬至一阳生，十二月二阳生，正月三阳开泰，合称"三阳"。由此可知唐代的长至日应是指冬至），万国朝天。星斗边看子月（十一月），台上等候祥瑞之风。五夜钟声初动，千门日色融融。玉阶之上文物繁盛，仙仗下武士威武雄壮。四方诸侯率舞，上公称觞祝酒。有寿山之称的南山，长对着未央宫。

2. 季冬

季冬，指农历十二月，是四季中最冷的时节。至此，冬季将尽，此段时节亦可称作暮冬。杜审言的《守岁侍宴应制》写道：

> 季冬除夜接新年，帝子王孙捧御筵。宫阙星河低拂树，殿廷灯烛
> 上薰天。弹弦奏节梅风入，对局探钩柏酒传。欲向正元歌万寿，暂留
> 欢赏寄春前。③

---

① （清）彭定求等编：《全唐诗》卷272，中华书局1997年版，第3050页。
② （清）彭定求等编：《全唐诗》卷281，中华书局1997年版，第3186页。
③ （清）彭定求等编：《全唐诗》卷62，中华书局1997年版，第734页。

季冬除夜连接着新年，帝子王孙侍宴守岁。宫阙里星河低垂拂动树枝，廷殿内灯烛摇曳烛火熏天。

董思恭的《守岁》二首，一作太宗诗，后题作《除夜》，写道：

> 暮景斜芳殿，年华丽绮宫。辞寒走冬雪，暖带入春风。阶馥舒梅素，盘花卷烛红。共欢新故岁，迎送一宵中。
>
> 岁阴穷暮纪，献节启新芳。冬尽今宵促，年开明日长。冰销出镜水，梅散入风香。对此欢终宴，倾壶待曙光。①

暮景斜照芳殿，年华依附绮宫。辞寒送走冬雪，春风吹拂暖带。石阶上梅花的香气舒展，烛花翻卷，红光摇曳。共同欢庆故岁辞去，新岁来临，通宵迎送。

岁阴穷暮之纪，迎接新年的来临。冬日将尽，今宵短促，明日年开。残冰消融，露出如镜的水面，暖风吹拂，梅花香散。对此欢宴，倾尽酒壶等待来年曙光的到来。

郑谷的《宣义里舍冬暮自贻》将冬暮时河沟岸畔残存的积雪，水面上浮动的春色细腻地点染而出：

> 幽居不称在长安，沟浅浮春岸雪残。板屋渐移方带野，水车新入夜添寒。名如有分终须立，道若离心岂易宽。满眼尘埃驰骛去，独寻烟竹剪渔竿。②

其《辇下冬暮咏怀》写道：

> 永巷闲吟一径蒿，轻肥大笑事风骚。烟含紫禁花期近，雪满长安酒价高。失路渐惊前计错，逢僧更念此生劳。十年春泪催衰飒，羞向清流照鬓毛。③

---

① （清）彭定求等编：《全唐诗》卷63，中华书局1997年版，第738页。
② 严寿澄、黄明、赵昌平笺注：《郑谷诗集笺注》，上海古籍出版社1991年版，第356页。
③ 同上书，第306页。

永巷萧条，一径蒿草，于此闲吟，乘肥马，衣轻裘，仰天大笑，吟咏风骚。紫禁城中，轻烟缭绕，花期将近，雪满长安，酒价亦因此抬高。前途失意，渐惊前计错失，遭逢僧侣，更是念及此生之辛劳。十年岁月蹉跎，羞于向清波照临鬓毛。

3. 冬雪

关中冬季最具代表性的事物，非冬雪莫属。这也是诗人们面对关中冬季，最乐于吟咏的部分。

孟浩然的《赴京途中遇雪》描绘冬雪茫茫时关中道上的生态景观：

> 迢递秦京道，苍茫岁暮天。穷阴连晦朔，积雪满山川。落雁迷沙渚，饥鸟集野田。客愁空伫立，不见有人烟。①

迢递秦京之道，岁暮之时，天色苍茫。冬季年终的农历初一之时，天气极其阴沉，积雪布满山川。沙渚上落雁迷途，野田里饥鸟聚集。秦道上渺无人烟，只有诗人空自伫立，客愁萦怀。

杜甫的《前苦寒行》二首写道：

> 汉时长安雪一丈，牛马毛寒缩如猬。楚江巫峡冰入怀，虎豹哀号又堪记。
> 秦城老翁荆扬客，惯习炎蒸岁絺绤。玄冥祝融气或交，手持白羽未敢释。②

长安城积雪一丈，牛马皮毛寒冷蜷缩着如刺猬。楚江巫峡之冰入怀，虎豹哀号之声烙印于记忆之中。

来到秦城的荆扬客子，习惯于炎蒸之天气身着葛衣。北方之冬神玄冥与南方火神祝融气息相交，手持白羽不敢放开。

韩愈的《雪后寄崔二十六丞公（斯立）》描述雪拥蓝关的情形：

---

① 佟培基笺注：《孟浩然诗集笺注》，上海古籍出版社 2000 年版，第 22 页。
② （清）仇兆鳌注：《杜诗详注》，中华书局 1979 年版，第 1845 页。

蓝田十月雪塞关，我兴南望愁群山。攒天崛崛冻相映，君乃寄命于其间。秩卑俸薄食口众，岂有酒食开容颜。殿前群公赐食罢，骅骝蹑路骄且闲。称多量少鉴裁密，岂念幽桂遗榛菅。几欲犯严出荐口，气象碎兀未可攀。归来殒涕掩关卧，心之纷乱谁能删。诗翁憔悴剧荒棘，清玉刻佩联玦环。脑脂遮眼卧壮士，大弨挂壁无由弯。乾坤惠施万物遂，独于数子怀偏悭。朝欷暮唶不可解，我心安得如石顽。①

蓝田十月，大雪塞关，诗人南望，愁满群山。冰冻相映的山峰丛立天际，寄命于其间的友人，官职卑微，俸禄微薄，人口众多，哪里有酒食可以开怀。宫殿前的公卿吃完赐食之御宴后，骑着骅骝踏于路上，既骄纵又悠闲。众臣们于朝堂之上称多量少、比好嫌恶，审查识别人物之优劣，哪里念及还有幽居的芳香丹桂遗落于草泽之中。几次犯颜意欲出言推荐，终因气象突兀不可攀附。只能回归掩关流涕而卧，心神纷乱不可弃去。只能令善于作诗的友人憔悴于荒棘之中。那些脑脂眼瘴遮蔽眼睛的权贵们，未得辨识贤才，遂令壮士卧于蒿草。朝暮欷唶，不可解脱，诗人之心哪能如顽石一样坚硬而不为之动容呢。

其《酬蓝田崔丞立之咏雪见寄》则勾画出京城大雪中的众生态：

> 京城数尺雪，寒气倍常年。泯泯都无地，茫茫岂是天。崩奔惊乱射，挥霍讶相缠。不觉侵堂陛，方应折屋椽。出门愁落道，上马恐平鞯。朝鼓矜凌起，山斋酪酊眠。吾方嗟此役，君乃咏其妍。冰玉清颜隔，波涛盛句传。朝飧思共饭，夜宿忆同毡。举目无非白，雄文乃独玄。②

大雪纷飞，京城积雪数尺，寒气数倍于往年。积雪覆盖，天地泯泯苍茫。惊讶于大雪的崩奔乱射，挥霍相缠。不知不觉间侵漫堂前宫殿的台阶，也应折断屋椽。意欲出门，道路滑溜难行。诗人听朝堂的鼓声凌起，

---

① （清）方世举笺注，郝润华、丁俊丽整理：《韩昌黎诗集编年笺注》，中华书局 2012 年版，第 449 页。

② 同上书，第 475 页。

须应卯供职,友人在山斋中酩酊醉眠。诗人正为赴役嗟叹,而友人却可欣赏美景,咏叹天地之妍丽,传写波涛盛句。

王涯的《望禁门松雪》写道:

> 宿云开霁景,佳气此时浓。瑞雪凝清禁,祥烟幂小松。依稀鸳瓦出,隐映凤楼重。金阙晴光照,琼枝瑞色封。叶铺全类玉,柯偃乍疑龙。讵比寒山上,风霜老昔容。①

夜晚的云气在雪后初霁的光景中破开,佳气浓烈。清冷的禁中瑞雪凝结,祥烟覆盖弱小的青松。隐映着重叠的凤楼,青瓦依稀而出。晴光照于金阙,瑞色封盖琼枝。枝叶铺展如美玉,倒伏的枝柯如盘龙屈曲。

刘禹锡的《酬令狐相公雪中游玄都见忆》则追忆出身处京师的士人们在雪中畅游的情形:

> 好雪动高情,心期在玉京。人披鹤氅出,马踏象筵行。照耀楼台变,淋漓松桂清。玄都留五字,使入步虚声。②

漫天之飞雪激发出诗人高涨的情怀,回忆起身处京师时的情境,身披鹤氅而出,马踏冰雪而行。飞雪的光色映照着楼台,松桂上消融的雪花淋漓。在玄都观清游留诗,醮坛上的讽诵词章伴着宛如众仙缥缈步行虚空的曲调旋律(据南朝宋刘敬叔《异苑》:陈思王曹植游山,忽闻空里诵经声,清远遒亮,解音者则而写之,为神仙声。道士效之,作步虚声),如身处仙境之中。

白居易身处下邽所作的《村居苦寒》描写的则是元和八年(813)冬季酷寒的情境,当十二月五日下了一场大雪后,竹柏皆被冻死,北风凛冽,割面如剑,而村闾间的老百姓,十室九贫,衣不蔽身,只有燃起蒿棘取暖,整夜忧愁,等待着清晨的到来:

---

① (清)彭定求等编:《全唐诗》卷346,中华书局1997年版,第3883页。
② 卞孝萱编订:《刘禹锡集》,中华书局1990年版,第465页。

八年十二月，五日雪纷纷。竹柏皆冻死，况彼无衣民。回观村间间，十室八九贫。北风利如剑，布絮不蔽身。唯烧蒿棘火，愁坐夜待晨。乃知大寒岁，农者尤苦辛。顾我当此日，草堂深掩门。褐裘覆絁被，坐卧有余温。幸免饥冻苦，又无垄亩勤。念彼深可愧，自问是何人。①

张孜的《雪诗》则铺写出长安大雪之日的生态景观：

长安大雪天，鸟雀难相觅。其中豪贵家，捣椒泥四壁。到处爇红炉，周回下罗幂。暖手调金丝，蘸甲斟琼液。醉唱玉尘飞，困融香汗滴。岂知饥寒人，手脚生皴劈。②

长安大雪天里，鸟雀难觅。豪贵之家，捣椒涂抹四壁。到处燃烧红炉，周遭落下罗幕。暖好手调动琴弦，蘸甲斟满琼液，捧觞畅饮。在飞雪中趁醉吟唱，困意融化，香汗滴落。哪里知道那些饥寒交迫之人，手脚皲裂劈开之苦。

杜荀鹤的《长安冬日》写道：

近腊饶风雪，闲房冻坐时。书生教到此，天意转难知。吟苦猿三叫，形枯柏一枝。还应公道在，未忍与山期。③

临近腊月风雪丰饶，于闲房独坐，寒冻侵入。书生困于长安，到此天意难测。形容如枯柏，吟唱声苦如清猿的三声啼叫，令人泪沾满襟。因为公道尚在，于是未忍就此隐遁山林。

喻坦之的《长安雪后》：

碧落云收尽，天涯雪霁时。草开当井地，树折带巢枝。野渡滋寒

---

① 朱金城笺校：《白居易集笺校》，上海古籍出版社1988年版，第56—57页。
② （清）彭定求等编：《全唐诗》卷607，中华书局1997年版，第7065页。
③ （清）彭定求等编：《全唐诗》卷691，中华书局1997年版，第7999页。

麦,高泉涨禁池。遥分丹阙出,迥对上林宜。宿片攀檐取,凝花就砌窥。气凌禽翅束,冻入马蹄危。北想连沙漠,南思极海涯。冷光兼素彩,向暮朔风吹。①

　　长安雪后初霁,碧落云尽。临井之地枯草露出,带巢之树枝折断。瑞雪滋润着野渡的寒麦,泉水涨满禁池。遥分丹阙,迥对上林。攀檐取隔夜之雪片,靠近石砌窥探凝结的雪花。寒气侵凌飞鸟之翅,冷冻之气侵入马蹄。向暮之时朔风吹动,积雪泛着冷光素彩,格外明净清丽。

---

① （清）彭定求等编:《全唐诗》卷713,中华书局1997年版,第8278页。

第五章

去岁干戈险,今年蝗旱忧

——关中生态失衡书写

　　对人与自然关系的探究这一现代生态学的核心要素,在中国古代早已纳入哲学、史学、文学的核心视域,亦融入社会生活,并深烙在古人的思想观念里,及至唐代,在史书与文学中均有大量的书写,二者的侧重点不同,文学重审美,兼及叙事,史书则以叙事为主,注重其中存在的诸般问题,于是在有关唐代关中生态之美的叙述与表现上,二者交集甚少,但在关中生态灾害的书写层面,二者均有较多叙写,在诗与史的对比、互补与交融中,不仅可见诗与史的书写差别,亦可更为全面地审视并展现唐代的关中生态面貌与唐人的生态观念。

　　历史上的关中地区南背秦岭,北对北山,又有潼关诸塞环绕周边,以东有函谷关、南有峣关、西有散关、北有萧关,居四关之中,故曰关中,《史记·留侯世家》有云"左殽函,右陇蜀,沃野千里……此所谓金城千里,天府之国也"。这个拥有良好自然环境的地域,在中国农业社会中成为历代王朝选择帝都的首选。历代累积的成果发展至唐代,关中则成为无论在自然生态还是人文生态方面绝好的地域,也是在这样的环境作用下,唐诗中出现大量展现唐代关中绝美生态环境的诗作,诸如"长安百花时,风景宜轻薄。无人不沽酒,何处不闻乐。春风连夜动,微雨凌晓濯。红焰出墙头,雪光映楼角……"的诗句,可谓对长安城春天生态之美全景式的勾勒,长安城的春天是与百花相伴的,一夜春风,初晓的一袭微雨,让长安城格外清新绚丽。你看那墙头似燃烧的花朵,再看那楼角映照的雪光,繁复的紫色,青绿的松竹,篱落间的黄花色,漫天轻飞的落花,让诗人在满眼满心的烂漫间已呈癫狂之态,诗意勃兴心醉神迷是长安城生态给唐代诗人与唐诗最丰厚的馈赠。而在张说与王涯的眼底、心里、诗端,长安城、关中道的春天,竟已美到了"花如扑"与"花繁袅袅压枝低"的境地。在杜牧的回望中长安是"绣成堆"的,大笔勾勒出最具关中特色的生态映象。即便是记忆中的长安,印象最深的也是"柳发三条陌,花飞六辅渠"(张南史《奉酬李舍人秋日寓直见寄》)、"遥想长安此时节,朱门深巷百花开"(刘禹锡《伤循州浑尚书》),足见唐时关中生态之美。然而关中并非绝大多数诗歌所乐于、惯于表现的那样:时时草长莺飞,风调雨顺,也有过冬季无雪,春天干旱,霖雨经旬,飞蝗丛生的诸多自然生态灾难。于是从史书与文学对唐代关中生态灾害的书写入手,既可管窥千年前的唐代生态总体面貌,亦可从中见出唐人值得借鉴的生态观念与智慧,这对面临着严重生态问题的今人而言则是极为宝贵的经验。

唐代的生态灾害与破坏,主要来自自然与人为两大因素,从自然而讲,种种不可抗力,诸如旱涝灾害、地震、大风等等,是其生态遭受重创的主要因素,而人为的破坏,则来自于战争、开山凿石、大兴土木、开采与采伐,以及狩猎行为。

一　唐代关中生态灾害书写与生态观念

由于自然会对农耕时代的社会经济、政治等诸多领域产生重大影响,使得历代的史书从未忽略过对这一部分的关注,以至官方的二十四史书写体例与传统中,出现了"五行志"这一重要部分,同时帝王本纪在简述军事、政治、人事等大事记的同时,在帝王的逐年事件叙写中亦必定要将当年的重大自然事件诸如水旱灾害、地震、虫灾、风雨气候异象等予以叙写。于是通过对史书中帝王本纪与专辟的五行志的梳理,即可大体总览唐代的生态大事与包蕴其中的唐人对人与自然关系的基本认识。《新唐书·五行志》开篇云:

> 万物盈于天地之间,而其为物最大且多者有五:一曰水,二曰火,三曰木,四曰金,五曰土。其用于人也,非此五物不能以为生,而阙其一不可,是以圣王重焉……
> 自三代之后,数术之士兴,而为灾异之学者务极其说,至举天地万

物动植，无大小，皆推其类而附之于五物，曰五行之属。以谓人禀五行
之全气以生。故于物为最灵。其余动植之类，各得其气之偏者，其发为
英华美实、气臭滋味、羽毛鳞介、文采刚柔，亦皆得其一气之盛。至其
为变怪非常，失其本性，则推以事类吉凶影响，其说尤为委曲繁密。

　　盖王者之有天下也，顺天地以治人，而取材于万物以足用。若政
得其道，而取不过度，则天地顺成，万物茂盛，而民以安乐，谓之至
治。若政失其道，用物伤夭，民被其害而愁苦，则天地之气沴，三光
错行，阴阳寒暑失节，以为水旱、蝗螟、风雹、雷火、山崩、水溢、
泉竭、雪霜不时、雨非其物，或发为氛雾、虹蜺、光怪之类，此天地
灾异之大者，皆生于乱政。而考其所发，验以人事，往往近其所失，
而以类至。然时有推之不能合者，岂非天地之大，固有不可知者邪？
若其诸物种类，不可胜数，下至细微家人里巷之占，有考于人事而合
者，有漠然而无所应者，皆不足道。语曰："迅雷风烈必变。"盖君子
之畏天也，见物有反常而为变者，失其本性，则思其有以致而为之戒
惧，虽微不敢忽而已。至为灾异之学者不然，莫不指事以为应。及其
难合，则旁引曲取而迁就其说。①

　　这段对唐代自然灾害记录前的总括之语，精练地叙述了唐人对人与自
然万物关系的基本认知，充盈着极为丰富乃至辩证中允的生态智慧。既有
将天地间的万物置身于整体系统中予以统观的意识，指出五物缺一不可，
又指出"人禀五行之全气以生。故于物为最灵"，在这样的观念指导下所
提出的帝王治理社会之道则是：顺天地以治人，而取材于万物以足用。若
政得其道，而取不过度，则天地顺成，万物茂盛。而顺天、取材足用、取
不过度，可谓唐人对人与自然关系极为中允恳切的认识，既意识到人是依
赖自然而生存的，不可能不取用于自然，于是很客观地指出处理人与自然
关系的基本法则应是：不过度即可，这样既能保障人的生存所需，亦能不
破坏自然生态，使万物茂盛共生。其至唐人对自汉代以来形成的五行灾异
学说，也是有继承亦有批判，承认自然灾害与人的作为之间的相互关联，
但同时对五行灾异学说的牵强附会之处又有所批判，显示出唐人在人与自

———————

① （宋）欧阳修、宋祁撰：《新唐书》，中华书局 1975 年版，第 871—872 页。

然关系认识方面的深化。而"君子畏天也"，这种人对自然的敬畏意识，亦令唐人与天地自然万物之间，形成一种基本的和谐共生关系。在这一史学宗旨的领起下，史书中叙述了大量发生在唐代关中的生态灾害，诸如冬日无雪，久雨，大风拔木，冰雹地震，洪涝灾害，虫灾，植物违时而生，过度伤害自然等生态灾害与生态灾难等的史实。

（一）关中旱灾生态书写

其中有关唐代关中大旱的叙述相当多，根据对《新唐书·五行志》与《旧唐书》帝王本纪的统计，发生次数相当多，从下表可见（表中叙写以《新唐书》为核心的，出处不作标记）：

帝王		发生时间		灾害记述及应对措施
高祖	武德	三年夏		旱，至于八月乃雨
		四年		自春不雨，至于七月
		七年秋		关内、河东旱
太宗	贞观	二年春	旱	自太上皇传位至此，而比年水旱
		三年春、夏	旱	
		四年春	旱	
高宗	永徽	元年七月辛酉		以旱虑囚
		三年正月甲子		以旱避正殿，减膳，降囚罪，徒以下原之
		四年四月壬寅		以旱虑囚，遣使决天下狱，减殿中、太仆马粟，诏文武官言事。甲辰，避正殿，减膳
		五年正月丙寅		以旱诏文武官、朝集使言事
	显庆	四年七月己丑		以旱避正殿
	麟德	元年五月丙寅		以旱避正殿
	乾封	二年	正月丁丑	以雍、华、蒲、同四州旱，遣使虑囚，减中御诸厩马。丙寅，以旱避正殿，减膳。九月丁丑，给复雍、华、同、岐、邠、陇六州一年。闰月癸卯，皇后以旱请避位
			七月己卯	
	咸亨	元年七月甲戌		以旱虑囚
				以旱避正殿，减膳，撤乐，诏百官言事
		二年六月癸巳		以旱避正殿，虑囚
	上元	二年四月丙戌		以旱避正殿，减膳
	仪凤	三年四月丁亥		
	永淳	三年二月己亥		

续表

帝王		发生时间		灾害记述及应对措施
武周	天授	元年三月乙酉		以旱减膳
	延载	元年二月乙亥		以旱虑囚
	长安	三年四月乙巳		以旱避正殿
中宗	神龙	二年十二月丙戌		以突厥寇边、京师旱、河北水，减膳，罢土木工
	景龙	元年正月丙辰五月		以旱虑囚。以旱避正殿，减膳
睿宗	先天	元年是春		
玄宗	开元	二年正月壬午		以关内旱，求直谏，停不急之务，宽系囚，祠名山大川，葬暴骸。二月壬辰，避正殿，减膳，彻乐
		三年五月丁未		以旱录京师囚。戊申，避正殿，减膳
		四年二月丁卯		至自温汤。以关中旱，遣使祈雨于骊山，应时澍雨。《旧唐书·玄宗本纪》
		六年八月庚辰		以旱虑囚
		七年闰七月辛巳		以旱避正殿，彻乐，减膳。甲申，虑囚
	天宝	六载		自五月不雨至秋七月。乙酉，以旱，命宰相、台寺、府县录系囚，死罪决杖配流，徒已下特免。庚寅始雨
		九载三月辛亥		华岳庙灾，关内旱，乃停封（《旧唐书·玄宗本纪》：天宝九年三月辛亥，西岳庙灾，时久旱，制停封西岳时久旱，制停封西岳。夏五月庚寅，以旱，录囚徒）
代宗	大历	十二年六月丁未		以旱降京师死罪，流以下原之
德宗	贞元	元年	是春	以旱避正殿，减膳
			七月	灞、浐竭
			八月甲子	
		六年春		
		十年四月		自正月不雨至于是月
		十三年四月辛酉		以旱虑囚
		十九年七月		自正月不雨至于是月。甲戌，雨
顺宗	元和	四年三月闰月己酉		以旱降京师死罪非杀人者，禁刺史境内権率、诸道旨条外进献、岭南黔中福建掠良民为奴婢者，省飞龙厩马。己未，雨
		九年五月癸酉		以旱免京畿夏税
		十年二月		自冬不雨至于是月

续表

帝王	发生时间		灾害记述及应对措施
文宗	大和	三年八月辛酉	以旱免京畿九县今岁租
		七年七月闰月乙卯	以旱避正殿,减膳,彻乐,出宫女千人,纵五坊鹰犬
	开成	二年四月乙卯	以旱避正殿
		五年六月丙寅	以旱避正殿,理囚
武宗	会昌	六年二月癸酉	以旱降死罪以下,免今岁夏税
宣宗	大中	元年二月癸未	以旱避正殿,减膳,理京师囚,罢太常孝坊习乐,损百官食,出宫女五百人,放五坊鹰犬,停飞龙马粟
		八年三月	以旱理囚
		十二年二月闰月	自十月不雨,至于是月雨
僖宗	乾符	元年四月辛卯	以旱理囚
		三年二月丙子	以旱降死罪以下。三月,葬暴骸
		五月庚子	以旱理囚
		六年三月辛未	以旱避正殿,减膳
昭宗	天复	元年二月甲寅	以旱避正殿,减膳

由上表可知,从唐王朝建国起,关中的旱灾就从未间断过,太宗贞观初甚至连年旱灾,而高宗时则深为旱灾所扰,有记载的甚至达到13次之多。同时关中旱灾发生的季节亦不等,在春夏秋都会发生,尤以春旱为多,德宗贞元元年则发生过三次旱灾,七月的旱灾甚至导致浐灞的枯竭。然而对于史书中记载的困扰唐王朝至深的这一重要生态灾害事实,文学中的书写甚少,这与文学更习惯于审美的书写与描写的特质相关,于是当出现毁灭生态之美的生态灾害现象时,文学则很少去触及。

由此可见,唐代关中生态也并不全如文学中所见之富庶、繁华、美丽的生态印象。当然,对史书所记,在关中显然为常态的旱灾,文学中亦偶有回应与描写,但即便是少量的文学作品描写,亦对史书中虽反复述及但极其简略的叙述有着极为重要的丰富补充作用,借此可以对当时的生态灾难有更直观、详细、深切的了解,对面临生态灾害时的唐代物态物情、人情人态有更详细的观览。戴叔伦的《屯田词》可谓代表:

春来耕田遍沙碛,老稚欣欣种禾麦。麦苗渐长天苦晴,土干确确锄不得。新禾未熟飞蝗至，青苗食尽余枯茎。捕蝗归来守空屋，囊无寸帛瓶无粟。十月移屯来向城，官教去伐南山木。驱牛驾车入山去，霜重草枯牛冻死。艰辛历尽谁得知，望断天南泪如雨。①

春天来到，男女老幼欣然在沙田上耕种禾麦。但麦苗渐长，天晴久旱，以致田地坚硬难以耕锄。新禾还未成熟飞蝗又至，食尽青苗只剩下干枯的禾茎。农人们只能疲于应付蝗灾，捕蝗归来，能守着的则只是无帛无粟一贫如洗之空屋。十月军队转移驻防，移入城中，官兵又让农人砍伐南山之木。于是农夫们又得驱驾牛车进入深山，霜重草枯，严寒难耐，牛亦冻馁而死。时值旱灾、蝗灾、酷寒的关中农人困窘艰辛的生活无人知晓，他们只能望断南天，泪流如雨。这种对生态灾害时万物之生存境遇，以及环环相生的一系列生态变动，乃至物情人情之呈现，均是史书未曾涉及的。

在史书的书写中，面对天灾，作为主宰苍生的帝王，在一系列周密的应对措施外（如赈灾减租、开仓贱粜等），在精神观念领域里，亦往往会展开祭祀山川湖海，大赦天下，减膳别居，甚至颁令罪己等一系列举措，足见透入灵魂的对天人关系的认知：在唐人的意识里，自然生态发生的一系列灾害，原本是由人造成的，于是人理应检讨自己的作为，并重申对天地自然的敬畏。而主宰一方的地方官，亦往往会引咎自责，告慰天地。这一点，在文学中亦有回响。元稹的《旱灾自咎，贻七县宰同州时》不仅记录出了关中同州一带的旱灾，亦表示出：

吾闻上帝心，降命明且仁。臣稹苟有罪，胡不灾我身。胡为旱一州，祸此千万人。一旱犹可忍，其旱亦已频。腊雪不满地，膏雨不降春。恻恻诏书下，半减麦与缗。半租岂不薄，尚竭力与筋。竭力不敢惮，惭戴天子恩。累累妇拜姑，呐呐翁语孙。禾黍日夜长，足得盈我囷。还填折粟税，酬偿贳麦邻。苟无公私责，饮水不为贫。欢言未盈口，旱气已再振。六月天不雨，秋孟亦既旬。区区昧陋积，祷祝非不勤。日驰衰白颜，再拜泥甲鳞。归来重思忖，愿告诸邑君。以彼天道

① 蒋寅校注：《戴叔伦诗集校注》，中华书局2010年版，第222页。

远，岂如人事亲。团团囹圄中，无乃冤不申。扰扰食廪内，无乃奸有
因。轧轧输送车，无乃使不伦。遥遥负担卒，无乃役不均。今年无大
麦，计与珠玉滨。村胥与里吏，无乃求取繁。符下敛钱急，值官因酒
嗔。诛求与挞罚，无乃不逡巡。生小下里住，不曾州县门。诉词千万
恨，无乃不得闻。强豪富酒肉，穷独无刍薪。俱由案牍吏，无乃移祸
屯。官分市井户，送配水陆珍。未蒙所偿直，无乃不敢言。有一于此
事，安可尤苍旻。借使漏刑宪，得不虞鬼神。自顾顽滞牧，坐贻灾沴
臻。上羞朝廷寄，下愧闾里民。岂无神明宰，为我同苦辛。共布慈惠
语，慰此衢客尘。①

深化于心的"天人感应"意识，使得诗人面对旱灾，在潜意识里会
将之与人的作为关联起来，于是在诗中，他先是指出自己听闻本朝帝王
之心与执政诏命是清明仁德的。接着在心里不断追问犹疑，是否是因为
自己执政有误，犯下罪过，不禁心生对上天的疑问：若人臣有罪，为何
不降灾于人臣，而要让一州为旱，让千万人受害。又追问若仅是发生一
次旱灾，尚可忍受，但是当年的旱灾也太过频繁了，先是冬旱，腊月降
雪极少，春天时又膏雨不降。面对如此严重的灾害，帝王颁布怜悯之
诏，麦缗租庸减半而征。即便如此，亦令灾民筋力竭尽。作为地方官，
诗人竭力而为不敢懈怠，怕有负天子之恩德。由于久旱，致使百姓生活
艰窘，屡次拜见舅姑的妇女因饥困而显得疲惫瘦弱，老翁对爱孙之语亦
变得迟钝乏力。熬过此次旱灾后，眼见着禾黍日夜生长，足以装满粮
仓，农人思量着可以填补折粟之税，亦可偿还邻人的出借之麦。指望着
若无公私之责，则可饮水不贫。只可惜欢乐之语还未满口，旱气又启。
六月天不下雨，孟秋亦是经旬不雨。作为区区之州的昏昧寡陋的州宰，
诗人自问祈祷亦非不勤：每日驱驰，发白容衰，还再三拜见泥塑之龙以
祈雨。祈雨祷告归来，诗人反复思忖，觉得应将此情告知诸邑县宰，自
以为天道甚远，岂如人事亲近。又深思囹圄之中是否有冤情不申。又揣
度天象异常如此烦乱侵扰食俸禄之人，恐怕事出有因。作为州宰，诗人
努力寻找执政时可能出现的问题：扎扎有声的输送之车所分之物，恐怕

---

① 冀勤点校：《元稹集》，中华书局1982年版，第37页。

有分配不均之事。遥遥负担之卒，岂不是徭役不均？今年不出大麦，价值将与珠玉相同。村胥与里吏，岂不是求取烦苛？盖有官府印信的符书（官府文书）敛钱急迫，值官因酒生嗔，诛求与挞罚，岂不是因顾虑而徘徊不前？生于下里，未曾到过州县之门的百姓，诉词中有千万之恨，岂不是不得听闻？豪强之家酒肉丰富，而穷独之家连柴草都无。案牍之吏，岂不是转移祸患囤积财物？官府分配的市井之户，叠相配送水陆之珍，未得尝其所值，岂不是不敢言语？但凡有此一事，哪里可追寻苍天的罪责呢。倘若遗漏刑宪之事，岂不令鬼神忧虑。自顾作牧顽滞，导致自然灾害的发生。对上使朝廷期望蒙羞，对下愧对闾里百姓。岂无神明主宰，为我同受苦辛。于是诗人希冀联合邻近的关中诸县宰共同发布慈善惠泽之语，以告慰市民蒙受之尘。

很显然，相比于史书对旱灾极其精简的叙述，文学的书写要细致生动直观得多，可谓曲尽唐代地方官员面对旱灾时的烦乱忧思之情，亦对了解旱灾时百姓的生存境遇，万物之生态，留下了极其珍贵的资料。

（二）唐代关中地震、大风、霖雨等生态灾害书写

至于冬季无雪，对于史书而言，仍然是国之大事，必定无遗漏地加以书写。而诗歌对此则绝少书写，对文学而言，更倾向于关注冬天雪花飘落与春雪来临时给人视觉与心境带来的审美感受及吉祥、喜悦的心理感受。同时地震、大风等对生态带来的灾难，诗歌中亦鲜有叙述与描写。而有关关中地震的叙写，在简短的事实罗列外，对于发生在贞元、元和年间的地震灾害，则有较为详细的描写：

帝王			发生时间	灾害简述	生态灾害描述
德宗	贞元	二年	五月己酉	又震	
		三年	十一月丁丑夜		京师、东都、蒲、陕地震
		四年	正月庚戌朔夜辛亥、壬子、丁卯、戊辰、庚午、癸酉、甲戌、乙亥	京师地震	皆震，金、房二州尤甚，江溢山裂，屋宇多坏，人皆露处
			二月壬午甲申、乙酉、丙申	京师又震	
			三月甲寅、己未、庚午、辛未，	皆震	

续表

帝王	年号	年	发生时间	灾害简述	生态灾害描述
德宗	贞元	四年	五月丙寅、丁卯	皆震	
		四年	八月甲午、甲辰		又震，有声如雷
		九年	四月辛酉		又震，有声如雷，河中、关辅尤甚，坏城壁庐舍，地裂水涌
		十年	四月 戊申	京师地震	
		十年	四月 癸丑		又震，侍中浑瑊第有树涌出，树枝皆戴蚯蚓
		十三年	七月乙未	又震	
顺宗	元和	七年	八月		京师地震，草树皆摇
		十年	十月	京师地震	
		十一年	二月丁丑	又震	
		十五年	正月		穆宗即位，戊辰，始朝群臣于宣政殿，是夜地震
文宗	大和	二年	正月壬申	地震	
		七年	六月甲戌	又震	
		九年	三月乙卯		京师地震，屋瓦皆坠，户牖间有声
	开成	元年	二月乙亥	又震	
		二年	十一月乙丑夜	又震	
		四年	十一月甲戌	又震	

对于发生在关中的如此频繁的地震灾害，检遍唐诗竟无一处提及。倒是在博物类笔记小说《酉阳杂俎》中提及浑瑊宅槐树下洞穴内蚯蚓群聚的生存状态：

上都浑瑊宅，戟门内一小槐树，树有穴，大如钱。每夜月霁后，有蚓如巨臂，长二尺余，白颈红斑，领数百条如索，缘树枝条。及晓，悉入穴。或时众鸣，往往成曲。学士张乘言，浑令公时堂前，忽有一树从地踊出，蚯蚓遍挂其上。①

---

① （唐）段成式撰，方南生点校：《酉阳杂俎》续集卷之二，中华书局1981年版，第208页。

但整个描绘，虽然远比史书记载要细致、生动得多，但只字未提"地震"所致，若无史书记载比对提示，阅读者仅能看到一幅发生在上都长安私宅中的生态奇观而已。

由地震而导致的山岭涌出的生态事件，文学与史书记载亦有呼应。据《新唐书》本纪第四则天皇后记载：

> 垂拱二年十月己巳，有山出于新丰县，改新丰为庆山，赦囚，给复一年，赐酺三日。

而《太平广记》对由于地质变动突起的新丰山、庆山亦有记录：

> 唐高宗朝，新丰出山，高二百尺。有神池，深四十尺。水中有黄龙现，吐宝珠，浮出大如拳。山中有鼓鸣。改新丰县为庆山县。（出《广德神异录》）
>
> 昭应庆山，长安中，亦不知从何飞来。夜过，闻有声如雷，疾若奔，黄（"若奔黄"三字原空阙，据明抄本补。）土石乱下，直坠新丰西南。一村百余家，因山为坟。今于其上起持国寺。（出《传载》）①

相比于史书的记载，文学的书写更有声有色，对这一生态异象的描绘更细致，由此可知庆山涌出时山崩地裂、声势如雷、山石翻滚、村落摧毁，百余之家葬身乱石之中的情形。亦可得知，此次生态灾害后留下的新的地质面貌，出现了二百尺高的山丘与深四十尺的神池。

至于对暴雨大风等的叙述，文学的关注点亦与史书不同。唐书中记载了大量有关"大风拔木"的情境，在大多简短的事实叙述中，亦有一些文字对当时大风带来的生态灾难作以较多的描写：

---

① （宋）李昉撰：《太平广记》卷455，中华书局1961年版，第3176页。

帝王	发生时间			灾害简述	生态灾害描述
德宗	贞元	元年七月庚子		大风拔木	
		六年四月甲申		大风雨	
		八年五月己未			暴风发太庙屋瓦，毁门阙、官署、庐舍不可胜纪
		十年六月辛未		大风拔木	
顺宗	元和	元年六月丙申		大风拔木	
		三年四月壬申		大风雨	大风毁含元殿栏槛二十七间
		四年十月壬午			天有气如烟，臭如燔皮，日昳大风而止
		五年三月丙子			大风毁崇陵上宫衙殿鸱尾及神门戟竿六，坏行垣四十间
		八年六月	庚寅		京师大风雨，毁屋飘瓦，人多压死者
			丙申		富平大风，拔枣木千余株
穆宗	长庆	二年	正月己酉	大风霾	
		三年	正月丁巳朔		大风，昏霾终日
		四年	六月庚寅		大风毁延喜门及景风门
文宗	大和	八年	六月癸未		暴风坏长安县署及经行寺塔
		九年	四月辛丑		大风拔木万株，堕含元殿四鸱尾，拔殿廷树三，坏金吾仗舍，发城门楼观内外三十余所，光化门西城十数雉坏
	开成	三年	正月戊辰	大风拔木	
		五年	四月甲子	大风拔木	
			五月壬寅	亦如之	
			七月戊寅	亦如之	
懿宗	咸通	六年	十一月己卯晦		潼关夜中大风，出如吼雷，河喷石鸣，群鸟乱飞，重关倾侧
			十二月	大风拔木	
僖宗	广明	元年四月甲申			京师及东都、汝州雨雹，大风拔木

相比于史书对大风大雨等生态灾害的着重记录，文学更惯于展现春风、细雨等富有诗意的审美化生态现象。粗略检录《全唐诗》以"风"为题的近300首，但以"大风"为题的没有一首。内容中提及"风"的粗略统计有13000多条，提及"狂风"的有77条，多写江风、洞庭湖风、陇上等地之风，与关中相关的更少，如元稹《杏园》中的"浩浩长安车马尘，狂风吹送每年春"。提及"大风"的仅38条，涉及关中的仅20多

条，列表如下：

序号	题目	作者
1	幸武功庆善宫	李世民
2	过旧宅二首	李世民
3	咏风	李世民
4	郊庙歌辞。享太庙乐章。大明舞	佚名
5	舞曲歌辞。功成庆善乐舞词	佚名
6	奉和过旧宅应制	上官仪
7	谒汉高庙	李百药
8	奉和圣制过温汤	王德真
9	奉和圣制途经华山	张九龄
10	奉和幸长安故城未央宫应制	宋之问
11	云	李峤
12	唐享太庙乐章。大明舞	张说
13	奉和圣制登骊山瞩眺应制	张说
14	奉和圣制过宁王宅应制	张说
15	奉和圣制爱因巡省途次旧居应制	张说
16	奉宇文黄门融酒	张说
17	慈恩寺九日应制	薛稷
18	奉和幸大荐福寺（寺乃中宗旧宅）	赵彦昭
19	奉和幸大荐福寺（寺即中宗旧宅）	郑愔
20	述华清宫五首	储光羲
21	德宗皇帝挽歌词三首	武元衡
22	贞元八年十二月谒先主庙绝句三首	张俨

　　且其中所言之"大风"，多是帝王在诗作中追忆刘邦的《大风歌》，并以此述志，或是群臣作奉和应制诗篇中提及《大风歌》，追忆秦汉之际的风云际会往事，以期为帝王分忧，建立不朽功业。仅有少数述及真正的大风，如佚名《郊庙歌辞。享太庙乐章。大明舞》中的"旱望春雨，云披大风"。储光羲《述华清宫》五首其一的"高山大风起，肃肃随龙驾"。

　　而大风、狂风等生态灾害物象在诗歌之外的笔记小说中出现时，不只被描写得生动形象，唯美诗意，而且还被披上了一层朦胧神奇的轻纱：

唐咸通九年春，华阴县南十里余，一夕风雷暴作，有龙移湫，自远而至。先其崖岸高，无贮水之处，此夕徙开数十丈。小山东西直南北，峰峦草树，一无所伤。碧波回塘，湛若疏凿。京洛行旅，无不枉道就观。有好事者，自辇毂蒲津，相率而至。车马不绝音，逮于累日。京城南灵应台有三娘湫，与炭谷相近，水波澄明，莫测深浅。每秋风摇落，常有草木之叶，飘于其上。虽片叶纤芥，必飞禽衔而去。祷祈者多致花钿锦绮之类，启视投之，欻然而没。乾符初，有朝士数人，同游于终南山，遂及湫所，因话灵应之事。其间不信者，试以木石投之，寻有巨鱼跃出波心，鳞甲如雪。俄而风雨晦暝，车马几为暴水所漂。尔后人愈敬伏，莫有犯者。（出《剧谈录》）①

在这里，终南湖泊之澄明，秋天飘零之木叶，衔木叶而去的珍禽，湖泊中跃动的巨鱼，如织的游人，以及游人对终南山川河流、草木鱼虫的敬畏之心，构织出终南特有的生态景象。而风雨如晦、暴雨倾盆所导致的生态灾害，在文学的叙写中，带来的则是后人对自然天地的愈发敬伏之心。

同时，对关中久雨的生态灾害现象，在史书与文学中均有表现。史书中的记录如下：

帝王		发生时间	灾害记述
高祖	武德	六年秋	关中久雨
太宗	贞观	十五年春	霖雨
高宗	永徽	六年八月	京城大雨
	显庆	元年八月	霖雨，更九旬乃止
玄宗	开元	二年五月壬子	久雨，崇京城门
		十六年九月	关中久雨。害稼
		二十七年春正月乙巳	大雨雪（《旧唐书·玄宗本纪》）
		二十九年九月	大雨雪，稻禾偃折，又霖雨月余，道途阻滞（《旧唐书·玄宗本纪》）
			十一月……己巳，雨木冰，凝寒冻冽，数日不解（《旧唐书·玄宗本纪》）

————————

① 《太平广记》卷 423 "华阴湫"，中华书局 1963 年版，第 3444 页。

帝王		发生时间		灾害记述
玄宗	天宝	元年夏六月庚寅		武功山水暴涨，坏人庐舍，溺死数百人（《旧唐书·玄宗本纪》）
		五载秋		大雨
		十载		是秋，霖雨积旬，墙屋多坏，西京尤甚（《旧唐书·玄宗本纪》）
		十二载八月		久雨（《旧唐书·玄宗本纪》：八月，京城霖雨，米贵，令出太仓米十万石，减价粜与贫人）
		十三载秋		大霖雨，害稼，六旬不止。九月，闭坊市北门，盖井，禁妇人入街市，祭玄冥太社，崇明德门，坏京城垣屋殆尽，人亦乏食
肃宗	至德	二载三月癸亥		大雨，至甲戌乃止
	上元	元年四月		雨，讫闰月乃止
		二年秋		霖雨连月，渠窦生鱼
代宗	永泰	元年九月丙午		大雨，至于丙寅
	大历	四年四月		雨，至于九月，闭坊市北门，置土台，台上置坛，立黄幡以祈晴
		六年八月		连雨，害秋稼
德宗	贞元	二年	正月乙未	大雨雪，至于庚子，平地数尺，雪上黄黑如尘
			五月乙巳	雨，至于丙申，时大饥，至是麦将登，复大雨霖，众心恐惧
		十年春		雨，至闰四月，间止不过一二日
		十一年秋		大雨
		十九年八月己未		大霖雨
顺宗	元和	六年七月		霖雨害稼
		十二年	五月	连雨
			八月壬申	雨，至于九月戊子
		十五年	二月癸未	大雨
			八月	久雨，闭坊市北门
敬宗	宝历	元年六月		雨，至于八月
文宗	大和	五年正月庚子朔		京城阴雪，弥旬
	开成	五年七月		霖雨，葬文宗，龙輴陷，不能进
宣宗	大中	十年四月		雨，至于九月
懿宗	咸通	九年六月		久雨、崇明德门
僖宗	广明	元年秋八月		大霖雨

续表

帝王		发生时间	灾害记述
昭宗	天复	元年八月	久雨

关于关中的洪涝灾害，赵景波等在《唐代渭河流域与泾河流域涝灾研究》一文中，根据《西北灾荒史》和《中国三千年气象记录总集》指出，有唐290年历史中，关中平原发生洪涝灾害74次，平均每3.929年就有一次。足见洪涝灾害之频繁，然而对于生活在关中如此易见的自然现象，相比于史书的关注度，文学的书写要少得多。《全唐诗》以"雨"为题的多达500多条，涉及关中的亦相当多。但对暴雨、大雨、霖雨的关注度却相当少。

有关发生在玄宗天宝年间的经久霖雨，《旧唐书·韦见素传》中做出更详细的记载："天宝十三年秋，霖雨六十余日，京师庐舍垣墉，颓毁殆尽，凡一十九坊汙潦。"[①] 这场长达六十多日的秋雨，亦使得庄稼歉收，粮食匮乏，房屋毁坏，民不聊生。对这一生态灾害，杜甫在《秋雨叹》三首中有形象的描述：

> 雨中百草秋烂死，阶下决明颜色鲜。著叶满枝翠羽盖，开花无数黄金钱。凉风萧萧吹汝急，恐汝后时难独立。堂上书生空白头，临风三嗅馨香泣。
>
> 阑风伏雨秋纷纷，四海八荒同一云。去马来牛不复辨，浊泾清渭何当分。禾头生耳黍穗黑，农夫田妇无消息。城中斗米换衾裯，相许宁论两相直。
>
> 长安布衣谁比数，反锁衡门守环堵。老夫不出长蓬蒿，稚子无忧走风雨。雨声飕飕催早寒，胡雁翅湿高飞难。秋来未曾见白日，泥污后土何时干。[②]

秋雨连绵，百草在雨中枯烂而死，而石阶下的决明子则颜色益发鲜艳。着叶满枝如翠羽车盖，开满黄色的花朵。看着眼前凉风萧瑟中被急急

---

① （后晋）刘昫撰：《旧唐书》列传第58，中华书局2011年版，第3275页。
② （清）仇兆鳌注：《杜诗详注》，中华书局1979年版，第216页。

吹动的决明子，诗人不禁担心其此后恐难独立的生存困境。于是鬓头虚生白发的布衣书生，在秋风中迎风独立，深嗅着雨中决明子的馨香不觉抽泣，为繁花之易逝、人生之蹉跎而独自悲伤。

阑珊之风中，秋雨纷纷，四海八荒，乌云密布。阴雨绵绵，风烟凄迷中来来往往的牛马难以分辨，泾渭难分。久雨不尽，芽蘖蜷卷如耳形，黍穗腐黑将烂，灾情严重，却被权臣瞒报，以致帝王难以获知庄稼生长之情势。对这一历史史实，《资治通鉴》卷二百一十七如此记载："天宝十三载八月，上（唐玄宗）忧雨伤稼，杨国忠取禾之善者献之，曰：雨虽多，不害稼也。上以为然。扶风太守房琯瑁，言所部灾情，国忠使御史推之。是岁，天下无敢言灾者。"于是尽管灾情严重，却无人敢言，遂使农人等不到赈灾的消息。《旧唐书·玄宗本纪》记载："是秋霖雨，物价暴贵，人多乏食，令出太仓米一百万石，开十场，贱粜以济贫民。"对所谓"贱粜"的措施的执行情况，据杜诗中的描写可知，其实根本未曾解决问题，由于贪吏舞弊，奸商居奇，老百姓只能不计衾裯和斗米的价值是否相等，就无奈交换了。

身份卑贱，偃塞长安，仍为布衣之身的诗人，在久雨中的生存状态与境遇、心理，亦得到细腻的呈现：内心深处对自己困居长安无人愿与比数的自怜自伤，使得诗人反锁衡门，幽闭在四堵墙内，不愿出门，庭院荒凉，长满蓬蒿，稚子却无贫病之忧，快乐地在风雨中奔走嬉戏。雨声飕飕，早寒渐逼，胡雁翅湿，难以高飞。秋日阴雨不晴，道路泥泞难以行走，何时才能得晴日照耀而干呢？

钱起的《秋霖曲》写道：

> 君不见圣主旰食忧元元，秋风苦雨暗九门。凤凰池里沸泉腾，苍龙阙下生云根。阴精离毕太淹度，倦鸟将归不知树。愁阴惨淡时殷雷，生灵垫溺若寒灰。公卿红粒爨丹桂，黔首白骨封青苔。貂裘玉食张公子，炰炙熏天戟门里。且如歌笑日挥金，应笑禹汤能罪己。鹤鸣蛙跃正及时，豹隐兰涧亦可悲。焉得太阿决屏翳，还令率土见朝曦。①

---

① （清）彭定求等编：《全唐诗》卷236，中华书局1997年版，第2598页。

遭逢苦雨,帝王天不亮就穿衣起来,时间晚了才吃饭,为处理国事而操劳,秋风阴雨中,九门昏暗。凤凰池里沸泉蒸腾,龙城凤阙下云起深山。月亮附于毕星,天将久降阴雨,烟雨朦胧中,倦鸟回归亦找不到栖息之树。愁阴惨淡,雷声轰鸣,生灵遭遇连绵苦雨,淹入水中,心境淡漠、意志消沉。(《书·益稷》"洪水滔天,浩浩怀山襄陵,下民昏垫。"孔传:"言天下民昏瞀垫溺,皆困水灾。")公卿烧火做饭烹制红米与丹桂,青苔遍布的原野上百姓白骨尘封。京城中的朱门豪贵依然锦衣玉食,挥金如土,歌舞升平。此时鹤鸣蛙跃、豹隐兰涧。何时才能破开屏翳,重见天日。

顾非熊的《秋夜长安病后作》写道:

> 秋中帝里经旬雨,晴后蝉声更不闻。牢落闲庭新病起,故乡南去雁成群。①

长安城的秋天,经旬之久雨连绵,天气渐寒,即便天晴亦不闻蝉声。新病夜起的诗人在寥落孤寂闲庭里,看南去之群雁,顿生乡愁。

然而尽管文学的书写从数量上看甚少,但可以说正是诗歌的留意书写,使得久雨时长安城的万物生存状态、人在久雨中的生存、心理状态,均得到形象生动的呈现,可谓万物生态史与人的精神生活史的绝好补充材料。

二 唐代关中人为因素生态灾难书写

在天灾之外,给生态造成破坏的则是人祸。又可分多种,其一为狩猎,其二为大兴土木,其三为过度砍伐和开采,其四为为满足骄奢生活的滥捕动物,其五为战争。而战争则给关中生态造成毁灭性重创。

(一)战争带来的毁灭性生态灾难书写

有关战争带来的毁灭性生态灾难书写,是史书叙写时必定会详加载录的部分,文学对此亦是记叙极多,于是在历史与文学的交汇中,唐代多次战争所带来的关中生态灾难,被客观、真实、详细地书写出来。而对战争

---

① (清)彭定求等编:《全唐诗》卷509,中华书局1997年版,第5833页。

所带来的民生凋敝的叙写，对战争的痛恶心理表现，则是诗史一致的笔调与态度。

岑参的《行军诗》二首其一就描写遭逢世乱后，曾经富庶繁华的关中，如今宫殿野草丛生，村落无人，二京道路废弃，咸阳一带尸体遍野，堆积成丘，流血涨满丰镐的情境：

> 吾窃悲此生，四十幸未老。一朝逢世乱，终日不自保。胡兵夺长安，宫殿生野草。伤心五陵树，不见二京道。我皇在行军，兵马日浩浩。胡雏尚未灭，诸将恳征讨。昨闻咸阳败，杀戮净如扫。积尸若丘山，流血涨丰镐。干戈碍乡国，豺虎满城堡。村落皆无人，萧条空桑枣。儒生有长策，无处豁怀抱。块然伤时人，举首哭苍昊。①

而悲、老、不自保、伤心、快然自伤、举头对苍天痛哭，则是生逢战乱时的唐人生存状态与心理状况的图画。

杜甫的《往在》可谓安史之乱前后长安城的巨幅生态图：

> 往在西京日，胡来满彤宫。中宵焚九庙，云汉为之红。解瓦飞十里，繡帷纷曾空。疚心惜木主，一一灰悲风。合昏排铁骑，清旭散锦幪。贼臣表逆节，相贺以成功。是时妃嫔戮，连为粪土丛。当宁陷玉座，白间剥画虫。不知二圣处，私泣百岁翁。车驾既云还，楹桷欻穹崇。故老复涕泗，祠官树椅桐。宏壮不如初，已见帝力雄。前春礼郊庙，祀事亲圣躬。微躯忝近臣，景从陪群公。登阶捧玉册，峨冕聆金钟。侍祠恧先露，掖垣迩濯龙。天子惟孝孙，五云起九重。镜奁换粉黛，翠羽犹葱胧。前者厌羯胡，后来遭犬戎。俎豆腐膻肉，采恩行角弓。安得自西极，申命空山东。尽驱诣阙下，士庶塞关中。主将晓逆顺，元元归始终。一朝自罪己，万里车书通。锋镝供锄犁，征戍听所从。冗官各复业，土著还力农。君臣节俭足，朝野欢呼同。中兴似国初，继体如太宗。端拱纳谏诤，和风日冲融。赤墀樱桃枝，隐映银丝笼。千春荐陵寝，永永垂无穷。京都不再火，泾渭开愁容。归号故松

---

① 廖立笺注：《岑嘉州诗笺注》，中华书局 2004 年版，第 277 页。

柏,老去苦飘蓬。①

诗作勾勒出诗人身陷西京之日,所见长安城生态惨遭的毁灭性灾难:乱胡拥满彤宫,夜半九庙被焚烧,烈焰映红云汉。昔日之繁华宫殿,土崩瓦解,灰飞十里,设于灵柩前的帷幕,纷飞成灰,社稷神位,一一化作灰尘,在悲风中飞扬。黄昏铁骑排列,清晨鞍帕散锦,贼臣庆贺谋逆成功,妃嫔、公主、文臣惨遭杀戮,与粪土草丛相连。对此,史书中亦有记叙:

《旧唐书·肃宗本纪》如此记载:

> 丁卯,逆胡害霍国长公主、永王妃侯莫陈氏、义王妃阎氏、陈王妃韦氏、信王妃任氏、驸马杨朏等八十余人于崇仁之街。②

《资治通鉴》肃宗至德元载(756)记载:

> 安禄山使孙孝哲杀霍国长公主及王妃、驸马等于崇仁坊,剜其心,以祭安庆宗。凡杨国忠、高力士之党及禄山素所恶者皆杀之,凡八十三人,或以铁棓揭其脑盖,流血满街。己巳,又杀皇孙及郡、县主二十余人。③

《幸蜀记》记载:

> 天宝十五年七月,禄山令张通儒,害霍国公主、永王妃、侯莫陈氏、驸马杨朏等八十余人,又害皇孙、郡县主、诸妃等三十六人。

《旧唐书·史思明传》记载:

---

① (清)仇兆鳌注:《杜诗详注》:中华书局1979年版,第1428页。
② (后晋)刘昫撰:《旧唐书》卷25志第5,中华书局2011年版,第243页。
③ (宋)司马光编著,(元)胡三省音注:《资治通鉴》卷218唐纪34,中华书局2009年版,第5843页。

禄山陷两京，以橐驼运御府珍宝于范阳，不知纪极。①

收复长安后，生态的恢复，在诗歌中亦得到细致描写：至德初，肃宗收京，宫殿之柱与橡忽然重现高耸崇丽之态。故老涕泗横流，掌管祠堂的官吏重植桐树。虽不如当初之宏壮，却已显现出帝力之雄厚。前春帝王亲自至郊庙奉行祭祀之礼，诗人亦得以追随群公近臣参加。群臣手捧玉册登上台阶，头戴高冕，身着法服的士大夫聆听着金钟之声。诗人侍从祠堂，惭列辇辂之傍，掖垣濯龙，宫苑幽深。肃宗孝悌，瑞气重起于九重宫禁祠堂，后庙中神御之物重换粉黛，庙中神御之饰翠羽葱茏。

面对此景，诗人内心深处深烙的此前宫庙惨遭毁坏的生态画面印记不禁浮现出来：先是遭逢安史之乱，后来广德初又遇吐蕃陷京，以致膻肉腐烂，污漫祭器。角弓横行，狼藉官庙。主将晓谕叛逆之众归顺，庶民回归（《资治通鉴》：广德元年十月，郭子仪使王延昌抚谕诸将，皆大喜听命）。帝王下罪己诏（《鹤注》永泰元年正月，下制，劳还罪己之念），疆土统一，万里车书相通。重新恢复府兵之制，使兵农合一，征戍听命。锋镝闲置，锄犁重用，冗官复业，土著力农。君臣节俭，朝野欢呼。经过恢复的唐王朝有了中兴之象，与建国之初的清平景象相似，而帝王继承太宗之大统，听言纳谏，和风冲融。樱桃荐寝，帝业永垂无穷。因为京都不再有战火，泾渭愁容亦得以展开。

元稹的《代曲江老人百韵（年十六时作）》则将曲江在安史之乱前后生态环境发生的变化进行详细的铺叙：

　　何事花前泣，曾逢旧日春。先皇初在镐，贼子正游秦。拨乱干戈后，经文礼乐辰。……天净三光丽，时和四序均。卑官休力役，蠲赋免艰辛。蛮貊同车轨，乡原尽里仁。帝途高荡荡，风俗厚闺闺。暇日耕耘足，丰年雨露频。戍烟生不见，村竖老犹纯。耒耜勤千亩，牲牢奉六禋。南郊礼天地，东野辟原畇。校猎求初吉，先农卜上寅。万方来合杂，五色瑞轮囷。池籞呈朱雁，坛场得白麟。……箭倒南山虎，鹰擒东郭㕙。翻身迎过雁，劈肘取回鹘。竞蓄朱公产，争藏郇氏缗。

---

① （后晋）刘昫撰：《旧唐书》列传第 150，中华书局 2011 年版，第 5378 页。

桥桃矜马骜，倚顿数牛犉。齑斗冬中韭，羹怜远处莼。万钱才下箸，
五酘未称醇。曲水闲销日，倡楼醉度旬。探丸依郭解，投辖伴陈遵。
共谓长之泰，那知遽构屯。奸心兴桀黠，凶丑比顽嚚。斗柄侵妖彗，
天泉化逆鳞。背恩欺乃祖，连祸及吾民。獯鬻当前路，鲸鲵得要津。
王师才业业，暴卒已訚訚。杂虏同谋夏，宗周暂去豳。陵园深暮景，
霜露下秋旻。凤阙悲巢鹏，鹓行乱野麇。华林荒茂草，寒竹碎贞筠。
村落空垣坏，城隍旧井堙。破船沉古渡，战鬼聚阴磷。……忽遇山光
澈，遥瞻海气真。秘图推废主，后圣合经纶。野杏浑休植，幽兰不复
纫。但惊心愤愤，谁恋水粼粼。……①

　　整首诗以百岁老人所见之繁华沧桑，勾勒出安史之乱前后关中生态的
巨变：曲江老人在春暖花开之时泣于花前，追忆着此地昔时之风光。玄宗
初登帝位于长安时，他亦曾漫游秦地。那时的长安城拨乱干戈之后，迎来
礼乐治国的盛世。不再言战，而以仁德和睦为国策。琳琅铺柱，河边葛藟
茂盛。爱护幼齿，尊重老人，广搜人才。天象纯净，日月星三光清丽，天
气和顺，四序调和。卑微之官，停止征用民力，免除赋役，令百姓免去艰
辛。蛮貊同轨，乡里仁厚。帝途坦荡，风俗淳厚，众人说话和悦而又能辨
明是非。闲暇之日，足以耕耘，丰年雨露频至。不见戍烟，村竖至老仍然
淳厚。农具勤于耕作，牲牢奉于六禋。南郊礼祭天地，东野开辟田园。校
猎、祭祀农神均选取吉日（《唐书》云"风伯、雨师、灵星、先农、社、
稷为国六神"）。万方来合，五色祥瑞照于粮仓。御池中呈现朱雁，坛场获
得白麟。长安城里极尽繁华。但经历了安史之乱的关中则是荒草丛生、村
落凋敝，墙倾垣毁，古渡船沉，阴磷丛聚。
　　殷尧藩的《关中伤乱后》对关中战乱之后的生态景象作以总括：

　　　去岁干戈险，今年蝗旱忧。关西归战马，海内卖耕牛。②

　　去年遭逢战乱，今年又经历蝗旱之灾。四海之内，农田荒芜，卖牛休

① 冀勤点校：《元稹集》，中华书局 1982 年版，第 109—110 页。
② （清）彭定求等编：《全唐诗》卷 492，中华书局 1997 年版，第 5616 页。

耕。诗中虽未明确指出蝗旱之灾与干戈之险的必然联系，但事实上历史载录中的每次战乱后，必有诸如瘟疫、蝗旱等灾害现象，也客观呈现出二者的因果关系，由于战争所导致的巨大生态破坏，失去平衡后的生态系统，必然是灾害迭出。

段成式的《桃源僧舍看花》在追忆长安景象时，道出昔日绚烂繁华的长安如今已化为灰烬，生态惨遭破坏：

> 前年帝里探春时，寺寺名花我尽知。今日长安已灰烬，忍能南国对芳枝。①

昔日的长安城，每到春天，游人如织，探春之诗人，遍览寺寺之名花，尽知每处之胜景。而如今长安已为灰烬，身处南国的破国之诗人，亦哪有闲情游赏面对这里的春色呢？

李士元的《登阁》写道：

> 乱后独来登大阁，凭阑举目尽伤心。长堤过雨人行少，废苑经秋草自深。破落侯家通永巷，萧条宫树接疏林。总输释氏青莲馆，依旧重重布地金。②

乱后独自登临高阁，凭栏举目，满眼荒芜，伤心一片。雨后的长堤上，人烟稀少，荒废的庭苑，秋草深茂。昔日富丽的诸侯贵族之家通向永巷，宫树萧条，与稀疏的荒林相接。

郑谷的《中台五题·牡丹》写道：

> 乱前看不足，乱后眼偏明。却得蓬蒿力，遮藏见太平。③

战乱前，长安城牡丹最盛，游人观赏不足，乱后，中台的牡丹依然绽

---

① （清）彭定求等编：《全唐诗》卷584，中华书局1997年版，第6828页。
② （清）彭定求等编：《全唐诗》卷775，中华书局1997年版，第8873页。
③ 严寿澄、黄明、赵昌平笺注：《郑谷诗集笺注》，上海古籍出版社1991年版，第6页。

放，亦令人眼前明亮，但却是由一片蓬蒿遮藏，得见昔日之太平。

其《中台五题·玉蕊（乱前唐昌观玉蕊最盛）》写出战乱前的唐昌观玉蕊花是人们争相观赏的胜景，如今树已荒芜，春天的清晨，微风四起，玉蕊如雪花满墙：

> 唐昌树已荒，天意眷文昌。晓入微风起，春时雪满墙。①

其《初还京师寓止府署偶题屋壁》写道：

> 秋光不见旧亭台，四顾荒凉瓦砾堆。火力不能销地力，乱前黄菊眼前开。②

秋光中昔日之亭台已成瓦砾，四顾荒凉。但战火之威仍然不能消除土地之生机，战乱前盛开的菊花如今依然绽放。

韦庄的《辛丑年》（一作罗隐《即事中元甲子》）写道：

> 九衢漂杵已成川，塞上黄云战马闲。但有赢兵填渭水，更无奇士出商山。田园已没红尘里，弟妹相逢白刃间。西望翠华殊未返，泪痕空湿剑文斑。③

昔日八水环绕的长安，秀美明丽，如今血流成河，塞上黄云，战马悠闲。但见赢弱之兵填塞渭水，再也不会出现商山大隐一样的奇士安邦定国了。田园荒芜，亲人亦只能在白刃间相逢。

其《睹军回戈》写道：

> 关中群盗已心离，关外犹闻羽檄飞。御苑绿莎嘶战马，禁城寒月捣征衣。漫教韩信兵涂地，不及刘琨啸解围。昨日屯军还夜遁，满车

---

① 严寿澄、黄明、赵昌平笺注：《郑谷诗集笺注》，上海古籍出版社1991年版，第7页。
② 同上书，第251页。
③ 向迪聪校订：《韦庄集》，人民文学出版社1958年版，第26页。

空载洛神归。①

关中群盗已离心，关外羽檄仍在飞驰。御苑绿莎上战马嘶鸣，禁城寒月下捣衣声声。漫教韩信兵败涂地，不及刘琨长啸解围。昨日屯军趁夜遁逃，满车空载洛神而归。

（二）狩猎之风带来的生态灾难书写

关中生态的破坏，还源于从上层统治者到文人士子、游侠等奉行的尚武游猎之风。有关狩猎，史书中在记载帝王狩猎的同时，也记录出每每发生生态灾害时，帝王出诏禁屠、罢猎，禁供奉珍禽异兽，放珍禽异兽回归的诏令。史书中的关中狩猎、禁猎记载列表如下：

帝王		发生时间		禁猎、禁屠与狩猎
高祖	武德	元年十一月，戊申		禁献侏儒短节、小马庳牛、异兽奇禽者
		二年	十二月丙申	诏自今正月、五月、九月不行死刑，禁屠杀
			正月甲子	猎于华山
		三年	正月己巳	猎于渭滨
			二月癸卯	禁关内诸州屠
		四年		己未，幸旧墅。壬戌，猎于好畤（秦置。治所在今陕西乾县东）。乙丑，猎于九嵕。丁卯，猎于仲山（咸阳市淳化县境内）。戊辰，猎于清水谷，遂幸三原
		五年	十一月癸卯	猎于富平北原
			十二月丙辰	猎于万寿原
		六年	二月壬子	猎于骊山
			十月庚申	猎于白鹿原
			十一月	辛卯	猎于沙苑
				丁酉	猎于伏龙原（蒲城）
		七年	十月	辛未	猎于鄠南
				庚寅	猎于围川。十二月戊辰，猎于高陵
		八年	四月甲申	如鄠，猎于甘谷。十月辛巳，如周氏陵，猎于北原。十一月庚辰，猎于鸣犊泉

---

① 向迪聪校订：《韦庄集》，人民文学出版社 1958 年版，第 34 页。

续表

帝王		发生时间			禁猎、禁屠与狩猎
太宗	贞观	四年	十二月甲辰		猎于鹿苑
		五年	正月癸酉		猎于昆明池（《旧唐书·太宗本纪》：五年正月癸酉，大蒐于昆明池，蕃夷君长咸从。丙子，亲献禽于大安宫）
			九月乙丑		赐群官大射于武德殿
			十二月癸卯		猎于骊山
		七年	十二月丙辰		猎于少陵原
		十三	十二月壬辰		猎于咸阳
太宗	贞观	十四年	闰十月		猎于尧山
			十二月癸卯		猎于樊川
		十六年	十一月	丙辰	猎于武功
				壬戌	猎于岐山之阳
			十二月甲辰		猎于骊山（《旧唐书·太宗本纪》：甲辰，狩于骊山，时阴寒晦暝，围兵断绝。上乘高望见之，欲舍其罚，恐亏军令，乃回辔入谷以避之）
高宗	永徽	二年	十一月癸酉		禁进犬马鹰鹘
	咸亨	四年	闰五月丁卯		禁作虿捕鱼、营圈取兽者
睿宗	光宅	元年	五月癸巳		以大丧禁射猎
武周	长安	五年	正月庚寅		禁屠
中宗	神龙	二年	四月辛未		停诸陵供奉鹰犬
玄宗	开元	八年	十月壬午		猎于下邽
		十五年	十一月丁卯		猎于城南
		十九年	正月己卯		禁捕鲤鱼
肃宗	上元	元年	建卯月辛亥		停贡鹰、鹞、狗、豹
代宗	大历	十四年	五月闰月		丙戌，罢献祥瑞……丁亥，出宫人，放舞象三十有二于荆山之阳
德宗	贞元	八年	十二月甲辰		猎于城东
		十一年	十二月戊辰		猎于苑中
穆宗	长庆		宪宗元和十五年十二月庚辰		猎于城南。壬午，击鞠于右神策军，遂猎于城西。甲申，猎于苑北
		二年	十月己卯		猎于咸阳
		十年	二月		自冬不雨至于是月

续表

帝王		发生时间		禁猎、禁屠与狩猎
文宗	大和	三年	八月辛酉	以旱免京畿九县今岁租
		七年	七月闰月乙卯	以旱避正殿，减膳，彻乐，出宫女千人，纵五坊鹰犬
武宗	会昌	二年	十一月	猎于白鹿原
		四年	十月	猎于鄠县
宣宗	大中	元年二月癸未		以旱避正殿，减膳，理京师囚，罢太常孝坊习乐，损百官食，出宫女五百人，放五坊鹰犬，停飞龙马粟

从上述有关唐帝王狩猎行为的统计中可以看到这样的曲线：

开疆裂土的帝王往往钟情于狩猎活动，唐高祖的关中狩猎就多达 15 次，在八年四月时竟至往来于三地狩猎，而太宗亦有 10 次左右，高宗、睿宗、武周、中宗时期，并无狩猎记载，但却有禁猎、禁屠的记载，此后的帝王中，仅玄宗、德宗、穆宗、武宗有过多次关中狩猎行为。

对这种狩猎行为的态度与认知，史书并无明言，但从这一古代狩猎行为的发展过程看，基本持肯定态度：其萌芽于远古人类为了生存与野兽展开的搏斗，进而逐渐演变为烦琐的礼仪和驰骋纵横的射猎活动，夏商周以来渐成大礼，一直延续到唐代。而根据《新唐书·礼乐志》的记录，帝王狩猎的礼仪皆有法可循：狩猎围田，于仲冬时节进行。由兵部申明后开始围田。至夜布置围场，在南面留有缺口。又有"驱逆之骑"专门为皇帝一行驱赶野兽，共驱三次，每次三兽以上，驱兽期间，有司为皇帝进献弓箭，三驱以后，由皇帝首射，其次公、王，最后百姓猎。狩猎结束，所得禽兽皆献于旗下，所猎之兽，上者供宗庙，次者供宾客，下者充庖厨，并于四郊以兽祭神。①

从中可见，作为一种宣扬王朝武功的大型活动，没有特殊宗教禁忌（如信奉佛教）的帝王对其并不反对或禁止，但狩猎活动中的不尽杀、不能重射、不射兽面、不剪其毛、奔出围射范围者不追等规范，仍能透露出些许的人与动物间博弈但不过于激烈的关系。而有关狩猎行为的认知在文学中则得到明确的表露。

诗歌中有关关中出猎的描写数量众多。作为帝王的李世民有多首有关

---

① 沈文凡、王赟馨著：《唐代狩猎诗研究》，《社会科学辑刊》2012 年第 5 期。

狩猎的诗作，在描述出猎情形时，他往往要对这一行为做出合理化解释。其《出猎》写道：

> 楚王云梦泽，汉帝长杨宫。岂若因农暇，阅武出轘嵩。三驱陈锐卒，七萃列材雄。寒野霜氛白，平原烧火红。雕戈夏服箭，羽骑绿沉弓。怖兽潜幽壑，惊禽散翠空。长烟晦落景，灌木振严风。所为除民瘼，非是悦林丛。①

诗作先是叙述出猎的时间、地点、经过、射猎的场景与细节：农暇之时，步出宫苑，阅武出猎。精锐之步卒陈列，雄才密布。寒野霜白，平原火烧。雕戈服箭，羽骑弯弓。野兽惊怖，潜藏于幽深的沟壑之中，惊禽飞散，逃逸在碧空之上。夕阳落景中长烟升起，灌木丛中严风振荡。临到诗歌末尾，则不忘表白自己的出猎之行为是为民除瘼，并非是为了个人享受林丛之愉悦。

其《冬狩》写道：

> 烈烈寒风起，惨惨飞云浮。霜浓凝广隰，冰厚结清流。金鞍移上苑，玉勒骋平畴。旌旗四望合，罝罗一面求。楚踣争兕殪，秦亡角鹿愁。兽忙投密树，鸿惊起砾洲。骑敛原尘静，戈回岭日收。心非洛汭逸，意在渭滨游。禽荒非所乐，抚辔更招忧。②

寒风猎猎，浮云惨惨。浓霜凝结广隰，厚冰结满清流。踏上金鞍离开上苑，驰骋在平野之上。四望处旌旗回合，捕捉鸟兽的网张开一面。野兽奔窜，投于密林，飞鸿惊起于砾洲。骑敛戈收，原野宁静，岭头落日西沉。与《出猎》一样，在诗歌收束时，亦要一再陈述自己内心并非沉溺于洛汭的安逸游乐，而是寄心于渭滨之游，以能够得到访贤才，君臣遇合，安邦定国为念。荒野之上的禽鸟亦并非所乐，自己的内心则是时刻忧思国事，马上抚辔，亦不禁忧思连绵。

---

① 吴云、冀宇校注：《唐太宗集》，陕西人民出版社1986年版，第39页。
② 同上书，第40页。

唐玄宗的出猎行为，在其诗作中亦有表现，其《校猎义成喜逢大雪率题九韵以示群官》除描写浩大的狩猎声势，暮云堆积、白雪覆盖、林野变色的狩猎时间环境，特写银獐触地、缟鹿漫山遍野的狩猎行为外，在首句的"威天下"中即表达出对这一行为的基本认知，在收束的"欣"、"岁丰"、"天眷"字词中亦交代出这种狩猎行为得以进行的社会原因：

> 弧矢威天下，旌旗游近县。一面施鸟罗，三驱教人战。暮云成积雪，晓色开行殿。皓然原隰同，不觉林野变。北风勇士马，东日华组练。触地银獐出，连山缟鹿见。月兔落高矰，星狼下急箭。既欣盈尺兆，复忆磻溪便。岁丰将遇贤，俱荷皇天眷。①

与帝王的出猎诗不同的是，诗人们的出猎诗，若是奉和应制诗，则在勾勒狩猎场面时，必定加上颂扬之语；若狩猎者并非帝王时，往往意在表现一种慷慨激昂的意气。这与唐代绝大多数诗作中呈现出的怜惜自然、珍视自然万物的意识迥异。

钱起的《汉武出猎》则着意于借汉朝颂扬唐王朝的太平无事，遂使君王得以年年出猎，在描写出猎情景时亦透着欢乐、轻盈、热烈、酣畅、对唐王朝武功自信的味道：

> 汉家无事乐时雍，羽猎年年出九重。玉帛不朝金阙路，旌旗长绕彩霞峰。且贪原兽轻黄屋，宁畏渔人犯白龙。薄暮方归长乐观，垂杨几处绿烟浓。②

其《校猎曲》基调基本相同：

> 长杨杀气连云飞，汉主秋畋正掩围。重门日晏红尘出，数骑胡人猎兽归。③

---

① （清）彭定求等编：《全唐诗》卷3，中华书局1997年版，第27页。
② （清）彭定求等编：《全唐诗》卷239，中华书局1997年版，第2668页。
③ 同上书，第2681页。

张祜（约785—849）的《猎》着意于表现猎户豪健的尚武精神：

> 残猎渭城东，萧萧西北风。雪花鹰背上，冰片马蹄中。臂挂捎荆兔，腰悬落箭鸿。归来逞余勇，儿子乱弯弓。①

渭城之东打猎，西北风狂，景象萧萧。雪花附着在飞鹰背上，马蹄踏在冰片上。臂膀上捎带着野兔，腰间悬挂射落的飞鸿。射猎归来依然向稚子逞现英武之余勇，儿子亦胡乱弯弓嬉戏。

生活在唐宣宗（847—858）年间的诗人司马扎，在《猎客》中着意表现射雕客的少年意气，以及在关中一带的奢华生活：

> 五陵射雕客，走马占春光。下马青楼前，华裾独煌煌。自言家咸京，世族如金张。击钟传鼎食，尔来八十强。朱门争先开，车轮满路傍。娥娥燕赵人，珠箔闭高堂。清歌杂妙舞，临欢度曲长。朝游园花新，夜宴池月凉。更以驰骤多，意气事强梁。君王正年少，终日在长杨。②

但在众口一声的颂扬语调中，亦存在着对这一行为的反讽之音。魏知古的《从猎渭川献诗》的题注中有一段史书对此诗写作由来、宗旨及相关事件的叙述：

> 《旧唐书》本传云："先天元年冬，上畋于渭川，知古献诗以讽。手诏褒之曰：'予顷向温泉，观省风俗。时因暇景，掩渭而畋。方开一面之罗，式展三驱之礼，躬亲校猎，聊以前禽。岂意卿有箴规，辅余不逮。今赐物五十段，用申劝奖。'"

由这段来自史书的畋猎事件叙述，可知唐人对狩猎行为的基本认知，对唐王朝帝王而言，这是昭示国威、观风俗的行为，但因为行为本身所存

---

① 严寿澄校编：《张祜诗集》，江西人民出版社1983年版，第1页。
② （清）彭定求等编：《全唐诗》卷596，中华书局1997年版，第6955页。

在的杀戮性质，使得这一行为有悖于儒家"仁"的基本精神，究其实质，亦往往会引发帝王私欲的放纵，于是在一片歌功颂德声中，亦往往有清醒的朝臣，对此提出婉转的讽谏。而唐玄宗颁布诏令，对讽喻朝官的嘉奖，亦在某种程度上昭示唐王朝对狩猎行为的不禁断但绝不过度沉湎放纵的中和态度。

而诗歌开篇先是追忆夏太康时就有的狩猎行为，接着盛赞唐王朝的三驱冬狩盛礼，极力颂扬唐王朝的武功，并描写鹰隼在渭水到陈仓的关中大地上空翱翔的矫健身姿：

> 尝闻夏太康，五弟训禽荒。我后来冬狩，三驱盛礼张。顺时鹰隼击，讲事武功扬。奔走未及去，翾飞岂暇翔。非熊从渭水，瑞翟想陈仓。此欲诚难纵，兹游不可常。子云陈羽猎，僖伯谏渔棠。得失鉴齐楚，仁思念禹汤。雍熙亮在宥，亭毒匪多伤。辛甲今为史，虞箴遂孔彰。①

但在褒扬的基调外，又转折语意，指出这种游乐的奢欲是不能放纵任其滋长的，应以大禹商汤的仁思为念，以不多伤为念。透漏出对狩猎这种伤物纵乐行为的温和反对态度。

唐武宗会昌元年（841）进士及第，后曾任万年尉、尚书郎、秘书监等职的薛逢，在《猎骑》中对关中一带的狩猎场景亦有描写：

> 兵印长封入卫稀，碧空云尽早霜微。浐川桑落雕初下，渭曲禾收兔正肥。陌上管弦清似语，草头弓马疾如飞。岂知万里黄云戍，血迸金疮卧铁衣。②

兵印长封，碧空无云，早霜稀微。浐川桑叶凋落，飞雕落下，渭曲庄稼初收，野兔正肥。陌上管弦声起，清幽如语，草头弓马迅急如飞。面对发生在关中的以纵乐为主的狩猎行为，诗人在诗作中以浓墨叙述，初显轻

---

① （清）彭定求等编：《全唐诗》卷91，中华书局1997年版，第987页。
② （清）彭定求等编：《全唐诗》卷548，中华书局1997年版，第6379页。

盈的笔调，却在收束处笔锋急转，用岂知作以质问，勾画出万里之外的黄云戍守处，战士们身着铁衣，金疮血迸而卧的惨烈画面，两相对比中，诗人对关中狩猎行为的态度分明可知。

（三）开山凿石、大兴土木等其他生态灾难书写

上自帝王下至朱门豪贵的奢侈生活亦会在很大程度上带来生态的破坏，此种情形，在史书中多有记载，如《旧唐书·玄宗本纪》所言：冬十月戊申……和雇京城丁户一万三千人筑兴庆宫墙，起楼观。这种情形在唐诗中亦有展现。罗隐的《秦中富人》写道：

> 高高起华堂，区区引流水。粪土金玉珍，犹嫌未奢侈。陋巷满蓬蒿，谁知有颜子。①

秦中之富贵之家，高起华堂，将流水引入庭院。金玉堆砌，犹嫌不够豪奢。而陋巷之中，蓬蒿遍布，谁会知道有安贫乐道的君子存在呢？

另外有关开山凿石，在河道挖沙铺路等等破坏生态的行为，史书中较少叙写，文学中则有关注。白居易的《官牛——讽执政也》则对唐王朝驱遣牛车在浐水岸边搬运沙子以铺沙路的劳民之政予以讥讽：

> 官牛官牛驾官车，浐水岸边般载沙。一石沙，几斤重？朝载暮载将何用？载向五门官道西，绿槐阴下铺沙堤。昨来新拜右丞相，恐怕泥涂污马蹄。右丞相，马蹄蹋沙虽净洁，牛领牵车欲流血。右丞相，但能济人治国调阴阳，官牛领穿亦无妨。②

诗作记录下唐时牛车从早到晚在浐河岸边搬运沙石，将所拉沙石载向五门官道之西的绿槐荫下铺筑沙堤的生态破坏事实。而这一行为只是为了给新拜的右丞相铺筑新路，以免泥泞的路途沾污了马蹄。但是这样的行为，使得踏着沙子出行的右丞相的马蹄固然洁净，却使牵着车子的官牛劳累得几近流血。对此劳民伤财破坏生态的行径，诗人于诗末再次讥讽，发

---

① 潘慧惠校注：《罗隐集校注》修订本，中华书局 2011 年版，第 187 页。
② 朱金城笺校：《白居易集笺校》，上海古籍出版社 1988 年版，第 247 页。

出棒喝：右丞相但凡你能济世治国协调阴阳使得雨调风顺国泰民安，即便官牛领穿亦是无妨。

来自天地自然中的石，作为山岭的构造成分，闯入人们的视界，亦让人与其结下非常深厚的渊源。传统绘画、文学中不乏对山石的审美表现，并赋予山石更多的意蕴，有瘦骨嶙峋的石，有得天地精华的灵石，有可补苍天的有用之石，亦有傲岸不逊的无用顽石。利用自然，是人类自古在与自然相依相伴敬畏自然的同时，与自然生成的另一种关系。将山石用于造园，以造成一种自然之势，雕琢山石以用于装饰，以山石刻碑，则是人们在生活中渐渐发现的山石的用处。由于终南山出美石，自然成为唐人生活中的采用对象，而这种采石风尚，则在相当程度上破坏了终南的自然生态。据白居易的《青石》描述：

> 青石出自蓝田山，兼车运载来长安。工人磨琢欲何用？石不能言我代言。不愿作人家墓前神道碣，坟土未干名已灭。不愿作官家道傍德政碑，不镌实录镌虚辞。愿为颜氏段氏碑，雕镂太尉与太师。刻此两片坚贞质，状彼二人忠烈姿。义心若石屹不转，死节名流确不移。如观奋击朱泚日，似见叱呵希烈时。各于其上题名谥，一置高山一沉水。陵谷虽迁碑独存，骨化为尘名不死。长使不忠不烈臣，观碑改节慕为人。慕为人，劝事君。[①]

这首诗不仅记录了唐人好以蓝田青石为墓碑，而碑文充满谀墓之辞的风尚，也让人目睹唐时出于奢华生活的需要，大肆采石并兼车运载、络绎不绝的现象。而诗人笔下的山石则是有灵有情有性的，于是代山石言。虽说在唐代典籍中并未发现相关的禁止采石的法令，但这样的诗性态度，则让人见出唐人对山石的理解与爱恋。

在凿山开石、大兴土木等破坏生态的行为外，帝王权贵为满足衣食住行等奢欲，亦常常建立在对生态的破坏基础上，最有名的当属安乐公主的百鸟毛裙所引发的服饰风尚所带来的生态灾难，《新唐书·五行志》称之为"服妖"：

---

① 朱金城笺校：《白居易集笺校》，上海古籍出版社1988年版，第206页。

安乐公主自作毛裙, 贵臣富家多效之, 江、岭奇禽异兽毛羽采之殆尽。

简短的称谓中即已蕴含着对这一行为的挞伐。

综合史书与文学面对关中生态灾害的不同侧重点与叙写模式, 从中不难发现, 农本时代, 人与自然呈现着虽然时有矛盾但基本和谐的特点, 一方面人们虽然仍向自然去讨要生存, 帝王权贵们有时为了满足人性中的贪欲, 会以种种行为毁坏、践踏自然, 但对自然万物的敬畏、珍爱之情仍然是此时人与自然关系的本来状态。在那个缔造中华文明传奇的强盛帝国时代, 在那个人的自信心得到张扬的时代里, 人与自然的和谐共生仍为唐代社会的基本常态, 良好的生态环境里, 中华民族诗性的光辉亦得以绽放, 从而缔结出中国诗歌史上最绚丽的花朵。可以说正是文学以诗意审美之笔, 描绘出唐代关中和谐生动美好的生态图景, 而史书则以冷静客观之笔记录下唐代关中生态在基本的和谐之外存在的诸多问题, 透露出唐人对待天人关系的基本认识。这也为喧哗浮躁的当今社会与文学创作提供了极好的范本。唐朝对生态的人为破坏行为以及反省意识、对自然的敬畏之心, 也足以警戒着后人当珍爱自然。

第六章

朝望莲华岳，神心就日来

——唐代关中山川生态与文学个案研究

关中一带，山川众多且独具特色。"雍人曰：愚观兹土山川，有九美焉。一曰高，二曰大，三曰深厚，四曰中正，五曰灵秀，六曰富饶，七曰奇异，八曰岩险，九曰吉祥。"①卢照邻《悲昔游》中的清唱至今仍回荡于耳畔："长安绮城十二重，金作凤凰铜作龙……题字于扶风之柱，系马于骊山之松；灞池则金人列岸，太华则玉女临峰；平明共戏东陵陌，薄暮遥闻北阙钟……"②长安城，扶风柱，骊山松，灞池岸，玉女峰，是唐人记忆中最为心醉的风景名胜，关中之山水特质以及唐人与山川结下的和谐诗意关系，在唐代文学作品中屡见不鲜。

李世民的《帝京篇十首》对长安城自然与人文生态予以铺排综述：

> 秦川雄帝宅，函谷壮皇居。绮殿千寻起，离宫百雉余。连甍遥接汉，飞观迥凌虚。云日隐层阙，风烟出绮疏。③

提及长安城的地理形势，首先是八百里秦川衬托下雄伟壮观的气象，而函谷关则增加了形势之险要稳固。这里绮殿千寻，拔地而起，离宫高有百雉之余。连甍高耸，遥接银汉，飞观高迥，侵凌虚空。层阙隐于云日，风烟在美丽的疏林间出入。在帝王的笔底与眼里，长安城美在自然与人文之谐美交融，于是秦川、汉沽、银汉、虚空、云日、风烟等长安城的标志

---

① （明）赵廷瑞修，马理等编纂：《陕西通志》，三秦出版社影印嘉靖二十一年版本，第23页。
② （清）董浩等编：《全唐文》卷166，中华书局1983年影印本，第1699页。
③ 吴云、冀宇校注：《唐太宗集》，陕西人民出版社1986年版，第2页。

性自然景观，与帝宅、皇居、绮殿、离宫、连甍、飞观、层阙等典型的人文镜像交织在一起，构成了长安城独特的生态图景，是大笔勾勒中的长安映象。

岩廊罢机务，崇文聊驻辇。玉匣启龙图，金绳披凤篆。韦编断仍续，缥帙舒还卷。对此乃淹留，欹案观坟典。

在这样的帝都中生活，机务与文书之余，暂且停下玉辇，在连篇累牍的藏书中泛览。接续上残断的韦编，舒展开半卷的缥帙。淹留在盈案的坟典之间，作为帝王的诗人是满心欣悦的。

移步出词林，停舆欣武宴。雕弓写明月，骏马疑流电。惊雁落虚弦，啼猿悲急箭。阅赏诚多美，于兹乃忘倦。

步出词林，在欢快的武功盛宴中停留。雕弓拉开如满月，骏马飞驰如流电。雁惊虚弦而落，猿因迅急之箭而悲啼。赏阅这样的威武雄壮的美景，不知不觉间忘却了疲倦。

鸣笳临乐馆，眺听欢芳节。急管韵朱弦，清歌凝白雪。彩凤肃来仪，玄鹤纷成列。去兹郑卫声，雅音方可悦。

乐馆鸣笳声中，聆听与远眺美好的时节。朱弦与急管的清韵相伴，白雪清歌。彩凤来仪，玄鹤列阵。摒弃郑卫之音，雅音才是动听悦耳的选择。

芳辰追逸趣，禁苑信多奇。桥形通汉上，峰势接云危。烟霞交隐映，花鸟自参差。何如肆辙迹，万里赏瑶池。

在芳辰中追寻逸趣，禁苑中奇景众多。云梯似与霄汉相接，挺拔的高峰势接危云。烟霞交相掩映，花鸟参差。在这美好的景色中，何不肆意纵览，欣赏万里瑶池之仙境美景。

飞盖去芳园，兰栧游翠渚。萍间日彩乱，荷处香风举。桂楫满中川，弦歌振长屿。岂必汾河曲，方为欢宴所。

飞盖驾临芳园，兰桨在翠渚游赏。日色之光华在浮萍之上浮动，风起时荷花之清香四处飘溢。桂楫在中流泛览，弦歌之声震动长屿。

落日双阙昏，回舆九重暮。长烟散初碧，皎月澄轻素。搴幌玩琴书，开轩引云雾。斜汉耿层阁，清风摇玉树。

日落时分，城阙昏暗。长烟在碧景中散去，皎月澄清如轻盈的素练。拉动绣幌，玩弄琴书，打开轩窗，招引云雾。斜缀的银汉辉映着层阁，格外分明，清风摇动着玉树。

欢乐难再逢，芳辰良可惜。玉酒泛云罍，兰殽陈绮席。千钟合尧禹，百兽谐金石。得志重寸阴，忘怀轻尺璧。

欢乐之时日，过后很难再逢，芳辰着实珍贵。云罍中玉酒漾波，绮席间兰殽陈列。适逢尧舜之清明安泰之世，宴饮之间，千钟奏鸣，百兽率舞，与金石之声相谐和。

建章欢赏夕，二八尽妖妍。罗绮昭阳殿，芬芳玳瑁筵。佩移星正动，扇掩月初圆。无劳上悬圃，即此对神仙。

日暮时分，在建章宫欢赏，二八佳人，妖艳明丽。身着罗绮，在昭阳殿流连，玳瑁簪透着芬芳之气。在星月下扇掩娇美的容颜，莲步轻移，环佩叮咚。对此美景，恍若仙境，无须传说中昆仑山顶的玉宇楼台。

以兹游观极，悠然独长想。披卷览前踪，抚躬寻既往。望古茅茨约，瞻今兰殿广。人道恶高危，虚心戒盈荡。奉天竭诚敬，临民思惠养。纳善察忠谏，明科慎刑赏。六五诚难继，四三非易仰。广待淳化敷，方嗣云亭响。

身为帝王的李世民在壮丽的长安城畅游，时时会悠然独自长想。有时会披卷浏览寻找前人过往的踪迹。期望着古时清净自然质朴的茅茨之约，瞻望着自己如今身处的兰殿之广阔。时时提醒自己，人世的规律是厌恶高危，应时时虚心，以过满与放荡为借鉴。侍奉苍天竭尽忠诚与恭敬，对待百姓长思给民以恩惠。善于体察和结纳忠直之谏议，谨慎分明刑罚与赏赐。

其《春日玄武门宴群臣》写道：

> 韶光开令序，淑气动芳年。驻辇华林侧，高宴柏梁前。紫庭文珮满，丹墀衮绂连。九夷簇瑶席，五狄列琼筵。娱宾歌湛露，广乐奏钧天。清樽浮绿醑，雅曲韵朱弦。粤余君万国，还惭抚八埏。庶几保贞固，虚己厉求贤。①

节令变动，韶光美好，淑气在芳年流动。在华林之侧停驻车辇，在柏梁台前设置高宴。紫庭之上，布满文臣，环佩发出清越声响，丹墀之上，衮绂连连。琼筵瑶席上，汇集九夷五狄。娱宾之歌声，响彻清澈的露水，广乐奏响高天之上。清樽盛满绿色的美酒，朱弦弹起雅曲之清韵。

其《登三台言志》写道：

> 未央初壮汉，阿房昔侈秦。在危犹骋丽，居奢遂役人。岂如家四海，日宇馨朝伦。扇天裁户旧，砌地翦基新。引月擎宵桂，飘云逼曙鳞。露除光炫玉，霜阙映雕银。舞接花梁燕，歌迎鸟路尘。镜池波太液，庄苑丽宜春。作异甘泉日，停非路寝辰。念劳惭逸己，居旷返劳神。所欣成大厦，宏材伫渭滨。②

登上三台，俯视帝都，遥想汉时的未央宫何其壮观，昔日秦帝国何其奢侈。身处危险之境，仍然驰骋着华丽，为奢侈之居处而役使着

---

① 吴云、冀宇校注：《唐太宗集》，陕西人民出版社1986年版，第34页。
② 同上书，第36页。

人民。

每逢春天登上春望台，关中之美则尽收眼底。唐人也于此时留下对关中景观的大笔铺绘。许景先的《奉和御制春台望》勾勒出文物光辉、京畿葱郁、千门望去如锦、八水明洁如练的雄壮富饶的关中丽景：

> 睿德在青阳，高居视中县。秦城连凤阙，汉寝疏龙殿。文物照光辉，郊畿郁葱蒨。千门望成锦，八水明如练。复道晓光披，宸游出禁移。瑞气朝浮五云阁，祥光夜吐万年枝。兰叶负龟初荐社，桐花集凤更来仪。秦汉生人凋力役，阿房甘泉构云碧。汾祠雍畤望通天，玉堂宣室坐长年。鼓钟西接咸阳观，苑囿南通鄠杜田。明主卑宫诚前失，辅德钦贤政惟一。昆虫不夭在春蒐，稼穑常艰重农术。邦家已荷圣谟新，犹闻俭陋惜中人。豫奉北辰齐七政，长歌东武抃千春。①

贺知章的《奉和御制春台望》将八水缭绕、岩崿映照双阙，昭阳殿与建章宫晓色遍布，白云舒卷，丹青之树、金玉之堂华滋的礫、颢气氤氲，鄜畤梦蛇呈祥、陈仓珠宝进献，秦宫万余，千殿连绵的雄伟壮观、富庶吉庆景象：

> 青阳布王道，玄览陶真性。欣若天下春，高逾域中圣。神皋类观赏，帝里如悬镜。缭绕八川浮，岩崿双阙映。晓色遍昭阳，晴云卷建章。华滋的礫丹青树，颢气氤氲金玉堂。尚有灵蛇下鄜畤，还征瑞宝入陈仓。自昔秦奢汉穷武，后庭万余宫百数。旗回五丈殿千门，连绵南陛出西垣。广画蟏蛾夸窈窕，罗生玫瑁象昆仑。乃眷天晴兴隐恤，古来土木良非一。荆临章观赵丛台。何如尧阶将禹室。层栏窈窕下龙舆，清管逶迤半绮疏。一听南风引鸾舞，长谣北极仰鹑居。②

---

① （清）彭定求等编：《全唐诗》卷 111，中华书局 1997 年版，第 1135 页。
② （清）彭定求等编：《全唐诗》卷 112，中华书局 1997 年版，第 1146—1147 页。

韩翃的《赠别王侍御赴上都》将从洛阳西向长安的沿途风景以及回归后遍赏关中幽境名胜的情形叙写而出：

> 翩翩马上郎，执简佩银章。西向洛阳归鄠杜，回头结念莲花府。朝辞芳草万岁街，暮宿春山一泉坞。青青树色傍行衣，乳燕流莺相间飞。远过三峰临八水，幽寻佳赏偏如此。残花片片细柳风，落日疏钟小槐雨。相思掩泣复何如，公子门前人渐疏。幸有心期当小暑，葛衣纱帽望回车。①

移动的视角下，关中的青青树色与行人相依相伴，乳燕流莺，上下翻飞，路过三峰，临近八水，残花片片，细柳迎风，落日中疏钟鸣响，雨落处小槐香溢，关中生态之美，被一一描绘而出。

而唐代历朝诗人奔走在长安道时，亦对这条呈现着唐代特有生态表征与浓缩唐代特有社会文化生态的道路进行了描写与叙述。

沈佺期的《横吹曲辞·长安道》写道：

> 秦地平如掌，层城出云汉。楼阁九衢春，车马千门旦。绿柳开复合，红尘聚还散。日晚斗鸡回，经过狭斜看。②

秦地平坦如掌，层叠的城阙与云汉相接。时值春日，九衢大道上楼阁罗列，车马喧阗，绿柳摇曳绽开，红尘聚散。

崔颢的《横吹曲辞·长安道》写道：

> 长安甲第高入云，谁家居住霍将军。日晚朝回拥宾从，路傍拜揖何纷纷。莫言炙手手可热，须臾火尽灰亦灭。莫言贫贱即可欺，人生富贵自有时。一朝天子赐颜色，世上悠悠应始知。③

---

① （清）彭定求等编：《全唐诗》卷243，中华书局1997年版，第2726页。
② 陶敏、易淑琼校注：《沈佺期宋之问集校注》，中华书局2001年版，第206页。
③ （清）彭定求等编：《全唐诗》卷18，中华书局1997年版，第194页。

长安城的甲第高耸入云，居住着炙手可热的将军。当其日晚上朝而回时宾从相拥，长安道上揖拜纷纷。

韦应物的《横吹曲辞·长安道》云：

> 汉家宫殿含云烟，两宫十里相连延。晨霞出没弄丹阙，春雨依微
> 自甘泉。春雨依微春尚早，长安贵游爱芳草。宝马横来下建章，香车
> 却转避驰道。贵游谁最贵，卫霍世难比。何能蒙主恩，幸遇边尘起。
> 归来甲第拱皇居。朱门峨峨临九衢，中有流苏合欢之宝帐，一百二十
> 凤凰罗列含明珠。下有锦铺翠被之粲烂，博山吐香五云散。丽人绮阁
> 情飘飘，头上鸳钗双翠翘，低鬟曳袖回春雪，聚黛一声愁碧霄。山珍
> 海错弃藩篱，烹犊炰羔如折葵。既请列侯封部曲，还将金印授庐儿。
> 欢荣若此何所苦，但苦白日西南驰。①

云烟映衬连延十里的汉家巍峨宫殿，丹霞出没与丹阙嬉戏，甘泉宫春雨依微。细雨迷蒙中春天尚早，长安城的权贵之家就已被青青的芳草吸引，外出游赏。宝马横行而来，直入建章宫，香车避开驰道。贵游之中最显赫的当属卫霍之家。在边尘四起时，建功立业，得遇帝王恩宠。边塞归来后，修建的甲第与帝宫相连，临街的朱门峨峨，室内装饰极其豪奢，有流苏合欢宝帐，罗帐上罗列的凤凰口含明珠，下有灿烂的锦绣翠被，博山炉吐着缭绕的香烟。宫殿中佳人装饰华丽，头上戴鸳钗翠翘，在绮阁中回裙转袖飘摇起舞。绮宴场上布满山珍海味，烹犊炰羔就如摘折葵草一般。荣华至此，已至极致，唯一忧惧的则是白日西驰，盛炎衰颓。

顾况身处的长安道已十分荒凉萧瑟，已无昔日的繁华富庶，人文与自然生态均遭到破坏，其《横吹曲辞·长安道》写道：

> 长安道，人无衣，马无草，何不归来山中老。②

---

① 孙望编：《韦应物诗集系年校笺》，中华书局 2002 年版，第 104 页。
② （清）彭定求等编：《全唐诗》卷 18，中华书局 1997 年版，第 194 页。

身处长安道,所见之境,令人顿生归隐山中终老的志向,此时此地,人民生活困窘,无食无衣,草木被摧残,马儿亦无草可食,一派凋敝之惨境。

孟郊的《横吹曲辞·长安道》写道:

> 胡风激秦树,贱子风中泣。家家朱门开,得见不可入。长安十二衢,投树鸟亦急。高阁何人家,笙簧正喧吸。①

胡风激荡着秦树,卑贱的士子在风中哭泣。可以看见豪贵们的朱门次第打开,但却不能进入。站在长安城四通八达的十二条街衢之上,鸟儿急急投奔树木。不知谁家的高阁之上,笙簧喧闹。

白居易的《长安道》,《全唐诗》作《横吹曲辞·长安道》,写道:

> 花枝缺处青楼开,艳歌一曲酒一杯。美人劝我急行乐,自古朱颜不再来,君不见外州客,长安道,一回来,一回老。②

长安道的花枝与青楼叠相掩映,繁茂的花枝空缺处的青楼里艳歌缭绕,杯酒交错。在如此良辰美景中,自当趁时欣赏。因为从外州沿长安道而来的客子们,每来一回,则会随着时光的流逝衰老。

薛能的《横吹曲辞·长安道》以之为奔竞之道,遂不提沿途之自然生态,仅描写其人文生态:

> 汲汲复营营,东西连两京。关繻古若在,山岳累应成。各自有身事,不相知姓名。交驰喧众类,分散入重城。此路去无尽,万方人始生。空余片言苦,来往觅刘桢。③

连接两京的长安道上,充斥着汲汲营营的奔竞人群。道上相逢,不知

---

① 华忱之、喻学才校注:《孟郊诗集校注》,人民文学出版社1995年版,第51页。
② 朱金城笺校:《白居易集笺校》,上海古籍出版社1988年版,第683页。
③ (清)彭定求等编:《全唐诗》卷18,中华书局1997年版,第195页。

姓名，但人各有事，匆匆相见，匆匆离别。车马交驰，众声喧哗，分散入重城。空余苦于片言的诗人，仍在来来往往的人群中寻觅着饱于诗书、敏于诗赋的志同道合者。

生活在晚唐的贯休在《横吹曲辞·长安道》将其昔日的盛况作了概括性描写：

> 憧憧合合，八表一辙。黄尘雾合，车马火热。名汤风雨，利辗霜雪。千车万驮，半宿关月。上有尧禹，下有夔契。紫气银轮兮常覆金阙，仙掌捧日兮浊河澄澈。愚将草木兮有言，与华封人兮不别。①

昔日的长安道，绮错纷披，黄尘飞扬，车马熙攘。风雨霜雪中来来往往，碾踏着名缰利锁。

随着唐代国运的日渐衰颓，长安道再无车水马龙、繁花似锦的气息，也无柳绿桃红、莺啼宛转的迷人景色，晚唐诗人聂夷中笔下的长安道已无法与盛唐气象相比，处处透着清冷萧瑟的气息，其《横吹曲辞·长安道》写道：

> 此地无驻马，夜中犹走轮。所以路旁草，少于衣上尘。②

熙熙攘攘的人群不会驻马于此，行色匆匆的旅人，夜中亦会急急奔走行车。被碾踏的路旁，荒草稀疏，竟少于衣上之尘。

李贺的《沙路曲》吟咏长安城专为宰相车马通行所铺筑的沙面大路：

> 柳脸半眠丞相树，珮马钉铃踏沙路。断烬遗香袅翠烟，烛（一作独）骑啼乌上天去。帝家玉龙开九关，帝前动笏移南山。独垂重印押千官，金窠篆字红屈盘。沙路归来闻好语，旱火不光天下雨。③

---

① 胡大浚笺注：《贯休歌诗系年笺注》，中华书局 2011 年版，第 44 页。
② （清）彭定求等编：《全唐诗》卷 18，中华书局 1997 年版，第 195 页。
③ （清）王琦等注：《李贺诗歌集解》，上海古籍出版社 1977 年版，第 288 页。

时值春天，丞相府邸，树柳半眠，装饰环佩的骏马，在沙路上发出叮咚的声响。香火燃尽，遗留的清香四处飘散，袅袅翠烟缭绕。丞相骑马而过，乌鸦被惊动，飞入天际，上朝时帝宫重门洞开，朝堂之上，笏板奏动，沙路归来，在久旱的天气里，听着好雨之声。

张籍的《沙堤行呈裴相公》亦描绘出长安沙路的情境：

> 长安大道沙为堤，风吹无尘雨无泥。宫中玉漏下三刻，朱衣导骑丞相来。路傍高楼息歌吹，千车不行行者避。街官闾吏相传呼，当前十里惟空衢。白麻诏下移相印，新堤未成旧堤尽。①

长安大道，以沙为堤，清晨风起时，亦无尘土，即便是下雨天，也不觉泥泞。宫中玉漏报时三刻，朱衣引导着丞相的坐骑进宫朝拜。路旁高楼的歌吹之声已息，行者回避，千车不行。街官闾吏，互相传呼，只剩下十里空衢。

其《早朝寄白舍人、严郎中》则叙写严冬冰雪封路时的沙路生态景观：

> 鼓声初动未闻鸡，羸马街中踏冻泥。烛暗有时冲石柱，雪深无处认沙堤。常参班里人犹少，待漏房前月欲西。凤阙星郎离去远，阁门开日入还齐。②

鼓声初动，鸡还未鸣，羸弱的马儿，踏着冰冻的泥泞之路。烛火昏暗，辨不清道路，前行之马，有时竟撞到石柱之上，积雪深厚，已认不清行走的沙堤。因积雪难行，每日于前殿朝见皇帝之人尤其稀少，待漏房前月亮西沉，透着冷寂。

关中还有一个独特的地方沙苑，其生态景观在唐诗中亦得到展现。杜甫的《沙苑行》写道：

---

① 余恕诚、徐礼节整理：《张籍系年校注》，中华书局 2011 年版，第 41 页。
② 同上书，第 442 页。

君不见左辅白沙如白水，缭以周墙百余里。龙媒昔是渥洼生，汗血今称献于此。苑中騻牝三千匹，丰草青青寒不死。食之豪健西域无，每岁攻驹冠边鄙。王有虎臣司苑门，入门天厩皆云屯。骕骦一骨独当御，春秋二时归至尊。至尊内外马盈亿，伏枥在坰空大存。逸群绝足信殊杰，倜傥权奇难具论。累累坥阜藏奔突，往往坡陀纵超越。角壮翻同麋鹿游，浮深簸荡鼋鼍窟。泉出巨鱼长比人，丹砂作尾黄金鳞。岂知异物同精气，虽未成龙亦有神。①

王昌龄的《沙苑南渡头》则将秋雾秋雨时沙苑渡头烟水演漾、波连田野的凄冷生态情境描绘而出：秋雾连云白，归心浦溆悬。津人空守缆，村馆复临川。篷隔苍茫雨，波连演漾田。孤舟未得济，入梦在何年。②

李贺的《经沙苑》如此描述：

野水泛长澜，宫牙开小蒨。无人柳自春，草渚鸳鸯暖。晴嘶卧沙马，老去悲嘶展。今春还不归，塞嘤折翅雁。③

途经沙苑一带，野水之上泛起涟漪，四处无人，杨柳独自绽放着春天的色彩，青草掩映的水中沙渚中，鸳鸯已感觉到春天的暖意。卧于沙苑的老马，在春天的晴日中嘶鸣，透着悲凉之意。

胡曾的《咏史诗·沙苑》写道：

冯翊南边宿雾开，行人一步一裴回。谁知此地凋残柳，尽是高欢败后栽。④

冯翊南边，经宿的浓重雾气散开，行人在沙苑一带徘徊。看着眼前凋残的杨柳，岂知这都是北朝高欢失败后栽下的林木。

郑谷经行沙苑时，也叙写描绘出沙苑的自然生态景观，他的《沙

---

① （清）仇兆鳌注：《杜诗详注》，中华书局1979年版，第228页。
② 李国胜注：《王昌龄诗校注》，文史哲出版社印行1973年版，第115页。
③ （清）王琦等注：《李贺诗歌集解》，上海古籍出版社1977年版，第323页。
④ （清）彭定求等编：《全唐诗》卷647，中华书局1997年版，第7471页。

苑》写道:

> 茫茫信马行,不似近都城。苑吏犹迷路,江人莫问程。聚来千嶂出,落去一川平。日暮客心速,愁闻雁数声。①

在茫茫的沙苑信马由缰,这里的风景与都城近郊迥异。荒凉迷茫,开阔得连沙苑的吏员尚且会迷路,在江水之上前行,就莫要问前程。千峰叠嶂,日暮时分,客心焦急,又听到大雁的数声鸣叫,不由得愁绪满怀。

籍贯即在关中,对长安有着深切了解与深情的杜牧在其杂咏中对长安的生态景观有着极其细致的铺写,其《长安杂题长句六首》写道:

> 觚棱金碧照山高,万国珪璋捧赭袍。舐笔和铅欺贾马,赞功论道鄙萧曹。东南楼日珠帘卷,西北天宛玉厄豪。四海一家无一事,将军携镜泣霜毛。②

长安城宫阙的瓦脊在日光照耀下金碧辉煌,高耸巍峨与山等高,来自万国的杰出人才身着赭黄袍朝拜于殿前。笔墨之才堪欺贾谊与司马相如,谈论功业与治世之道可以鄙薄萧何与曹参。日光映照着东南城楼卷起的珠帘,豪杰手持玉杯,骑着来自西北的大宛马。身处四海一家和平安泰的时日,将军无用武之地,亦不觉览镜悲泣,为虚生之白发而嗟叹。

> 晴云似絮惹低空,紫陌微微弄袖风。韩嫣金丸莎覆绿,许公鞲汗杏黏红。烟生窈窕深东第,轮撼流苏下北宫。自笑苦无楼护智,可怜铅椠竟何功。

晴云如飞絮一般惹动低空,紫陌之上和风戏弄着衣袖。莎草生绿,杏花黏红,达官贵人纷纷游玩,观赏长安城的春景,韩嫣以金丸为弹,四处

---

① 严寿澄、黄明、赵昌平笺注:《郑谷诗集笺注》,上海古籍出版社1991年版,第95—96页。

② 吴在庆撰:《杜牧集系年校注》,中华书局2008年版,第172—182页。

射猎（据《西京杂记》卷四："韩嫣好弹，常以金为丸，所失者日有十余。长安为之语曰：'苦饥寒，逐金丸。'京师儿童每闻嫣出弹，辄随之，望丸之所落，辄拾焉。"），邓公身骑装饰华丽鞍鞯的骏马驰骋在大道上。深远的轻烟在幽深的东第生起，车轮滚滚，驰向北宫，震撼着车盖上的流苏。

　　　　雨晴九陌铺江练，岚嫩千峰叠海涛。南苑草芳眠锦雉，夹城云暖
　　下霓旄。少年羁络青纹玉，游女花簪紫蒂桃。江碧柳深人尽醉，一瓢
　　颜巷日空高。

雨后初晴，长安九陌铺陈，清江如练，千峰叠嶂，岚气环绕如叠卷的海涛。南苑芳草，锦雉休眠，日高云暖，夹城的通道上锦旗飘扬。少年骑着笼头装饰着青玉的华丽骏马，游赏的女子头戴花簪。清江碧绿，柳色深绿，长安城间巷皆空，人们在迷人的春色间沉醉。

　　　　束带谬趋文石陛，有章曾拜皂囊封。期严无奈睡留癖，势窘犹为
　　酒泥慵。偷钓侯家池上雨，醉吟隋寺日沈钟。九原可作吾谁与，师友
　　琅琊邴曼容。

曾经束发在文石砌成的宫廷台阶上趋走，也曾被拜封，可以以皂囊机密上奏。无奈性情慵懒，嗜睡贪酒，放诞不羁，难忍供职之束缚。也曾经偷偷在侯门之家的锦池上雨中垂钓，在隋寺醉吟，听钟声沉沉。

　　　　洪河清渭天池浚，太白终南地轴横。祥云辉映汉宫紫，春光绣画
　　秦川明。草妒佳人细朵色，风回公子玉衔声。六飞南幸芙蓉苑，十里
　　飘香入夹城。

清清的渭河水，水势浩大，天池疏浚，太白终南，横亘在地面中轴，祥云辉映着汉宫，秦川明媚，春光如锦绣的画卷一样。碧草嫉妒佳人发上镶嵌金花的首饰之色，暖风中回响着公子环佩叮咚的声音。六马所驾的天子玉辇，飞驰向南，临幸芙蓉苑，通道上十里飘香。

丰貂长组金张辈，驷马文衣许史家。白鹿原头回猎骑，紫云楼下醉江花。九重树影连清汉，万寿山光学翠华。谁识大君谦让德，一毫名利斗蛙蟆。

帝王近侍之臣，冠饰珍贵的貂尾，佩玉上系着长长的丝带，长安城里，尽是如汉时金日磾、张安世般七世荣显的显宦，还有驷马驾车身着文衣的如汉宣帝时外戚许伯和史高一样烜赫的权门贵戚。在白鹿原头打猎，在曲江岸畔的紫云楼醉酒。长安城的清河中，映着重重叠叠的树影，万寿山间，光影浮动翠华。

杜牧的《朱坡》可谓对朱坡生态极其生动细腻的勾勒：

下杜乡园古，泉声绕舍啼。静思长惨切，薄宦与乖暌。北阙千门外，南山午谷西。倚川红叶岭，连寺绿杨堤。迥野翘霜鹤，澄潭舞锦鸡。涛惊堆万岫，舸急转千溪。眉点萱牙嫩，风条柳幄迷。岸藤梢虺尾，沙渚印麑蹄。火燎湘桃坞，波光碧绣畦。日痕絙翠巘，陂影堕晴霓。蜗壁斓斑藓，银筵豆蔻泥。洞云生片段，苔径缭高低。偃蹇松公老，森严竹阵齐。小莲娃欲语，幽笋稚相携。汉馆留馀趾，周台接故蹊。蟠蛟冈隐隐，班雉草萋萋。树老萝纤组，岩深石启闺。侵窗紫桂茂，拂面翠禽栖。有计冠终挂，无才笔谩提。自尘何太甚，休笑触藩羝。①

长安下杜一带的古老乡园，泉水绕舍而鸣。沉思静想中倍感凄切，长安城的北阙千门外，南山子午谷之西，红叶岭河流紫绕，绿杨堤岸与古寺相连。远野上霜鹤翘动，澄清的潭水里锦鸡起舞。波涛惊动千岩万岭，舟舸随千溪急转。萱牙如眉点般细嫩，风中的柳条凄迷，岸边的藤蔓上，毒蛇摆尾游动，沙渚上印着麑鹿的蹄印。野火蔓延，桃花在四面高中间凹下的地方绽开，碧波光影动荡，田畦如锦绣般绚烂。日光的痕迹贯穿翠巘，池塘上落下晴日霓虹之艳影。蜗壁苔藓斑斓，锦筵上罗列着豆蔻泥。洞云片段升起，长满苔藓的小径在高高低低的山间盘绕。老

---

① 吴在庆撰：《杜牧集系年校注》，中华书局 2008 年版，第 271 页。

松偃蹇，竹阵森严整齐。稚子相携幽笋，娇娃在小莲间欲语。昔日的汉馆留下足迹，周朝的楼台接着旧日的蹊径。萋萋芳草间，斑雉隐藏，山冈隐隐如盘蛟。老树间藤萝盘曲。侵窗的紫桂繁茂，栖息的翠禽拂面。

其《朱坡绝句》三首其一中的两首均勾勒出朱坡特殊的山容水态，与良好的生态环境：

> 烟深苔巷唱樵儿，花落寒轻倦客归。藤岸竹洲相掩映，满池春雨
> 鹍鶒飞。
>
> 乳肥春洞生鹅管，沼避回岩势犬牙。自笑卷怀头角缩，归盘烟磴
> 恰如蜗。[①]

长满青苔的小巷里，烟雾缭绕，樵夫唱着山歌，落花轻寒时，倦客回还。池岸藤萝环绕，沙洲上，青竹丛生，交相掩映，春雨连绵，春池水满，鹍鶒跃起，在水面低飞。这里提及的鹍鶒，是一种水鸟，翅膀短，能飞却不善飞，因而不是迫不得已很少起飞。突然受到惊吓时可以跃离水面起飞，但飞得很低，几乎贴着水面。分布于亚洲东部的湖沼或泽地。

春洞内生成如鹅管般肥厚的钟乳石（鹅管指钟乳石发育过程中最初的造型，自洞顶向下生长，上下大小基本一致，呈空心细玻璃管状。如洞内环境洁净无污染，便常能造就色如白玉、质似凝脂的鹅管），犬牙交错的回岩遮蔽着清沼。

在关中的山水人文书写中，华山、骊山、终南山则是最常出现的关中山水生态意象。

一 唐代华山生态与文学

（一）唐代文学中的华山生态意象书写

幅员广阔的华夏大地上，山川风物众多，而华山以其险峻雄壮之势、神奇特异之形，早在远古时期就已特立独出，在诸多山川形胜中占据着重要的位置。在漫长悠久的历史长河中，独秉自然之神奇灵秀的华山，不仅被一个个神话传说披上了一层缥缈苍茫的彩衣，又在一代代文人墨客的笔

---

① 吴在庆撰：《杜牧集系年校注》，中华书局 2008 年版，第 292 页。

下焕发出奇异的神采，对华山的吟唱在唐代达到了顶峰。"山林皋壤，实文思之奥府"，自然之于文学之重要可见一斑，不同的山川会孕育、滋养、激发出不同的文学，而华山也在唐代士人的吟咏之下，呈现出特有的风貌，并形成拥有一定内蕴的意象，如果从人与自然关系的文学生态学角度探讨，也可成为固有的生态意象。而生态意象是指"人在一定的历史时期，通过对某些地区生态环境的感受、认识和体验，在头脑中形成的对处于某一时间的生态环境的映像"①。在唐代诗文中，华山会呈现出怎样的生态映像，在主客观统一下又形成怎样的生态意象，是本节着意探讨的问题。

刘勰在《文心雕龙·物色》中写道："春秋代序，阴阳惨舒；物色之动，心亦摇焉……物色相召，人谁获安？是以献岁发春，悦豫之情畅；滔滔孟夏，郁陶之心凝；天高气清，阴沉之志远；霰雪无垠，矜肃之虑深。岁有其物，物有其容；情以物迁，辞以情发。一叶且或迎意，虫声有足引心。况清风与明月同夜，白日与春林共朝哉！"②古人很早就注意并总结出自然生态中的天地山川、自然万物、四时变换对人的情感乃至创作的重要影响，而自然界的风物也会被创作者关注并撷取于诗文中，于是华山的动植物、四时生态景观如何，观览、循迹于唐代诗文中亦会摹绘出一幅明晰的画卷。

1. 华山的地貌、动植物生态书写

华山由独特的花岗岩层地质构造而成，群峰耸峙，连绵而成，其最负盛名的三峰有东峰（朝阳峰）、南峰（落雁峰）、西峰（莲花峰），又有云台峰、玉女峰夹辅两侧，峡谷当中则有溪流与清泉、瀑布，唐代诗人的华山诗时时会出现对这些地貌的吟咏。

王翰的《赋得明星玉女坛，送廉察尉华阴》大笔勾勒出华山高峻峭拔之势，以及三峰倚天，中峰耸出的地貌特征：

　　　洪河之南曰秦镇，发地削成五千仞。三峰离地皆倚天，唯独中峰

---

① 夏炎著：《试论唐代北人江南生态意象的转变——以白居易江南诗歌为中心》，《唐史论丛》第11辑，第147页。

② （南朝）刘勰著，范文澜注：《文心雕龙注》下册，人民文学出版社2001年版第3次印刷，第693页。

特修峻。上有明星玉女祠，祠坛高眇路逶迤。三十六梯入河汉，樵人往往见蛾眉。蛾眉婵娟又宜笑，一见樵人下灵庙。仙车欲驾五云飞，香扇斜开九华照。含情迟伫惜韶年，愿侍君边复中旋。江妃玉佩留为念，嬴女银箫空自怜。仙俗途殊两情遽，感君无尽辞君去。遥见明星是妾家，风飘雪散不知处。故人家在西长安，卖药往来投此山。彩云荡漾不可见，绿萝蒙茸鸟绵蛮。欲求玉女长生法，日夜烧香应自还。①

山路逶迤，云梯盘旋，直入河汉，明星玉女祠则高立于中峰之上，彩云缭绕，绿萝与菟丝绵长，小鸟绵蛮，相传有长生之玉女驻足，仙气飘荡，香火不断，亦有采药修炼长生之人来往于此。

王涯的《太华仙掌辩》就提及仙掌的得来："西岳太华，华之首峰，有五崖比壑，破岩而列，自下而望，偶为掌形。"

在笔记中还记录有华山云台观一带凸起的山峰，其形状如瓮，所以被命名为瓮肚峰：

> 华岳云台观，中方之上，有山崛起，如半瓮之状，名曰瓮肚峰。玄宗尝赏望，嘉其高廻，欲于峰腹大凿"开元"二字，填以白石，令百余里外望见之。谏官上言，乃止。（出《开天传信记》）②

华山由于其独特的花岗岩层地质构造、峭拔斧削的形貌，孕育滋养了独特的动植物景观：山体高处往往草木难生，只有生命力极其顽强的松树能在岩石缝隙的稀薄土层中扎根生长，于是华山松成为其最具代表性的植物景观，而高峻的海拔亦使得众鸟绝迹，以高飞的鹘鸟成为其标志性的动物，虽说嶒岩绝壁处花木稀少，可在涧底、瀑流边却山花、草木丛生，孟郊在《游华山云台观》一诗中就曾咏叹道："华岳独灵异，草木恒新鲜。"③ 顾况在《华山西冈游赠隐玄叟》中也曾记录下华山一带灌木丛生、女萝绕壁的景观："失风鼓啼呀，摇撼千灌木。木叶微堕黄，石泉净停绿。

---

① （清）彭定求等编：《全唐诗》卷156，中华书局1997年版，第1607页。
② （宋）李昉等编：《太平广记》卷397，中华书局1961年版，第3177页。
③ 华忱之、喻学才校注：《孟郊诗集校注》，人民文学出版社1995年版，第182页。

危磴萝薜牵，迥步入幽谷。"① 而山底的庄园、别业、修行的道观、石室中，还会有竹林、杨柳、兰草、女萝环绕，其风景优美之状如刘沧在《题马太尉华山庄》中所言："别开池馆背山阴，近得幽奇物外心。竹色拂云连岳寺，泉声带雨出谿林。一庭杨柳春光暖，三径烟萝晚翠深。"② 而华山如此的动植物生长状况，在唐文中有着明确的记录：一方面，"其虚谷也，数行发地缘茂松；其峻壁也，百仞悬崖不生草"③。另一方面，"仙草殊品，灵花异族；不以无人而不芳，香风洒乎函谷。皆负灵造，是润是鼗；具物灵繁，故难详鞠"④。

总体而言，华山的动植物景观随其海拔高度的变化，呈现着层级变化，山巅与山底不同，绝壁与洞底各异，山巅处种类单一，唯孤松独立，但山涧、山底却呈现着生物的多样性，不仅山花烂漫、好鸟相迎，亦可以"独住三峰下，年深学炼丹……开门移远竹，剪草出幽兰。荒壁通泉架，晴崖晒药坛"（张籍的《忆卢常侍寄华山郑隐者》）⑤。

郑谷的《华山》则勾勒出野花明丽，苔藓围松的植物生态景观：

> 峭仞耸巍巍，晴岚染近畿。孤高不可状，图写尽应非。绝顶神仙会，半空鸾鹤归。云台分远霭，树谷隐斜晖。坠石连村响，狂雷发庙威。气中寒渭阔，影外白楼微。云对莲花落，泉横露掌飞。乳悬危磴滑，樵彻上方稀。淡泊生真趣，逍遥息世机。野花明洞路，春藓涩松围。远洞时闻磬，群僧昼掩扉。他年洗尘骨，香火愿相依。⑥

而华山标志性的动植物还是华山松、华山茯苓、华山鹘、飞雁、蝉等，《新唐书·地理志》记载唐代华州华阴郡的土贡有"鹖、乌鹘、茯苓、伏神、细辛"⑦ 等，今天华山的著名景观命名中也留下了它们的印记：华山的南峰又称落雁峰，其中著名的景观还有松桧峰、鹰翅石、灵芝

---

① （清）彭定求等编：《全唐诗》，中华书局1997年版，第2931页。

② 同上书，第6850页。

③ （清）董诰等编：《全唐文》，中华书局1983年影印本，第4083页。

④ 同上书，第3502页。

⑤ 余恕诚、徐礼节整理：《张籍系年校注》，中华书局2011年版，第390页。

⑥ 严寿澄、黄明、赵昌平笺注：《郑谷诗集笺注》，上海古籍出版社1991年版，第167页。

⑦ （宋）欧阳修、宋祁撰：《新唐书·地理志》，中华书局1975年版，第964页。

石等。

（1）华山松、柏、桧

华山的松树以其独特的生长环境而著称，面对长于绝顶、扎根岩层的华山松，唐代文人惊叹不已，热情地描摹、歌颂、赞美着它，不仅捕捉到了华山松"瀑漏斜飞冻，松长倒挂枯"（张乔《华山》）的特写镜头，还发现了"岳壁松多古"（无可《宿西岳白石院》）、"老松逾百寻"（李商隐《寄华岳孙逸人》）的古老苍劲，更有"彩云生阙下，松树到祠边"（祖咏《观华岳》）彩云缭绕时的美丽，以及春季的华山松与山花、苔藓相映衬下"野花明涧路，春藓涩松围"的明丽，冬季的华山松枝头压满积雪，"偃树枝封雪""了了见雪松""敧松积雪齐"，更重要的是唐人在审视华山松时发现了它在恶劣的环境下仍能枝繁叶茂的顽强蓬勃的生命力，亦由此感受到其高洁坚贞、苍劲挺拔、不随流俗的精神。张蠙在《华山孤松》中盛赞华山松的顽强并将其与槐树进行比对："石罅引根非土力，冒寒犹助岳莲光。绿槐生在膏腴地，何得无心拒雪霜。"① 元稹的《松树》一诗更是用大量笔墨对松树的特质与精神进行了讴歌："华山高幢幢，上有高高松。株株遥各各，叶叶相重重。槐树夹道植，枝叶俱冥蒙。既无贞直干，复有冒挂虫。何不种松树，使之摇清风。秦时已曾种，憔悴种不供。可怜孤松意，不与槐树同。闲在高山顶，樛盘虬与龙。屈为大厦栋，庇荫侯与公。不肯作行伍，俱在尘土中。"②

而笔记小说《太平广记》陶尹二君条中亦记载华山芙蓉峰一带有大松林存在的情境：

唐大中初，有陶太白、尹子虚二老人相契为友，多游嵩华二峰，采松脂茯苓为业。二人因携酿酖，陟芙蓉峰寻异境，憩于大松林下，因倾壶饮，闻松稍有二人抚掌笑声。二公起而问曰："莫非神仙乎？岂不能下降而饮斯一爵？"笑者曰："吾二人非山精木魅，仆是秦之役夫，彼即秦宫女子，闻君酒馨，颇思一醉。但形体改易，毛发怪异，恐子悸栗，未能便降。子但安心，徐待吾，当返穴易衣而至。幸无遽

---

① （清）彭定求等编：《全唐诗》，中华书局1997年版，第8161页。
② 冀勤点校：《元稹集》，中华书局1982年版，第5页。

舍我去。"二公曰："敬闻命矣。"遂久伺之，忽松下见一丈夫古服俨雅，一女子鬟髻彩衣俱至……出《传奇》。①

华山的柏树经常是和松树一起被吟咏的，刘长卿在《关门望华山》一诗中写道："金天有青庙，松柏隐苍然。"李益在《华山南庙》中也写道："岩雨神降时，回飙入松柏。"

桧，是一种常绿乔木，也叫刺柏。幼树的叶子像针，大树的叶子像鳞片，雌雄异株，雄花鲜黄色，果实球形，种子三棱形。在齐己的《仙掌》中曾写道："鹤抛青汉来岩桧，僧隔黄河望顶烟。"

（2）华山茯苓、灵芝、黄精

华山上生长有多种可以延年益寿的名贵药材，于是也成为历来神话与道家长生之术传说的发源地之一。在孙思邈的《千金翼方》卷二中就记载有白芝，并指出其性能与可以延年益寿的神奇功效："味辛平，主咳逆上气，益肺气，通利口鼻，强志意勇悍，安魄。久食轻身不老，延年神仙。一名玉芝，生华山。"②《艺文类聚》草部上记载："《抱朴子》内篇曰：'南阳文氏，其先祖汉中人。值乱逃华山中，饥困欲死。有二人教之食术云，遂不饥。数十年乃来还乡里，颜色更少，气力转胜。故术一名山精。'《神药经》曰：'必欲长生当服山精。'"③

在唐人的诗文中，亦屡次提及隐者、求仙访道者在华山采药的情形，如常建的《仙谷遇毛女意知是秦宫人》就叙述了华山的溪水边药草丛生的情景："溪口水石浅，泠泠明药丛。入溪双峰峻，松栝疏幽风。垂岭枝（竹）袅袅，翳泉花蒙蒙。"裴说在《华山上方》一诗中写道："会当求大药，他日复追寻。"④周贺的《赠道人》一诗中也写道："拟归太华何时去，他日相寻乞药银。"《赠华山游人》一诗中还描写了华山山巅采药的情形："药苗不满笥，又更上危巅。回首归去路，相将入翠烟。曾折松枝

---

① （宋）李昉等编：《太平广记》卷40 神仙40，中华书局1961年版，第253页。

② （唐）孙思邈著：《千金翼方》卷二，元大德梅溪书院本。

③ （唐）欧阳询撰，汪绍楹校：《艺文类聚》卷八十一药香草部上，上海古籍出版社1965年版，第1386页。

④ （清）彭定求等编：《全唐诗》，中华书局1997年版，第8349页。

为宝栉，又编栗叶代罗襦。有时问却秦宫事，笑拈山花望太虚。"① 唐代诗文中最常提及的药草要数茯苓、灵芝与黄精了。

茯苓为寄生在松树根上的菌类植物，是一种具有独特疗效的中药材，唐时华阴郡的贡品茯苓应产于华山，这在唐代诗文中亦有迹可循。李益在《罢秩后入华山采茯苓逢道者》中对茯苓的生长地、形状乃至功用都有描述："左右长松列，动摇风露零。上蟠千年枝，阴虬负青冥。下结九秋霰，流膏为茯苓。取之砂石间，异若龟鹤形。况闻秦宫女，华发变已青。有如上帝心，与我千万龄。"② 薛能在《华岳》一诗中也说道："顶悬飞瀑峻，崦合白云青。混石猜良玉，寻苗得茯苓。"③ 徐夤在《送卢拾遗归华山》中写道："千载茯苓携鹤劚，一峰仙掌与僧分。"④ 吴融的《病中宜茯苓寄李谏议》不仅指出当时的唐人认为华山茯苓最为道地与珍贵的事实，还向我们描绘了茯苓的形状以及煎制、服用的方法："千年茯菟带龙鳞，太华峰头得最珍。金鼎晓煎云漾粉，玉瓯寒贮露含津。"⑤

灵芝是多孔菌科植物赤芝或紫芝的全株，是拥有数千年药用历史的中国传统珍贵药材，时至今天，仍是华山的特产。孟郊在《游华山云台观》中写道："仙酒不醉人，仙芝皆延年。"

黄精又名老虎姜、鸡头参，为百合科植物黄精、多花黄精和滇黄精的根茎，作为多年生草本，生于山地林下、灌丛或山坡的半阴处。《赠西岳山人李冈》一诗就写道："君隐处，当一星。莲花峰头饭黄精，仙人掌上演丹经。鸟可到，人莫攀，隐来十年不下山。袖中短书谁为达，华阴道士卖药还。"⑥

（3）华山槐、金荆树

在华山牛心谷一带，"其谷多槐，故称杨震槐市"，可见华山槐树也当属其标志性的景观了，但在诗文中却不见描述，而笔记小说中则记录下华山一带槐树的印记。《太平广记》中特写出一株古老苍郁、形状特异的槐

---

① （清）彭定求等编：《全唐诗》，中华书局1997年版，第9828页。

② 同上书，第3203页。

③ 同上书，第6533页。

④ 同上书，第8244页。

⑤ 同上。

⑥ 同上书，第2065页。

树，名之为瘿槐：

> 华州三家店西北道边，有槐甚大，葱郁周回，可荫数亩。槐有瘿，形如二猪，相趂奔走。其回顾口耳头足，一如塑者。（出《闻奇录》）

金荆树为荆树的一种。根据南朝江淹《草木颂·金荆》"金荆嘉树，涵露宅仙"的描写，这是一种非常珍贵美好的灵木。而《太平御览》卷九五九引唐杜宝《大业拾遗录》，对此树的形状、颜色、生长习性则有更详细的记载："（北景）多大林木，高者数百寻。有金荆生于高山峻皋，大者十围，盘屈瘤蹙，文如美锦，色艳于真金。"而华山华岳庙前的金荆则由于生长年代的久远，树根形状的奇异，被雕刻为荆根枕，作为稀世珍宝供奉并镇守华山神庙：

> 贾人张弘者，行至华岳庙前，忽昏懵，前进不可，系马于一金荆树而酣睡。马惊，拽出树根而去。寤，逐而及之。树根形如狮子，毛爪眼耳足尾，无不悉具。乃于华阴县，求木工修之为一枕，献于庙。守庙者常以匮锁之。行人闻者，赂守庙者百钱，始获一见。（出《闻奇录》）①

（4）华山鹘、飞雁、蝉

鹘是鹰属隼形鸟类，或名"雀鹰"，是鹰属最大的猛禽属。在唐代亦曾作为华阴郡独特的贡品被送入长安城，而这种猛禽也应飞翔在华山，这在杜甫的《魏将军歌》就有提及："平生流辈徒蠢蠢，长安少年气欲尽。魏侯骨耸精爽紧，华岳峰尖见秋隼。"贾岛的《马戴居华山因寄》一诗中就有记载："绝雀林藏鹘，无人境有猿。秋蟾才过雨，石上古松门。"②

除过华山鹘以外，蝉与雁也是华山诗文中提及的动物，如张乔的《游华山云际寺（一作游少华山甘露寺）》所言："晚木蝉相应，凉天雁并

---

① （宋）李昉等编：《太平广记》，中华书局 1961 年版，第 3293 页。
② 齐文榜校注：《贾岛集校注》，人民文学出版社 2001 年版，第 332 页。

飞。"① 贾岛的《送田卓入华山》一诗中所写："幽深足暮蝉，惊觉石床眠。瀑布五千仞，草堂瀑布边。坛松涓滴露，岳月沉寥天。鹤过君须看，上头应有仙。"②

（5）猿

在华山标志性的动植物景观之中，猿也是华山诗文中出现过的动物意象，除了前面提到过的"无人境有猿"外，薛能在《华岳》一诗中也提及"羽客时应见，霜猿夜可听"，韩常侍在《为御史衔命出关谳狱，道中看华山有诗》中也说："一路好山无伴看，断肠烟景寄猿啼。"③ 华山一带的猿类踪迹在唐代的史书与地志当中并未提及，无从考证，但历代文献记载的华山毛女的传说，以及唐诗中屡屡提及的毛女意象，似乎透露出华山曾有类人猿存在的痕迹。

（6）狼

薛能的《蒙恩除侍御史行次华州寄蒋相》就记录下夜宿华山附近时听到的狼嗥声：

> 林下天书起遁逃，不堪移疾入尘劳。黄河近岸阴风急，仙掌临关旭日高。行野众喧闻雁发，宿亭孤寂有狼嗥。荀家位极兼禅理，应笑埋轮著所操。④

（7）塑造仙境气息的鹤、白鹿与龙

与猿在华山诗文中的偶有提及相比，鹤在唐代华山诗文中随处可见，如张乔的《华山》一诗中提到的："鹤归青霭合，仙去白云孤。"许棠的《宿华山》写道："喷月泉垂壁，栖松鹤在楼。"郑谷的《华山》一诗也说："绝顶神仙会，半空鸾鹤归。"皮日休的《华山李炼师所居》所写："孤云尽日方离洞，双鹤移时只有苔。"然而鹤很可能是文人为了创作，为了营造华山的神奇灵秀的仙境气息，表现求仙访道的隐士、羽客们的逍遥生活而虚构，并利用民间传说想象而来的动物。而白鹿这一与访仙求道结

---

① （清）彭定求等编：《全唐诗》，中华书局1997年版，第7358页。
② 齐文榜校注：《贾岛集校注》，人民文学出版社2001年版，第115页。
③ （清）彭定求等编：《全唐诗》，中华书局1997年版，第8929页。
④ （清）彭定求等编：《全唐诗》卷559，中华书局1997年版，第6545页。

缘甚深的灵异动物,在唐代有关华山的诗文、笔记中却不见记载,只是在《艺文类聚》偶有记载:"《神仙传》曰:'鲁女生者,饵术绝谷,入华山。后故人逢女生,乘白鹿,从玉女数十人。'"①

而最能衬托华山的灵境气息的当属龙了,这种积淀于中国人心中被赋予极大能力,能升能降,能兴云布雨的神物,自然要与同样被神圣化的灵山大川相依相伴,在华山的标志性动物当中,龙最具典型意义,于是有关华山龙的传说在唐代文学中亦是时时出现。《酉阳杂俎》中记载了这么一段传说:

> 有史氏子者,唐元和中,曾与道流游华山。时暑甚,憩一小溪。忽有一叶大如掌,红殷可爱,随流而下。史独接得,置于怀中。坐食顷,觉怀中冷重。潜起观之,其上鳞栗栗而起。史警惧,弃林中。遂白众人:"此必龙也,可速去!"须臾,林中白烟生,弥布一谷。史下山未半,风雨大至。

由此亦可得知,变化百端、兴风作雨,是唐人对华山龙的基本认知。《剧谈录》中同样记载了一段有关华阴湫的故事:

> 唐咸通九年春,华阴县南十里余,一夕风雷暴作,有龙移湫,自远而至。先其崖岸高,无贮水之处,此夕徙开数十丈。小山东西直南北,峰峦草树,一无所伤。碧波回塘,湛若疏凿。京洛行旅,无不枉道就观。有好事者,自辇毂蒲津,相率而至。车马不绝音,逮于累日。②

对于华阴风雷暴作、地开湫塘的地质现象,唐人亦将之归为华山龙的威力。

(8)传说中的华山莲花

华山和莲花结有非常深厚的关系,其得名亦和传说中的千叶莲花有

---

① (唐)欧阳询撰,汪绍楹校:《艺文类聚》卷九十五兽部下,上海古籍出版社1965年版,第1649页。

② (唐)康骈著:《剧谈录》,古典文学出版社1958年版,第25页。

关。据《艺文类聚》草部下引《华山记》记载："山顶有池，池中生千叶莲花，服之羽化，因名华山。"① 而有关千叶莲的意象在唐诗中并未留下很多痕迹，诗文中的华山莲花，多是以莲花峰、莲岳等名词出现的，于是无从得知莲花在唐代诗文中的具象。

除上述标志性动植物，包括传说的具有象征意义的千叶莲花、鹤、龙等外，根据更早的文献记载，华山还有枇杷、栗等动植物，而这些在唐代文学中则未见记载。如：

（1）赤鷩

曾是在华山出没的禽类。据唐释慧琳《集沙门不拜俗议》卷第五解释"繡縠"时云："·《释名》云：'縠纱也。'《说文》：'罗属也，从纟声，鷩弁鞭灭反。'郑注《周礼》：'画鷩雉，所谓革虫也。'《山海经》云：华山多赤鷩。郭注云：'雉属也，赤冠，背金色，头绿，尾中有赤毛鲜明。'《尔雅》云：'似山鸡。'而小杜注《左传》云：'鷩，山雉。以立秋来，立冬入水化为蛤也。'"②

（2）栗

也曾是在华山一带繁茂生长的树木，据陆佃《埤雅》卷十四释木条的解释："味醶，北方之果也，有莱猬自裹。故先贤云：'皂者柞栗之属，膏者杨柳之属，核者李梅之属。'"《太平御览》："《华山记》曰：'西山麓中有栗林，艺植以来萧森繁茂。'"③

（3）枇杷

据班固《汉书》卷五十七上《司马相如传》引其《上林赋》记载，汉天子的上林苑中就有："卢橘夏熟，黄甘橙楱。枇杷橪柿，亭奈厚朴。梬枣杨梅，樱桃葡萄。隐夫薁棣，苍遝离支。罗乎后宫，列乎北园。"④ 而曹魏时的训诂学者张揖则注曰：枇杷，似斛树，长叶子，若杏。而这种枇杷树在华山亦有，据《艺文类聚》记载："《华山记》曰：'华山讲堂西

① （唐）欧阳询撰，汪绍楹校：《艺文类聚》卷八十一草部下，上海古籍出版社1965年版，第1401页。

② （唐）释慧琳撰：《一切经音义》卷八十八，日本元文三年版至延享三年版狮谷莲社刻本。

③ （宋）李昉等编：《太平御览》卷九百六十五果部，中华书局1960年版，第5691页。

④ 班固：《汉书》卷五十七上《司马相如传》，中华书局1999年版，第2559页。

头有枇杷园。'"①

而唐之后的明修《陕西通志》则记载，华山三峰上还有以植物命名的
"青柯坪"、"菖蒲池"、"芦苇池"、"细辛坪"，而牛心谷一带，"岩间多
五色鹜鸟"②。清乾隆九年（1744）的《华阴县志》也记载华阴一带有：
虎、藏羊、柞牛等兽类的踪迹。然而唐代诗文笔记中却难寻踪迹。

2. 春夏秋冬四时生态书写

由于华山2154.96米的海拔高度，与依邻的关中平原相差1700多米，
于是形成了独特的高山气候景观，这在唐代诗文中就有概括，李洞在《华
山》一诗中说到华山总体气温偏低的状况："碧山长冻地长秋，日夕泉源
聒华州。万户烟侵关令宅，四时云在使君楼。"开元时人阎随侯也在《西
岳望幸赋》中写到华山独特的气候以及南坡与北坡的差异："中融寒暑，
下闻雷霆；南涧载阳而北涧停雪，西峰见日而东峰见星。"

（1）华山之春

华山的春天与关中平原上的气候迥异，总体气温偏低，初春仍透着丝
丝寒意。对此，许棠在《春暮途次华山下》就曾写到暮春时分长安城已百
花盛开、暖风徐徐，而临近华山却因为阴雨以致浸透寒气的情形："他皆
宴牡丹，独又出长安……离城风已暖，近岳雨翻寒。"③ 朱景玄在《华山
南望春》中也描绘了华山春日仍见积雪以及春尽花仍未发的情景："鹤巢
前林雪，瀑落满涧风。春尽花未发，川回路难穷。"④ 虽说花开较晚，可
是春日的华山仍然有了绿色，李益在《华山南庙》一诗中就写道："阴山
临古道，古庙闭山碧。落日春草中，骞芳荐瑶席。"⑤

（2）夏日华山

关中的夏日酷热难耐、令人生畏，可停驻华山，却能感受到不同的气
候景象。薛能在《华岳》一诗中就曾写道："度关无暑气。"有时即使山
下热气蒸人，可仰望山巅却寒气相争，行至山顶亦会感受到松风送凉，鲍

---

① （唐）欧阳询等撰：《艺文类聚》卷八十七果部下，上海古籍出版社1999年版，第1491页。

② （明）赵廷瑞修，马理等编纂：《陕西通志·土地二·山川上》，三秦出版社影印嘉靖二十一年版本，第73—74页。

③ （清）彭定求等编：《全唐诗》，中华书局1997年版，第7203页。

④ 同上书，第6365页。

⑤ 范之麟注：《李益诗注》，上海古籍出版社1984年版，第18页。

溶在《夏日华山别韩博士愈》一诗中就描绘了这样的气候感受："别地泰华阴，孤亭潼关口。夏日可畏时，望山易迟久。暂因车马倦，一逐云先后。碧霞气争寒，黄鸟语相诱。……鸟鸣草木下，日息天地右。踯躅因风松，青冥谢仙叟……"①

岑参的《出关经华岳寺，访法华云公》则描述了华山夏日云蒸雨热但深谷却仍存积冰的奇异景观："野寺聊解鞍，偶见法华僧。开门对西岳，石壁青棱层。竹径厚苍苔，松门盘紫藤。长廊列古画，高殿悬孤灯。五月山雨热，三峰火云蒸。侧闻樵人言，深谷犹积冰……"②

除了比关中平原上多几分凉意外，夏日的华山还会经常出现雷雨、冰雹的天气，或"高标爛日，半壁飞雨"，或"雷声轰鸣"，或"石壁烟霞丽，龙潭雨雹粗"、"一夜倾盆雨，前湫起毒龙"，甚至出现"夏云亘百里，合沓遥相连。雷雨飞半腹，太阳在其巅"的壮观奇景。

（3）秋日华山

初秋的华山，丽日朗照，明媚清丽，钱起在《寻华山云台观道士》中这样描述："秋日西山明，胜趣引孤策……残阳在翠微，携手更登历。林行拂烟雨，溪望乱金碧。飞鸟下天窗，袅松际云壁……"③ 秋风起时，丛林摇荡，木叶飘零，又会有另一番景象。顾况在《华山西冈游赠隐玄叟》中这样描绘："群峰郁初霁，泼黛若鬖沐。失风鼓唅呀，摇撼千灌木。木叶微堕黄，石泉净停绿。危磴萝薜牵，迥步入幽谷……"④ 渐入深秋，秋雨淅沥中，气温骤降，霜风凄紧，显得凄凉衰败。储光羲的《华阳作贻祖三咏》就描摹了这样一幅华山深秋图："朝行敷水上，暮出华山东。高馆宿初静，长亭秋转空。日余久沦汩，重此闻霜风。淅沥入溪树，飕飀惊夕鸿……"⑤

独特的山地气候，令华山秋日即会降雪，而郑谷的《重访黄神谷㧑禅者》则将这种华山独特的气候特色叙写出：

① （清）彭定求等编：《全唐诗》，中华书局1997年版，第5560页。
② 廖立笺注：《岑嘉州诗笺注》，中华书局2004年版，第181页。
③ （清）彭定求等编：《全唐诗》，中华书局1997年版，第2615页。
④ 同上书，第2931页。
⑤ 同上书，第1405页。

初尘芸合辞禅合，却访支郎是老郎。我趣转卑师趣静，数峰秋雪一炉香。[1]

（4）太华积雪

即使在春、夏、秋三季，华山也因其海拔高度而存在冰冻现象，到了冬季，更是阴沉寒冷，道路封冻，难以攀爬。当大雪纷飞时，冰雪掩映的华山，银装素裹，远望时，崇山峻岭、古松石峰被装点得冰雕玉琢，呈现出一派晶莹洁白的景象。苏颋在《奉和圣制途经华岳应制》中写道："偃树枝封雪，残碑石冒苔。"[2] 王维的《华岳》写道："西岳出浮云，积雪在太清。连天凝黛色，百里遥青冥。白日为之寒，森沉华阴城。"[3]

3. 华山的神态之美书写

在唐代诗文中，华山曾被多角度、多侧面的铺叙。吕令问的《掌上莲峰赋》可视为唐人对华山之美的总述：

众山逦迤，曾何足仰？未若太华，崒为之长，削成三峰，壁立千丈。伊昔太虚，结而为山；伊昔巨灵，拓而为掌。擘开元象，崛起厚壤，当少阴而德合秋成，据丁酉而气涵金爽。深沉其色，菡萏其状，云霞不映而其势弥雄，尘露将神而其高靡让。掌形仙蹠，石容天壮，虽造次于自然，若镌磨于意匠。晦夕雾而群峰乍隐，煦朝阳而众壑相向，由是考图籍高为四岳之先，盻灵奇势出九天之上。若乃云摇羽葆，鹤挂飞泉，危峰并吐，巨掌高悬：异蓬莱之鳌泛海，若昆仑之柱承天……既而岚气雾媚，烟光晚浓，林峦一色，岩崿千重，想清虚而可睹，叹攀陟兮无从。[4]

华山形如仙掌，壁立斧削，虽出天然，却似神工鬼斧雕琢而成。晨夕四时，晦晴雨霁，则美景不同，而朝阳掩映、烟光岚气、云遮雾绕时的华山则秀丽朦胧。综观唐代华山诗文，华山之美可以从神色形态四方面得以观览：

---

① 严寿澄、黄明、赵昌平笺注：《郑谷诗集笺注》，上海古籍出版社 1991 年版，第 229 页。

② （清）彭定求等编：《全唐诗》，中华书局 1997 年版，第 807 页。

③ 陈铁民校注：《王维集校注》，中华书局 1997 年版，第 86 页。

④ （清）董诰等编：《全唐文》，中华书局 1983 年影印本，第 2995 页。

（1）雄奇壮伟之神

在唐人诗文中，华山的雄奇壮伟，往往激发得诗人叹赏不已。李白的《云台歌送丹丘子》首句就惊呼："西岳峥嵘何壮哉。"达奚珣在《华山述圣颂序》中赞叹道："原夫天作太华，气雄群山。"阎随侯在《西岳望幸赋》的开篇亦不由得发出感叹："壮哉太华兮，为金方之镇！削成四面，壁立千仞；势厄河关兮，横地以杰出，气雄宇宙兮，极天而增峻。"①《西岳太华山碑序》中如此赞美它："石壁礌竖而雄竦，众山奔走而倾附。其气肃，其势威，其行配金，其辰直酉。"②韦充在《华山为城赋》中说："伟夫襟带皇都，咽喉上国。磅礴乎崤函之外，隐辚乎丰镐之侧……顾万夫之莫向，信六国而奚为。岌岌神才，言言天设。连岸抱九州之路，壮气折诸侯之节。"③关图在《巨灵擘太华赋》中说道："太华崔嵬，伊巨灵兮其壮哉。挺高掌以遏举，劈孤峰而洞开。功侔造化，势越风雷。划千仞之岩峦，屹从地裂。决九河之波浪，杳自天来。昔者混茫，是生磅礴……"④足见高耸入云的华山，以其雄伟高壮之势慑服了唐人，于是"壮哉"、"伟夫"成为唐人面对华山发出的由衷赞叹。

（2）青翠秀丽之色

在常人心目中，华山以高险雄峻著称，但秀丽青翠则为其另一面，远望华山，崇林遮盖，苍翠葱茏。"氤氲绿润，霍溦青凝……伊彼崇林，望之尽目；参灏气而森秀，侔断山之遥矗。"⑤翁承赞在《华下雾后晓眺》就曾写道："千嶂华山云外秀。"而白居易在《旅次华州，赠袁右丞》一诗中也赞美道："渭水绿溶溶，华山青崇崇。山水一何丽，君子在其中。"⑥

尤其是在丽日朗照下，在雨霁初晴的映衬下，华山更会呈现出妩媚之色，此时的华山"云散天澄，烟消雨霁，旭日辉映，阴崖亏蔽，状若拍红霞之霏微，捧青霄之摇曳"⑦（房元恪《仙掌赋》），景色美不胜收。元和间人潘存实的《晨光丽仙掌赋》刻意描摹了晨光照耀下华山的

① （清）董诰等编：《全唐文》，中华书局 1983 年影印本，第 4083 页。
② 同上书，第 447 页。
③ 同上书，第 7566 页。
④ 同上书，第 8456 页。
⑤ 同上书，第 3501—3502 页。
⑥ （清）彭定求等编：《全唐诗》，中华书局 1997 年版。
⑦ （清）董诰等编：《全唐文》，中华书局 1983 年影印本，第 9894 页。

绚烂明媚之色：

> 晴天既曙，峻岳凝青。仰熙熙之旭将吐，见高高之掌呈形。假彼晶光，庶有分于清浊；挺兹秀异，示无双于杳冥。燠矣而升，岩然相射。浮艳华之烂烂，靡太虚之奕奕。写乾坤之丽色，先觉瞳昽；廓烟雾之余姿，转见明白。疑参若木，似坼芙蕖。杲杲之容渐积，掺掺之状不如。下映而千岩共晓，上照而丹霞共舒……幸当清净之晨，免敌沈阴之日。佳气或烁，朝云不还。发明媚于紫霄之际，擎彩翠于碧落之间……①

（3）刻削峥嵘、状若仙掌之形

在五岳之中，华山有着独特的形状，重峦叠嶂中，三峰突起，状如莲花，而东峰石壁上的天然石纹，看起来竟形若仙掌，西峰的峰巅有巨石，又宛若莲花，这种自然造化的奇观，总是让人浮想联翩，以为是出自神灵的刻意雕琢，同时华山的山岩更是壁立直耸，"倚天而回列"，恍若刀削斧劈，令人震撼。张说在《西岳太华山碑铭》中这样写道："巉巉太华，柱天直上。青崖白谷，仰见灵掌。雄峰峻削，菡萏森爽。是曰灵岳，众山之长……"② 对于华山的这一突出特征，在唐代诗文中亦被反复描摹着。

阎随侯在《西岳望幸赋》中就对华山的形状有过如此的描绘：

> 徒观其交错纠纷之势，盘礴峻秀之形。岩崿巘巚，停停荧荧；纷刻峭其若削，洞谽岈以杳冥。树色凝黛，天光结青；暗谷磅嶐而藏胚浑之气，幽岩暧昒而化神仙之灵……叠嶂重峦互稠沓，千岩万壑相萦抱。③

贞元年间的尹枢在《华山仙掌赋》中也曾写道：

---

① （清）董诰等编：《全唐文》，中华书局 1983 年影印本，第 7527 页。
② 同上书，第 2334 页。
③ 同上书，第 4083 页。

　　览削成之峰，见灵掌之状。拓迹崇岫，据奇叠嶂。迢亭上竦，赫
奕东向。高踪可觌，犹存二华之间；纤指遥临，远瞩重霄之上。尔其
依峭壁，据崇峦。排物外，抚云端。羽客退指，都人竦观……仰摧天
汉，遥临国门。莲萼高生，如将搴撷；桂枝傍倚，状欲攀援……若乃
傍攀冥蒙，上指寥落。右倚岑岭，左临绝壑。纷诡状之无联，谅神功
之有作……①

杨敬之在《华山赋（有序）》中不仅对其被众人公认的莲花、仙掌的
独特造型进行了描绘，还对被人所忽视的山石所呈现的千姿百态的形状进
行了细致的描绘：

　　岳之形物类无仪。其上无齐，其傍无依。举之千仞不为崇，抑之
千仞不为卑。天雨初霁，三峰相差。虹霓出其中，来饮河湄。特立无
朋，似乎贤人守位，北面而为臣。望之如云，就之如天。仰不见其
巅，肃阿芊芊。蟠五百里，当诸侯田……岳之殊，巧说不可穷，见于
中天，挲挲而掌，峨峨而莲。起者似人，伏者似兽，坳者似池，洼者
似白，攲者似弁，呀者似口，突者似距，翼者似抱。文乎文，质乎
质，动乎动，息乎息，鸣乎鸣，默乎默。上上下下，千品万类，似是
而非，似非而是。②

（4）烟雾缭绕、云霞辉映之态

丽日朗照下的华山，青翠逼人，清晰可辨，日暮时分，山间岚气上
升，华山被烟光雾气遮蔽缭绕，会呈现出一种迷蒙的姿态，抑或在云起云
落时、霞光衬托下，华山又会在光影的闪烁下，一隐一现，忽明忽暗，变
化万端，呈现出"岚翠朝郁，轻云夕过。桂影依稀而流照，松风仿佛而扇
和。时也霭霭溶溶，疑掩冰纨之被；苍苍幂幂，如挥舞袖之罗……"③ 的
迷人动态。

---

① （清）董诰等编：《全唐文》，中华书局 1983 年影印本，第 6251—6252 页。
② 同上书，第 7417 页。
③ 同上书，第 9893 页。

　　王昌龄在《过华阴》一诗中就曾因"云起太华山，云山互明灭"的华山姿态而"欣然忘所疲，永望吟不辍"①。祖咏在《观华岳》一诗中也描绘了华山"彩云生阙下，松树到祠边"②的美丽姿态。

　　韦充在《华山为城赋》中这样描绘云霞缭绕的华山："况乎天地初霁，云霞四披。红尘灭影，碧落标奇。宿雾市之气，尚凝烟阙；耸莲峰之色，不让文陴。"③

　　关图的《巨灵擘太华赋》也描绘出华山在烟光雾气流动中的景象："岚光两向，犹连松柏之声。黛影中开，已断云霞之色……"④

　　综上所述，在唐人的认知、观察与登临体验中，华山已形成固有的映象，在他们的心目中，这是一个长满青松翠柏、灵芝仙草，飞翔着雄鹰、仙鹤，四季偏寒、常年冰冻积雪的雄壮神奇、秀丽青翠、峭拔峻削、云雾缭绕的人间奇境与仙境，而这里的清泉飞瀑、河流溪谷，也成为唐人心向往之的佳境，从而汇成了千百年来人们对华山感知的基本意象，影响着一代代的观览者。

　　（二）唐代华山诗文中的生态观念

　　"山林皋壤，实文思之奥府。"不同的山川会孕育、滋养、激发出不同的文学，唐代华山生态景观为唐人在华山的创作提供了广阔的背景，唐人徜徉于其间，既获得了审美的愉悦，也寻觅到一种空灵澄澈的心境，可以说，华山自然山水是唐人创作的不竭源泉，而他们在走向华山山水的过程中，也与此地山水、动植物形成一种依恋的关系，由此获得与自然更深层的内在交流，甚或在瞬间感悟中达到与之合一、契合无间的境地，从而形成一种与自然和谐共生的全新关系，体味出"诗意栖居"的化境。

　　不同于普通的山川河流、草木鱼虫，华山自古以来就是有名的灵山大川，被奉为五岳之一，时至唐代，更由于地处京畿附近，受到人们的推崇。在唐人心目中，甚至拥有了超出其他四岳的崇高地位，以至于地位不断提升，先是在玄宗开元年间被封为金天王，至天宝年间，唐代士人更是掀起了一场祈请唐玄宗封禅华山的热潮。基于此，面对华山，唐代士人自

---

①　李国胜注：《王昌龄诗校注》，文史哲出版社印行1973年版，第13页。
②　（清）彭定求等编：《全唐诗》，中华书局1997年版，第1333页。
③　（清）董诰等编：《全唐文》，中华书局1983年影印本，第7566页。
④　同上书，第8456页。

然首先拥有的是一份不同于其他自然事物的特殊情怀,而唐代华山诗文中也因此蕴含了更丰富的生态内涵,根据对唐代士人面对华山所应有的心理认识层次,唐代士人的华山生态意识有着从以之为神、以之为友到与之合一的逐步深化过程。

1. 以华山为神,敬之慕之祈之拜之的朴素生态观

(1)对帝王而言,每当国家有水旱灾异之事,必当遣臣下致祭,玄宗朝就多次颁令祈岳诏书,如《遣官祈雨诏》所言:

> 今月之初,虽降时雨,自此之后,颇愆甘液。如闻侧近禾豆,微致焦萎,深用忧劳,式资祈请。某祷则久,常典宜遵,即令礼部侍郎王邱、太常少卿李暠分往华岳河渎祈求。①

而《报祀九庙岳渎天下名山大川诏》则言:

> 春来多雨,岁事有妨。朕自诚祈,灵祇降福。以时开霁,迄用登成,永惟休徵,敢忘昭报。宜令所司择日享九庙,仍令高品祭五岳四渎。其天下名山大川,各令所在长官致祭。务尽诚洁,用申精意。②

无论是少雨还是多雨,事关民生家国、自然气候的变异等大事,都会引发朝廷对华岳山神的精诚祈祷,以求风调雨顺。

在风调雨顺、五谷丰登时,也会前往五岳祭祀,认为"岁之丰俭,故系于常数;天之感应,实在于精诚",于是玄宗令孙逖拟诏《令嗣郑王希言分祭五岳敕》,其中太常卿韦绍祭西岳,并要求大臣们"务崇严洁"③。

玄宗后,历朝历代都有对华山的祭祀,代宗年间,外寇初平,就恢复了以往的祭祀礼仪,因为在帝王心目中,"有天下者祭百神,盖存乎统法也。山川出云而致风雨,列在明祀,其来久矣……古之岳渎,秩视公侯,以其所生者繁,所济也广",于是命常衮拟《萧昕等分祭名山大川制》,

---

① (清)董诰等编:《全唐文》,中华书局1983年影印本,第317页。
② 同上书,第342页。
③ 同上书,第3152页。

"宜令某官等分祭名山大川, 仍敕有司备具礼物, 敬陈明荐, 无失正辞"①。德宗朝的权德舆还曾在回顾历朝以来的祭祀五岳礼仪的基础上拟定《祭岳镇海渎等奏议》, 其中写道:

> 《礼记》、《王制》曰: "五岳视三公, 四渎视诸侯。"……臣谨按
> 《仪礼》、《礼记》等议条例如前。伏惟《开元礼》, 岳镇海渎, 每年
> 以五郊迎气日祭之, 时旱则祈于北郊, 及有所祈之礼, 献官皆再
> 拜……贞元初, 陛下又以事切苍生, 屈己再拜, 况岳镇海渎, 能出云
> 为雨, 故祝文有赞养万品、阜成百谷之言。国朝旧章, 诸儒损益, 伏
> 请以《开元礼》祭官再拜为定……②

这种对华山的祭拜之礼, 一直延续到晚唐。唐宣宗时, 诗人李景让在《寄华州周侍郎立秋日奉诏祭岳诗》中写道:

> 关河豁静晓云开, 承诏秋祠太守来。山霁莲花添翠黛, 路阴桐叶
> 少尘埃。朱幡入庙威仪肃, 玉佩升坛步武回。往岁今朝几时事, 谢君
> 非重我非才。③

立秋时节的华山豁亮清净, 晓云初开, 新雨过后, 莲峰翠黛, 桐叶清新而无尘埃。太守也在此时奉诏祭祀华岳, 朱幡入庙, 威严肃穆, 玉佩叮咚, 升坛而回。

上行下效, 作为宗法社会的最高统治者——帝王对华岳的虔诚膜拜, 必然会带动整个社会对以华岳为代表的自然山川的推崇与信仰, 只是处在不同位置, 人们对华岳神灵的期望也会不同。

（2）对唐代官吏、布衣、文人等而言, 华山在其心目中亦有着神圣的地位, 渴望建功立业、报效国家、整济苍生的宏愿亦会向华山倾诉, 希冀能得到相助, 甚至潦倒不遇的愤懑亦会向华山抒泄以求庇佑。

---

① （清）董诰等编:《全唐文》, 中华书局 1983 年影印本, 第 4203 页。
② 同上书, 第 7566 页。
③ （清）彭定求等编:《全唐诗》卷 563, 中华书局 1997 年版, 第 6590 页。

李靖在隋末风云动荡之际祈拜于西岳，作《上西岳书》表达了自己满腔的愤怒，以及渴望重整乾坤的宏愿，词意激切，甚至表达了对神灵的怀疑与大不敬，以至于此文被认为是后人依托之作，其内容如下：

> 布衣李靖，不揆狂简，献书西岳大王阁下：……呜呼！靖者一丈夫尔，何得进不偶用，退不获安？呼吸若穷池之鱼，进退似失林之鸟，忧伤之心，不能已已。社稷陵迟，宇宙倾覆，奸雄竞逐，郡县土崩，遂欲建义横行……使万姓昭苏，庶物昌运……捧忠义之心，身倾济世志，吐肝胆于阶下，惟神鉴之。愿告进退之机得遂平生之志。①

开元时人韩赏有《告华岳文》：

> 惟廿七祀孟秋，右补阙韩赏，敢昭告于泰华府君祠庙：惟天地生于人，惟山川主乎神……今予小子，造于神祠，将有所盟，神其听之……今者内祷于身，外盟于神，如有一心公朝，戮力生人，惟神是福；崎岖世道，傀偄在位，惟神所殛。必将忘身奉国为本图，忧国济人为己任。②

乾元二年，出为华州刺史的张惟一在"大唐中兴，克复两京后"，因"乾元元年，自十月不雨，至于明年春"，于是作为父母官为了民生祈雨，曾"与华阴县令刘暠丞（阙一字）峋丞员外郎置同正员李缓、主簿郑镇、尉王禁、尉高佩、尉崔季阳，于西岳金天王庙祈请"③，并作《金天王庙祈雨记》。

大历九年，官华阴县令的卢朝彻曾作《谒岳庙文》告于金天王倾吐其心声："朝彻不佞，获领兹县，职监洒扫，躬备陈荐。顾嗟菲薄，性受愚蒙，清是家风所遗，方乃天诱其衷。与众难合，于时不容，向老历

① （清）董诰等编：《全唐文》，中华书局 1983 年影印本，第 1568 页。
② 同上书，第 3341 页。
③ 同上书，第 4150 页。

志,如何遭逢,抱拙恬澹,委运穷通。倘力于政,王降百禄;稍私其身,王肆厥毒……"①

陈黯在《拜岳言》中还记载了一段与巫的对话,表达自己对拜岳的看法:

> 巫曰:客是行也,务名邪官邪?胡为乎有祈礼而无祈祠?神之肹蠁答,盍舒乃诚。曰:余其来拜,以岳长群山,犹人之有圣贤……载国祀典,宜人攸宗。拜之思尽乎余之敬,词之默惧乎神之聪……"②

时至晚唐,国运衰微,诗人徐夤眼中,华山神秀仍在,叠嶂分开二陕,黄河水绕过残岗即是中条山,但华岳庙已经破败不堪,春草丛生,毛女峰高耸入云,诗人于此祈祷金天王普降恩德,为百姓苍生降下贤明的君主,其《西华》写道:

> 五千仞有余神秀,一一排云上沁瀄。叠嶂出关分二陕,残冈过水作中条。巨灵庙破生春草,毛女峰高入绛霄。拜祝金天乞阴德,为民求主降神尧。③

至于普通百姓,对华山的敬慕之心更是无以复加,在华山神灵面前他们祈求的往往只是富贵平安,以至于华岳庙前总是香火缭绕,这种盛况如张籍在《华山庙》一诗中所言:"金天庙下西京道,巫女纷纷走似烟。手把纸钱迎过客,遣求恩福到神前。"④

唐人在敬畏华山以之为神的基础上,赋予了华山生命乃至超过人类的智识,也正是因为华山在唐人心目中的神圣地位,使得他们在面对华山时,总会相当恭敬,"拳然跼虑,懼然改容",甚至于"拜手稽首兮气莫敢怠"。虽说这种朴素的甚至原始的观念,这种虔诚的敬畏在今天看来被视为愚昧迷信,可从某种角度讲,恰恰是这种建立在敬畏基础上的虔诚乃

---

① (清)董诰等编:《全唐文》,中华书局1983年影印本,第4515页。
② 同上书,第7986页。
③ (清)彭定求等编:《全唐诗》,中华书局1997年版,第8234页。
④ 余恕诚、徐礼节整理:《张籍系年校注》,中华书局2011年版,第775页。

至迷信，使得唐人在面对山岳时不会也不敢肆意妄为，更勿谈以一种征服者的姿态无限制地对其开掘、掠夺了，从而更好地保存了山岳河流自然的原有的生态。正如法国现代生态伦理学的奠基人史怀泽所言："在本质上，敬畏生命所命令的是与爱的伦理原则一致的。只是敬畏生命本身就包含着爱的命令的根据，并要求同情所有的生物。"①

2. 以华山为友，寄情华山观之览之爱之友之的诗意生态观

有灵有识的华山，在唐代这个诗的国度里，在满含着诗意情怀的诗人们眼里，更是被赋予了深情，他们与华山保持着一种类似友人的亲密关系，不仅对华山的一草一木满含情感，他们笔下的华山草木鱼虫也具有了人的情感，充满着和谐美好的诗意氛围。

沈佺期在《辛丑岁十月上幸长安时扈从出西岳作》中写道："西镇何穹崇，壮哉信灵造。诸岭皆峻秀，中峰特美好……宿心爱兹山，意欲拾灵草。"② 王昌龄在《过华阴》一诗中就曾因"云起太华山，云山互明灭"的华山姿态而"欣然忘所疲，永望吟不辍"③。

元稹在《华岳寺》一诗中写道："山前古寺临长道，往来淹留为爱山。"④ 李山甫《陪郑先辈华山罗谷访张隐者》一诗中描绘出华山白云悠闲地驻留在洞口，而华山的奇花异草散发出阵阵清香，似乎在欢迎着友人的到来，叽叽喳喳的华山飞鸟，也似乎在与朋友们亲切交谈的画面，呈现出温馨美妙的诗意氛围："白云闲洞口，飞盖入岚光。好鸟共人语，异花迎客香。"⑤ 于武陵的《友人亭松》一诗中更是表现出将华山松当作老友的情怀："俯仰不能去，如逢旧友同。曾因春雪散，见在华山中。"⑥

正是因为被华山的美景所吸引，与华山的万物保留的这份美好的情感，唐人放歌吟唱，留下了大量寄情华山的作品。而这种创作情怀与心理，唐人在作品中也曾屡次提及。达奚珣在《华山赋（并序）》中说道："太华之山，削成四面，方直者五千余仞，盖岳之雄也。往因行迈，望之

---

① ［法］阿尔贝特·史怀泽：《敬畏生命》，陈泽环译，上海社会科学院出版社1992年版，第91—92页。

② 陶敏、易淑琼校注：《沈佺期宋之问集校注》，中华书局2001年版，第35页。

③ （清）彭定求等编：《全唐诗》，中华书局1997年版，第1434页。

④ 冀勤点校：《元稹集》，中华书局1982年版，第181页。

⑤ （清）彭定求等编：《全唐诗》，中华书局1997年版，第4373页。

⑥ 同上书，第6950页。

不及, 今来何幸, 作尉于兹? 因而赋之, 以歌厥美。"①

　　而独孤及在《华山黄神谷醮临汝裴明府序》一文中不仅记录了他与友人登临华山的过程, 更描绘了他们在华山嘉会、情感触动, 放情歌咏的情形: "夏六月, 假道敝邑, 税鞅此山, 思欲追高步, 诣真境。于是相与携手, 及二三友生、童子将命者六七人, 挈长瓢, 荷大壶, 以浊醪素琴, 会于黄神之谷, 兴也……澡身乎飞泉, 濯缨乎清涟……然后靡灵草以为席, 倾流霞而相劝。楚歌徐动, 激咏亦发, 清商激于琴韵, 白云起于笔锋。"②

　　杨敬之的《华山赋 (有序)》则生动地记录下唐人观览华山时, 受其感召, 心灵激荡, 文兴喷薄, 情思摇荡, 情感纷纭的创作心理:

> 臣有意讽赋, 久不得发。偶出东门三百里, 抵华岳, 宿于趾下。明日, 试望其形容, 则缩然惧, 纷然乐, 戚然忧, 歆然嬉。快然欲追云, 将浴于天河。浩然毁衣裳, 晞发而悲歌。怯欲深藏, 果欲必行。热若宅炉, 寒若室冰。薰然以和, 怫然不平。三复晦明, 以摇其精; 万态既穷, 乃还其真。形骸以安, 百钧去背……于是既留无成, 辞以长叹, 翛然一人下于崖。③

　　太和年间的贾𫗧在《仙人掌赋》中将唐人与华山的关系进行了总结:

> 行尽烟萝, 仙峰隐嶙兮高掌巍峨……每劳瞻望, 徂秦迤洛之人; 谁可攀援, 驾鹤骖鸾之客……有客西游, 时当凛秋。始凭轼以遐睇, 惟攀云而写忧。④

　　在诗人们的眼里, 华山正是以其大自然所赋予的高耸巍峨、神奇灵秀的审美特质吸引着来来往往经行于此的人们, 也以其极近天际的姿态吸引着渴望求仙访道的羽客们, 面对它, 人们自有一种诗意的情怀, 也在徜徉其中时对之长叹、吟啸, 对其放歌、吟咏。

---

① (清) 董浩等编:《全唐文》, 中华书局 1983 年影印本, 第 3501 页。
② 同上书, 第 3931 页。
③ 同上书, 第 7417—7418 页。
④ 同上书, 第 7540 页。

3. 与华山合一，物我合一、物我两忘的至境生态观

作为道教圣地，唐人在登临华山时，往往会在华山云起云落、云遮雾绕的仙境里顿悟，尤其是身当绝顶之时，似乎可以手扪星汉、与天齐高，不由得忘却尘扰、万念俱息，遁入与华山合一、物我两忘的至境，诚如独孤及所言："是日也，高兴尽而世绪遣，幽情形而神机忘。颓然觉形骸六藏，悉为外物，天地万有，无非秋毫。"李益在《入华山访隐者经仙人石坛》中也将这种本是为寻找山水美景但登临之后不禁厌倦昔日的官场生活渴望逍遥于此的心理变化过程记录了下来："三考四岳下，官曹少休沐。久负青山诺，今还获所欲……何必若蜉蝣，然后为跼促。鄙哉宦游子，身志俱降辱。再往不及期，劳歌叩山木。"[①] 张乔在《华山》一诗中写道："每来寻洞穴，不拟返江湖。傥有芝田种，岩间老一夫。"[②] 徜徉在华山的峭壁巉岩间，循迹于道家修仙求道的洞穴，唐人不禁对这种悠游山水、忘却江湖与青山白云为伴的生活心生钦慕、心向往之，甚至萌生了终老于此的念头。于邺的《题华山麻处士所居》也将华山与朝市的喧闹隔离、与人间的荣辱绝缘的清幽寂静气息描写出来："贵贱各扰扰，皆逢朝市间。到此马无迹，始知君独闲。冰破听敷水，雪晴看华山。西风寂寥地，唯我坐忘还。"[③] 身处这样的境地，静听自然界悄然发生的冰破的声息与敷水流动的吟唱，看华山雪晴后的美景，不知不觉中就会由最初的观望层次达到物我两忘的至境。

"感物吟志，莫非自然。"[④] 在华山山水的滋养、感召、触动下，唐代文人不仅发现、记录并描绘出华山独特的山容水貌，也在对华山的观览下，融入了他们的情感与意识，不仅表现出与华山相敬相爱的生态意识，并在诗意浪漫的情怀下歌颂赞美着华山的神奇壮美，并由此达至"化归自然、天人合一、超然物外、游于太虚"[⑤] 的至高生存境界，从而为今天的我们提供了一种与自然山川和谐共生的成功范式。

---

① 范之麟注：《李益诗注》，上海古籍出版社 1984 年版，第 23 页。
② （清）彭定求等编：《全唐诗》，中华书局 1997 年版，第 7356 页。
③ 同上书，第 8393 页。
④ （南朝）刘勰著，范文澜注：《文心雕龙注》上册，人民文学出版社 2001 年版，第 65 页。
⑤ 鲁枢元著：《生态批评的空间》，华东师范大学出版社 2006 年版，第 110 页。

（三）唐代华山诗文的书写及其嬗变

根据粗略统计，《全唐诗》中题目中含有"华山"、"太华"、"西岳"、"华岳"、"西华"、"莲花峰"、"仙掌"、"毛女"、"黄神谷"、"水帘"、"明星玉女"等专咏华山的诗作共计90首之多，而内容涉及华山的诗作也不下130首。"山林皋壤，实文思之奥府"，自然之于文学之重要可见一斑，不同的山川会孕育、滋养、激发出不同的文学，那么面对华山，唐代文人又会生发出怎样的作品，华山在文人笔下又会呈现出怎样的风貌，则成为管窥唐代文学一隅的一个窗口，由此不仅能观照出唐人在关中的生活轨迹、交游状况，亦能审视唐人在关中的文学创作活动，并体味其独特的创作心理。

因为唐代都城在长安而长安又地处关中，众多士人以长安为中心，云集在关中求仕、入仕，在关中有过或短或长的生活，优游、出入于关中的山水之间，留下了大量描绘、展现关中自然、人文风貌的作品，历史上的关中地区南背秦岭，北对北山，又有潼关诸塞环绕，以东有函谷关、南有峣关、西有散关、北有萧关，居四关之中，故曰关中，《史记·留侯世家》有云："左殽函，右陇蜀，沃野千里……此所谓金城千里，天府之国也。"① 在这个被誉为天府之国的地域里，华山拥有着独特的地位，据《新唐书》记载："关内道，盖古雍州之域……其名山：太白、九嵕、吴、岐、梁、华。"② 而《雍录》也记载了华山距长安的距离："华州在长安东一百八十里，治郑县……华阴县在华州东六十五里，太华山在县南八十里。"③ 开元时，华山在唐人的心目中达到至高的位置，华山也在此时被尊为金天王，苏颋为此曾替玄宗拟出诏令《封华岳神为金天王制》：

> 门下：惟岳有五，太华其一，表峻皇居，合灵兴运。朕恭膺大宝，肇业神京，至诚所祈，神契潜感。顷者乱常悖道，有甲兵而窃发；仗顺诛逆，犹风雨之从助：永言幽赞，宁忘仰止？厥功茂矣，报德斯存。宜封华岳神为金天王，仍令景龙观道士鸿胪卿员外置越国公

---

① （汉）司马迁著，（唐）司马贞索隐，（唐）张守节正义：《史记》，中华书局1973年版，第2044页。

② （宋）欧阳修、宋祁撰：《新唐书·地理志》，中华书局1975年版，第960—961页。

③ （宋）程大昌撰，黄永年版点校：《雍录》，中华书局2002年版，第111页。

叶法善备礼告祭，主者施行。①

这样的至尊地位，在唐人心目中仍嫌不足，随后的天宝时期，唐玄宗在大臣的屡次进谏下还意欲封禅华山。

对于华山在唐人心目中何以如此之重的原因，韦充在《华山为城赋》中对其在关中的地缘、军事等重要性有过详尽的叙述：

> 地控强秦，路惟分陕。有太华之作固，若崇墉之生险。绝壑中抱，重峦外掩。倚云汉而匝野屏开，跨金方而当空黛染。千寻壁立，万雉云屯。龙盘日月，虎视乾坤。大河自北而东，呀为潨湶；穹谷从中而断，豁若重门。诚百二之光宅，见九五之天尊。伟夫襟带皇都，咽喉上国。磅礴乎崤函之外，隐轸乎丰镐之侧。所以罗群象，吞八极。展万祀而成在众心，冠三秦而位居一德……②

作为关中名山大川之一的华山，在唐代自然成为唐代文人驻足浏览的胜地。初唐四杰之一的卢照邻在《悲昔游》中就曾将长安城、扶风柱、骊山松、灞池岸、玉女峰作为记忆中以长安为中心的关中漫游生活的风景名胜标识："长安绮城十二重，金作凤凰铜作龙。荡荡千门如锦绣，岩岩双阙似芙蓉。题字于扶风之柱，系马于骊山之松。灞池则金人列岸，太华则玉女临峰。平明共戏东陵陌，薄暮遥闻北阙钟。"③而盛唐、中唐直至晚唐亦一直有文人登临、驻足于华山山水之间，留下大量的诗文作品。

唐代文人在祭拜、观览华山之后，往往还会勒石记名，这也为我们记载了千年前唐代文人华山盛会的概况。开元时人权倕（权德舆的祖父）在《左辅顿僚西岳庙中刻石记》中如此记载：

> （上阙）师左冯翊太守鲁（阙）之事旬有二日，奉迎（阙）龙蠢

---

① （清）董诰等编：《全唐文》，中华书局 1983 年影印本，第 2555 页。
② 同上书，第 7566 页。
③ 同上书，第 1899 页。

七百余人，献（阙）旌旗、火天、组练、雪（阙）。雄貌风清，九夷声（阙），而赫弥天之崇，沺临（阙）礴一邑，非夫奋霆电（阙）能自明辟，而下逮王公卿士，泊趣马小（阙），我鲁公之肃龚盉（阙）实勾，掾卢奕功、掾扬日休、冯翊宰前御史薛巘、尉裴季通、苗元震、朝邑尉刘遵素、澄城尉邵润之、河西尉权倕，不敢怠也。仰眺（阙）掌，俯虔灵祠，虚闻悉戎之音，实荷穰穰之佑。倕固陋，旧学于师氏，见命书事，因刻石而（阙）。①

其后，颜真卿等人于乾元年间在华岳庙又有一次聚会并题名，据《华岳庙题名》记载："皇唐乾元元年岁次，戊戌冬十月戊申，真卿自蒲州刺史蒙恩除饶州刺史。十有二日辛亥，次于华阴，与监察御史王延昌、大理评事摄监察御史穆宁、评事张澹、华阴令刘暠、主簿郑镇同谒金天王之神祠。颜真卿题记。"②

1. 唐代文人与华山

由此可见唐代文人对关中名胜之一——华山的特殊情感，到关中至长安，不览华山，自然也会成为一大憾事，华山亦与唐代文人结下了不解之缘。可以说，唐代大多数的文人都有过登临华山的经历，从盛唐的李白、杜甫、岑参、王维、苏颋、张说、张九龄，到大历的刘长卿、李益、顾况、钱起，中唐的韩愈、白居易、元稹、刘禹锡、孟郊、贾岛、独孤及，乃至晚唐的李商隐、温庭筠、马戴、刘沧、许浑、郑谷、司空图等，唐代代表性的文人都在此留下足迹，而唐代文人的华山诗文创作与华山山水间的关系亦如独孤及在《华山黄神谷醮临汝裴明府序》中所表现的那样：

夏六月，假道敝邑，税鞅此山，思欲追高步，诣真境。于是相与携手，及二三友生、童子将命者六七人，挈长瓢，荷大壶，以浊醪素琴，会于黄神之谷，兴也。桉谷之西，顶实三峰。东面石壁丛倚，束为洞壑；乳窦潜泄，喷成盘涡。雨崖合斗，若与天接。二三子将极其

---

① （清）董诰等编：《全唐文》，中华书局1983年影印本，第4047页。
② 同上书，第3433—3434页。

登探也，至则系马山足，披榛石门，入自洞口，至于梯路。蹋连嶂与叠崿，度�а而蹑凌兢，螽缘绝磴，及横岭而止。澡身乎飞泉，濯缨乎清涟。想夫君俟我于花峰，下碧空而婵娟，爱而不见，搔首空山。然后靡灵草以为席，倾流霞而相劝。楚歌徐动，激咏亦发，清商激于琴韵，白云起于笔锋。是日也，高兴尽而世绪遣，幽情形而神机王。颓然觉形骸六藏，悉为外物，天地万有，无非秋毫。亦既醉止，则皆足言，以志仙迹，且旌吾友嘉会之在山也。①

与三五友人在华山探幽览胜，度巉岩，攀绝壁，看飞泉瀑流激荡，观白云岚气起落流动于山间峰巅，不由得诗兴大发，狂歌吟啸，忘形于山水之间，逐至忘却万物、顿悟至理，臻于化境，则成为唐人履迹华山并与之互动的最生动的写照。而唐人踏足华山亦可根据其缘由分为以下几类：

（1）御览华山与随驾观览华山

在唐玄宗李隆基东巡洛川的途中经过华山，面对华山日暮时分烟云缭绕的翠崿、悬岩、石壁、高掌，不由得兴发感慨，发为吟咏，写下《途经华岳》："饬驾去京邑，鸣鸾指洛川。循途经太华，回跸暂周旋。翠崿留斜影，悬岩冒夕烟。四方皆石壁，五位配金天。仿佛看高掌，依稀听子先。终当铭岁月，从此记灵仙。"②

这也带动了随驾出行的群僚们写下一批题为《奉和圣制途经华岳应制》的奉和应制诗，苏颋的《奉和圣制途经华岳应制》写道：

朝望莲华岳，神心就日来。晴观五千仞，仙掌拓山开。受命金符叶，过祥玉瑞陪。雾披乘鹿见，云起驭龙回。偃树枝封雪，残碑石冒苔。圣皇惟道契，文字勒岩隈。③

张说也提笔写下《奉和途中经华岳应制》一首："西岳镇皇京，中

① （清）董诰等编：《全唐文》，中华书局1983年影印本，第3931页。
② （清）彭定求等编：《全唐诗》，中华书局1997年版，第35页。
③ 同上书，第807页。

峰入太清。玉銮重岭应，缇骑薄云迎。霁日悬高掌，寒空类削成。轩游会神处，汉幸望仙情。旧庙青林古，新碑绿字生。群臣原封岱，还驾勒鸿名。"①

"作镇三辅"的华山在唐人心中意义重大，也因为华山特殊的地理位置、形如鬼斧神工劈出的奇异姿态，华山在唐人心目中的位置日渐神圣。其地位在唐人笔下往往被称作"第一"，然而与泰山不同，历代帝王鲜能亲历华山并进行封禅，这样的憾事难免与华山在唐人心目中的地位、情感形成反差，于是酝酿至天宝年间，一大批文士开始上表、赋文，为华山礼赞、高歌、陈情，以促使华山能与泰山比肩，尊享封禅的大礼。对此杜甫曾作《进封西岳赋表》，并在《封西岳赋（并序）》中有过详尽的叙述：

> 上既封泰山之后，三十年间，车辙马迹，至于太原，还于长安。时或谒太庙，祭南郊，每岁孟冬，巡幸温泉而已。圣主以为王者之礼，告厥成功，止于岱宗可矣。故不肯到崆峒，访具茨，驱八骏于昆仑，亲射蛟于江水，始为天子之能事壮观焉尔。况行在供给萧然，烦费或至，作歌有惭于从官，诛求坐杀于长吏，甚非主上执元祖醇酿之道，端拱御苍生之意……然臣甫愚，窃以古者疆场有常处，赞见有常仪，则备乎玉帛，而财不匮乏矣；动乎车舆，而人不愁痛矣。虽东岱五岳之长，足以勒崇垂鸿，与山石无极，伊太华最为难上，至于封禅之事，独轩辕氏得之。夫七十二君，罕能兼之矣……今圣主功格轩辕氏，业纂七十君，风雨所及，日月所照，莫不砥砺。华近甸也，其可恧乎？……臣甫诚薄劣，不胜区区吟咏之极，故作《封西岳赋》以劝……②

除过杜甫，萧嵩也有《请封嵩华二岳表》，所陈述理由大体相同：

> 臣闻封峦之运，王者告成，当休明而阙典……臣等睹休徵以上

---

① 熊飞校注：《张说集校注》，中华书局 2013 年版，第 110 页。
② （清）董诰等编：《全唐文》，中华书局 1983 年影印本，第 3643 页。

请，陛下崇谦让以固辞，事恐劳人，抑其勤愿，德音所逮，自古未闻。昔虞巡四岳，周在一岁，《书》称其美，不以为烦。宁彼华、嵩，皆列近甸，复兹丰稔，又倍他年，岁熟则余粮，地近则易给。况费务荩寡，咸有司存，储峙无多，岂烦黎庶？……陛下往封泰山，不秘玉牒，严禋上帝，本为苍生，今其如何，而阙斯礼？伏愿发挥盛事，差择元辰，先捡玉于嵩山，次泥金于华岳……臣等昧死，敢此竭诚，理在至公，祈于俯遂。无任恛款之至，谨诣朝堂陈情以闻。①

密贞王元晓再从孙李彻，亦有《请封西岳表》，在杜甫、萧嵩陈述的理由之外又加上了一条：

臣彻等伏见祯祥委积，河海澄清，长瞻北极之尊，屡献西封之疏……陛下虽加进宠号，增崇庙宇，而大礼未施，精意空洁。又陛下顷岁建碑曰："尝勤报德之愿，未暇封崇之礼，万姓瞻予，言可复也。"臣以为天地之主，岂徒言哉？神祇候望，故已久矣。伏愿俯顺百辟兆人之请，明徵刻石铭山之记……②

开元时人阎随侯《西岳望幸赋》用鸿篇巨制洋洋洒洒之文叙述了开元之盛世并追溯了历代封禅之大典与缘由，接着陈述了封禅西岳的缘由：

倬彼灵岳，杰出秦畿；害为巨防，壮我皇威。虽国家盛德之无限，固先王设险而可依；雄天府以炎炎，符圣寿而巍巍。万物生华，禀少阴之精粹；五星分纬，翮太白之先辉。俯压黄壤，上干翠微；况灵异之所蓄，乃神仙之所归；实五镇之为首，谅群山之所稀……国家频成大礼，天下大和；丰穰岁积，符瑞日多。圣人虽欲行谦光逊让之礼，其如天意人欲何？其如鬼神符命何？诚可备西封之盛仪，采东巡

---

① （清）董诰等编：《全唐文》，中华书局1983年影印本，第2831页。
② 同上书，第4158页。

之旧制；顺三秋之仲月，升二华而展祭。①

由于大臣们的屡次劝谏，根据《新唐书·玄宗本纪》的记载，天宝九载正月丁巳，唐玄宗拟诏"以十一月封华岳"，但紧接着"三月辛亥，华岳庙灾，关内旱，乃停封"②，直至唐玄宗退位，再未见过有关的记载，至此封禅华山在群声喧和中，似乎成为一件不了了之的事件，然而这件在历史、政治上未能成行的事件，却在唐代文学史上留下了文人集体礼赞、摹赋华山的文学盛事。

到唐末昭宗时，据《旧唐书》记载：昭宗于乾元三年（896）至光化元年（898）在华州……光化元年六月己亥，帝兴西溪观竞渡。天下藩牧，文武百僚上表，请车驾还京。郑谷有《驻跸华下同年司封员外从翁许共游西溪久违前契戏成寄赠》即为此次随驾游览所写："北渚牵吟兴，西溪爽共游。指期乘禁马，无暇狎沙鸥。纵目怀青岛，澄心想碧流。明公非不爱，应待泛龙舟。"③

（2）任职华山

任职华山是指在华山所归属的华州任刺史，或作华阴令，或在此地作僚属。由于华山就在辖区，加之华山在唐人心目中有着"出云致雨"的神圣地位，得地利之便，受华山雄壮峭拔、青翠秀美的自然美景之吸引、感召，于是任职华山的文人要么在祭拜华山，要么在登临华山时吟咏歌唱。高宗朝的乔师望于上元二年移华州刺史，就曾写下《华山西峰秦皇观基浮图铭》；玄宗曾亲撰《西岳太华山碑序》，张说也有《西岳太华山碑铭》；玄宗朝的咸廙官华阴县尉时，曾作《华岳精享昭应碑》。至今仍存的华山碑石《唐华岳真君碑》，根据考证，是开元年间任华阴县令的韦衍主持立碑，并由华阴县丞陶翰撰写，韦腾书写的，④ 陶翰在《望太华赠卢司仓》中写道："行吏到西华，乃观三峰壮。削成元气中，杰出天河上……敢投归山吟，霞径一相访。"开元时，安禄山伪官达奚

---

① （清）董诰等编：《全唐文》，中华书局1983年影印本，第4083页。
② （宋）欧阳修、宋祁撰：《新唐书·玄宗本纪》，中华书局1975年版，第147页。
③ 严寿澄、黄明、赵昌平笺注：《郑谷诗集笺注》，上海古籍出版社1991年版，第130页。
④ 碑石原文，可参见张江涛编《华山碑石》，三秦出版社1995年版，第258—259页，图版29。整个考释过程可参见雷闻的《唐华岳真君碑考释》，《故宫博物院院刊》2005年第2期。

珣在《华山赋（并序）》中说道："太华之山，削成四面，方直者五千余仞，盖岳之雄也。往因行迈，望之不及，今来何幸，作尉于兹？因而赋之，以歌厥美。"①

乾元二年，出为华州刺史的张惟一曾祈雨华山并作《金天王庙祈雨记》。大历九年，官华阴县令的卢朝彻曾作《谒岳庙文》。

而独孤及在作华阴令时，不仅留下《华山黄神谷醮临汝裴明府序》，而且留有《为杨右相祭西岳文》，还写下《仙掌铭（并序）》，其中写道："唐兴百三十有八载，余尉于华阴。华人以为纪崦嵫，勒之罘，颂峄山，铭燕然，旧典也。元圣巨迹，岂帝者巡省伐国之不若欤？其古之阙文，以俟知言欤？仰之叹之，裴然琢石为志。其词曰：天作高山，设险西方……"②

赵嘏的《华州座中献卢给事》记录下唐人迎送友人皆于华山三峰之下，而每每至此，皆是风尘仆仆，满面烟霜的情境：

> 送迎皆到三峰下，满面烟霜满马尘。自是追攀认知己，青云不假送迎人。③

（3）途经华山：

除过自上而发的政治性的游览所致的文学集体创作外，由于华山特殊的地理位置，但凡由东而入长安，或由长安东去的唐代文人们，必定会经过华山，驻足于此，物动情牵，于是又出现大量的吟诵之作。元稹的《华岳寺》写道："双燕营巢始西别，百花成子又东还。"也说明了西去东归之间，唐代士人与华山结成的密切联系。而岑参的"久愿寻此山，至今嗟未能。谪官忽东走，王程苦相仍。欲去恋双树，何由穷一乘"（《出关经华岳寺，访法华云公》），则可以作为唐代士人在关中却未能探访华山直至谪官东走方得与华山结下此种因缘际会的最好说明。而这样的途经华山诗，从唐人的生活经历划分，亦可分为科考、求仕、入仕、升迁、转调或

---

① （清）董诰等编：《全唐文》，中华书局 1983 年影印本，第 3501 页。

② 同上书，第 3958 页。

③ 谭优学注：《赵嘏诗注》，上海古籍出版社 1985 年版，第 119 页。

贬谪几类，东归东去、离京入京之间，对华山的观览，亦会因此时文人的不同心情有所不同，华山作为一个无言而有情的观望者，见证着唐代文人的喜怒哀乐，记载着他们的点滴心声，也观望着他们出出入入的匆忙步履、起起落落的人生行迹。

东归途中，遥望华山，心目中的长安已近在咫尺，此时的华山在唐代士人心中激发起一种莫名的喜悦，升腾起一种难言的希望。刘长卿的《洛阳主簿叔知和驿承恩赴选伏辞一首》就因为要送仲父前往长安赴选而弥漫着一种欢快、明媚的气息，此行正当阳春，春风习习、杨柳依依、桃花鲜艳，呈现出一派繁华的景象，就连遥想中的赴京必经之地——华山在落日的映衬下也显得青翠秀丽："憧憧洛阳道，日夕皇华使……天府留香名，铨闱就明试。赋诗皆旧友，攀辙多新史。彩服辞高堂，青袍拥征骑。此行季春月，时物正鲜媚。官柳阴相连，桃花色如醉。长安想在目，前路遥仿佛。落日看华山，关门逼青翠。"①韩愈的《次潼关先寄张十二阁老使君（张贾也）》一诗中也满含着这样的情感："荆山已去华山来，日出潼关四扇开。刺史莫辞迎候远，相公亲破蔡州回。"②眼前的华山、潼关、日出都因人之喜悦着染上了一层喜气相迎的气息。而在晚唐的吴融那里，即便是《东归望华山》亦仍然萌生了一种惆怅、忧惧的情怀："碧莲重叠在青冥，落日垂鞭缓客程。不奈春烟笼暗淡，可堪秋雨洗分明。南边已放三千马，北面犹标百二城。只怕仙人抚高掌，年年相见是空行。"③

离开长安东去时，必定会途经华山，昔日长安城中繁华荣耀的生活，指点江山、意气风发的凌云壮志，心系社稷、期安黎元的冲天雄心，也随着华山道上的征尘渐行渐远，一种落寞失意的情怀逐渐蔓延，而此时的华山在唐人眼里自然平添了几许凄凉，华山不再是青翠逼人、充满生气的了，而是与微雨、残云、落日、寒郊、绝径相伴，显得令人生畏，使人生悲，促人断肠。储光羲的《华阳作贻祖三咏》就抒发出离开长安东去时的沉沦、抑郁、凄然、无助的悲凉情怀，而在这种情感的

---

① 储仲君撰：《刘长卿诗编年笺注》，中华书局 1996 年版，第 70 页。

② （清）方世举笺注，郝润华、丁俊丽整理：《韩昌黎诗集编年笺注》，中华书局 2012 年版，第 556 页。

③ （清）彭定求等编：《全唐诗》，中华书局 1997 年版，第 7966 页。

支配下，诗人所见周围景物亦呈现出一种灰色、凄清的色彩，无论是日暮笼罩的华山，寂静的高馆，刺骨的霜风，溪树与惊鸿，都蒙上了一层令人悲伤的情怀："朝行敷水上，暮出华山东。高馆宿初静，长亭秋转空。日余久沦泪，重此闻霜风。淅沥入溪树，飔飔惊夕鸿。凄然望伊洛，如见息阳宫。旧识无高位，新知尽固穷。"① 刘长卿的《客舍赠别韦九建赴任河南韦十七造赴任郑县就便觐省》就因为行将离别，充满着感伤惜别的情怀而使遥想中的华山也披上了缭绕的残云："与子颇畴昔，常时仰英髦……顷者游上国，独能光选曹……征马临素浐，离人倾浊醪。华山微雨霁，祠上残云高。而我倦栖屑，别君良郁陶。春风亦未已，旅思空滔滔……迢递两乡别，殷勤一宝刀。清琴有古调，更向何人操。"② 鲍溶的《夏日华山别韩博士愈》书写了同样的去京情怀："别地泰华阴，孤亭潼关口。夏日可畏时，望山易迟久。暂因车马倦，一逐云先后……不知无声泪，中感一颜厚。青霄上何阶，别剑空朗扣。故乡此关外，身与名相守。迹比断根蓬，忧如长饮酒。生离抱多恨，方寸安可受。咫尺歧路分，苍烟蔽回首。"③ 离开京城，行至华山，诗人已是疲顿不堪，身世的飘零、朋友的离别、仕途的坎坷、家乡的思念，诸般感慨涌至心头，回首处只见烟霭苍然的华山。晚唐许棠的《春暮途次华山下》一诗则为离开长安途经华山所作："他皆宴牡丹，独又出长安。远道行非易，无图住自难。离城风已暖，近岳雨翻寒。此去知谁顾，闲吟只自宽。"④ 诗中充满着自怜自艾的情怀，将长安的暖风熏熏、牡丹盛开的景象与眼前西岳的春雨淅沥、寒意逼人的情境两相对比，更显出旅途的凄凉与艰难。

薛能的《蒙恩除侍御史行次华州寄蒋相》写道：

> 林下天书起遁逃，不堪移疾入尘劳。黄河近岸阴风急，仙掌临关旭日高。行野众喧闻雁发，宿亭孤寂有狼嗥。荀家位极兼禅理，应笑

---

① （清）彭定求等编：《全唐诗》，中华书局1997年版，第1405页。
② 储仲君撰：《刘长卿诗编年笺注》，中华书局1996年版，第37页。
③ （清）彭定求等编：《全唐诗》，中华书局1997年版，第5560页。
④ 同上书，第7023页。

埋轮著所操。①

　　除去侍御史之职，诗人离开长安行至华州，于此停宿并寄书友人。此时靠近黄河岸边，阴风骤急，仙掌临关，旭日高升。行路途中，众声喧哗，时闻雁起之声，孤寂的宿亭，亦可听到狼嗥之声，处处透着荒凉凄冷。

　　宣宗大中时代的诗人司马扎的《自渭南晚次华州》也是行路途中停宿华山而作：

　　　　前楼仙鼎原，西经赤水渡。火云入村巷，余雨依驿树。我行伤去国，疲马屡回顾。有如无窠鸟，触热不得住。峨峨华峰近，城郭生夕雾。逆旅何人寻，行客暗中住。却思林丘卧，自惬平生素。劳役今若兹，羞吟招隐句。②

　　薄暮时分，途经华州，西经赤水，火云飘入村巷，余雨依附驿树。将要离开京都，不禁黯然神伤，而疲惫不堪的行马亦屡屡回顾。诗人自觉犹如无窠之鸟，触热亦不得停驻，巍峨的华山越来越近，城郭升起薄雾。逆旅之中人烟难觅，行客已在暗中急急投宿。而诗人却思量着卧于林丘，已遂平生之愿。但像自己行色匆匆、劳顿不安的这种情形，也是羞于吟唱招隐之句的。

　　郑谷的《奔问三峰寓止近墅》更是将晚唐之时诗人们仓皇奔走在华山时的狼狈惊惧之情喷薄而出：

　　　　半年奔走颇惊魂，来谒行宫泪眼昏。鸳鹭入朝同待漏，牛羊送日独归村。灞陵散失诗千首，太华凄凉酒一樽。兵革未休无异术，不知何以受君恩。③

---

① （清）彭定求等编：《全唐诗》卷559，中华书局1997年版，第6545页。
② （清）彭定求等编：《全唐诗》卷596，中华书局1997年版，第6957页。
③ 严寿澄、黄明、赵昌平笺注：《郑谷诗集笺注》，上海古籍出版社1991年版，第376页。

半年奔走，惊魂不定，谒拜行宫时，已是泪眼婆娑。回想昔日共同入朝时的情形，如今却是独自一人，在夕阳薄暮时回归荒村。逃亡途中散失了千首诗歌，对酒惆怅，而太华倍显凄凉。身处兵革不休之中，却无平息战火的治国之策，不由得心生愧怍之情。

韩常侍的《为御史衔命出关谳狱，道中看华山有诗》作于衔命审理诉讼出关的路途当中，一路好山却无伴相随，顿生满目烟景断肠的心境：

> 野麋蒙象暂如犀，心不惊鸥角骇鸡。一路好山无伴看，断肠烟景寄猿啼。①

(4) 自游华山

除了随御驾游览、任职华山、途经华山的游览外，慕名而来，自发地游历、观览华山，是唐人最普遍的游览方式。可以说唐代著名的诗人都曾经前往华山游览，并留下大量的诗作。《唐国史补》中就记载有一段韩愈登华山的趣闻：

> 韩愈好奇，与客登华山绝峰，度不可迈。乃作遗书，发狂恸哭。华阴令百计取之，乃下。②

杨敬之曾游览华山，并以《华山赋（有序）》得韩愈赏识，从而名声大振，"士林一时传布，李德裕尤咨赏"③。这篇赋生动地记录下唐人观览华山时，受其感召，心灵激荡，文兴喷薄，情思摇荡，情感纷纭的创作心路历程：

> 臣有意讽赋，久不得发。偶出东门三百里，抵华岳，宿于趾下。明日，试望其形容，则缩然惧，纷然乐，戚然忧，歆然嬉。快然欲追云，将浴于天河。浩然毁衣裳，晞发而悲歌。怯欲深藏，果欲必行。

---

① （清）彭定求等编：《全唐诗》卷783，中华书局1997年版，第8929页。
② （唐）李肇著：《唐五代笔记小说大观·唐国史补》，上海古籍出版社2000年版，第180页。
③ （宋）欧阳修、宋祁撰：《新唐书》卷160，中华书局1975年版，第4972页。

热若宅炉，寒若室冰。薰然以和，怫然不平。三复晦明，以摇其精；万态既穷，乃还其真。形骸以安，百钧去背……于是既留无成，辞以长叹，翛然一人下于崖。①

郑谷的《重访黄神谷策禅者》记录了诗人重入华山黄神谷，寻访参禅友人的情境：

> 初尘芸阁辞禅阁，却访支郎是老郎。我趣转卑师趣静，数峰秋雪一炉香。②

身处芸阁（秘书省）的诗人，将自我的生活与身处华山黄神谷禅阁的僧人两相对比，自觉自我情趣的卑微，而禅师面对着华山数峰秋雪与一炉清香，心静身闲。

（5）归隐华山

华山自古为道教圣地，杜光庭在《历代崇道记》中对历代崇信道教的事迹进行了综述，从中可以看出，自周穆王始至汉唐时期，华山一直是作为历代帝王推崇的道家仙山之一而闻名于世的：

> 穆王于昆仑山、王屋山、嵩山、华山、泰山、衡山、恒山、终南山、会稽山、青城山、天台山、罗浮山、崆峒山、致王母观，前后度道士五千余人……孝武帝奉道弥笃，感王母降于宫中……并造观三百余所。其嵩岳万岁观、泰山登封观、华山集仙观、终南望灵观、王屋通天观，并不得令庶姓居之，以为恒式……③

到了唐代，道教大盛，作为道教著名的洞天福地之一，华山吸引了众多的求仙访道者，甚至身为皇室成员的玉真公主，也曾往返于华山求仙，李白在《玉真仙人词》中写道："玉真之仙人，时往太华峰。清晨鸣天

---

① （清）董诰等编：《全唐文》，中华书局 1983 年影印本，第 7417—7418 页。
② 严寿澄、黄明、赵昌平笺注：《郑谷诗集笺注》，上海古籍出版社 1991 年版，第 229 页。
③ （清）董诰等编：《全唐文》，中华书局 1983 年影印本，第 9713 页。

鼓，飙欻腾双龙。弄电不辍手，行云本无踪。几时入少室，王母应相逢。"
而根据《陕西通志》的记载，金仙公主亦曾在华山修道，白云峰就有
"金仙公主为女道士之所"①。受时风影响，唐代的很多文人在仕途失意或
遭人谗忌，或罢秩辞官、国家动荡衰亡之际，会优游华山，或在华山作短
时期的逗留，其间流连采药、寻仙访道，或在华山建别业、草堂与山庄，
以便较长时间的憩息，甚至最终选择归隐华山、终老于此。但根据唐代诗
文记录，真正归隐华山的文人并不多。

大历的李益在中进士后曾任郑县（今陕西华县）主簿，但久不升迁，
颇不得意，于是便弃官而去，随后曾悠游华山，并写有多首歌咏华山景物
的诗，以寄感慨，诗中亦表达了渴望归隐华山求仙访道的愿望。其中的
《罢秩后入华山采茯苓逢道者》写道："委绶来名山，观奇恣所停。山中
若有闻，言此不死庭……始疑有仙骨，炼魂可永宁。何事逐豪游，饮啄以
膻腥。神物亦自閟，风雷护此扃。欲传山中宝，回策忽已暝。乃悲世上
人，求醒终不醒。"②

时至晚唐，归隐华山的唐代士人渐多，这从唐人围绕华山的送别题赠
寄答之作可以看出。刘沧的《题马太尉华山庄》描写了马太尉在华山的山
庄景色，并记录了他功成身退、赋闲华山的清幽生活："别开池馆背山阴，
近得幽奇物外心。竹色拂云连岳寺，泉声带雨出谿林。一庭杨柳春光暖，
三径烟萝晚翠深。自是功成闲剑履，西斋长卧对瑶琴。"③温庭筠的《华
阴韦氏林亭》也记录了唐代士人选择在华山长期居留，以致在此修建林亭
的情形："自有林亭不得闲，陌尘宫树是非间。终南长在茅檐外，别向人
间看华山。"④

根据唐代诗文留下的线索，进士田卓曾归隐华山，并在华山一带修葺
草堂，为此，姚合与贾岛都曾写诗送田卓，诗中说他："何物随身去，六
经与一琴。辞家计已久，入谷住应深。偶坐僧同石，闲书叶满林。"⑤

---

① （明）赵廷瑞修，马理等编纂：《陕西通志·土地二·山川上》，三秦出版社影印嘉靖二
十一年版本，第75页。

② 范之麟注：《李益诗注》，上海古籍出版社1984年版，第30页。

③ （清）彭定求等编：《全唐诗》，中华书局1997年版，第6850页。

④ 刘学锴校注：《温庭筠全集校注》，中华书局2007年版，第468页。

⑤ （清）彭定求等编：《全唐诗》，中华书局1997年版，第5670页。

（《送进士田卓入华山》）

而晚唐著名诗人马戴也曾因久滞长安及关中一带而隐居于华山，[①]与贾岛、顾非熊、姚合等结为诗友，互相唱和，贾岛就曾写下诗作《马戴居华山因寄》，无可有《寄华州马戴》，顾非熊有《送马戴入华山》。而马戴隐居莲峰，与道士僧人交游，寄情山水之间，也写有不少诗歌，其中的《寄西岳白石僧》写道："挂锡中峰上，经行踏石梯。云房出定后，岳月在池西。峭壁残霞照，欹松积雪齐。年年着山屐，曾得到招提。"[②]

而他也曾在《黄神谷纪事》中抓到华山秋日电闪雷鸣时的气象："霹雳振秋岳，折松横洞门。云龙忽变化，但觉玉潭昏。"[③] 在《华下逢杨侍御》一诗中，他传达出在华山优游与灵掌、明月、清泉、孤云相伴时，内心萌生的澄澈、自由乃至浩然的情怀："巨灵掌上月，玉女盆中泉。柱史息车看，孤云心浩然。"[④]

除了马戴外，司空图也是在晚唐的末世中选择归隐华山的唐代著名诗人之一[⑤]，根据齐己的《寄华山司空图》所写："天下艰难际，全家入华山。几劳丹诏问，空见使臣还。瀑布寒吹梦，莲峰翠湿关。兵戈阻相访，身老瘴云间。夫君独轻举，远近善文雄。岂念千里驾，崎岖秦塞中。"[⑥]而虚中也有《寄华山司空图》："门径放莎垂，往来投刺稀。有时开御札，特地挂朝衣。岳信僧传去，天香鹤带归。他时二南化，无复更衰微。"[⑦]虚中与司空图为方外至交，时有诗歌唱和。对虚中的这首诗，司空图也曾

---

① 傅璇琮先生的《唐才子传校笺》的注释中认为马戴归隐华山有误，参见《唐才子传校笺》第 3 册，中华书局 2001 年版，第 341 页。然而根据马戴与贾岛、姚合等人的酬答诗作，以及马戴自己的华山诗作来看，马戴在华山应该有过较长时间的驻留与生活，而非其他诗人的一两日的泛泛而游，于是暂且归入归隐华山一类中。

② 杨军、戈春源注：《马戴诗注》，上海古籍出版社 1987 年版，第 49 页。

③ 同上书，第 117 页。

④ 同上书，第 119 页。

⑤ 目前有观点认为，司空图的华山酬答诗作应是中条山，而非华山。其实司空图在最终归隐中条山之前，曾在华阴有过长达 10 年的生活，根据诗文判断，他应是隐居优游在华山。对此，傅璇琮先生在《唐才子传校笺》中有过注解，可参见《唐才子传校笺卷第八·僧虚中》第 3 册，中华书局 2001 年版，第 532 页。

⑥ 王秀林撰：《齐己诗集校注》，中国社会科学出版社 2011 年版，第 161 页。

⑦ （清）彭定求等编：《全唐诗》，中华书局 1997 年版，第 9671 页。

在《言怀》诗中说："十年华岳峰前住，只得虚中一首诗。"

除了诗人自我选择归隐华山外，保留下的诗作中也记录下其友人归隐华山的痕迹。刘得仁的《书事寄万年厉员外》写道：

> 帝城皆剧县，令尹美居东。遂拜赵张下，暂离星象中。拥归从北阙，送上动南宫。紫禁黄山绕，沧溟素浐通。封疆亲日月，邑里出王公。赋税充天府，歌谣入圣聪。土膏寒麦覆，人海昼尘蒙。廨宇松连翠，朝街火散红。文场新桂茂，粉署旧兰崇。留客挥盈爵，抽毫咏早鸿。前驺潘岳贵，故里邵平穷。劝隐莲峰久，期耕树谷同。凫飞将去叶，剑气尚埋丰。何必华阴土，方垂拂拭功。①

帝城皆是政务繁重的京畿之地，而厉员外作为令尹身居东部万年。从北阙受众人簇拥着回归，亦可出入南宫。紫禁城黄山环绕，素净的浐水流过。这一带土地肥沃，寒麦覆野，赋税充足，号称天府。廨宇松林连绵，满目苍翠，朝街上红花似火飘散。而二人亦时时萌生归隐华山之志，相期躬耕田园。

方干的《赠华阴隐者》是赠予华山归隐的友人的：

> 少微夜夜当仙掌，更有何人在此居。花月旧应看浴鹤，松萝本自伴删书。素琴醉去经宵枕，衰发寒来向日梳。故国多年归未遂，因逢此地忆吾庐。②

在诗人的眼中与心中，华山隐者夜夜面对华山仙掌，与花月相伴，看仙鹤往来，在松萝下翻检诗书，弹琴醉酒后睡去，在寒气中向日梳理衰发。而多年飘零未得归家的诗人，来到此地，亦不由得忆起自己在家乡的草庐。

时值唐昭宗末世的卢拾遗也曾归隐华山，徐夤的《送卢拾遗归华山》写道："紫殿谏多防佞口，清秋假满别明君。惟忧急诏归青琐，不得经时

---

① （清）彭定求等编：《全唐诗》卷545，中华书局1997年版，第6353页。
② （清）彭定求等编：《全唐诗》卷650，中华书局1997年版，第7519页。

卧白云。千载茯苓携鹤剧,一峰仙掌与僧分。门前旧客期相荐,犹望飞书及主文。"①

唐朝灭亡的易代之际,更多文人选择了归隐华山,五代梁时刘昭禹的《怀华山隐者》写道:"先生入太华,杳杳绝良音。秋梦有时见,孤云无处寻。神清峰顶立,衣冷瀑边吟。应笑干名者,六街尘土深。"②

(6) 科考

唐代的科考亦会与华山结下渊源。刘得仁的《监试莲花峰》写道:

> 太华万余重,岩峣只此峰。当秋倚寥沉,入望似芙蓉。翠拔千寻直,青危一朵秾。气分毛女秀,灵有羽人踪。倒影侵官路,流香激庙松。尘埃终不及,车马自憧憧。③

高耸的太华山,最岩峣的当属莲花峰。每当秋季开阔清朗,入望则似芙蓉花瓣一样秀丽脱俗。翠丽峭拔,直入云霄。如仙境般充溢着灵秀之气,传说中这里亦有毛女与羽人的踪迹。莲花峰的倒映倾浸着官路,流香激荡着祠庙中的青松。尽管车马往来不绝,但尘埃仍然到达不了这里。

(7) 送友

张籍的《送韦评事归华阴》则是在相送友人的诗作中提到华山:

> 三峰西面住,出见世人稀。老大谁相识,恓惶又独归。扫窗秋菌落,开箧夜蛾飞。若向云中伴,还应着褐衣。④

友人回归华阴,就居住在华山三峰的西面,缺少长安的熙熙攘攘,世人稀少,年华老去,亦不被世人相识,如今亦恓惶地独自回归。秋菌枯落,夜蛾绕箧,与清风白云相伴。

---

① (清)彭定求等编:《全唐诗》,中华书局1997年版,第8244页。
② 同上书,第8376页。
③ (清)彭定求等编:《全唐诗》卷545,中华书局1997年版,第6351页。
④ 余恕诚、徐礼节整理:《张籍系年校注》,中华书局2011年版,第222页。

2. 唐代华山书写的嬗变

从唐代华山吟咏之作的创作者来看，主要是三大群体，一是聚集在政治中心长安城内的身处高层统治集团的文人，由于农耕社会的基础是农业的丰收，而风调雨顺对五谷的生长至关重要，在唐人心目中，五岳四渎作为神灵，分管着人间的雨雪，于是作为最高统治者的帝王，出于对华岳神灵的尊崇，亲往华山祭奠、瞻拜、观览，这些文人们则有机会随行。每当天有灾异时，即便帝王不会亲往，也往往会分遣大臣们去致祭，因公前往华山的文人们，受华山山水的感召，势必会留下作品。其中既有制诰表类的公文，又有碑铭序类的应用文，还有铺采摛文的长篇大赋，而诗歌则多为奉和应制类作品。二是任职华山的文人，因公驻留华山，必然和华山有了更亲密的接触，而作为地方官员，亦要为一方祈福，于是也产生了大量的作品，这类作品在内容上往往分为两类，第一类是祭拜华山的作品，第二类是游览华山的作品。三是贬谪或升迁、转调的文人，此类作品中的华山，往往只是抒情的背景，士人们是在对它的遥望、回望中来观看华山的，往往不会对华山的景象作更多的描写与铺叙，只是撷取华山景象的一角，此时的华山要么在云霞遮映下、在丛林环绕下，显得绚烂青翠；要么在好鸟相迎、百花绚烂中，显得明媚动人；要么在雾气缭绕、残云遮罩下显得神秘或苍茫，或者在春雨、秋雨的淅沥声中平添几许凄凉。

从唐代华山诗文的数量来看，对华山的关注、吟咏主要集中在盛唐、中唐、晚唐时期，而不同时期，唐人对华山的关注点不同，因而吟咏的内容与情感也有所变化。之所以呈现这样的风貌，与唐代社会初起、鼎盛、剧变、衰落的社会历史走向息息相关。

初唐时期，国家初定，百废待兴，经济文化尚处在恢复期，游览之风并未盛行，对山水的歌咏尚处在对宫廷苑囿风景的浏览上，直到初唐四杰的出现。卢照邻的《悲昔游》、骆宾王的《畴昔篇》都曾记录追忆了自己踏足华山的关中游历生活。

漫游之风的盛行与盛唐华山歌咏之盛

盛唐时期，经过长期的休养生息，经济已高度繁荣，据记载："是时

(天宝五载),海内富实,米斗之价钱十三,青、齐间斗才三钱,绢一匹钱二百。道路列肆,具酒食以待行人……"① 雄厚坚实的经济基础使得人们生活较为富裕,在衣食丰足的情况下,必然会较多地追求物质之外的精神上的更多满足与享受,由此助成了漫游之风的盛行,此时的唐代士人足迹遍及祖国的大江南北,而他们最终的梦想归宿地则在长安,长安地处关中,来到长安,关中的山水自然成为他们恣意浏览的地方,而华山这个矗立在京畿附近的雄奇壮丽的地方,必定成为唐代文人注目的对象。根据对《全唐诗》诗题的统计,盛唐的华山诗歌达7首。而这类诗歌着意吟咏的是华山的风光,既有对华山雄奇壮伟之神的叹赏,如李白的《西岳云台歌送丹丘子》:"西岳峥嵘何壮哉!黄河如丝天际来。黄河万里触山动,盘涡毂转秦地雷。荣光休气纷五彩,千年一清圣人在。巨灵咆哮擘两山,洪波喷箭射东海。三峰却立如欲摧,翠崖丹谷高掌开。白帝金精运元气,石作莲花云作台。"② 诗中充满着对天地大美的喜爱。华山本身的高雄险峻、壮丽秀美的特色,也与盛唐那种昂扬乐观、积极蓬勃的时代精神相契合,从而在主客体的高度一致下,形成了有关华山吟咏之作的最高成就。又有对华山刻削峥嵘、状若仙掌之形的摹写,虽说在状写华山的恍若仙境的神奇壮丽景观时,诗人们会萌生息心于此、化归大境的念头,但欲有作为的凌云壮志,仍是此时的主调,反映在唐代华山诗文中的表现则是此时的寻仙访道之作甚少,而带有强烈政治色彩的应制诗作与表、赋等文,在其中占据重要位置。

从盛唐过渡到中唐的大历年间,由于国家的巨变所导致的唐代士人心理上的巨大落差与不适,以及经历颠沛流离后的憔悴、疲惫、困顿之感,使得大历诗风呈现出气骨顿衰的风貌。而此时的华山吟咏之作与之相一致,在内容上、情感上也发生了改变,寻仙访道之作成为主调。钱起有《寻华山云台观道士》、《赋得归云送李山人归华山》,顾况有《华山西冈游赠隐玄叟》,李益的三篇诗作所写内容亦都与采药、求仙、寻道、访隐相关。而由于贬谪所造成的华山吟咏,在刘长卿的诗作中表现突出。

---

① (宋)欧阳修、宋祁撰:《新唐书·食货志》,中华书局1975年版,第1246页。
② (清)王琦注:《李太白全集》,中华书局1977年版,第381页。

国运中兴、贬谪之风与中唐的华山吟咏多样化

时至中唐，经过一段时间的休养，唐代的国运初有起色，唐代诗歌也在众多诗人的努力下，呈现出流派纷呈的局面，于是有关华山吟咏的诗作，在内容上也呈现出多样化的特点。其中既有由于贬谪所造成的送别赠答之作，如鲍溶的《夏日华山别韩博士愈》。又有登临游览，表现华山壮丽风光的作品，如刘禹锡的《华山歌》，韩愈的《古意》，无论是刘禹锡的："洪炉作高山，元气鼓其橐。俄然神功就，峻拔在寥廓。灵迹露指爪，杀气见棱角。凡木不敢生，神仙聿来托。天资帝王宅，以我为关钥……"诗句，还是韩愈的"太华峰头玉井莲，开花十丈藕如船。冷比雪霜甘比蜜，一片入口沈痾痊。我欲求之不惮远，青壁无路难夤缘。安得长梯上摘实，下种七泽根株连"，都充满着一种气势阔大恢宏、气骨刚健豪迈的风格，而韩愈的诗句更是想象奇特，堪与盛唐诗作相媲美，体现出唐代国运恢复后的特有气象。还有描写华山寺庙香火鼎盛的俗世生活的诗作，如王建的《华岳庙二首》、张籍的《华山庙》。亦有记录与华山道士交往的作品，如张籍的《和卢常侍寄华山郑隐者》。还有表现与华山官员交往应酬的作品，如王建的《赠华州郑大夫》："此官出入凤池头，通化门前第一州。少华山云当驿起，小敷溪水入城流。空闲地内人初满，词讼牌前草渐稠。报状拆开知足雨，赦书宣过喜无囚。自来不说双旌贵，恐替长教百姓愁。公退晚凉无一事，步行携客上南楼。"① 诗中先是揭示了华州得天独厚的地理位置及自然景观，接着盛赞了郑大夫为政一方的卓越政绩，最后以郑大夫闲来无事携客登临南楼观览华州的风光作结。白居易的《旅次华州，赠袁右丞》和王建的诗作在结构与内容上基本一致，而提到华州的自然景观时，华山当然是最具代表性的标识："渭水绿溶溶，华山青崇崇。山水一何丽，君子在其中。才与世会合，物随诚感通。德星降人福，时雨助岁功。化行人无讼，囹圄千日空。政顺气亦和，黍稷三年丰。客自帝城来，驱马出关东。爱此一郡人，如见太古风。方今天子心，忧人正忡忡。安得天下守，尽得如袁公。"

---

① （唐）王建著：《王建诗集》，中华书局上海编辑所1959年版，第52页。

而韩愈甚至将视角引向了对华山修道讲经的神奇女子的叙述上，《华山女》写道：

> 街东街西讲佛经，撞钟吹螺闹宫庭。广张罪福资诱胁，听众狎恰排浮萍。黄衣道士亦讲说，座下寥落如明星。华山女儿家奉道，欲驱异教归仙灵。洗妆拭面著冠帔，白咽红颊长眉青。遂来升座演真诀，观门不许人开扃。不知谁人暗相报，訇然振动如雷霆。扫除众寺人迹绝，骅骝塞路连辎軿。观中人满坐观外，后至无地无由听。抽簪脱钏解环佩，堆金叠玉光青荧。天门贵人传诏召，六宫愿识师颜形。玉皇颔首许归去，乘龙驾鹤来青冥。①

此诗甚至带有一定的笔记小说的性质。其中讲述了中唐时期佛教讲经之风盛行，致使道教门前冷落，而华山女在这种世风之下立志奉道以抵制驱除佛教，于是在华山开坛讲座，致使上至达官贵人，下至黎民百姓，都蜂拥至华山听讲道家真诀，而华山女也被诏令招至宫廷为帝王宫嫔讲道的故事。整个故事被韩愈用诗歌的形式，铺叙得曲折动人、迷离恍惚，甚至可以看作诗化的笔记传奇。

末世情怀与晚唐的华山归隐

时至晚唐，华山吟咏之作发生了很大的变化，不仅数量上远远超过了盛唐、中唐，而且在内容上寻仙访道之作亦成为此时的主流。如果仅从诗题来看，晚唐的华山吟咏之作多达 40 首（其中贾岛的相关诗作也被归入了晚唐，因其生活在中晚唐时期，而他的此类创作却是和马戴等晚唐作家相互酬唱的，从创作时间讲，应归入晚唐），几近总数的一半，在这些诗作当中与道士、隐士酬唱交往，或书写诗人自我入华山寻仙、采药、避世、修道内容的就达 28 首。值得注意的是，在这类诗歌创作中，出现了诗僧这样一个特殊的创作群体，如贯休、齐己、无可、虚中。此时期的华

---

① （清）方世举笺注，郝润华、丁俊丽整理：《韩昌黎诗集编年笺注》，中华书局 2012 年版，第 10 页。

山诗作亦呈现出应和酬答之作多，形成小型的诗歌创作团体的特点：如徐夤、虚中、齐己等就和在华山的司空图相互寄赠，留下多首作品，仅徐夤就有《送卢拾遗归华山》、《寄华山司空侍郎二首》、《寄华山司空侍郎》等数首诗作，而贾岛、姚合、马戴、田卓、顾非熊等人亦围绕华山相互寄答，姚合有《送进士田卓入华山》，贾岛有《送田卓入华山》、《马戴居华山因寄》、《寄华山僧》，马戴有《送云台观田秀才》等。

晚唐的士人来到华山不只停留在游览风景上，而是更多地醉心于求仙访道，在天际高处与群峰、孤云相伴，寻求心灵上的澄澈静寂，在坐忘中求得暂时的解脱，抛却俗世的纷扰与机心，因此留下了大量记录唐人入华山寻访隐者，以及与华山道友相互往来的诗作。如李频在《华山寻隐者》一诗中写道："自入华山居，关东相见疏。瓢中谁寄酒，叶上我留书。巢鸟寒栖尽，潭泉暮冻余。长闻得药力，此说又何如。"① 记录了华山隐者在华山修道的生活以及他与华山隐者的友情。皮日休的《华山李炼师所居》描写了华山隐者闲云野鹤般的清修生活："麻姑古貌上仙才，谪向莲峰管玉台。瑞气染衣金液启，香烟映面紫文开。孤云尽日方离洞，双鹤移时只有苔。深夜寂寥存想歇，月天时下草堂来。"② 而于邺的《题华山麻处士所居》也赞赏了华山处士远离尘世烦扰、背离繁华、与华山山水相伴的生活："贵贱各扰扰，皆逢朝市间。到此马无迹，始知君独闲。冰破听敷水，雪晴看华山。西风寂寥地，唯我坐忘还。"③ 李山甫的《陪郑先辈华山罗谷访张隐者》也记载了自己同友人一起前往华山寻访修道者的情形："白云闲洞口，飞盖入岚光。好鸟共人语，异花迎客香。谷风闻鼓吹，苔石见文章。不是陪仙侣，无因访阮郎。"④

此时的华山诗作中，在景色描写上已不再像盛唐或少数中唐诗作那样，撷取咆哮的黄河、高耸的山石、插天的三峰、激荡的瀑布等壮观的华山物象入诗，从而渲染描绘华山雄伟壮丽、刻削峥嵘之特色，而是寻取闲云、孤云、羽客、霜猿、仙鹤、野水、野花、谷风、春薜、坛月等充满冷寂、幽静色彩的华山物象，从而塑造出华山远离繁华、红尘阻隔的仙境气

---

① （清）彭定求等编：《全唐诗》，中华书局 1997 年版，第 6891 页。
② 同上书，第 7717 页。
③ 同上书，第 8973 页。
④ 同上书，第 4373 页。

息,这也与晚唐时期时局的混乱、朝纲的不振、国运衰颓、江河日下的社会面貌相吻合。此时的唐代士人们再也没有了盛唐士人那种大气磅礴、期整江河的气魄与格局了,自然也无心、无力去欣赏华山的大美、壮美,而他们在华山,要寻求的只是一方避世的净土,从而让充满疲顿、忧惧的心灵得到片时的慰藉。如果说盛唐时的隐居终南,是为了寻找仕途捷径的话,那么晚唐乃至唐亡之际的隐居华山则是彻底地洗却红尘的滋扰,磨灭了仕途的幻想,而做的避世的最终选择。

综观唐代的华山诗文创作,它不仅是"文思之奥府",亦是一段文学史之见证,承载着大唐文人的几许心曲,记录下发生在这里的如烟往事,也无言地静观着一段文学的繁华到尘埃落定。

二 唐代终南山生态与文学

幅员广阔的华夏大地上,山川风物众多,而终南山以其青翠秀丽,虽未列于五岳之中,却也是当之无愧的名山,《诗经》中说它:"镇地之雄,极天之峻。"毛注云:"周之名山,终南也。"《左传》云:"荆山、终南,九州之险也。"特殊的"东接骊山、太华,西连太白,至于陇山,北去长安城"的地理位置,也使其向有"天府之襟带"之美誉。除此外,终南亦有"福地"、"寿山"之美称,据《福地记》称:终南太一山,左右三十里内名福地。有关终南山的名称,白居易《白氏六帖事类集》卷二有过详细的梳理:"《关中记》一名中南,言在天中,居都之南,故曰中南。太一,《五经通义》曰:中南一名太一。地肺,《三秦记》云:终南山一名地肺。"① 有关终南山的神话传说、历史掌故,由来不绝。据记载,终南:

> 可避洪水,俗人云:上有神人乘船行,追之不可及。
>
> [隐]《高士传》:四皓绮里季等共入商洛,汉高征之不来,乃深匿终南。又《前秦录》:王嘉不食五谷,清虚服气,潜终南山,庵庐而已。
>
> [仙]《三秦记》云:西有石室,灵芝常有。一道士不食五谷,言太一之精,斋洁乃得见。

---

① (唐)白居易撰:《白氏六帖事类集》卷二《终南山第七》。

终南山也因此成为文人墨客所钟爱之灵山秀壤，在历代文学中吟咏不绝。班固《终南山赋》对其有极其详细的铺绘："伊彼终南，巀嶭嶙囷……旁吐飞濑，上挺修竹。玄泉落落，密阴沉沉。荣期绮季，此焉恬心。三春之季，孟夏之初，天气肃清，周览八隅……翔凤哀鸣集其上，珍怪碧玉挺其阿。彭祖宅以蝉蜕，安期饗以延年。"① 由此可见，终南山在汉代的生态之美，修林密布，珍禽飞鸟安居。

终南山的幅员，根据《雍录》卷五的记载："横亘关中南面，西起秦陇，东彻蓝田，凡雍岐郿鄠长安万年，相去且八百里，而连绵峙据其南者皆此之一山也。"② 由于终南山绵延之广，于是涉及蓝田、盩屋、鄠县、长安、万年的唐代诗文笔记都会被纳入考察当中。

对唐人而言，终南山更有特殊的意蕴，因为依邻帝都的地缘关系，"在县南（万年县）五十里"③，如此近距离的接触，让唐代文人，在入朝退朝时的举头之间，在烟雨晴空时的眺望之间，即可观照到终南山，而唐代终南捷径之说，更让后人看到唐代文人与终南山结下的深厚渊源。终南山的吟唱歌咏之盛亦在此时达到了顶峰，也在唐代士人的书写之下，呈现出特有的风貌，并形成拥有一定内蕴的意象，如果从人与自然之关系的文学生态学角度着手探讨，它也可成为固有的生态意象。

自然界的风物，也会被创作者关注并撷取于诗文中，于是终南山的动植物、四时生态景观如何，观览、循迹于唐代诗文中亦会摹绘出一幅明晰的画卷。

而卢纶（一作岑参诗，或常衮诗）的《和考功王员外秒秋忆终南旧居》可当作对终南山动植物生活状态与终南山生态境况的最好注脚：

> 静忆溪边宅，知君许谢公。晓霜凝未耜，初日照梧桐。洞鼠喧藤蔓，山禽窜石丛。白云当岭雨，黄叶绕阶风。野果垂桥上，高泉落水中。欢荣来自间，赢贱赏曾同。月满珠藏海，天晴鹤在笼。余阴如可寄，愿得隐墙东。④

---

① 严可均编纂：《全上古三代秦汉三国六朝文》，中华书局1965年版，第602页。

② （宋）程大昌撰，黄永年点校：《雍录》，中华书局2002年版，第105页。

③ （唐）李吉甫撰，黄永年校点：《元和郡县志》卷一，中华书局1983年版，第3页。

④ 刘初棠校注：《卢纶诗集校注》，上海古籍出版社1989年版，第122页。

时值秋天，晓霜凝于末耜，初日照耀梧桐，涧鼠在藤蔓上喧闹，山禽飞窜于石丛中。白云当岭，山雨骤降，秋风起处，黄叶飘零，溪桥上野果散落，泉水溢溢落于水中。不论羸弱还是贫贱，终南美景给予人的审美愉悦自是相同的。而欢娱荣耀之情，亦出自此间。月满时洒于河面的光华，映于水中的月相，如明珠藏于海中，天晴时则可见藏于笼中的仙鹤。而此时的诗人对此美景，则萌生邮寄余阴、与友人共享的痴念，亦心生隐逸于此的念头。

韩愈在《南山诗》中，先是指出京城之南被南山环绕，覆盖面积相当广阔，于是巨细难以悉究，山经和地志对它的记录也是过于渺茫模糊，于是诗人意欲提纲挈领地用团聚的辞赋歌咏它，但又怕即便词句再多，也会挂一漏万，但是要停止对它的颂美，恐怕亦不能够，于是暂且粗略地叙述所见之景，接着以赋法入诗，对终南层层铺绘：

　　　　吾闻京城南，兹惟群山围。东西两际海，巨细难悉究。山经及地志，茫昧非受授。团辞试提挈，挂一念万漏。欲休谅不能，粗叙所经觏。尝升崇丘望，戢戢见相凑。晴明出棱角，缕脉碎分绣。蒸岚相澒洞，表里忽通透。无风自飘簸，融液煦柔茂。横云时平凝，点点露数岫。天空浮修眉，浓绿画新就。孤撑有巉绝，海浴褰鹏嗉。春阳潜沮洳，濯濯吐深秀。岩峦虽嵂崒，软弱类含酎。夏炎百木盛，荫郁增埋覆。神灵日歊歔，云气争结构。秋霜喜刻轹，磔卓立癯瘦。参差相叠重，刚耿陵宇宙。冬行虽幽墨，冰雪工琢镂。新曦照危峨，亿丈恒高袤。明昏无停态，顷刻异状候。西南雄太白，突起莫间篎。藩都配德运，分宅占丁戊。逍遥越坤位，诋讦陷乾窦。空虚寒兢兢，风气较搜漱。朱维方烧日，阴霭纵腾糅。昆明大池北，去觌偶晴昼。绵联穷俯视，倒侧困清沤。微澜动水面，踊跃躁猱狖。惊呼惜破碎，仰喜呀不仆。前寻径杜墅，岔蔽毕原陋。崎岖上轩昂，始得观览富。行行将遂穷，岭陆烦互走。勃然思坼裂，拥掩难恕宥。巨灵与夸蛾，远贾期必售。还疑造物意，固护蓄精祐。力虽能排斡，雷电怯呵诟。攀缘脱手足，蹭蹬抵积碌。茫如试矫首，堛塞生怐愗。威容丧萧爽，近新迷远旧。拘官计日月，欲进不可又。因缘窥其湫，凝湛阒阴兽。鱼虾可俯掇，神物安敢寇。林柯有脱叶，欲堕鸟惊救。争衔弯环飞，投弃急哺

觳。旋归道回睨，达枿壮复奏。吁嗟信奇怪，峍质能化贸。前年遭谴
谪，探历得邂逅。初从蓝田入，顾盼劳颈脰。时天晦大雪，泪目苦矇
瞀。峻涂拖长冰，直上若悬溜。褰衣步推马，颠蹶退且复。苍黄忘遐
眺，所瞩才左右。杉篁咤蒲苏，杲耀攒介胄。专心忆平道，脱险逾避
臭。昨来逢清霁，宿愿忻始副。峥嵘跻冢顶，倏闪杂鼯鼬。前低划开
阔，烂漫堆众皱。或连若相从，或蹙若相斗。或妥若弭伏，或竦若惊
雊。或散若瓦解，或赴若辐凑。或翩若船游，或决若马骤。或背若相
恶，或向若相佑。或乱若抽笋，或嵲若注灸。或错若绘画，或缭若篆
籀。或罗若星离，或蓊若云逗。或浮若波涛，或碎若锄耨。或如贲育
伦，赌胜勇前购。先强势已出，后钝嗔诟譳。或如帝王尊，丛集朝贱
幼。虽亲不亵狎，虽远不悖谬。或如临食案，肴核纷饤饾。又如游九
原，坟墓包椁柩。或累若盆罂，或揭若登豆。或覆若曝鳖，或颓若寝
兽。或蜿若藏龙，或翼若搏鹫。或齐若友朋，或随若先后。或迸若流
落，或顾若宿留。或戾若仇雠，或密若婚媾。或俨若峨冠，或翻若舞
袖。或屹若战阵，或围若蒐狩。或靡然东注，或偃然北首。或如火熹
焰，或若气饙馏。或行而不辍，或遗而不收。或斜而不倚，或弛而不
彀。或赤若秃鬝，或薰若柴槱。或如龟拆兆，或若卦分繇。或前横若
剥，或后断若姤。延延离又属，夬夬叛还遘。喁喁鱼闯萍，落落月经
宿。闾闾树墙垣，蠵蠵驾库厩。参参削剑戟，焕焕衔莹琇。敷敷花披
萼，阖阖屋摧霤。悠悠舒而安，兀兀狂以狃。超超出犹奔，蠢蠢骇不
懋。大哉立天地，经纪肖营腠。厥初孰开张，黾勉谁劝侑。创兹朴而
巧，戮力忍劳疚。得非施斧斤，无乃假诅咒。鸿荒竟无传，功大莫酬
僦。尝闻于祠官，芬苾降歆嗅。斐然作歌诗，惟用赞报酧。①

　　当站在高丘之上展望时，群山凑集，晴天时露出峭拔的棱角，缕缕细
脉若隐若现，如分割的细碎锦绣。当岚气蒸腾时，表里通透，无风时，横
云时，露出点点。远望终南，如天空中浮动着修长的眉毛，浓绿苍翠如新
绘之画。春天的阳光潜照下，濯濯之花绽吐深秀；炎热的夏天，百木茂

----

① （清）方世举笺注，郝润华、丁俊丽整理：《韩昌黎诗集编年笺注》，中华书局 2012 年
版，第 201—203 页。

盛,荫郁覆盖。秋霜刻镂的终南,更显癯瘦卓荦,参差重叠,以刚耿之质侵凌宇宙。冬天的终南,虽然显得黯淡深幽,但冰雪雕琢下的终南则别具特色。初升的太阳照耀下的终南,巍峨高袤,明昏变幻,异状纷纭。俯视之下,群山绵连,水面上微澜动荡,猿猱踊跃。当沿着崎岖的山路登上轩昂的终南时,才能观看到其最多样丰富的特质。在艰难无穷尽的跋涉中,诗人不禁惊叹犹疑,这是出自造物的有意精心护佑。虽攀缘时手足脱皮,茫然矫首时心生愁绪,但又有缘窥探到终南水湫的生态美景:清澈的池水中,鱼虾众多,自在悠游,随手可掇,作为神物受到呵护,无人敢去侵犯。林间脱落的树叶,在空中意欲飘零时则有飞鸟争相惊救,衔叶环飞。亦令诗人在吁嗟中叹服终南的怪奇之质。于此诗人又回忆起自己前年因为贬谪与终南的邂逅,以及对其的探究游历。初入蓝田的诗人,左顾右盼,颇费颈腥。而当时天色晦暗,遭逢大雪,令双目流泪,视物不清。险峻的路途上,布满长冰,若直上的小瀑布。拖着马颠簸,一步一滑,在反复滑退中艰难前进,无暇去远望,只能看到左右的近处风景。而此次登临是在清明的雨霁后,得以欣然了却往昔未得周览的遗憾。登上峥嵘的峰顶,可见倏忽闪现的鼯鼠与鼬鼠。而眼前烂漫杂堆的山石,形状各异、奇异纷呈,或相连或相斗,或伏或耸,或散或赴,或如翩飞船游之状,或如迅急奔马之状,似叛离断绝又连延相属勾连,不一而足。呈现的气韵姿态各异,有的看起来悠然安闲,有的又兀兀若狂、超超若奔。诗人于此,不禁感叹天地之至大,莫不是施用了斧斤,假借了诅咒,才缔造出这样至朴至巧的奇观。而此篇赋法入诗的作品,可谓对终南山动植物、春夏秋冬四季生态景观,以及终南神色形态之美的最细致全面的工笔画。

(一) 终南山的动植物、矿产与地貌书写

终南山孕育滋养有独特的动植物与矿产资源,而《禹贡》中就有:"终南敦物"的说法,所谓敦物是言其"既高且广,多出物产……即《东方朔传》所记:谓出玉、石、金、银、铜、铁、豫、章、檀、柘,而百王可以取给万民,可以仰足者也。秦诗曰:终南何有?有条有梅。条梅其物也,兼有此者,明其富也,举一以见余也……郑笺曰:问何有者,意以为名山高大宜有茂木也。是自尧禹以至周汉皆言终南之饶物也……"① 足见

---

① (唐)白居易撰:《白氏六帖事类集》卷二《终南山第七》。

终南山向来是以其植被覆盖之繁茂、出土物产之丰厚而著称的。

及至唐代，终南山之景象，终南物种之丰富神奇，在文学中不只被描写得生动形象，唯美诗意，而且还被披上了一层朦胧神奇的轻纱，据记载：

> 京城南灵应台有三娘湫，与炭谷相近，水波澄明，莫测深浅。每秋风摇落，常有草木之叶，飘于其上。虽片叶纤芥，必而禽衔而去。祷祈者多致花钿锦绮之类，启视投之，歘然而没。乾符初。有朝士数人，同游于终南山，遂及湫所，因话灵应之事。其间不信者，试以木石投之，寻有巨鱼跃出波心，鳞甲如雪。俄而风雨晦暝，车马几为暴水所漂。尔后人愈敬伏，莫有犯者。①

在这里，终南湖泊之澄明，秋天飘零之木叶，衔木叶而去的珍禽，湖泊中跃动的巨鱼，如织的游人，以及游人对终南山川河流、草木鱼虫的敬畏之心，构织出终南山特有的生态景象。而终南山一带的特殊生态景观、生态之美，以及人在这种生态之下生活的悠游状态，也在唐人的诗作中得到呈现。孟郊在《终南山下作》中写道：

> 见此原野秀，始知造化偏。山村不假阴，流水自雨田。家家梯碧峰，门门锁青烟。因思蜕骨人，化作飞桂仙。②

秀丽的原野，丛林遮蔽的绿荫，无须天雨即可得流水滋润的田地，青翠的山峰，缭绕的青烟，如仙境一般的终南山一带，使得但凡至此的人群，都会有羽化飞仙的想法。

终南山之敦化万物，滋养万物的生物多样性之特色，在今天仍然独具特色。根据现今县志的记载，终南山一带生态群落较多，野生动植物种类繁多。兽类有野猪、熊、豹、野牛、豺、狼、羚羊、刺猬、野兔、山羊、獾、麝、獐、狐、白眉、猫豹、果狸、狍等。禽类则有野鸡、喜鹊、麻

---

① 《太平广记》卷423 龙六，中华书局 1963 年版。
② 华忱之、喻学才校注：《孟郊诗集校注》，人民文学出版社 1995 年版，第 163 页。

雀、斑鸠、锦鸡、勺鸡、石鸡、鹌鹑、乌鸦、麻野雀、啄木鸟、布谷鸟、小杜鹃、四声杜鹃（算黄算割）、猫头鹰、鹞子、黄鹂、野鸭、画眉、伯劳、大雁、小燕、老鹰、苍鹰、白鹭、天鹅、岩鸽等。虫鱼类，则有蚯蚓、蚂蟥、田螺、蜗牛、河蛤蜊、螃蟹、蜻蜓、蟋蟀、天牛、金龟子、马蜂、中华鳖、中华大蟾蜍、花背蟾蜍、青蛙、金钱蛙、中国林蛙、壁虎、赤练蛇、黑眉虫帛蛇、乌梢蛇、蝶类等①。动物的进化与消失灭绝，往往要经历漫长的时间，甚至一纪，从唐代到今天千年的时间内，物种会有变化，但也不会有太大的变动。此地的植被则包括，农作物类：两类（粮食作物、经济作物），四科（禾本科、十字花科、豆科、锦葵科），六属（小麦、玉米、水稻、大豆、芸薹、棉），还有一些观赏性植物：美人蕉、玉簪、女贞、夹竹桃、夜来香、白芍药、牡丹、牵牛、菊、鸡冠花、万寿菊、玫瑰、月季、含羞草、木槿、仙人掌、木瓜、凤仙花、海棠、腊梅、红梅、玉兰、望春、迎春、鸢尾、紫薇、榆钱梅、蔷薇、凌霄、扇子七、百合、山丹、石竹、石蒜、蕙兰、春兰、吊兰、飞燕草、桂花、水杉、丁香、杜鹃、景天等。野生灌木和草本植物则有：柳、酸枣、刺玫、枸杞、连翘、透牡丹、崖桑、龙柏、狼牙刺、绣线菊等。森林植被则包括白皮松、侧柏、山杨、栎类、桦木、椴木、漆树、栗树、核桃树、柿树等。藤本植物也很多，像南蛇藤、五味子、猕猴桃、野葡萄、葛藤、三叶木通。

这样的生物滋养生存之状态，在唐人的文学作品中亦被反映出来，并呈现出鲜活生动的面貌。唐代文学中，终南的动植物与物产状况，具体包括以下内容：

1. 终南植物生态书写

（1）名贵药草

终南山一向以出产名贵的药材而著称，其中有些品种向来被医家、道家称为神药、仙药，孙思邈就曾隐居于终南山，于此采摘药草，而唐人之所以于此修道，除终南山的秀逸外，此物的出产，亦当为重要原因。其中最为名贵的药材当属茯苓和灵芝。

①茯苓

茯苓作为中药材，其价值历来为中医所重视，在华陀的《中藏经》卷

①　《蓝田县志》《长安县志》《周至县志》《户县县志》。

下的"疗诸病药方六十道"就多次提及加有茯苓的药方，张机的《金匮玉函经》卷二更是数十次的提及茯苓，至若张仲景的《金匮要略方论》则将其功用运用得淋漓尽致，记载有更多的加有茯苓的方剂。而茯苓也早被道家列为延年益寿的仙药，晋葛洪的《抱朴子内外篇》卷十一"仙药"条就将茯苓列入："仙药之上者丹砂，次则……松柏脂、茯苓、地黄、麦门冬……"① 并有这样的解释："及夫木芝者，松柏脂沦入地，千岁化为茯苓，茯苓万岁，其上生小木，状似莲花，名曰'木威喜芝'，夜视有光，持之甚滑，烧之不然，带之辟兵，以带鸡而杂以他鸡十二头共笼之，去之十二步，射十二箭，他鸡皆伤，带威喜芝者终不伤也。"② 对此，他在《神仙传》卷二仍有介绍："共服松脂茯苓，至五千日能坐，在立亡行于日中无影，而有童子之色。后乃俱还乡里，诸亲死亡略尽，乃复还去。临去以方授南伯逢，易姓为赤，初平改字为赤松子，初起改字为鲁班，其后传服此药而得仙者数十人焉。"③ 葛洪在《肘后备急方》则多次用到加有茯苓的方剂。茯苓之功效与运用，到了唐人手里，则有了集大成之发展。李肇《唐国史补》记载："松脂入地，千岁为茯苓，茯苓千岁为琥珀，琥珀千岁为磐玉，愈久则愈精也。"④ 孙思邈《千金翼方》中的补心汤、远志汤、伤心汤等数十方中都加入茯苓⑤，其《千金要方》妇人方、少小婴孺方等更是多有运用，王焘的《外台秘要》也是大量地运用到茯苓。

《全芳备祖》对茯苓有这样的解释："一名松肪，一名松脂。《本草》：茯苓，千岁松脂也。菟丝生其上而无根，一名女萝，上有菟丝，下有茯神。茯苓皆自作块，不附着根上，其抱根而轻虚者为茯神。《本草》：茯苓在菟丝之下，状如飞鸟之形，似人形龟形者佳，久服安形养神，不饥延年。"⑥

钱起的《自终南山晚归》就提到终南山寻采茯苓的生活："采苓日往

---

① （晋）葛洪撰，王明校：《抱朴子内篇校释》内篇卷十一，中华书局 1980 年版，第 177 页。

② 同上书，第 180 页。

③ （晋）葛洪撰：《神仙传》卷二，清文渊阁四库全书本。

④ （唐）李肇著：《唐五代笔记小说大观·唐国史补》卷中，上海古籍出版社 2000 年版，第 181 页。

⑤ （唐）孙思邈著：《千金翼方》卷十五，元大德梅溪书院本。

⑥ （宋）陈景沂撰：《全芳备祖》后集卷二十九药部，农业出版社影印宋刻本 1982 年版，第 1481—1482 页。

还，得性非樵隐。"①

②芝草

据《三秦记》记载，终南山西有石室，灵芝常有。一道士不食五谷，言太一之精，斋絜乃得见。终南山南五十里有玉堂阳宫，石宫中则有灵芝。

唐人的终南吟咏中对芝草亦多有提及："玉英时共饭，芝草为余拾"（王湾《奉使登终南山》），"半岭逢仙驾，清晨独采芝"（李端《游终南山因寄苏奉礼士尊师苗员外》），"路入峰峦影，风来芝朮香"（姚合《题终南山隐者居》），这些诗句透露出在终南修道或隐居之人，采拾芝草，与峰峦相伴，清风吹来，时闻芝术清香的生活。

③石芥

即石蕊，是地衣植物门子囊衣纲石蕊科的一个属。是枝状地衣，土生或生于腐木或岩石表土上。全草入药，能祛风镇痛，凉血止血。常大片丛生在高山荒漠、苔原及极地的岩石表面或冰雪中。极耐干旱和寒冷。梁代陶弘景所著的《名医别录》中对石濡（即石蕊）的功用记载是可明目益精气；明代李时珍的《本草纲目》中，记述了许多地衣的形态、习性及药效，如石濡有生津润喉、解热化痰的功效。

钱起的《蓝上采石芥寄前李明府》即勾勒出石芥覆着岩石之上，受到夜雨之滋润，隔着云烟，舒展着附着在岩石上的细小绿叶的生长姿态：

渊明遗爱处，山芥绿芳初。玩此春阴色，犹滋夜雨余。隔溪烟叶小，覆石雪花舒。采采还相赠，瑶华信不如。②

（2）花草树木

终南山素以秀丽苍翠而著称，即便到今天，仍有后花园之美称。这样的特质，自然得益于花草树木的品类繁多与丰茂。唐代诗文的重心并不在详细描绘并记载这些草木，却或多或少地为我们提供了它们的名字，亦描绘出它们独有的姿态。

---

① （清）彭定求等编：《全唐诗》卷236，中华书局1997年版，第2605页。
② 同上书，第2628页。

①竹

终南一带多竹，隋唐时期，鄠杜一带即有司竹园。根据史书的记载，唐高祖之女平阳公主，就起兵于司竹园。唐代高僧释道世的《法苑珠林》中对终南深处生长的大片竹林有详细的记载：

> 终南山大秦岭竹林寺者，至贞观初，采蜜人山行，闻有钟声，寻而往至焉。寺舍二间，有人住处，傍大竹林，可有二顷。其人断二节竹以盛蜜，可得五升许。两人负下寻路而至大秦戍，具告防人以林，至此可十五里。戍主利其大竹，将往伐取。遣人依言往觅，过小竹谷达于崖下，有铁锁长三丈许，防人曳锁，掣之大牢将上，有二大虎据崖头向下大呼，其人怖，急返走，又将十人重寻，值大洪雨便返。蓝田悟真寺僧归真，少小山栖，闻之便往，至小竹谷，北上望崖，失道而归。常以为言，真云：此竹林至关可五十许里。①

这段记录，绘声绘色地记录下唐初终南山的生态状况：在这里拥有藏在深山中的广阔竹林，在当时亦引起逐利者的贪心，意欲伐取并毁坏这片天然的生态环境，但被猛虎惊骇，以致并未成行。而此后竹林再也难寻踪迹，消失在人们的视线中。

唐诗中更是多次描绘到终南山标志性的植物——竹，如"野径到门尽，山窗连竹阴"（钱起《和人秋归终南山别业》）、"绿竹入幽径，青萝拂行衣"（李白《下终南山过斛斯山人宿置酒》）等。

②松、柏

除过竹林外，终南山也是松树生长的乐土，松树亦是其标志性植物。"叠松朝若夜，复岫阙疑全"（李世民《望终南山》），"烟色松上深，水流山下急"（王湾《奉使登终南山》），"长风驱松柏，声拂万壑清"（孟郊《游终南山》），"猿鸟知归路，松萝见会时"（《游终南山因寄苏奉礼士尊师苗员外》），"人间足烦暑，欲去恋松风"（《题终南山白鹤观》），这些诗句中留下了终南松的影迹。

有关柏，唐诗提及较少，如"长风驱松柏"。《全芳备祖》"柏附桧

---

① （唐）释道世撰：《法苑珠林》卷三十九，上海古籍出版社1991年版，第305页下。

栝"条《事实祖》碎录所辑录的各种解释是：

> 柏椈也。(《尔雅》) 柏曰苍官。(樊宗师《记荆州厥贡》) 枞干栝柏。(《禹贡》) 新甫之柏。(《閟宫》) 四时常保其青青。(《庄子》) 大谷栩生之柏，与天齐，其长地等其久也。(《抱朴子》) 信松茂而柏悦。(《文选》) 柏叶松身曰桧。(《尔雅》) 有雁翅桧，叶如雁翅。(《李德裕记》)①

③桂

姚合有"潭冷薜萝晚，山香松桂秋"(《贻终南山隐者》)的诗句。

④栗

《全芳备祖》云：

> 隰有栗。(《山枢》) 树之榛栗，馈食之笾，其实栗。(《周礼》) 女贽不过榛、栗、枣、修。(《左传》) 燕秦千树栗，其人与千户侯等。(《汉书》) 中山好栗。(《何晏论》) 诸暨产如拳之栗。(《地理志》) 人有脚弱，啖栗数升遂能行。(《本草》)

> [纪要]：古者兽多民少，皆巢居以避之，昼食橡栗，夜栖树上，故命曰有巢氏。(《庄子》) 哀公问社于宰我。宰我对曰：夏后氏以松，殷人以柏，周人以栗。(《论语》)②

《广群芳谱》云：

> 《本草》栗……象花，实下垂之状也。佛书名笃迦。木高二三丈，极类栎，四月开花，青黄色，长条似胡桃花，实有房。

> [汇] 大者若拳，小者若桃李。[原] 栗苞生外，壳刺如猬毛。其中着实，或单或双或三四，少者实大，多者实小。实有壳，紫黑色，壳

---

① (宋)陈景沂撰：《全芳备祖》后集卷十五木部，农业出版社影印手抄本1982年版，第1139—1140页。

② 同上书，第984—985页。

内膜甚薄，色微红黑。外毛内光，膜内肉外黄内白，八九月熟，则苞自裂而实坠。宣州及北地所产小者为胜。陆玑诗疏曰：栗五方皆有，周秦吴扬特饶，惟渔阳及范阳生者，甜美味长，他方不及。……［增］《西京杂记》：上林苑栗四：侯栗、榛栗、瑰栗、峄阳栗（峄阳都尉曹龙所献，大如拳）。《唐本草》：桂阳有莘栗（丛生，实大如杏仁，皮子形色与栗无异，但小耳），又有奥栗（皆与栗同，子圆而细。惟江湖有之，或云即莘也）。《客燕杂记》：京师佳果栗三：霜前栗、盘古栗、鹰爪栗。①

根据《法苑珠林》的记载："子午关南第一驿名三交驿，东有涧，东南坡数十顷是栗。"② 李德裕《平泉山居草木记》则对终南山下的蓝田物产有过记录：

> 余尝览想石泉公家藏藏书目有《园庭草木疏》，则知先哲所尚必有意焉。余二十年间，三守吴门，一莅淮服，嘉树芳草，性之所耽，或致自同人，或得于樵客，始则盈尺，今已丰寻。因感学诗者多识草木之名，为骚者必尽荪荃之美，乃记所出山泽庶资博闻。木之奇者……有蓝田之栗、梨、龙柏，其水物之美者。③

而有关栗的痕迹在唐诗中却未见描述。

⑤女萝

女萝即松萝，在《诗经》、《楚辞》中经常出现，是一种地衣类的植物，常附着在松树上，成枝状下垂。古时误以为兔丝，如史游《急就篇》在解释兔卢时说："即兔丝也。色黄而细者为兔丝。一名兔缕，一名唐，一名蒙，一名女萝，一名玉女，一名赤网。粗而色浅者为兔卢，卢亦缕也，一名兔累，累者，绳索之意也。"④ 《全芳备祖》对此则有清楚的辨析："藤萝，蘽藤也。（《广雅》）江东呼蘽为藤，藤似葛粗大也。（《尔

---

① （清）汪灏等撰：《广群芳谱》卷之五十九果谱，商务印书馆1935年版，第1404—1405页。

② （唐）释道世撰：《法苑珠林》卷五十二，上海古籍出版社1991年版，第305页下。

③ （唐）李德裕著：《李文饶集》卷九，四部丛刊景明本。

④ （汉）史游撰，颜师古注，王应麟补注，钱保唐补音：《急就篇》，商务印书馆《丛书集成初编》1936年版，第248页。

雅》）南有乔木，葛藟累之。（《毛诗》）女藤松萝也，兔丝也。诗云：茑与女萝，施于松上。（《广雅》）在草曰兔丝，在木曰松萝。（《毛诗》）住紫藤，叶细长，茎如竹根，极坚实，重重有皮，花白子黑，置酒中三十年亦不腐败。其茎截置烟焰中，经时成紫香，可以降神。"[1]

姚合的《贻终南山隐者》"潭冷薛萝晚，山香松桂秋"、李端的《游终南山因寄苏奉礼士尊师苗员外》"猿鸟知归路，松萝见会时"、卢纶的"猿鸟三时下，藤萝十里阴。绿泉多草气，青壁少花林"（《过终南柳处士》）等诗，亦描绘出终南藤萝的生长状态。

⑥蔷薇

蔷薇在唐代的终南一带亦曾留下痕迹。李白的《春归终南山松龛旧隐》就写道："却寻溪中水，还望岩下石。蔷薇缘东窗，女萝绕北壁。"勾勒出终南山一带蔷薇女萝绕窗缘壁而生的姿态。

⑦李花

唐代文学亦记录下终南多李的盛况。据《云仙杂记》"好李花致富"条引《耕桑偶记》记载：

> 终南及庐岳，出好李花，两市贵侯富民，以千金买种，终庐有致富者。[2]

⑧天芋

据《酉阳杂俎》记载："天芋生终南山中，叶如荷而厚。"[3]

除了唐代诗文中出现的诸多物种外，唐前文献史料的记载中，还可看到其他一些物种，历经岁月的变迁，虽说并无沧海桑田的大的地质变动，但气候等自然条件亦会发生变化，不知这些物种在唐代是否依然生长在终南的环境之中，而现代历史地理学则通过有些物种的存在，判断气候等自然条件发生的变化。如：

---

① （宋）陈景沂撰：《全芳备祖》后集卷十三草部，农业出版社影印宋刻本1982年版，第1094页。

② （唐）冯贽著：《云仙杂记》卷八，中华书局1985年版，第57页。

③ （唐）段成式撰，方南生点校：《酉阳杂俎》前集卷之十九，中华书局1981年版，第188页。

a. 梅

根据《诗》的记载：终南何有？有条有梅，有杞有棠。

b. 梓树

《太平御览》记载：

> 《玄中记》曰：始皇时终南山有梓树，大数百围，荫宫中，始皇恶之，兴兵伐之，天辄大风雨，飞沙石，人皆疾走，至夜疮合……①

c. 合离树

《西京杂记》记载：终南山多合离树叶，似江蓠，而红绿相杂，茎皆紫色，气如罗勒。其树直上百尺无枝，上结藂条，状如车盖，一青一丹，斑驳如锦绣，长安谓之丹青树，亦云华盖树，亦生于熊耳山中。

2. 终南动物生态书写

生态良好的终南山还生活有诸多珍禽与异兽，是珍禽的乐土。唐人笔记则记录下这些山禽在终南山上留下的足迹。如：

（1）菘节鸟

据《酉阳杂俎》记载：菘节鸟，四脚，尾似鼠形，如雀，终南深谷中有之。

（2）老鹳

> 秦中山谷间有鸟如枭，色青黄，肉翅，好食烟，见人辄惊落，隐首草穴中，常露身，其声如婴儿啼，名老鹳。

（3）柴蒿

京之近山有柴蒿鸟，头有冠如戴胜，大若野鸡。

（4）兜兜鸟

兜兜鸟，其声自号，正月以后作声，至五月节不知所在，其形似鸲鹆。

---

① 《太平御览》卷六百八十仪式部一，中华书局 1960 年版。

（5）虾蟆护

南山下有鸟名虾蟆护，多在田中，头有冠，色苍，足赤，形似鹭。①

（6）白鹿

李洞的《终南山二十韵》提及"放泉惊鹿睡，闻磬得人醒"。

（7）虎、豹、狐、狼、蛇

唐代的终南山一带，多有狼虫虎豹出没，而据《新唐书·五行志》毛虫之孽记载：

> 乾元二年十月，诏百官上勤政楼观安西兵赴陕州，有狐出于楼上，获之。大历四年八月己卯，虎入京师长寿坊宰臣元载家庙，射杀之。虎，西方之属，威猛吞噬，刑戮之象。六年八月丁丑，获白兔于太极殿之内廊。占曰："国有忧。白，丧祥也。"
>
> 建中三年九月己亥夜，虎入宣阳里，伤人二，诘朝获之。

这些窜入长安城并伤人的老虎，很可能是来自终南山。

有关的记载在佛藏中多有提及，虽说多是为宣扬佛法之无边，高僧修行之感应而列举虎豹不食得道高僧的神迹，带有一定的奇异色彩，但也从一定程度上揭示出终南山虎豹出没的事实。

《法苑珠林》中多处提到终南山狼虎出没的情境：

> 隋终南山梗梓谷释普安，姓郭氏，雍州北泾阳人也。仪轨行法，独处林野，不宿人世，专崇禅思，至于没齿，栖迟荒险，不避狼虎，常读《华严》，手不释卷，遵修苦行，亡身为物，常游山野，用施禽兽，虎豹虽来，臭而不食。常怀耿耿，不副情愿，值周废，教恒共硕德三十余僧，避地终南，安置幽谷。②
>
> 唐长安普光寺僧慧融，字圆照，俗姓张氏，南阳人，后奉敕追入京住普光寺。时游终南山，或来或往。往尝登山，逢雪深厚不能得

---

① （唐）段成式撰，方南生点校：《酉阳杂俎》前集卷之十六，中华书局 1981 年版，第 155 页。

② （唐）释道世撰：《法苑珠林》卷二十八感应缘，上海古籍出版社 1991 年版，第 210 页下。

进，忽有一虎，近前弭耳俯伏，慧融知其意，乃乘之。虎遂负融而上，常有双鸟于山林中前行引路……右此二验出唐《高僧传》中。①

《集异记》：周终南山释静蔼，姓郑氏，荥阳人也……西达咸阳求道，情通掩抑，十年后附节终南，有终焉之志。烟霞风月，用祛亡返，山本无水，须便洞饮，当于昏夕，觉人侍立，忽降虎来前脑地而去，及明观之，渐见润湿，使人淘掘，飞泉通涌。从是已来，遂省挹酌，今锡谷避世堡、虎脑泉是也。②

唐终南山豹林谷沙门释会通，雍州万年御宿川人，少欣俭素，游泊林泉，苦节戒行，是其本志，投终南豹林谷，潜隐综业，诵《法华经》至药王品，便欣捐舍，私集柴木，誓必行之。③

《弘赞法华传》亦提到弘照卜宅终南山遇老虎与蛇的事迹：

> 释弘照，俗姓尚官，雍州高陵县人也……年二十投成律师机禅师，而剃落焉……后遂卜宅终南，于折谷避世堡，依岩枕石，誓诵千遍。既而贞情霜皓，妙韵风畅，频感冥祇潜来，翼卫或公私艰卢道俗缠绠。即有大虫鸣吼，略为常候。又忽降深雪，面唯升许，二十余日，食之不尽。但以久居此地，闻见遂多。供施殷繁，伤皮害髓。乃与友人履信移住鄠县西南之寒山，更修前业。路极险阻，经途百余里，又属咸亨不稔，素无储积。往往有人担齐食来送，尔后寻访莫知踪绪。时二德及一居士，并结草庵星居，自策照忽见一蛇，长百尺，斑文五色，头高丈余，直来庵所，低身俯听。照初惊惶，战栗不敢视之，闭目清诵，声辞屡辍，渐以理革情，稍得流泽。于是起大悲心，发深重愿，合常流泪抗音终部，蛇少选而退，自尔频来不息。照虽颇知无害，然恶其腥臭，惧其形状。初以杖约，随手即去。后令居士驱之，其乃以绳缠颈，引致深业，系于大树。④

---

① （唐）释道世撰：《法苑珠林》卷八十四感应缘，上海古籍出版社1991年版，第591页上。

② （唐）释道世撰：《法苑珠林》卷九十六感应缘，上海古籍出版社1991年版，第671页。

③ 同上书，第672页中。

④ （唐）释惠详撰：《弘赞法华传》卷八，《大正新修大藏经》第51册。

这些来自佛教典籍的材料，虽然为了宣扬佛法，将得道高僧的行迹神话、灵异化，但却道出终南山深处，虎狼出没的事实。

《唐阙史》卷下的《虎食伊璠》也写出这一带虎狼出没的事实：

> 巢偷污踞宫阙，与安、朱之乱不侔。其间尤异者，各为好事传记，冠裳、农贾，挈妻挈孥潜迹而出者，不可胜纪。至有积月陷寇，终日逃避，竟不睹贼锋者。独前泾县令伊璠，为戎所得，屡脱命于刃下。其后血属相失，村服晦行。及蓝关，为猛兽搏而食之。患祸之来，其可苟免？①

这段文字中的伊璠被虎吃掉的地方——蓝关，即隶属终南。

唐诗中亦提及终南老虎出没的情形。张籍的《相和歌辞·猛虎行》写道：

> 南山北山树冥冥，猛虎白日绕林行。向晚一身当道食，山中麋鹿尽无声。年年养子在深谷，雌雄上山不相逐。谷中近窟有山村，长向村家取黄犊。五陵年少不敢射，空来林下看行迹。②

由此可知，南山深冥的树林中，猛虎白日在其间绕行，薄暮则当道觅食，山中麋鹿寂寂无声。雌雄二虎养子于深谷之中，亦常常来到附近的山村觅取黄犊。即便是豪侠善射的五陵年少，亦不敢猎捕猛虎，只是每每到林下看看其留下的足迹而已，足见其威猛慑人之状。

元稹的《留呈梦得、子厚、致用（题蓝桥驿)》亦提及蓝桥驿一带留下的虎蹄印记：

> 泉溜才通疑夜磬，烧烟余暖有春泥。千层玉帐铺松盖，五出银区印虎蹄。暗落金乌山渐黑，深埋粉堠路浑迷。心知魏阙无多地，十二

---

① （唐）高彦休著：《唐五代笔记小说大观·唐阙史》卷下，上海古籍出版社 2000 年版，第 1365 页。

② 余恕诚、徐礼节整理：《张籍系年校注》，中华书局 2011 年版，第 34 页。

琼楼百里西。①

贾岛的《寄龙池寺贞空二上人》亦云：

> 受请终南住，俱妙去石桥。林中秋信绝，峰顶夜禅遥。寒草烟藏虎，高松月照雕。霜天期到寺，寺置即前朝。②

而终南山豹林谷的命名，亦从另一侧面告知后世，此处曾有豹子出没的事实。

可惜的是唐代文学并未记录下些微的痕迹。

（8）青猿

终南山一带的猿类踪迹在唐代的史书与地志当中并未提及，无从考证，但清代雍正十三年（1735 年）的《陕西通志·物产二》则记载有：猕猴、貔（豹）。清康熙七年（1668）的《长安县志·物产》、《户县乡土志·物产》也记载终南山有：猿、猴。而清乾隆五十年（1785）的《周志县志·物产》中也记载有：猴。清乾隆四十四年（1779）《西安府志·物产》记载终南山的兽类更多，有貔、鹿、麋、獐、狨、猴等。而唐人的诗歌在吟咏终南时，亦时有提及青猿这一生态意象，如"青猿吟岭际，白鹤坐松梢"（姚合《游终南山》）、"猿鸟知归路，松萝见会时"（李端的《游终南山因寄苏奉礼士尊师苗员外》）等。

（9）萤火虫

终南山也少不了闪烁的萤火。李洞的《终南山二十韵》"古苔秋渍斗，积雾夜昏萤"。记录下萤火虫透过积雾昏朦的夜色，发出的闪烁微弱光芒。

（10）碎车虫

碎车虫，状如唧聊，苍色，好栖高树上，其声如人吟啸，终南有之。一本云沧州俗呼为搔。前太原有大而黑者，声唧聊。碎车，别俗呼为没盐

---

① 冀勤点校：《元稹集》，中华书局 1982 年版，第 220 页。
② 齐文榜校注：《贾岛集校注》，人民文学出版社 2001 年版，第 129 页。

虫也。①

（11）鱼与龙

龙是有丰富内蕴的传说中的动物。在中国古典分类中,鱼与龙属鳞介类。山有水,则有了灵动的气息,有水则会有遨游其中的游鱼,而山有龙则具有了神圣的氛围,才可跻身于名山之列。据《大唐传载》记载:

> 终南山有湫池,本咸阳大洲,一夜忽飞去。所历皆暴雨,与鱼俱下,大者至四五尺,小者不可胜计,遂落终南山中峰。水浮数尺,纵广一里余,色如黛黑,云雨常自中出,焦旱祈祷,无不应焉。山僧采樵,时见群龙瀺灂其中。②

这段记载,不仅记录下终南山一带特殊的气候现象,而且还反映出终南湫池中鱼类众多的生态境况。古人并无今天特有的专业的动物学知识分类,于是这些大大小小、品类繁多的鱼类名目,并未被明晰记录下来,但至今终南一带沿山而过的河流里,仍然鱼类众多,作为终南山起点的辋川一带,根据县志记载还有国家保护的二级动物两栖类的大鲵。

而这段记载仍描述出终南一带因湫池的存在,气候湿润多雨的特点。而这一气候特征,古人将之归为神话传说中能出云致雨的神龙的功劳。

（12）白鹤

松鹤是已被中国传统文化赋予深厚意蕴的意象,与仙境相关,也与人类一直以来所无法突破的自然法则——人的死亡与人的寿命有期息息相关,而自古以来的松鹤延年的说法,则寄托有人类渴望延年益寿、长生不老的愿望。于是传统的道教名山中,自是少不了它们。而描写终南寻仙访道的生活时,仙鹤自然也会时时出现,如"草讶霜凝重,松疑鹤散迟"（白居易《和刘郎中望终南山秋雪》）、"潭静鱼惊水,天晴鹤唳风"（姚合《赠终南山傅山人》）、"闲房僧灌顶,浴涧鹤遗翎"（李洞《终南山二十韵》）等。

---

① （唐）段成式撰,方南生点校:《酉阳杂俎》前集卷之十六,中华书局1981年版,第170页。

② （唐）佚名著:《唐五代笔记小说大观·大唐传载》卷下,上海古籍出版社2000年版,第893页。

3. 终南矿产的文学书写

终南山不只是动植物的美好乐土，也是丰富的矿产出产地。据记载，这里出产黄金，如今的蓝田、临潼交界带还留有大小金山的地名。"蓝田玉"则是这里最具标志性的矿物。

（1）终南山石

终南山石，往往成为长安人之生活用品，其用途，根据诗文的记载，有用来作碑石的，有用来构建园林的，亦有用作石枕的。唐人往往以色彩分其品类，见于诗文的有紫石、白石等。《曲江池记》中的"斜窥澹泞，见终南之片石"①，则审美地记录出曲江池以终南山石为装点的事实。

钱起的《白石枕》写道：

> 起与监察御史毕公耀交之厚矣。顷于蓝水得片石，皎然霜明，如其德也，许为枕赠之。及琢磨将成，炎暑已谢，俗曰："犹班女之扇，可退也。"君子曰："不然，此真毕公之佳赏也。"故珍而赋之。
>
> 琢珉胜水碧，所贵素且贞。曾无白圭玷，不作浮磬鸣。捧来太阳前，一片新冰清。沈沈风宪地，待尔秋已至。璞坚难为功，谁怨晚成器。比德无磷缁，论交亦如此。②

以此可见，终南山石之材质向为唐人所称善，以其皎然若霜的品质，不仅可降温，亦让唐人联想到洁净素贞的品性。

冯贽《云仙杂记》"书北山移文"条还叙述出唐人买终南山石刻碑立传的风尚：

> 乐天女金銮，十岁忽书《北山移文》示家人，乐天方买终南紫石，欲开文士传，遂辍以勒之。（《丰宁传》）③

---

① （清）董诰等编：《全唐文》卷597，中华书局1983年影印本，第6034页。
② （清）彭定求等编：《全唐诗》卷236，中华书局1997年版，第2598页。
③ （唐）冯贽著：《云仙杂记》卷三，中华书局1985年版，第18页。

（2）终南玉石

终南产玉，以蓝田山为最，所出美玉名之曰"蓝田玉"。《水经注》云："丽戎之山一名蓝田，其阴多金，其阳多玉。"《通典》："京兆郡有蓝田县出美玉，玉之美者曰球次，曰蓝盖，以县出玉故名之。"《元和郡县志》卷一记载：

> 蓝田县畿，东北至府八十里。本秦孝公置。按《周礼》玉之美者曰球，其次为蓝。案：今《周礼》无此文，杜佑《通典》蓝田县下亦有是语，而不云《周礼》。盖以县出美玉，故曰蓝田。周闵帝割京兆之蓝田，又置玉山、白鹿二县，置蓝田郡，至武帝省郡复为蓝田县，属京兆，后遂因之县理城，即峣柳城也，俗亦谓之青泥城。桓温伐苻健，使将军薛珍击青泥城破之，即其处也。
>
> 蓝田山一名玉山，一名覆车山，在县东二十八里。①

《通典》记载：

> 秦以印称玺，以玉不通臣下，用制乘舆六玺，曰：皇帝行玺、皇帝之玺、皇帝信玺、天子行玺、天子之玺、天子信玺。又始皇得蓝田白玉为玺，螭虎钮，文曰："受天之命，皇帝寿昌。"②

蓝田自古出美玉，蓝田山亦因此有了玉山之美称。根据典籍的记载，秦始皇的传国玉玺，材质亦系蓝田玉，足见其材质之上好珍贵。而蓝田玉石还可成为美人之装饰，亦用来装饰奢侈之帝王将相、王公贵族的宅邸。其在后世诗文中亦往往用来比人之资质之美，如"君以蓝田美玉，大海明珠，灼灼美其声"。《梁简文帝庶子王规墓志铭》曰："玉挺蓝田，珠润隋水。价重连城，声同垂棘。"③唐代文学中有关蓝田玉的载录不多。

---

① （唐）李吉甫撰，黄永年校点：《元和郡县志》卷一，中华书局 1983 年版，第 16 页。

② （唐）杜佑撰，王文锦等点校：《通典》卷六十三礼二十三，中华书局 1985 年版，第1742 页。

③ （唐）欧阳询撰：《艺文类聚》卷四十九职官部五，上海古籍出版社 1982 年版，第 890—891 页。

　　李白的《王屋山人魏万》中提及："君抱碧海珠，我怀蓝田玉。各称稀代宝，万里遥相烛。"可见在唐人心目中，蓝田玉石和碧海珍珠一样，是希代之宝，也内化为稀世之才的象征，成为唐人喜用的比况。李贺在诗作中多次提到蓝田玉，其《春坊正字剑子歌》写道："神光欲截蓝田玉，提出西方白帝惊。"《南园》云："南山削秀蓝玉合。"李商隐的"沧海月明珠有泪，蓝田日暖玉生烟"则为终南美玉添上一抹神奇朦胧的底蕴。韩偓的《卜隐》写道："屏迹还应减是非，却忧蓝玉又光辉。桑梢出舍蚕初老，柳絮盖溪鱼正肥。世乱岂容长惬意，景清还觉易忘机。世间华美无心问，藜藿充肠苎作衣。"其中的蓝玉，亦是用作对人才禀光辉特质的比喻。鲍溶的《玉山谣奉送王隐者》则属专咏玉山之作：

　　　　凤凰城南玉山高，石脚耸立争雄豪。攒峰胎玉气色润，百泉透云流不尽。万古分明对眼开，五烟窈窕呈祥近。有客师事金身仙，用金买得山中田。闲开玉水灌芝草，静醉天酒松间眠。心期南溟万里外，出山几遇光阴改。水玉丁东不可闻，冰华皎洁应如待。秋风引吾歌去来，玉山彩翠遥相催。殷勤千树玉山顶，碧洞寥寥寒锦苔。①

　　石脚耸立，雄豪高壮，立于帝都之南，因胎孕美玉，而气色温润，又有清泉环绕，绵延至天边。隐居于玉山一带，则可过着用玉水浇灌芝草，饮天酒醉眠松间，听水玉相激叮咚之声，看玉山彩翠遥立，似乎在催促着诗人欣赏，千树青碧殷勤相招的神仙般的生活。而这样的好山好水，亦吸引着诗人唱起归去来的歌赋，而诗作中蓝田玉的资质，则被诗人以"气色温润，冰华皎洁"作以形容。

　　4. 终南独特的地貌

　　除过高耸险峻的地貌特质外，终南山还有独特的喀斯特溶洞地形，各种洞穴，以及山崩、地震等特殊地质灾害形成的特殊地貌。这在诗文与史料中亦有书写。

　　（1）溶洞

　　《酉阳杂俎》续集记载：

---

① （清）彭定求等编：《全唐诗》卷486，中华书局1997年版，第5563页。

有人游终南山一乳洞,洞深数里,乳旋滴沥成飞仙状,洞中已有数十,眉目衣服,形制精巧。一处滴至腰以上,其人因手承漱之。经年再往,见所其承滴,像已成矣,乳不复滴,当手承处,衣缺二寸不就。①

(2)洞穴

《北堂书钞》提及:

> 《福地记》曰:终南有横山,上下有穴,高数丈,水从穴内出,深尺余,从穴入百步,便得仙人玉女之堂,亦可见仙人传得道矣。②

(3)地震山崩

《旧唐书》本纪第八记载:"玄宗开元十七年四月丁亥,大风震电,蓝田山崩。"

《新唐书》本纪第五记载:"玄宗开元十七年四月乙亥,大风,震,蓝田山崩。"

李淳风《观象玩占》卷一记载:

> 唐玄宗开元十七年四月乙亥,大风震电,蓝田山推裂百余步,畿内山也。占曰:君德消政易。③

由上述记载可知,终南山亦存在各种由于地震造成的断裂带。

(二)终南山的气候与四时之景

今天的终南山周遭属暖温带半湿润大陆性季风气候,具有四季冷暖分明,冬季长而春秋短以及雨热同季等特点。但千年前的唐代,根据历史地理学的研究,认为气温偏高,暖于今天,而这样的气候变迁与唐时的气候特征,在史书中记载简略,文学中则有详细生动的展示,尤其是诗歌感于

---

① (唐)段成式撰,方南生点校:《酉阳杂俎》续集卷之二,中华书局1981年版,第216—217页。
② (唐)虞世南撰:《北堂书钞》卷一百五十八地部二,第1540页。
③ (唐)李淳风撰:《观象玩占》卷一,明钞本,第11页。

物而动，对四时四季阴晴冷暖的敏锐感受，都会形诸笔端，于是也让后世人通过阅读诗歌，和对诗歌的梳理，得以对此地的气候特征有所把握。李端的《雨后游辋川》虽无法明确判断它的季节，很有可能书写的是夏季雷雨过后的生态图景：

> 骤雨归山尽，颓阳入辋川。看虹登晚墅，踏石过青泉。紫葛藏仙井，黄花出野田。自知无路去，回步就人烟。①

而骤雨过后，颓阳映照，看彩虹初现挂于暮色中的别墅上空，踏着山石渡过清泉，紫葛深密遮藏着仙景，野田上黄花丛生，直到无路可走，才回步返回。

（1）生机勃勃的春日终南

特殊的山地气候，使终南山的春天来得较晚，初春时，仍然是积雪覆盖。于是就出现了特有的"带雪复衔春，横天占半秦"（张乔《终南山》）的景象。李子卿的《望终南春雪》写道：

> 山势抱西秦，初年瑞雪频。色摇鹑野霁，影落凤城春。辉耀银峰遍，晶明玉树亲。尚寒由气劲，不夜为光新。荆岫全疑近，昆丘宛合邻。余辉倘可借，回照读书人。②

年初时瑞雪频繁，遥望处终南山势抱西秦，银峰辉耀，避人眼目，玉树晶明，与人相亲，尚带着强劲的寒气。

而一旦稍晚时节和煦的春风吹过时，就带来了终南的处处生机；满眼的烂漫山花，姹紫嫣红开遍，春鸠鸣叫，预报着春天的来临，一切都有了新的开始。春天的终南山，美得令人心醉。王维在《春中田园作》一诗中，则描摹展示出春日终南北麓辋川一带的春日生机：

> 屋上春鸠鸣，村边杏花白。持斧伐远扬，荷锄觇泉脉。归燕识旧

---

① （清）彭定求等编：《全唐诗》卷285，中华书局1997年版，第3241页。
② （清）彭定求等编：《全唐诗》卷305，中华书局1997年版，第3474页。

巢，旧人看新历。临觞忽不御，惆怅思远客。①

终南一带的春雨，应是柔和的、细腻的，一如韩愈所言的"天街小雨润如酥"，而春雨过后的终南，更是清新明丽：

桃红复含宿雨，柳绿更带朝烟。花落家童未扫，莺啼山客犹眠。（《田园乐》）②

风雨过后，绽放的花朵更加润泽，深红浅红的花瓣上带着隔夜的雨滴，虽是丝丝细雨，但仍有早凋的花朵被风雨吹落，落红满地，色泽柔和可爱，雨后澄鲜的空气中，弥漫着冉冉花香，绿莺鸣叫，碧绿的柳丝笼罩在一片迷蒙的水烟中。

"雨中草色绿堪染，水上桃花红欲然"（王维《辋川别业》）则写出终南一带雨中的丽景，草色浓绿逼人，桃花经由春雨滋润洗涤，红得像是要燃烧起来。

（2）林荫蔽日的夏季终南

杨师道的《赋终南山用风字韵应诏》写道："白云飞夏雨，碧岭横春虹。"勾勒出终南夏雨时的季节特色。王维的《积雨辋川庄作》写道：

积雨空林烟火迟，蒸藜炊黍饷东菑。漠漠水田飞白鹭，阴阴夏木啭黄鹂。山中习静观朝槿，松下青斋折露葵。野老与人争席罢，海鸥何事更相疑。③

积雨时节，天阴地湿，空气潮润，静谧的丛林上空，炊烟袅袅升起，山下农家正在烧火做饭。农家早炊，田头野餐，展现出一系列人物活动画面，秩序井然而富有生活气息。广漠空濛，布满积水的田畴上，白鹭翩翩起飞，意态娴静潇洒，远近高低，蔚然深秀的密林中，黄鹂相互唱和，歌

————————

① 陈铁民校注：《王维集校注》，中华书局1997年版，第448页。
② 同上书，第452页。
③ 同上书，第444页。

声甜美快活。漠漠水田广阔，苍茫浑阔，阴阴夏木茂密，苍翠幽深。积雨的辋川夏季林荫蔽日，山野画意盎然；极富美感。

（3）万山红遍的秋日终南

早秋和仲秋，终南是漫山红遍，色彩斑斓的。王维的《山中》写道：

> 荆溪白石出，天寒红叶稀。山路元无雨，空翠湿人衣。①

天寒水浅，山溪变成涓涓细流，露出粼粼白石，清浅可爱。在一片浓翠的山色背景上，点缀着稀疏的几片红叶，尽管秋已将尽，山冷天寒，但整个终南山中，仍是苍松翠柏，蓊郁青葱。空翠浓得几乎可以溢出翠色的水分，浓得几乎整个空气中都充满了翠色的分子，人行空翠中，就像笼罩在一片翠雾之中，整个身心都受到浸染、滋润，微微感觉到一种细雨湿衣的凉意。视觉、触觉、感觉所产生的似幻似真的感受，给心灵以涤荡。这幅由白石粼粼的小溪、鲜红的红叶和无边的浓翠组成的晚秋之景，色彩斑斓鲜明，毫无萧瑟枯寂之感。其《山居秋暝》写道：

> 空山新雨后，天气晚来秋。明月松间照，清泉石上流。竹喧归浣女，莲动下渔舟。随意春芳歇，王孙自可留。②

秋日的辋川，山中依然树木繁茂，新雨过后，天色已暝，却有皓月当空；群芳已谢，却有青松如盖。山泉清冽，淙淙流泻于山石之上，犹如一条洁白无瑕的素练，在月光下闪闪发光，弥漫着幽清明净的自然之美。竹林里传来了一阵阵欢歌笑语，天真无邪的姑娘们洗罢衣服笑逐着归来，亭亭玉立的荷叶纷纷向两旁披分，掀翻了无数珍珠般晶莹的水珠，顺流而下的渔舟划破了荷塘月色的宁静。再看秋雨中的终南：

> 飒飒秋雨中，浅浅石溜泻。跳波自相溅，白鹭惊复下。

---

① 陈铁民校注：《王维集校注》，中华书局1997年版，第463页。
② 同上书，第451页。

山中的溪水蜿蜒曲折，深浅变幻莫测。有时出现一个深潭，有时又会出现浅濑。湍流虽急却明澈清浅，游鱼历历可数，鹭鸶则常在这里觅食。深秋暮色中的辋川，和谐静谧。

其《辋川闲居赠裴秀才迪》写道：

> 寒山转苍翠，秋水日潺湲。倚杖柴门外，临风听暮蝉。渡头余落日，墟里上孤烟。复值接舆醉，狂歌五柳前。①

水落石出的寒秋，山间泉水不停歇地潺湲作响；随着天色向晚，山色也变得更加苍翠。原野暮色，渡头夕阳欲落，墟里炊烟初升。寒山、秋水、落日、孤烟等富有季节和时间特征的景物，勾勒出辋川深秋的山水田园风景。

诗人亦描绘出终南秋雨晦暗的情态，王维的《答裴迪辋口遇雨忆终南山之作》写道："森森寒流广，苍苍秋雨晦。"

时值深秋，终南山已寒气逼人，甚至有了秋天下雪的特殊气候现象，使其早早就有了冬天的气息。白居易的《和刘郎中望终南山秋雪》就对终南特有的秋雪景象作以吟咏：

> 遍览古今集，都无秋雪诗。阳春先唱后，阴岭未消时。草讶霜凝重，松疑鹤散迟。清光莫独占，亦对白云司。

诗作以古今文集中无吟咏秋雪之诗，从侧面渲染出秋雪之稀有罕见，但这种现象却可以望终南时得见，"无"、"讶"与"疑"字，则更进一步透露出终南秋雪之"奇异"，揭示出诗人观看时的心理感受。看到草色所呈之白色，惊讶着以为是秋霜之凝重，而松树之白雪覆盖，又使人怀疑是白鹤附着其上没有散去，处处透着奇异的清光。

刘禹锡的《终南秋雪》写道：

> 南岭见秋雪，千门生早寒。闲时驻马望，高处卷帘看。雾散琼枝

---

① 陈铁民校注：《王维集校注》，中华书局1997年版，第429页。

出，日斜铅粉残。偏宜曲江上，倒影入清澜。①

还写出深秋时节，终南一带天气早寒，已见秋雪，日出雾散后，粉妆素裹，冷日斜照在枝头残雪上，琼枝与群山的倒影投映在曲江上，倍显凄清，秋天将尽冬天很快就已到来的情境。

（4）积雪寂寂的冬日终南

冬日的终南山，往往被白雪覆盖。初冬之时，当长安城中还只是下雨的时候，遥望中的终南山即因为海拔高、气温低而使冬雨转成山雪。有关这种特殊的山地气候现象，在唐人的诗歌中亦得到呈现。贾岛在《冬月长安雨中见终南雪》一诗中写道：

> 秋节新已尽，雨疏露山雪。西峰稍觉明，残滴犹未绝。气侵瀑布水，冻着白云穴。今朝灞浐雁，何夕潇湘月？想彼石房人，对雪扉不闭。②

秋天刚刚离去，冬天的寒气在长安城中还不是很深的时候，雪即已成为终南山冬日标志性的特色了，寒气侵入瀑布，冰冻白云出入的洞穴，而这样的积雪则会在整个漫长的冬日里成为终南山的特有景象。时至浓冬，终南则会呈现出"隔牖风惊竹，开门雪满山"（《冬晚对雪忆胡居士家》）的景象，吹了整夜的风，掀动着竹林，清晨开门，竟已雪满青山，洁白一片，好一派银装素裹的世界。

韩愈的《雪后寄崔二十六丞公》对这种气候现象仍有记录：

> 蓝田十月雪塞关，我兴南望愁群山。攒天嵬嵬冻相映，君乃寄命于其间。秩卑俸薄食口众，岂有酒食开客颜。殿前群公赐食罢，骅骝路踢骄且闲。称多量少鉴裁密，岂念幽桂遗榛菅。几欲犯严出荐口，气象碑兀未可攀。归来殒涕搤关卧，心之纷乱谁能删。诗翁憔悴斸荒棘，清玉刻佩联玦环。脑脂遮眼卧壮士，大弨挂壁无由弯，乾坤施惠

---

① 卞孝萱编订：《刘禹锡集》，中华书局 1990 年版，第 248 页。
② 齐文榜校注：《贾岛集校注》，人民文学出版社 2001 年版，第 42 页。

万物遂。独于数子怀偏悭,朝欷暮喑不可解。我心安得如石顽。①

十月的蓝田即有大雪塞关,崔嵬的群山冻冰相映,望之令人心生愁绪。
元稹在《宿窦十二蓝田宅》则以组诗来描写终南风雪:

> 寒窗风雪拥深炉,彼此相伤指白须。一夜思量十年事,几人强健
> 几人无。
> 云覆蓝桥雪满溪,须臾便与碧峰齐。风回面市连天合,冻压花枝
> 着水低。
> 寒花带雪满山腰,着柳冰珠满碧条。天色渐明回一望,玉尘随马
> 度蓝桥。②

风云变色,大雪纷飞,瞬间小溪、碧峰,天地之间被白雪覆盖,也呈
现出终南特有的冬日景象,带雪的花枝被压着低掠水面,山腰之上寒花带
雪,柳条挂冰,而身处终南北麓蓝田山下冰天雪地中的友人,则拥炉而
坐,絮叨着旧情,闲话着朋友近年来的生活状况,不禁唏嘘感叹。

贮存终南山冬季的积雪与冻冰,亦成为长安城夏季降温的常用方式。
《唐阙史》曾叙述有“蓝田贡冰”的事迹:

> 蓝田县岁贡冰,常在冬杪。有腊候尚怒,蓝水不冰,则主吏宣命
> 以祭。一夕而冻冰,形似今承柱之础,方尺数之,厚三寸数之,十及
> 镌额,求中矩者亦艰,难以具美。至于清虚明洁,如椎骊颔而割蚌腹
> 也。或有粟砂线叶黏于其中,则命镌取,以跃汤补之。汤澄蓝水沸于
> 中金器,赫天不辍,以俟其用。或沃以冷,则冻敛不固,寻复脱去。
> 用火泉填之,乃水纹丝散,交涯如炽,磨砻以平。他邑亦贡,其数甚
> 寡,且非上品,不及蓝冰也。③

---

① (清)方世举笺注,郝润华、丁俊丽整理:《韩昌黎诗集编年笺注》卷七,中华书局
2012年版,第449页。
② 冀勤点校:《元稹集》卷十九,中华书局1982年版,第219—220页。
③ (唐)高彦休著:《唐五代笔记小说大观·唐阙史》卷下,上海古籍出版社2000年版,
第1365页。

指出蓝田贡冰是在每岁冬末之时，其形状如柱础，清虚明洁，整个制作过程，品质要求非常严格，稍有杂质，则会剔去，工艺烦琐，也保证了其绝好的品相。

（三）终南山的神色形态之美

如果说史书、方志、类书等材料，仅只是勾勒出终南山的幅员、物产人事的话，那么唐代文学则让终南山完美地呈现在世人面前，亦将终南山的神色形态之美把握得更为独到贴切、惟妙惟肖。孟郊的《登华岩寺楼望终南山赠林校书兄弟》整体勾勒出终南山的神色形态之美：

> 地脊亚为崖，耸出冥冥中。楼根插迥云，殿翼翔危空。前山胎元气，灵异生不穷。势吞万象高，秀夺五岳雄。一望俗虑醒，再登仙愿崇。青莲三居士，昼景真赏同。①

其高耸入云之形势，其势吞万象、秀夺五岳的秀丽雄壮特色，其生养万物灵异之质，其使人一望万虑皆息遂欲求仙入道的清净仙境之神，在这首诗中都得到展现。

王贞白的《终南山》亦将其春季带雪，横空而立，形势奇拔，景色变幻莫测，洞穴深远，河流纵横的情形勾勒而出：

> 带雪复衔春，横天占半秦。势奇看不定，景变写难真。洞远皆通岳，川多更有神。白云幽绝处，自古属樵人。②

林宽的《终南山》则说它：

> 标奇耸峻壮长安，影入千门万户寒。徒自倚天生气色，尘中谁为举头看？③

---

① 华忱之、喻学才校注：《孟郊诗集校注》，人民文学出版社 1995 年版，第 66 页。
② （清）彭定求等编：《全唐诗》卷 701，中华书局 1997 年版，第 8138 页。
③ （清）彭定求等编：《全唐诗》卷 606，中华书局 1997 年版，第 7057 页。

奇俊雄壮，徒自倚天，是诗人举头观看时，终南山在他眼中、心中投射的总体气象。具体而言，终南山在唐人心目中呈现之美表现在以下诸端：

（1）终南之色

苍翠是唐人眼里终南山最突出的印象，一如诗中所云："九衢南面色，苍翠绝纤尘"、"秀色难为名，苍翠日在前"。而青绿色，则是终南山的主色，有关终南山青绿、苍翠的描写，几乎在吟咏终南的每首诗中都会出现。如"出红扶岭日，入翠贮岩烟"（李世民《望终南山》）、"好去采薇人，终南山正绿"（白居易《送王处士》）、"君看终南山，万古青峨峨"（孟郊，一说聂夷中《劝酒》二首其一）、"暮从碧山下，山月随人归。却顾所来径，苍苍横翠微"（李白的《下终南山过斛斯山人宿置酒》）、"终朝异五岳，列翠满长安"（《终南山》）、"回太华之秀气，列终南之翠屏"（裴素《重修汉未央宫记》）等。

当然这样的色调也会随着季节的变化而发生变化，秋天的色彩会更斑斓，黄色、红色、绿色等更多样的色彩，会参差地点缀着苍青的终南山石，让其呈现出更丰富多样的姿态来。冬天白色则会成为终南山的主色。

（2）终南之形

终南山虽不如华山之高拔陡峭、刻削峥嵘，却也有自己独特的姿态，仍然有直问青天的高耸，亦有岩峣、崔嵬的姿态。而唐代诗人则将这种终南的形态之美，纳入眼底，并表现到诗歌里，从而呈现终南山的独特之形态美。

而唐代众多诗人在零星的诗句中亦对终南山的形态做出概括性的描述，如"重峦俯渭水，碧嶂插遥天"（李世民《望终南山》）、"幸见终南山，岩峣凌太虚"（吴筠《翰林院望终南山》）、"高阳酒徒半凋落，终南山色空崔嵬"［罗隐《曲江春感（一题作归五湖）》］、"数朝至林岭，百仞登嵬岌"（王湾《奉使登终南山》）等，不一而足。

（3）终南之态

当夕阳、日月之光色与终南山相互映衬时，终南在崔嵬岩峣、高耸峻拔之形外，又添了几多妍丽妩媚之态。宋之问的《见南山夕阳召监师不至》写道：

夕阳黯晴碧，山翠互明灭。此中意无限，要与开士说。徒郁仲举思，讵回道林辙。孤兴欲待谁，待此湖上月。①

晴天的阳光下，终南山的碧绿之色显得格外明丽，而日色向晚时，夕阳下的碧山渐呈黯淡之态，光影映衬下的山翠忽明忽暗。待到明月渐升时，整个终南山在皎洁月光下又会呈现出明净澄澈的又一番姿态来。

当烟雾缭绕、白云出没之时，终南则呈现出朦胧迷离之态。《蓬莱三殿侍宴奉敕咏终南山应制》中的"半岭通佳气，中峰绕瑞烟"，则抓拍到远视时的终南山烟雾缭绕的姿态。

（4）终南之神

秀丽、缥缈、悠然为终南之神。青霭缭绕，白云出入，使得终南山别有一番韵致，既得自然之灵秀神奇，又富仙境之缥缈朦胧，以至于对此自得一种悠然闲适、心境澄明之感。"青霭长不灭，白云闲卷舒。悠然相探讨，延望空踟蹰"，即抓住了终南山的这一神韵。

（四）唐代文人与终南

与长安的近在咫尺，幽美如仙境的环境，使得终南山不仅在地理位置上得天然优势，在修心养性、修道礼佛上得天独厚，甚至具有一定的政治意义，由此终南山自是与唐代文人结下不解之缘。而终南山与唐代文人间的关系，由以下几端得以见出：

（1）隐逸终南

隐逸于终南，寻仙访道或礼佛参禅，唐人从佛道两端寻找到身心的寄托。终南作为道教名山，由来已久，据杜光庭《历代崇道记》追记：

> 穆王于昆仑山、王屋山、嵩山、华山、泰山、衡山、恒山、终南山、会稽山、青城山、天台山、罗浮山、崆峒山、致王母观，前后度道士五千余人。②

可见，在周天子时代，终南山已为修仙得道之圣地。终南山麓的楼观台，更由于老子于此留下《道德经》，而后出关绝尘而去不知所终的传说，

---

① 陶敏、易淑琼校注：《沈佺期宋之问集校注》，中华书局 2001 年版，第 524 页。
② （清）董诰等编：《全唐文》卷 933，中华书局 1983 年影印本，第 9713 页。

成为道教经典之发源地。此后在终南修道，亦成为道家乐于选择的清修之地。而唐代的"终南捷径"之说，既指出唐帝王对道教的尊奉，对得道高人的崇信，也可观照出唐人趋之若鹜于终南山修道，以期声名闻于帝王家从而不用科举即可步入仕途飞黄腾达的独特终南心理，足见唐代道教在终南之盛况。有关终南捷径的来源《新唐书·卢藏用传》中如是说：

> 卢藏用，字子潜，幽州范阳人……能属文，举进士，不得调。与兄征明偕隐终南、少室二山，学练气，为辟谷……始隐山中时，有意当世，人目为"随驾隐士"……司马承祯尝召至阙下，将还山，藏用指终南曰："此中大有嘉处。"承祯徐曰："以仆视之，仕宦之捷径耳。"藏用惭。

此事《大唐新语》隐逸仍有叙说，《谭宾录》对此亦有记载：

> 卢藏用……隐居之日颇以贞白自衔，往来于少室、终南二山，时人称为假隐。①

卢藏用只是其中最典型的，其实有关这样的终南隐逸，当是当时的一种风气，见出的是隐居于终南求仙访道以求闻达之人之络绎不绝的盛况。也成为终南隐逸独有的特色，让它自不同于华山等五岳或其他名山的隐逸。如果说隐逸以求闻达，是终南隐逸的第一大特色的话，那么半官半隐则可作为隐逸终南的第二特质，又以王维最具代表性。当然除隐居终南以求入仕的修道者外，亦不乏潜心修道者。这些隐者除非常有名的人物见载于唐书隐逸传之外，大部分的痕迹并未被正史记录，而是散见于诗文、笔记小说中。唐代文人与这些修道者之间的来往相当密切，他们在踏遍青山的过程中，往往会寻仙访道，与这些隐者结为好友，相互酬唱。

《剧谈录》卷下叙写有严史君遇终南山修道隐者的事迹：

> 大中末，建州刺史严士则，本穆宗朝为尚医奉御，颇好真道。因

---

① （唐）胡璩著：《谭宾录》卷九，清钞本。

午日于终南山采药，迷误于岩嶂之间不觉。遂行数日，所赍糇粮既尽，四远复无居人，计其道路，去京不啻五六百里，然而林岫深僻，风景明丽。忽有茅屋数间，出于松竹之下，烟萝四合，才通小径。士则连扣其门，良久竟无出者。窥其篱隙之内，有一人，于石榻偃卧看书。推户直造其前，方乃摄衣而起。士则拜罢，自陈行止，因遣坐于盘石之上，亦问京华近事，复询天子嗣位几年。云："自安史犯阙居此，迄于今日。"士则具陈奔驰涉历，资粮已绝，迫于枵腹，请以食馔救之。隐者曰："自居山谷且无烟爨，有一物可以疗之，念君远来相遗。"自起于梁栋之间，脱纸囊开启，其中有百余颗如薯豆之状。俾于药室取铛，拾薪汲泉而煮。良久，盛有香气，视之已如掌大。曰："可以食矣。渴即取铛中余水饮之。"士则方啖其半，已极丰饱。复曰："汝得至此，当有宿分。自兹三十年间不饥渴，俗情虑将淡泊也……"①

当然，除道观林立，为道家圣地外，终南山亦是佛家喜爱的清境，此地亦不乏寺庙清修之地，也吸引了大量礼佛悟禅之人。王维兄弟可谓代表。王缙的《同王昌龄裴迪游青龙寺昙壁上人兄院集和兄维》则将一行友人探访追慕青龙寺高僧的行迹记录下来：

> 林中空寂舍，阶下终南山。高卧一床上，回看六合间。浮云几处灭，飞鸟何时还。问义天人接，无心世界闲。谁知大隐者，兄弟自追攀。②

在诗人的心中，青龙寺昙壁上人居处在空寂的山林中，可以与天相接，在天地六合之间，回看浮云之生灭，飞鸟之回还，获得身心的静寂与悠闲，而这种生活亦让诗人心生向往。

齐己的《题终南山隐者室》对终南山隐逸者的生活作出叙述：

---

① （唐）康骈著：《剧谈录》，古典文学出版社 1958 年版，第 48—49 页。
② （清）彭定求等编：《全唐诗》卷 129，中华书局 1997 年版，第 1310 页。

终南山北面，直下是长安。自扫青苔室，闲欹白石看。风吹窗树老，日晒窦云干。时向圭峰宿，僧房瀑布寒。[①]

终南山的北面直下即是长安，但隐逸者不为所动，自扫长满青苔的石室，闲倚白石。看风吹树老、日晒云干。时时宿于山间，僧房与瀑布相伴，水激山石，水花四溅，透着丝丝寒气。

（2）终南遥望

由于终南山的特殊地理位置，使得终南山会时不时地闯入唐代文人的视线，从而成为唐代诗文中时时被关注的审美对象。而唐代文人围绕终南山的吟唱，则由于不同的吟咏情境与吟咏群体呈现出不同的风貌。

①朝堂殿前的君臣酬唱

与终南山的近在咫尺，让喜爱吟诗的唐代帝王常常会以此为题，相互酬唱。《蓬莱三殿侍宴奉敕咏终南山应制》的"北斗挂城边，南山倚殿前"，则写出朝堂遥望终南而吟诗作赋的情境。

②同僚之间的相互应和

苏颋的《敬和崔尚书大明朝堂雨后望终南山见示之作》写道：

奕奕轻车至，清晨朝未央。未央在霄极，中路视咸阳。委曲汉京近，周回秦塞长。日华动泾渭，天翠合岐梁。五丈旌旗色，百层粉橑光。东连归马地，南指斗鸡场。晴墅照金仆，秋云含璧珰。由余窥霸国，萧相奉兴王。功役隐不见，颂声存复扬。权宜珍构绝，圣作宝图昌。在德期巢燧，居安法禹汤。冢卿才顺美，多士赋成章。价重三台俊，名超百郡良。焉知掖垣下，陈力自迷方。[②]

③朋友之间的筹简往来

特殊的地理位置，使得终南山与帝都长安往往两两对举出现，朋友之间的书信往来，在叙及长安的生活时，终南山是必不可少的生活背景叙述，王维的《酬诸公见过（时官未出，在辋川庄）》则是在退朝时伫望终

---

① 王秀林撰：《齐己诗集校注》，中国社会科学出版社 2011 年版，第 78 页。
② （清）彭定求等编：《全唐诗》卷 74，中华书局 1997 年版，第 812 页。

南,为尘事之不如意而怅惘,遂生归去来的念头:

> 晚下兮紫微,怅尘事兮多违。驻马兮双树,望青山兮不归。①

曾在终南一带的辋川隐居的裴迪与王维兄弟之间,有非常多的书简往来,而几位志同道合的好友之间,在书简往来时,提及最多的还是终南。裴迪在《辋口遇雨忆终南山因献王维》描写积雨辋川的景象,也提及对昔日终南悠游的眷恋:"辋水去悠悠,南山复何在。"王维在《答裴迪辋口遇雨忆终南山之作》提到"君问终南山,心知白云外"。

李频在《寄曹邺》中就写道:"终南山是枕前云,禁鼓无因晓夜闻。朝客秋来不朝日,曲江西岸去寻君。"以终南为枕,伴着禁鼓入眠,悠游曲江,这是最具帝都特色的生活。而白居易的《朝归书寄元八》叙述得更琐细:

> 进入阁前拜,退就廊下餐。归来昭国里,人卧马歇鞍。却睡至日午,起坐心浩然。况当好时节,雨后清和天。柿树绿阴合,王家庭院宽。瓶中鄠县酒,墙上终南山……②

将自己某日雨后的生活都叙述给朋友,包括:清晨入朝,退朝就餐,回昭国里的住处休息,午睡后醒来,时值雨后,天气清明融合,看到柿树成荫,喝着鄠县酒,而终南山近在咫尺,似乎就投映在庭院的墙上。

④公务闲暇时的遥望终南

对终南山的举头观望,往往会让在朝者心生惆怅,萌生出归隐之志。吴筠的《翰林院望终南山》即书写出这样的心绪:

> 窃慕隐沦道,所欢岩穴居。谁言忝休命,遂入承明庐。物情不可易,幽中未尝摅。幸见终南山,岧峣凌太虚。青霭长不灭,白云闲卷舒。悠然相探讨,延望空踟蹰。迹系心无极,神超兴有余。何当解维

---

① 陈铁民校注:《王维集校注》,中华书局 1997 年版,第 742 页。
② 朱金城笺注:《白居易集笺校》,上海古籍出版社 1988 年版,第 348 页。

縶,永托逍遥墟。①

诗人虽身居朝堂之上,但心系山水,于是看到终南山之高拔,白云之舒卷自如,往往心生喜悦之情,觉得非常幸运,但在与终南山的久久对望之间,又会萌生出未能弃置功名、游心太极的踌躇,于是问自己何时才能摆脱羁绊,将自己彻底置身于终南这样的逍遥墟中。

⑤求仕长安的望南山

李白的《望终南山,寄紫阁隐者》则是身处长安对终南山更近距离的观望:

> 出门见南山,引领意无限。秀色难为名,苍翠日在眼。有时白云起,天际自舒卷。心中与之然,托兴每不浅。何当造幽人,灭迹栖绝巘。

⑥困守关中者的怅望终南

太和时诗人张元宗,在《望终南山》(一作王维《赠徐中书望终南山歌》)中则将红尘飞扬的长安路上熙熙攘攘的喧嚣逐利车马,与病居茂陵常登高处观望南山的憔悴他乡客两相对比,以"望终南"来表白诗人厌却追逐而向往隐逸的情志:

> 红尘白日长安路,马足车轮不暂闲。唯有茂陵多病客,每来高处望南山。

(3) 游历终南

唐代的众多诗人几乎都有过终南山之游,而在终南山的悠游尤以王维为最,"兴来每独往"的诗人,往往能"行到水穷处",在终南深处的峰顶看云起云落。而唐人的游历终南,以游历背景看可分为陪御驾出游、乘兴自游、隐逸游历、奉使游历等数种。

①陪御驾出游

杨师道的《赋终南山用风字韵应诏》则叙写出随圣驾游历终南山的情

---

① (清)彭定求等编:《全唐诗》卷88,中华书局1997年版,第10110页。

境，亦捕捉到终南山瞬息万变的美景，白云中飞泻的夏雨，碧岭中横挂的彩虹，以及风起处兰桂的香气：

> 眷言怀隐逸，辍驾践幽丛。白云飞夏雨，碧岭横春虹。草绿长杨路，花疏五柞宫。登临日将晚，兰桂起香风。①

②乘兴自游

李白亦有数首叙写终南游历的诗作，他的《下终南山过斛斯山人宿置酒》亦写出暮色时分随山月回还的终南游历情形：

> 暮从碧山下，山月随人归。却顾所来径，苍苍横翠微。相携及田家，童稚开荆扉。绿竹入幽径，青萝拂行衣。欢言得所憩，美酒聊共挥。长歌吟松风，曲尽河星稀。我醉君复乐，陶然共忘机。

其《春归终南山松龛旧隐》叙写在南山寻游溪水，观望岩石，永夕独酌的情形：

> 我来南山阳，事事不异昔。却寻溪中水，还望岩下石。蔷薇缘东窗，女萝绕北壁。别来能几日，草木长数尺。且复命酒樽，独酌陶永夕。

③奉使游历

王湾的《奉使登终南山》叙写登临终南山的游踪与所见所思所感：

> 常爱南山游，因而尽原隰。数朝至林岭，百仞登鬼岌。石壮马径穷，苔色步缘入。物奇春状改，气远天香集。虚洞策杖鸣，低云拂衣湿。倚岩见庐舍，入户欣拜揖。问性矜勤劳，示心教澄习。玉英时共饭，芝草为余拾。境绝人不行，潭深鸟空立。一乘从此授，九转兼是给。辞处若轻飞，憩来唯吐吸。闲襟超已胜，回路倏而

---

① （清）彭定求等编：《全唐诗》，中华书局1997年版，第460页。

及。烟色松上深,水流山下急。渐平逢车骑,向晚睨城邑。峰在野趣繁,尘飘宦情涩。辛苦久为吏,劳生何妄执。日暮怀此山,悠然赋斯什。①

常爱南山之游,即道出当时唐人对终南山的普遍情感。终南之高峻崔嵬,岩石之壮伟,曲径之苔藓丛生,春天改换的奇异物状,密集弥远的天香,虚洞策杖之回响,拂衣之低云,湿润之云气,倚岩而建的庐舍,以及居住于此性情清净勤劳以玉英芝草为食的山人,深潭空立的飞鸟,人迹罕至的绝境,身处其间不禁身轻若飞,吐息舒畅。回还的路途上,松树上的烟色渐深,山下的水流迅急。终南充盈的野趣,亦令诗人深感仕宦生涯的艰涩,久为官吏的辛苦妄执。对终南山的日暮怀想,亦令人心情悠然诗兴盎然而有了此篇诗作。

④隐逸游历

钱起的《自终南山晚归》则叙写出采茯苓于终南的不尽游兴:

采苓日往还,得性非樵隐。白水到初阔,青山辞尚近。绝境胜无倪,归途兴不尽。沮溺时返顾,牛羊自相引。逍遥不外求,尘虑从兹泯。②

李端的《游终南山因寄苏奉礼士尊师苗员外》将清晨于终南采摘灵芝,猿鸟回归,松萝丛生,鸡声幽远,童子悠闲驱石,樵夫愉悦看棋,醉后依稀相拜,梦中恍惚辞归的游山历程叙写而出,身处其间,甘愿就此独老,与山水相依相伴的情思亦和盘托出:

半岭逢仙驾,清晨独采芝。壶中开白日,雾里卷朱旗。猿鸟知归路,松萝见会时。鸡声传洞远,鹤语报家迟。童子闲驱石,樵夫乐看棋。依稀醉后拜,恍惚梦中辞。海上终难接,人间益自疑。风尘甘独

---

① (清)彭定求等编:《全唐诗》,中华书局1997年版,第1170页。
② (清)彭定求等编:《全唐诗》卷236,中华书局1997年版,第2605页。

老，山水但相思。愿得烧丹诀，流沙永待师。①

孟郊的《游终南山》将南山充塞天地，日月于石上升起，深夜中幽暗的高峰、深谷，在松柏万壑中穿行的长风——撷入诗中，亦叙写出身处山中，虽道路险阻，但心境平和中正，万念俱息，由此洞悟读书之误，亦对往昔追逐浮名的生涯心生悔恨：

> 南山塞天地，日月石上生。高峰夜留景，深谷昼未明。山中人自正，路险心亦平。长风驱松柏，声拂万壑清。到此悔读书，朝朝近浮名。②

其《游终南龙池寺》勾勒出终南山巅飞鸟不到处的绝美景象，碧绿的山水，新雨滋润后更加鲜艳的山色，阴寒的山地中低矮的松桂，偏远险峻的石道，幽远的晚磬，构织出一幅清幽谐和的生态画卷：

> 飞鸟不到处，僧房终南巅。龙在水长碧，雨开山更鲜。步出白日上，坐依清溪边。地寒松桂短，石险道路偏。晚磬送归客，数声落遥天。③

姚合的《游终南山》写道：

> 策杖度溪桥，云深步数劳。青猿吟岭际，白鹤坐松梢。天外浮烟远，山根野水交。自缘名利系，好此结蓬茆。④

诗人策杖而游，度过溪桥，云深处，青猿在山岭间吟啸，白鹤坐于松梢，天外轻烟浮动，野水与山根交合，而眼前的山水亦令人名利之心顿熄，生出于此结下茅屋终老的终南情结。

---

① （清）彭定求等编：《全唐诗》卷286，中华书局1997年版，第3272页。
② 华忱之、喻学才校注：《孟郊诗集校注》，人民文学出版社1995年版，第179页。
③ 同上。
④ 吴河清校注：《姚合诗集校注》，上海古籍出版社2012年版，第410页。

白居易的《游悟真寺诗（一百三十韵）》则是游记式的细细铺绘：

元和九年秋，八月月上弦。我游悟真寺，寺在王顺山。去山四五里，先闻水潺湲。自兹舍车马，始涉蓝溪湾。手拄青竹杖，足蹋白石滩。渐怪耳目旷，不闻人世喧。山下望山上，初疑不可攀。谁知中有路，盘折通岩巅。一息幡竿下，再休石龛边。龛间长丈余，门户无扃关。仰窥不见人，石发垂若鬟。惊出白蝙蝠，双飞如雪翻。回首寺门望，青崖夹朱轩。如擘山腹开，置寺于其间。入门无平地，地窄虚空宽。房廊与台殿，高下随峰峦。岩崿无撮土，树木多瘦坚。根株抱石长，屈曲虫蛇蟠。松桂乱无行，四时郁芊芊。枝梢袅青吹，韵若风中弦。日月光不透，绿阴相交延。幽鸟时一声，闻之似寒蝉。首憩宾位亭，就坐未及安。须臾开北户，万里明豁然。拂檐虹霏微，绕栋云回旋。赤日间白雨，阴晴同一川。野绿簇草树，眼界吞秦原。渭水细不见，汉陵小于拳。却顾来时路，萦纡映朱栏。历历上山人，一一遥可观。前对多宝塔，风铎鸣四端。栾栌与户牖，恰恰金碧繁。云昔迦叶佛，此地坐涅槃。至今铁钵在，当底手迹穿。西开玉像殿，白佛森比肩。斗薮尘埃衣，礼拜冰雪颜。叠霜为袈裟，贯雹为华鬘。逼观疑鬼功，其迹非雕镌。次登观音堂，未到闻栴檀。上阶脱双履，敛足升净筵。六楹排玉镜，四座敷金钿。黑夜自光明，不待灯烛燃。众宝互低昂，碧珮珊瑚幡。风来似天乐，相触声珊珊。白珠垂露凝，赤珠滴血殿。点缀佛髻上，合为七宝冠。双瓶白琉璃，色若秋水寒。隔瓶见舍利，圆转如金丹。玉笛何代物，天人施祇园。吹如秋鹤声，可以降灵仙。是时秋方中，三五月正圆。宝堂豁三门，金魄当其前。月与宝相射，晶光争鲜妍。照人心骨冷，竟夕不欲眠。晓寻南塔路，乱竹低婵娟。林幽不逢人，寒蝶飞翩翩。山果不识名，离离夹道蕃。足以疗饥乏，摘尝味甘酸。道南蓝谷神，紫伞白纸钱。若岁有水旱，诏使修蘋繁。以地清净故，献莫无荤膻。危石叠四五，垒嵬欹且刓。造物者何意，堆在岩东偏？冷滑无人迹，苔点如花笺。我来登上头，下临不测渊。目眩手足掉，不敢低头看。风从石下生，薄人而上抟。衣服似羽翮，开张欲飞骞。嶷嶷三面峰，峰尖刀剑攒。往往白云过，决开露青天。西北日落时，夕晖红团团。千里翠屏外，走下丹砂丸。东南月上时，夜气青漫漫。百丈碧潭底，写出黄金盘。蓝水色似蓝，日夜长潺潺。周回绕山转，下视如青环。或铺为慢流，或激为奔湍。泓澄最深处，浮出蛟龙涎。侧身入其中，悬磴尤险艰。扪萝蹋樛木，下逐饮涧猿。雪迸起白鹭，锦跳惊红鳣。歇定方盥漱，濯去支体烦。浅深皆洞彻，可照脑与肝。但爱清见底，欲寻不知源。东崖饶怪石，积甃苍琅玕。温润发于外，其间韫玙璠。卞和死已久，良玉多弃捐。或时泄光彩，夜与星月连。中顶最高峰，拄天青玉竿。骝駼上不得，岂我能攀援。上有白莲池，素葩覆清澜。闻名不可到，处所非人寰。又有一片石，大如方尺砖。插在半壁上，其下万仞悬。云有过去师，坐得无生禅。号为定心石，长老世相传。却上谒仙祠，蔓草生绵绵。昔闻王氏子，羽化升上玄。其西晒药台，犹对芝朮田。时复明月夜，上闻黄鹤言。回寻画龙堂，二叟鬓发斑。想见听法时，欢喜礼印坛。复归泉窟下，化作龙蜿蜒。阶前石孔在，欲雨生白烟。往有写经僧，身静心精专。感彼云外鸽，群飞千翩翩。来添砚中水，去吸岩底泉。一日三往复，时节长不愆。经成号圣僧，弟子名杨难。诵此莲花偈，数满百亿千。身坏口不坏，舌根如红莲。颅骨今不见，石函尚存焉。粉壁有吴画，笔彩依旧鲜。素屏有褚书，墨色如新干。灵境与异迹，周览无不殚。一游五昼夜，欲返仍盘桓。我本山中人，误为时网牵。牵率使读书，推挽令效官。既登文字科，又忝谏诤员。拙直不合时，无益同素餐。以此自惭惕，戚戚常寡欢。无成心力尽，未老形骸残。今来脱簪组，始觉离忧患。及为山水游，弥得纵疏顽。野麋断羁绊，行走无拘挛。池鱼放入海，一往何时还。身著居士衣，手把南华篇。终来此山住，永谢区中缘。我今四十余，从此终身闲。若以七十期，犹得三十年。①

诗人在元和九年八月游历处于王顺山的悟真寺，还在四五里外就听到潺湲溪水之声，遂在此舍去车马，涉蓝溪，手拄青竹杖，足踏白石滩，渐渐惊讶于耳目的清旷，不再听闻人世的喧闹。山路盘曲，蝙蝠惊飞。置于青崖间的山寺内，岩崿少土，树木瘦坚，根株抱石，屈曲如蛇。松桂杂乱

① 朱金城笺注：《白居易集笺校》，上海古籍出版社1988年版，第339页。

而生，四时青郁，枝梢在风中清鸣，若管弦之乐。浓荫交延，密不透光，时时亦会听到幽鸟如寒蝉般的鸣叫声。打开北户，万里光明，豁然开朗。虹霏拂檐，回云绕栋，赤日白雨，阴晴同川。草树簇生，野绿满目，眼界开阔，足吞秦原，下视渭水细小难见，汉陵亦仅如拳头大小。夜晚宿于寺内，多宝塔的风铎响彻四端，听闻迦叶佛于此涅槃的传说，礼拜西边玉像殿的森严白佛，再敛足登临观音堂，六楹挂满宝镜，四座铺饰金钿，黑夜之中光明四射，无须燃灯。观音的发髻上带着七宝冠，点缀着如凝露的白珠与如殷红之血的赤珠。琉璃净瓶，色若秋水，其间有圆转如金丹的舍利。时值三五之夜，月亮的金魄照耀着寺院，月光与宝物之光辉映交射，争相发出鲜妍的晶莹光芒，照得人心骨寒冷，彻夜难眠。清晨寻南塔之路，可见乱竹婵娟，山林幽静，人迹罕至，寒蝶翻飞，夹道的山果茂盛，滋味甘酸。道南有蓝谷神祠，每逢水旱之灾，帝王则会下诏修缮，如此清净之地，亦无荤膻之物献祭。礨岿欹刓的危石重叠，堆盘在岩东偏僻之地，清冷幽寂，布满苔藓，如点缀的花笺，杳无人迹。登临至此，下临不测之深渊，令人目眩神惊。石下生风，吹拂衣襟，飘飘若飞。三峰的峰尖如刀剑，白云飞过，露出青天。日落时，红光团团，似千里翠屏走下丹砂仙丸。月儿上升，夜气青漫。百丈碧潭，倒映金盘。蓝水青青，绕山而行，下视若青环。手扪藤萝，足踏樛木，追逐饮涧之猿。白鹭惊起如雪，红鳣跳跃如锦。东崖怪石丰饶，因蕴藏美玉，散发出温润的光泽。有时流泻的光彩，在夜中与星月相连，晶莹灿烂。中顶的最高峰上有白莲池，素净的花朵覆盖清澜，如仙境般清幽，人迹罕至。此地有插在半壁的定心石，曾有法师于此坐禅悟心。谒仙祠堂，蔓草绵绵，有王氏子，于此羽化飞升。晒药台，面对芝术之田，在月明之夜，似与上天接通。画龙堂阶前的石孔，欲雨时白烟生起。云外的上千白鸽，群飞翩翩，亦有圣僧杨难留下的石函，粉壁上吴道子的画笔色彩鲜艳，褚遂良的书法墨色如新。处处充满灵境与异迹。诗人于此盘游周览五昼夜，回返时仍流连盘桓。亦了悟自己的本心本是与山林相依的，读书出仕的生涯是误入歧途，为时网所牵，因为拙直而不合时宜，常处在惭愧惊剔、戚戚寡欢、未老身形已衰残的境地，如今脱却簪组，在山水中纵游，才觉得离开忧患，得以自在疏狂，如断开羁绊的野麋一样，行走无拘。遂生来此山中，绝弃尘缘，让身心清闲之志。

（4）憩息终南的田园生活

厌倦了红尘的机务萦心，在终南自筑别业、草堂，在此与山川长相守，寻求心灵的宁静，是唐代很多诗人在厌倦了庙堂生活后选择的生活方式，从唐初的宋之问，盛唐的张九龄、王维、岑参，到中唐的钱起，都曾选择于此居住的田园生活，白居易亦曾卜居终南。而王维则是其中最负盛名者，他的辋川别业，是从唐初诗人宋之问那里购得，也让他从此有了身体与灵魂的憩息地，从而彻底喜欢上这方水土，将个人置身于此，从最初的半官半隐到彻底地终老于此，并留下如画的诗篇。

宋之问的《别之望后独宿蓝田山庄》则叙写出独卧南山，听幽咽泉声，药栏蝉噪，看禽鸟飞过的田园生活：

> 鹡鸰有旧曲，调苦不成歌。自叹兄弟少，常嗟离别多。尔寻北京路，予卧南山阿。泉晚更幽咽，云秋尚嵯峨。药栏听蝉噪，书幌见禽过。愁至愿甘寝，其如乡梦何。①

张九龄的《南山下旧居闲放》写道：

> 祗役已云久，乘闲返服初。块然屏尘事，幽独坐林间。清旷前山远，纷喧此地疏。乔木凌青霭，修篁媚绿渠。耳和绣翼鸟，目畅锦鳞鱼。寂寞心还间，飘飘体自虚。兴来命旨酒，临罢阅仙书。但乐多幽意，宁知有毁誉。尚想争名者，谁云要路居。都忘下流叹，倾夺竟何如。②

对唐人而言，身处终南的山居生活是一种摒弃尘世，与山林相伴的幽独生活。可与纷喧疏远，看前山清旷，乔木侵凌青霭，修竹媚于绿渠，锦鳞游泳，听翼鸟清鸣，不禁耳和目畅，飘飘体虚，还可乘兴饮酒，或阅读仙书。在清心幽意中，忘却争名倾夺之累。

其《始兴南山下有林泉，尝卜居焉，荆州卧病有怀此地》则是对昔日

---

① 陶敏、易淑琼校注：《沈佺期宋之问集校注》，中华书局2001年版，第379页。
② 熊飞校注：《张九龄集注》卷49，中华书局2008年版，第170页。

终南田园生活的追忆之作：

> 出处各有在，何者为陆沉。幸无迫贱事，聊可祛迷襟。世路少夷坦，孟门未岖嵚。多惭入火术，常惕履冰心。一跌不自保，万全焉可寻。行行念归路，眇眇惜光阴。浮生如过隙，先达已吾箴。敢忘丘山施，亦云年病侵。力衰在所养，时谢良不任。但忆旧栖息，愿言遂窥临。云间目孤秀，山下面清深。萝茑自为幄，风泉何必琴。归此老吾老，还当日千金。①

当诗人卧病荆南，力衰病侵，追想往事，顿觉浮生过膝、世路崎岖，仕途周折艰辛，难寻万全，不能自保，于是只愿将追思停驻在终南的憩息地：那里孤秀之山与白云相伴，山下面对着青深之溪。以茑萝为幄，以风吹泉响为琴，过着逍遥自在的清居生活。

王维的《答张五弟》则对终南的隐居生活做出描绘：

> 终南有茅屋，前对终南山。终年无客常闭关，终日无心长自闲。不妨饮酒复垂钓，君但能来相往还。②

终南茅屋，面对青山，常年无客，闭关自守，终日无心，常自幽闭，饮酒垂钓，偶有友人来访，遂相与往还。这是一种极其悠闲自适清净遂心的生活方式。

岑参亦曾有过隐居终南的生活，并在此蒂构双峰草堂，他的《终南山双峰草堂作》写道：

> 敛迹归山田，息心谢时辈。昼还草堂卧，但与双峰对。兴来恣佳游，事惬符胜概。著书高窗下，日夕见城内。曩为世人误，遂负平生爱。久与林壑辞，及来松杉大。偶兹近精庐，屡得名僧会。有时逐樵渔，尽日不冠带。崖口上新月，石门破苍霭。色向群木深，光摇一潭

---

① 熊飞校注：《张九龄集注》卷 49，中华书局 2008 年版，第 157 页。
② 陈铁民校注：《王维集校注》，中华书局 1997 年版，第 203 页。

碎。缅怀郑生谷，颇忆严子濑。胜事犹可追，斯人邈千载。①

诗人在终南山绝弃红尘，敛迹遁形，隐居生活自然惬意，只与山田相依，诗书为侣，与名僧渔樵相伴，看光色在潭水上浮动的碎影，观群木渺远处林色的幽深。

钱起的《和人秋归终南山别业》将晚年归隐终南，回归心灵家园的幽栖生活表现出来：

> 旧居三顾后，晚节重幽寻。野径到门尽，山窗连竹阴。昔年莺出谷，今日凤归林。物外凌云操，谁能继此心。②

白居易的《游蓝田山卜居》亦道出渴望终南隐居摆落心尘的意愿：

> 脱置腰下组，摆落心中尘。行歌望山去，意似归乡人。朝蹋玉峰下，暮寻蓝水滨。拟求幽僻地，安置疏慵身。本性便山寺，应须旁悟真。③

也在"望乡"二字中道出唐人心目中，终南山的心灵家园特质。可以此幽僻之地，安置身心，傍悟真而居，回归本心。

（五）唐代终南吟咏的山水生态意识

终南物产丰厚，加之紧邻长安，不只成为长安人游历的山水胜地，也是整个长安城生活物资的来源地，在唐人对终南吟咏的爱恋之词外，唐代文学还叙写出唐人对终南生态的破坏。

1. 原始的山川崇拜与祭祀

中国传统的山川有灵观念，使得名山大川往往寄托着农耕社会风调雨顺的希冀，面对灵山的祈雨活动，则上至王朝的统治者，再到地方官吏，下到民间都会组织。对终南山的祈拜，在京师一带传为神话，而统治者则

---

① 廖立笺注：《岑嘉州诗笺注》，中华书局 2004 年版，第 193 页。
② （清）彭定求等编：《全唐诗》卷 237，中华书局 1997 年版，第 2622 页。
③ 朱金城笺校：《白居易集笺校》，上海古籍出版社 1988 年版，第 327 页。

会颁布诏令，修立祠堂庙宇，并不时派专门的官员代表帝王前去祈拜。据《祭终南山诏》所言：

> 每闻京师旧说，以为终南山兴云，即必有雨。若当晴霁，虽密云他至，竟不需霈。况兹山北面阙廷，日当恩顾，修其望祀，宠数宜及。今闻都无祠宇，岩谷（阙）湫，却在命祀。终南山未备礼秩，湫为山属，舍大崇细，深所谓阙于兴云致雨之祀也。宜令中书门下且差官设奠，宣告恩礼，便令择立庙处所，回日以闻。命有司即时建立。①

而《终南山祠堂碑（并序）》不仅对贞元年间终南山祠堂的修缮情形作以记录，从中亦能看到唐人对终南山的独特情感：

> 贞元十二年，夏洎秋不雨。稼人焦劳，嘉谷用虞。皇帝使中谒者祷于终南，申命京兆尹韩府君，祗饬祀事，考视祠制。以为栋宇不称，宜有加饰。遂命螯屋令裴均，虔承圣谟，创制祠堂……既兴功，元云触石，霈泽周被，植物擢茂，期于丰登。神道感而宣灵，人心欢而致和。嘉气充溢，忭蹈布野。于是邑令僚吏，至于胥、徒、黄发、耆艾、野夫、版尹，佥曰：盖闻名山之列天下也，其有能奠方域，产财用，兴云雨，考于《祭法》，宜在祀典。惟终南据天之中，在都之南，西至于褒、斜，又西至陇首，以临于戎；东至于商颜，又东至于太华，以距于关。实能作固，以屏王室。其物产之厚，器用之出，则璆、琳、琅、玕，《夏书》载焉；纪堂条枚，《秦风》咏焉。今其神又能对于祷祝，化荒为穰，易沴为和。厥功章明，宜受大礼，俾有凭托，而宣其烈也。非我后敬神重谷，则曷能发大号尊明灵？非我公勤人奉上，则曷能对休命作新庙？人事既备，神用（一作"明"）时若。丰我公田，遂及我私。粢盛无虞，储峙用充，厥猷茂哉！遂相与东向蹈舞，拜手稽首，愿颂帝力，且宣神德，永著终古。辞曰：
> 皇帝垂德，制定统极，神道泰宁。祀典修饰，禳祈祭雩，皆有准程。顾惟终南，祠位庳陋，不称显名。爰降制诏，充大厥宇，启瘗诚

---

① （清）董诰等编：《全唐文》卷73，中华书局1983年影印本，第765页。

明。昭感神衷，道宜天休，获此利贞。笃灾愆阳，化为丰穰，实我稞
盛。人赖蓄给，鼓腹而歌，以乐其生。巍巍灵山，兴利产材，作固镐
京。拥其嘉休，眷佑于人，永宅厥灵。奕奕新庙，整顿端庄，神位密
清。后礼承则，治心勤礼，导畅纯精。邑吏耆夫，鲐背鲵齿，愿垂表
经。颂宣圣德，篆刻金石，永世飞声。①

由上述文字可见，终南山在唐人心目中不仅是"兴利产材"物产丰富
的巍巍灵山，而且事关风调雨顺、五谷丰登的国之大事。

同时，诏令与祠堂碑文亦从另一个侧面表明：终南祭祀并不如五岳尤
其是华山祭祀那样兴盛，最初尚无祠庙，仅有民间对湫池的祭拜，为纠正
大山无祠祭拜仅有民间湫池祭祀的偏颇，唐王朝才为其专修祠庙。而贞元
年间因其祠庙之卑陋，又重加修缮。

2. 诗意的相思依恋与游历

唐人对终南的情感可以"风尘甘独老，山水但相思"（《游终南山因
寄苏奉礼士尊师苗员外》）概括，那种对终南的爱恋，以之为梦魂萦绕的
情人的态度，甚或愿意从此独老于此的意识，几乎灌注于唐代诗人的灵魂
之中。

杜佑的《杜城郊居王处士鏊山引泉记》则将这种唐人的自然山水情结
写得唯美诗意：

> 素嗜山水，乘兴游衍，逾月方归，诚士林之逸人，衣冠之良士。
> 佑景行仰止，邀屈再三，惠然肯来，披榛周览，因发叹曰：懿兹佳
> 景，未成具美，蒙泉可导，绝顶宜临，而面势小差，朝晡难审，庸费
> 不广，日月非延，舆识无不为疑，佑独固请卒事。於是薙丛莽，呈脩
> 篁，级诘屈，步逦迤，竹径窈窕，滕阴玲珑，腾概益佳，应接不足，
> 登陟忘倦，达于高隅。若处烟霄，顿觉神王，终南之峻岭，青翠可
> 掬；樊川之清流，逶迤如带。②

---

① （清）董诰等编：《全唐文》卷 587，中华书局 1983 年影印本，第 5929—5930 页。
② （清）董诰等编：《全唐文》卷 477，中华书局 1983 年影印本，第 4778 页。

在这里,终南自是美的——青翠可掬,而唐人对终南山水的独特依恋,亦得以观照出。对唐代诗人而言,终南山水才是灵魂的最终选择,当了悟人生的迷途后,面对终南山水总会有"曩为世人误,遂负平生爱"(岑参《终南山双峰草堂作》)的洞悟,找到内心真正皈依之处,于是在"昼还草堂卧,但与双峰对"的生活中,与青山白云结为生活中的知音与伴侣,过着"兴来恣佳游,事惬符胜概"的逍遥自由生活。

3. 终南生态之破坏与保护

(1) 终南林木之砍伐与保护

由于地处长安近郊,加之草木丰茂、物产众多,终南山也成为长安城生活物资的重要来源地。长安城冬日取暖所用木炭,则主要来源于终南,终南还有名之曰"炭谷"的地方,《长安志》卷十一:"太一观,在县南六十里终南山炭谷口。"足见这一带伐木烧炭之盛。不过据清扬州甘泉毛凤枝所撰《陕西南山谷口考》上记载:"又西为太乙谷,一名炭谷(太炭双声,缓言之曰太乙谷,急言之则曰炭谷)。"认为炭谷之名,是由"太乙"急读而来的发音,与烧炭无关。但唐诗与唐代的判文均能说明应与伐木取炭相关。

白居易《卖炭翁》中的"卖炭翁,卖炭翁,伐薪烧炭南山中"的诗句,反映的即是唐代终南山林木被毁,以用于烧炭取暖的事实。所谓"炭",《太平御览》记载说明:

> 《说文》曰:炭,烧木也。《记》曰:季秋草木黄落,乃伐薪为炭。①

作为人类冬季取暖的生活物资,炭的存在其实代表了人向自然的索取以及对自然的破坏。然而中国传统思想中对草木的关爱之情,在《礼记》当中即有体现,专门规定伐薪烧炭的时间不该在林木生长的时节,而应顺应万物生长的规律,在草木零落的秋季才能开始。

于是秉承古训,唐人在对终南山林木破坏砍伐的同时,对终南山的敬畏、喜爱、保护,亦同时存在。唐王朝的县令还针对终南林木的砍伐制定过相应的法令。《对采木判》就记录并叙述了这样的事实:

---

① (宋)李昉等编:《太平御览》卷八百七十一火部四,中华书局1963年版,第3860页。

终南山下，人每至冬中，于山北采木。县以斩伐非时禁断。人云："山南险远，终不可行。"

节彼南山，森乎灌木，百工爱度，庶人斯采。厉禁攸施，妄抡材而必制；操斧以进，何斩伐之乖宜。斩阳盖取乎阴时，伐阴须在乎阳月，古训则尔，今令惟宜。若断彼良辀，刿乎服耜，考工有典，谅亦难违。倪革路载驰，析薪负荷，蓝缕是阻，岩险何阶？随时之宜，盖取诸此。①

从判文中可以清晰地见出，唐代官方对终南采伐的明确态度：对林木的斩伐必须在特定的时间，而这个时间则遵循古训即"斩阳盖取乎阴时，伐阴须在乎阳月"，必须在保持万物生态平衡的节点上，不影响终南林木生长的基础上，才可施行。这一点和古时即有的对动物射猎的时间的规定，有相同之处，即不该在动物繁育生长期狩猎，以保持万物的生生不息。

也是在这样的处理人与自然关系的基本理念下，炭谷一带虽有砍伐，但生态环境仍然良好，这在唐诗中均有展现。韩愈的《题炭谷湫祠堂》既勾勒出炭谷湫独特的生态图景，鱼鳖于此得到庇护成群嬉戏、禽鸟托栖于此悠闲飞翔、林丛幽冥，山花妍丽，与鲜艳的果实相杂，也体现出唐人朴素的山川神灵能兴云致雨的生态观念：

万生都阳明，幽暗鬼所寰。嗟龙独何智，出入人鬼间。不知谁为助，若执造化关。厌处平地水，巢居插天山。列峰若攒指，石盂仰环环。巨灵高其捧，保此一掬悭。森沈固含蓄，本以储阴奸。鱼鳖蒙拥护，群嬉傲天顽。翾翾栖托禽，飞飞一何闲。祠堂像侔真，擢玉纤烟鬟。群怪俨伺候，恩威在其颜。我来日正中，悚惕思先还。寄立尺寸地，敢言来途艰。吁无吹毛刃，血此牛蹄股。至令乘水旱，鼓舞寡与鳏。林丛镇冥冥，穷年无由删。妍英杂艳实，星琐黄朱斑。石级皆险滑，颠跻莫牵攀。龙区雏众碎，付与宿已颁。弃去可奈何，吾其死茅菅。②

---

① （清）董诰等编：《全唐文》卷985，中华书局1983年影印本，第10188页。
② （清）方世举笺注，郝润华、丁俊丽整理：《韩昌黎诗集编年笺注》，中华书局2012年版，第177—178页。

赵嘏的《李侍御归炭谷山居同宿华严寺》亦简笔勾勒出炭谷一带白云悠闲、满山红树、夜半泉落的生态景观:

> 家在青山近玉京,白云红树满归程。相逢一宿最高寺,半夜翠微泉落声。①

(2) 狩猎终南与禁断

唐朝的尚武之风,唐王朝统治者的奢侈娱乐生活,唐人谋取利益的驱动,都是猎捕的原因,对上层统治者而言,叫作狩猎,而下层则为打猎。根据唐史的记载,唐代帝王当中不乏狩猎终南的行为。如:

> 高祖武德七年辛未,猎于鄠南。癸酉,幸终南山。丙子,谒楼观老子祠。庚寅,猎于围川。十二月丁卯,如龙跃宫。戊辰,猎于高陵。庚午,至自高陵。……八年四月甲申,如鄠,猎于甘谷。作太和宫。丙戌,至自鄠。

但这样的狩猎行为,毕竟与儒家仁治天下的经义精神,以及佛教的杀生不义、放生积善的经义训示相悖,遂使唐王朝亦时不时地会颁令禁止,如:
高宗咸亨四年闰五月丁卯,禁作虎捕鱼、营圈取兽者。
光宅元年五月癸巳,以大丧禁射猎。(《本纪》第四则天皇后、中宗)
从唐代的禁捕、禁猎诏令中亦可看出浓厚的珍爱万物,与万物和谐共处的意识。《禁弋猎诏》写道:

> 永言亭育,全慈为本,况乎春令,义叶发生。其天下弋猎采捕,宜明举旧章,严加禁断。宣布中外,令知朕意。②

《禁弋猎采捕诏》亦云:

---

① 谭优学注:《赵嘏诗注》,上海古籍出版社 1985 年版,第 156 页。
② (清)董诰等编:《全唐文》卷32,中华书局 1983 年影印本,第 357 页。

　　阳和布气，庶类滋长。助天育物，须顺发生。宜令诸府郡，至春末已后，无得弋猎采捕，严力禁断，必资杜绝。①

《禁采捕诏》写道：

　　今属阳和布气，蠢物怀生，在于含养，必期遂性。如闻荥阳仆射陂陈留郡蓬池等，采捕极多，伤害甚广。因循既久，深谓不然。自今已后，特宜禁断，各委所由长官，严加捉搦。辄有违犯者，白身决六十，仍罚重役；官人具名录奏，当别处分。其仆射陂仍改为广仁陂，蓬池改为福源池，庶宏大道之仁，以广中孚之化。②

　　这些诏令中提到的"全慈为本"、"助天育物，须顺发生"、"阳和布气，蠢物怀生，在于含养，必期遂性"，可谓深得自然天性、万物生长的规律，作为唐代官方意识体现的诏令中的意识，也可视作唐人处理人与自然关系时秉承的基本原则。

（3）采石终南

　　来自于天地自然中的石，作为山岭的构造成分，闯入人们的视界，亦让人与其结下非常深厚的渊源。传统绘画、文学中不乏对山石的审美表现，并赋予山石更多的意蕴，有瘦骨嶙峋的石，有得天地精华的灵石，有可补苍天的有用之石，亦有傲岸不逊的无用顽石。利用自然，是人类自古在与自然相依相伴敬畏自然的同时，与自然生成的另一种关系。将山石用于造园，以造成一种自然之势，雕琢山石以用于装饰，以山石刻碑，则是人们在生活中渐渐发现的山石的用处。由于终南山出美石，自然成为唐人生活中的采用对象，而这种采石风尚，则在相当程度上破坏了终南的自然生态。据白居易的《青石》描述：

　　青石出自蓝田山，兼车运载来长安。工人磨琢欲何用？石不能言我代言。不愿作人家墓前神道碣，坟土未干名已灭。不愿作官家道傍德政碑，

---

① （清）董诰等编：《全唐文》卷33，中华书局1983年影印本，第369页。
② （清）董诰等编：《全唐文》卷32，中华书局1983年影印本，第360页。

不镌实录镌虚辞。愿为颜氏段氏碑,雕镂太尉与太师。刻此两片坚贞质,状彼二人忠烈姿。义心若石屹不转,死节名流确不移。如观奋击朱泚日,似见叱呵希烈时。各于其上题名谥,一置高山一沉水。陵谷虽迁碑独存,骨化为尘名不死。长使不忠不烈臣,观碑改节慕为人。慕为人,劝事君。①

这首诗不仅记录出唐人好以蓝田青石为墓碑,而碑文充满谀墓之辞的风尚,也让人目睹唐时出于奢华生活的需要,大肆采石并兼车运载络绎不绝的现象。而诗人笔下的山石则是有灵有情有性的,于是代山石言。虽说在唐代典籍中并未发现相关的禁止采石的法令,但这样的诗性态度,则让人见出唐人对山石的理解与爱恋。

（4）采玉终南

韦应物的《采玉行》写的是为采南山之玉,官府征召徭役,给老百姓带来的灾难,而这也是一场生态灾难:

> 官府征白丁,言采蓝谿玉。绝岭夜无家,深榛雨中宿。独妇饷粮还,哀哀舍南哭。②

李贺的《老夫采玉歌》亦写出蓝溪采玉人的艰难生活,以及蓝溪水与南山因采玉而遭破坏的情境:

> 采玉采玉须水碧,琢作步摇徒好色。老夫饥寒龙为愁,蓝溪水气无清白。夜雨冈头食蓁子,杜鹃口血老夫泪。蓝溪之水厌生人,身死千年恨溪水。斜山柏风雨如啸,泉脚挂绳青袅袅。村寒白屋念娇婴,古台石磴悬肠草。

三 唐代骊山生态与文学

地处长安近郊的骊山,以其与政治文化经济中心长安的特殊地缘关

---

① 朱金城笺校:《白居易集笺校》,上海古籍出版社 1988 年版,第 206 页。
② 孙望编:《韦应物诗集系年校笺》,中华书局 2002 年版,第 96 页。

系，相比于其他名山，与历史结下深厚的渊源，没有哪座山能像它这样与历史政治并连，又留下种种或血腥残忍或秾丽香艳的传奇，当折射出人性的种种贪念、嗔念、痴念、执念的一幕幕历史接二连三地在这里上演时，也在时间的沉淀中，骊山不再只是单纯的一座山，有了不一样的历史烙印与文化印记。从褒姒的一笑失天下，到秦始皇的一怒焚书籍，再怒坑诸儒，更有"刑徒七十万，起土骊山隈"（李白《古风》），又到"霓裳一曲千峰上，舞破中原始下来"（杜牧的《过华清宫》），无不透露出骊山这座名山与秦地终南、华山的不同特质，在人们的视野里，骊山之美，其适合寻幽访道的仙境气息，都已被遮蔽在其蕴含的深厚历史政治意蕴中。

《元和郡县志》卷一对骊山的相关历史掌故、地理状况与名称变更等信息均有过叙述：

> 秦始皇陵，在县东八里。始皇即位，治骊山陵，役徒七十万人。今按其陵高大，亦不足役七十万人积年之功，盖以骊山水泉本北流者，陂障使东西流，又此土无石，取大石于渭北诸山，其费功力由此也。
>
> 华清宫，在骊山上。开元十一年初，置温泉宫，天宝六年改为华清宫。又造长生殿，名为集灵台，以祀神也。
>
> 万年长安下有昭应，《旧唐书》地理志云：昭应，隋新丰县治，古新丰城北。垂拱二年改为庆山县，神龙元年复为新丰。天宝二年，分新丰万年置会昌县，七载省新丰县，改会昌为昭应，治温泉宫之西北。《新唐书》云：天宝元年，更骊山曰会昌山，三载析新丰万年置会昌县，六载更温泉曰华清宫，七载省新丰，更会昌县及山曰昭应。据二书，则华清宫在昭应县，是书无昭应县，志文既与前目不符，而以华清宫附长安县，具所缺，在前在后未可臆断，附识于此以存昭应县大略。①

除此外，《太平御览》骊山条对其也有记载：

---

① （唐）李吉甫撰，黄永年校点：《元和郡县志》卷一，中华书局1983年版，第7页。

《三辅故事》曰:始皇葬骊山,起陵高五十丈,下锢三泉,周回七百步,以明珠为日月,鱼膏为脂烛,金银为凫雁,金蚕三十箱,四门施徼,奢侈太过。六年之间为项籍所发,放羊儿堕羊塚中,燃火求羊,烧其椁藏。《述征记》曰:长安东则骊山,西则白鹿原,北望云阳,悉见山阜之形。而恒若在云雾之中。孟康曰:昔周幽王悦褒姒,姒不笑,王乃击鼓举烽以征,诸侯至而无寇,褒姒乃笑,王甚悦之。及犬戎至,王举烽以征诸侯不至,王遂败,身死于骊山之北。①

这些记录中提及骊山时,对其关注的重点亦均在此地留下的人文景观,如温泉宫、始皇陵以及留下的历史典故等,也由此见出骊山浓厚的人文气象。

(一)骊山动植物生态总体特色书写

相比于终南山,有关骊山动植物的书写,品类要少很多,并不是骊山本身动植物生长少,而是和骊山特殊的御苑名山特质相关,加之骊山曾上演的一幕幕历史悲喜剧,使得文人们笔下的骊山关注点,不再是景,而更多地在人事,此时的骊山景色,往往只作为背景,衬托历史的沉浮与沧桑。而提及骊山的树木,也与关中的终南、华山、太白山等名山,或其他的山岳不同,往往仅将之概括地称作"宫树"、"御花",如"苑花落池水,天语闻松音"(储光羲《石瓮寺》)、"春月夜啼鸦,宫帘隔御花"(李贺《过华清宫》)、"崔嵬骊山顶,宫树遥参差"[元稹《酬乐天(时乐天摄尉,予为拾遗)》]、"山蝉鸣兮宫树红"(白居易《骊宫高——美天子重惜人之财力也》)、"重门深锁禁钟后,月满骊山宫树秋"(高蟾《华清宫》)等,这些诗句中所点出的骊山植物"宫树"、"御花"的特质,昭示出其不同普通的花木,名贵珍稀是其必然的特色。除此外,作为御山,为营造其适于居游的秀美风景,唐王朝亦必然在广植花木上费尽心思。卢纶的《宿石瓮寺》提到骊山的"千林万壑",杜牧则有"零叶翻红万树霜,玉莲开蕊暖泉香"(《华清宫》)的诗句,即写出骊山树木繁多葱茏的景象。而储光羲的《石瓮寺》则大致勾勒出骊山一带繁花似锦、林木葱茏的景象:

---

① (宋)李昉等编:《太平御览》卷四十四地部九,中华书局1960年版,第209页。

　　遥山起真宇，西向尽花林。下见官殿小，上看廊庑深。苑花落池水，天语闻松音。君子又知我，焚香期化心。①

　　远望处，楼宇宫殿，参差错落，向西看去，则满眼花林。廊庑幽深，苑花飘落于曲沼之上，风吹时，但闻松涛之音。诗歌简笔勾勒出骊山不同于其他关中名山之处。可以说，在骊山最鼎盛繁荣时，亦是骊山最美，将人文胜景与自然盛景结合得最和谐，最天衣无缝时。但可惜的是并未具体描摹骊山的花木。而有关骊山描写大致都是如此，于是要想具体探寻骊山花木的具体名称，会非常困难，仅留下零星的记载。卢纶的《早秋望华清宫中树因以成咏》（一作常衮诗），可视作骊山的全景式秋季生态图：

　　可怜云木丛，满禁碧濛濛。色润灵泉近，阴清辇路通。玉坛标八桂，金井识双桐。交映凝寒露，相和起夜风。数枝盘石上，几叶落云中。燕拂宜秋霁，蝉鸣觉昼空。翠屏更隐见，珠缀共玲珑。雷雨生成早，樵苏禁令雄。野藤高助绿，仙果迥呈红。惆怅缭坦暮，兹山闻暗虫。②

　　以云木指称骊山花木，足见其高，而碧濛濛，亦见其青翠，同时诗中还指出骊山花木因近靠温泉而润泽的特质，这里，八桂双桐茂盛生长，秋天时凝露交映，在秋风中相和，枝杈盘于石上，落叶飘零云中。秋雨过后初晴的天气里，燕拂蝉鸣，野藤高绕，绿意丰盈，仙果呈红。暮色中惆怅之情缭绕不尽，但闻暗虫唧唧之声。

　　同时由于骊山温汤天然温室的独特环境，亦使得骊山一带的植物栽种生长时令与他地有别，据记载：

　　然地气温润，殖物尤早，卉木凌冬不凋，蔬果入春先熟，比之骊山，多所不逮……温泉汤监掌汤池宫禁之事，丞为之贰。凡驾幸温汤，其用物不支，所司者皆供之。若有防堰损坏，随时修筑之。凡王

---

① （清）彭定求等编：《全唐诗》卷137，中华书局1997年版，第1387页。
② 刘初棠校注：《卢纶诗集校注》，上海古籍出版社1989年版，第457页。

公已下，至于庶人，汤泉馆室有差，别其贵贱，而禁其踰越。凡近汤之地，润泽所及，瓜果之属先时而育者，必为之园畦，而课其树艺，成熟则苞匦而进之，以荐陵庙。①

这一骊山独有的生态环境，在王建的《宫前早春（一作华清宫）》一诗中也得到印证：

　　　酒幔高楼一百家，宫前杨柳寺前花。内园分得温汤水，二月中旬已进瓜。②

尽管如此，有关骊山的动植物、矿产、地貌等状况，通过文献的索引，材料的钩稽，仍可观其大略。

（二）骊山的动植物、矿产与地貌书写

1. 骊山花木生态书写

虽说有关骊山的花木多以"宫花"等名词代替，但其中最具典型意义、给文人带来极强视觉与心灵冲击的植物生态景象，还是被叙写保留下来。

（1）牡丹

提及骊山花木首先要提说的是牡丹。作为唐王朝的御苑名山，骊山亦广植牡丹。据《龙城录》卷下"宋单父种牡丹条"记载：

　　　洛人宋单父，字仲孺。善吟诗，亦能种艺术。凡牡丹变易千种，红白斗色，人亦不能知其术。上皇召至骊山，植花万本，色样各不同。赐金千余两，内人皆呼为"花师"。亦幻世之绝艺也。③

由此可见，玄宗时，骊山之上，牡丹栽种之繁，品类之众，竞相绽放之盛况。然而在现存唐代诗文中却并未见到对其之专咏与描摹。

① （唐）李林甫撰，陈仲夫点校：《唐六典》卷十九司农条，中华书局1992年版，第529页。
② （唐）王建著：《王建诗集》，中华书局上海编辑所1959年版，第74页。
③ （唐）柳宗元著：《唐五代笔记小说大观·龙城录》，上海古籍出版社2000年版，第151页。

（2）松柏

作为皇室御用之山林，骊山广植松柏，且多为珍稀之木，这在郑嵎《津阳门诗》的追忆中有过叙写："奇松怪柏为樵苏，童山矶谷亡嶔崟"，而"奇怪"当是骊山松柏留给诗人最突出的特色。但由于骊山吟咏重咏史的特质，骊山广植松柏的特色并未在诗文中得到充分展现，但也留下痕迹，如"题字于扶风之柱，系马于骊山之松"（卢照邻《悲昔游》）、"松涧聆遗风，兰林览余滋"（张九龄《骊山下逍遥公旧居游集》）、"飞盖松溪寂，清笳玉洞虚"（卢僎《奉和李令扈从温泉宫赐游骊山韦侍郎别业》）、"薜壁松生峭，龛灯月照空"（马戴《题石瓮寺》）、"翠华不来岁月久，墙有衣兮瓦有松"（《骊宫高——美天子重惜人之财力也》）、"风泉输耳目，松竹助玄虚"（蒋防《题杜宾客新丰里幽居》）、"深宫带日年年色，翠柏凝烟夜夜愁"（无名氏《骊山感怀》）等，将骊山松树临溪而生，在峭壁生长的姿态以及松下苔藓丛生的景象，风中的泉水之声与松声、竹声激荡耳目给人带来的玄虚之悟，日照深宫翠柏凝烟似满含愁怨的情态，一一描绘而出。

（3）柳树

柳树是唐代关中一带最为重要的风景，春风中绰约摇曳的柳条，漫天飞舞的柳絮，在长安城、灞桥岸、华清宫，均留下其曼妙的剪影。而骊山华清宫中，柳树也是少不了的风景。杜甫的《斗鸡》一诗中，写道"帘下宫人出，楼前御柳长"。王建的《华清宫前柳》如此描绘：

> 杨柳宫前忽地春，在先惊动探春人。晓来唯欠骊山雨，洗却枝头绿上尘。[①]

春风吹过，万物回春，骊山华清宫的柳条已抽嫩芽，枝头的鹅黄色让人惊悉春天已到，而诗人在清晨捕捉到华清宫柳色春天的消息，惊叹大自然万物变化之美的同时，又觉得还差了点什么，那自然是对春天而言最为珍贵的骊山雨了，当春雨来临时，会一洗经历整个漫长冬季的苍灰色，也洗却让柳色浑浊不清的枝上灰尘，让宫柳重现满眼的绿色，让万物充满生

---

① （唐）王建著：《王建诗集》，中华书局上海编辑所1959年版，第79页。

机、自然清新。

（4）兰林

空谷幽兰向来用以比喻君子遗世独立的高洁之风，中国古代文人对兰花自是情有独钟。这种生长在空谷的兰草，亦被广为栽种在庭院别业中。"纫珮兰涧径，舒圭叶翦桐"（李世民《过旧宅二首》）、"松涧聆遗风，兰林览余滋"（张九龄《骊山下逍遥公旧居游集》）则透露出骊山一带有大片兰林的美景。

（5）紫芝

有关求仙修道的吟咏内容，在骊山的吟唱中非常少，于是诸如茯苓、紫芝等和延年益寿相关的名贵药材，在骊山诗文中仅留下些微的痕迹。"遗子后黄金，作歌先紫芝"（张九龄《骊山下逍遥公旧居游集》），则约略透露出骊山的紫芝生长痕迹。

（6）桂树

在有关桂树的传说中，它是和月中的广寒宫息息相关的，作为人间的宫廷苑囿，其仙境气息自然也要桂树来装点。"风摇岩桂露闻香，白鹿惊时出绕墙"（罗邺《骊山》），则写出静谧的骊山宫殿风摇岩桂，在漫山飘过的阵阵幽香。"玉坛标八桂，金井识双桐"（《早秋望华清宫中树因以成咏》，一作常衮诗），也点出骊山宫苑栽植桂树的事实。

（7）梧桐

白居易《长恨歌》中的"春风桃李花开日，秋雨梧桐叶落时"的吟咏，点染出唐明皇与杨玉环爱情故事中最具典型意义的春风桃李、秋雨梧桐植物意象背景。也让后世戏曲在叙及二人围绕着骊山华清宫所上演的爱情与历史的悲剧时，总会提及秋雨梧桐的意象，甚至以《梧桐雨》给剧作命名，也由此可见梧桐与杨李二人结下的源远流长的因缘。唐诗中有关骊山梧桐也有提说，如"玉坛标八桂，金井识双桐"（《早秋望华清宫中树因以成咏》，一作常衮诗）、"桐枯丹穴凤何去，天在鼎湖龙不归"（高蟾《华清宫》）。

（8）石榴

作为御园的骊山华清宫内也栽种着石榴。徐夤的"雪衣传贝叶，蝉鬓插山榴"（《依御史温飞卿华清宫二十二韵》），则写出华清宫妃嫔宫女以石榴花斜插鬓头做装饰的生活图景。

（9）梨

卢纶的《晚次新丰北野老家书事呈赠韩质明府》写道："数派清泉黄菊盛，一林寒露紫梨繁。"李峤的《梨》对之做过专门吟咏：

> 擅美玄光侧，传芳瀚海中。凤文疏象郁，花影丽新丰。色对瑶池紫，甘依大谷红。若令逢汉主，还冀识张公。①

（10）梅花杏花

"饮鹿泉边春露晞，粉梅檀杏飘朱墀"（郑嵎《津阳门诗》），则铺绘出春露渐干时白鹿饮于泉边，梅花与杏花飘落于朱墀的情境。

（11）竹林菊花

"纽落藤披架，花残菊破丛"（李世民《过旧宅二首》）、"碧菱花覆云母陵，风篁雨菊低离披"（郑嵎《津阳门诗》），则写出骊山一带藤蔓披架，菊花残破，风雨中竹林菊花低垂的生态情境。

（12）瓜果

骊山温汤独特的温室环境，让骊山一带非常适宜瓜果的生长，甚至有冬天瓜果亦能生长的气候条件，这种违背正常的作物生长规律现象，对仅能靠天耕作，顺应天时的古人而言，实为奇观。而《太平御览》菜茹部三瓜条，提及历史上的焚书坑儒时，则提到和瓜有关的历史细节：

> 《古文奇字》曰：改古文为大篆及隶字，周人多诽谤怨恨。秦苦天下不从，而诸生到者拜为郎，凡七百人。蜜种瓜于骊山峒谷中温处，瓜实成，使上书曰：瓜冬有实。有诏下，博士诸生说之，人人各异说，则皆使往视之。而为伏机，诸生贤儒皆至焉，方相难不决，因发机从上，填之以土，皆压终。②

谁知这种骊山冬日长瓜的新鲜奇景，在渺远的秦王朝时期就和着一段充满血雨腥风的历史。而到了唐代，这一天然的地理环境则为帝王专享，

---

① 徐定祥注：《李峤诗注》，上海古籍出版社1995年版，第231页。
② （宋）李昉等编：《太平御览》第九百七十八菜茹部三，中华书局1963年版，第4334页。

唐皇室在此地建有园畦,命专门的官员管理,每有先于时令的新鲜瓜果成熟,即会进献。

(13)榆树

黄滔的《明皇回驾经马嵬赋(以"程及晓留,芳魂顾迹"为韵)》提及"骊山七夕,休瞻榆叶之芬芳"①,点出骊山七夕,榆叶飘香的生态情境。

(14)野蒿

与记录繁华的宫廷名花异草相比,蒿草诉说的则是繁华的落尽、满目的兴亡与历史的沧桑。"贵妃没后巡游少,瓦落宫墙见野蒿。"(许浑《牧童骊山》一作途经骊山,一作望华清宫感事)写尽了曾经热闹喧哗的华清宫,如今的败落不堪。

2. 骊山动物生态书写

有关骊山动物的描写,在文学中也并不多见,偶尔提及的品类,要么与历史的感叹相关,要么出现在佛教典籍与仙化传说中,成为佛道宣扬教义的背景。通过对典籍的梳理,观览到的骊山特色动物有以下几类:

(1)虫蚁

在《法苑珠林》叙述唐雍州义善寺释法顺在骊山栖息的经历时提道:

> 每年夏中,引众骊山,栖静地。多虫蚁,无因种菜。顺恐有损,就地指示令虫移徙,不久往示,恰无虫矣。②

虽说这段记载中,佛藏典籍仅是为了营造和渲染高僧能跨界通灵的神迹,但也在叙述高僧在骊山的经历时,记录下骊山一带多虫蚁的生态现象。而马戴的《题石瓮寺》也提及这一现象:"人烟窥垒蚁,鸳瓦拂冥鸿。"

(2)鸦

有关骊山乌鸦云集的特有生态现象,储光羲在《群鸦咏》中有过细细的描摹:

---

① (清)董诰等编:《全唐文》卷822,中华书局1983年影印本,第8659页。
② (唐)释道世撰:《法苑珠林》卷二十八,上海古籍出版社1991年版,第212页中。

　　　　新宫骊山阴，龙衮时出豫。朝阳照羽仪，清吹肃逵路。群鸦随太车，夜满新丰树。所思在腐余，不复忧霜露。河低宫阁深，灯隐鼓钟曙。缤纷集寒枝，矫翼时相顾。冢宰收琳琅，侍臣进鸳鹭。高举摩太清，永绝矰缴惧。兹禽亦翱翔，不以微小故。[①]

　　群鸦追随太车，夜晚时分黑压压栖满新丰树头、矫翼相顾的情境，被诗人撷入诗中，而这里的群鸦也是有人的情感，亦展现出唐代新丰骊山一带生态良好的情形。

　　安史之乱后的骊山宫苑内的寒鸦，则处处透着凄婉萧瑟之意。如"春月夜啼鸦，宫帘隔御花"（《过华清宫》）、"殿角钟残立宿鸦，朝元归驾望无涯"（林宽《华清宫》）。

　　（3）传说中的狐龙

　　《太平广记》中记载有一段骊山狐龙的仙化故事：

　　　　骊山下有一白狐，惊挠山下，人不能去除。唐乾符中，忽一日突温泉自浴，须臾之间，云蒸雾涌，狂风大起，化一白龙，升天而去。后或阴暗，往往有人见白龙飞腾山畔，如此三年。忽有一老父，每临夜即哭于山前。数日，人乃伺而问其故。老父曰：我狐龙死，故哭尔。人问之：何以名狐龙，老父又何哭也？老父曰：狐龙者，自狐而成龙，三年而死。我狐龙之子也。人又问曰：狐何能化为龙？老父曰：此狐也，禀西方之正气而生。胡白色，不与众游，不与近处，狐托于骊山下千余年，后偶合于雌龙。上天知之，遂命为龙。亦犹人间自凡而成圣耳。言讫而灭。出《奇事记》[②]

　　这段充满仙化气息的故事，褪去其演绎的传说成分，实则透露出骊山一带白狐出没的生态真实。

　　（4）白鹿

　　在一些方志与类书的记载中骊山东有白鹿原，时有白鹿出没。据《太

①　（清）彭定求等编：《全唐诗》卷137，中华书局1997年版，第1394页。

②　（宋）李昉等编：《太平广记》卷455狐九，中华书局1961年版，第3718页。

平御览》记载：

> 原：《释名》曰：原元也，如元气广大也……又曰骊山有白鹿原，
> 周平王时白鹿出此原，故名之。①

而唐代诗文中对此亦有提及，如"至今犹有长生鹿，时绕温泉望翠华"（嵩岳诸仙《嫁女诗》）、"风摇岩桂露闻香，白鹿惊时出绕墙"（罗邺《骊山》）、"晓看楼阁更鲜明，日出栏杆见鹿行"②（王建《晓望华清宫》）等。

（5）萤火虫

卢纶《宿石瓮寺》"殿有寒灯草有萤，千林万壑寂无声"，留下宫殿寒灯点点，而草丛中萤火闪烁，千林万壑寂静无声的骊山夜间生态景象。

尽管从留存的唐代诗文中，我们只能看到为数不多的能被纳入文学的审美化的动植物生态意象，但从这些如今我们已很难再看到甚或绝迹的动植物在文学中的印记，那闪烁的透着大自然灵动声息的萤火，那在唐人心目中被奉为神灵的白鹿、白狐，甚或渐渐被赋予悲戚恐怖意蕴的乌鸦，无不告知后人唐代骊山生态良好的事实，而这些嵌入唐代骊山诗文消失了的精灵，也包括今天诗的时代的没落，文学中自然的退却，无不透过文字警戒后人，珍视珍爱动植物，珍视环境的重要性，而与自然万物的和谐共生，也是能带来诗意世界与诗意人生的唯一途径。

3. 骊山矿产、地貌生态书写

（1）骊山银矿

骊山一带拥有丰富的矿藏，见于记载的则有银矿。据《太平御览》记载：

> 《后魏书》曰：银出始兴阳山县，又出桂阳阳安县。骊山有银矿
> 二石，得银七两。白登山亦有银矿八石，得银七两。宣武帝诏并置银

---

① （宋）李昉等编：《太平御览》卷五十七地部二十二"原"条，中华书局1963年版，第278页。

② （唐）王建著：《王建诗集》，中华书局上海编辑所1959年版，第78页。

官，每令探铸。①

（2）新丰庆山

据《新唐书》本纪第四则天皇后记载：

> 垂拱二年十月己巳，有山出于新丰县，改新丰为庆山，赦囚，给复一年，赐酺三日。

而《太平御览》对由于地质变动突起的新丰山、庆山亦有记录：

> 唐高宗朝，新丰出山，高二百尺。有神池，深四十尺。水中有黄龙现，吐宝珠，浮出大如拳。山中有鼓鸣。改新丰县为庆山县。（出《广德神异录》）
>
> 昭应庆山，长安中，亦不知从何飞来。夜过，闻有声如雷，疾若奔，黄（"若奔黄"三字原空阙，据明抄本补。）土石乱下，直坠新丰西南。一村百余家，因山为坟。今于其上起持国寺。（出《传载》）②

（3）骊谷戏水

骊山山谷有水，名戏水。据《太平御览》"关中诸水"条记载：

> 《水经注》曰：戏水出骊山鸿谷北，历戏亭即周幽王死处。《西征赋》所谓"兵败戏水之上，身死骊山之北"是也。③

（4）骊山温汤

温泉是由地下自然涌出温度在 45 摄氏度以下的富含多种矿物质的泉水，其形成一种是由地壳内部的岩浆作用所形成，或为火山喷发所伴随产

---

① （宋）李昉等编：《太平御览》卷 812 珍宝部十一，中华书局 1963 年版，第 3607 页。
② （宋）李昉等编：《太平广记》卷 455 狐九，中华书局 1961 年版，第 3176 页。
③ （宋）李昉等编：《太平御览》卷 65 地部三十，中华书局 1963 年版，第 308 页。

生,火山活动过的死火山地形区,因地壳板块运动隆起的地表,其地底下还有未冷却的岩浆,均会不断地释放出大量的热能,由于此类热源之热量集中,因此只要附近有孔隙的含水岩层,不仅会受热成为高温的热水,而且大部分会沸腾为蒸气,多为硫酸盐泉。二则是受地表水渗透循环作用所形成。当雨水降到地表向下渗透,深入到地壳深处的含水层(砂岩、砾岩、火山岩等良好含水层)形成地下水。地下水受下方的地热加热成为热水,深部热水多数含有气体,当热水温度升高,上面若有致密、不透水的岩层阻挡去路,会使压力愈来愈高,以致热水、蒸气处于高压状态,一有裂缝即窜涌而上。骊山温泉当属前者。以今天的地质学分析,骊山属休眠火山,于是在其山体出现温泉则是自然之事。古时人们虽不懂温泉形成之因,但却对这种得自于自然的物体,不仅觉得神奇喜爱,同时又对其神奇的功效有充分的认识与体验。

如常衮的《中书门下贺醴泉表》所写:

> 臣等伏以西京栎阳县有泉水于平地涌出,洁诚饮者,痼疾咸瘳,稽之图牒,是曰醴泉。臣闻和气上感,湛恩下浃,则有休徵,以彰至化。近在雨金之地,特启英泉之瑞,无源独涌,平地滂流,当神明之积高,表阴阳之不测。其气香洁,其味甘醇,抱华清而荡邪,资灵化以除秽。积年之疾,一饮皆愈。挈瓶而至,重趼相望,日以万计,酌而不竭。齐庄之诚益厉,神达之效愈彰。伏惟陛下宏父母之深仁,纳黎元於寿域,感此灵液,助其生成。疾苦假除,夭昏不作,勿药有喜,爱人斯甚,可以见天地之心,可以明帝王之德。昔唐尧至圣,光武中兴,沛然发祥,千岁一睹。启我昌运,居然合符,鸿休无疆,天下庆幸。臣等谬司近密,喜倍常情,无任忻庆之至。①

就表现出对温汤奇特功效的认识,在古人的意识中,温汤是灵液,它的涌现是帝王仁爱之德上通天意的征兆,也是国运昌隆的象征,于是每每出现温汤涌现的事件,对朝野上下而言都是值得庆幸的事情。而此处涌现温汤的栎阳,在唐时高祖武德元年(618)是由万年改称而来的,其县治

---

① (清)董诰等编:《全唐文》卷416,中华书局1983年影印本,第4257页。

在今西安市临潼区栎阳镇处，为雍州所辖，武则天天授二年（691）设鸿州后，栎阳又归属鸿州，大足元年（701）鸿州撤销后，栎阳改属华州。应和骊山温泉属同类性质。

《唐六典》记载：

> 温泉汤监一人，正七品下。辛氏《三秦记》云：骊山西有温汤，先以三牲祭，乃得洗，不祭则烂人肉。《俗说》云：秦始皇与神女戏，不以礼，神女唾之，生疮。始皇怖谢，乃为出温泉洗之，立愈。《抱朴子》曰：水有温泉之汤池，火有萧丘之寒燋，汉魏已来相承，云能荡邪蠲疫，今在新丰县西。后周庾信有《温泉碑》。皇朝置温泉宫，常所临幸，又京兆府蓝田县有石门汤，岐州郿县有凤泉汤，同州有北山汤，河南府有陆浑汤，汝州有广成汤，天下诸州往往有之。然地气温润，殖物尤早，卉木凌冬不凋，蔬果入春先熟，比之骊山多所不逮。①

《白氏六帖事类集》云：

> 《温汤五十一》温泉　汤泉　温液　汤谷
> 《东京赋》：灵液神泉。并《文选》：据神泉而吐溜华清　荡邪
> 《魏都赋》：温泉毖涌而白浪，华清荡邪而难老。愈疾流恶恶秽也，蠲疴疴疾温源。《水经》曰：温汤即温源神井。张衡《温泉赋》曰：余适骊山，观温泉，浴神井……

《封氏闻见记》卷七温汤：

> 海内温汤甚众，有新丰骊山汤，蓝田石门汤，岐山凤泉汤，同州北山汤……②

---

① （唐）李林甫著，陈仲夫点校：《唐六典》卷十九司农条，中华书局1992年版，第529页。
② （唐）封演著，赵贞信校注：《封氏闻见记》卷八，中华书局2005年版，第70页。

有关骊山温泉宫的修建与设计布置状况，陈鸿的《华清汤池记》有详细的记载：

> 元宗幸华清宫，新广汤池，制作宏丽，安禄山于范阳以白玉石为鱼龙凫雁，仍以石梁及石莲花以献，雕镂巧妙，殆非人功。上大悦，命陈于汤中，仍以石梁横亘汤上，而莲花才出水际。上因幸华清宫，至其所，解衣将入，而鱼龙凫雁，皆若奋鳞举翼，状欲飞动。上甚恐，遽命撤去。而莲花今犹存。又尝于宫中置长汤数十，门屋环回，甃以文石，为银楼谷船及白香木船，致于其中。至于楫棹，皆饰以珠玉，又于汤中垒瑟瑟及沉香为山，以状瀛洲方丈。《津阳门诗》注曰："宫内除供奉两汤外，而内外更有汤十六所，长汤每赐诸嫔御，其修广于诸汤不侔。甃以文虫密石，中央有玉莲捧汤泉，喷以成池；又缝缀锦绣为凫雁，致于水中。上时往其间，泛钑镂小舟以嬉游焉。次西曰太子汤，又次西少阳汤，又次西长汤十六所。"今惟太子、少阳二汤存焉。其穷奢而极欲，古今罕匹矣。①

宏丽壮观、奢华无度的构建，精雕细镂、生动逼真之花草鱼虫之纹饰，使得骊山汤池古今罕匹，也成为帝王之至爱处。

（三）骊山的四时生态书写

骊山因独特的温泉地貌的存在，使得周遭气候都受到一定程度的影响，于是出现冬不冷而春来早的独特气候现象。加之海拔较高的山地地质与林木广布的生态环境，使得骊山的夏天也气温偏低、林荫生凉。而这样的气候特征，在史书中有零星记载，文学中则有详细生动的展示，尤其是诗歌感于物而动，对四时四季阴晴冷暖的敏锐感受，都会形诸笔端，于是后世人通过阅读诗歌，得以对此地的气候特征有所把握。其气候特征在王建的《昭应官舍书事》中则描述得较为详细：

> 县在华清宫北面，晓看楼殿正相当。庆云出处依时报，御果呈来每度尝。腊月近汤泉不冻，夏天临渭屋多凉。两衙早被官拘束，登阁

---

① （清）董诰等编：《全唐文》卷612，中华书局1983年影印本，第6181页。

巡溪亦属忙。①

杨巨源的《寄昭应王丞》写出骊山由于温汤之气，四季如春的独特气候：

> 武皇金辂辗香尘，每岁朝元及此辰。光动泉心初浴日，气蒸山腹总成春。讴歌已入云韶曲，词赋方归侍从臣。瑞霭朝朝犹望幸，天教赤县有诗人。②

白居易的《骊宫高——美天子重惜人之财力也》，诗句中既点出骊山之形色神韵，亦写出骊山之四季景象：

> 高高骊山上有宫，朱楼紫殿三四重。迟迟兮春日，玉甃暖兮温泉溢。裊裊兮秋风，山蝉鸣兮宫树红。翠华不来岁月久，墙有衣兮瓦有松。吾君在位已五载，何不一幸乎其中？西去都门几多地，吾君不游有深意。一人出兮不容易，六宫从兮百司备。八十一车千万骑，朝有宴饫暮有赐。中人之产数百家，未足充君一日费。吾君修己人不知，不自逸兮不自嬉。吾君爱人人不识，不伤财兮不伤力。骊宫高兮高入云，君之来兮为一身，君之不来兮为万人。③

春日迟迟，温泉四溢，秋风裊裊，山蝉凄切，宫树染红，四季不同，骊山的景象也呈现出不同的气韵。

（1）绚烂早来的骊山春日

当然冬尽初春时，骊山一带偶尔也会飘起春雪，贾岛的"野寺入时春雪后"（《寻石瓮寺上方》）就描写出这样的景色。苏绾的《奉和姚令公驾幸温汤喜雪应制》仍然描述的是雪花飘飞后，骊山换了季节，林木已有春天迹象的季节转换过程：

---

① （唐）王建著：《王建诗集》，中华书局上海编辑所1959年版，第68页。
② （清）彭定求等编：《全唐诗》卷333，中华书局1997年版，第3730页。
③ 朱金城笺校：《白居易集笺校》，上海古籍出版社1988年版，第202页。

汉主新丰邑，周王尚父师。云符沛童唱，雪应海神期。林变惊春早，山明讶夕迟。况逢温液霈，恩重御裘诗。①

春天已悄然到来，不知不觉中，山林的色彩已发生变化，已到薄暮时分，山色依然明亮，原来冬天已过，夕阳也来得晚了，这种突然间对季节的感知，让诗人不时惊喜。

骊山的春天来得要比其他地方早些，有关骊山独特的这一气候现象，在唐代诗歌中有过揭示。王建的《宫前早春（一作华清宫）》中即有描写：

酒幔高楼一百家，宫前杨柳寺前花。内园分得温汤水，二月中旬已进瓜。②

二月中旬，骊山一带酒旗飘摇，杨柳摇曳，花木争发，呈现出一派浓浓的春天景象，而骊山内园因为得温润之地气的浸润，竟已到了瓜熟呈献的时节。

沈亚之的《宿后自华阳行次昭应寄王直方》也写出暖色先骊岫的气候特征：

重归能几日，物意早如春。暖色先骊岫，寒声别雁群。川光如戏剑，帆态似翔云。为报东园蝶，南枝日已曛。③

春日的山光物态呈现着不同于寒冬的清新色调，暖日醺醺，褪去寒色，雁群的声音也不那么凄凉，南枝花发，蝶戏园间，自有一番勃勃之生机。

李贺的《过华清宫》描写的是春日月色下的骊山：

春月夜啼鸦，宫帘隔御花。云生朱络暗，石断紫钱斜。玉碗盛残

---

① （清）彭定求等编：《全唐诗》卷113，中华书局1997年版，第1152页。
② （唐）王建著：《王建诗集》，中华书局上海编辑所1959年版，第58页。
③ （清）彭定求等编：《全唐诗》卷493，中华书局1997年版，第5621页。

露，银灯点旧纱。蜀王无近信，泉上有芹芽。

春日月夜下，宫帘外御花寂寂开放，断壁残石间苔藓滋生，玉碗衬着残露，银灯映着旧纱窗，而泉上已露出水芹的嫩芽来。

林宽的《华清宫》即写出骊山一带因为温泉的浸润，春还未到，花已早发的现象：

> 殿角钟残立宿鸦，朝元归驾望无涯。香泉空浸宫前草，未到春时争发花。①

赵嘏的《寒食新丰别友人》描绘出寒食时节已至暮春时的浓浓春色：

> 一百五日家未归，新丰鸡犬独依依。满楼春色傍人醉，半夜雨声前计非。缭绕沟塍含绿晚，荒凉树石向川微。东风吹泪对花落，憔悴故交相见稀。②

满楼的春色，夜半的春雨，日渐深浓的绿色，和煦的东风，勾勒出骊山新丰一带的春日景象。

王建的《昭应官舍》还写出骊山春雨淅沥时的景象："绕厅春草合，知道县家闲。行见雨遮院，卧看人上山。"③

（2）凉风习习的骊山夏日

诗文当中对骊山之四季中的秋冬春，都多有描写，唯独对骊山夏日，鲜有提及，这是和帝王临幸骊山的时节息息相关的，往往多在初冬到春天这段时间里。而安史之乱后的骊山，诗人们亦多留意的是秋日之骊山，亦多为咏史感怀之需要，铺设一种萧瑟凄凉的秋之背景，秋日之骊山，将骊山之颓败、宫娥之冷落、历史之沧桑，衬托得极具悲凉之气韵。唯有常驻于此的诗人，才会关注到骊山夏日的特色。王建就因为在

---

① （清）彭定求等编：《全唐诗》卷606，中华书局1997年版，第7057页。
② 谭优学注：《赵嘏诗注》，上海古籍出版社1985年版，第51页。
③ （唐）王建著：《王建诗集》，中华书局上海编辑所1959年版，第49页。

昭应任职,得以在诗作中描写骊山夏日的特色。他的《昭应李郎中见贻佳作次韵奉酬》写道:

> 窗户风凉四面开,陶公爱晚上高台。中庭不热青山入,野水初晴白鸟来……①

骊山的夏季凉风习习,独登高台,面对青山野水,白鸟回环,毫无暑热气息。

(3)斑斓多彩的秋日骊山

秋日骊山,多雨时烟雨迷蒙、萧瑟寂寥,丽日晴天,则秋高气爽、色彩斑斓,连绵之秋雨与泛黄之宫树、染霜之红叶,是秋日骊山最具标志性的特色。这样的骊山秋日气候特征与景象,在唐代诗文中亦得到细细铺叙。

初秋之时,残暑未消,白居易的《权摄昭应,早秋书事,寄元拾遗,兼呈李司录》就叙写出因为闰月,虽属夏季,但已呈秋候的骊山早秋景象:

> 夏闰秋候早,七月风骚骚。渭川烟景晚,骊山宫殿高……

王建的《初到昭应呈同僚》中的"秋雨悬墙绿,暮山宫树黄"②,简笔勾勒概绘出秋雨自藤蔓滴沥不断,似悬挂墙壁而下,日暮时分迷蒙处漫山宫树枯黄凄迷的景象。

其《秋夜对雨寄石瓮寺二秀才》将骊山秋雨时夜晚之寒意叙写而出:

> 夜山秋雨滴空廊,灯照堂前树叶光。对坐读书终卷后,自披衣被扫僧房。③

---

① (唐)王建著:《王建诗集》,中华书局上海编辑所 1959 年版,第 68 页。
② 同上书,第 43 页。
③ 同上书,第 78 页。

储光羲路过新丰，恰逢秋雨，写下《过新丰道中》，因新丰与骊山咫尺之近，故亦由此可见骊山秋雨的独有气象：

西下长乐坂，东入新丰道。雨多车马稀，道上生秋草。太阴蔽皋陆，莫知晚与早。雷雨杳冥冥，川谷漫浩浩。诏书植嘉木，众言桃李好。自愧无此容，归从汉阴老。①

秋草零落，雨多马稀，新丰道上，寥落异常，而此地秋雨还有夏季的特色，雷声轰隆，雷雨瓢泼，瞬时川谷流水漫溢，水流浩浩。

佚名的《石瓮寺灯魅诗》捕捉描写的也是骊山秋日的特有印象：

凉风暮起骊山空，长生殿锁霜叶红。朝来试入华清宫，分明忆得开元中。金殿不胜秋，月斜石楼冷。谁是相顾人，褰帷吊孤影。烟灭石楼空，悠悠永夜中。虚心怯秋雨，艳质畏飘风。向壁残花碎，侵阶坠叶红。还如失群鹤，饮恨在雕笼。②

秋风暮起、秋雨侵凌，残花影碎，红叶飘零，月冷金殿，烟灭石楼，再加上形单影只的孤独不寐人，无不透着丝丝寒意，倍显萧瑟凄凉之气，这也是秋日骊山晴天外烟雨时的特有景象。

赵嘏的《冷日过骊山》（一作孟迟诗）写道：

冷日微烟渭水愁，翠华宫树不胜秋。霓裳一曲千门锁，白尽梨园弟子头。③

暮秋时分，骊山已有冬日之气息，透着令万物不胜其侵袭的寒气，轻烟缭绕，冷日凄清，使人不由得顿生愁绪。

杜牧《华清宫》写出骊山晚秋时节红叶飘零、万木着霜的景象：

---

① （清）彭定求等编：《全唐诗》卷136，中华书局1997年版，第1379页。
② （清）彭定求等编：《全唐诗》卷867，中华书局1997年版，第9987页。
③ 谭优学注：《赵嘏诗注》，上海古籍出版社1985年版，第116页。

零叶翻红万树霜，玉莲开蕊暖泉香。行云不下朝元阁，一曲淋铃泪数行。先皇一去无回驾，红粉云环空断肠。①

深秋时节，骊山红叶是唐代诗歌中有关骊山吟咏最多处。宣宗大中年间（847—860）中进士的崔橹，在《华清宫》一诗中仍写出骊山深秋的景象：

草遮回磴绝鸣銮，云树深深碧殿寒。明月自来还自去，更无人倚玉栏干。障掩金鸡蓄祸机，翠华西拂蜀云飞。珠帘一闭朝元阁，不见人归见燕归。

门横金锁悄无人，落日秋声渭水滨。红叶下山寒寂寂，湿云如梦雨如尘。②

深秋时节的骊山红叶飘零，一场秋雨一场凉，已透着阵阵寒气，而零落的不只是红叶，还有昔日之宫殿与佳人，秋雨时节的骊山，更显落寞寂寥。

（4）暖气氤氲的骊山冬日

骊山的冬日由于温汤的存在气候偏暖，有暖山之称，郑嵎在《津阳门诗》中追忆盛唐骊山的辉煌时写道："暖山度腊东风微，宫娃赐浴长汤池。刻成玉莲喷香液，漱回烟浪深逶迤。"

张说的《宿直温泉宫羽林献诗》写道：

冬狩美秦正，新丰乐汉行。星陈玄武阁，月对羽林营。寒木罗霜仗，空山响夜更。恩深灵液暖，节劲古松贞。文武皆王事，轮心不为名。③

冬日夜值华清宫，寒星闪烁，冷月光洒，霜仗严陈，寒木林立，古松

---

① 吴在庆撰：《杜牧集系年校注》樊川外集，中华书局 2008 年版，第 1255 页。
② （清）彭定求等编：《全唐诗》卷 567，中华书局 1997 年版，第 6224 页。
③ 熊飞校注：《张说集校注》，中华书局 2013 年版，第 138 页。

劲拔，而温泉灵液则散发着阵阵暖气，使得冬季的寒冷为之散去。

李颀的《送李回》也写出骊山冬日独特的气候：

> 知君官属大司农，诏幸骊山职事雄。岁发金钱供御府，昼看仙液注离宫。千岩曙雪旌门上，十月寒花辇路中。不睹声明与文物，自伤流滞去关东。①

时值隆冬，为避冬寒，帝王率众前往骊山，清晨沿途所见，千岩万壑上已堆积冬雪，前去华清宫的辇路上雪花纷飞。

韦应物年少时常侍帝王左右，也曾多次追随唐玄宗到骊山，而后在追忆开天盛世时，亦常常提到骊山冬日风雪之夜的生活，如"与君十五侍皇闱，晓拂炉烟上赤墀。花开汉苑经过处，雪下骊山沐浴时"②（《燕李录事》）、"骊山风雪夜，长杨羽猎时"③（《逢杨开府》），趁着风雪在骊山沐浴，享受隆冬时节的馥郁温馨，是唐帝王之所以迷恋骊山的根蒂所在，也是骊山得天地之钟灵毓秀的独特特质。

吴融的《华清宫》二首则写出冬日骊山特有的景象：

> 四郊飞雪暗云端，唯此宫中落旋干。绿树碧檐相掩映，无人知道外边寒。长生秘殿倚青苍，拟敌金庭不死乡。无奈逝川东去急，秦陵松柏满残阳。④

周遭都已是云暗雪重，而骊山温泉宫则是飞雪零落地面旋即消失，绿树仍然掩映雕梁碧檐，毫无隆冬之寒意。

而项斯的《晓发昭应》：

> 行人见雪愁，初作帝乡游。旅店开偏早，乡帆去未收。灯残催卷

---

① （清）彭定求等编：《全唐诗》卷134，中华书局1997年版，第1362页。
② 孙望编：《韦应物诗集系年校笺》，中华书局2002年版，第26页。
③ 同上书，第267页。
④ （清）彭定求等编：《全唐诗》卷684，中华书局1997年版，第7927页。

席，手冷怕梳头。是物寒无色，汤泉正自流。①

则写出初游帝乡时恰逢冬雪，天气严寒以至于缩手怕梳头的昭应一带的严冬情景。然而尽管周遭天寒地冻，万物无色，骊山汤泉却冒着热气兀自流去。

（四）骊山的神色形态之美

由于是唐帝王时时临幸的御苑圣山，骊山的神色形态之美，呈现出与雄伟壮观、金碧辉煌相关联的皇家气象。这一特质在一系列的奉和应制诗中得以领略。唐中宗李显的《登骊山高顶寓目》尽显骊山紧邻帝都，站在骊山高顶之上皇家图景尽收眼底的独有地理优势：

> 四郊秦汉国，八水帝王都。阛阓雄里閈，城阙壮规模。贯渭称天邑，含岐实奥区。金门披玉馆，因此识皇图。②

而眼前的秦汉故迹、八水缭绕的帝都、雄壮的城阙阛阓，无不表明伴金门玉馆，看皇家图景的骊山最具标志性的特色。而骊山之上重重的朱楼紫殿，缭绕之氤氲暖气，春秋不同季节的特有姿态，在《骊宫高——美天子重惜人之财力也》中则被勾勒点染出：

> 高高骊山上有宫，朱楼紫殿三四重。迟迟兮春日，玉甃暖兮温泉溢。袅袅兮秋风，山蝉鸣兮宫树红……

骊山之独有特色，在阙名的《朝元阁赋（以"高抗山顶，升览清远"为韵）》中得到不同侧面不同角度的渲染铺绘：

> 皇帝于骊山之上，起仙阁于神皋。得凌云之体势，彰考室之劬劳。冠千峰而迥出，耸百尺之弥高。盖取惟清惟静，而藉乎以游以遨。干碧霄而宏壮，依绝顶而高抗。仰之者目眩心惊，俯之者兴逸神

---

① （清）彭定求等编：《全唐诗》卷554，中华书局1997年版，第6469页。
② （清）彭定求等编：《全唐诗》卷2，中华书局1997年版，第23页。

王。纳烟霞于褒里，看日月于掌上。改山为会昌之号，建福无疆；题阁取朝元之名，升天有望。徒观其出地表，俯人寰，飞重檐于日下，叠千栱于云间。金铺烛耀，玉磶苔斑，莲井雕梁之彩错，绮窗网户之虚闲。屹屹然下临千仞，亭亭然远对黄山。若乃初旭澄霁，则势能孤迥。早霞初照，如赤城在天台之峰；积雪未消，若银台处蓬莱之顶。每岁农务隙，寒事兴，圣人之玉辂是动，金梯是凌，限三休而爰至，历重槛而方凭。寒雁正来，下秦山之八水；暮烟初起，绕汉家之五陵。以人心为心，则遇物多感；以真趣为趣，则放情元览。岂不由登此而存所诚，处此而无所营，方抗隐而遗物，觉山空而益清。七圣不迷，胜轩辕襄野之游豫；万灵毕集，若夏禹涂山之会成。昔周日之中天擅美，秦代之阿房著名，既烦费于徭役，复荒淫于性情。岂与夫险不恃兮高不倾，嚣尘绝兮虚白生。光一人之息偃，历千载而弥远者，同日而言哉！①

整幅篇章虽写的是朝元阁，但以朝元阁与骊山相依相伴，也在彼此衬托中见出骊山之凌云形势，宏壮恢宏、金碧辉煌之神，暮烟缭绕、紫气升腾之神秘朦胧之态，以及积雪映照、早霞初照时的五色斑斓、光影动荡。而身处其中所体悟到的人心、真趣、存诚心、无所营、遇物多感、抗隐遗物、山空气清之感，则是唐人与骊山交融，感受体悟骊山之美时，所积聚的极具生态智慧的心灵感受。

（1）骊山之神

富贵雍容的皇家气象、温泉热气氤氲蒸腾、紫气缭绕的仙境气象，是骊山和一般山川的不一样之处。除过望去满眼的青翠外，遥望骊山还会看到金碧辉煌的层台楼阁，听到飘飘的仙乐之声。皇甫冉《华清宫》一作薛存诚《华清宫望幸》则突出表现了骊山的这一神气：

> 骊岫接新丰，峣崿驾碧空。凿山开秘殿，隐雾蔽仙宫。绛阙犹栖凤，雕梁尚带虹。温泉曾浴日，华馆旧迎风。②

---

① （清）董诰等编：《全唐文》卷961，中华书局1983年影印本，第9978页。
② （清）彭定求等编：《全唐诗》卷250，中华书局1997年版，第2825页。

雕梁画栋，卧龙栖凤，雾气缭绕，神秘朦胧，是诗人眼底骊山独具之气韵。

开元年间中进士的范朝，在《题石瓮寺》中揭示出骊山的这一神韵：

> 胜境宜长望，迟春好散愁。关连四塞起，河带八川流。复磴承香阁，重岩映彩楼。为临温液近，偏美圣君游。①

作为人间胜境，骊山之山水是解忧散愁适合人长相守望的地方，地形襟带八川，接连四塞雄关，重岩叠嶂间时映彩楼，重重的台阶梯道承接着香气馥郁的亭台楼阁，这是骊山所独有的供帝王巡游的皇家气象。

卢纶的《华清宫》如此写道：

> 汉家天子好经过，白日青山宫殿多。见说只今生草处，禁泉荒石已相和。水气朦胧满画梁，一回开殿满山香。宫娃几许经歌舞，白首翻令忆建章。②

宫殿层叠，水气朦胧，漫山香气，歌舞环绕，是追忆中骊山印象最深处。

刘禹锡的《华清词》（一作《华清宫词》）写道：

> 日出骊山东，裴回照温泉。楼台影玲珑，稍稍开白烟。言昔太上皇，常居此祈年。风中闻清乐，往往来列仙。翠华入五云，紫气归上玄。哀哀生人泪，泣尽弓剑前。圣道本自我，凡情徒颙然。小臣感玄化，一望青冥天。③

也写出骊山温泉氤氲，楼台参差，白烟紫气缭绕，风中仙乐飘飘的皇家苑囿、人间仙境的气象。

---

① （清）彭定求等编：《全唐诗》卷145，中华书局1997年版，第1473页。
② 刘初棠校注：《卢纶诗集校注》，上海古籍出版社1989年版，第408页。
③ 卞孝萱编订：《刘禹锡集》，中华书局1990年版，第345页。

杜牧的《华清宫三十韵》写道：

> 泉暖涵窗镜，云娇惹粉囊。嫩岚滋翠葆，清渭照红妆。帖泰生灵
> 寿，欢娱岁序长。月闻仙曲调，霓作舞衣裳。①

山间岚气清和，滋润着翠葆，暖气缭绕，蕴含着窗镜，娇云、粉囊、
清渭、红妆、月光、仙曲、霓裳舞，让骊山透着一种浓浓的富丽秾艳的金
粉气息。

（2）骊山之形

骊山并不像华山以险峻著称，但也呈现出壮伟高耸之气象。而骊山的
这一外形特色，在唐人的吟咏中时时会得到凸显，于是"壮伟"、"岩峣"
"崔嵬"等名词，仍被诗人们拈来用以表现骊山之形。如"名山何壮哉，
玄览一徘徊。御路穿林转，旌门倚石开"（崔湜《奉和登骊山高顶寓目应
制》）、"骊阜镇皇都，銮游眺八区"（刘宪《奉和圣制登骊山高顶寓目应
制》）、"骊岫接新丰，岩峣驾碧空"（皇甫冉《华清宫》一作薛存诚《华
清宫望幸》）、"崖巘万寻悬，居高敞御筵"（卢巽《奉和登骊山高顶寓目
应制》）、"銮舆上碧天，翠帟拖晴烟。绝巘纡仙径，层岩敞御筵"（武平
一《奉和登骊山高顶寓目应制》）、"崔嵬骊山顶，宫树遥参差"〔元稹
《酬乐天（时乐天摄尉，予为拾遗）》〕。

（3）骊山之色

骊山的色彩是缤纷艳丽的，韦应物《骊山行》一诗中"千乘万骑被
原野，云霞草木相辉光"②，捕捉到的则是每到冬日帝王率众旌旗逶迤而
来，行进在前往骊山的原野上，而骊山在草木云霞的光色映衬下，红绿斑
驳，极显秀丽的姿态。对骊山而言，其色彩是映衬着它的云霞日月、花草
树木赋予的，也是人文之景观所装点的。

绿意骊山：绿色是骊山的主色，但凡吟咏骊山的诗作，无不提及它青
翠的色彩，如"仙跸御层氛，高高积翠分"（苏颋的《奉和圣制登骊山高
顶寓目应制》）、"承恩来翠岭，缔赏出丹除"（《奉和李令扈从温泉宫赐游

---

① 吴在庆撰：《杜牧集系年校注》，中华书局2008年版，第161页。
② 孙望编：《韦应物诗集系年校笺》，中华书局2002年版，第1页。

骊山韦侍郎别业》）、"禁仗围山晓霜切，离宫积翠夜漏长。玉阶寂历朝无事，碧树萋蕤寒更芳"（韦应物《骊山行》）、"可怜云木丛，满禁碧濛濛。色润灵泉近，阴清辇路通"①（卢纶《早秋望华清宫中树因以成咏》一作常衮诗）、"深宫带日年年色，翠柏凝烟夜夜愁"（无名氏《骊山感怀》）等。

苍青之骊山："圣皇弓剑坠幽泉，古木苍山闭宫殿"（韦应物《骊山行》）、"翠辇红旌去不回，苍苍宫树锁青苔"（窦巩《过骊山》）。

红色之骊山：每到秋日，骊山的宫树则会在经霜之后，层林尽染，给骊山披上一袭红色的彩衣，绚丽至极。而唐诗中的骊山在此时也以红色作为它最突出的色彩，如"袅袅兮秋风，山蝉鸣兮宫树红"（《骊宫高——美天子重惜人之财力也》）、"檐灯经夏纱笼黑，溪叶先秋腊树红"②（王建《题石瓮寺》）、"我自秦来君莫问，骊山渭水如荒村。新丰树老笼明月，长生殿暗锁春云。红叶纷纷盖欹瓦，绿苔重重封坏垣"、"零叶翻红万树霜"（杜牧《华清宫》）、"凉风暮起骊山空，长生殿锁霜叶红……向壁残花碎，侵阶坠叶红"（《石瓮寺灯魅诗》）、"红树萧萧阁半开，上皇曾幸此宫来"（张祜《华清宫》四首其一）、"红叶下山寒寂寂"（崔橹《华清宫》）等。

骊山之粉嫩：骊山的粉嫩色，是由其禁苑之特质而来，宫苑之粉墙，佳人之粉妆，都令其增添一抹粉色意蕴，张祜的《华清宫和杜舍人》"五十年天子，离宫旧粉墙"，杜牧的《华清宫三十韵》"泉暖涵窗镜，云娇惹粉囊"，均道出其粉色气息。

骊山之金黄：骊山的金黄色，除自然草木之色外，亦有人工之金色。层峦叠嶂的山峰上，鳞次栉比的宫殿苑囿、亭台楼阁，亦让朱红、金黄点缀于山峦之上，呈现出金碧辉煌的色彩来。苏颋《奉和圣制登骊山高顶寓目应制》云"丰树连黄叶，函关入紫云"、杜甫《斗鸡》所言"寂寞骊山道，清秋草木黄"，张祜的《华清宫和杜舍人》"渭水波摇绿，秦山草半黄"，写的均是秋天来临骊山草木枯黄的色彩，而"金门披玉馆，因此识皇图"（李显《登骊山高顶寓目》），则是骊山的特殊皇图气象下呈现的金玉之色。

①　刘初棠校注：《卢纶诗集校注》，上海古籍出版社 1989 年版，第 457 页。
②　（唐）王建著：《王建诗集》，中华书局上海编辑所 1959 年版，第 56 页。

（4）骊山之态

骊山之态是由花木衬托得来，而骊山的雪、雨、风则构织出骊山不同的情态，明媚而鲜艳，亦是需红日、明月、岚气、温汤映衬而来。

骊山之妩媚秀丽：妩媚秀丽是骊山的一大特征。"绣岭明珠殿，层峦下缭墙"（杜牧《华清宫三十韵》）直接以"绣岭"名之。"温谷媚新丰，骊山横半空"（张说《奉和圣制温泉言志应制》）点出温泉蒸腾所带来的新丰骊山妩媚的特点。

骊山之光影玲珑：刘禹锡的《华清词（一作华清宫词)》写道："日出骊山东，裴回照温泉。楼台影玲珑，稍稍开白烟。"绘出朝阳的光色裴回照于骊山与温泉之上时，白烟稍开，楼台光影玲珑的姿态，亦将骊山翠色半隐半现于云外，日照层峦丹阁光明生辉的情态描绘而出。"翠华稍隐天半云，丹阁光明海中日"（韦应物《骊山行》）亦剪裁出半隐于云间的骊山翠影，以及海日照耀的丹阁光明生辉之态。

骊山之明净皎洁："薄烟通魏阙，明月照骊山"（张乔《宿昭应》）则勾勒出薄烟月色映衬下的骊山朦胧明净之态。

骊山之朦胧氤氲："太平游幸今可待，汤泉岚岭还氤氲。"（皇甫冉《华清宫》）突出骊山汤泉赋予其的氤氲气息，并以岚岭名之。

（五）唐代文人的骊山书写及其嬗变

与长安近在咫尺，幽美如仙境的环境，独特的生态环境，避寒之胜地，皇家的御苑花园的特殊身份，让骊山与唐代文人间的关系，呈现出不同的风貌，而有关骊山的吟咏，也与终南、华山吟咏不同，以应制与咏史两类为多：

1. 御览与随驾观览骊山及骊山应制诗

（1）唐代文人的骊山随驾观览

不同于唐代帝王对华山之鲜有登临观览，唐帝王对骊山则是时时临幸。由于华山之险峻，唐代帝王除唐玄宗李隆基东巡洛川的途中经过华山，亲自题咏，并带动了随驾出行的群僚们写下一批题为《奉和圣制途经华岳应制》的奉和应制诗外，有关华山的御览行为，史籍文献中鲜有记载。而唐帝王对骊山的垂青，则从高祖到唐玄宗的初盛唐年间不曾间断，唐玄宗年年巡历，甚至一年两去。于是初盛唐时代的唐代文人与骊山结下的关系就非常独特了，基本呈现出随驾观览的特性。而能够随驾观览，自当有一定级别,或者为本身级别并不高,但也是常辅帝王左右的清要人物,于是呈现出仕宦化、高层化的特征,这由"知君官属大司农,诏幸骊山职事雄"(李颀《送李回》)的诗句中即可得知。

根据史书的记载,安史之乱前的唐帝王都曾到过骊山,而唐玄宗则是每到冬日即会率妃嫔与重臣来骊山避寒,其临幸情形如下:

高祖武德年间:

> 六年二月庚戌,幸温汤。壬子,猎于骊山。甲寅,至自温汤。①

太宗贞观年间:

> 四年二月已亥,幸温汤……丙午,至自温汤。
>
> 五年十二月壬寅,幸温汤。癸卯,猎于骊山,赐新丰高年帛。戊申,至自温汤。
>
> 十四年二月壬午,幸温汤。辛卯,至自温汤。
>
> 十六年十二月癸卯,幸温汤。甲辰,猎于骊山。乙巳,至自温汤。
>
> 十七年十二月庚申,幸温汤。庚午,至自温汤。
>
> 十八年正月壬寅,幸温汤。二月已酉,如零口。乙卯,至自零口。
>
> 二十二年正月戊戌,幸温汤……戊申,至自温汤。②

高宗时期:

> (永徽)四年十月庚子,幸温汤。甲辰,赦新丰。乙巳,至自温汤。
>
> 龙朔元年二年十月丁酉,幸温汤,皇太子监国。丁未,至自温汤。③

---

① (宋)欧阳修、宋祁撰:《新唐书·高祖本纪》,中华书局1975年版,第15页。
② 同上书,第31—47页。
③ 同上书,第55、62页。

中宗朝:

景龙三年十二月甲午,如新丰温汤。甲辰,赦新丰,给复一年,赐从官勋一转。乙巳,至自新丰。①

玄宗朝:

开元元年十月……己亥,幸温汤。癸卯,讲武于骊山。免新丰来岁税,赐从官帛。

二年九月戊申,幸温汤。十月戊午,至自温汤。

三年十一月乙酉,幸温汤。甲午,至自温汤。

四年二月丙辰,幸温汤……丁卯,至自温汤。十二月丙辰,幸温汤。乙丑,至自温汤。

七年十月辛卯,幸温汤。癸卯,至自温汤。

八年十月壬午,猎于下邽。庚寅,幸温汤。十一月乙卯,至自温汤。

九年正月丙寅,幸温汤。乙亥,至自温汤。……十二月乙酉,幸温汤。壬辰,至自温汤。

十一年十月丁酉,幸温汤,作温泉宫。甲寅,至自温汤。

十五年十二月乙亥,幸温泉宫。丙戌,至自温泉宫。

十六年十月己卯,幸温泉宫。己丑,至自温泉宫。十二月丁卯,幸温泉宫。丁丑,至自温泉宫。

十七年十二月辛酉,幸温泉宫。壬申,至自温泉宫。

十八年十一月丁卯,幸温泉宫。丁丑,至自温泉宫。

二十一年正月丁巳,幸温泉宫。二月丁亥,至自温泉宫……十月庚戌,幸温泉宫。己未,至自温泉宫。

二十五年十一月壬申,幸温泉宫。乙酉,至自温泉宫。

二十六年十月戊寅,幸温泉宫。壬辰,至自温泉宫。

二十七年十月丙戌,幸温泉宫。十一月辛丑,至自温泉宫。

---

① (宋)欧阳修、宋祁撰:《新唐书·中宗本纪》,中华书局1975年版,第112页。

二十八年正月癸巳,幸温泉宫。庚子,至自温泉宫……十月甲子,幸温泉宫。以寿王妃杨氏为道士,号太真。辛巳,至自温泉宫。

二十九年正月癸巳,幸温泉宫。丁酉,立玄元皇帝庙,禁厚葬。庚子,至自温泉宫……十月丙申,幸温泉宫。十一月辛酉,至自温泉宫。

天宝元年十月丁酉,幸温泉宫。十一月己巳,至自温泉宫。

二年十月戊寅,幸温泉宫。十一月乙卯,至自温泉宫。

三载正月辛丑,幸温泉宫。辛亥,有星陨于东南。二月庚午,至自温泉宫……十月甲午,幸温泉宫。十一月丁卯,至自温泉宫。①

直至天宝十四载安禄山反之前,玄宗几乎每年都去骊山。其中八载十月乙丑,幸华清宫。至九载正月己亥,才自华清宫返回。唐帝王对骊山的钟情度由此可见一斑,从唐高祖时已有端倪,至太宗时即已渐浓,至唐玄宗达到顶峰。

唐史记载的帝王临幸骊山温汤的事迹,在诗歌中亦得到印证。上官昭容的《驾幸新丰温泉宫献诗》三首,以从长安经灞川至骊山的游踪为线索,将唐中宗时驾临骊山的盛况作了铺叙,可作为史书简短叙写的补充:

三冬季月景龙年,万乘观风出灞川。遥看电跃龙为马,回瞩霜原玉作田。

鸾旗掣曳拂空回,羽骑骖驔蹑景来。隐隐骊山云外耸,迢迢御帐日边开。

翠幕珠帏敞月营,金罍玉斝泛兰英。岁岁年年常扈跸,长长久久乐升平。

诗作对唐中宗带领众臣在冬末前往骊山的声势作了极力渲染,万乘出行,车骑如风驰电掣般驶来,回望处行经的田野严霜如玉,行进的鸾旗高耸拂空,羽骑追风蹑影,云外高耸的骊山越来越近,到达后月色下的翠幕珠帏营帐里,众人在美酒御宴中,企望着可以常驻于

---

① (宋)欧阳修、宋祁撰:《新唐书·玄宗本纪》,中华书局1975年版,第122—144页。

此，长久升平。

骊山温汤之独特功效在唐诗中也有概括性的描写，张说在《奉和圣制温泉言志应制》写道：

> 温谷媚新丰，骊山横半空。汤池薰水殿，翠木暖烟宫。起疾逾仙药，无私合圣功。始知尧舜德，心与万人同。

张九龄的《奉和圣制温泉歌》亦是随驾观览所作：

> 有时神物待圣人，去后汤还冷，来时树亦春。今兹十月自东归，羽旆逶迤上翠微。温谷葱葱佳气色，离宫奕奕叶光辉。临渭川，近天邑，浴日温泉复在兹，群仙洞府那相及。吾君利物心，玄泽浸苍黔。渐渍神汤无疾苦，薰歌一曲感人深。①

诗作中叙写帝王在十月东归，临幸骊山，温泉山谷，佳气葱葱，虽是冬季，但树色生春，临近渭水，靠近帝都，又有浴日之温泉，即便是神仙洞府，也不能与温泉宫相比。

而杜甫的《奉同郭给事汤东灵湫作（骊山温汤之东有龙湫）》既对唐皇每年十月必来骊山温汤的历史做了交代，也对骊山温汤的特色、龙湫的景象作以描述：

> 东山气鸿濛，官殿居上头。君来必十月，树羽临九州。阴火煮玉泉，喷薄涨岩幽。有时浴赤日，光抱空中楼。阆风入辙迹，旷原延冥搜。沸天万乘动，观水百丈湫。幽灵斯可佳，王命官属休。初闻龙用壮，擘石摧林丘。中夜窟宅改，移因风雨秋。倒悬瑶池影，屈注苍江流。味如甘露浆，挥弄滑且柔。翠旗澹偃蹇，云车纷少留。箫鼓荡四溟，异香浃漭浮。鲛人献微绡，曾祝沈豪牛。百祥奔盛明，古先莫能俦。坡陀金虾蟆，出见盖有由。至尊顾之笑，王母不肯收。复归虚无底，化作长黄虬。飘飘青琐郎，文彩珊瑚钩。浩

---

① 陶敏、易淑琼校注：《沈佺期宋之问集校注》，中华书局 2001 年版，第 23 页。

歌渌水曲，清绝听者愁。①

而温汤水热如煮、喷薄而出、沸天透日之势，甘露之味，滑柔之质，仙境气息，均被诗人描绘而出，其中交织的传说神话，则更添令人神往之气韵。

王建的《温泉宫行》则对骊山的历史境况以及生态景观做出叙写：

> 十月一日天子来，青绳御路无尘埃。宫前内里汤各别，每个白玉芙蓉开。朝元阁向山上起，城绕青山龙暖水。夜开金殿看星河，宫女知更月明里。武皇得仙王母去，山鸡昼鸣宫中树。温泉决决出宫流，宫使年年修玉楼。禁兵去尽无射猎，日西麋鹿登城头。梨园弟子偷曲谱，头白人间教歌舞。②

安史之乱前的唐玄宗每年十月一日来到华清宫时，宫殿内与御路上都是经过彻底清洗的，干净得没有尘埃。宫内的汤池虽有差别，但都有玉色芙蓉装点，且年年都会修缮玉楼。朝元阁在山上突起，青山绕城温泉水暖。夜晚的金殿内明月皎洁、星河灿烂。山鸡在宫树上啼鸣，温泉水决决流出宫外。而禁兵去后再无射猎，夕阳下的城头上，麋鹿成群。

京兆长安人韩休，玄宗曾向其亲问国政，因对策乙第擢礼部侍郎兼知制诰，并在开元二十一年拜黄门侍郎同中书门下平章事，旋迁太子少师，他曾追随玄宗左右，游历华清宫，并在《驾幸华清宫赋（以温泉毖涌，荡邪难老为韵）》将这种盛况详尽地铺绘而出：

> 惟我皇御宇兮法象乾坤，天步顺动兮行幸斯存，雨师洒路兮九门洞启，千旗火生兮万乘雷奔。紫云霏微，随六龙而欲散还聚；白日照耀，候一人兮当寒却温。盖上豫游以叶运，岂伊沐浴而足论？若乃北骑殿后，钩陈启前，辞紫殿而鱼不在藻，出青门而龙乃见田。霜戟森森以星布，玉辂迢迢而天旋，声明动野，文物藻川。月落凤城，已涉

---

① （清）仇兆鳌注：《杜诗详注》，中华书局1979年版，第279页。
② （唐）王建著：《王建诗集》，中华书局上海编辑所1959年版，第2页。

于元灏；日生旸谷，俄届于甘泉。于是登三休兮憩神辇，朝百辟兮礼容备。玉堂凭岌，面鹑野以高明；石溜象蒙，绕龙宫之清㴋。处无为兮既端拱，时或濯兮温泉涌。圣躬清兮圣德广，四目明兮四聪朗，与元气之氛氲，如晴空之涤荡。观夫巍峨宫阙，隐映烟霞，上薄鸟道，经迥日车，路临八水，砌比万家。楼观排空，时既知于降圣；忠良在位，谅勿疑于去邪。儒有鹏无翼，风有抟，每俟命以居易，尚愧身于才难。观国光以举踵，历华清而展欢，不赓歌以抃舞，夫何足以自安？乃为歌曰：素秋归兮元冬早，王是时兮出西镐，幸华清兮顺天道。琼楼架虚兮灵仙保，长生殿前兮树难老，甘液流兮圣躬可澡，俾吾皇兮亿千寿考。①

对于并未入仕或级别相当低的布衣文士与下层文士而言，游历骊山则只是梦想或遥望而已。这种唐代文人和骊山的关系，到安史之乱后发生改变。安史之乱的发生，让曾经在骊山上歌舞升平的唐代帝王们就此警醒，从此骊山不再成为帝王们梦魂萦绕的佳丽地，甚至对后世的唐帝王而言成为噩梦之发源地，玄宗以后的帝王本纪中，有关骊山临幸之记载几乎绝迹。而《旧唐书·鱼朝恩传》中的一段记载，则让人清楚地得知骊山华清宫最后的结局：

> 原赐鱼朝恩庄宅，大历二年，朝恩献通化门外赐庄为寺，以资章敬太后冥福，仍请以章敬为名，复加兴造，穷极壮丽。以城中材木不足充费，乃奏坏曲江亭馆、华清宫观楼及百司行廨、将相没官宅给其用，土木之役，仅逾万亿。②

可见曾经极其恢宏壮丽的华清宫，在安史之乱后，就已经废弃，面临着被拆毁以其材木兴建章敬寺的命运。

此后的骊山，在很长一段时间内，似乎已成为一种历史的借鉴，透着一种国运衰颓、破国亡家的不祥气息，没有帝王再愿意踏足。直至唐宣宗

---

① （清）董诰等编：《全唐文》卷 295，中华书局 1983 年影印本，第 2985 页。
② （后晋）刘昫撰：《旧唐书》列传第 134，中华书局 2011 年版，第 4764 页。

时期，帝王才动意欲修缮并拜谒之心。据李忱（宣宗皇帝）《答两省谏幸华清宫诏》记载：

> 朕以骊山近宫真圣庙貌，未尝修谒，自谓阙然。今属阳和气清，中外事简，听政之暇，或议一行。盖崇礼敬之心，非以盘游为事，虽申敕命，兼虑劳人。卿等职备禁闱，志勤奉上，援经据古，列状献章，载陈恳到之辞，深睹尽忠之节。已允来请，所奏咸知。①

这篇诏令陈述的是这样一段历史：经历了百年的时间，唐宣宗曾想过修缮与祭拜、游历骊山。

而李程则有《华清宫望幸赋（以题为韵）》，这篇赋作于何时，以李程贞元十二年进士，元和年中累拜吏部侍郎，敬宗时官同平章事，封彭原郡公，开成初拜右仆射的履历，再结合宣宗意欲临幸骊山的事实，大致可以推断作于宣宗开成年间，是为了附和帝王的这一念想：

> 上苑之左兮，骊山之中。天作高岨，帝为离宫。示宸游之有所，表圣鉴于无穷。临峻路而赫其旷旷，标爽垲而屹以崇崇。惜翠华之未至，阒紫殿而犹空。则有望幸其中，流睇延慕。希天颜而回瞩，望云阙而屡顾。想恩波之东注：俯瞰渭流；爱佳气之西浮，空瞻秦树。目尽烟末，心驰御路。何圣虑之未还，独幽怀而能喻。穷辙迹且俟玉山之游，想车音将购《长门》之赋。矧夫阁有朝元之美称，殿有长生之嘉名。霞驳丹槛，云攒绣楹。可以召通仙之降止，安皇祚之永贞。是以仰碧落，竭丹诚。庶日月之回照，等葵藿而同倾。濯感沸之泉，每想金舆之度；践萋青之草，还思玉辇之行。虽托质于别馆，常寄心于穆清。恋恋西向，悠悠瞩望。步磴道以寂历，眄广庭以寥旷。竹花虽吐，如含待凤之诚；云气才升，若睹从龙之状。彼玉山既远，金阙仍赊。未若浮游近县，如在仙家。俄天邑之孔迩，自神都而不赊。虽馆称五柞，殿美九华。喻之于此，曾何以加。惜乎神光未瞩，旷此佳境。徒企想以忡忡，复怀慕而耿耿。闭玉树于深谷，销金铺于秀岭。

---

① （清）董诰等编：《全唐文》卷80，中华书局1983年影印本，第841页。

君乎君子，胡不出宸居而来幸。①

但朝野之中，附和之声少，反对之声强烈，帝王的意念还是被大臣们引经据典、言辞恳切甚至严厉的进谏阻止了。其理由在《两省供奉官谏驾幸温汤状》中有充足陈述：

> 今月二十一日，车驾欲幸温汤。
>
> 右，臣等伏以驾幸温汤，始自元宗皇帝。乘开元致理之后，当天宝盈羡之秋，葺殿宇于骊山，置官曹于昭应，警跸于缭垣之内，周行于驰道之中，万乘齐驱，有司尽去，无妨朝会，不废戒严。而犹物议喧嚣，财力耗顿，数年之外，天下萧然。累圣已来，深惩覆辙，骊宫圮毁，永绝修营，官曹尽复于田莱，殿宇半埋于岩谷，深林有逸才之兽，环山无匡卫之庐。陛下若骑从轻驰，则道途无拱辰之备；若乘舆稍具，则邑县有驾肩之忧；若帐殿宿张，则原野非徼巡之所；若銮车夕入，则门禁失启闭之时。六军守卫于空宫，百吏宴安于私室。忝为臣子，谁不惕然！况陛下新御宝图，将行大典，郊天之仪方设，谒陵之礼未遑，遽有温泉之行，恐失人神之望。臣等谬居荣近，冒死上言，伏乞特罢宸游，曲回天眷。稍待升平之后，别卜游幸之期，则云亭之禅可登，崆峒之驾非远。岂必驱驰一往，竦骇群情，胜境未周，圣躬徒倦。臣等无任恳迫忘躯之至，谨诣东上阁门奏状以闻，伏候敕旨。②

这篇呈状，不仅道出后世对骊山的认知，也道出骊山之后的情状，为了避免重蹈大兴土木、骄奢荒淫以至天下倾颓的覆辙，骊山已破败不堪，宫殿圮毁，甚至永绝修营，在岁月的侵蚀下，殿宇半埋于岩谷，而曾经的繁花似锦、佳木葱茏已不再，荒芜的深林，已成为野兽栖息之地，环山再无戒备森严的禁军羽卫之匡卫。而骊山俨然已失去皇家气象，成为被弃绝之荒山野岭。也因此唐代文人和骊山的关系发生了翻天覆地的变化，登临

① （清）董诰等编：《全唐文》卷632，中华书局1983年影印本，第6374页。
② （清）董诰等编：《全唐文》卷651，中华书局1983年影印本，第6604页。

游历骊山对中下层官员或布衣文人也成为可能,其吟咏之内容与风格亦随之发生变化。

（2）骊山应制诗

作为唐帝王钟情的用以避寒的圣地,初盛唐时几乎每位帝王都会临幸,唐玄宗对其更是喜爱,年年必去,甚至会一年两去。随行则会带后妃宫娥、王子公主、王公贵戚、朝中大臣前往。据记载:

> 每十月,帝幸华清宫,五宅车骑皆从,家别为队,队一色,俄五家队合,烂若万花,川谷成锦绣,国忠导以剑南旗节。①

唐代帝王大臣们在骊山的每一次登览游历,都会留下大量的群臣应制诗歌。王建的《奉同曾郎中题石瓮寺得嵌韵》则揭示出骊山吟咏的这一特色:"遥指上皇翻曲处,百官题字满西嵌。"② 这些诗歌中自然少不了对骊山的赞美与描绘,语言往往也要和辉煌富丽的骊山特质相匹配,显得秾艳繁缛、浮华靡丽。但客观上讲,正是这些诗歌的存在,使得千年后,我们仍然可以由此想见到骊山昔日的繁华。

有关在骊山高顶所作的诗文,保留众多。崔湜的《奉和登骊山高顶寓目应制》写道:

> 名山何壮哉,玄览一徘徊。御路穿林转,旌门倚石开。烟霞肘后发,河塞掌中来。不学蓬壶远,经年犹未回。③

在诗人眼里,著名与壮观是骊山最显著的特质,绕林盘桓的御路,倚石而开的旌门,身后的烟霞,临近的河塞,倍添仙境气息,以至于让人流连于此,经年不回。

李峤的《奉和骊山高顶寓目应制》也着意突出的是骊山之高峻与紫烟缭绕的仙境气息,而这里离帝乡很近,于此远望,即可见依稀的平陵树色

---

① （宋）欧阳修、宋祁等撰:《新唐书》,中华书局1975年版,第2860—2861页。
② （唐）王建著:《王建诗集》,中华书局上海编辑所1959年版,第43页。
③ （清）彭定求等编:《全唐诗》,中华书局1997年版,第663页。

与华岳的山峰：

> 步辇陟山巅，山高入紫烟。忠臣还捧日，圣后欲扪天。迥识平陵树，低看华岳莲。帝乡应不远，空见白云悬。①

刘宪的《奉和圣制登骊山高顶寓目应制》叙写出随驾骊山的从臣，争相骋辞赋诗的情形：

> 骊阜镇皇都，銮游眺八区。原隰旌门里，风云扆座隅。直城如斗柄，官树似星榆。从臣词赋末，滥得上天衢。②

苏颋的《奉和圣制登骊山高顶寓目应制》则是大笔勾勒，写出骊山高峻与青翠的特质：

> 仙跸御层氛，高高积翠分。岩声中谷应，天语半空闻。丰树连黄叶，函关入紫云。圣图恢宇县，歌赋小横汾。③

张说的《奉和圣制登骊山瞩眺应制》写出当日巡游时于山上临眺所见寰宇之景，寒山高耸，晴光动荡，渭水分明，新丰树暗：

> 寒山上半空，临眺尽寰中。是日巡游处，晴光远近同。川明分渭水，树暗辨新丰。岩壑清音暮，天歌起大风。④

李乂的《奉和登骊山高顶寓目应制》也记录了陪驾登临并赋写诗篇的情形：

> 崖巘万寻悬，居高敞御筵。行戈疑驻日，步辇若登天。城阙雾中

---

① 徐定祥注：《李峤诗注》，上海古籍出版社 1995 年版，第 71 页。
② （清）彭定求等编：《全唐诗》，中华书局 1997 年版，第 779 页。
③ 同上书，第 799 页。
④ 熊飞校注：《张说集校注》，中华书局 2013 年版，第 31 页。

近，关河云外连。谬陪登岱驾，欣奉济汾篇。①

阎朝隐的《奉和登骊山应制》写道：

> 龙行踏绛气，天半语相闻。混沌疑初判，洪荒若始分。②

而温泉宫应制的诗作亦有。徐彦伯的《奉和幸新丰温泉宫应制》对温泉宫的人文与自然生态均有叙写，池水边翠仗绕船，旌旆明亮炫目，风摇宫花闪着朦胧的光影，宝戈衬着雪花，泛着艳丽的光芒，桂枝笼罩着骏马，松叶覆盖着堂皇的宫殿，温泉宫的泉水蒸腾常热，蒸汽中潜藏着芬芳的香气：

> 姬典歌时迈，虞篇记省方。何如黑帝月，玄览白云乡。翠仗萦船岸，明旆应黄阳。风摇花眊彩，雪艳宝戈芒。御陌开函次，离宫夹树行。桂枝笼騕褭，松叶覆堂皇。仙石含珠液，温池孕璧房。涌疑神瀵溢，澄若帝台浆。独沸流常热，潜蒸气转香。青坛环玉瑬，红础铄金光。藻曜凝芳洁，葳蕤献淑祥。五龙归宝算，九扈叶时康。同预华封老，中衢祝圣皇。③

王维的《和仆射晋公扈从温汤（时为右补阙）》也叙写出天子临幸新丰，渭水东岸旌旗飘飘，寒山外仪仗威严的情形，紧接着则称颂帝王的功德，亦述及文臣们赋诗吟唱的盛况：

> 天子幸新丰，旌旗渭水东。寒山天仗外，温谷幔城中。奠玉群仙座，焚香太乙宫。出游逢牧马，罢猎见非熊。上宰无为化，明时太古同。灵芝三秀紫，陈粟万箱红。王礼尊儒教，天兵小战功。谋犹归哲匠，词赋属文宗。司谏方无阙，陈诗且未工。长吟吉甫颂，

---

① （清）彭定求等编：《全唐诗》，中华书局1997年版，第990页。
② 同上书，第770页。
③ 同上书，第825页。

朝夕仰清风。①

其《和太常韦主簿五郎温汤寓目之作》则铺绘夕阳下的旖旎秦川，朱旗缭绕的青山，环绕玉殿的碧水，新丰树里穿行的旅人，回归的猎骑，以及献赋的才子：

> 汉主离宫接露台，秦川一半夕阳开。青山尽是朱旗绕，碧涧翻从玉殿来。新丰树里行人度，小苑城边猎骑回。闻道甘泉能献赋，悬知独有子云才。②

除了温泉宫与骊山应制诗外，当时的韦嗣立山庄亦是君王率领众臣子观览的地方，也留下一些应制诗。李峤、武平一、赵彦昭、张说等众臣，对此都有诗作。苏颋的《奉和圣制幸韦嗣立庄应制》勾勒出山庄泉流百尺、树色苍翠的生态景观：

> 树色参差隐翠微，泉流百尺向空飞。传闻此处投竿住，遂使兹辰扈跸归。③

崔湜的《奉和幸韦嗣立庄应制》则将其竹径松轩的清幽景象稍作叙写：

> 竹径桃源本出尘，松轩茅栋别惊新。御跸何须林下驻，山公不是俗中人。④

徐彦伯的《侍宴韦嗣立山庄应制》将坐落在骊山的韦嗣立山庄青霞掩映、碧树成林、清潭孤立、竹径幽深的生态景观叙写而出：

> 鼎臣休浣隙，方外结遥心。别业青霞境，孤潭碧树林。每驰东墅

---

① 陈铁民校注：《王维集校注》，中华书局1997年版，第216页。
② 同上书，第364页。
③ （清）彭定求等编：《全唐诗》，中华书局1997年版，第814页。
④ 同上书，第668页。

策，遥弄北溪琴。帝眷纾时豫，台园赏岁阴。移銮明月沼，张组白云岑。御酒瑶觞落，仙坛竹径深。三光悬圣藻，五等冠朝簪。自昔皇恩感，咸言独自今。①

卢僎的《奉和李令嵩从温泉宫赐游骊山韦侍郎别业》则点出骊山出游、承恩而赏的性质，亦勾绘出骊山松溪寂寂、烟雾缭绕、泉鱼嬉游、白雪纷飞、青霞舒卷的生态景观：

> 风后轩皇佐，云峰谢客居。承恩来翠岭，缔赏出丹除。飞盖松溪寂，清笳玉洞虚。窥岩详雾豹，过水略泉鱼。乡入无何有，时还上古初。伊皋羞过狭，魏丙服粗疏。白雪缘情降，青霞落卷舒。多惭郎署在，辄继国风余。②

2. 任职骊山的近观游历与诗友酬答

任职昭应，作昭应丞，也使得任职文人得以近距离地接触与登临骊山。唐代文人与骊山的这一因缘，以王建最为典型。王建在《归昭应留别城中》则将这种心态作以表述：

> 喜得近京城，官卑意亦荣。并床欢未定，离室思还生。计拙偷闲住，经过买日行。如无自来分，一驿是遥程。③

他的《别杨校书》写道：

> 从军秣马十三年，白发营中听早蝉。故作老丞身不避，县名昭应管山泉。④

他在《昭应官舍》一诗中将自己在骊山脚下的生活如此描述道：

---

① （清）彭定求等编：《全唐诗》，中华书局1997年版，第825页。
② 同上书，第1066页。
③ （唐）王建著：《王建诗集》，中华书局上海编辑所1959年版，第42页。
④ 同上书，第79页。

绕厅春草合，知道县家闲。行见雨遮院，卧看人上山。避风新浴后，请假未醒间。朝客轻卑吏，从他不往还。

同题的另一首《昭应官舍》写道：

痴顽终日羡人闲，却喜因官得近山。斜对寺楼分寂寂，远从溪路借潺潺。眇身多病唯亲药，空院无钱不要关。文案把来看未会，虽书一字甚惭颜。①

可以看出，诗人对作昭应丞是非常惬意自足的，认为官职虽卑，但荣耀无限，最为可喜的是，因为这样的官职，在日常生活起居中即得以卧看骊山、踏遍青山，闲暇时，追随着潺潺的溪水，沿山路而行，领略青山之美，休息时亦得以斜对寂寂之山寺，从而获得心灵之从容悠闲与澄明寂静。

他的《昭应李郎中见贻佳作次韵奉酬》不仅写出昭应生活独登高台与野水、青山、白鸟相伴之惬意，还写出参悟道法，修炼道心，与诗友书简酬唱，以及众人见友人新作诗歌争相观览诵读的诗意生活：

窗户风凉四面开，陶公爱晚上高台。中庭不热青山入，野水初晴白鸟来。精思道心缘境熟，粗疏文字见诗回。诸生围绕新篇读，玉阙仙官少此才。

杨巨源的《寄昭应王丞》，是与昭应任职友人之间的书简酬答之作：

武皇金辂辗香尘，每岁朝元及此辰。光动泉心初浴日，气蒸山腹总成春。讴歌已入云韶曲，词赋方归侍从臣。瑞霭朝朝犹望幸，天教赤县有诗人。

诗作中即提及玄宗朝年年冬季由长安前往骊山的大道上金辇络绎不

---

① （唐）王建著：《王建诗集》，中华书局上海编辑所1959年版，第58页。

绝、扬起香尘的情境，也描写出沐浴时光影在泉心之动荡，温泉蒸汽在山腹缭绕生春的景象。而侍从的文臣诗人们在骊山华清宫所作之词赋被争相传看，诗歌则被之管弦在骊山上空回响的繁华。

白居易亦曾任职昭应，与朋友往来，他的《权摄昭应，早秋书事，寄元拾遗，兼呈李司录》写道：

> 夏闰秋候早，七月风骚骚。渭川烟景晚，骊山宫殿高。丹殿子司谏，赤县我徒劳。相去半日程，不得同游遨。到官来十日，览镜生二毛。可怜趋走吏，尘土满青袍。邮传拥两驿，簿书堆六曹。为问纲纪掾，何必使铅刀。

夏秋之交，暑热仍未消退，秋天的征候已现，面对暮色时分烟霭环绕的渭川晚景，高耸巍峨的骊山宫殿，刚刚赴任的诗人已生年华逝去的迟暮之心，仕宦辛劳沧桑之感，还有与友人相距未远却不能相携遨游的无奈。

李洞的《赠昭应沈少府》写道：

> 行宫接县判云泉，袍色虽青骨且仙。鄠杜忆过梨栗墅，潇湘曾棹雪霜天。华山僧别留茶鼎，渭水人来锁钓船。东送西迎终几考，新诗觅得两三联。①

此诗仍为与昭应任职的友人间的酬赠之作，诗歌首句即对友人身所居处的独特之处作以总括，称颂友人在紧邻行宫的昭应掌管山泉，即便身着官袍但却有仙风道骨的资质。

3. 献赋帝王的骊山拜谒

对于唐代文人而言，因帝王时在骊山，于是为了功名早达，逞才晋谒以毛遂自荐，希冀帝王赏识，因而铤而走险、献赋于骊山温泉宫，也成为唐代文人生活中的一幕，也由此让唐代文人与骊山结下又一种情缘。而岑参的《送祁乐归河东》就记录下英姿秀发的朋友在骊山上演的人生传奇：

---

① （清）彭定求等编：《全唐诗》卷723，中华书局1997年版，第8371页。

祁乐后来秀，挺身出河东。往年诣骊山，献赋温泉宫。天子不召见，挥鞭遂从戎。前月还长安，囊中金已空。有时忽乘兴，画出江上峰。床头苍梧云，帘下天台松。忽如高堂上，飒飒生清风。五月火云屯，气烧天地红。鸟且不敢飞，子行如转蓬。少华与首阳，隔河势争雄。新月河上出，清光满关中。置酒灞亭别，高歌披心胸。君到故山时，为谢五老翁。①

一生充满传奇的祁乐，早年步出河东后，就有过径直前往骊山，求见帝王的经历，只可惜并未得到天子的召见，随后挥鞭从戎。

刘长卿的《温汤客舍》亦提及君门献赋的事迹：

冬狩温泉岁欲阑，宫城佳气晚宜看。汤熏仗里千旗暖，雪照山边万井寒。君门献赋谁相达，客舍无钱辄自安。②

4. 傍栖骊山的庄园生活

在昭应一带，修建园林别业栖息于此，得享骊山山水之灵气，也是唐人的快乐之事。而韦嗣立之骊山别业，在当时则极负盛名。据宪宗朝官国子司业大理卿的武少仪在《王处士凿山引瀑记》一文中引述：

在昔神龙、景龙之间，故人中书令韦公嗣立，有别业在骊山之下，云松泉石，奇胜幽绝。中宗皇帝尝亲幸焉，既而第从臣之篇咏，为国朝之盛美。因诏改其谷名幽栖谷，赐韦公号逍遥公。渥恩稠叠，时罕为比。上之爱女安乐公主，恃宠骄恣，求无不得，遂奏请买韦公此庄，以为游观之地。上不许之。曰："大臣所置，宜传子孙，不可夺也。"公主竟惭而止。信足以辉焕史笔，作程将来。况兹池台林圃，密迩旧庐，所居之别馆也。贻厥百代，保之无穷，猗彼瀑泉，亦与庆流而不竭矣。③

---

① 廖立笺注：《岑嘉州诗笺注》，中华书局 2004 年版，第 23 页。
② 储仲君撰：《刘长卿诗编年笺注》，中华书局 1996 年版，第 13 页。
③ （清）董诰等编：《全唐文》卷 613，中华书局 1983 年影印本，第 6187 页。

当时的韦氏庄园,亦成为帝王时率领群臣游历,以及王公贵族结伴而来的乐游地。王维的《暮春太师左右丞相诸公于韦氏逍遥谷宴集序》记载:

> 山有姑射,人盖方外;海有蓬瀛,地非宇下。逍遥谷天都近者,王官有之。不废大伦,存乎小隐。迹崆峒而身拖朱绂,朝承明而暮宿青霭,故可尚也。先天之君,俾人在宥,欢心格于上帝,喜气降为阳春。时则太子太师徐国公、左丞相稷山公、右丞相始兴公、少师宜阳公、少保崔公、特进邓公、吏部尚书武都公、礼部尚书杜公、宾客王公,黼衣方领,垂珰珥笔,诏有不名,命无下拜。熙天工者,坐而论道;典邦教者,官司其方,相与察天地之和、人神之泰。听于朝则雅颂矣,问于野则赓歌矣。乃曰:猗哉,至理之代也!吾徒可以酒合宴乐,考击钟鼓,退于彤庭,撰辰择地,右班剑,骖六骊,画轮载毂,羽幢先路,以诣夫逍遥谷焉。神皋藉其绿草,骊山启于朱户。渭之美竹,鲁之嘉树。云出于栋,水源于室。灞陵下连乎菜地,新丰半入于家林。馆层巅,槛侧迤,师古节俭,惟新丹垩。岩谷先曙,羲和不能信其时;芳卉(一作卉木)后春,勾芒不能一其令。桃(一作花)迳窈窕,蘅皋涟漪(一作超忽),骖御延伫于丛薄,佩玉升降于苍翠。于是外仆告次,兽人献鲜。樽以大罍,烹用五鼎。木器拥肿,即天姿以为饰;沼毛蘋蘩,在山羞而可荐。伶人在位,曼姬始毂,齐瑟慷慨于座右,赵舞徘徊于白云。衮旒松风,珠翠烟露,日在濛汜,群山夕岚。犹且濯缨清歌,据梧高咏,与松乔为伍,是羲皇上人。且三代之后而其君帝舜,九服之内,而其俗华胥,上客则冠冕巢由,主人则弟兄元恺。合是四美同乎一时,废而不书,罪在司礼。窃贤楚傅,常诣茅堂之居;仰谢右军,忽序兰亭之事。盖不获命,岂曰能贤?①

由此可见当时逍遥谷群贤翕至、谈道赋歌之盛况。而逍遥谷地近天都,可令众人不废人臣之大伦,又可实现隐逸之夙愿,身着官服朝见天子,又可寻仙访道,暮宿青山、白云相伴的特质,则是最令时人崇尚喜爱的所在。而

---

① 陈铁民校注:《王维集校注》,中华书局 1997 年版,第 701 页。

逍遥谷的生态环境极佳：绿草盈皋，青山与朱户相映衬，美竹嘉树丛生，水流萦绕，白云岚气出入，花朵后春而生。于此观天地之和、神人之泰，亦道出唐人心目中最理想的生活追求，及对人与自然关系的基本认知。

韦嗣立在与友人的诗歌唱和之间也追忆了自己的骊山别业，《偶游龙门北溪忽怀骊山别业因以言志示弟淑奉呈诸大僚》写道：

> 幽谷杜陵边，风烟别几年。偶来伊水曲，溪嶂觉依然。傍浦怜芳树，寻崖爱绿泉。岭云随马足，山鸟向人前。地合心俱静，言因理自玄。短才叨重寄，尸禄愧妨贤。每挹挂冠侣，思从初服旋。稻粱仍欲报，岁月坐空捐。助岳无纤块，输溟谢末涓。还悟北辕失，方求南涧田。①

同时又有同僚间的相互酬和。张说的《奉酬韦祭酒嗣立偶游龙门北溪忽怀骊山别业呈诸留守之作》写道：

> 石涧泉虚落，松崖路曲回。闻君北溪下，想像南山隈。近念鼎湖别，遥思云嶂陪。不同奇觏往，空睹斯文来。岁后寒初变，春前芳未开。黄蕤袅岸柳，紫萼折村梅。尽室兹游玩，盈门几乐哉。嗟留洛阳陌，梦诣建章台。野失巢由性，朝非元凯才。布怀钦远迹，幽意日尘埃。②

而魏奉古、崔日知、崔泰之等对此亦有酬和之作。

5. 骊山的修道礼佛生活

骊山虽不似华山与终南山自古即为道家名山，但灵秀的资质，却让骊山仍然与仙道结下不解之缘。据杜光庭《历代崇道记》记载：

> 天宝元年……其年十二月，帝幸华清宫；其月四日，日未出时，忽见骊山顶云物积异，须臾云散，见混元圣祖现于朝元阁上。帝与内

---

① （清）彭定求等编：《全唐诗》，中华书局1997年版，第981页。
② 同上书，第963页。

人瞻谒,良久乃隐。诏改会昌县为"昭应县",其新丰县隶入昭应。又封会昌山为"昭应山",封山神为"元德公",改朝元阁为"降圣阁",内出图本,颁示天下,宣付史官。①

而《太平广记》卷六十三女仙八记载有"骊山姥"授道的传说:

骊山姥,不知何代人也。李筌好神仙之道,常历名山,博采方术。至嵩山虎口巖石室中,得黄帝阴符本,绢素书,缄之甚密。题云:大魏真君二年七月七日,道士寇谦之藏之名山,用传同好。以糜烂,筌抄读数千遍,竟不晓其义理。因入秦,至骊山下,逢一老母,鬈髻当顶,余发半垂,弊衣扶杖,神状甚异。路旁见遗火烧树,因自言曰:火生于木,祸发必尅。筌闻之惊,前问曰:此黄帝阴符祕文,母何得而言之? 母曰:吾受此符,已三元六周甲子矣。三元一,周计一百八十年,六周共计一千八年矣。少年从何而知? 筌稽首载拜,具告得符之所,因请问玄义。使筌正立,向明视之曰:受此符者,当须名列仙籍,骨相应仙,而后可以语至道之幽妙,启玄关之锁钥耳。不然者,反受其咎也。少年颧骨贯于生门,命轮齐于月角,血脉未减,心影不偏,性贤而好法,神勇而乐智,真吾弟子也。然四十五岁,当有大厄。因出丹书符一通,贯于杖端,令筌跪而吞之,曰:天地相保。于是命坐,为说阴符之义。曰:阴符者,上清所秘,玄台所尊,理国则太平,理身则得道,非独机权制胜之用,乃至道之要枢,岂人间之常典耶? 昔虽有暴横,黄帝举贤用能,诛强伐叛,以佐神农之理。三年百战,而功用未成。斋心告天,罪己请命。九灵金母命蒙狐之使,授以玉符,然后能通天达诚,感动天帝。命玄女教其兵机,赐帝九天六甲兵信之符。此书乃行于世。凡三百余言,一百言演道,一百言演法,一百言演术。上有神仙抱一之道,中有富国安民之法,下有强兵战胜之术,皆出自天机,合乎神智。观其精妙,则黄庭八景,不足以为玄;察其至要,则经传子史,不足以为文;较其巧智,则孙吴韩白不足以为奇,一名黄帝天机之书,非奇人不可妄传,九窍四肢

---

① (清)董诰等编:《全唐文》卷933,中华书局1983年影印本,第9713页。

不具、悭贪愚痴、骄奢淫佚者必不可使闻之。凡传同好，当斋而传之。有本者为师，受书者为弟子，不得以富贵为重，贫贱为轻，违之者夺纪二十。每年七月七日，写一本，藏名山石巖中，得加算。本命日诵七遍，益心机，加年寿。出三尸，下九虫，秘而重之，当传同好耳。此书至人学之得其道，贤人学之得其法，凡人学之得其殃。职分不同也。经言君子得之固躬，小人得之轻命，盖泄天机也。泄天机者沉三劫，得不戒哉！言讫，谓筌曰：日已晡矣，吾有麦饭，相与为食。袖中出一瓠，令筌于谷中取水，既满瓠忽重百余斤，力不能制而沉泉中。却至树下，失姥所在，惟于石上留麦饭数升，怅望至夕，不复见姥。筌食麦饭，自此不食，因绝粒求道，注阴符，述二十四机，著《太白阴经》。述《中台志》、《阃外春秋》，以行于世，仕为荆南节度副使、仙州刺史。出《集仙传》①

山得神仙则有灵气，骊山老母栖居于此的神仙故事，让骊山因此在世人心中多了几许神秘灵验之气。而在骊山修道之士，也不乏其人，这在唐代文人的骊山吟咏当中即可得知。

骊山除为道家清修得道之灵山外，亦是佛家的修行地。根据佛藏记载，骊山不仅有多处寺庙，亦有修行之高僧。

据《续高僧传》记载：

> 释道正，沧州渤海人……今骊山诸众，多承厥绪系业传云。②
>
> 释僧顺，贝州人……行至霸川骊山南足，遇见古寺龛窟崩坏，形像纵横，即住修理。先有主护，乃具表请武皇特听，遂得安复，今之津梁寺是也。仆射萧瑀为大檀越福事所资，咸从宋国僧众，济济有伦理焉。顺后卒于住寺，春秋八十余矣。③
>
> 释道休，未详氏族，住雍州新丰福缘寺，常以头陀为业，在寺南骊山幽谷结草为庵，一坐七日乃出。④

---

① （宋）李昉等编：《太平广记》卷63 女仙八，中华书局1961年版，第394—396页。
② （唐）释道宣撰：《续高僧传》卷16，大正新修大藏经本。
③ （唐）释道宣撰：《续高僧传》卷26。
④ （唐）释道宣撰：《续高僧传》卷27。

释善慧,姓苟氏,河内温人……以贞观九年正月终于骊山之阳凉泉精舍,春秋四十有九。①

从佛藏经典的记录看,唐初骊山即有寺庙高僧存在,而骊山也是高僧乐于选择的修行之地,骊山一带的佛寺有:新丰福缘寺、津梁寺、凉泉精舍等。

而唐代诗歌中有关骊山寺庙僧人修佛之吟咏,则多见于中晚唐诗歌,提及最多的则是石瓮寺。各个时期的石瓮寺,在诗人笔下亦呈现出不同景象。储光羲的《石瓮寺》以远山真宇与西向的绚烂花林相映衬,亦将之与巍峨辉煌的宫殿、深幽曲折的廊庑交错,而飘落于宫苑池水的飞花,与高耸入云处的天语松音交相辉映,点染出骊山寺庙生活与别处的不同特质:

遥山起真宇,西向尽花林。下见宫殿小,上看廊庑深。苑花落池水,天语闻松音。君子又知我,焚香期化心。

马戴的《题石瓮寺》在起始处亦点明骊山僧室与皇宫相并、云门与辇路交错的特质:

僧室并皇宫,云门辇路同。渭分双阙北,山迥五陵东。修绠悬林表,深泉汲洞中。人烟窥垤蚁,鸳瓦拂冥鸿。薜壁松生峭,龛灯月照空。稀逢息心侣,独礼竺乾公。②

6. 骊山经行与骊山咏史诗
(1)安史之乱前的骊山经行与遥望

在初盛唐时期,大部分下层官吏是没有机会登临骊山的,而途经骊山的回望,则成为唐代文人与骊山的特殊关系。杜甫的《自京赴奉先县咏怀五百字》即是经行骊山遥望所作,在骊山上奢侈浮华的生活与民间生活的艰窘对比中,诗人发出惊心的指斥:

① (唐)释道宣撰:《续高僧传》卷28。
② 杨军、戈春源注:《马戴诗注》,上海古籍出版社1987年版,第87页。

　　　岁暮百草零，疾风高冈裂。天衢阴峥嵘，客子中夜发。霜严衣带断，指直不得结。凌晨过骊山，御榻在嵽嵲。蚩尤塞寒空，蹴踏崖谷滑。瑶池气郁律，羽林相摩戛。君臣留欢娱，乐动殷胶葛。赐浴皆长缨，与宴非短褐。彤庭所分帛，本自寒女出。鞭挞其夫家，聚敛贡城阙。圣人筐篚恩，实欲邦国活。臣如忽至理，君岂弃此物？多士盈朝廷，仁者宜战栗。况闻内金盘，尽在卫霍室。中堂舞神仙，烟雾蒙玉质。暖客貂鼠裘，悲管逐清瑟。劝客驼蹄羹，霜橙压香橘。朱门酒肉臭，路有冻死骨。①

　　岁暮时的关中地，百草凋零，疾风驰走，似能吹裂高冈，严霜酷寒，似能冻断衣带，而手指亦因严寒僵直不能弯曲。凌晨时经过骊山，崖谷冻滑，但温汤之气则是馥郁温暖。大唐的朝臣们正于此享受着精美的歌舞，品尝着御膳珍馐。

　　（2）安史之乱后的骊山经行与游历

　　安史之乱后，诗人们经行骊山时更是思绪纷飞，亦将此时此地的所见所感书写于诗作中。闭锁、清冷，则是乱后骊山诗作中最常用到的字词，传递出诗人面对昔日繁华而此时衰颓的骊山时的共同心理感受。曾经做过昭应丞在骊山有过较长时间生活的王建，在《华清宫感旧》的繁华追忆中，寄托着无尽的哀思：

　　　尘到朝元边使急，千官夜发六龙回。辇前月照罗衫泪，马上风吹蜡烛灰。公主妆楼金锁涩，贵妃汤殿玉莲开。有时云外闻天乐，知是先皇沐浴来。②

　　大历时期的诗人顾况《宿昭应》也是在昔日繁华的追忆概述中，交织如今的山门闭锁、月影清寒的境况描写，透出无限的惆怅：

　　　武帝祈灵太乙坛，新丰树色绕千官。那知今夜长生殿，独闭山门

---

① （清）仇兆鳌注：《杜诗详注》，中华书局 1979 年版，第 268—270 页。
② （唐）王建著：《王建诗集》，中华书局上海编辑所 1959 年版，第 54 页。

月影寒。①

耿湋的《晚次昭应》在落日映照山林、东风吹拂麦陇，古渠上藤蔓丛生，荒冢上牛羊下来，骊山宫殿户门久闭，温泉长涌的此时此地情境勾勒中，发出昔日全盛时受尽荣宠的人如今何在的追问：

　　落日向林路，东风吹麦陇。藤草蔓古渠，牛羊下荒冢。骊宫户久闭，温谷泉长涌。为问全盛时，何人最荣宠。②

孙叔向的《题昭应温泉》也以无情温泉水的呜咽映衬着对昔日的追思：

　　一道温泉绕御楼，先皇曾向此中游。虽然水是无情物，也到宫前咽不流。③

（3）骊山咏史诗

骊山特有的皇室特质，让骊山与一段段历史的兴亡故事结下深厚的渊源，也让人们面对骊山时，脑海中不由自主地浮现出一幕幕历史的深厚内蕴，骊山已不只是一座自然之山，更是积淀有深厚历史底蕴的人文之山。而面对骊山的咏史怀古诗，则让这种情韵更为深远悠长。如果说安史之乱前的骊山吟咏还呈现着题材单一、富贵祥和、温润繁缛的气息。那么安史之乱，让人们对骊山以及和骊山直接相关的华清宫，有了更多角度的认识，作为一种具象化的载体，骊山承载的更多的则是历史的追忆与思索，这个曾经象征着大唐帝国繁华富贵、丽日中天之强盛的温柔富贵乡，在经由烽火烟尘的摧残后，大梦警醒，于是再次面对骊山时，一种历史的沧桑与悲凉感油然而生，而此地的一山一水、一草一木，都着染上悲凉的历史感。对骊山的吟咏也呈现着非常明显的分水岭，即以安史之乱为界点，无论从题材、风格到语言文字均发生着非常明显的变化。

---

① （清）彭定求等编：《全唐诗》卷 267，中华书局 1997 年版，第 2962 页。
② 同上书，第 2966 页。
③ （清）彭定求等编：《全唐诗》卷 472，中华书局 1997 年版，第 5389 页。

对唐人而言，安史之乱后，面对骊山，诉说最多的则是华清宫长生殿里，由唐玄宗与杨玉环上演的爱情悲剧与历史悲剧。追忆中昔日之极盛，与今日之破败往往回环并出，如电影的闪回镜头般错综交替，展现出紧随其后的唐人面对这段不久前发生的改变大唐气运的历史事件时复杂矛盾的心绪。其纷繁之情感，表现为以下几点：

其一，为语含讥讽的：如王建的《晓望华清宫》借武皇讽咏唐明皇的好神仙与奢侈享乐：

> 晓来楼阁更鲜明，日出阑干见鹿行。武帝自知身不死，看修玉殿号长生。①

李商隐的《骊山有感》讽刺道："骊岫飞泉泛暖香，九龙呵护玉莲房。平明每幸长生殿，不从金舆惟寿王。"其《华清宫（天宝六载，改骊山温泉宫曰华清宫）》则以褒姒与杨妃相比："华清恩幸古无伦，犹恐蛾眉不胜人。未免被他褒女笑，只教天子暂蒙尘。"郑谷的《荔枝》亦语含讥刺：

> 平昔谁相爱，骊山遇贵妃。枉教生处远，愁见摘来稀。晚夺红霞色，晴欺瘴日威。南荒何所恋，为尔即忘归。②

其二，更多的则是哀怜悲悯的：如唐肃宗时京兆人窦巩的《过骊山》充满着冷涩苍凉的气息：

> 翠辇红旌去不回，苍苍宫树锁青苔。有人说得当时事，曾见长生玉殿开。③

张籍的《华清宫》则在空、尽、闭的字词中流露出无尽的惆怅：

---

① （唐）王建著：《王建诗集》，中华书局上海编辑所 1959 年版，第 78 页。
② 严寿澄、黄明、赵昌平笺注：《郑谷诗集笺注》，上海古籍出版社 1991 年版，第 129 页。
③ （清）彭定求等编：《全唐诗》卷 271，中华书局 1997 年版，第 3045 页。

温泉流入汉离宫,宫树行行浴殿空。武帝时人今欲尽,青山空闭御墙中。①

宣宗时诗人崔橹的《华清宫三首》以深深云树、寒冷碧殿、凄清明月、闭锁珠帘、门横金锁、落日秋声、寂寂寒山、飘零红叶,寄托着对如梦往事的追恋:

草遮回磴绝鸣鸾,云树深深碧殿寒。明月自来还自去,更无人倚玉阑干。

障掩金鸡蓄祸机,翠华西拂蜀云飞。珠帘一闭朝元阁,不见人归见燕归。

门横金锁悄无人,落日秋声渭水滨。红叶下山寒寂寂,湿云如梦雨如尘。②

杜牧的《经古行宫》(一作经华清宫)先是铺写太阳照耀下的参差台阁,漫山的绚烂花朵,充溢的清香,接着笔锋转折,描绘古行宫如今重门闭锁、深殿帘垂,草色芊绵,泉声呜咽的寂寥衰败情境,在昔日繁华与如今衰飒的交错中,透露出不尽的哀思:

台阁参差倚太阳,年年花发满山香。重门勘锁青春晚,深殿垂帘白日长。草色芊绵侵御路,泉声呜咽绕宫墙。先皇一去无回驾,红粉云环空断肠。③

而赵嘏的《冷日过骊山》(一作孟迟诗)中由冷日、轻烟、秋树、渭水构织的景象也处处透着愁绪,昔日曾展演霓裳舞曲的繁华地如今已是千门闭锁,而梨园弟子的苍苍白发满浸沧桑:

---

① 余恕诚、徐礼节整理:《张籍系年校注》,中华书局 2011 年版,第 747 页。
② (清)彭定求等编:《全唐诗》卷 567,中华书局 1997 年版,第 6224 页。
③ 吴在庆撰:《杜牧集系年校注》杜牧别集,中华书局 2008 年版,第 1379 页。

> 冷日微烟渭水愁，翠华宫树不胜秋。霓裳一曲千门锁，白尽梨园
> 弟子头。

唐僖宗时诗人高蟾的《华清宫》亦充满着萧瑟惆怅的情怀：

> 何事金舆不再游，翠鬟丹脸岂胜愁？重门深锁禁钟后，月满骊山
> 宫树秋。①

昭宗时诗人徐夤的《华清宫》，则在桐树枯死、丹凤无踪，帘影摇曳、
露湿珠玑的叙写中，充满着对君王魂断骊山的哀怜：

> 十二琼楼锁翠微，暮霞遗却六铢衣。桐枯丹穴凤何去，天在鼎湖
> 龙不归。帘影罢添新翡翠，露华犹湿旧珠玑。君王魂断骊山路，且向
> 蓬瀛伴贵妃。②

其三，是犀利谴责的：如李约的《过华清宫》，则将谴责的矛头直指
帝王，不加丝毫隐晦与遮掩，指出正是由于帝王的享乐荒淫，致使四海动
荡，玉辇升天，佳人香销玉殒：

> 君王游乐万机轻，一曲霓裳四海兵。玉辇升天人已尽，故宫犹有
> 树长生。③

其四，亦偶有为唐玄宗开脱的：如薛能的《过骊山》，则对历史作出
另一种解说：

> 丹膴苍苍簇背山，路尘应满旧帘间。玄宗不是偏行乐，只为当时
> 四海闲。④

---

① （清）彭定求等编：《全唐诗》卷668，中华书局1997年版，第7708页。
② （清）彭定求等编：《全唐诗》卷708，中华书局1997年版，第8221页。
③ （清）彭定求等编：《全唐诗》卷309，中华书局1997年版，第3496页。
④ （清）彭定求等编：《全唐诗》卷561，中华书局1997年版，第6568页。

而这种开脱，似乎又道出历史的又一种真相：清闲居安，亦常常导致行乐，最终导致倾覆。

其五，更多的则是深深的追忆：如韦应物的《酬郑户曹骊山感怀》写道：

> 苍山何郁盘，飞阁凌上清。先帝昔好道，下元朝百灵。白云已萧条，麋鹿但纵横。泉水今尚暖，旧林亦青青。我念绮襦岁，扈从当太平。小臣职前驱，驰道出灞亭。翻翻日月旗，殷殷鼙鼓声。万马自腾骧，八骏按辔行。日出烟峤绿，氛氲丽层甍。登临起遐想，沐浴欢圣情。朝燕咏无事，时丰贺国祯。日和弦管音，下使万室听。海内凑朝贡，贤愚共欢荣。合沓车马喧，西闻长安城。事往世如寄，感深迹所经。申章报兰藻，一望双涕零。①

充盈着对昔日太平盛世繁华的深深依恋与追忆之情。

其《温泉行》写道：

> 出身天宝今年几，顽钝如锤命如纸。作官不了却来归，还是杜陵一男子。北风惨惨投温泉，忽忆先皇游幸年。身骑厩马引天仗，直入华清列御前。玉林瑶雪满寒山，上升玄阁游绛烟。平明羽卫朝万国，车马合沓溢四鄽。蒙恩每浴华池水，扈猎不蹂渭北田。朝廷无事共欢燕，美人丝管从九天。一朝铸鼎降龙驭，小臣髯绝不得去。今来萧瑟万井空，唯见苍山起烟雾。可怜蹭蹬失风波，仰天大叫无奈何。弊裘羸马冻欲死，赖遇主人杯酒多。②

面对空寂的万井，惨惨北风，烟雾遮蔽的苍山，回想昔日从游骊山所历之万国来朝、羽卫森严的雄壮国威、赐浴温汤、扈猎渭北、欢宴朝廷、丝管歌舞相伴的荣耀欢畅生活，如今身着敝裘，骑着羸弱之马的诗人，在寒天冻地里，不住仰天大叫，徒呼奈何。

---

① 孙望编：《韦应物诗集系年校笺》，中华书局 2002 年版，第 35 页。
② 同上书，第 63 页。

白居易的《江南遇天宝乐叟》：

> 白头老叟泣且言，禄山未乱入梨园。能弹琵琶和法曲，多在华清随至尊。是时天下太平久，年年十月坐朝元。千官起居环珮合，万国会同车马奔。金钿照耀石瓮寺，兰麝熏煮温汤源。贵妃宛转侍君侧，体弱不胜珠翠繁。冬雪飘飘锦袍暖，春风荡漾霓裳翻。欢娱未足燕寇至，弓劲马肥胡语喧。豳土人迁避夷狄，鼎湖龙去哭轩辕。从此漂沦落南土，万人死尽一身存。秋风江上浪无限，暮雨舟中酒一尊。涸鱼久失风波势，枯草曾沾雨露恩。我自秦来君莫问，骊山渭水如荒村。新丰树老笼明月，长生殿暗锁黄昏。红叶纷纷盖欹瓦，绿苔重重封坏垣。唯有中官作宫使，每年寒食一开门！①

昔日千官环佩叮咚，万国车马骏奔，金钿照耀古寺，兰麝香熏温汤，冬雪飘摇，春风荡漾的繁华，如今如荒村般零落破败的骊山、渭水，凄冷明月笼罩下透着苍老气息的新丰古树，黄昏时晦暗的长生殿，斜欹的瓦上覆盖的红叶，重重绿苔封锁的破损墙垣，加之乐叟的哭泣飘零之感，整首诗作浸透着不尽的追思。

其六，对渺远历史的追思：除此外唐人还会诉说更久远的历史故事，让思绪在更渺远的秦帝国穿梭，将目光锁定在秦始皇与楚汉纷争的历史风云中。如《过骊山作》写道："始皇东游出周鼎，刘项纵观皆引颈。削平天下实辛勤，却为道傍穷百姓。黔首不愚尔益愚，千里函关囚独夫。"《长城》云："万古骊山下，徒悲野火燔。"《倚瑟行》写道："泉宫一闭秦国丧，牧童弄火骊山上。"《咏史诗褒城》也吟咏的是昔日故事："恃宠娇多得自由，骊山举火戏诸侯。只知一笑倾人国，不觉胡尘满玉楼。"白居易的《草茫茫——惩厚葬也》则借骊山脚下始皇墓的史迹作以讽喻：

> 草茫茫，土苍苍。苍苍茫茫在何处？骊山脚下秦皇墓。墓中下涸二重泉，当时自以为深固。下流水银象江海，上缀珠光作乌兔。别为天地于其间，拟将富贵随身去。一朝盗掘坟陵破，龙椁神堂三月火。

---

① 朱金城笺校：《白居易集笺校》，上海古籍出版社 1988 年版，第 632 页。

可怜宝玉归人间，暂借泉中买身祸。奢者狼藉俭者安，一凶一吉在眼前。凭君回首向南望，汉文葬在霸陵原。①

其七，五味杂陈：无名氏的《骊山感怀》则多种心绪交织，先是以武帝寻仙驾海，访道求长生的传说领起，语含讥讽，接着突出禁门高闭、水自空流的冷落景象，满含悲戚，而年年深宫之日色，夜夜翠柏凝烟之愁绪、鸾凤万古影沉、歌钟千秋梦断的次第铺叙，则尽显凄怆，加之晚来斜飞玉楼之密雨，更让一种无人能解之惆怅充盈诗作之中：

> 武帝寻仙驾海游，禁门高闭水空流。深宫带日年年色，翠柏凝烟夜夜愁。鸾凤影沈归万古，歌钟声断梦千秋。晚来惆怅无人会，云雨能飞傍玉楼。②

（六）唐代骊山吟咏中的山水生态教训

相比于华山、终南山中凝浸的浓厚的人对自然的敬畏、人与自然相亲相爱、人与自然合二为一的生态观念，骊山特殊的皇家御苑特质，骊山曾经演绎过的历史悲喜剧，则让骊山诗文中透着与前二者不同的从反面足以发人深省的生态教训。由于西周是因骊山烽火戏诸侯而从此灭亡的，骊山也因此遭受战火烽烟的摧毁，遭遇重大的生态灾难，在漫长的历史中，骊山所遭受的这种与火相关的人为的灾难从未停息过。秦汉纷争之际的骊山，曾经遭受过火灾的破坏，据《太平御览》火部二记载：

> 《三辅黄图》曰：秦始皇葬骊山，六年之间为项籍所发。放羊儿堕羊冢中，然火求羊，烧其椁藏。③

火部四有更详细的记载：

《三秦记》曰："始皇葬骊山，牧羊童失火烧之，三月烟不绝。"④

---

① 朱金城笺校：《白居易集笺校》，上海古籍出版社 1988 年版，第 254 页。
② （清）彭定求等编：《全唐诗》卷 785，中华书局 1997 年版，第 8951 页。
③ （宋）李昉等编：《太平御览》卷 869 火部二，中华书局 1963 年版，第 3844 页。
④ （宋）李昉等编：《太平御览》卷 871 火部四，中华书局 1963 年版，第 3859 页。

　　这三月不绝的大火，给骊山造成的生态灾难可想而知。但骊山与长安咫尺之近，让骊山从未从历代帝王们的视线中消失。到了唐代，骊山再次成为帝王的御游胜地，骊山也因此成为秀丽繁华之地。但这种生态之幸运，亦往往是和生态之破坏同时进行的。

　　唐末五代的文人徐寅的《过骊山赋（以"陵摧国殁，永纪穷尘"为韵）》可谓骊山历史上曾上演的生态破坏的总括之作：

　　　　六国血于秦，秦皇还化尘。尘惊而为楚为汉，路在而今人古人，但见愁云黯惨，叠嶂嶙峋。时迁而金石非固，地改而荆榛旋新。愚闻周衰则避债登台，秦暴则焚书建国。贵蝼蚁于人命，法豺狼于帝德。两曜昏翳，九围倾侧。扶桑几里，我鞭石以期通；溟海几重，我驱山而要塞。惨惨元穹，嗷嗷七雄。三农百谷以休务，淬铁磨金而献功。九州病，万室空。韩赵魏以交灭，楚燕齐而坐穷。家有子兮谁得孝，国有臣兮孰效忠。九野分将，焉作兆民之主；诸侯吞尽，方行天子之风。星陨九霄，城长万里。血染草木，肉肥蛇豸。将欲手挂天刃，足挑地纪。拙虞舜而短唐尧，污殷辛而长夏癸。祸从殃催，川摇岳摧。金陵之王气顿起，蓬岛之宫娥不来。黔首求主，苍昊降灾。天汉之龙髯倏断，沙邱之鲍臭谁猜。魑魅诸夏，腥膻九垓。于是宅彼冈峦，兆斯陵阙。犹驱六宫以殉葬，岂言蔓草之萦骨。嫌示俭于当时，更穷奢于既殁。融银液雪，疏下地之江河；帖玉悬珠，皎穷泉之日月。嶫嶫层层，不骞不崩。斯高之喉舌方滑，刘项之云雷忽兴。轵道一朝，玺献汉家之主；骊山三月，火烧秦帝之陵。今则草接平原，烟蒙翠岭。想秦史以神竦，吊秦陵而恨永。华清宫观锁云霓，作皇唐之胜景。①

　　帝王穷奢极欲，带来骊山之丘峦崩摧，骊山在战火中被焚毁，这篇赋在历史风云际会的感怀中浸透着深沉的生态教训。

　　1. 骊山生态之保护

　　骊山的生态，相比于终南山之被破坏要幸运得多，由于人为赋予的

---

① （清）董诰等编：《全唐文》卷830，中华书局1983年影印本，第8758—8759页。

皇室御苑身份特质，骊山不仅得以广为搜罗并栽植凡是能在此处生长的奇花异木，而且采伐对骊山而言几乎是不可能的。从《禁骊山樵采敕》的诏令可知：

> 骊山特秀峰峦，俯临郊甸。上分艮位，每泄云而作雨；下出蒙泉，亦荡邪而蠲瘵。乃灵仙之攸宅，惟邦国之所瞻。可以列于群望，纪在咸秩。自今以后，宜禁樵采，量为封域。称朕意焉。①

《早秋望华清宫中树因以成咏》（一作常衮诗）一诗则点出骊山的这种良好的生态环境：

> 可怜云木丛，满禁碧濛濛。色润灵泉近，阴清辇路通。玉坛标八桂，金井识双桐。交映凝寒露，相和起夜风。数枝盘石上，几叶落云中。燕拂宜秋霁，蝉鸣觉昼空。翠屏更隐见，珠缀共玲珑。雷雨生成早，樵苏禁令雄。野藤高助绿，仙果迥呈红。惆怅缭坦暮，兹山闻暗虫。

"樵苏禁令雄"五字虽简短，却足以见出唐王朝维护骊山生态的力度之大。也是在这样的特殊保护下，骊山以秀岭而著称。

2. 骊山生态之破坏

虽说唐王朝出于专享的需要，做出过很多有利于骊山生态保护的行为，但也是这种为满足私欲而来的独享行为，亦带来骊山土木之大兴，从而造成生态的破坏。这一现象在唐诗文中仍然得到揭露。郑嵎的《津阳门诗》对此有极为详细的叙写：

> 此时初创观风楼，檐高百尺堆华榱。楼南更起斗鸡殿，晨光山影相参差。其年十月移禁仗，山下栉比罗百司。朝元阁成老君见，会昌县以新丰移。幽州晓进供奉马，玉珂宝勒黄金羁。五王扈驾夹城路，传声校猎渭水湄。羽林六军各出射，笼山络野张罝维。雕弓绣韝不

---

① （清）董诰等编：《全唐文》卷34，中华书局1983年影印本，第376页。

知数，翻身灭没皆蛾眉。赤鹰黄鹊云中来，妖狐狡兔无所依。人烦
马殆禽兽尽，百里腥膻禾黍稀。暖山度腊东风微，宫娃赐浴长汤
池。刻成玉莲喷香液，漱回烟浪深透迤。犀屏象荐杂罗列，锦凫绣
雁相追随。……八姨新起合欢堂，翔鹍贺燕无由窥。万金酬工不肯
去，矜能恃巧犹嗟咨。四方节制倾附媚，穷奢极侈沽恩私。堂中特
设夜明枕，银烛不张光鉴帷。瑶光楼南皆紫禁，梨园仙宴临花枝……
金沙洞口长生殿，玉蕊峰头王母祠……①

骊山土木之大兴，檐高百尺的观风楼，楼南兴起的斗鸡殿，建起的朝
元阁、老君殿、瑶光楼，还有富丽堂皇的温泉汤池，加之帝戚们动用万金
新起的合欢堂，鳞次栉比的层楼宫殿，帝王皇亲的穷奢极欲行为无不破坏
着骊山天然的生态。而渭水之滨，五王扈驾，夹城而出，声势烜赫的校
猎，羽林六军弯弓齐射的行为，亦曾使得骊山渭水一带禽兽殆尽，方圆百
里禾黍稀疏，到处弥漫着血腥腥膻的气味。而诗人则以悲悯的情怀叙写着
在骊山上发生的一幕幕生态惨况。

3. 骊山之毁败凋零

较之土木之大兴，校猎之残杀，对骊山生态毁灭性的破坏，则是战
争。有关骊山在安史之乱后的破败之象，在郑嵎的《津阳门诗》中亦有较
为详细的叙写：

碧菱花覆云母陵，风篁雨菊低离披。真人影帐偏生草，果老药堂
空掩扉（真人李顺兴，后周时修道北山，神尧皇帝受禅。真人潜告符
契，至今山下有祠宇，宫中有七圣殿，自神尧至睿宗逮窦后皆立，衣
衮衣。绕殿石榴树皆太真所植，俱拥肿矣。南有功德院，其间瑶坛羽
帐皆在焉，顺兴影堂、果老药室，亦在禁中也）。鼎湖一日失弓剑，
桥山烟草俄霏霏。空闻玉椀入金市，但见铜壶飘翠帷。开元到今逾十
纪，当初事迹皆残羸。竹花唯养栖梧凤，水藻周游巢叶龟。会昌御宇
斥内典，去留二教分黄缁。庆山污潴石瓮毁，红楼绿阁皆支离。奇松
怪柏为樵苏，童山矕谷亡崄巇。烟中壁碎摩诘画，云间字失玄宗诗

---

① （清）彭定求等编：《全唐诗》卷567，中华书局1997年版，第6622页。

（持国寺，本名庆山寺，德宗始改其额。寺有绿额，复道而上。天后
朝，以禁臣取宫中制度结构之。石瓮寺，开元中以创造华清宫余材修
缮，佛殿中玉石像，皆幽州进来，与朝元阁道像同日而至，精妙无
比，叩之如磬。余像并杨惠之手塑，肢空像皆元伽儿之制，能妙纤
丽，旷古无俦。红楼在佛殿之西岩，下临绝壁，楼中有玄宗题诗，
草、八分每一篇一体，王右丞山水两壁。寺毁之后，皆失之矣。摩诘
乃王维之字也）。石鱼岩底百寻井，银床下卷红绠迟。当时清影荫红
叶，一旦飞埃埋素规（石鱼岩下有天丝石，其形如瓮，以贮飞泉，故
上以石瓮为寺名。寺僧于上层飞楼中悬辘轳，叙引修笮长二百余尺以
汲，瓮泉出于红楼乔树之杪。寺既毁拆，石瓮今已埋没矣）。韩家烛
台倚林杪，千枝灿若山霞摘。昔年光彩夺天月，昨日销熔当路岐。龙
宫御榜高可惜，火焚牛挽临崎岖。孔雀松残赤琥珀（世传孔雀松下有
赤茯苓，入土千年则成琥珀。寺之前峰，古松老柏，泊乎嘉草，今皆
樵苏荡除矣），鸳鸯瓦碎青琉璃。

　　曾经涌出被称作祥瑞之兆而命名为庆山的地方饱经战火的侵凌，石
瓮寺也被摧毁，曾经的红楼绿阁皆是支离破碎，奇松怪柏、繁花异草成
为砍柴刈草的对象。宫苑金壁上留下的玄宗御题诗句、摩诘绘画，如今
已经破碎消失难以寻觅。当时的清影红叶，如今已化作尘埃。曾经光彩
绚烂的千枝万林、苍翠松树、龙宫御榜、鸳鸯瓦琉璃殿，已残破不堪，
销熔殆尽。

四　唐诗中的灞浐生态书写

　　长安之自古帝王都，除了得益于八百里的平原外，还与环绕滋润着关
中的八水息息相关。所谓八水，白居易《白氏六帖事类集》有过解释：

　　　　八川，泾、渭、灞、浐、浩、潏、沣、滈。
　　　　八水，关内八水，一泾二渭三浐四灞五滈六浩七沣八潏。①

---

① （唐）白居易撰：《白氏六帖事类集》卷二，民国景宋本。

秦地平原，得八水之滋润、得以生养万物，又有"陆海"之美称。所谓陆海，《白氏六帖事类集》美田第十三膏腴、衍沃、肥硗条如此解释：

> 东方朔曰：汧陇以东，商洛以西，厥壤肥硗，灞浐以西，泾渭之地，此天下陆海之地，贫者得以家给，无饥寒之忧。①

环绕关中，与关中如此亲密，又有着如此重要的生养之功的八水，使上自帝王、下至来到关中求仕的文人，少不了对八水的咏叹。李显的《登骊山高顶寓目》勾勒出站在骊山高顶所见雄壮城阙耸立、金门玉馆鳞次栉比、秦汉故迹密布、交错八水缭绕的关中皇家图景：

> 四郊秦汉国，八水帝王都。闾阎雄里閈，城阙壮规模。贯渭称天邑，含岐实奥区。金门披玉馆，因此识皇图。②

骆宾王的《帝京篇》以千里山河、连影星辰、横流八水、百二重关勾勒出帝都之雄壮开阔：

> 山河千里国，城阙九重门。不睹皇居壮，安知天子尊。皇居帝里崤函谷，鹑野龙山侯甸服。五纬连影集星躔，八水分流横地轴。秦塞重关一百二，汉家离宫三十六……③

吕温的《登少陵原望秦中诸川太原王至德妙用有水术因用感叹》，是站在少陵塬上对八水所做的大笔勾勒：

> 少陵最高处，旷望极秋空。君山喷清源，脉散秦川中。荷锸自成雨，由来非鬼工。如何盛明代，委弃伤齿风。泾灞徒络绎，漆沮虚会同。东流滔滔去，沃野飞秋蓬。大禹平水土，吾人得其宗。发机回地

---

① （唐）白居易撰：《白氏六帖事类集》卷二十三，民国景宋本。
② （清）彭定求等编：《全唐诗》卷2，中华书局1997年版，第23页。
③ （清）彭定求等编：《全唐诗》卷77，中华书局1997年版，第833页。

势，运思与天通。早欲献奇策，丰财叙西戎。岂知年三十，未识大明宫。卷尔出岫云，追吾入冥鸿。无为学惊俗，狂醉哭途穷。①

极目望去，秋空下，秦地青山，清源喷流，秦川环绕，缓缓流走，泾水灞水，络绎不绝，漆水沮水，交相汇合。诸水滔滔，东流而去，关中沃野，秋蓬飘飞。

对身处唐代关中的诗人们而言，但凡吟咏关中，八水即成宏观勾勒的标志性代言物。于是就有了诸多以八水和双阙、千门、三条、五陵、千山、三秦等两两并举，以形容、描绘和叙述关中的诗句。如贺知章的《奉和御制春台望》如此写道："缭绕八川浮，岩峣双阙映。"许景先的《奉和御制春台望》勾勒出文物光辉、京畿葱郁、千门望去如锦、八水明洁如练的雄壮富饶丽景："千门望成锦，八水明如练。"邵偊的《赋得春风扇微和》写道："三条开广陌，八水泛通津。"韦应物的《骊山行》也提及："秦川八水长缭绕，汉氏五陵空崔嵬。"魏谟的《和重阳锡宴御制诗》勾勒出秋季八水之上寒光泛起的情境："八水寒光起，千山霁色开。"② 温庭筠的《题翠微寺二十二韵（太宗升遐之所）》写道："镜写三秦色，窗摇八水光。"时至唐末，韦庄在《和郑拾遗秋日感事一百韵》写道："盗据三秦地，兵缠八水乡。"

在八水总体勾勒之外，唐人对灞水与渭水的单独关注较多。而浐水、泾河相对较少，且在习惯上常常以浐水和灞水并称作"灞浐"、"浐灞"，以泾水与渭水相连，并称作"泾渭"。而唐诗中的灞浐生态独具特色。

与长安近在咫尺，杨柳依依、曲水长流的环境，让灞水与唐代文人间的关系呈现出不同的风貌。对于浐灞而言，田园生活多选择浐水，送别诗作较少，而送别多在灞水，田园诗作较少，于是有了以田园或送别为核心的不同咏叹。

李白的《灞陵行送别》可谓灞水自然与人文生态的总绘：

送君灞陵亭，灞水流浩浩。上有无花之古树，下有伤心之春草。

---

① （清）彭定求等编：《全唐诗》卷371，中华书局1997年版，第4178页。
② （清）彭定求等编：《全唐诗》卷563，中华书局1997年版，第6589页。

我向秦人问路歧，云是王粲南登之古道。古道连绵走西京，紫阙落日浮云生。正当今夕断肠处，黄鹂愁绝不忍听。①

灞水对唐人而言，其意义首先在于送别。送君灞亭，灞水浩浩而流。此地生态良好，其上有苍郁古树，其下有芳草萋萋，黄鹂群聚，古道连绵，直入西京。而积淀于此的人文故事，亦让人到此，思绪纷飞，王粲的自此飘零，总会让人心生悲楚。"断肠处"则定格为灞水的典型人文生态内蕴。围绕着灞水展开的咏叹，即集中于此。

（一）唐诗中的灞浐自然生态书写

相比而言，唐诗中对灞水浐水的自然生态描写要少得多。有关其形态的描写极少，或以浩浩来形容，或如温庭筠在《渚宫晚春寄秦地友人》所写："秦原晓重叠，灞浪夜潺湲。"对动植物、四季等，诗人们亦留意甚少。对浐灞而言，杨柳与碧草是最具代表性的植物。李隆基的《初入秦川路逢寒食》写道："洛阳芳树映天津，灞岸垂杨窣地新。"岑参的《送怀州吴别驾》写出春天暮雨中柳枝染黄的情态："灞上柳枝黄，垆头酒正香。春流饮去马，暮雨湿行装。"②刘驾的《送友下第游雁门》写出杨柳夹岸而生的依依情态："相别灞水湄，夹水柳依依。"③刘沧的《送友人下第东归》写道："漠漠杨花灞岸飞，几回倾酒话东归。九衢春尽生乡梦，千里尘多满客衣。流水雨余芳草合，空山月晚白云微。金门自有西来约，莫待萤光照竹扉。"④将灞岸上漠漠杨花纷飞的动态，雨后河水流走处芳草回合，晚月映照空山，天空白云稀微，萤火闪烁辉映竹扉的明净生态景观呈现而出。李山甫的《下第出春明门》让灞水堤畔的杨柳拂去在春风中失意饮恨的诗人头上的尘埃："曾和秋雨驱愁入，却向春风领恨回。深谢灞陵堤畔柳，与人头上拂尘埃。"⑤在这里，杨柳有情，而人亦有情，拂去与多谢的互动中，呈现出人与杨柳之间相互怜惜感念的和谐美好画面。其《柳》十首其一细绘出腊雪初消，春天来临，在东风的吹拂下，柳条纤软、

---

① （清）王琦注：《李太白全集》，中华书局1977年版，第796页。
② 廖立笺注：《岑嘉州诗笺注》，中华书局2004年版，第449页。
③ （清）彭定求等编：《全唐诗》卷585，中华书局1997年版，第6830页。
④ （清）彭定求等编：《全唐诗》卷586，中华书局1997年版，第6858页。
⑤ （清）彭定求等编：《全唐诗》卷643，中华书局1997年版，第7427页。

万架金丝低垂着地的娇柔生态:"灞岸江头腊雪消,东风偷软入纤条。春来不忍登楼望,万架金丝著地娇。"① 而偷字、娇字,则让东风与杨柳有了互动,别具人情。

刘驾《送友人擢第东归》中的"灞岸秋草绿",郑谷的《送进士卢棨东归》"灞岸草萋萋,离舡我独携",是春季与秋季的灞草生态图景。而其《乱后灞上》则将柳、草、杏花交织于一体:"柳丝牵水杏房红,烟岸人稀草色中。日暮一行高鸟处,依稀合是望春宫。"② 铺写出春天日暮时分柳丝牵水、杏花绽红、灞岸人稀、草色迷蒙、一行高鸟排云而上的灞上生态图景。

而梅花、桃花、梧桐、桑柘、松树、竹林、杏花等,亦偶有提及。韩愈的《答张彻(愈为四门博士时作张彻愈门下士又愈之从子婿)》写道:"梅花灞水别,宫烛骊山醒。"李端的《留别故人》(一作李颀诗)写道:"此别不可道,此心当语谁。春风灞水上,饮马桃花时。"③ 刘长卿的《灞东晚晴,简同行薛弃、朱训》写出骤雨初霁的傍晚日光映照下的桑柘姿态:"客心豁初霁,霁色暝玄灞。西向看夕阳,瞳瞳映桑柘。二贤诚逸足,千里陪征驾。古树枳道傍,人烟杜陵下……"④

黄莺悲啼与征马哀嘶,是描写最多最具特色的动物生态情形。许棠的《送李频之南陵主簿》写道:"听莺离灞岸,荡桨入陵阳。"⑤ 岑参《浐水东店送唐子归嵩阳》写道:"桥回忽不见,征马尚闻嘶。"⑥ 陈羽的《早秋浐水送人归越》:"凉叶萧萧生远风,晓鸦飞度望春宫。越人归去一摇首,肠断马嘶秋水东。"⑦

除此而外,暗暗栖鸦、凄切蝉鸣,斑鸠社树啼叫、雏雉麦野声起也是偶尔会描写的灞浐动物生态。岑参的《送魏升卿擢第归东都,因怀魏校书、陆浑、乔潭》写道:"井上桐叶雨,灞亭卷秋风。故人适战胜,匹马归山东。……垆头青丝白玉瓶,别时相顾酒如倾。摇鞭举袂忽不见,千树

---

① (清)彭定求等编:《全唐诗》卷643,中华书局1997年版,第7428页。
② 严寿澂、黄明、赵昌平笺注:《郑谷诗集笺注》,上海古籍出版社1991年版,第451页。
③ (清)彭定求等编:《全唐诗》卷285,中华书局1997年版,第3260页。
④ 储仲君撰:《刘长卿诗编年笺注》,中华书局1996年版,第74页。
⑤ (清)彭定求等编:《全唐诗》卷603,中华书局1997年版,第7021页。
⑥ 廖立笺注:《岑嘉州诗笺注》,中华书局2004年版,第436页。
⑦ (清)彭定求等编:《全唐诗》卷348,中华书局1997年版,第3906页。

万树空蝉鸣。"① 勾勒出雨打梧桐、秋风卷起、匹马急去、万树蝉鸣的灞水生态景观。其《送宇文南金放后归太原寓居，因呈太原郝主簿》勾勒出夜宿灞水，客舍伴雨而眠、晓辞春鸦的情境："翻作灞陵客，怜君丞相家。夜眠旅舍雨，晓辞春城鸦。"② 温庭筠的《早春浐水送友人》可谓浐水春季的动植物生态集锦："青门烟野外，渡浐送行人。鸭卧溪沙暖，鸠鸣社树春。残波青有石，幽草绿无尘。杨柳东风里，相看泪满巾。"③ 野烟缭绕，鸭卧暖溪，鸠鸣社树，幽草青绿，东风和煦，杨柳摇曳，一派生机动人的早春气象，但却是在此时，行人也将离开长安了。薛能的《题盐铁李尚书浐州别业》写道："闲景院开花落后，湿香风好雨来时。邻惊麦野闻雉雊，别创茅亭住老师……"④ 描绘出花落景闲、风香雨好，乡邻麦野听闻雉雊之声的浐川生态景观。

有关灞水的四季生态，在诗作中相当少，且多集中在春秋二季。卢纶的《将赴阌乡灞上留别钱起员外》："暖景登桥望，分明春色来。离心自惆怅，车马亦裴回。远雪和霜积，高花占日开。从官竟何事，忧患已相催。"⑤ 描绘出登桥遥望暖景已来、春色分明、高花占日而开、远处山巅积雪犹存的灞水早春生态图景。马戴的《春日寻浐川王处士》也勾勒出碧草掩径、白云悠悠、夕阳斜照、月光鉴水、宿鸟排聚扰动花朵，樵童浇洒竹林而回的从傍晚到夜间的春季浐水生态图："碧草径微断，白云扉晚开。罢琴松韵发，鉴水月光来。宿鸟排花动，樵童浇竹回。与君同露坐，涧石拂青苔。"⑥ 韩琮的《暮春浐水送别》（一作《暮春送客》）写出"绿暗红稀"⑦ 的暮春景象。于濆的《季夏逢朝客》勾勒出浐水桃李果熟、杜曲芙蓉已老，垂杨夹道，山谷中瑶草日日迎风的夏日浐水生态图景："浐水桃李熟，杜曲芙蓉老。九天休沐归，腰玉垂杨道。避路回绮罗，迎风嘶騕褭。岂知山谷中，日日吹瑶草。"⑧ 贾岛的《送李溟谒宥州李权使君》勾

① 廖立笺注：《岑嘉州诗笺注》，中华书局2004年版，第358页。
② 同上书，第370页。
③ 刘学锴校注：《温庭筠全集校注》，中华书局2007年版。
④ （清）彭定求等编：《全唐诗》卷559，中华书局1997年版，第6546页。
⑤ 刘初棠校注：《卢纶诗集校注》，上海古籍出版社1989年版。
⑥ 杨军、戈春源注：《马戴诗注》，上海古籍出版社1987年版。
⑦ （清）彭定求等编：《全唐诗》卷565，中华书局1997年版，第6608页。
⑧ （清）彭定求等编：《全唐诗》卷599，中华书局1997年版，第6987页。

勒出落叶纷飞、风起骊山、月斜灞水的清幽秋季生态图景:"风宿骊山下,月斜灞水流。去时初落叶,回日定非秋……"① 曹邺的《浐川寄进士刘驾》写出"山家草木寒,石上有残雪"② 的秋晚冬临或冬末春初的生态情境。

(二)唐诗中的灞浐人文生态书写

白居易《长乐亭留别》:"灞浐风烟函谷路,曾经几度别长安。昔时蹙促为迁客,今日从容自去官……"③ 道出灞水与唐代文人最重要的关系即是在此迎来送往。迎送二端,对灞水而言,则主要集中在送别上,于是灞水因此也有了"苦水河"之称。聂夷中《劝酒》二首写道:"灞上送行客,听唱行客歌。适来桥下水,已作渭川波。人间荣乐少,四海别离多。但恐别离泪,自成苦水河。劝尔一杯酒,所赠无余多。"④ 围绕着灞水的人文生态,在此聚焦于灞上送客、听唱离歌、倾杯痛饮、泪洒灞水等一连串的行为上。而刘长卿的《客舍赠别韦九建赴任河南韦十七造赴任郑县就便觐省》:"征马临素浐,离人倾浊醪。"可谓对浐水一带人文生态的典型概括。徐坚的《饯唐永昌》则以怅望和黯然写出行人于此的心境:"郎官出宰赴伊瀍,征传骎骎灞水前。此时怅望新丰道,握手相看共黯然。"⑤

孟郊的《灞上轻薄行》勾勒出日暮时分,相逢灞浐,疾走不歇,即便是亲戚相逢,亦不相顾,而自叹身世、恐失避所的忧虑充盈在灞上古道的人文生态图景:

> 长安无缓步,况值天景暮。相逢灞浐间,亲戚不相顾。自叹方拙身,忽随轻薄伦。常恐失所避,化为车辙尘。此中生白发,疾走亦未歇。⑥

戴叔伦的《灞岸别友》则写出唐人于此送别时车马迟迟、离言不尽、

---

① 齐文榜校注:《贾岛集校注》,人民文学出版社 2001 年版,第 236 页。
② (清)彭定求等编:《全唐诗》卷 592,中华书局 1997 年版,第 6927 页。
③ 朱金城笺校:《白居易集笺校》,上海古籍出版社 1988 年版,第 1876 页。
④ (清)彭定求等编:《全唐诗》卷 636,中华书局 1997 年版,第 7348 页。
⑤ (清)彭定求等编:《全唐诗》卷 107,中华书局 1997 年版,第 1110 页。
⑥ 华忱之、喻学才校注:《孟郊诗集校注》,人民文学出版社 1995 年版,第 2 页。

看花醉别、南登回首的共同情境：

> 车马去迟迟，离言未尽时。看花一醉别，会面几年期。樵路高山馆，渔洲楚帝祠。南登回首处，犹得望京师。①

而于此故人相逢，亦难免心生思乡之情。喻坦之的《灞上逢故人》写道：

> 花落杏园枝，驱车问路岐。人情谁可会，身事自堪疑。岳雨狂雷送，溪槎涨水吹。家山如此景，几处不相随。②

纥干著的《灞上》勾勒出鸣鞭赶路与柳荫回望的灞上人文生态景观，而急急与依依交织的心理则是身处灞上时唐人的普遍情怀：

> 鸣鞭晚日禁城东，渭水晴烟灞岸风。都傍柳阴回首望，春天楼阁五云中。③

离别是唐诗中唐人至灞水的主要情境，而这样的离别也因为离去处境的不同稍有差别，于是又有擢第与落第、贬谪与升迁之别。李频的《长安感怀》将为科考离家，举家牵挂，科考后灞陵酒送人还乡的情境勾写而出："一第知何日，全家待此身。空将灞陵酒，酌送向东人。"④ 刘驾的《送友人擢第东归》写出来自楚南的举子为了科考实践功名相识于秦地，而友人高中，至此春风得意，有肥马、奴仆相伴，在秋季草绿时节，至灞岸荣归故里，而黜落的诗人于此送友，期冀能早早高中的情境：

> 同家楚天南，相识秦云西。古来悬弧义，岂顾子与妻。携手践名场，正遇公道开。君荣我虽黜，感恩同所怀。有马不复羸，有奴不复

---

① 蒋寅校注要：《戴叔伦诗集校注》，中华书局 2010 年版。
② （清）彭定求等编：《全唐诗》卷 713，中华书局 1997 年版，第 8280 页。
③ （清）彭定求等编：《全唐诗》卷 769，中华书局 1997 年版，第 8819 页。
④ （清）彭定求等编：《全唐诗》卷 589，中华书局 1997 年版，第 6899 页。

饥。灞岸秋草绿，却是还家时。青门一瓢空，分手去迟迟。期君辙未平，我车继东归。①

而刘沧的《下第后怀旧居》则是写在数次落第之后，此时雨洒秦苑，绿芜回合，春尽灞原，白发萌生的诗人对此已生回还故乡、属意山水的退居情怀：

> 几到青门未立名，芳时多负故乡情。雨余秦苑绿芜合，春尽灞原白发生。每见山泉长属意，终期身事在归耕。蘋花覆水曲谿暮，独坐钓舟歌月明。②

刘驾《送李垣先辈归嵩少旧居》的"高秋灞浐路，游子多惨戚"③，可谓对灞浐路人文生态的深刻清醒认知，点出此地人文生态的常观。崔涂的《灞上》写道："长安名利路，役役古由今。征骑少闲日，绿杨无旧阴。水侵秦甸阔，草接汉陵深。紫阁曾过处，依稀白鸟沈。"④灞水侵绕开阔的秦甸，青草连绵幽深连接汉陵，白鸟起落，绿杨回合，是灞水的自然生态描写，而名利之路，自古役役奔走，征骑于此急急少闲，则是对此地人文生态的极好概括。

送别诗是浐灞诗的主流，偶有田园生活的描写，如张乔的《城东寓居寄知己》写道：

> 花木闲门苔藓生，浐川特去得吟情。病来久绝洞庭信，年长却思庐岳耕。落日独归林下宿，暮云多绕水边行。干时退出长如此，频愧相忧道姓名。⑤

寓居城东的浐川一带，花木丛生，苔藓暗滋，暮云绕水，落日独归，

① （清）彭定求等编：《全唐诗》卷585，中华书局1997年版，第6839页。
② （清）彭定求等编：《全唐诗》卷586，中华书局1997年版，第6854页。
③ （清）彭定求等编：《全唐诗》卷585，中华书局1997年版，第6831页。
④ （清）彭定求等编：《全唐诗》卷679，中华书局1997年版，第7840页。
⑤ （清）彭定求等编：《全唐诗》卷639，中华书局1997年版，第7374页。

处处透着幽静、闲适、孤寂的气韵。

除此外，亦有零星的咏史感怀之作。胡曾的《咏史诗·灞岸》写道：

> 长安城外白云秋，萧索悲风灞水流。因想汉朝离乱日，仲宣从此
> 向荆州。[①]

综观上述诗歌中的灞水模塑可知，在唐人的心目中，灞水已成为积淀
着特殊意味的具象，其滋养关中的自然之河特质，在唐人围绕着它的吟唱
中，已被弱化，于是总是在简单地稍稍勾勒其形态、周围的自然生态后，
就步入对其人文生态的重点描述与抒发。也不同于华山高峻绝尘、终南山
亦官亦隐、骊山历史悲喜剧的人文气韵，对灞水，唐人已不去追索与发掘
其过往历史，或歌咏其田园生活，或描述其绝迹风尘的生活，而是把关注
点不约而同地聚焦在送别上。这是一条系着离心的特殊的河，红尘间的离
别悲苦与急急奔走交错于此，成为灞水人文吟咏的两端，透着浓厚的红尘
气象，诸如车马迟迟、行人匆匆、尘埃四起，是其表征，而对来来往往人
群的形色、心理叩问，诸如急急扬鞭、征马催发的紧迫感，下第返乡的悲
苦感，仍存希冀与彻底绝望的纠结感，不忍离别的依恋感，是其内质，于
此两端，交织出唐代关中灞水的独特气象。而灞水对唐人的视觉与心理的
两相激发，使得灞水"送别河"、"离心河"、"苦水河"的独特映象也借
由唐人的吟咏，深烙在文学与历史的天地里，绵延不绝，生生不息。

---

① （清）彭定求等编：《全唐诗》卷647，中华书局1997年版，第7471页。

参考文献

一 古籍文献

[1] （周）辛文子撰：《计然万物录》，清道光刻本。

[2] 戴德撰，卢辩注：《大戴礼记》，中华书局 1985 年版。

[3] （清）孙希旦著：《礼记集解》，中华书局 1989 年版。

[4] （汉）高诱注：《吕氏春秋》，上海书店 1986 年版。

[5] （汉）司马迁著，（唐）司马贞索隐，（唐）张守节正义：《史记》，中华书局 1999 年版。

[6] （汉）班固撰：《汉书》，中华书局 1999 年版。

[7] （汉）史游撰，颜师古注，王应麟补注，钱保唐补音：《急就篇》，商务印书馆 1936 年版。

[8] （汉）高诱注：《淮南子注》，上海书店 1986 年版。

[9] （东汉）崔寔著，石声汉校注：《四民月令校注》，中华书局 1965 年版。

[10] 皇侃义疏，何晏集解：《论语集解》，中华书局 1965 年版。

[11] （清）刘宝楠：《论语正义》，中华书局 1990 年版。

[12] 《丛书集成初编》，1936 年版。

[13] （晋）葛洪撰：《神仙传》，中华书局 1991 年版。

[14] （晋）葛洪撰，王明校：《抱朴子内篇校释》，中华书局 1980 年版。

[15] （晋）崔豹撰：《古今注》，中华书局 1985 年版。

[16] （南北朝）贾思勰著，缪启愉、缪桂龙译注：《齐民要术译注》，上海古籍出版社 2009 年版。

[17]（唐）虞世南撰：《北堂书钞》，中国书店 1989 年版。

[18]（唐）李淳风撰：《观象玩占》，明抄本。

[19]（唐）孙思邈撰：《千金翼方》，人民卫生出版社 1955 年版。

[20]（唐）白居易撰：《白氏六帖事类集》，民国景宋本。

[21]（南朝）刘勰著，范文澜注：《文心雕龙注》，人民文学出版社 2001
年版。

[22]（五代）刘昫等撰：《旧唐书》，中华书局 1999 年版。

[23]（宋）欧阳修、宋祁撰：《新唐书》，中华书局 1997 年版。

[24]（宋）王溥撰：《唐会要》，商务印书馆 1935 年版。

[25]（宋）司马光编撰：《资治通鉴》，中州古籍出版社 1991 年版。

[26]（唐）杜佑撰，王文锦等点校：《通典》，中华书局 1985 年版。

[27]（唐）李吉甫撰，黄永年校点：《元和郡县图志》，中华书局 1983 年版。

[28]（唐）李林甫撰，陈仲夫点校：《唐六典》，中华书局 1992 年版。

[29]（宋）宋敏求撰：《长安志》，中华书局 1991 年版。

[30]（宋）郑樵撰：《通志二十略》，中华书局 1995 年版。

[31]（宋）程大昌撰：《雍录》，中华书局 2002 年版。

[32]（明）赵廷瑞修，马理等编纂：《陕西通志》，三秦出版社影印嘉靖二
十一年本。

[33]（清）毕沅撰：《关中胜迹图志》，《关中丛书》本。

[34]（清）彭定求等编：《全唐诗》，中华书局 1997 年版。

[35] 陈尚君编：《全唐诗补编》，中华书局 1992 年版。

[36] 吴云、冀宇校注：《唐太宗集》，陕西人民出版社 1986 年版。

[37] 徐定祥注：《李峤诗注》，上海古籍出版社 1995 年版。

[38] 陶敏、易淑琼校注：《沈佺期宋之问集校注》，中华书局 2001 年版。

[39] 熊飞校注：《张说集校注》，中华书局 2013 年版。

[40] 熊飞校注：《张九龄集注》，中华书局 2008 年版。

[41] 佟培基笺注：《孟浩然诗集笺注》，上海古籍出版社 2000 年版。

[42] 王琦注：《李太白全集》，中华书局 1977 年版。

[43] 陈铁民校注：《王维集校注》，中华书局 1997 年版。

[44] 廖立笺注：《岑嘉州诗笺注》，中华书局 2004 年版。

[45] 李国胜注：《王昌龄诗校注》，文史哲出版社印行 1973 年版。

［46］（清）仇兆鳌注：《杜诗详注》，中华书局1979年版。

［47］孙望编著：《韦应物诗集系年校笺》，中华书局2002年版。

［48］储仲君撰：《刘长卿诗编年笺注》，中华书局1996年版。

［49］范之麟注：《李益诗注》，上海古籍出版社1984年版。

［50］刘初棠校注：《卢纶诗集校注》，上海古籍出版社1989年版。

［51］文航生校注：《司空曙诗集校注》，人民文学出版社2011年版。

［52］蒋寅校注：《戴叔伦诗集校注》，中华书局2010年版。

［53］（唐）王建著：《王建诗集》，中华书局上海编辑所1959年版。

［54］余恕诚、徐礼节整理：《张籍系年校注》，中华书局2011年版。

［55］（清）方世举笺注，郝润华、丁俊丽整理：《韩昌黎诗集编年笺注》，中华书局2012年版。

［56］（清）王琦等注：《李贺诗歌集解》，上海古籍出版社1977年版。

［57］卞孝萱编订：《刘禹锡集》，中华书局1990年版。

［58］王旋伯注：《李绅诗注》，上海古籍出版社1985年版。

［59］朱金城笺校：《白居易集笺校》，上海古籍出版社1988年版。

［60］冀勤点校：《元稹集》，中华书局1982年版。

［61］郭广伟点校：《权德舆诗文集》，上海古籍出版社2008年版。

［62］齐文榜校注：《贾岛集校注》，人民文学出版社2001年版。

［63］华忱之、喻学才校注：《孟郊诗集校注》，人民文学出版社1995年版。

［64］吴河清校注：《姚合诗集校注》，上海古籍出版社2012年版。

［65］（唐）李德裕著：《李文饶集》，四部丛刊景明本。

［66］杨军、戈春源注：《马戴诗注》，上海古籍出版社1987年版。

［67］胡大浚笺注：《贯休歌诗系年笺注》，中华书局2011年版。

［68］王秀林撰：《齐己诗集校注》，中国社会科学出版社2011年版。

［69］吴在庆撰：《杜牧集系年校注》杜牧别集，中华书局2008年版。

［70］刘学锴、余恕诚集解：《李商隐诗歌集解》，中华书局1998年版。

［71］刘学锴校注：《温庭筠全集校注》，中华书局2007年版。

［72］严寿澄校编：《张祜诗集》，江西人民出版社1983年版。

［73］严寿澄、黄明、赵昌平笺注：《郑谷诗集笺注》，上海古籍出版社1991年版。

［74］（唐）许浑著，罗时进笺证：《丁卯集笺证》，中华书局2012年版。

[75] 谭优学注：《赵嘏诗注》，上海古籍出版社 1985 年版。

[76] 潘慧惠校注：《罗隐集校注》修订本，中华书局 2011 年版。

[77] 向迪聪校订：《韦庄集》，人民文学出版社 1958 年版。

[78] 傅璇琮校笺：《唐才子传校笺》，中华书局 2001 年版。

[79] 赵孟奎编：《分门纂类唐歌诗》，《宛委别藏》本。

[80] （明）张之象编：《唐诗类苑》，清光绪十六年重刻本。

[81] （清）董诰等编：《全唐文》，中华书局 1983 年影印本。

[82] 周绍良主编：《唐代墓志汇编》，上海古籍出版社 1992 年版。

[83] （唐）欧阳询等撰：《艺文类聚》，上海古籍出版社 1985 年版。

[84] （唐）张鷟著：《朝野佥载》，中华书局 2005 年版。

[85] （唐）刘餗著：《隋唐嘉话》，中华书局 2005 年版。

[86] （唐）刘肃撰：《大唐新语》，中华书局 2004 年版。

[87] （宋）王谠撰，周勋初校正：《唐语林》，中华书局 1987 年版。

[88] （唐）封演撰，赵贞信点校：《封氏闻见记校注》，中华书局 2005 年版。

[89] （唐）胡璩撰：《谭宾录》，清钞本。

[90] （唐）冯贽撰：《云仙杂记》，中华书局 1985 年版。

[91] （唐）段成式撰，方南生点校：《酉阳杂俎》，中华书局 1981 年版。

[92] 钱易撰，黄寿成点校：《南部新书》，中华书局 2006 年版。

[93] 《笔记小说大观》（第 31 册），江苏广陵古籍刻印社 1983 年版。

[94] 《历代笔记小说集成·唐人笔记小说》，河北教育出版社 1994 年版。

[95] （清）顾祖禹：《读史方舆纪要》，中华书局 1955 年版。

[96] （清）陈梦雷编撰：《古今图书集成·方舆汇编》，中华书局 1986 年版。

[97] （宋）李昉等编：《太平广记》，中华书局 1961 年版。

[98] 汪辟疆校录：《唐人小说》，中华书局上海编辑所 1959 年版。

[99] （宋）李昉等编：《文苑英华》，中华书局 1966 年影印本。

[100] （宋）庞元英撰：《文昌杂录》，中华书局 1958 年版。

[101] （宋）李昉等编：《太平御览》，中华书局影印本 1963 年版。

[102] （唐）释道宣撰：《续高僧传》，大正新修大藏经本。

[103] （唐）释道世撰：《法苑珠林》，上海古籍出版社 1991 年版。

[104] （唐）释惠详撰：《弘赞法华传》，大正新修大藏经本。

[105] （唐）释慧琳撰：《一切经音义》，日本元文三年至延亨三年狮谷莲

社刻本。

[106] （明）陈景沂撰：《全芳备祖》，《中国农学珍本丛刊》，农业出版社 1982 年版。

[107] （元）胡古愚撰：《树艺篇》，明纯白斋钞本。

[108] （清）汪灏撰：《广群芳谱》，商务印书馆 1935 年版。

[109] （清）吴其濬撰：《植物名实图考》，中华书局 1963 年版。

二 近人著述

[110] 陕西通志馆编：《关中丛书》，1925 年版。

[111] 刘纬毅辑：《汉唐方志辑佚》，北京图书馆出版社 1997 年版。

[112] 岑仲勉著：《隋唐史》，高等教育出版社 1957 年版。

[113] 钱钟书著：《管锥篇》，中华书局 1979 年版。

[114] 陈寅恪著：《陈寅恪文集》（《金明馆丛稿初编》《金明馆丛稿续编》《隋唐制度渊源略论稿》《唐代政治史述论稿》），上海古籍出版社 1980 年版。

[115] 胡道静著：《中国古代的类书》，中华书局 1982 年版。

[116] 任继愈主编：《中国道教史》，上海人民出版社 1990 年版。

[117] 冯友兰撰：《中国哲学史》，华东师范大学出版社 1999 年版。

[118] 史念海著：《史念海全集》，人民出版社 2013 年版。

[119] 葛兆光撰：《中国思想史》，复旦大学出版社 2001 年版。

[120] 许嘉璐著：《中国古代衣食住行》，北京出版社 2002 年版。

[121] 张江涛编著：《华山碑石》，三秦出版社 1995 年版。

[122] 陈尚君著：《唐代文学丛考·唐诗人占籍考》，中国社会科学出版社 1997 年版。

[123] 张岱年、方克之等编：《中国文化概论》，北京师范大学出版社 1999 年版。

[124] 李斌城等编：《隋唐五代社会生活史》，中国社会科学出版社 1998 年版。

[125] 毕宝魁著：《隋唐生活掠影》，沈阳出版社 2002 年版。

[126] 徐连达著：《唐代文化史》，复旦大学出版社 2003 年版。

[127] 戴伟华著：《地域文化与唐代诗歌》，中华书局 2006 年版。

[128] 李浩著：《唐代关中士族与文学》（增订本），中国社会科学出版社2007年版。

[129] 吴庚顺、董乃斌等编：《中国文学史》，人民文学出版社1995年版。

[130] 袁行霈、吴宗强等编：《中国文学史》，高等教育出版社2003年版。

[131] 周勋初著：《唐代笔记小说考索》，江苏古籍出版社1996年版。

[132] 苗壮著：《笔记小说史》，浙江古籍出版社1998年版。

[133] 程国赋著：《唐五代小说的文化阐释》，人民文学出版社2002年版。

[134] 程毅中著：《唐代小说史》，人民文学出版社2003年版。

[135] 余谋昌著：《惩罚中的醒悟》，广东教育出版社1995年版。

[136] 余谋昌著：《生态伦理学——从理论走向实践》，首都师范大学出版社1999年版。

[137] 徐恒醇著：《生态美学》，陕西人民教育出版社2000年版。

[138] 雷毅著：《生态伦理学》，陕西人民教育出版社2000年版。

[139] 叶平著：《道法自然——生态智慧与理念：善待动物》，中国环境科学出版社2001年版。

[140] 皇甫吉庆著：《20世纪中国文学生态意识透视》，武汉出版社2002年版。

[141] 王诺著：《欧美生态文学》，北京大学出版社2003年版。

[142] 余谋昌、王耀先主编：《环境伦理学》，高等教育出版社2004年版。

[143] 蒙培元著：《人与自然：中国哲学生态观》，人民出版社2004年版。

[144] 王士祥著：《唐诗植物图鉴》，中州古籍出版社2005年版。

[145] 韩学宏著：《唐诗鸟类图鉴》，中州古籍出版社2005年版。

[146] 王元林著：《泾洛流域自然变迁研究》，中华书局2005年版。

[147] 蒋朝军著：《道教生态伦理思想研究》，东方出版社2006年版。

[148] 鲁枢元著：《生态批评的空间》，华东师范大学出版社2006年版。

[149] 章海荣编著：《生态伦理与生态美学》，复旦大学出版社2006年版。

[150] 李斌著：《黄土高原景观生态研究》，科学出版社2007年版。

[151] 王志清著：《盛唐生态诗学》，北京大学出版社2007年版。

[152] 盖光著：《文艺生态审美论》，人民出版社2007年版。

[153] 薛敬梅著：《生态文学与文化》，云南大学出版社2008年版。

[154] 林红梅著：《生态伦理学概论》，中央编译出版社2008年版。

［155］曾繁仁著:《生态美学导论》，商务印书馆 2010 年版。

［156］党圣元、刘瑞弘选编:《生态批评与生态美学》，中国社会科学出版社 2011 年版。

［157］刘彦顺编著:《生态美学读本》，北京大学出版社 2011 年版。

［158］刘青汉主编:《生态文学》，人民出版社 2012 年版。

［159］宣裕方、王旭烽主编:《生态文化概论》，江西人民出版社 2012 年版。

［160］任重著:《生态伦理学维度》，江西人民出版社 2012 年版。

［161］尹伟伦、严耕主编:《中国林业与生态史研究》，中国经济出版社 2012 年版。

［162］王建革著:《水乡生态与江南社会 9—20 世纪》，北京大学出版社 2013 年版。

［163］刘卫英、王立著:《欧美生态伦理思想与中国传统生态叙事》，北京大学出版社 2014 年版。

［164］李家乐等编著:《中国外来水生动植物》，上海科学技术出版社 2007 年版。

［165］Aulay Mackenzie Aulay S. Ball & Sonia R. Virde，*Instant Notes In Ecology*，科学出版社影印本 1999 年版。

［166］［日］圆仁撰:《入唐求法巡礼行记》，上海古籍出版社 1986 年版。

［167］［日］池田大作著:《展望二十一世纪》，［英］阿·汤因比，荀春生译，国际文化出版公司 1985 年版。

［168］［德］Wolfgang Kubin:《中国文人的自然观》（*DER DURCHSICH-TIGE BERG——Die Entwicklung der Naturanschauung in derchinesischen Literatur*），马树德译，上海人民出版社 1990 年版。

［169］［法］阿尔贝特·史怀泽著:《敬畏生命》，陈泽环译，上海社会科学院出版社 1992 年版。

［170］［美］蕾切尔·卡逊著:《寂静的春天》，吕瑞兰、李长生译，吉林人民出版社 1997 年版。

［171］［美］奥尔多·利奥波德著:《沙乡年鉴》，侯文蕙译，吉林人民出版社 1997 年版。

［172］［美］唐纳德·沃斯特著:《自然的经济体系:生态思想发展史》，侯文蕙译，商务印书馆 1999 年版。

［173］〔美〕纳什著：《大自然的权利：环境伦理学史》，杨通进译，青岛出版社 1999 年版。

［174］〔美〕霍尔姆斯·罗尔斯顿著：《环境伦理学：大自然的价值以及人对大自然的义务》，杨通进译，中国社会科学出版社 2000 年版。

［175］〔英〕克莱夫·庞廷著：《绿色世界史——环境与伟大文明的衰落》，王毅、张学广译，上海人民出版社 2002 年版。

［176］〔英〕谢弗著：《唐代的外来文明》，吴玉贵译，陕西师范大学出版社 2005 年版。

［177］〔美〕格伦·A. 洛夫著：《实用生态批评：文学、生物学及环境》，胡志红、王敬民、徐常勇译，北京大学出版社 2010 年版。

［178］雷闻著：《唐华岳真君碑考释》，《故宫博物院院刊》2005 年第 2 期。

［179］王岳川著：《生态文学与生态批评的当代价值》，《北京大学学报》（哲学社会科学版）2009 年第 2 期。

［180］夏炎著：《试论唐代北人江南生态意象的转变——以白居易江南诗歌为中心》，《唐史论丛》第 11 辑。

［181］沈文凡、王赟馨著：《唐代狩猎诗研究》，《社会科学辑刊》2012 年第 5 期。

后　记

　　这部萦绕于心六年之久的著作定稿后，虽有如释重负的轻松，但旋即清醒，明白这还只是这一问题的浅层、些许开拓，尚有更深广的空间需要再做拓展，而它带给我的种种启示与思考却是深刻警醒与绵延不绝的，有些甚至是颠覆性的。

　　在搜集材料结束，开始细读唐诗时，有一种极为强烈的感觉，那就是唐诗确为自然之花，唐诗中扑面而来的那种人和自然密切和谐的关系，是构成唐诗与唐诗之美的要素。即便是表现这种和谐被破坏时的天地之病，唐诗亦充满着一种令人感动的悲悯情怀。当洞悟这一天机，并以唐人对自然的态度去感受发现生活之美，突然发现自己听得到风行于竹叶上的声音，留意得到雨打梧桐的淅沥声，从前不去搭理的鸟语虫鸣，亦能在心中激起波澜。而为写作书稿履足关中山川时，那种诗情诗意亦是蓬勃而出，于是那颗在现代琐碎生活中早已被钝化甚至磨灭了的诗心，因此得到浇灌而复活，亦可追随唐人的足迹为天地之美发出声音。可以为《三伏天酷热十数日终来阵雨且喜且歌》：暑热蒸腾苦心神，清气何日洗三秦。隐隐雷声动天地，茫茫雨帘蔽乾坤。怒风狂吼掀木叶，闪电疾驰擘浓云。轻看长空变百态，且听人间作好音。亦能在《大暑日携子渭水纳凉消夏》作诗赋歌：暑热袭人岂不逃，轻携稚子逐堤畔。燕儿斜剪澄江皱，蜻蜓误点荷叶翻。锦心彩霞染素河，烂漫夕阳伴长天。托付清心寄明月，多将好风与人间。在《夏日少华山避暑》时清唱：丛林掩映群峦秀，少华白云起层巅。风吹水皱生涟漪，光洒枝叶跃碎金。彩蝶寻香舞清风，黄蜂贪蜜醉花间。回望山岚暮色生，倦鸟啼鸣入深林。

　　城中燥热何处销，自来山间觅清凉。小儿水中戏彩石，老翁溪头看蜻蜓。仰观自在白云去,静悟闲暇游鱼情。愿得就此老山林,浮生不用苦奔忙。

对于这部书稿,在最初的构想时,原本是期望运用生态文艺学与美学的原理予以阐释与解读,但在具体细读与思考后,已无意于作理论的抽象,而着意于将唐人留下的绝美丰厚馈赠,尽可能一幕幕地撷来,供同爱好者共享,而其义理自现。这些凑集于此的诗文,即便是并不被看好的奉和应制诗、应试诗,无不立意于天地万物间、人与自然间的关系摹写,立意以动态地再现或表现眼前心上的生机灵动、有情有爱的唐代关中生态图景,于此亦可突然顿悟,究竟是什么原因让诗歌在唐代达至顶峰?是强盛的国力,清明的政治,抑或是统治者的提倡,还是贬谪与漫游?其实这些都不是最根本的原因,若无如此美好的客观生态图景,若无深化于心的人与万物一体的诗心,前此诸般原因,终难起到助力。很难想象,在烦躁不安、急急奔逐、视万物为利的时代与时代精神灵魂下,能产生诗美。而任何理论的解剖,对唐代诗歌中的生态呈现与生态之美而言,都是苍白与无力的,终于明白岂是西方理论构建了生态学,在唐诗与唐人的世界与灵魂中,其理论的核心观点、要素,早已是了然于心,在生活、行为、创作中运用自如,并臻于至境了。从自然生态的角度去理解唐诗,或许才能更为契合唐诗的精神气质,更能把握唐诗所透出的那种灵魂盈彻、饱满生动之美。其实,无论是之前提出的田园诗还是咏物诗的名词与概念,均不足以把握唐诗之实质,田园不过是从表层的客体创作地点与内容指称并命名唐诗,而咏物亦不过是从主体吟咏事物的角度命意唐诗,其实唐诗岂是能简单地从单向的某一侧面所能涵盖出的,其只见一面的做法,亦遮蔽了唐诗主客体之间构成的生动关系,均不足以从其深处洞察唐诗的真正奥妙。而生态诗的命名却能避开如此缺陷,从人与物、人与自然的关系入手,告诉我们唐诗所能够呈献、透露与启示给我们的内容。于是感性的书写可能才是对有关生态问题的最好展现方式,才能与这种美并行,将唐代关中的摇曳杨柳之风、富丽牡丹风韵、动听黄鹂鸣叫、闪烁灵动萤火……将唐人对万物的关爱与万物融会于一体的诗心带来,将其一一呈现到今天这个渴望一平方英寸的寂静,在生态危机逼迫下精神日渐促狭、匮乏、枯竭的今人面前。

这一选题的确定可追溯到 2002 年硕士刚刚入学不久。为了给初入学术之门的我们提供写作实践与锻炼机会，硕导李浩先生即让同门七人，编写《王维在辋川》一书，在导师知行合一的治学理念影响下，尽管是编书，创作者中的六人亦曾冒着非典亲履辋川畅游体悟，当时分给我的任务是第一章"漠漠水田飞白鹭，阴阴夏木啭黄鹂——辋川的自然环境"，由于本身籍贯是蓝田，对此地自少时即有切身体验，加之为了编写此章，又查阅了相关的县志，对辋川的气候、物候、山川、动植物等自然环境状况，有了更深入与专业的认识，也让我自此在冥冥之中与关中自然结下了不解之缘。之后尽管硕士论文定题为"唐代公主的生活与文学"，但关注的眼光却从未从自然视域中离开。在对公主园林以及唐代的邮驿与诗歌的探究中，会很自然地将关注点落在公主园林与唐代邮驿的动植物与四季气候上，有着一种发自天然的喜爱。这种内化于心的喜爱，积淀至 2011 年，在当时的雾霾等生态问题时时被论及，生态文学与美学的理论构建在讨论争鸣中逐渐明晰并构建时，萌生出研究"唐代关中生态与文学"的念头，随后申请到教育部社会科学基金青年项目的立项，在这里，当然得感谢匿名评审专家对此选题的肯定。

在这里得向在我踏入研究之门之初，就以其宽广包纳之学术理念，严谨踏实的学术风格，影响我至深的导师，致以衷心的谢意。是导师的精神潜移默化中影响了我，使得反反复复、几进几出，亦曾心生逃跑之念、顽劣如我的后学者，终能坚守在这个艰难的学术之路上行进。在书稿的创作过程中，我的博导孙尚勇老师亦曾在方法与文献等角度给予无私的帮助与点悟。而西北大学的老师们在其授课过程中，从方法到内容亦给我以诸多启示。为了扩大视野，在诸位导师的建议、敦促与帮助下，我也曾前赴北京师范大学作为期半年的访学进修，又有了聆听李山、康震、过常宝等诸位老师教诲的机会，与前去国家图书馆与北京师范大学图书馆，搜集材料的便利条件。

这部书稿能够如期完成，当然少不了爱人、婆婆的包容与支持。孩子尚幼，我又正在攻读学位，还有教学任务，诸事萦身，时常令自己苦闷摇摆，若无家人的理解与鼓励，这部书稿的出版恐怕是遥遥无期，甚或半途终止的。而我可爱、天真、快活的小宝贝，总是能在我创作书稿的烦闷生活中，给我以无限的快乐，而他天真、自然的话语，亦时常让我了悟生活的真谛。

　　还得感谢我任教的渭南师范学院，在学校对科研的鼓励支持下，在社科处的李明敏处长、王有景、杨芳等同事给予的耐心解释与帮助下，此书的创作也获得了学校出版基金的资助。

　　正是在诸多助力之下，这部书稿终于在艰难中完成了，虽说还存在诸多的遗憾与不足，但相信在今后的日子里，若在此继续探索，不断地充实、深化这一领域的研究，一定会开创出坚实广阔、丰富美丽的新天地。